U88(2MW)-유니슨

HS90(2MW)-효성

U50(750kW)-유니슨

HS48(750kW)-효성

WinDS 3000(3MW)-두산중공업

2.5MW 풍력터빈-삼성중공업

HQ1650(1.65MW)-현대중공업

1.5MW 기어타입 풍력터빈-한진산업

DeWind D8.2(2MW)-대우조선해양

STX72(2MW)-STX중공업

HR-D86(2MW, 개발 중)-현대로템

2MW 풍력터빈(개발 중)-DMS

750kW 증속기-효성

모니터링 화면-효성

해상용 3M급 블레이드-두산중공업-㈜KM

블레이드 성형-㈜KM

타워제조-동국 S&C

2MW(DFIG)발전기-효성

전력변환장치-유니슨

강원풍력발전단지(98MW)
-강원풍력(주)

태기산풍력발전단지(40MW)
-포스코건설

한경 풍력발전단지(21MW)-남부발전

국내설치현황: 359.595 MW, 224기 (2010.1 현재)

명 칭	
총용량 (총기수)	정격출력 × 기수
	모델[기종] (제작사, 국가)
	준공(설치)일
용도	주관기관
설치위치	

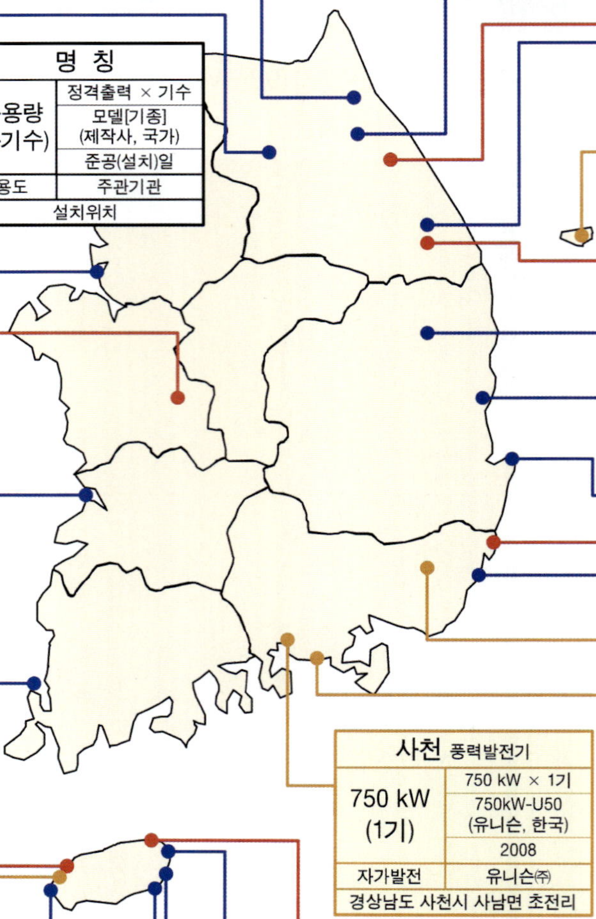

태기산 풍력발전단지	
40 MW (20기)	2 MW × 20기
	V80-2.0 MW (VESTAS, 덴마크)
	2008. 11. 26
상용발전	㈜태기산풍력발전
강원도 횡성군 둔내면/평창군 봉평면	

양양 풍력발전소	
3 MW (2기)	1.5 MW × 2기
	AW77/1,500kW (Acciona, 스페인)
	2006. 06. 19
상용발전	한국중부발전㈜
강원도 인제군 기린면 양양양수발전소	

강원(대관령) 풍력발전단지	
98 MW (49기)	2 MW × 49기
	V80-2.0 MW (VESTAS, 덴마크)
	2006. 10. 27
상용발전	강원풍력발전㈜
강원도 평창군 도암면 횡계리	

누에섬 풍력발전소	
2.25 MW (3기)	750 kW × 3기
	750kW-U50 (유니슨, 한국)
	2009. 12. 30
상용발전	경기도 안산시
경기도 안산시 단원구 선감동 누에섬	

대전(에기연) 풍력발전기	
100 kW (1기)	100 kW × 1기
	자체제작
	2005. 10. 13
실증연구	한국에너지기술연구원
에너지기술연구원 제로에너지타운	

군산(새만금) 풍력발전소		
7.9 MW (10기)	850 kW × 4기	750 kW × 6기
	V52-850 kW (VESTAS, 덴마크)	NM 48/750 (NEG-Micon, 덴마크)
	2007. 11. 21	2004
상용발전	한국남부발전㈜	
전라북도 군산시 비응도 군장산업단지		

신안(비금도) 풍력발전단지	
3 MW (3기)	1 MW × 3기
	MWT-1000A (Mitsubishi, 일본)
	2008. 12. 25
상용발전	신안풍력발전㈜
전라남도 신안군 비금면 구림리	

사천 풍력발전기	
750 kW (1기)	750 kW × 1기
	750kW-U50 (유니슨, 한국)
	2008
자가발전	유니슨㈜
경상남도 사천시 사남면 초전리	

월령 풍력발전기(시범단지)	
100 kW (1기)	100 kW × 1기
	V20-100 kW (VESTAS, 덴마크)
	1995. 04. 13
실증연구	한국에너지기술연구원
제주도 북제주군 한림읍 월령리	

신창 풍력발전기	
1.7 MW (2기)	850 kW × 2기
	V52-850 kW (VESTAS, 덴마크)
	2006. 02
자가발전	제주특별자치도
제주도 제주시 한경면 신창마을	

한경 풍력발전단지		
21 MW (9기)	3 MW × 5기	1.5 MW × 4기
	V90-3.0 MW (VESTAS, 덴마크)	NM72V/1500 (NEG-Micon, 덴마크)
	2008. 02. 19	2004. 03. 03
상용발전	한국남부발전㈜	
제주도 북제주군 한경면 신창리/용당리		

삼달 풍력발전단지	
33 MW (11기)	3 MW × 11기
	V90-3.0 MW (VESTAS, 덴마크)
	2009. 11. 06
상용발전	한신에너지㈜
제주도 서귀포시 성산읍 삼달리	

풍력핵심기술연구센터
WIND TURBINE CORE TECHNOLOGY RESEARCH CENTER

대관령(삼양목장) 풍력발전단지

2.64 MW (4기)	660 kW × 4기
	V47-660 kW (VESTAS, 덴마크)
	2004
상용발전	강원도
강원도 평창군 도암면 횡계리	

대관령 풍력실증연구단지

2.25 MW (3기)	750 kW × 1기	750 kW × 1기
	HS50-750kW (1호기) (효성, 한국)	J-48 750kW (Jeumont, 프랑스)
	㈜효성	한국기계연구원(WTRC)
	750 kW × 1기	
	750kW-U50 (유니슨, 한국)	
	유니슨㈜	
실증연구	2004. 09 ~ 2006. 12	
강원도 평창군 도암면 횡계리		

대기리 풍력발전단지

2.75 MW (2기)	2 MW × 1기
	HS90-2MW (효성, 한국)
	2008. 09
	750 kW × 1기
	HS50-750kW (2호기) (효성, 한국)
	2007
실증연구	㈜효성
강원도 강릉시 왕산면 대기리	

울릉도 풍력발전기

600 kW (1기)	600 kW × 1기
	V44-600 kW (VESTAS, 덴마크)
	1999.11
자가발전	경상북도
경상북도 울릉군 북면 현포리	

매봉산 풍력발전단지

6.8 MW (8기)	850 kW × 8기
	V52-850 kW (VESTAS, 덴마크)
	2006. 09
상용발전	강원도 태백시
강원도 태백시 삼수동 매봉산	

태백 실증단지

2 MW (1기)	2 MW × 1기
	2MW-U88 (유니슨, 한국)
	2008
실증연구	유니슨㈜
강원도 태백시 삼수동 태백실증단지	

영양 풍력발전단지 (1차)

61.5 MW (41기)	1.5 MW × 41기
	AW77/1,500kW (Acciona, 스페인)
	2009. 05 현재
상용발전	㈜영양풍력발전
경상북도 영양군 석보면 요원리/삼의리	

영덕 풍력발전단지

39.6 MW (24기)	1.65 MW × 24기
	NM82C (NEG-Micon, 덴마크)
	2005. 04. 04
상용발전	영덕풍력발전㈜
경상북도 영덕군 영덕읍 창포리	

호미곶(포항) 풍력발전기

660 kW (1기)	660 kW × 1기
	V47-660 kW (VESTAS, 덴마크)
	2001. 02. 28
상용발전	경상북도 포항시
경상북도 포항시 대보면 호미곶	

고리 풍력발전기

750 kW (1기)	750 kW × 1기
	750kW-U50 (유니슨, 한국)
	2008. 09. 23
상용발전	한국수력원자력㈜
부산시 기장군 장안읍 효암리 신고리	

울산 풍력발전기

1.65 MW (1기)	1.65 MW × 1기
	HQ1650 (현대중공업, 한국)
	2009. 06
실증연구	현대중공업㈜
울산시 동구 전하동 현대중공업 본사	

밀양 풍력발전기

750 kW (1기)	750 kW × 1기
	LM 52/750 (Lagerwey, 네덜란드)
	2005. 03
자가발전	한국화이바㈜
경상남도 밀양시 상남면 연금리	

남일대 풍력발전기

550 kW (1기)	550 kW × 1기
	Z-40FS (Zond, 미국)
	2005
자가발전	남일대리조트
경상남도 사천시 향촌동 남일대리조트	

월정 풍력발전기

1.5 MW (1기)	1.5 MW × 1기
	HJWT1500/70 (한진산업, 한국)
	2005. 03
실증연구	한국에너지기술연구원
제주도 제주시 구좌읍 원정리	

행원 풍력발전단지

9.795 MW (15기)	750 kW × 5기
	NM 48/750 (NEG-Micon, 덴마크)
	660 kW × 7기
	V47-660 kW (VESTAS, 덴마크)
	600 kW × 2기
	V44-600 kW (VESTAS, 덴마크)
	225 kW × 1기
	V27-225 kW (VESTAS, 덴마크)
	1997 ~ 2003 (7년)
상용발전	제주특별자치도
제주도 제주시 구좌읍 행원리	

성산 풍력발전소

12 MW (6기)	2 MW × 6기
	V80-2.0 MW (VESTAS, 덴마크)
	2009. 03. 28
상용발전	한국남부발전㈜
제주도 서귀포시 성산읍 수산리	

김녕 풍력발전기

3 MW (1기)	3 MW × 1기
	WinDS3000 (두산중공업, 한국)
	2009. 10
실증연구	두산중공업㈜
제주도 제주시 구좌읍 김녕리	

Horns Rev
해상풍력발전단지(160MW)-덴마크

Middelgrunden
해상풍력발전단지(40MW)-덴마크

Bahrain World Trade Center(BWTC)
바레인 세계무역센터, 225kW급 3기

Enercon사(독일)의 세계최대의
풍력발전기 시제품, E-126, 6MW

최신 풍력터빈의 이해

An Understanding of Advanced Wind Turbines

대표저자 황병선

한국기계연구원
부설재료연구소

김봉기*
김실근**
김진봉**
남용윤*
문석준*
박승범**
박영준*
박종한**
박중규**
박지상**
엄문광**
염종택**
이근호*
이재선*
이진우**
이학구**
이희원**
임채환*
정종관*
조한욱*
홍은성**

가나다 순
*한국기계연구원
**한국기계연구원(부설) 재료연구소

A-JIN 도서출판 아진

머리말

전 세계적으로 그린에너지에 대한 관심이 지대하고, 국내에서도 풍력에너지에 대한 관심이 매우 높은 상황에 있다. 풍력에너지의 이용과 풍력발전기의 개발은 긴밀한 관계에 있음은 두말할 필요가 없다. 본 저자는 한국기계연구원의「풍력핵심기술연구센터」책임자로서 산업체 인력양성을 담당하면서 수강생들이 참고할 만한 적절한 입문서가 없음을 항상 아쉬워했고, 많은 사람들로부터 쉽게 접근할 수 있으며 개론적으로 설명된 자료를 요청받았다.

기존의 관련서적은 숫자가 부족하기도 하지만 풍력터빈 및 부품의 개념에 초점을 맞춘 서적이 거의 없고, 국외의 입문도서인 경우에 너무 개괄적이고, 전문화된 서적의 경우 너무 상세하여 전문적인 학문적 배경이 없이는 접근이 쉽지 않았다.

풍력터빈은 자동차, 항공기, 선박과 같이 종합적인 융합기술을 요구하는 분야이다. 따라서 저자의 전공에 따라서 관련서적의 강조점이 매우 다양하게 나타남을 알 수 있고, 소수의 저자가 참여하기에는 범위가 매우 넓다. 다행스럽게도「풍력핵심기술연구센터」에 참여하는 연구원들이 매우 다양한 전문분야를 가지고 있어 본 교재의 집필에 유리하다고 판단하였다. 본 교재의 목적은 국내의 풍력분야에 대한 관심을 가진 사람들이 개념을 비교적 쉽게 이해할 수 있는 입문서로써의 역할을 할 수 있도록 하는 것이다. 또한 전문적인 지식을 쌓고자 하는 독자들에게는 전반적인 사항을 이해할 수 있도록 개념적으로 설명하고자 하였다. 따라서 학생, 일반인, 산업계 종사자, 풍력산업에 관심을 가지고자 하는 사람들이 풍력에너지와 풍력발전기에 대한 전반적인 개념을 갖추는데 도움이 되길 기대한다. 아울러, 2009년 출판인쇄에 이어 원고의 수정 보완을 거쳐 좀 더 완성된 교재를 출판할 수 있게 된 것을 기쁘게 생각한다.

2009년 8월

대표저자 황병선

알리는 글

국내외의 풍력산업 현황과 관심도를 볼 때 시기적으로 빠른 시간 내에 본 교재의 발간 필요성이 있음을 느껴왔으나 집필이 쉬운 일이 아님을 본 교재의 작성과정을 통하여 느꼈다. 최신 자료를 활용하기 위하여 노력하였고, 많은 저자들이 참여하는 과정에서 약간의 중복이 있을 수 있고 일관성이 다소 부족한 면이 있을 수 있다. 내용상의 오류를 범하지 않기 위하여 다방면으로 노력하였지만 부족한 사항이 있을 수도 있을 것이나 추후 수정과 보완을 하고자 하며 본 교재가 풍력에너지와 그 이용기술, 풍력터빈에 대한 이해를 높이는데 조그만 보탬이 되었으면 하는 바람이다.

풍력산업은 급속히 발전하는 산업으로 상업화의 선두에 있는 선진 풍력산업체를 추격하기 바쁜 상황이다. 따라서 내용 중에서 실제 제품명과 회사명 등이 언급되었으나, 최신의 정보와 정확한 정보를 제공하기 위해서는 불가피한 면이 있었다. 하지만 집필자들은 이들 특정 제품이나 기관을 추천할 의도가 있는 것이 아님을 알린다.

또한 풍력발전기나 풍력터빈의 종류도 매우 다양하다. 하지만 본 교재를 통하여 모든 경우를 다룰 수 없어, 시장의 주류를 이루는 중대형 수평축풍력터빈 위주로 내용을 다루었다.

마지막으로 본 교재는 지식경제부의 신재생에너지 인력양성사업의 핵심기술연구센터사업 수행의 일부로 출판되었으며, 지식경제부, 한국에너지기술평가원과 에너지관리공단 관계자께 감사를 드린다. 아울러 그동안 바쁜 업무에도 불구하고 본 교재의 발간을 위하여 노력해 주신 많은 참여 연구원들과 항상 인내와 깊은 아량으로 이해해주신 가족들에게 깊은 감사를 드린다.

2009년 8월

집필자 일동

목 차

제 1 장

풍력터빈의 발전사

History of Wind Turbines

홍은성, 황병선, 박승범

풍력핵심기술연구센터
한국기계연구원 (부설) 재료연구소

1.1 서론

현대의 풍력발전기의 형태가 어떤 과정을 거쳐 갖추어졌는지 풍력발전기의 발전사를 알아봄으로써 풍력발전에 대한 이해를 돕고 오늘날 아마추어 개발자들과 일반인들이 반복적으로 범하는 시행착오와 오해에 대해 이해를 돕고자 한다.

인류는 바람을 에너지원으로 다양하게 활용하여 왔다. 초기에는 풍력을 기계적 에너지로 전환하여 양수나 제분의 동력원으로 직접 사용하다가 발전기의 발명에 따라 전력생산에도 이용되기 시작하였다. 20세기에 들어오면서 항공기 날개에 적용하던 양력 특성을 풍력블레이드(날개)에 적용하게 됨으로써 기존의 항력을 이용한 기술에 비해 고효율, 저비용, 대형화가 가능하게 되었으며, 송전시스템의 발전과 함께 현대식 풍력발전시스템이 등장하게 되었다. 그러나 풍력발전 보다 발전단가가 낮은 화력발전 등에 밀려 세계대전의 틈새에서 시장과 기술이 근근이 이어져 내려오다가 1970년대 세계 오일 위기 이후에야 본격적인 개발이 이루어지게 되었다.[1]

지난 1970년 대 말부터 1980년 대 중반까지 미국을 비롯한 유럽 선진국의 정부에서 추진한 기술주도의 개발은 그리 성공적이지 못하였다. 그러나 그 경험을 통해 확보된 기술은 수 MW급 대형 풍력발전기의 개발에 기여하였으며, 풍력발전의 효율증대와 풍력발전단가를 낮추는데 공헌하였다. 그리하여 덴마크 등에서 소규모 제조사를 중심으로만 이어져 내려오던 과거의 풍력발전기 시장이 오늘날에 이르러 활성화되기에 이르렀다.[2,3]

풍력발전기의 발전용량은 1900년부터 1980년대까지 80여 년간 수kW급에서 수십kW급으로 증가하였고, 1980년대 이후에는 기술의 발전속도가 가속화되어 MW급까지 증가하였다. 1980년 초 50kW급이던 풍력발전기 용량은 2009년 말 6MW급에 이르게 되었고, 세계 풍력발전 누적용량은 159GW에 이르게 되었다.

유가상승으로 인한 신재생에너지에 대한 관심과 발전수익의 증가, 풍력발전기의 성능향상과 탄소배출권 수익 창출 등에 따른 풍력산업의 시장경쟁력이 급격하게 향상되면서 신규시장 창출과 시장 확대에 따른 지속적인 투자를 유발하여 풍력발전기의 용량과 효율이 급격하게 증가하였다.

1.2 BC4000 ~ 3000

인류의 역사는 풍력 등 자연에너지를 이용해 온 도구의 개발 역사와 같이 한다고 볼 수 있다.[2-4]

그림 1.1과 같이 고대부터 인류는 자연에너지인 바람을 수송이나 기구의 작동에 필요한

동력원으로 다양하게 활용하였다. 범선에 이용된 일반 돛의 경우 바람의 항력만을 이용하였으나, 바람의 양력을 이용한 삼각형 돛을 활용하게 되면서 역풍을 거슬러 올라가는 기술을 획득하게 되었다. 우리나라의 연의 경우도 항력과 양력을 동시에 이용한 것으로 볼 수 있다.

산업혁명 초기 증기기관의 발명 이전까지는 수차와 함께 풍차는 주요 동력설비였다. 산악지역이 많은 우리나라의 경우에는 수차가, 평원지역이 많은 유럽에서는 고대부터 풍차가 널리 활용되어 왔다.

그림 1.1 풍력을 이용한 다양한 동력원의 예시

1.3 고대의 풍력이용(AD500 ~ AD1390)

인류가 곡식의 제분이나 급수를 위한 양수를 위하여 바람을 활용하기 시작한 것은 기원후 500 ~ 900년경 페르시아만과 동아시아 지역에서이다.

이들 지역에서는 식량생산 인력을 대체하는 수단으로써의 풍차를 이용함으로써 전쟁 등을 위한 대규모 인력동원을 용이하게 했을 것으로 여겨진다.

초기의 풍차는 그림 1.2와 그림 1.3과 같이 수직축 항력식 풍차로써 그림 1.4와 같은 구조였다.

그림 1.2 제분용 수직축 풍차, 아프카니스탄

그림 1.3 양수용 풍차, 고대 중국

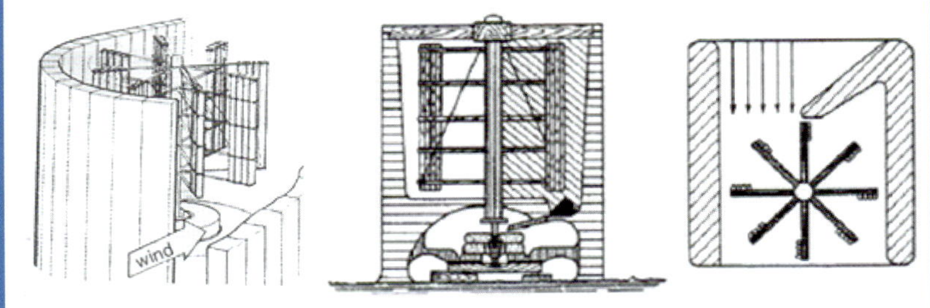

그림 1.4 AD 600년 페르시아 수직축 항력식 풍차, 곡식의 제분이나 급수를 위해 사용

이와 같은 수직축 항력식 풍차는 기원 후 1270년경에 수평축 항력식으로 변환한다.[2,5] 초기의 수평축 풍차는 그림 1.5와 같이 그리스 크레타(Crete)식으로서 축을 수평으로 두고 이를 중심으로 돛 날개를 장착한 것(post windmill)이다.[4]

수직축에서 수평축으로의 혁신적 변화 요인은 잘 알려지고 있지 않지만, 동시대의 수평축 수차 방식의 모방에 따른 획기적인 구조적 효율 증대에서 그 원인을 찾을 수 있을 것으로 추정된다. 이와 같은 풍차는 목재 기어를 사용하여 수평축의 운동을 수직축으로 전환하여 맷돌을 돌렸을 것으로 추정된다.[2]

그림 1.5 AD 1270년 그리스 크레타 수평축 풍차

1.4 중세 네덜란드식 풍차(AD1390 ~ 1850)

1390년대 초에는 그림 1.6과 같은 전형적인 네덜란드식 풍차가 정립되어 유럽 전역에서 널리 사용되었다. 크레타식 돛 날개 풍차의 진보된 형태의 네덜란드식 풍차는 여러 층으로 된 탑을 축조하여 그 위에 회전자 날개를 설치하는 구조(tower windmill)이고, 나무로 틀을 만들고 천으로 씌워서 만들어진 대부분 4개의 날개로 구성된다.[4]

1592년에 처음으로 네덜란드에서는 풍차를 이용하여 기계톱을 작동시킨 기록이 있다. 또 풍차의 위력은 그것이 노동자의 해고를 촉진할 것이라는 걱정 때문에, 풍차가 군중의 폭동으로 파괴되는 경우도 없지 않았다. 예를 들면 1768년에는 라임하우스(그레이터 런던의 동쪽 끝에 있는 타워햄릿 자치구의 한 동네)란 곳에서 풍차를 파괴하는 일도 있었다.

1700년대부터는 그림 1.7과 같은 네델란드식 풍차가 6,000대 이상 보급 되었다. 이와 같은 네덜란드식 풍차를 이용하여 1850년대 말 증기기관의 발명으로 도래된 산업혁명 이전까지 네덜란드에서는 산업동력의 80%를 풍력으로부터 얻었다.

이 풍차는 전통적인 양수와 제분뿐만 아니라 목재 제재, 향신료, 염료, 담배 등 다양한 소비재의 제조 공정에서 요구되는 동력원으로 활용되었다.

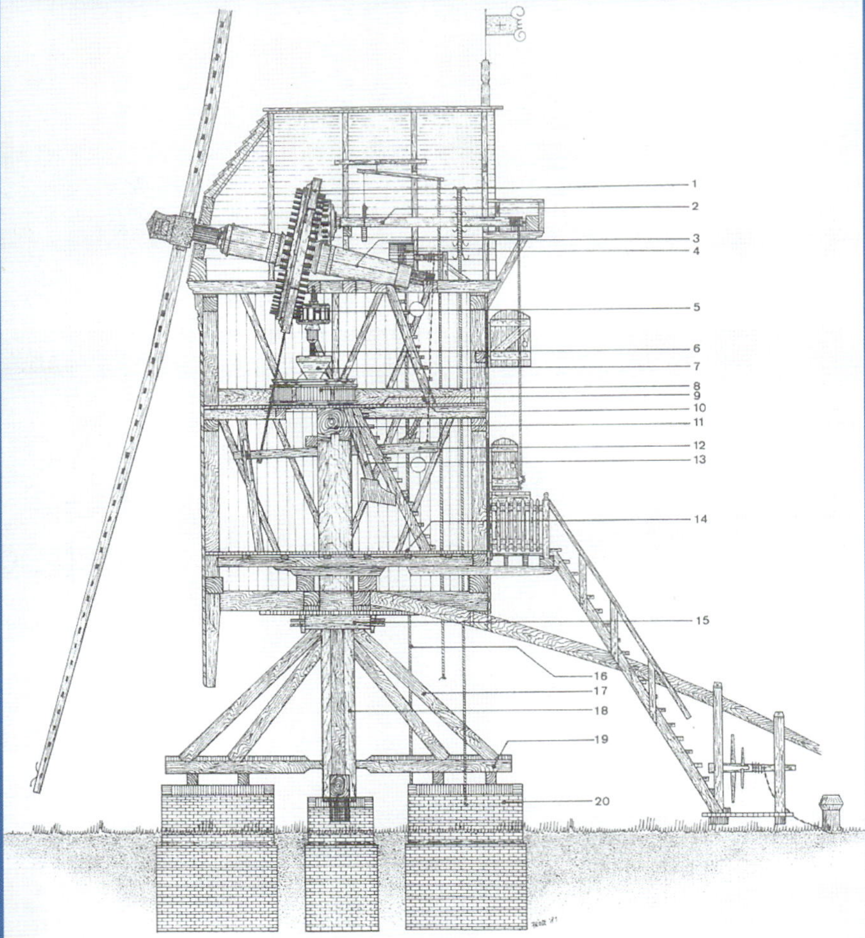

post windmill

1	Cog wheel	8	Millwork	15	Crown tree
2	Sack "take-off"	9	Stone floor	16	Brake chain
3	Windshaft	10	Meal boad	17	Quarter bars
4	Brake	11	Meal beam	18	Main post
5	Wallower	12	Brake beam	19	Cross trees
6	Upright Shaft	13	Meal spout	20	Piers
7	Hopper	14	Meal floor		

그림 1.6 Post windmill(Wind Turbines, Erich Hau, Springer, 2005)

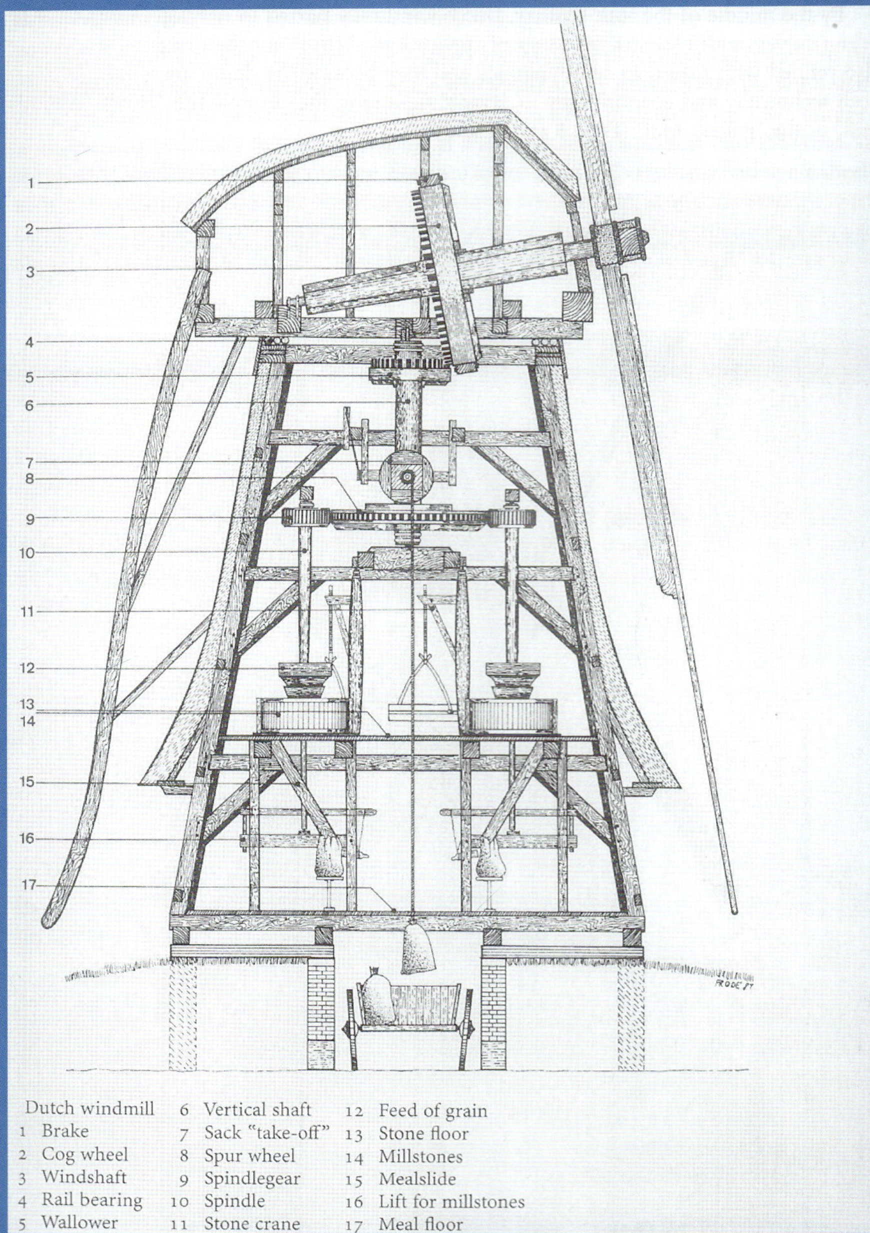

그림 1.7 Dutch windmill(Wind Turbines, Erich Hau, Springer, 2005)

1.5 근대 미국식 풍차(1854)

미국에서는 양수를 목적으로 한 1854년 Halladay 풍차를 시작으로 미국식 풍차가 정립되어 오늘날까지 널리 사용되어 오고 있다.[5]

그림 1.8 근대 미국식 풍차

이 풍차는 그림 1.8과 같이 다수의 날개가 금속판으로 구성되어 있다.

미국식 다익형 풍차는 1마력(馬力)내외의 출력을 내는 소형으로서, 1850년대부터 1970년대까지 미국 전역에 6백만 대 이상 보급되어 농장과 목장에서 양수를 위한 주요 동력원으로 사용되었다.

1.6 풍력발전기의 등장과 기술의 성장

풍력발전기의 발전 기술에 있어서 역사적으로 가장 중요하다고 할 수 있는 것은 발전기의 발명과 양력기술의 발견이다. 그림 1.9는 풍력발전기 기술의 토대가 되는 역사적으로 중요한 내용들을 연도별로 나열하였다. 이러한 기술을 기반으로 전력생산용 풍차 즉 풍력발전기가 등장하게 되었고 20세기에 들어오면서 청정에너지를 이용한 에너지를 자원화하는 방안이 대두되면서 많은 전력 생산을 할 수 있는 풍력발전기가 요구되기 시작한다. 이러한 요구사항들로 인해 고효율, 저비용, 대형화가 가능한 양력기술을 풍력블레이드에 적용하게 되었고 대형 풍력발전기가 등장하게 된다.[2]

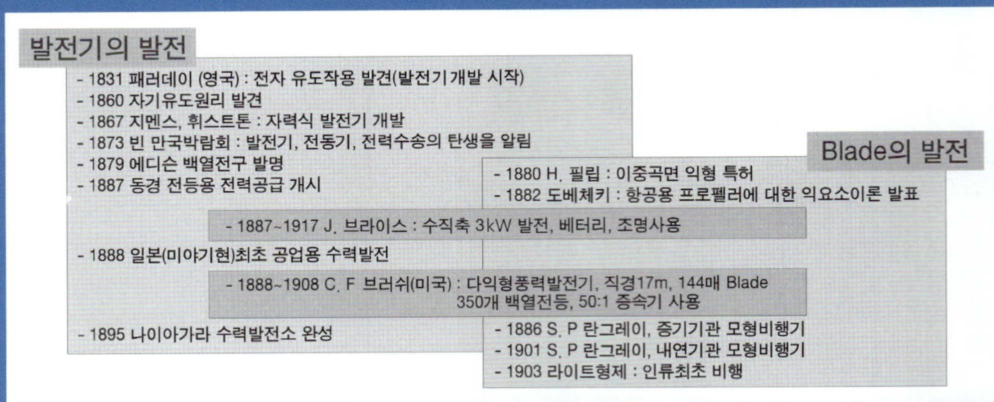

그림 1.9 풍력발전기 개발과 관련된 중요 사항

1) 최초의 전력생산용 풍력발전기(1887 ~ 1888)

최초의 전력생산용 풍력발전기는 1887년 ~ 1888년에 Charles F. Brush가 미국 오하이오주 클리블랜드에서 처음 사용하면서 시작되었다.[6-8] 이 풍력발전시스템은 그림 1.10에서 보여 주는 바와 같이 미국식 다익형으로 17m 직경에 144개의 날개와 50:1의 증속 기어를 장착하였으며 500rpm의 직류 발전기로 구성되었다.[1] 이 풍력발전기는 20년 동안 12개의 배터리를 이용하여 350개의 백열전등과 2개의 아크전등 그리고 3개의 모터를 운전했다.[6-8]

처음 인류가 풍력자원을 동력자원으로 활용하기 시작한 기원 후 6세기경의 페르시아 수직축 항력식 풍차와 동일하게 19세기말 Brush의 최초 풍력발전시스템인 수평축 다익형 풍차는 공기역학적 양력 현상에 대한 지식부족으로 항력만이 고려된 저속풍력발전기로 한정되었다. 이와 같은 개념의 적용은 여전히 오늘날에도 많은 아마추어 개발자들에게 관심을 끌고 있다. 이는 공기역학적 양력현상에 대한 이해가 부족한데서 한 이유를 찾을 수 있을 것이다.

그림 1.10 C. F. Brush가 1888년에 개발한 최초 전력생산용 풍력발전기

2) 항공역학적 날개 이론에 의한 현대 대형풍력발전기(1897)

P. 라쿨 풍력발전기 풍력발전의 아버지라 불리는 P. 라쿨(Poul La Cour, 덴마크)은 1891년 세계 최초의 실험용 풍력발전기(블레이드 4매, 반경 5.8m, 시위길이 2m)를 개발하였다. 그는 1896 ~ 1908년까지 다양한 익형(airfoil)실험을 통하여 항공역학적 날개 이론을 적용한 고속풍력발전기를 개발했다.[6-8]

1897년 P. 라쿨은 처음으로 공기역학적 양력현상을 이용하여 4개의 초보적 비행기 날개형상의 블레이드를 갖춘 고속회전용 낮은 솔리디티(solidity) 특성의 유럽형 풍차를 활용하여 대형 풍력발전시스템을 개발하였다. 이 발전시스템은 직경 22.8m, 블레이드 시위길이 2.5m, 조속장치(그림 1.11, 불안정한 바람에서 일정한 출력을 얻기 위한 장치)를 사용하여 2대의 2kW 직류발전기를 구동하여 축전지(150V, 50A 용량) 충전과 동시에 물을 전기분해하여 수소를 생산하였다. 그는 또한 풍력발전기 설계를 위한 풍압측정을 위해 풍압측정기를 고안하였으며, 풍압측정기 시험에 필요한 풍속을 얻기 위해 직경 0.5m, 길이 2.2m의 원통형 풍동을 제작하였다.

세계 1차 대전 종료까지 25kW급 P. 라쿨의 풍력발전시스템은 덴마크 전역에 널리 보급되었으나, 저렴한 대규모 화력발전에 밀려 점차 쇠퇴의 길을 걷게 된다.

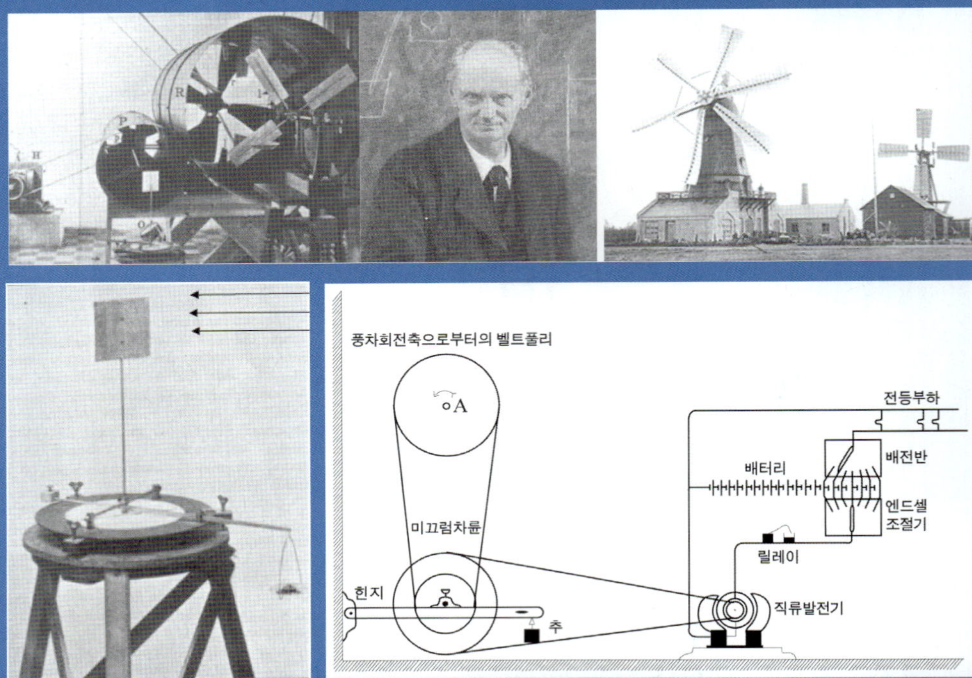

그림 1.11 P. 라쿨이 고안한 풍동, 풍속계, 조속장치

아그리코(Agricco) 풍력발전기 1918년에 2명의 덴마크 엔지니어인 P. 빈딩(Poul Vinding)과 J. 젠슨(Johannes Jensen)은 그림 1.12와 같은 항공기의 공력날개를 전용한 새로운 타입의 풍력발전기를 개발하였다. 이것은 블레이드의 각도를 조절하는 피치제어를 통하여 저풍속에서의 고효율과 고풍속에서 기계식 요 장치(yaw system)를 갖추고 있었다.[2,3]

1921년에서 1945년까지 24년간 덴마크 국립기계시험소에서 행해진 실증실험에서는 종래의 라쿨 풍차보다 30% 이상이나 효율이 높은 것이 증명되었다.

이 시기인 1918년에 덴마크 전역에 보급된 20 ~ 30kW급 풍력발전시스템의 총용량은 3MW에 달했고 총 전력수요의 3%를 담당하고 있었다.[6-8]

이후 세계 2차 대전 중에 에너지 공급 위기의 발생으로 다시 풍력발전에 관심이 증대되기 시작한다.

그림 1.12 Agricco 풍력발전기, 1918

제이콥스(Jacobs) 풍력발전기 한편 미국의 제이콥스(M. L. Jacobs)는 1922년부터 1 ~ 3kW급 프로펠러 방식의 소형 풍력발전시스템을 개발하였는데, 1920년부터 1960년까지 1만대가 제조되어 미국 중서부지역 오지에 보급되었다. 이 시스템은 직류발전 방식으로 축전지에 전기를 저장하였다가 농가의 전등과 당시 라디오의 전원으로 사용되었다. 하지만 점차 냉장고, 세탁기, 전동공구 등 직류 전동기를 사용하는 가전제품에 소요되는 전기의 용량이 증가하면서 바람이 불어야만 발전이 되는 풍력발전시스템의 간헐적 운전특성이 문제로 제기되기 시작한다. 그림 1.13은 1932년도의 2.5kW급 제이콥스 소형풍력발전기를 보여 주고 있다.[2,3]

그림 1.13 제이콥스 풍력발전기, 1932

1.7 대형풍력발전기의 등장(1930 ~ 1985)

1) 대형 풍력발전기의 모색

점차적으로 전기사용량이 많아짐에 따라 풍력발전기 또한 그에 맞는 발전시스템 개발의 필요성을 느끼게 되었고 보다 많은 전력을 생산할 수 있는 풍력발전기 개발에 대한 연구가 이루어지기 시작한다. 1931년, 구소련에 의해 개발된 100kW급 "WINE 3-30" 풍력발전기가 그 대표적인 산물이다. 이 풍력발전기는 목재기어의 효율이 낮았으며, 35km 떨어진 화력발전소(20MW)에 연계되어 사용되었다.[2,3]

세계 최초의 MW급 풍력발전기는 1941년 미국에서 개발된 '스미스 파트남'으로써, 출력 1,250kW, 직경 53m, 스테인레스 블레이드 2매, 각 블레이드 중량이 8톤이나 되었다. 하지만, 1945년 3월 상업운전 개시 1개월 만에 블레이드 연결부분이 절손되는 문제가 발생하였다.[6-8]

1930년대에서 1960년대까지 10건 이상의 상용전력망과 연계하는 출력 100kW이상의 풍력발전시스템 개발이 진행되었으나 독일의 "휴터 풍력발전기(100kW)"와 덴마크의 "게슬(Gedser) 풍력발전기"만이 성공을 거두었다.

2) 전쟁으로 인한 대형풍력발전기의 개발 중단

1932년 독일의 H. 혼테프는 250m의 철탑 위에 직경 160m의 로터(블레이드 1세트) 3 ~ 5개를 설치하는 출력 100MW급 맘모스 풍차를 구상하여 1937년에 4개년 계획이 수립되었으나 현실화 되지는 못했다.[1,4]

1937년 크라인헨츠에 의해 시작된 풍력발전기(직경 130m, 정격출력 10MW) 개발계획은 1938 ~ 1942년에 걸쳐 MAN사에 의해 검토 되었으나 2차 세계대전으로 개발이 중지되었다.

1937년 구소련의 높이 65m, 직경 100m, 5MW 계획 또한 2차 세계대전으로 중지되었다.

2차 세계대전 직후 미국에서는 실패한 "스미스 파트남 풍력발전기"를 중심으로 풍력발전기 2개를 조합한 6.5MW급 풍력발전기 개발을 계획했으나 1950년 한국전쟁으로 중지 되었다.

3) 덴마크식 풍력발전시스템의 출현(~ 1940)

오늘날 대형 상업용 풍력발전시스템의 전형적 모델이 되는 덴마크식 풍차는 2차 세계대전 중인 1940년대에 태동된다. 독일 나치의 지배하의 덴마크는 연료공급이 제한되었기 때문에, 풍력발전이 번창하여 1940년 20kW급 16기였던 풍력발전기 수가 1944년 봄에는 90기에 달했다.[6-8] 덴마크식 풍력발전기는 그림 1.14에서 보여 주는 바와 같이 3개의 프로펠러식 날개, 원통형 타워(지주대), 유도형 발전기 등의 특징을 갖는다.[2,3]

2차 세계대전 중 스미스사(F. L. Smith, 현재 시멘트 설비제조업)가 블레이드 수가 2 ~ 3개인 근대식 풍력발전시스템을 개발하여 다수를 건설하였다. 초기에는 여전히 직류발전기를 장착하고, 콘크리트 타워로 만들어져, 지금의 덴마크식 풍력발전시스템의 초기 모델 역할을 한다.

1957년 덴마크의 J. 율(Johannes Juul)은 현대의 풍력발전시스템의 원형인 전기 · 기계식 풍향추적(electromechanical yawing)에 의한 전방향식(upwind), 유도형 교류발전기(asynchronous generator), 블레이드 실속제어(stall control) 방식을 함께 사용하는 풍력발전기를 고안했다.

이후 율(Juul)이 제작한 Gedser 풍력발전시스템(200kW)은 여러 해 동안 세계에서 가장 큰 규모의 풍력발전기로 있었고, 11년 동안 특별한 정비 없이 잘 운전되어 오다가 1975년부터 몇 년간 미국 NASA의 요청으로 풍력성능시험을 수행한 후 해체되어, 지금은 비에링브로(Bjerringbro, 덴마크) 전기박물관에 전시되고 있다.

그림 1.14 에어로모터(Aeromotor), 40 ~ 70kW급, F. L. Smith사(2차 세계대전 중)

4) 오일 위기 이후의 풍력발전시스템(1941 ~ 1985)

1973년 1차 오일 위기 후 다시 풍력에너지에 대한 관심이 고조되어 덴마크, 독일, 스웨덴, 영국 그리고 미국 등의 전력산업 분야 대기업들은 대형 풍력발전시스템의 개발에 뛰어들었다. 또한, 1978년 2차 오일 위기 후 각 선진국은 정부 주도하에 다양한 종류의 풍력발전시스템 대한 대형화 연구개발 프로그램이 추진되지만 그 결과는 그리 성공적이지 못하였다.[2,3]

그림 1.15의 수직축 양력식 풍차인 다리우스(Darrieus) 풍력발전시스템은 블레이드 직경 34m, 높이 약 50m의 미국 SNL(Sandia National Laboratories)에서 개발한 것과 캐나다의

4MW급 EOLE 프로젝트가 그 중에 하나다. 개발과정에서 수많은 기술적 성과가 있었지만 결국 상용화에는 이르지 못하였다.[2]

다른 한편, 미국 NASA는 1975년에 100kW급 MOD-0을 시작으로 1987년에 3.2MW급 MOD-5B까지 MOD 계열의 풍력발전시스템을 개발한 바 있다(그림 1.15). 이 가운데 보잉(Boeing)사가 제작한 MOD-5B는 블레이드 지름은 대략 98m(320ft)로 1987년부터 1993년까지 미국 하와이주 카후쿠에 건설되어 실증 시험 운전된 바 있다.[6-8]

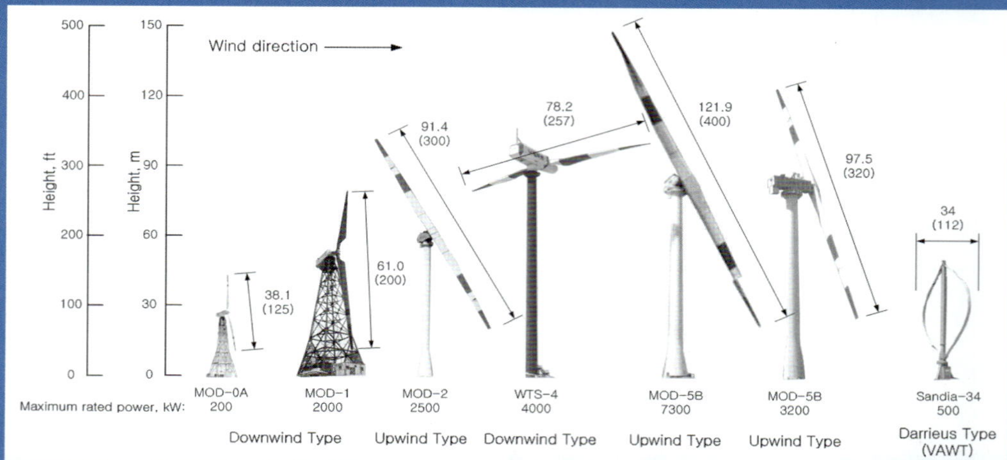

그림 1.15 풍력발전기의 크기변화와 타입(type)

유럽에서도 1980년대에 들어 독일, 스웨덴 등에서 정부의 지원 아래 초대형 풍력발전시스템에 대한 연구개발이 수행된다. 독일의 경우, 1976년에 Growian(Grosse Windenergie Anlage) 프로그램을 시작하여 1983년에 MAN사가 제작한 3MW급 블레이드 직경 100m에 시동풍속 4.5m/s, 정격풍속 11.2m/s 그리고 정지풍속 24m/s의 Growian I이 Kaiser-Wilhelm-Koog에 건설 된다. 그러나 이 풍력발전시스템은 기술적 문제로 3주 동안 500여 시간 운전 후 가동을 멈추게 된다.

캐나다의 EOLE 프로젝트는 Hydro-Quebec 전력회사와 NRC(National Resource Council)가 Quebec주 Cap-Chat에서 수행한 높이 100여 미터, 블레이드 지름 60m의 4MW 다리우스식 풍력발전시스템 설치사업으로써 1984년에 시작하여 1986년 말에 건설이 완료되었으며, 1988년부터 수직축 베어링의 파손이 발생된 1993년까지 5년간 12.7GWh 전력을 생산하였다. 또한 스웨덴은 미국과 함께 Medicine Bow에 Hamilton- Standard사의 2개의 날개를 채택한 4MW급 WTS-4 수평축 프로펠러식 풍력발전시스템을 1982년에 건설하여 돌풍으로 파손되는 1986년까지 총 15.8GWh 전력을 생산했다.

정부 주도로 이루어진 이와 같은 대형 풍력발전시스템의 시제품에 대한 개발은 정치적, 산업적 및 기술적 장애로 인하여 거의 대부분 실패로 돌아갔다. 결국 1980년대 초 미국 캘리포니아주에 정책적으로 조성된 풍력발전단지에서부터 덴마크식으로 불리는 Gedser형의 풍력발전시스템이 시장을 주도하게 된다. 하지만 오늘날의 풍력발전시스템의 개발추세를 보면 규모의 대형화를 통한 경쟁력 확보에 있으므로, 1980년대에 이루어진 선진국들의 연구개발 방향은 문제가 없었던 것으로 보인다.

1.8 현대 풍력발전시스템의 대형화

1) 상업화 진입과 풍력발전시스템의 대형화(1986 ~ 1990)

오일 가격이 안정화 되면서 초창기 풍력발전기 개발의 큰 축을 담당하던 미국에서 풍력발전사업 수익성에 대한 의문이 제기되기 시작했다. 초창기 대형 풍력발전시스템의 시제품에 대한 실증시험은 1990년대에 들어서 WEGA-I을 시작으로 1996년부터 2000년까지 EU의 WEGA-II 프로그램이 진행된 바 있다.[1]

이 후부터는 유럽의 풍력연구소들은 수 MW급 풍력발전시스템에 대한 직접적인 연구개발보다는 기초 및 응용연구, 표준과 인증시험 프로그램의 개발로 방향을 전환한다.

그리고 대형 풍력발전시스템의 시제품 개발은 시장의 수요를 충족하는 차원에서 덴마크의 Vestas와 Siemens, 독일의 Enercon, 미국의 GE Wind, 인도의 Suzlon, 스페인의 Gamesa 등 주요 제작사가 주도하게 된다.

21세기 들어 개발 중인 대형 풍력발전시스템의 규모는 5 ~ 6 MW급이며 그림 1.16[9]에서는 상업용 풍력터빈 규모의 대형화 경향을 요약한 것이다.

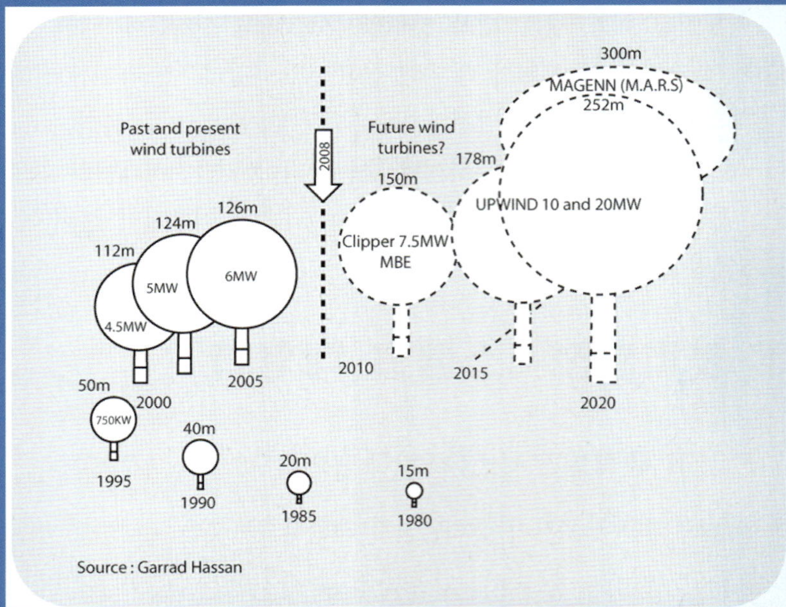

그림 1.16 상업용 중대형 풍력터빈 크기의 변화
출처: GH & Wind Energy-The Facts 2009, EWEA

2) 풍력발전시스템의 상업화 성공(2000년 이후)

풍력발전시스템의 상업적 보급은 1990년대 중반 이후 본격적으로 이루어지게 되고, 2009년 말 현재 세계 누적 풍력설비용량은 대략 159GW에 달하고 있다. 2009년 한 해에만 새로 설비된 풍력발전 용량은 38,312MW로써 시장 규모는 약 500억 유로로 지난해와 비슷하다.[10]

최근까지 풍력발전시장의 대부분은 유럽지역이 차지하고 있지만, 점차 북미 지역과 아시아 지역으로도 확대되어 가고 있는 추세이다.

풍력시장의 급성장과 확대에 따라 풍력발전시스템의 대형화로 인한 발전단가의 저하는 시장 진입의 주요 인자로 작용하게 된다. 풍력시장의 확대와 함께 유사한 추이로 상업용 풍력발전시스템의 단위 용량 규모도 1980년대 초의 50kW급에서 현재 6MW급(그림 1.17)까지 120배 정도 커졌음을 알 수 있다.

또 다른 풍력발전 시장의 중요한 급성장 요인은 리파워링(repowering) 수요이다. 리파워링은 기존의 낡은 설비를 신규 발전기로 대체하는 것인데, 상업화된 풍력발전기가 본격적으로 설치된 시기가 1980년대 초반이고 이들의 사용연한이 20년 정도이므로 신규설비 교체 수요가 꾸준히 일어나고 있다.

그림 1.17 독일 Enercon사, E-126 / 6MW

초창기의 발전기들이 지역적으로 바람의 품질이 높은 곳에 위치해 있고, 발전기의 용량이 당시 25KW에서 현재 2MW ~ 3MW 수준까지 커지면서 kW당 발전효율의 증가와 함께 발전용량 또한 100배 이상 증가하였기 때문에 사업자들의 노후 설비 교체 수요는 점점 더 증가하고 있다.

국내 대부분의 대기업들도 2000년도에 들어서면서 풍력발전에 관심을 가지기 시작했고, 2007년 고유가파동과 2008년 세계금융 위기를 거치면서 국가차원에서 그린에너지 성장정책을 세계적인 추세에 따라 추진함으로써 대부분의 역량 있는 대기업이 신재생에너지 특히 발전효율 대비 발전단가가 낮은 풍력발전 시장에 뛰어들게 되었다.

3) 풍력발전시스템의 초대형화(2005년 이후)

1999년 MW급 풍력발전시스템의 출현 이후, 이와 같은 풍력발전시스템의 대형화는 2010년대에는 10MW급 규모에 달할 것으로 보고되고 있다. 참고로 그림 1.17은 Enercon사의 6MW급 풍력발전시스템으로써 현재 설치된 초대형 풍력발전기의 대표적인 모델로 블레이드 길이만 126m에 달한다.

증속방식의 풍력터빈이 주류를 이루면서 발전해 왔고, REpower사의 5MW제품이 대표적인 초대형 증속기형 풍력터빈이다. 전통적인 증속방식의 풍력발전시스템보다는 직접구동식의 경우가 나셀이 더 커지게 되며 그 무게도 더 증가하는 경향이 있다.

이와 함께 직접구동식과 증속방식의 절충형으로 새로운 개념의 하이브리드(hybrid)형의 터빈이 제안되고 있는데 대표적으로 상용화된 모델이 Multibrid™ M5000 풍력터빈이다. Multibrid™ 방식은 1단 증속기와 동력축 지지대를 일체화 하고 동기발전방식을 채택한 것이다. 드라이브 트레인(drive train) 방식에 따른 Enercon사의 6MW급 풍력발전기와 Multibrid™과 같은 하이브리드형 풍력발전기에 대한 내용이 3.8 드라이브 트레인에서 좀 더 구체적으로 언급하고 있으므로 참고하길 바란다.

현재 사용되는 드라이브 트레인의 방식에 따른 발전방식을 정리해 보면 크게 Enercon사는 직접구동식 동기발전방식, AREVA와 WinWinD사는 hybrid 방식 그리고 그 외 전통적인 증속형 비동기발전방식으로 구분할 수 있다.

이와 같은 초대형 풍력발전시스템은 운송 또는 건설상의 제약이 있어 주로 해상 풍력발전단지에 적용되고 해상 풍력발전의 송전은 일반적으로 고압직류방식이 유리하다.

이들 초대형 풍력발전시스템의 개발은 제조업체에 의하여 자체적으로 이루어지고 있으며 현재 대부분이 유럽업체이다. 그러나 2008년 이후 풍력발전기의 설치 용량이 중국과 미국이 독일을 앞섬에 따라 기존의 유럽 중심적이던 풍력산업이 북미와 아시아권에서 활발하게 움직임을 보이고 있고 특히 미국은 1999년에 시작한 미국 DOE(Department of Energy)의 WinPACT Program 등을 통하여 다양한 미래형 풍력발전시스템의 구성과 요소에 대한 연구개발을 수행함으로써 자체 시장을 활용하여 차세대 풍력산업에서 미국은 중요한 위치를 차지할 것으로 판단된다.

풍력발전의 향후 성장 동력은 리파워링(repowering)과 해상용 풍력발전(offshore)이 될 것이라는 예측과 함께, 미국 중심으로 한 북미지역과 중국 중심으로 한 아시아지역의 풍력산업의 발전과 함께 풍력발전시스템 보유량이 더욱 더 증가하여 기존의 유럽 중심적이 아닌 전세계적으로 풍력발전사업은 활발한 움직임을 보일 것이다.

이에 대한 설명은 추후 제2장과 제3장에서 자세하게 언급될 것이다.

1.9 풍력발전기의 내일

최근에는 그림 1.18과 같이 중소형 풍력발전기를 중심으로 건축물과 결합된 형태의 풍력발전기 시장이 개척되고 있다. 그림과 같이 건물에 풍력터빈을 설치하는 경우는 매우 도전적인 실험이다. 터빈에서 생산되는 전력은 건물 소요량의 11 ~ 15%를 담당하여 조명과 냉난방 등에 활용할 것으로 알려져 있다. 터빈의 운전에서 오는 진동문제 등이 해결되어야 하지만 풍력에 대한 관심이 고조되고, 대형풍력 뿐만 아니라 소형풍력터빈에 대한 사람들의 관심이 커지고 있는 이때에 이러한 시도는 매우 고무적인 것으로 받아들여지고 있다.

그림 1.18 Bahrain World Trade Center(BWTC) 바레인 세계무역센터, 225kW급 3기

미래에는 또한 그림 1.19와 그림 1.20과 같이 풍력발전의 가장 큰 어려움인 지리적 한계를 극복하는 다양한 기술이 개발 되어 새로운 풍력발전 시장이 창출 될 것이라 생각된다. 현 단계에서는 소형 시제품제작 등을 통하여 가능성을 타진하는 아이디어 수준에 있으나, 지속적인 연구개발이 수행된다면 기존의 수평축(3블레이드)터빈과 같이 대형화 및 대규모화가 가능할 것으로 생각된다.

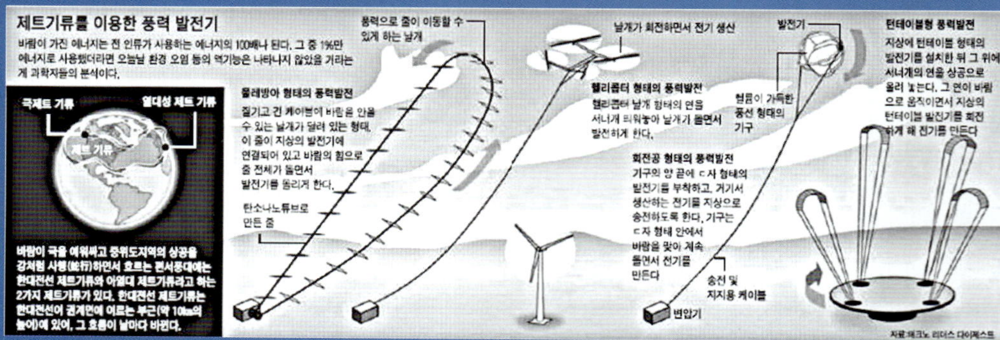

그림 1.19 다양한 풍력발전기 기술

출처 : 테크노 리더스 다이제스트

(a) 캐나다의 비행선 풍력발전기(Maggen Air Rotor System)

(b) 이탈리아의 연 발전기

그림 1.20 미래 풍력발전기 모형도

☑ 참고문헌

1. Discover the unique power of the wind, Vestas.

2. 김은일, "풍력발전기술 연구개발의 약사", **태양에너지** 제3권 제3호 특집, pp. 21-30.

3. 산업자원부, **풍력발전단지 건설을 위한 지침서 및 지역 수용성 제고방안 연구**, 2004.

4. **History of wind turbine**, Unison.

5. J. F. Manwell, J. G. McGowan, A. L. Rogers, **Wind Energy Explained**, John Wiley & Sons, Ltd., 2002.

6. 고경남 역, **풍력공학입문**, 문운당, 2007. 4.

7. 牛山 泉, **風車工學入門**, 森北出版株式會社, 2004.

8. **風力發電技術(改訂版)**, 淸水幸丸, 1999.

9. K. H. Bergey, "The Lanchester-Betz Limit," **Journal of Energy**, Vol. 3. No. 6, 1980, pp. 382-384.

10. **WWEA Wind Energy Report 2009**-World Wind Energy Association, March 2010.

제 2 장

풍력에너지와 풍력터빈의 개요

Introduction to Wind Energy and Wind Turbines

황병선, 이희원, 김실근

풍력핵심기술연구센터
한국기계연구원 (부설) 재료연구소

2.1 서론

본 절에서는 풍력에너지와 이를 전기에너지로 변환하는 풍력터빈의 전반적인 사항을 폭넓게 다루어서 독자가 머릿속에 개념을 떠올릴 수 있도록 하였다. 바람이 전기에너지로 변화하는 과정을 정확하게 이해하기 위해서는 다양한 학문적 배경이 필요하다. 따라서 본 단원에서는 기본적인 물리학적인 소양을 지닌 독자가 이해할 수 있는 수준으로 비교적 간단하게 설명하고자 하였다. 전반부는 풍력에너지에 대하여 간략하게 설명하였고, 후반부에는 풍력터빈의 종류별 혹은 부품별로 간략히 설명하여 개념을 이해할 수 있도록 하였다. 각 세부분야에 대한 보다 자세한 내용은 따라오는 단원을 참고하기를 바란다.

2.2 풍력에너지의 정의

풍력에너지(wind energy) 태양이 지구의 일정한 표면을 가열할 때 지구의 표면을 덮고 있는 육지, 강, 바다, 산 등의 밀도가 달라서 태양에너지를 흡수하는 정도가 달라지고 온도차가 발생하여 주변의 공기의 밀도도 달라져서 밀도가 낮은 공기는 상승하고 이를 채우기 위한 공기덩어리의 이동이 곧 바람(wind)이다. 인간은 이 바람에너지를 기계적에너지 및 전기에너지로 전환하여 사용하는데 이때 얻어지는 에너지를 풍력에너지(wind energy)라고 한다. 따라서 풍력에너지도 태양에너지의 일종으로 간주되어 재생에너지(renewable energy)로 분류된다.

2.3 풍력발전기의 정의

풍력터빈(wind turbine) 풍력발전기는 바람의 운동에너지를 기계적 운동을 거쳐서 전기에너지로 변환하는 장치를 말한다. 이에 따라 풍력에너지 변환시스템(WECS, wind energy conversion system), 간단히 풍력시스템(wind system), 풍력발전기(wind generator), 풍력터빈(wind turbine) 등으로 표현한다. 이와 함께 최근까지 많이 사용되는 단어로는 풍차(windmill)가 있는데, 이것은 풍력에너지를 기계적 에너지로 주로 활용하는 기계를 말한다. 고대부터 현재까지 양수, 제분, 교반, 착유, 제재 등의 용도로 제작된 에너지변환 장치로써 풍차라고 정의하는 것이 최근의 경향이다.

바람에너지를 전기에너지로 변환함에 있어 그 과정을 간단히 살펴보면, 그림 2.1과 같다. 바람을 받아들이는 로터가 있고, 축회전을 제동하기 위한 기계-전기적 브레이크, 저속의 로터블레이드 회전을 고속으로 증가시키는 증속기(gearbox), 전단축(고속축), 전기를 발생시키는 발전기가 있다. 로터가 바람을 받아 회전하면 주축, 증속기 등을 거쳐 회전력이 발전기에 전달되어 전기를 생산한다. 그리고 우리가 사용하는 고품질의 전기를 얻기 위해서는 제어장치, 전력변환장치 및 연계설비를 거치게 된다.

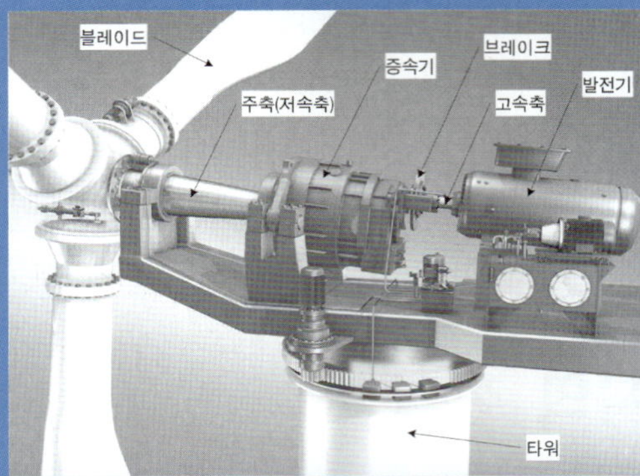

그림 2.1 풍력터빈의 개략도

바람에너지는 로터블레이드 및 구동장치를 거치면서 초기의 유입에너지의 약 20 ~ 40%정도만 전기에너지로 변환된다. 로터블레이드의 회전에 의한 터빈의 효율은 이론상으로는 최대 59.3%를 회수할 수 있다. 이 후 증속기(gearbox)와 발전기 등이 구동할 때 발생하는 마찰에 의한 손실, 발전기의 효율 등을 고려하면 추가적으로 10 ~ 20%의 손실이 발생한다.

2.4 풍력에너지 및 최대 가용출력

운동량이론(momentum theory) 질량 m을 가진 공기입자의 모임이 속도 v로 움직일 때 운동에너지는 식(2.1)과 같이 표현한다.

$$E = \frac{1}{2}mv^2 \tag{2.1}$$

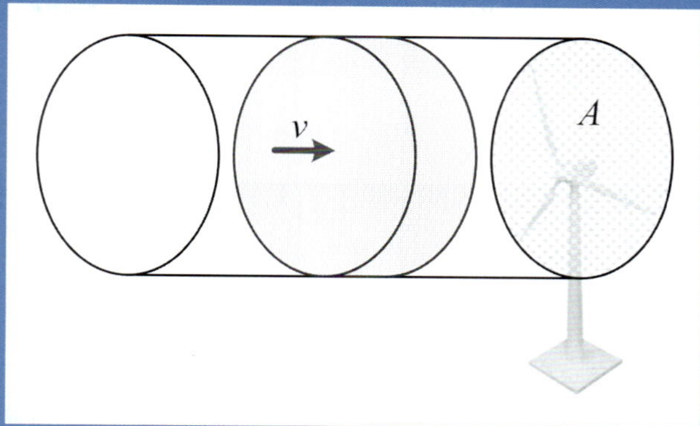

그림 2.2 로터 디스크를 통과하는 공기의 유동

바람 속에 바람방향과 수직인 면적이 A인 엑츄에이터 디스크(가상원판, actuator disk)라고 가정하면, 디스크를 단위시간 당 통과하는 바람의 체적은 풍속과 면적의 곱이 된다. 그리고 질량은 체적과 밀도의 곱으로 질량유동속도(mass flow rate) $\frac{dm}{dt}$은 공기밀도 ρ, 풍속 v, 디스크 면적 A의 함수로 주어진다.

$$\dot{m} = \frac{dm}{dt} = \rho A v \tag{2.2}$$

단위시간당 에너지변화가 출력이므로 바람의 최대 가용출력 P는 식(2.3)으로 나타낼 수 있다.

$$P = \frac{dE}{dt} = \frac{d}{dt}\left(\frac{1}{2}mv^2\right) = \frac{1}{2}\frac{dm}{dt}v^2 \tag{2.3}$$

따라서 식(2.1)에 식(2.2)를 대입하면 바람의 최대가용 출력은 식(2.4)와 같다.

$$P = \frac{1}{2}\rho A v^3 \tag{2.4}$$

여기에서,

P : 출력 [W]
ρ : 공기밀도 [kg/m^3]

A : 로터 회전면적 [m^2]
v : 풍속 [m/s]

이 식은 자유 유동의 공기흐름에서 에너지 변환장치에 의하여 얼마나 기계적 에너지를 얻을 수 있는지를 설명해 준다. 출력은 블레이드의 회전 반경과 공기밀도에 비례하며 풍속의 세제곱에 비례하므로 출력은 풍속의 영향에 가장 민감하게 반응함을 알 수 있다.

엑츄에이터 디스크는 수평축형 풍력터빈에서 블레이드의 회전에 의하여 생기는데, 바람에 의하여 블레이드가 회전운동을 하는 원리는 2.7절에서 설명한다.

2.5 풍황과 풍력에너지

앞 절에서 언급한 바와 같이 풍력에너지의 출력은 풍속의 세제곱에 비례하기 때문에 풍황(wind resource)이 좋은 곳에 풍력발전기를 설치하는 것이 발전의 성패를 좌우하게 된다. 따라서, 바람의 특성을 정확하게 이해하고, 측정하고, 예측하는 기술이 매우 중요하다.

풍력에너지를 이해하기 위해서는 풍황과 관련된 기본적인 사항인 풍향, 평균풍속, 풍력에너지 밀도, 윈드 시어(wind shear) 등의 개념을 이해하는 것이 필요하다.

평균풍속(average wind speed) 대개 건물이나 나무 등과 같은 장애물의 영향을 받지 않는 높이에서, 혹은 국제적으로 통용되는 표준 기상관측 높이인 10m 이상 지점에서 측정하고 10분 동안 부는 속도의 평균값을 평균풍속, 순간 측정값을 순간풍속이라고 한다. 평균풍속은 일정시간동안 측정된 풍속을 평균한 값으로, 예를 들면 10분 간격으로 6번을 측정하였을 경우 1시간동안의 평균풍속은 산술평균으로 계산할 수도 있는데 단순하게 측정횟수로 나누는 일반적인 산술평균에 의한 평균풍속의 계산법은 실제 풍속보다 낮게 나타날 수 있어 적절한 방법이 아니다.

순간풍속을 $v(t)$라 하고 통계적으로 계산될 평균 풍속을 v_a, 일정한 시간 T, 에서의 평균풍속에서의 변동값을 $v'(t)$라고 한다면,

$$v(t) = v_a + v'(t) \tag{2.5}$$

로 나타나고 평균풍속 v_a에 대하여 표현하면 아래와 같다.

$$v_a = \frac{1}{T}\int_0^T v(t)dt \tag{2.6}$$

좀 더 간편하게 앞 절의 풍속-출력 3승의 관계를 고려한 가중 평균식, 식(2.7)을 이용하면 비교적 정확한 값을 얻게 된다.

$$v_a = \left(\frac{1}{n} \sum_{i=1}^{n} v_i^3 \right)^{\frac{1}{3}} \tag{2.7}$$

예를 들어, 7회 측정된 10분 평균풍속이 4.3, 4.7, 8.3, 6.2, 5.9, 9.3, 7.5m/s라고 하면 단순 산술평균은 6.6m/s, 가중 평균식인 식(2.7)에 의해 계산된 평균풍속은 7.02m/s가 된다. 산술평균보다 가중 평균식에 의한 평균값이 0.42m/s(6.4%)가 높은데 이 값은 전기에너지로 변환하게 되면 많은 차이가 생기는 것을 알 수 있다.

어떤 지역의 풍력에너지 잠재량을 평가하는 예비정보를 제공해 줄 때 일반적으로 평균풍속이 최소 7m/s이면 풍력발전에 좋은 조건을 가졌다고 말한다. 하지만, 최근 풍력터빈이 점차 고성능화 되면서 이보다 낮은 풍속에서도 충분히 경제성을 지닐 수 있어 이러한 개념도 점차적으로 변하고 있다.

바람측정 및 분류(wind measurement & classification) 바람의 강도를 예측하기 위하여 오래전부터 관습적으로 사용해오는 대표적인 방법이 뷰포트 스케일(Beaufort Wind Scale)인데, 육지와 해상에서의 각각의 스케일을 0 ~ 12 등급으로 나누었다. 0은 바람이 없는 상태(calm)이고, 6은 강풍(strong breeze), 10은 폭풍(storm), 12는 허리케인(Hurricane)으로 풍속 116km/hr 이상을 나타낸다.[1]

풍력분야에 적용하는 또 다른 바람의 분류법은 미국 NREL(National Renewable Energy Laboratory)에서 제시하는 풍황측정 등급으로서 1에서 7등급으로 나눈다.[2] 이에 관한 내용은 표 2.1에 나타나 있는데 측정 고도는 10m와 50m 두 가지 높이를 제안하고 있다. 특징적인 것은 다음절에서 설명될 풍력에너지 밀도(wind power density)를 기준으로 분류하는데, 10m 높이에서 1등급은 0~100W/m^2, 2등급은 100~150W/m^2 등으로 일정한 간격으로 7등급으로 분류하고 있다. 우리는 앞의 풍속과 풍력에너지 밀도와의 관계식에서 이 등급에 해당하는 풍속을 계산해 볼 수 있다.

표 2.1 표준 윈드 클래스의 정의(Used in the U.S.)[2]

Wind Power Class	10m height		50m height*	
	Wind Power Density (W/m²)	Wind Speed** (m/s)	Wind Power Density (W/m²)	Wind speed (m/s)
1	0	0	0	0
	100	4.4	200	5.6
2	150	5.1	300	6.4
3	200	5.6	400	7.0
4	250	6.0	500	7.5
5	300	6.4	600	8.0
6	400	7.0	800	8.8
7	1,000	9.4	2,000	11.9

* Vertical extrapolation of wind speed based on the 1/7 power law
** Mean wind speed is based on Rayleigh speed distribution of equivalent mean wind power density

위의 바람강도의 분류와 독자들이 간혹 혼동하는 부분이 풍력터빈 등급(wind turbine class)의 분류방법이다. 이에 대해서는 후반부의 터빈의 설계에서 언급될 예정으로 다소 빠른 감이 있지만 여기에서 간단히 언급하고자 한다. 터빈의 사양을 결정할 때 어떤 등급으로 할 것인가에 대한 규약으로 표 2.2와 같이 IEC 규정이나 인증기관의 가이드라인에서 제시하고 있다.[3]

따라서 풍력터빈 제조사가 Class Ia 풍력터빈을 개발하고 있다면, 허브 높이에서의 기준풍속이 50m/s급이며, 50년에 한번 씩 발생하는 70m/s의 풍속과 난류강도를 설계에 반영하게 된다.

표 2.2 IEC 규정에 의한 풍력터빈의 분류방법[3]

Class	Ⅰ		Ⅱ		Ⅱ		Ⅳ		S
기준풍속 V_{ref}(m/s)	50		42.5		37.5		30		
년평균풍속 V_{avg}(m/s)	10		8.5		7.5		6		
50년주기 돌풍 풍속(m/s)	70		59.5		52.5		42		
1년주기 돌풍 풍속(m/s)	52.5		44.6		39.4		31.5		
난류 강도 클래스	a	b	a	b	a	b	a	b	제조사 특별사항
I_{15}, 15m/s 난류강도 특성치(%)	18	16	18	16	18	16	18	16	
I_u 난류강도	0.21	0.18	0.226	0.191	0.24	0.2	0.27	0.22	

풍속의 분포(distribution of wind velocity) 실제 풍속과 풍향은 시간에 따라서 계속하여 변한다. 에너지량을 산출하기 위해서는 단순히 평균풍속만을 아는 것만으로 부족하다. 일정시간 동안의 풍속의 변화가 필요한데 이것을 풍속의 도수분포(frequency distribution)라 하며, 대개 그림 2.3과 같이 히스토그램 형태로 나타낸다. 이 그림에서 가장 빈도수가 높은 풍속대는 8 ~ 12m/s이고 최고풍속 10m/s가 나타나는 빈도는 약 18%이고 평균풍속은 8.5m/s이다.

이러한 실험적 결과를 가장 유사하게 이론적으로 표현하는 것이 그림 2.3의 그래프에서 실선으로 표현되어 있는 와이블 분포(Weibull distribution)함수이며 레일리 분포(Rayleigh distribution)함수와 함께 현재 풍황관련 연구에서 가장 많이 활용하고 있다. 예를 들면, 와이블 분포를 나타내는 식을 식(2.8)과 같이 나타낼 수 있다.

$$f(V) = \frac{k}{c}\left(\frac{V}{c}\right)^{k-1} \exp\left[-\left(\frac{V}{c}\right)^{k}\right] \quad (k > 0, V > 0, c > 1) \tag{2.8}$$

k : 형상계수(shape parameter)

c : 척도계수(scale parameter)

와이블 파라미터가 정해졌을 때, 풍속이 일정한 값 이상이 되는 확률을 이 식에 따라서 계산하여 어떤 풍속으로 연간 몇 시간 정도 불어 줄 것인가를 예측하게 된다.

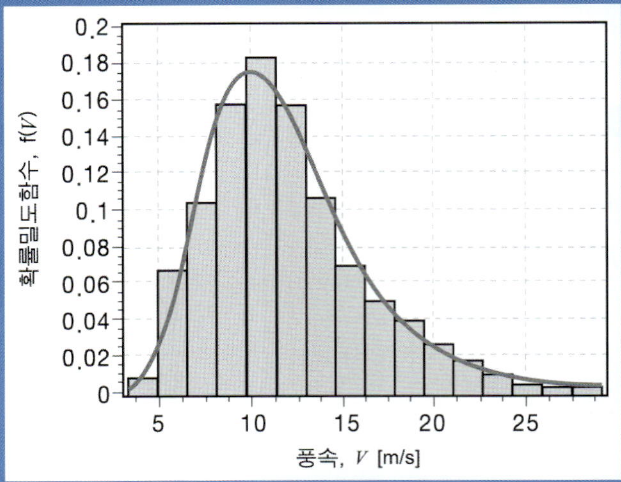

그림 2.3 벨(bell) 모양의 대표적인 풍속 vs 빈도수(frequency)

풍력에너지 밀도(WPD, wind power density) 식(2.4)를 엑츄에이터 디스크가 만드는 가상면적 A로 나누어서 풍속과 공기밀도 만으로 표시하여 관심지역에서 얻을 수 있는 풍력에너지량을 정량적으로 나타내고자 하는 것이다. 따라서 풍력에너지밀도의 단위는 W/m^2로 나타낸다. 예를 들면, 평균풍속이 6.45m/s이고 공기밀도가 $1.24 kg/m^3$일 경우 그 WPD는 $166 W/m^2$로 나타난다.

공기밀도(air density) 대기의 단위부피당 질량이다. 식(2.4)에서 보는 바와 같이 출력은 공기밀도에 비례하기 때문에 풍력에너지의 계산에서 중요한 인자이다. 정확한 계산을 산출하기위하여 위치, 계절, 온도, 습도에 따라서 변화가 있는 공기밀도의 측정과 예측은 필요하다. 실제적인 예로써 풍력터빈의 규모가 커지기 때문에 허브가 있는 100m 높이에서의 공기 밀도와 지표면에서의 그 것은 당연히 달라서 정확한 공기밀도의 제공이 보다 정확한 출력의 계산에 필수적인 사항이다. 대표인 예로써 IUPAC(International Union of Pure and Applied Chemistry) 표준온도와 기압(20°C 와 101 kPa)에서 건조공기(dry air)의 밀도는 $1.2041\ kg/m^3$이다.

풍속의 높이변화(wind shear) 지표면에서 풍력터빈의 높이에 이르기까지 동일한 지점에서의 공기흐름은 그 높이에 따라 바람의 속도가 달라진다. 이유는 지표면으로 갈수록 지표면의 영향을 받아 마찰저항이 발생하여 공기의 흐름이 느려지기 때문이다. 이러한 현상 때문에 높이에 따른 풍속의 측면도(wind speed profile)는 그림 2.4와 같이 기하급수적으로 변화하는 형태로 나타난다. 이 현상을 윈드 쉬어(wind shear)라고 표현하고 이것을 식(2.9)와 같이 수학적 표현인 지수법칙(power law)으로 나타낼 수 있다.

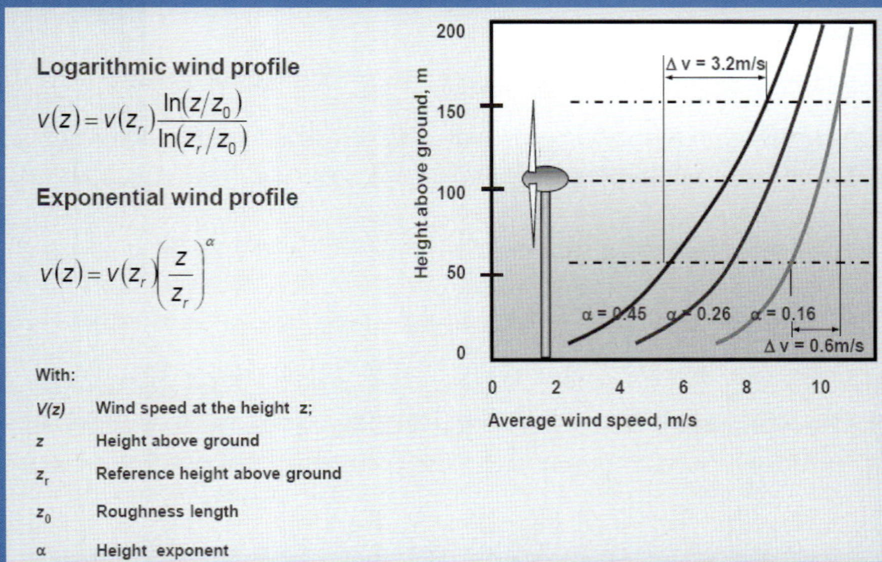

그림 2.4 수직 방향으로의 풍속 프로파일
출처: H. Seifert, tutorial WWEC 2009

$$V(Z) = V(Z_r)\frac{\ln(Z/Z_0)}{\ln(Z_r/Z_0)} \qquad \text{혹은}$$

$$V(Z) = V(Z_r)\left(\frac{Z}{Z_r}\right)^{\alpha} \tag{2.9}$$

$V(Z)$, $V(Z_r)$: 지상으로부터의 높이 Z 및 Z_r 에서의 풍속
α : 지수(exponent)
Z, Z_r, Z_o : 임의의 높이, 기준높이(허브높이), 조도장

정확한 풍력에너지의 산출을 위해서는 풍력터빈의 허브높이에서의 풍속을 알 필요가 있다. 위의 식은 일정 높이에서 얻어진 풍속데이터를 실제 풍력터빈의 허브높이에서의 풍속으로 보정하는데 활용할 수 있다. 보정계산을 위한 계수는 조도계수와 지수가 있는데 이들은 다양한 지표면의 상태와 장애물 등을 고려하여 실험적으로 얻어진 값을 활용한다.

풍향(wind direction) 풍속과 함께 바람의 상태를 표현하는 중요한 인자로써 바람이 부는 방향을 말한다. 대개 풍속과 바람 방향의 변화를 주어진 기간에 출현빈도를 방사형 그래프로 표현하는데 이를 바람장미(wind rose)라고 한다. 이때 가장 빈도수가 높은 풍향을 주풍향이라고 하며 평균풍속도 중요하나 주풍향의 빈도수가 50%이상 되는 것이 풍력발전단지의 선정에서 유리하다고 볼 수 있다.

그림 2.5는 빈도수 바람장미의 예[4]를 나타낸 것으로 풍속 등급별 발생빈도를 도식화하였다. 풍속이 3.5m/s 이하는 8.3%, 3.5 ~ 13.0m/s 풍속범위에서는 61.4%, 13 ~ 25%는 24.1%, 25m/s 이상은 6.2%의 예시이다. 중대형 풍력터빈의 경우 3.5m/s는 시동풍속, 25m/s는 종단풍속에 해당하므로 이 지역에서 풍력발전이 가능한 풍속의 발생빈도는 85.5% 이상이 되는 것을 알 수 있다.

여기에서는 실제적인 예를 들어 설명하는 것이 이해를 돕는데 매우 유익할 것으로 보인다. 그림 2.6에는 우리나라에서 풍황이 대체로 우수한 지역의 자료를 예로 들었다. 일반적으로 알려진 바와 같이 대관령 인근 지역, 태백산맥 일원, 제주도 지역, 동남해안 및 서남해안 지역 등이 그 예이다. 연평균 풍속이 매우 우수한 지역을 나타내었지만, 주풍향 빈도수가 50%이하인 지역이 다수 있는데, 무등봉, 진도, 흑산도 등이다. 이 지역에서 풍력단지를 개발하기 위해서는 대상지역의 자세한 풍황조사가 필요하다.

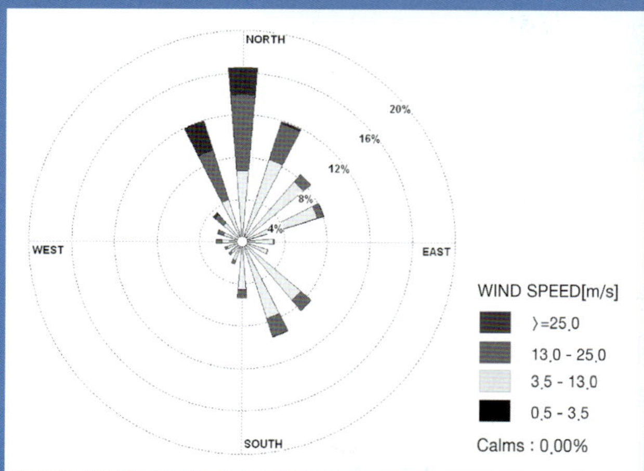

그림 2.5 빈도수 바람장미의 예[4]

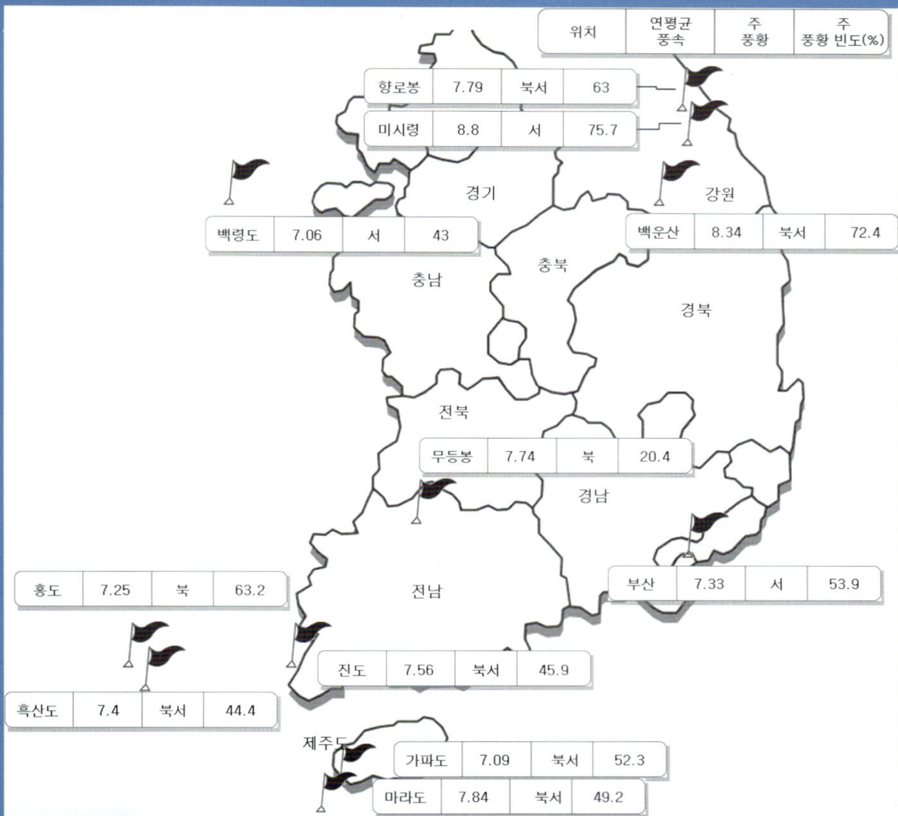

그림 2.6 국내 풍황의 예시
출처: 기상청

풍력단지(wind farm) 풍황 조건이 우수하여 경제성이 좋아 다수의 풍력터빈을 설치하여 전력을 생산하는 곳을 풍력단지(wind farm) 혹은 풍력발전소(wind power plant)라고 한다. 풍력발전 단지건설 계획을 수립할 때 풍력자원평가가 선행되어야 한다. 식(2.4)에서 나타난 바와 같이 출력은 풍속의 세제곱에 비례하는데 만일 예측된 풍속보다 10% 차이가 난다면 출력이 약 27% 감소하게 되어 풍력단지의 경제성에 치명적인 결과를 가져오게 될 것이다. 유럽에서 발달된 풍력자원평가 기술로 유럽의 평단지형에 적합한 모델이 발전하였으나 우리나라와 같은 복잡한 지형의 경우에는 특히 이 기술의 개발이 중요하게 고려되고 있다.

풍력단지를 설계함에 있어 경제성이 있는 단지를 찾기 위해서는 정부에서 사전에 연구를 통하여 산출한 자료를 검토할 필요가 있다. 이에 따라 발전과 경비를 줄일 수 있다. 한국에너지기술연구원에서는 그간 우리나라 전체에 대한 풍력자원을 조사하여 그림 2.7과 같이 일반에게 공개하고 있다.[12] 그림은 가로와 세로가 각 각 10km 지역으로 나누어서 조사한 내용이다. 표에서는 풍속에 따른 면적과 개발이 가능한 출력을 예측하였는데, 육상 풍력의 경우 약 7.8GW 정도가 풍력발전으로 개발할 수 있다고 보고하고 있다. 왼쪽 하단의 박스내부에는 인천 앞 섬지역의 자세한 풍황자료를 나타내고 있다.

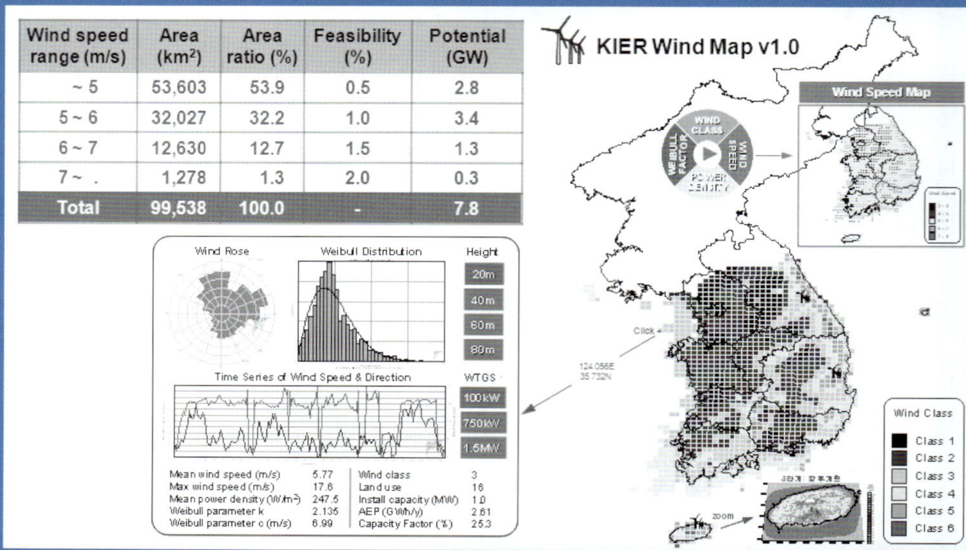

Wind speed range (m/s)	Area (km^2)	Area ratio (%)	Feasibility (%)	Potential (GW)
~ 5	53,603	53.9	0.5	2.8
5 ~ 6	32,027	32.2	1.0	3.4
6 ~ 7	12,630	12.7	1.5	1.3
7 ~ .	1,278	1.3	2.0	0.3
Total	99,538	100.0	-	7.8

그림 2.7 한국에너지기술연구원에서 개발한 국내 바람지도[12]

출처: www.kier.re.kr

풍속측정 풍속을 측정하기 위해서는 우리는 가깝게는 기상대의 백엽상과 혹은 부근에 설치된 풍향풍속계를 생각하게 된다. 그것은 매우 기초적인 풍향과 자료로 활용이 가능하다. 풍력발전을 위한 풍황의 측정은 보다 정교하고 많은 작업을 필요로 한다. 가장 기본적인 자료는 지상 10m 부근과 이상에서 측정된 것이다. 이 기본적인 자료는 풍황이 우수한 지역을 선별하는 정도로 활용한다. 비용이 많이 드는 풍력터빈을 설치하는 장소의 선정은 경험과 측정자료를 요구한다. 비록 앞의 절에서 언급한 것과 같이 터빈의 나셀 위치에서의 풍속을 예측하기 위하여 보정값을 도입하기는 하나 실측이 매우 중요하다. 이에 따라서 기상탑(met masts 혹은 meteorological masts)을 예산이 허용하는 한 실제 나셀의 높이까지 세워서 기준풍속을 측정하는 것이 일반적이다.

그림 2.8은 풍속, 풍향, 온도와 습도 측정을 위한 대표적인 측정장치의 예시이다.

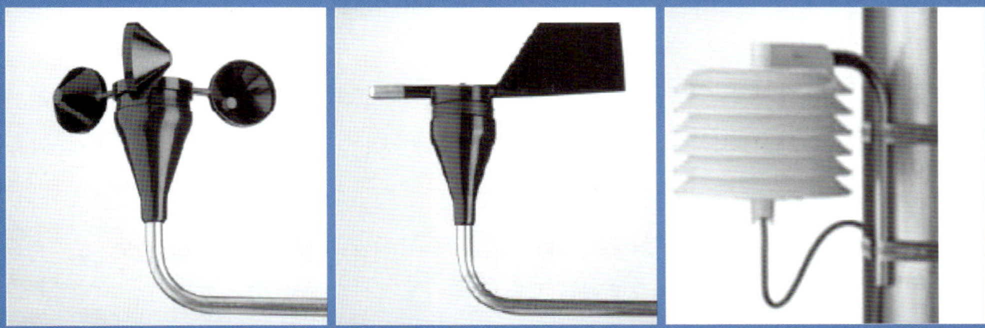

그림 2.8 (a) 풍속계, (b) 풍향계, (c) 온도 측정기

그림 2.8(a)는 풍속측정기로서 3-cup형이라 불리고, 대개 1 ~ 96m/s 까지의 풍속을 측정할 수 있다. 풍향계는 기계적 작동으로 360° 방향으로 측정한다. (c)는 외부의 온도를 측정을 위한 온도계로서 -40℃에서 50℃ 정도까지 측정이 가능하다.

100m 이상에서의 풍속, 풍향, 온도와 습도 등을 측정하기 위해서 기상탑을 건설하는 것은 상당한 시간과 비용이 소요된다. 따라서 최근의 다양한 기술의 진보로 레이저 혹은 음파를 활용하여 이러한 데이터를 확보하는 기술이 발전해 있다.

대표적인 것이 SODAR(sonic detection and ranging)와 LIDAR(light detection and ranging 혹은 laser identification and ranging)라고 하는 측정장비이다.

SODAR는 기상난류현상에서 음파를 발사하여 분산되고 반사되어 돌아오는 음파를 포착하여 30m ~ 1,000m에 이르는 높이까지의 온도, 습도, 풍속 등을 측정하는 시스템을 말한다. 대기 오염 측정 등과 관련된 업무에도 활용하고 있는데, 이 때 사용하는 주파수는 고주파(high frequency)로써 4,500Hz 이상이며, 원격 측정장치의 일종이다. 특히 3D wind profiler라고도 하며, 기존의 풍향 풍속계의 2차원 적인 측정보다는 3차원의 데이터를 확보할 수 있는 장점이 있다.

이러한 측정장비는 세계적으로 소수의 회사에서 판매하고 있으며, 국내에서는 기상학과, 기상청, 한국에너지기술연구원 등에서 보유하고 있는 고가의 장비이다.

LIDAR는 마이크로파를 이용하는 레이더와 동일한 원리로 작동하지만, 전파펄스 대신에 빛의 펄스를 이용하기 때문에 기존의 레이더보다 훨씬 높은 정밀도를 가지고 있다. 고정식 타워방식의 문제점을 극복하여 주변 환경의 영향에 관계없이 설치가 빠르고 용이하고, 관측 지점간의 이동이 쉬운 장점이 있어, 장비 자체의 가격은 높지만 풍력단지 조성 및 운영을 위한 최적의 풍황관측 시스템으로 고려되고 있다.

레이저빔(green laser beam)을 공중에 발사하여 공기 중에 있는 에어로졸형태의 입자에서 반사되어 오는 산란된 빛을 감지하여 그 변화를 분석하여 풍속, 풍향, 온도 등을 측정해 내는 원리이다. LIDAR의 경우 측정높이는 10 ~ 200m 정도, 풍속은 2 ~ 70m/s 정도를 측정할 수 있는 것으로 알려져 있다.

풍황의 측정은 원격지나 고공의 고정식 타워에 측정시스템과 센서가 설치되어 있어 자동으로 측정과 기록을 수행하는 장비가 발전되어 있다. 이를 특히 AWS(automatic weather station)이라고 한다.

2.6 풍력발전기의 종류와 특징

풍력발전시스템의 분류방법은 표 2.3과 같이 매우 다양하다. 분류함에 있어 특별한 규정은 없으나 일반적으로 형상과 기능에 따라서 표 2.3과 같이 분류하고 있다.

표 2.3 풍력발전시스템의 분류

분류기준	형식(type)
회전축방향	수평축풍력발전시스템(프로펠러형, HAWT, horizontal axis wind turbines)
	수직축풍력발전시스템(다리우스형 및 기타, VAWT, vertical axis wind turbines)
공력이용방식	양력방식(lift types)
	항력방식(drag types)
운전방식	정속운전(fixed rotor speed)
	가변속운전(variable rotor speed)
출력제어방식	실속제어방식(stall regulated types)
	피치제어방식(pitch regulated types)
전력사용방식	계통연계(grid connected types)
	독립 및 복합운전(stand-alone hybrid types)
계통연계방식	전용량컨버터(full scale frequency converter)
	부분용량컨버터(partial scale frequency converter)
증속기 사용여부	간접 구동식(geared types)
	직접 구동식(gearless types)
발전기 종류	동기발전기(synchronous generators)
	유도발전기(induction generators)
수풍 방향	전방향형(upwind types)
	후방향형(downwind types)
설치 위치	육상풍력터빈(onshore types)
	해상풍력터빈(offshore types)

2.6.1 회전축방향에 의한 분류

풍력발전기의 회전축 방향에 따라 분류하면 그림 2.9(a)와 (b)에 나타낸 것과 같이 수평축형과 수직축형으로 크게 나눌 수 있다. 즉, 바람이 불어오는 방향과 평행하게 축이 놓이는 것을 수평축 터빈, 수직으로 설치되는 것이 수직축 터빈이다. 수직축형은 수평축형과는 다르게 요잉제어를 필요로 하지 않는 것이 큰 특징이다.

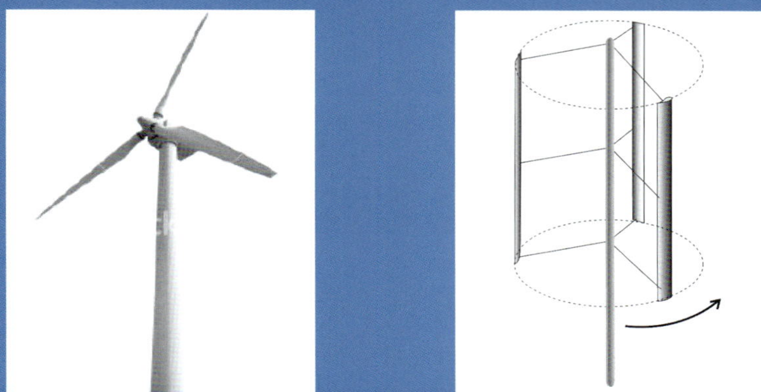

(a) 수평축 풍력발전기 (b) 수직축 풍력발전기

그림 2.9 풍차 회전축에 따른 분류

수평축 풍력발전기 풍력발전용을 중심으로 가장 많이 이용되고 있는 것이 그림 2.10의 프로펠러형 풍력발전기이다. 그림 2.10에 나타낸 것과 같이 2매 또는 3매의 블레이드가 많지만, 1매나 4매 이상의 블레이드를 갖는 것도 있다. 또한, 특별한 경우로 나셀 앞과 뒤에 3매의 날개를 부착하여 설계하는 이중로터 발전기(dual rotor wind turbine)도 소개되고 있다. 미국 서부개척 시절에 평원에서 양수 용도로 많이 사용되었던 다익형 풍차도 있으나 이는 높은 토크를 이용하여 펌프를 가동하지만 발전용으로는 사용되지 않았다.

그림 2.10 풍력터빈의 블레이드 수에 따른 분류

수직축 풍력발전기 종류를 보면 일정한 단면형상의 원호형상 날개의 양끝을 수직축으로 2 ~ 3매 붙인 형상의 다리우스형(Darrieus type)과 수직으로 붙여진 대칭익형 블레이드(매수는 2 ~ 4매)가 풍향에 대하여 자동적으로 최적의 받음각(angle of attack)을 얻는 구조의 자이로밀형(gyromill type)이 있다. 그리고 핀란드인 S. J. 사보니우스(Savonius)에 의해 1920년대에 고안된 사보니우스형이 있으며, 반원통형의 날개를 마주보게 하여 편심 시키고 있다. 일반적으로 반원통형의 날개는 2개로 구성된다. 수평축 풍력터빈과는 달리 수직축 풍력터빈은 많은 종류가 고안되어 왔다. 제1장의 풍력발전기의 역사에서 약간 언급이 되었지만, 다리우스형, 자이로밀형, 사보니우스형, Panemone형 등 매우 많이 있으나 본 단원에서는 아래 3종류에 관해서만 설명하였다.

다리우스형(Darrieus type) 다리우스형 풍력발전기는 그림 2.11(a)와 같이 일정한 단면형상의 원호형상 날개의 양끝을 수직축에 2 ~ 3매 붙인 특이한 형상의 풍차이다. 풍향에 무관하게 회전할 수 있고, 풍속이상의 높은 주속을 얻을 수 있으며, 시스템이 간단하고 발전 시스템의 중량물을 지상 가까이 놓을 수 있는 등의 특징이 있고 가격도 저렴하다. 하지만 자기기동성이 부족한 것이 단점이다.

자이로밀형(gyromill type) 이 풍력발전기는 수직으로 붙여진 대칭익형 블레이드(매수는 2 ~ 4매)가 풍향에 대하여 자동적으로 최적의 받음각(angle of attack)을 얻는 구조를 갖는다. 다리우스형과 같이 비주기 제어방식과 비교하면 구조적으로 조금 복잡하지만 효율이 높은 것이 특징이다. 그림 2.11(b)에 자이로밀형 풍차의 외관을 나타낸다.

사보니우스(Savonius type) 핀란드인 S. J. 사보니우스에 의해 1920년대에 고안된 풍력발전기로 그림 2.11(c)에 나타낸 것과 같이 반원통형의 날개를 마주보게 하여 편심 시키고 있다. 일반적으로 반원통형의 날개는 2개로 구성된다. 날개 매수가 많아지면 토크 변동이 작고 회전이 부드럽지만 회전수는 저하된다.

그림 2.11 (a)다리우스형, (b)자이로밀형, (c)사보니우스형 수직축 풍력터빈

2.6.2 공력이용방식에 의한 분류

양력방식(lift type) 항공기의 날개단면이 유선형으로 이루어지고 상부와 하부의 형상이 달라서 공기흐름의 속도가 달라짐으로써 양력이 발생하여 항공기가 뜰 수 있는 원리는 베르누이 정리를 통하여 우리는 잘 알고 있다. 풍력터빈의 블레이드도 이 양력과 항력을 적절히 활용한 것이다. 블레이드의 회전을 가능하게 하는 주요 힘이 양력이므로 양력방식으로 분류한다.

항공기의 날개 단면과 비슷한 블레이드 주변의 공기흐름을 살펴보면, 그림 2.12와 같이 블레이드의 전단에서 출발한 바람이 곡면부와 편평한 부위로 분리되어 흐르게 된다. 곡면부를 통과한 바람은 편평한 부위를 지난 바람과 블레이드 후단에서 같은 시간에 만나기 위해 속도가 빨라지게 된다. 이와 같이 생성되는 블레이드 양면의 유속 차에 편형한 부위에 상대적으로 높은 압력이 작용하여 양력이 발생하게 되고, 이 힘에 의해 블레이드는 양력방향으로 움직이게 된다. 이와 같이 현대의 풍력터빈 블레이드는 양력과 항력을 이상적으로 활용하고 있다. 날개 곡면의 형상, 폭, 비틀림, 길이 등은 공기역학적 고찰과 운동량 이론을 토대로 설계된다. 그림 2.10이 대표적인 양력방식의 풍력터빈이며 수직축형이지만 그림 2.11(a)와 (b)도 같은 개념의 풍력터빈이다.

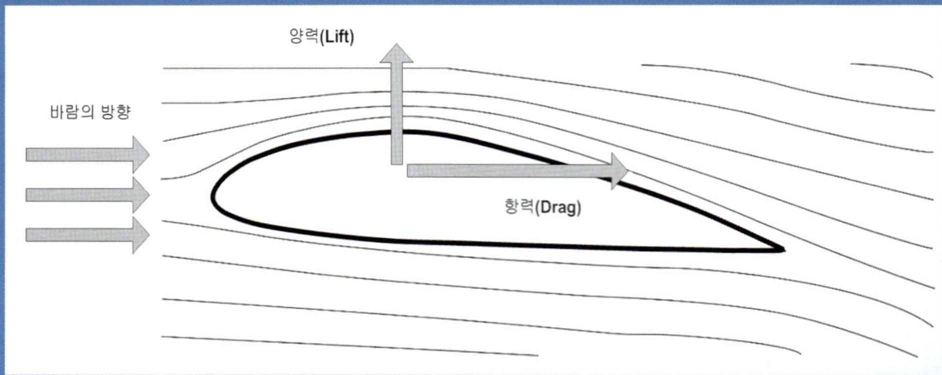

그림 2.12 블레이드에 작용하는 힘의 분포

바람이 불어오는 방향으로 유선형 블레이드가 정렬되면 일정한 받음각(angle of attack)에서 특정한 유동 조건에 대해서 양력(lift force)이 생성되고 한 쪽 끝이 고정되어 있기 때문에 회전운동으로 유도된다. 이와 관련된 자세한 내용은 2.7절에서 설명하고 있다.

항력방식(drag type) 날개가 바람의 저항을 받아서 축을 구동하는 발전기 형태이다. 대표적인 것으로는 그림 2.11(c)의 사보니우스형이다. 또한 흔히 주변에서 볼 수 있는 컵형 풍속계(anemometer)도 같은 방식이다. 항력을 이용할 경우 날개의 회전속도는 풍속을 초과할 수 없기 때문에 일반적으로 효율이 낮다.

2.6.3 수풍방식에 의한 분류

전방향형(upwind type) 수풍방식에 의한 분류방식은 수평축 풍력터빈에만 해당하는 것으로 전방향형의 경우 블레이드 회전면은 바람이 부는 방향으로 향하고 나셀과 타워가 블레이드 후방에 있는 구조이다. 바람을 직접 받기 때문에 앞쪽에서의 방해요소가 없어 난류의 영향이 적고 효율이 높은 터빈의 설계에 유리하다. 블레이드를 설계할 때 고풍속에서 타워와의 충돌문제 등을 고려한 설계가 필요하다.

후방향형(downwind type) 전방향형과는 반대로 블레이드는 나셀과 타워를 거쳐서 바람을 받게 된다. 장점은 터빈의 방향제어를 위한 요 시스템의 설계에 상당히 유리한 점이 있다는 것이다. 또한 강한 바람에서 블레이드가 타워와 충돌 위험이 낮고 블레이드의 회전면적을 줄여 구조적 안정성을 가질 수 있다는 점이 다른 장점이다. 하지만 나셀과 타워를 거쳐서 바람을 받게 되어 발생되는 난류(turbulence)의 영향을 피할 수 없어 효율과 피로

문제를 가져오게 된다.

후방향형은 대형풍력발전기의 초기 개발당시에 2 블레이드형 풍력터빈에서 시도되었고, 최근 세계적으로 소수의 터빈제작사에서 개발하였으나 상업적으로 거의 활용되지 않고 있다. 그림 2.13에서는 대표적인 후방향형 풍력터빈을 보여주고 있다.

그림 2.13 미국 NASA의 실험용 2-blade 후방향 풍력터빈(MOD 1)과 일본 Subaru사에서 개발한 대형(2MW) 후방향형 풍력터빈

2.6.4 운전방식에 의한 분류

정속운전(fixed rotor speed) 풍속에는 상관없이 풍력터빈의 로터속도는 고정되고 계통의 주파수, 증속비, 발전기의 설계 등의 지배를 받는 풍력발전 개념이다. 정속운전 터빈은 유도발전기를 장착하고 계통에 직접 연결되는데, 무효전력을 보상하기 위해서 역률보상설비를 채용하며, 계통 연계를 할 때 돌입전류(surge current)에 의한 시스템 보호를 위하여 소프트 스타터를 사용한다.

정속운전형 발전기는 단순하고, 견고하며, 고장이 별로 없어 신뢰성이 있고 발전기의 가격도 낮다. 단점은 무효전력을 제어하기 힘들고, 기계적인 응력을 많이 받게 되고 전력품질의 제어가 힘들다는 점이다. 풍속이 변동하면 기계적인 토크와 계통전력의 변동을 야기한다. 특히 정속운전은 특정 풍속에서는 최대의 효율을 낼 수 있어 스톨제어와 함께 1990년대 초기에는 대개의 풍력터빈은 정속으로 운전하였다.

가변속운전(variable rotor speed) 가변속 터빈은 넓은 범위의 풍속에서 최대의 공력효율을 얻을 수 있도록 설계하는 개념을 가진 것이다. 가변속 운전을 통하여 변동하는 풍속

대비 회전속도를 연속적으로 받아들일 수 있다. 이때 최대의 출력계수에 해당하는 주속비는 일정하게 정해진 값으로 유지되게 한다. 가변속 시스템은 발전기의 토크를 일정하게 유지하고 풍속의 변화는 발전기의 속도를 변화시켜 대응한다.

유도발전기나 동기발전기를 사용하는데 전력변환기를 통하여 계통에 연결된다. 전력변환기는 발전기의 속도를 제어하는데 풍속변화에 의한 출력변동은 발전기의 속도 변화와 로터 속도의 변화를 통하여 흡수한다.

가변속운전은 같은 풍황조건에서도 정속운전보다 출력을 많이 얻을 수 있고, 보다 우수한 전력품질과 기계적 응력 감소를 가져다 준다는 것이 최대의 장점이다. 단점은 정속운전의 전기시스템 보다 복잡하여 관련된 전기 부품이 많이 소요되면서 가격의 상승이 있다는 점이다.

2.6.5 출력제어방식에 의한 분류

풍력터빈의 제어는 안정적인 출력과 구조물의 보호를 위하여 핵심적인 부분이다. 거대한 구조물의 운동체이기 때문에 기계적 또는 전기전자적인 도구가 동원되어야 효과적으로 제어가 가능하다. 본 절에서는 기계적인 제어부분을 간단하게 소개하고자 하는데, 공기역학적인 개념을 도입하여 로터블레이드의 회전속도를 제어하는 방법들이다.

실속제어방식(stall regulated type) 유선형날개를 상하로 흐르는 공기의 속도가 다름을 앞에서 언급하였다. 빠른 속도로 흐르는 공기는 블레이드에 의하여 저항을 받게된다. 이 저항의 정도는 공기의 물리적 특성, 블레이드의 형상과 상태, 블레이드의 받음각 등에 따라서 달라지는데, 특히 유속이 일정이상 될 때 블레이드에서 와류(turbulence)가 발생하며 양력을 급격하게 잃게 되는 현상을 실속(stall)이라 한다.

실속제어는 이런 실속현상을 이용하여 블레이드가 일정 풍속이상에서는 양력이 증가하지 않거나 줄어들도록 하여 터빈의 회전속도를 제어하는 방식이다. 대개 실속제어를 채용하는 터빈은 날개의 각도를 사전에 일정하게 고정하는 방법을 사용하고 있으며 중대형에서 많이 사용되었고 현대의 대형 및 초대형 발전기에서는 채용하지 않고 있다.

이렇게 피치각을 조정하는 메커니즘을 갖지 않는 경우를 특히 수동형 실속제어(passive stall control)라 하고 정격출력을 일정하게 유지하기 어렵다. 수동형(고정 받음각)의 단점을 극복하기 위하여 피치각을 조절할 수 있는 메커니즘을 도입하되 정격풍속이상에서 스톨현상을 더 유도하는 방향으로 받음각을 변화시켜 제어의 기능을 향상시킨 것을 능동형 실속제어(active stall control)라 한다. 실속제어방식을 적용하는 점에서 가장 문제가 되는 사항은 풍속변화에 대한 대응속도가 느려서 토크가 높게 발생하여서 대형 풍력터빈의 안전을 위협하는 부분이다.

피치제어방식(pitch regulated type) 이론적으로 유선형 날개의 각도가 달라짐에 따라서 양력을 받는 정도가 달라짐을 알 수 있다. 따라서 각도를 조정함에 따라서 다양한 범위의 회전속도를 얻게 된다. 전기기계적 장치를 이용하여 블레이드의 각도를 조정하여 회전속도와 토크를 제어하는 방식이 피치제어방식이다. 피치제어방식은 이 받음각을 조절할 수 있기 때문에 정격풍속이상에서 출력제어를 효율적으로 할 수 있어, 현대의 풍력터빈에서는 거의 필수적으로 채용되고 있는 방식이다.

2.6.6 전력사용과 연계방식에 의한 분류

계통연계형(grid connection type) 풍력터빈을 설치하고 생산된 전력을 어떻게 사용하느냐에 따른 분류이다. 기존의 전력계통에 연결하여 전원을 공급하는 형태가 계통연계형이다. 오늘날 중형이상의 풍력터빈의 경우 대개 계통에 연결되어 발전용으로 사용하는 것이 경제성이 있으며 기술적으로도 문제점이 적은 편이다. 이러한 점 때문에 미국에서는 상업용 풍력터빈(utility scale wind turbines)이라는 단어를 사용하기도 한다.

독립운전형(independent type)과 복합운전형(hybrid type) 전력소비지 근처에 발전기를 설치하고 독립적으로 전력을 활용하는 방법이 독립 및 복합운전형이라고 할 수 있다. 소형풍력터빈의 경우에도 드물게 계통에 연계하여 사용하는 경우도 있으나 대개 원격지에서 독립적으로 사용하거나 디젤발전기 등과 혼합하여 사용할 때 독립 및 복합운전 방식으로 분류된다.

전용량 컨버터형(full scale frequency converter type) 앞의 계통연계형과 관련하여 자세하게 분류하는 방식 중의 하나로 주로 가변속 풍력터빈에서 전용량 컨버터(full-scale converter)를 사용하여 계통에 연결하는 방식이다. 이 방식은 컨버터를 통하여 무효전력을 보상하고 계통으로 연결될 때 충격을 완화시킨다. 사용되는 발전기는 권선형 혹은 영구자석형 로터를 사용하여 여자시키며, 기어리스형 발전기도 전용량 컨버터를 사용하기도 한다.

부분용량 컨버터형(partial scale frequency converter type) 이중권선형 여자유도발전기에서 30%정도의 출력은 컨버터를 통하여 계통으로 연결되며 70% 정도는 계통으로 직접 연계되는 방식이다. 동기속도의 -40% ~ +30% 범위에서 제한적으로 가변속이 가능한 시스템으로 이 때 컨버터는 무효전력을 보상하고 계통에 연계될 때 충격을 완화시킨다. 대용량의 컨버터를 채용하지 않아서 비용면에서 유리하다.

2.6.7 증속기 유무에 의한 분류

풍력터빈 나셀 내부에서 주축과 발전기사이에서 회전속도를 증가 시켜주는 장치가 증속기(gearbox)이다. 현대에는 이 증속기를 포함하는 터빈과 증속기가 없이 발전기로 직결되는 형식(gearless type)이 있다.

간접구동식(geared type) 기어구동방식이라고도 하는데, 풍력터빈의 발달 역사에 따라서 기술의 적용의 용이성, 효율, 주변의 자원의 활용 여부에 따라서 풍력터빈의 형태가 달리 발전해 왔다. 대표적인 것이 증속기의 포함여부이다. 덴마크를 중심으로 초기에 풍력터빈을 개발할 때 비교적 적용하기 쉬운 기술적 접근 방법이 간접구동식(geared type)이었다. 따라서 그 명맥을 유지하며 기술적인 발전을 거듭하여 오늘에 이르렀고 아직도 시장의 80 ~ 90%이상이 간접구동식이다. 두 가지 형식에서 어떤 것을 선택할 것인가에 대해서는 풍력터빈제작사에서 터빈 부품의 공급선, 자체의 기술력 등을 고려하여 사양을 결정하는 선택의 문제로써 판단하고 있다. 이와 관련하여 제10장에서 증속기와 함께 좀 더 구체적으로 설명하였다.

직접구동식(gearless type) 직접구동식 풍력발전기(direct drive wind turbine)는 풍력용 발전기(generator)기술을 점차적으로 발전시키면서 복잡한 증속기가 없는 형태로 발전된 것이다. 단순한 설계와 구성 부품의 수가 적어 부품간의 기계적인 응력이 발생될 여지가 감소되고, 회전부품의 수도 적어서 오일교환 등과 같은 유지와 보수비용이 낮고 가동율(availability)이 높다. 또한 증속기에서 나오는 기계적 소음도 작은 것이 장점이다.

단점으로는 회전속도가 느리기 때문에 다극발전기를 도입하여야 하는데 이에 따라서 발전기의 크기와 무게가 증가하며 가격도 비싸다. 대형의 롤러베어링 등이 주문 개발되어야 하므로 추가 비용이 요구되기도 한다. 로터와 발전기가 근접하게 위치하여 나셀의 무게 중심이 한쪽으로 쏠려서 나셀의 무게 분산설계, 무게가 증가함에 따른 타워와 기초비용의 증가 등이 단점이다. 하지만 관련기술의 발달로 2000년 후반에 와서는 증속기어를 줄이는 혁신적인 드라이브트레인, 직접구동, 하이브리드 시스템 등에서 큰 진전이 이루어지고 있다. 이에 대한 설명은 제3.8절에서 추가적으로 설명한다.

2.6.8 발전기 종류에 의한 분류

유도발전기(induction generators) 독립된 2개의 권선이 있고 한 권선에서 전자기 유도작용에 의하여 다른 권선에 전류가 흘러 토크가 발생되어 회전하는 전동기인데, 80년대에 덴마크에서 많이 사용된 농형유도발전기가 대표적인 것이다. 비교적 단순하며 가격 면에서 유리하고 증속기를 통하여 증속된 회전토크로써 발전기를 돌려 전력계통으로 연결되는 체계이다. 예를 들면, 600kW형 중형발전기의 경우 로터직경이 44m 정도로 26rpm으로 회전하는데 증속기를 사용하여 1,500rpm으로 증속하고 4극 농형 유도발전기를 사용하여 유럽의 50Hz 계통에 연결하였다.

이 덴마크식 개념은 저가의 시스템구축과 유지보수 비용이 낮고, 특히 전력변환장치나 복잡한 제어장치가 필요하지 않았다. 하지만 정속운전 개념이었고 최대 출력이 블레이드의 고정된 피치각에 의해서만 결정되는 스톨제어 개념 때문에 신속한 제어가 가능하지 않았다. 이에 따라 풍속의 변화에 따라서 출력의 변동이 심하고 효율이 낮았다. 특히 4m/s 이하의 풍속에서는 출력을 계통에 전달할 수도 없었다.

다른 유도발전기는 현재 가장 일반화된 이중여자 유도발전기(DFIG, doubly fed induction generator)이다. 즉 농형유도발전기에서는 불가능했던 강풍에서 슬립효과를 이용하여 균일한 전력품질과 향상된 효율을 낼 수 있으며 주요 드라이브트레인에 작용하는 하중을 감소시킬 수 있다. 이와 같은 장점으로 2000년 전반기에서 현재까지 대형 풍력터빈에 대부분 사용되고 있다.

동기발전기(synchronous generators) 회전자를 직류전원으로 여자하여 일정한 속도로 회전시키면 고정자 권선에 교류기전력이 발생하는데 이것을 외부회로로 연결하는 것이 동기발전기이다.

동기발전기는 전력변환 장치로 토크를 제어하며 발전기 주파수는 계통의 주파수와 일치하도록 제어된다. 증속기가 없는 터빈에 사용되며 비교적 고가인 direct inline 인버터가 필요하다. 증속기를 사용하지 않아 회전속도가 느리기 때문에 100 ~ 300개에 이르는 매우 많은 극수가 필요하여 직경이 커지고 무거워진다.

2.7 풍력터빈의 효율과 성능평가 요소

2.7.1 풍력터빈의 공기역학적 이론

이론적 출력(theoretical power) 바람은 공기의 흐름이므로 바람이 갖는 에너지는 운동에너지이며 2.4절의 식(2.4)와 같이 표현하였다. 터빈로터 회전면을 통과하는 바람이 가진 에너지를 모두 추출해 내는 것은 풍력터빈 후방의 흐름이 완전히 정지하는 것을 의미하는데 이는 실제로 일어날 수 있는 상황은 아니다.

터빈을 움직일 수 있는 기계적 에너지는 바람이 가지고 있는 운동에너지를 사용해야만 얻을 수 있다. 질량은 일정하게 유지되므로 에너지 보존의 법칙(law of conservation of energy)에 의하여 터빈(디스크) 뒤쪽의 유속은 감소되어야 하며, 유속이 느려지는 것은 동일한 질량이 터빈을 지나야하므로 단면이 커진다는 뜻이다. 이를 도식적으로 나타내면 그림 2.14와 같다.

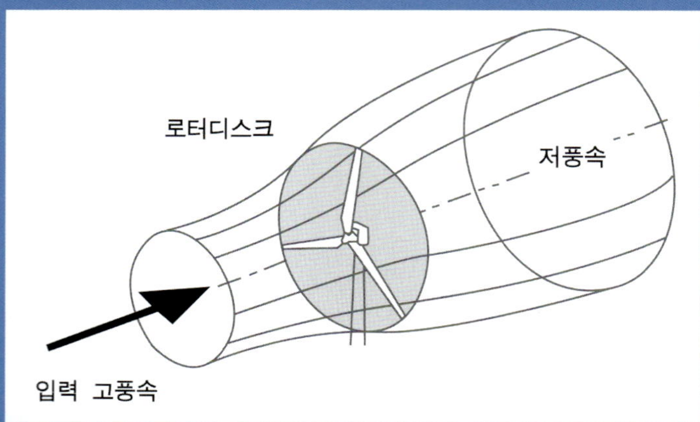

그림 2.14 수평축 풍력터빈 디스크의 에너지 추출 도식
출처: Burton, Wind Energy HDBK

2.4절의 식(2.4)에서 터빈 디스크에 이르기 전까지 터빈으로 전달될 수 있는 운동에너지 즉 출력을 나타내었다. 하지만 물리적으로 전체 운동에너지가 흡수될 수 없음을 알았다. 그렇다면 기계적 에너지로 얼마나 추출될 수 있을까 하는 것이 의문일 것이다.

이 기계적 에너지는 공기 덩어리의 흐름이 터빈 디스크의 전과 후의 출력의 차이로 나타난다. 이에 연속방정식(continuity equation)과 운동량 보존의 법칙(law of conservation of momentum)을 도입하여 터빈의 기계적 출력을 식(2.10)으로 나타낼 수 있다. 중간 과정은 앞으로 설명될 제5장을 참고하기 바란다.

$$P = \frac{1}{4}\rho A\left(v_1^2 - v_2^2\right)(v_1 + v_2) \tag{2.10}$$

여기에서 v_1은 공기질량이 터빈을 지나기 전의 속도, v_2는 지난 후의 속도이다.

식(2.4)는 바람이 낼 수 있는 최대출력이다. 이것을 식(2.10)과 구별하기 위하여 P대신 P_o로 나타내면, 식(2.11)과 같으며, 이는 식(2.4)와 같다.

$$P_o = \frac{1}{2}\rho A v_1^3 \tag{2.11}$$

로터 디스크에 의하여 추출된 기계적 출력과 초기의 입력되는 기계적 에너지의 비를 출력계수(power coefficient)라 하고 입력값이 크기 때문에 당연히 1 보다 작은 값이 되며 식(2.12)와 같이 C_p라고 표시한다.

$$C_p = \frac{P}{P_o} = \frac{\frac{1}{4}\rho A\left(v_1^2 - v_2^2\right)(v_1 + v_2)}{\frac{1}{2}\rho A v_1^3} \tag{2.12}$$

여기에서 C_p는 오직 풍속 v_1과 v_2만의 함수로 나타난다. 식(2.12)를 좀 더 간추려서 $\frac{v_2}{v_1}$의 함수로 나타내면 최대치를 갖는 곡선으로 나타난다. 이 최대치는 $\frac{v_2}{v_1}$=1/3에서 발생하며 그 때의 C_p는 0.593이다. 이를 이론 출력계수라하고 독일의 A. Betz가 증명하여 베츠계수(Betz factor 혹은 Betz limit)라 한다.

출력계수(power coefficient) 이론적으로 이용이 가능한 출력은 이미 식(2.4)에 나타내었다. 하지만 터빈으로 이 모든 출력을 추출해 낼 수는 없고 공기의 흐름이 터빈을 지날 때 운동에너지의 일부분만 로터에 전달된다. 로터에 의하여 생산되는 실제 출력은 바람에서 로터로의 에너지 전달효율로 결정된다. 따라서 풍력터빈을 이용해서 바람으로부터 추출해 낼 수 있는 출력의 비율을 출력계수 C_p(power coefficient)라고 하고, 식(2.12)에서 이미 정의하였다.

최대로 얻을 수 있는 출력계수의 값은 베츠계수(Betz limit)라고 알려져 있다. 이론적 최대 출력계수 값은 0.593이고, 그림 2.15에서 보여주는 바와 같이 고성능 프로펠러형 풍력터빈이 0.45 ~ 0.48이고, 항력형 사보니우스 풍력터빈이 0.15 ~ 0.20정도이다.

주속비(TSR, tip speed ratio) 풍력터빈의 블레이드 선단속도(깃끝 속도, tip speed)란 블레이드가 회전할 때 블레이드 끝이 움직이는 속도이다. 이 속도는 풍력터빈을 설명하는데 많이 고려되는 요소이다. 선단속도는 블레이드의 길이가 증가함에 따라 선속도가 증가하며, 일정속도를 초과하면 소음발생과 관련되기 때문에 중요하게 취급된다.

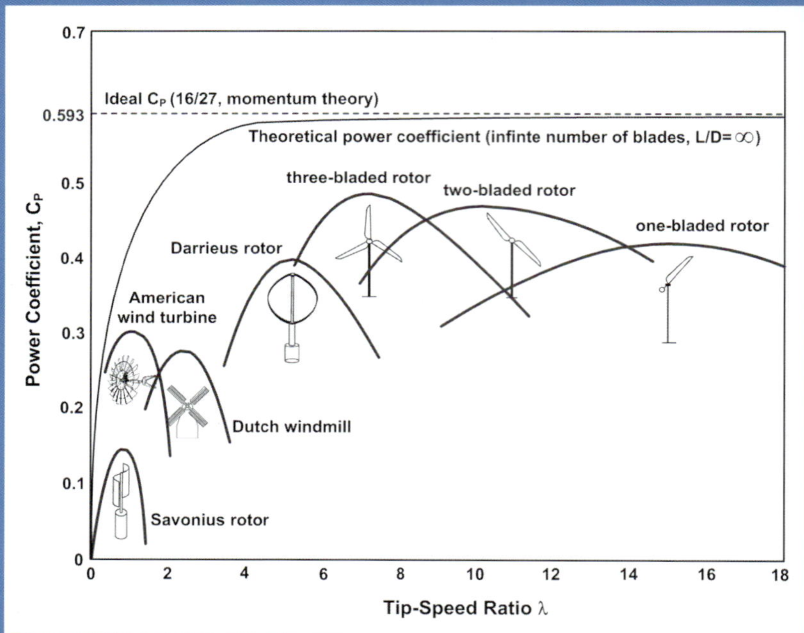

그림 2.15 다양한 풍력터빈의 TSR 대비 로터의 출력계수[6]

최근의 2MW급 풍력터빈의 경우 75m/s 내외가 된다. 「풍력터빈 블레이드 선단속도와 풍속의 비」로 정의되는 값을 주속비, 선단속도비, 깃끝속도비 등이라고 부르고, 식으로 표시하면 식 (2.13)과 같다. 임의의 풍속에서 로터에 의하여 발생하는 출력은 블레이드 끝단과 바람의 상대속도에 크게 좌우된다. 이 출력계수와 토크계수가 주속비에 따라 달라지는데 최대의 출력이 나타나는 최적의 주속비가 존재한다.

$$\lambda = \frac{blade\,tip\,speed}{wind\,speed} = \frac{\omega R}{v_\infty} = \frac{2\pi nR}{v_\infty} \tag{2.13}$$

여기에서, ω는 각속도, R은 로터의 반경, n 로터 회전수이다.

임의의 풍속에서 로터에 의하여 발생하는 출력은 블레이드 끝단과 바람의 상대속도에 의해 크게 좌우된다. 출력계수와 토크계수는 주속비에 따라 달라지는데 최대의 출력이 나타나는 최적의 주속비가 존재한다.

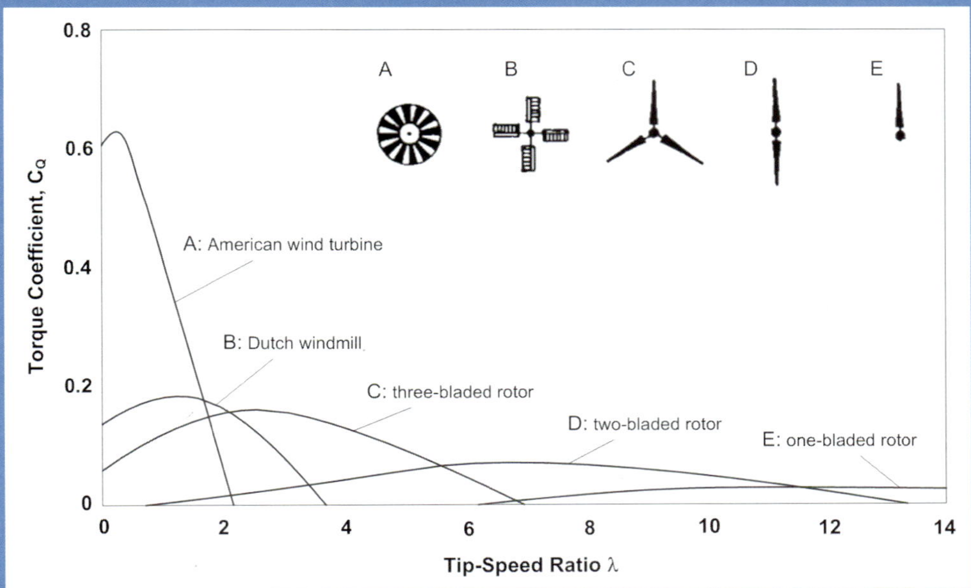

그림 2.16 다양한 풍력터빈의 TSR 대비 로터의 출력계수[6]

프로펠러형 풍력터빈 중에서 양력형의 경우에는 블레이드 선단이 풍속보다 5 ~ 10배나 빠르다. 따라서 같은 주속비의 풍력터빈에서도 대형 풍력터빈의 로터는 회전수가 낮고, 소형 풍력터빈의 로터는 회전수가 높다.

여러 가지 풍력터빈의 토크계수와 주속비의 관계, 출력계수와 주속비의 관계가 그림 2.16[6]에 주어져 있다. 그림 2.15와 2.16으로부터 알 수 있는 바와 같이 양력형 프로펠러형 풍력터빈이나 다리우스형 풍력터빈은 토크계수는 작지만 출력계수가 크므로 발전용으로 적합한 고회전, 저토크 타입이다.

한편, 사보니우스형 풍력터빈이나 다익형 풍력터빈은 출력계수는 작지만 토크계수가 커서 펌프구동 등에 적합한 저회전, 고토크 타입이라고 할 수 있다.

익형(airfoil)과 양력(lift force) 풍력터빈의 성능은 블레이드와 바람과의 작용에 크게 달려있는데 이 작용은 익형의 형상과 바람과의 각도에 의해서 결정된다. 익형과 관련된 주요 힘은 양력과 항력이다. 그림 2.12에서 보는 바와 같이 항력은 상대유속(relative airflow)과 평행하게 작용하고, 양력은 수직으로 작용한다. 이 힘의 실제 크기는 익형의 상하면의 압력차에 달려있다. 여기에서 상부면을 suction side 하부면을 pressure side라고 정의한다. 양력과 항력은 블레이드의 면적에 대하여 압력과 속도 벡터를 적분함으로써 구할 수 있다. 자세한 설명은 항공공학 교재를 참고하면 되는데 실제로 이 식들은 단순하게 정리하면 아래 식(2.14)와 (2.15)와 같이 양력과 항력은 공기밀도 ρ, 속도 v, 비례상수 (C_L과 C_D)로 나타난다.

$$L = \frac{1}{2} C_L \rho v^2 A \tag{2.14}$$

$$D = \frac{1}{2} C_D \rho v^2 A \tag{2.15}$$

여기에서, L과 D는 양력과 항력이고, A는 블레이드의 회전면적이다.

양력계수(coefficient of lift, C_L)와 항력계수(coefficient of drag, C_D)는 익형, 받음각(angle of attack), 레이놀즈수와 마하수와 관계가 있는 실험치로써 직접적으로 측정하거나 자료집에서 구해야 한다.

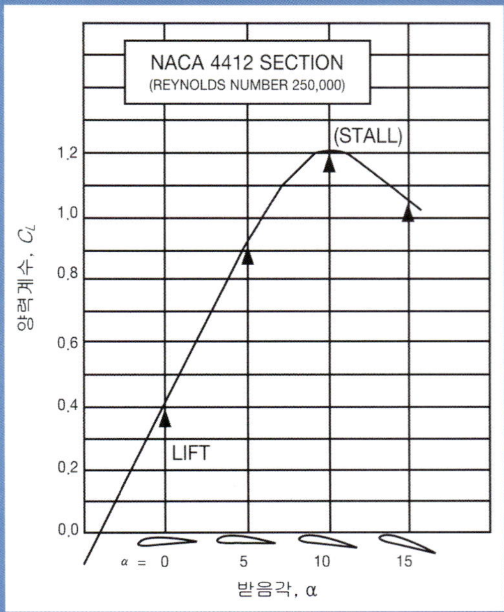

그림 2.17 NACA 4412 익형의 양력계수 vs 받음각의 관계[5]

양력과 항력계수들에 가장 영향을 미치는 것은 익형의 단면형상과 받음각이다. 받음각과 양력계수사이의 관계를 그림 2.17[5]에 나타내었고, 형상과 레이놀즈수가 이미 정해져 있을 경우이다. 마하수는 저풍속에서는 거의 무시해도 되는 수치이다. 그림 2.17에서 양력의 기울기는 거의 직선적으로 변하고 그림에서와 같이 직선으로 나타나는 경향은 공기의 흐름이 익형을 따라 붙어서 흐르는 동안 계속된다. 흐름이 유선형 단면 형상을 따라 계속하여 붙어서 흐르지 못하고 분리되는 순간이 있다. 이 순간부터는 양력이 발생하지 못하고 오히려 양력과 연관된 유효단면이 감소하여 급격하게 양력을 잃게 된다. 이런 현상을 실속(stall)이라하고 실속이 일어나기 시작하는 각도를 실속각이라고 한다. 그림에서는 약 10° 근처에서 발생함을 알 수 있다.

흐름이 분리되는 지점과 뒷전(trailing edge)사이는 난류(turbulence)가 심하게 발생하고 압력이 낮아져서 상당한 저항이 발생한다.

그림 2.17에서 사용된 익형은 NACA시리즈 중의 한 개이며 뒤따르는 수는 형상을 나타낸다. 4자리 수 시리즈에서 첫 번째 숫자는 캠버(camber) %, 둘째는 최대 캠버의 위치, 마지막 두 숫자는 두께를 나타낸다. NACA4412는 코드의 40% 위치에서 4% camber를 가지고, 최대 두께는 코드 폭의 12%이다. 우리가 여기에서 익형에 대하여 정의해야할 사항이 있는데, 그림 2.18을 참고하면 시위선(chord line)은 코드의 압전(leading edge)와 뒷전(trailing edge)를 잇는 직선으로 정의한다. 평균캠버선은 익형에서 각 지점에서의 이등분점을 연결한 선을 말한다. 여기에서 캠버라 함은 시위선(chord line)에서 평균캠버선까지의 길이를 나타내며 시위선과의 비율을 나타낸다.

양력계수와 항력계수가 알려지면 이를 이용하여 최적 양항비(lift/drag ratio)를 구한다. 이로써 가장 효율적인 받음각(angle of attack)이 결정된다.

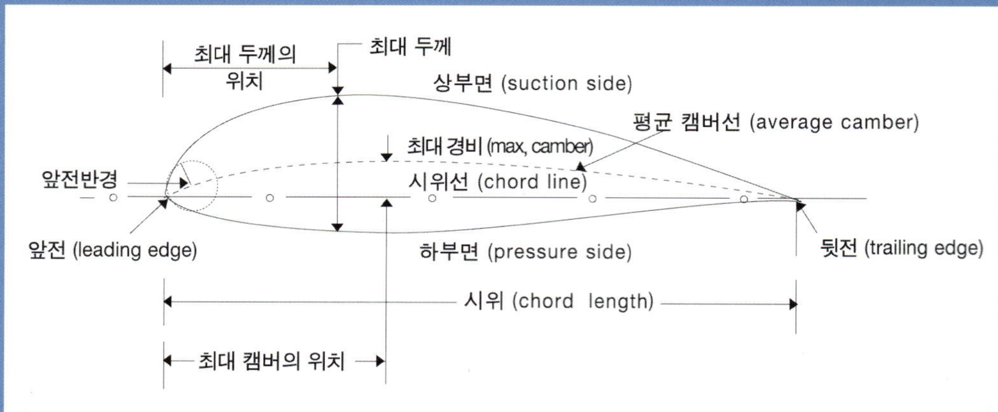

그림 2.18 익형의 형상과 명칭

항공공학에서 사용되었던 익형과 풍력터빈 블레이드 익형은 몇 가지 차이점이 있다. 풍력터빈 블레이드용 익형은 높은 곳에 설치되어 오염이 되었을 때 청소작업이 용이하지 않기 때문에 공력성능이 표면거칠기에 덜 민감한 형상이 필요하다. 또한 구조적으로 루트(root)부분에 다양한 하중이 부과되므로 날개끝에서 점차적으로 두꺼워져서 두꺼운 익형 형상을 가져야 된다. 항공기와는 달리 넓은 범위의 받음각의 공력자료가 필요하여 초기에는 항공용 익형의 공력 자료를 확장하여 활용하기도 하였다.

그러나 미국 NASA, SERI(Solar Energy Research Institute, 미국 National Renewable Energy Laboratory의 전신), DTU(The Technology University of Denmark) 등에서 개발한 블레이드 전용 익형을 사용하기 시작하여 오늘날 다양한 기관에서 사용하고 추가적으로 개발하고 있다.

익형의 특성치(properties of airfoils) 블레이드 익형은 강한 원주방향으로의 회전력을 부여할 수 있는 특성을 가져야한다. 그림 2.17에서 이미 실험적으로 얻어진 양력계수 관계를 설명한 바 있다. 몇 가지 특성치를 그림 2.19에서 읽을 수 있는데 그림 2.19(a)는 유사한 그림으로 다른 익형과 레이놀즈수에 대한 양력계수와 받음각사이의 관계를 나타낸다. -4° 의 받음각에서 양력이 발생하기 시작하고 15° 에서 최대의 양력을 가지고 이후에는 급격히 감소하며 실속(stall)상태에 놓이게 된다. 15° 이상의 받음각에서는 공기의 흐름이 더 이상 익형의 표면을 따라 흐르지 못하고 공기의 흐름이 분리되며 난류가 발생하며 실속이 시작된다. 그림 2.19(b)는 동일한 익형의 양항비를 나타내는 그림이다. 양항비가 최대가 되는 점은 C_L축의 0으로부터 접선점(tangential point)이다. 따라서 익형이 7° 가 되는 받음각을 가질 때 최대의 효율임을 그림에서 알 수 있다. 또한 실속이 되는 각인 15° 에서 안전한 거리에 있기 때문에 최적의 효율을 갖는 익형을 설계할 수 있다.

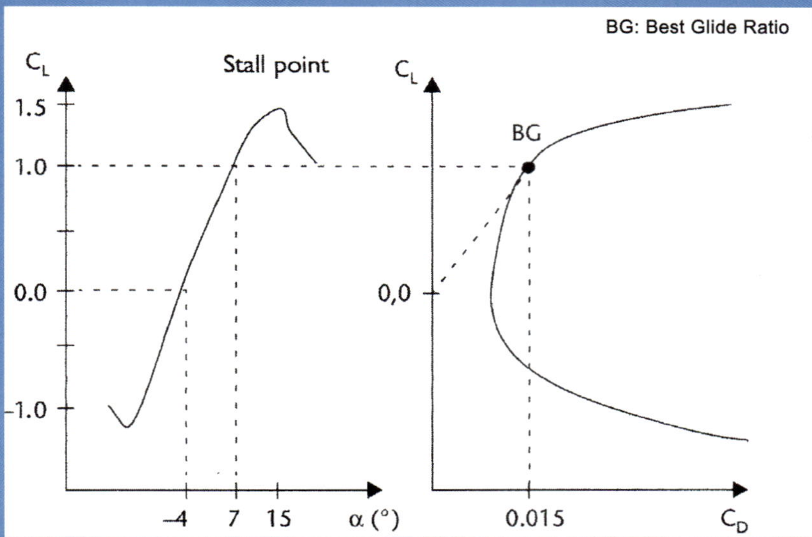

(a) (b)

그림 2.19 익형의 양력계수와 항력계수의 관계 도표[8]

그림 2.15에서와 같이 최대효율을 위해서는 주속비를 일정하게 최대값을 유지해야 하는데 실제 풍속이 변함에 따라서 회전속도를 변화시키면 이상적이다. 식(2.13)에서 풍속이 낮아지면 회전수도 낮아져야 주속비가 일정하게 유지된다.

로터 회전의 원리 로터가 회전하기 위해서는 로터회전축에 모멘트를 주는 힘 성분이 있어야 한다. 블레이드에 발생한 양력과 항력벡터를 합성하면 그 합성된 힘벡터는 다시 로터 회전축에 모멘트를 주은 힘성분과 바람 방향의 주력성분으로 분해될 수 있다. 여기서 모멘트를 주는 힘에 의하여 로터가 회전한다.

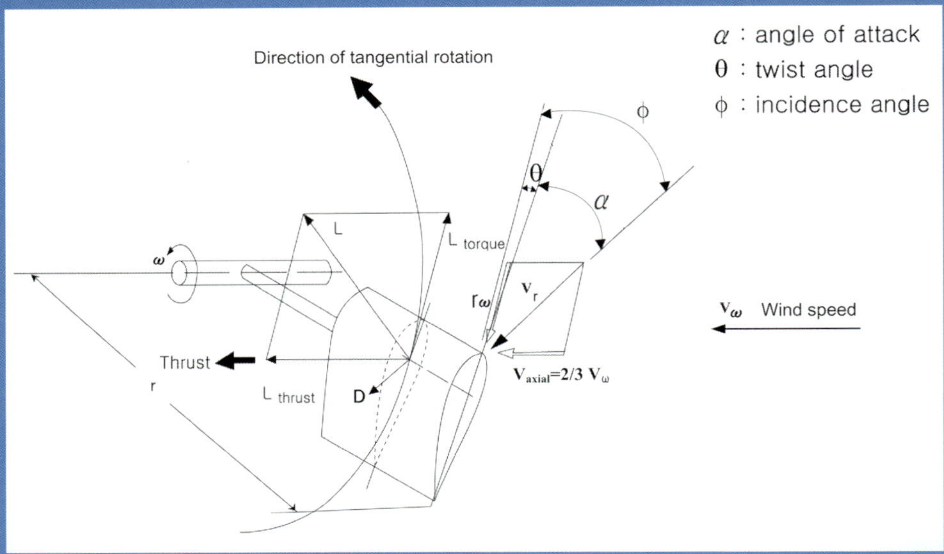

그림 2.20 수평축형 로터에 작용하는 유동속도와 공력[6]

그림 2.20[6]을 참고하여 블레이드의 축에서 r만큼 떨어진 곳의 단면을 볼 때, 입사바람속도 v_w와 블레이드 단면에서의 접선(tangent) 속도 r_ω를 합하면 합성속도 v_r로 나타난다. r_ω를 다시 설명하면 로터가 돌 때 회전축으로부터 어떤 거리, r에서의 블레이드 단면의 접선속도이다.

다시 익형 코드선(시위선)과 합성속도 v_r은 받음각(α, angle of attack)을 형성한다. 받음각의 각도에 따라 익형의 특성인 상부면과 하부면에 압력차가 발생한다. 이 때 형성된 공력은 상대 속도(v_r)방향으로의 성분(D, 항력)과 수직인 성분(L, 양력)으로 다시 나누어진다. 다시 양력은 로터 회전면을 따라서 L_{torque}성분과 회전면에 수직인 추력성분(L_{thrust})으로 나눠지는데 접선(tangent)성분인 L_{torque}는 로터의 회전력이 된다. 여기서 정량적으로 출력계수를 산정하기는 어렵고 보다 복잡한 이론이 필요하다.

아울러 각도, α는 공력과 관련된 각도이며, θ는 블레이드의 비틀림각(twist angle)으로 형상과 관련된 각도이다. 회전축으로부터 특정한 위치에서의 단면을 고려하여 그 때의 α와 θ의 합을 유입각(ϕ, incidence angle)라고 정의한다.

양력 및 항력계수를 이용하여 익요소 이론(blade element theory or strip theory)으로 블레이드의 길이를 따라 공력분포를 구할 수 있다. 공력 분포는 앞에서 말한 바와 같이 회전방향(tangential force distribution, 접선력 분포)의 분포와 직각 방향(추력 분포, thrust distribution)이다. 로터의 길이방향으로 접선력 분포를 적분하면 로터의 회전력이 되고 로터 회전속도로써 적분하면 로터출력(rotor power)이 된다. 추력 분포를 적분하면 타워에 걸리는 로터의 추력이 된다.

운동량이론(momentum theory)과 익요소 이론에 기반을 둔 공력로터 이론은 실제 출력곡선과 비교적 잘 일치한다. 하지만, 디스크 형상을 가진 풍력터빈에만 적용이 가능하여 disk actuator theory라고도 한다.

이 원리를 이용하여 블레이드의 형상을 결정하고, 결정된 형상을 바탕으로 풍력터빈의 하중을 계산하는 등의 자세한 설명은 제5장을 참고하기 바란다.

난류와 후류(turbulence and wake) 블레이드의 회전과 관련하여 언급되는 공기의 흐름을 나타내는 단어로써 난류(turbulence)와 후류(wake)가 있다. 블레이드의 유선형 모양을 따라 공기가 방해받지 않고 표면과 평행하게 흐르는 것을 층류(laminar flow)라 하고 층류에 비교되는 개념이 난류인데, 층류가 인접 조건에 의하여 억제된 흐름인데 반하여 난류는 조건이 변하면서 유체의 입자가 매우 산만한 운동을 하는 유동이다. 이를 정량적으로 표현하고자 하는 것이 레이놀즈수(dimensionless Reynolds number)이다. 블레이드의 받음각이 커지면서 블레이드의 뒷전 부근에서 난류가 발생하면 저항이 발생하여 항력이 커지고 상대적으로 양력이 감소하면서 블레이드의 회전이 느려지게 된다. 이 원리를 이용하는 것이 실속(stall)제어이다.

후류(후류요란, wake 혹은 wake turbulence)는 익형이 양력을 발생하는 동안에 어느 때라도 발생할 수 있는데, 즉 공기는 항상 압력이 낮은 쪽으로 흐르고자 하고 특히 블레이드 끝의 하부 쪽으로 흘러서 블레이드의 상부로 감아 올라가서 회전하게 된다. 이때부터 시작되는 것이 후류(blade-tip vortices 혹은 wake vortices)이다. 후류는 풍력발전단지에서 평균 풍속을 감소시킬 수 있어 특히 인접 터빈 간에 영향을 줄 수 있으므로 고려해야 하는 사항이다.

2.7.2 풍력터빈의 성능 파라미터

풍력터빈의 성능을 나타내고자 할 때 무차원 특성 계수로 성능을 표시하는 것이 편리할 때가 있는데 출력곡선, 출력계수, 토크계수, 추력계수, 주속비 그리고 솔리디티 등이 이에 해당하는 계수들 이다. 본 절에서는 이들과 관련된 간단한 원리와 각 계수들의 정의를 내리고자 한다.

출력곡선(power curves) 성능곡선(wind power performance curves)이라고도 하는데 풍력터빈의 출력 대비 풍속을 나타내는 곡선이다. 풍력터빈이 개발되고 제조자가 제시하는 가장 중요한 풍력터빈의 풍속에 따른 출력을 나타내는 그래프이다. 출력곡선은 풍속계(anemometer)를 터빈에서 가까운 기상탑에 설치하고 풍속과 그때 발생하는 출력을 측정하여 결정된다. 따라서 실제에 있어서는 풍속이 변동하고 있어 그림에서 보는 바와 같이 매끈한 그래프가 얻어지는 것이 아니고 그림 2.21과 같이 곡선근처에 수많은 점들로 이루어진다. 이 데이터들을 평균하여 그래프로 그린 것이 그림 2.22와 같은 출력곡선이다. 이렇게 풍속의 변동을 고려하여 인증을 받은 풍력터빈이라도 출력곡선에 약 10%내외의 오차를 고려하는 것이 일반적이다.

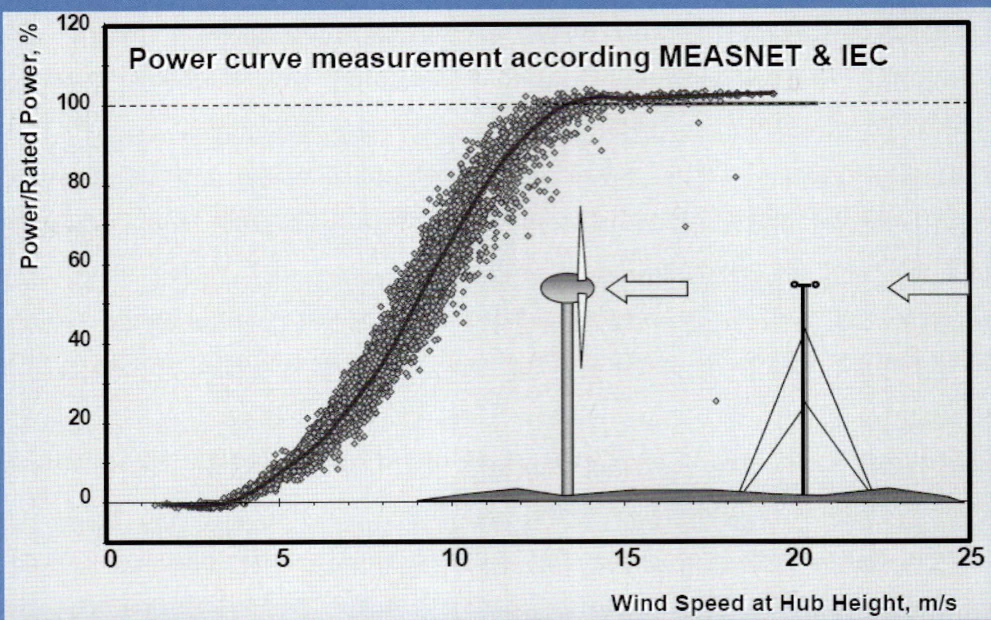

그림 2.21 출력성능(power performance)의 측정과 출력곡선의 예시
출처: H. Seifert, tutorial WWEC 2009

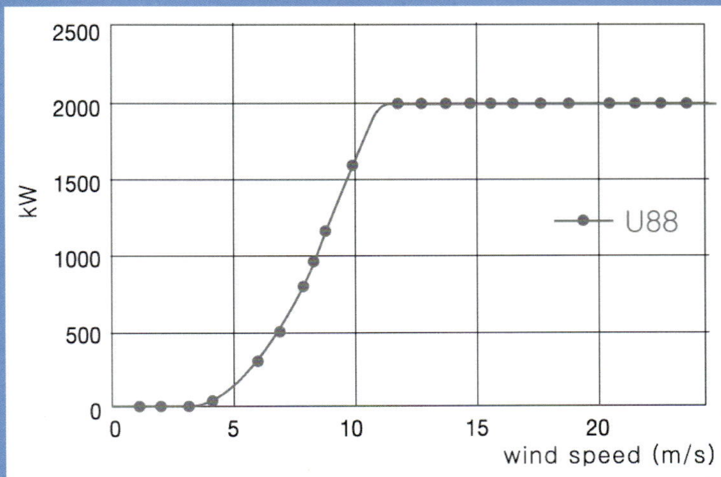

그림 2.22 2,000kW 용량의 풍력터빈의 풍속 대비 출력 곡선
출처: 유니슨 U88, 2MW

그림 2.22는 2,000kW 용량을 가진 풍력터빈의 출력곡선을 보여주고 있다. 약 3m/s의 시동풍속(cut-in wind speed)를 가지며 약 11m/s에서 정격출력을 나타내기 시작한다. 이 풍력터빈 IEC Class IIa의 경우 정격풍속(rated wind speed)을 12m/s이라고 제조사가 제시하고 있으며, 종단풍속(cut-out wind speed)은 25m/s이다.

추력계수(thrust coefficient) 로터에 작용하는 바람이 풍력터빈을 후방으로 미는 힘을 추력(thrust force)이라 하며, 로터디스크에 걸리는 압력과 면적의 곱으로 나타낼 수 있고 식 (2.16)과 같이 나타낸다.

$$T = \rho A v(v_1 - v_2) \tag{2.16}$$

식(2.10)에서 고려되었던 유관에서 상류와 하류의 압력을 고려하면

$$T = \frac{1}{2}\rho A(v_1^2 - v_2^2) \tag{2.17}$$

따라서 출력계수와 유사한 논리에 의하여 무차원의 추력계수 C_T(thrust coefficient)는 식 (2.18)과 같이 정리하고 있다.[7]

$$C_T = \frac{T_e}{\frac{1}{2}\rho A v_1^2} \tag{2.18}$$

T_e : 풍력터빈에 작용하는 유효추력

토크계수(torque coefficient) 풍력터빈에서 토크(torque)란 양력형 풍력터빈의 경우, 블레이드의 회전면에서 발생하는 양력 성분이 회전축과 이루는 모멘트이고, 항력형 풍력터빈의 경우에는 항력 성분과 항력의 합성 모멘트이다.

터빈의 출력은 블레이드의 회전수와 토크의 곱으로 나타나므로 풍력터빈에서 중요한 힘의 요소이다. 토크를 알면 축에 걸리는 전단응력을 계산해 낼 수 있기 때문에 축의 직경을 결정할 수 있다. 따라서 무차원 계수로써 토크계수 C_Q(torque coefficient)는 다음 식(2.19)로 정리하였다.[7]

$$C_Q = \frac{Q_e}{\frac{1}{2}\rho A R v_1^2} \tag{2.19}$$

Q_e : 유효 토크(N · m)
A: 로터 디스크 면적(m^2)
R : 로터 반경 [m]

솔리디티(solidity) 풍력터빈의 성능을 특징짓는 또 하나의 중요한 특성계수로 솔리디티(solidity)가 있다. 솔리디티는 「풍력터빈의 로터회전면적에 대한 로터블레이드의 전 투영면적의 비」로 정의된다. 단, 여기서는 투영면적은 풍력터빈 회전축에 수직인 면으로의 투영을 의미하고 있다. 그리고 풍력터빈의 주속비는 솔리디티와 강한 상관관계가 있다.

수평축형 풍력터빈에서는 날개매수가 많은 미국 다익형이 프로펠러형보다 솔리디티가 크고, 토크가 커서 양수용 펌프를 돌리기에 적절하다. 수직축형 풍력터빈에서는 사보니우스형이 다리우스형보다 솔리디티가 크다. 솔리디티를 식으로 나타내면 식(2.20)과 식(2.21)과 같다.

수평축의 경우

$$\sigma = \frac{BS}{\pi R^2} \tag{2.20}$$

수직축의 경우에는

$$\sigma = \frac{BC}{2\pi R} \tag{2.21}$$

여기에서, R은 블레이드 반경, S는 수평축 블레이드 투영면적, B는 블레이드 수, C는 수직축에서 블레이드의 코드길이를 나타낸다.

블레이드 수와 크기 풍력터빈의 블레이드와 크기에 대한 개괄적인 물리적 고찰이 또한 독자의 관심일 수도 있다. 블레이드 수는 앞의 2.6.1절과 그림 2.10에서 일부 언급되었다. 현대 블레이드를 결정짓는 요소는 시스템의 안정성, 효율, 경제성 등이다. 안정성면에서 회전하는 기계요소 부품에서 디스크는 가장 안정되며 예측이 가능한 형상의 부품이다. 풍력터빈의 회전요소로써 디스크의 요건을 가지는 안정적인 최소날개 수는 3매이다. 경제성면에서 세 개의 블레이드로써 안정적인 디스크 특성을 유지할 수 있다면 4개의 블레이드를 설계할 필요가 없을 것이다.

하지만 최근까지도 2매형 블레이드를 지닌 중형 풍력터빈이 시장에서 보급되고 있다. 2매형 블레이드 풍력터빈이 전반적인 추세는 아니지만 풍력단지의 풍황에 최적화 된다면 가장 장점으로 후방향(downwind)형으로써 요잉 운동과 타워와의 충돌문제 해결, 블레이드 수에서 오는 경제성 등에서 유리한 점이 부각되고 있다. 2매 블레이드의 특성상 블레이드 팁이 회전하면서 타워를 지날 때 타워효과(tower shade) 때문에 터빈 자체에 가해지는 강한 충격을 피하기 위하여 기울임을 조정하는 힌지를 가지는 티터링 허브(teetering hub)를 주축과 연결한다. 이 때 로터블레이드가 타워와 충돌하는 것을 막기위해 추가적으로 충격완충장치(shock absorber)가 필요하다. 구조적으로 복잡하기는 하나 블레이드와 시스템에 하중을 감소시키는 장점이 있다. 하지만 그림 2.15에서 보는 바와 같이 이론적인 효율이 3매의 경우보다 낮고, 최대 효율을 얻기 위한 주속비가 3매 보다 높아야 하기 때문에 소음이 더 발생한다는 면에서 불리하다.

블레이드나 풍력터빈의 효율면에서는 블레이드의 회전력을 부여하는 것은 양력(lift force)이며 이와 함께 동시에 표면에 항력(drag force)도 발생한다. 효율적이며 안정적인 풍력터빈 블레이드는 이 두 가지 힘을 적절히 활용하는 부품이다. 공기역학적 이론에 의하여 유선형 단면이 설계되어 현대의 블레이드가 탄생하였는데 공기역학적인 효율도 중요하지만 대형구조물이기 때문에 공기하중을 견디는 구조적인 면을 고려하면 넓고 큰 블레이드를 설계할 수 없고, 돌발적으로 발생하는 매우 큰 풍속에 구조적 안정성을 고려한 설계가 이루어져야 한다. 양력을 많이 얻기 위하여 블레이드 면적을 증가시킨다면 항력도 같이 증가할 것이며, 블레이드의 무게가 증가하여 시스템 전체에 영향을 주게 된다.

2.8 풍력터빈시스템의 구조

풍력터빈시스템은 크게 두 가지로 나눌 수 있는데 첫째는 풍력발전기 구조물 시스템이고 둘째는 풍력터빈을 제어하는 제어시스템이다.

풍력발전기의 구조는 그림 2.23과 같이 바람이 가진 에너지를 회전하는 동력으로 변환시켜주는 블레이드, 3개의 블레이드를 연결하는 허브, 로터 블레이드 회전력을 증속기에 전달하는 주축, 저 회전 고 토크를 고 회전 저 토크로 변환하는 증속기, 회전력을 전기로 바꾸는 발전기, 풍력발전기를 제어하는 제어/모니터링 시스템 및 요잉 시스템, 피치시스템, 풍력발전기를 지지하는 타워 등으로 이루어져 있다. 표 2.5에서는 각 부품의 명칭과 기능, 특성을 요약하였다.

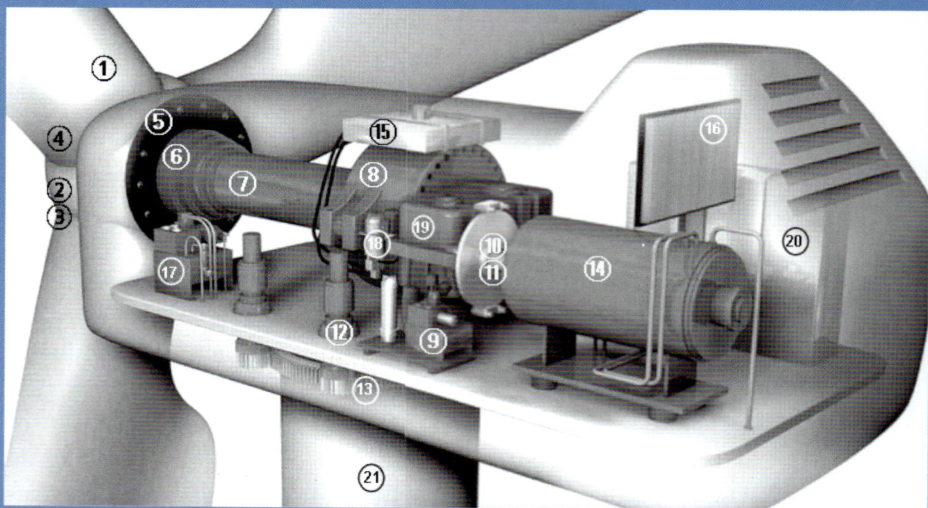

그림 2.23 풍력발전기 전체 구조

표 2.5 각 부품의 명칭과 역할의 요약

부품명(components)			역할과 기능(function)
①	blade	블레이드	바람을 기계적 회전운동으로 변환
②	nose cone	노즈콘, spinner	허브를 보호하고 공기저항을 감소시키는 부품
③	hub	허브	블레이드와 주축을 연결하는 것
④	pitch system	피치시스템	블레이드의 각도를 조절하는 장치
⑤	lock	잠금장치	나셀의 수송 및 설치시 내부부품의 보호와 유지보수시 주축의 회전방지
⑥	main bearings	주축베어링	주축의 회전 및 지지역할
⑦	main shaft	주축	블레이드의 토크를 증속기와 발전기로 전달하는 역할
⑧	gearbox	증속기	저속의 블레이드 회전수를 발전기용 고속회전으로 변환하는 역할
⑨	hydraulic unit	유압 유니트	브레이크 등 유압 공급장치
⑩	disk brake	디스크 브레이크	최종 정지를 위한 기계 브레이크
⑪	coupling	커플링	증속기와 발전기를 연결하는 전달장치
⑫	yaw drive	요 드라이브	요 베어링을 회전시키는 드라이브모터
⑬	yaw bearings	요 베어링	나셀을 회전시키는 요 시스템의 베어링
⑭	generator	발전기	출력을 발생시키는 발전장치
⑮	cooling unit	냉각장치	증속기의 과열을 방지하는 냉각장치
⑯	dehumidifier	제습 및 냉각장치	발전기용 냉각 및 제습장치
⑰	lubrication unit	윤활장치	주축베어링용 윤활장치
⑱	damping unit	충격완화장치	증속기의 회전충격을 흡수하는 장치
⑲	oil filter unit	오일필터장치	증속기어의 오일 필터장치
⑳	control unit	제어장치	풍력터빈의 제반 작동을 제어
㉑	tower	타워	블레이드와 나셀의 하중을 지지하는 역할

2.9 풍력터빈의 운전

풍력터빈의 작동 풍속이 증가하면 피치제어 기능을 가진 풍력터빈은 항상 정격출력을 유지하기 위하여 노력한다. 즉, 풍속이 계속하여 증가하면 제어시스템이 블레이드를 바람으로

부터 받은 정보로써 날개각을 조정하여 출력을 가능한 정격출력에 맞추기 위하여 노력한다. 하지만 스톨제어 터빈은 정격출격 커브 부근에서 신속한 제어가 어려워서 매우 서서히 안정을 찾는 형태이다.

최근 대형풍력터빈은 능동피치제어시스템으로 설계되어 있기 때문에 정격 출력으로 부터의 변화는 최소여서 출력커브에서 정격출력을 나타내는 그래프가 그림 2.22와 같이 가능한 평평하게 유지된다. 예를 들면, 정격출력이 2,000kW이며, 정격풍속이 약 12m/sec이고, 이때 회전수가 15rpm인 풍력터빈이 있다면, 약 3.0m/sec에서 최적 피치각으로 조정되어 약 10rpm 부근으로 작동을 시작하고 정격풍속에 이르면 이 회전속도에서 정격출력인 2,000kW가 나타난다. 이 풍속이상으로 가면 제어시스템이 발전기의 출력을 약간 증가시켜 브레이크를 작동시키고 일정한 로터의 속도를 유지한다. 그렇게 함으로써 제어시스템이 터빈에 극한 하중이 부과되는 것을 방지한다. 바람이 전력계통에 에너지를 공급하기에 불충분하면 터빈이 스위치를 켜고 바람을 다시 받아서 출력을 즉시 공급할 수 있을 때까지 공회전모드(idle mode)로 바꾼다. 바람이 없어서 회전수가 10rpm 이하로 떨어지면 날개각이 조정되어 회전수를 더 감소시키고 기계 브레이크가 발전기 브레이크와 함께 항시라도 정지할 수 있도록 한다. 정격풍속을 지나서 풍속이 한계속도인 정지풍속(cut-out speed), 25m/s 까지는 피치각도를 변화시키는 피치제어 모드가 사용된다. 풍속이 25m/s 이상으로 되면 풍력터빈이 손상을 받기 전에 제어시스템은 피치각도를 조절하여 받음각을 최대화시켜 공력 브레이크를 작동시켜 회전속도를 낮추고 최종적으로 기계 브레이크를 사용하여 회전을 정지시킨다. 풍속이 정격풍속이하로 떨어지면 제어시스템은 기계 브레이크를 제거하고 블레이드의 피치각을 변화시켜 회전을 허용한다.

앞에서 언급한 그림 2.22는 출력 대비 풍속을 나타내는 대표적인 그래프이다.

풍력터빈의 가동률(availability) 풍력터빈의 가동률은 풍력터빈의 신뢰성의 척도를 나타내는데, 터빈의 가동 준비율을 말한다. 오늘날의 풍력터빈은 대개 95%이상의 가동률을 가질 정도로 신뢰성이 높아지고 있다. 가동률을 계산하는 방법은 식(2.22)와 같다.

$$\text{설비가동률}(\%) = \frac{\text{연간가동시간}(h)}{\text{연간시간}(h)} \cdot 100\% \tag{2.22}$$

풍력터빈의 이용률(CF: capacity factor) 이용율은 전력생산을 위한 발전설비의 생산성을 측정하는 척도인데 풍력터빈이 연간발전량을 그 터빈의 정격출력에서 연간 생산한 발전량으로 나눈 값을 말하는데 식(2.23)과 같이 표현한다. 최신 발전용 풍력터빈은 95% 전후로 가동하지만 풍황의 변화 때문에 정격 용량보다 낮게 운용된다. 그래서 풍황이 좋은 시점에는 훨씬 높은 이용율을 나타내지만 대개 25 ~ 40% 정도이다. 재래식 발전설비는 연료를 사용하기 때문에, 기기의 문제나 유지보수를 위하여 작동하지 않는 한 일반적으로 계속 작동하는데, 이용율이 40 ~ 80%에 이른다.

연료로 운전하는 발전설비의 경우 이용율이라는 것이 시스템의 신뢰성의 문제이지만, 풍력발전기의 경우는 경제적인 터빈 설계의 문제이다. 매우 큰 로터와 매우 작은 용량의 발전기를 조합하였을 경우 바람이 불면 이용율이 60 ~ 80%까지 올라갈 수 있다. 하지만 생산되는 전기는 매우 적다는 것이다.

$$\text{설비이용률}(\%) = CF = \frac{\text{연간발전량}(kWh)}{\text{정격출력}(kW) \cdot \text{연간시간}(h)} \cdot 100\% \tag{2.23}$$

연간 에너지생산량(AEP, annual energy production) 풍력터빈이 생산할 수 있는 연간 에너지 생산량을 나타낸다. 풍력단지 예상지점에 풍력터빈을 설치하여 얻을 수 있는 발전 전력량으로 앞에서 언급한 풍속분포식을 이용하거나 직접 관측한 데이터를 활용하여 구할 수 있다. 첫 번째 방법은 풍력터빈이 결정되어 있고, 평균풍속을 알고 있으며, 연간 풍속분포를 알면 아래 식(2.24)를 이용하여 연간 에너지 생산량을 예측할 수 있다.

$$AEP = \sum (P(v) \cdot f(v) \cdot 8{,}760) \tag{2.24}$$

AEP = 연간발전량(kWh)
$P(v)$ = 풍속 v에서의 생산 전력(kW)
$f(v)$ = 풍속이 v가 될 확률

식(2.4)의 풍력터빈이 얻을 수 있는 출력량은 대상 터빈의 직경을 알고, 이론적 효율을 알 수 있으므로 풍속 v에서의 발전량을 얻을 수 있다. $f(v)$는 앞에서 설명한 확률분포이므로 원하는 지역의 평균풍속은 알려져 있다고 가정할 때 각 풍속이 나타날 확률을 와이블분포식으로 계산하여 식(2.24)의 $f(v)$에 대입하여 계산한다. 앞의 설명에서 실제 풍속이 나타날 빈도수가 히스토그램으로 나타났던 것을 상기한다. 따라서 각 풍속대, 즉 3m/s, 4m/s, ... 8m/s, 9m/s...12m/s각 경우의 출현 확률을 식(2.24)에 넣고 그 때의 속도에 해당하는 전력생산량 $P(v)$를 계산하여 총합을 구하면 연간에너지생산량이 계산된다.

두 번째로 연간 발전량을 계산하는 방법은 설비이용율을 알 때 아래 식(2.25)로 쉽게 구할 수 있다. 하지만 이 방법은 이미 측정되었거나 다년간 축적된 설비이용율에 대한 데이터가 있을 때 가능한 방법이다.

$$AEP = CF \cdot GS \cdot 8{,}760 \tag{2.25}$$

$$CF = \text{설비이용률}(Capacity\ \ Factor)$$
$$GS = \text{정격출력}(Generator\ \ Rated\ \ Power, kW)$$

표 2.6은 제주 한경풍력발전단지의 1.5MW 풍력발전기 4대의 발전기록을 정리한 것이다. 2004년과 2005년의 설비이용율은 각각 23.9%와 34.88%를 나타내고 있다.

표 2.6 한경풍력발전단지 (1.5MW x 4기 및 3MW x 5기, 2007년 이후)의 설비이용율

년 도	발전량 [GWh]	평균풍속 [m/s]	이용율 [%]	가동율 [%]
2004년	10.8	6.7	23.9	미산정
2005년	18.7	7.4	35.6	미산정
2006년	17.6	6.8	33.6	미산정
2007년	16.0	6.6	30.5	미산정
2008년	47.9	6.3	26.0	미산정
2009년	52.0	6.7	28.3	미산정

출처: 남부발전

2004년에 생산된 총발전량은 10,810 MWh로 전력계통에 공급되었다. 이 출력량은 우리나라 평균 가구의 1개월 전력사용량이 400kWh라고 할 때 연간 4,800kWh이며, 2,252가구가 1년 동안 사용할 수 있는 전기를 생산하였다고 볼 수 있다.

전력 생산단가(COE, cost of energy) 이미 풍력단지의 연간 에너지 생산량에 대하여 설명하였기에 여기에서 좀 더 관심분야를 넓혀보면 풍력터빈의 전력생산 단가에 대한 사항이다. 풍력터빈의 에너지 단가는 타 에너지원과의 비교, 타 풍력터빈과의 비교자료로써 활용되므로 풍력터빈 개발자에게는 상당히 중요한 자료이다.

COE는 아래와 같은 식(2.26)으로 정의한다.

$$COE = \frac{(FCR \cdot ICC) + LRC}{AEP} + AOM \tag{2.26}$$

COE = Cost of Energy, ($\$/kWh$)
FCR = Fixed Charge Rate, ($per\ year$)
ICC = Initial Capital Cost, ($\$$)

$$LRC = \text{Replacement Cost},(\$/yr)$$
$$AEP = \text{Net Annual Energy Production},\ (kWh/yr)$$
$$AOM = \text{Annual Operation \& Maintenance},\ (\$/kWh)$$

예를 들어보면,

단가가 $1,500/kW인 1MW 풍력터빈을 고려할 때,

$$FCR = 10\% = 0.10$$
$$ICC = \$1{,}500/kW = \$1{,}500{,}000/MW$$
$$LRC = \$15{,}000$$
$$AOM = \$0.01/kWh \quad \text{availability} \quad \text{elevation}$$
$$AEP = 2{,}700{,}000 \qquad 98\% \qquad 1000m$$
$$COE = \frac{(0.1 \cdot 1{,}500{,}000)+15{,}000}{2{,}700{,}000}+0.01$$
$$COM = \$0.071/kWh$$

kWh당 단가가 7.1센트로 계산된다. 이 값을 이용하여 다양한 비용을 비교 분석하는데 사용하고 있다. 2008년의 경우, kWh 당 단가는 고풍속지역과 저풍속지역을 평균하여 9센트 정도로 내려갔다. 이는 몇 년전 보다 오히려 2 ~ 3센트 정도 올라간 가격으로 그간의 물가 급등과 풍력터빈 공급량의 부족으로 풍력터빈의 제조비용이 높아진 탓이다. EWEA(European Wind Energy Association)에서는 2015년경에는 다시 5 ~ 6센트 정도로 하락할 것으로 전망하고 있다.

풍력터빈의 제어 본 절에서 마지막으로 제어부분에 대하여 간단히 언급하고자 한다. 전기 및 기계적으로 제어가 이루어지며 나중에 따라오는 각 단원에서 자세한 설명이 있겠지만 독자들이 본 교재를 읽어가면서 먼저 제어에 대한 간단한 개념이 필요하다고 느낀다. 풍력터빈에서 제어의 목적은 주어진 풍황에서 최대의 전기에너지를 얻어내거나 시스템의 구조하중을 최소화시켜 외부 환경으로부터 보호하기 위하여 전기/기계적 방법을 동원하여 조정하고자 하는 것이다. 풍력터빈의 제어는 크게 기계제어(machine control)와 시스템제어로 두 부분으로 나누어진다. 시스템제어의 주된 역할 중의 한 가지는 풍력터빈 나셀을 풍향과 일치시키는 것이다.

제어는 각 부품별로 수행된다. 먼저 날개 자체의 기계적 동작인 피치각도의 조정 부분이다. 날개각도, 즉 받음각(angle of attack)을 조정함으로써 회전속도를 변화시킬 수 있다. 이를 피치제어(pitch control)이라고 한다. 물리적으로 받음각을 조절하기 위해서는 제어시스템의 명령을 받아야 할 것이다. 따라서 능동제어(active control)이라는 개념을 도입하였다. 이

에 반해서 날개의 각도를 조절하지 못하고 고정된 상태에서 일정 풍속이상에서는 공력학적으로 실속현상이 발생하게 하여 회전속도를 조절하는 것이 실속제어(stall control)이다.

발전기(generator)와 전력변환장치에서 회전속도를 제어하는 역할이 있다. 회전자측에 연결된 전력변환장치로써 발전기의 토크 또는 회전속도를 제어하는 방법으로 주요 제어 물리량인 시스템의 발전량을 제어한다. 또한 계통측에서 회로간 전압을 맡아 계통으로의 출력의 출입을 통제한다. 이러한 제어는 풍력터빈내의 전기전자 부품으로 이루어진 제어장치(control unit)를 통하여 이루어지고, 부품의 제어와 전체 터빈의 기계적 제어를 총괄하는 소프트웨어의 개발 및 이용이 풍력터빈의 핵심기술 중의 하나이다.

☑ 참고문헌

1. WMO Manual on Code, No. 306, Part A, Alphabetical Code, Section E, World Meteorological Organization.

2. Dynamic Maps, GIS Data, Analysis Tools, National Renewable Energy Laboratory, http://www.nrel.gov/gis/wind.html.

3. T. Burton, et al., **Wind Energy Handbook**, Johns Wiley and Sons.

4. 황병선, **풍력발전시스템 성능평가기술 기반구축 1차년도 진도보고서**, 한국기계연구원(부설) 재료연구소, 2009. 4. 24.

5. Hugh Piggot, **Blade Design Note**, 1998.

6. E. Hau, **WIND TURBINE**, 2nd ed., Springer, Berlin Heidelberg, 2006.

7. 고경남, 허종철, **풍력공학입문**, 문운당, 2007. 4.

8. Tore Wizelius, **Developing Wind Power Projects Theory and Practice**, 2007.

제 3 장

풍력터빈의 국내외 시장과 기술의 발전

Advancement of Wind Turbine Markets and Technology

황병선, 박지상, 박승범

풍력핵심기술연구센터
한국기계연구원 (부설) 재료연구소

3.1 서론

현대 풍력터빈의 개발과 출현이 가능했던 것은 그간의 다양한 분야의 기술적 업적과 이를 상업화에 활용한 기업정신에 힘입은 바 크다. 지난 20년간 터빈의 크기는 30kW에서 3,000kW까지(상용화 제품 기준) 약 100배 이상 커졌고, 에너지 생산단가는 약 1/5로 줄었다. 이와 함께, 인간의 친환경적인 마음자세에 힘입어 풍력터빈시장은 지난 10년간 매년 약 25%의 성장률을 나타내면서 급성장하고 있다. 2005년 이후에 전체 풍력설치용량은 약 2배로 증가하였고 2006년 74,151MW, 2007년에 93,927MW, 2008년에 122GW, 2009년에는 약 160GW에 이르게 되었다. 풍력터빈시장은 2008년에 이어 2009년에도 세계적으로 지속적인 성장세를 보여 2009년에 풍력분야에서 약 500억 유로의 매출 시장으로 성장하였다.[1]

본 장에서는 세계적인 풍력에너지 산업규모 중에서 풍력터빈의 설치규모에 따른 시장의 규모를 분석하여 보았고, 풍력터빈의 기술적 진보에 대하여 분석하여 보았다. 앞의 2장에서 풍력에너지 기술의 활용과 터빈기술에 대한 기본적인 사항에 대하여 전반적으로 설명하였지만 본 단원에서는 풍력터빈 기술, 터빈 부품 기술의 국내외 현황과 시장현황 및 분석 등 전반적인 사항을 기술의 흐름을 개괄적으로 다루며, 이후의 각 단원에서 각 부품별로 자세한 기술적 설명을 할 것이다.

3.2 세계 풍력발전 시장의 현황

2010년 세계풍력에너지협회(World Wind Energy Association)가 발표한 자료인 그림 3.1[1]에 의하면 2009년에 신설된 풍력터빈의 설치용량이 38,310MW로 2008년의 신규 증가율 36%에 비해 높은 42% 증가율을 보였고, 2010년에도 지속적인 증가 추세를 보여 누적설치용량이 약 204GW에 이를 것으로 예상하고 있다. 그리고 풍력터빈 시장 또한 8년 전 2,187MW에 비해 2009년에는 약 6배로 증가하였다. 최근 EWEA 자료[2]에 의하면 그림 3.2에서 보는 바와 같이 2008년에 8,484MW의 용량이 EU에 설치되었는데, 다른 에너지원의 구축보다 처음으로 앞선 것이다. 총 발전 설치용량 23,851MW의 약 36%를 차지하고 다음이 천연가스를 이용한 발전설비이다. 이와 같이 풍력터빈 시장은 타 발전설비보다 현재 높은 성장률을 보이고 있음을 명확하게 알 수 있다.

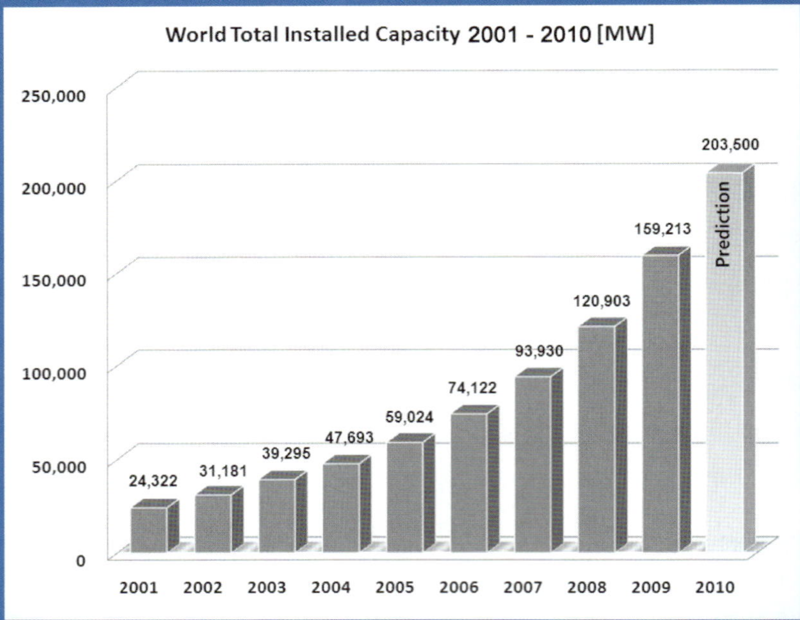

그림 3.1 1997년에서 2009년까지 세계적으로 설치된 풍력터빈 용량[1]

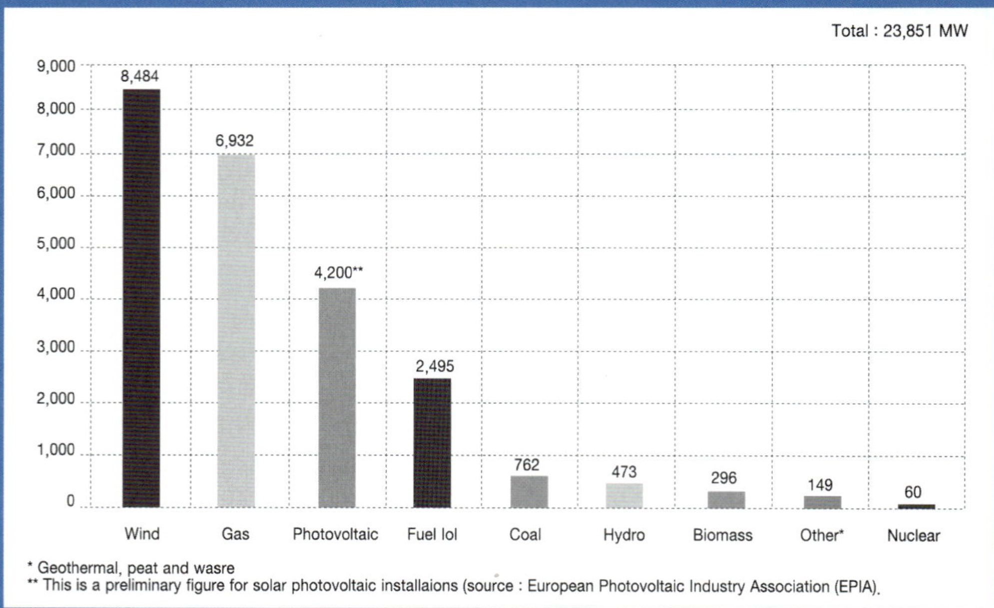

그림 3.2 2008년에 설치된 각종 신규 발전설비 용량의 비교[2]
출처: EWEA, EPIA and Platts Power Vision

국가별 풍력터빈 설치 현황 2008년 한 해 동안 8,358MW가 설치되어 누적용량 25,237 MW를 기록한 미국이 독일을 추월하였고 2009년에는 세계최대규모인 13,889MW가 설치된 중국이 총 누적용량 26,010MW로 독일의 누적용량을 추월하였다. 독일은 누적설치용량이 25,777MW로 세계 세 번째 큰 규모이지만 2009년 한 해 동안 설치된 용량은 1,880MW로 점차적으로 독일 시장의 규모가 줄어들 것으로 예상되고 있다. 미국, 중국, 독일의 세 나라 누적설치용량을 합하면 2009년까지 전체 누척설치용량의 54.6%를 차지하였다. 유럽의 포르투갈과 프랑스도 규모는 작지만 빠른 속도로 설치 용량이 증가하는 국가이다. 또 다른 관심 지역은 중국을 중심으로 하는 아시아 시장이다. 2009년에 아시아는 풍력발전시장에서 63.3%의 성장률을 보였다. 아시아지역은 세계 시장에서 40.4%를 차지하며 유럽의 27.3%와 북아메리카 28.4%보다 높은 비중을 차지하였다. 세계시장을 주도하는 10개 국가를 표 3.1에 연도 별로 비교하여 나타내었다.[3]

표 3.1 2006 ~ 2009년 세계 10대 국가 설치 용량[MW][3]

Country	2006	2007	2008	2009	Share %
USA	11,635	16,879	25,237	35,159	22.1%
P.R. China	2,588	5,875	12,121	26,010	16.3%
Germany	20,652	22,277	23,933	25,777	16.2%
Spain	11,614	14,714	16,453	19,149	11.5%
India	6,228	7,845	9,655	10,925	6.8%
Italy	2,118	2,721	3,731	4,850	3.0%
France	1,585	2,471	3,671	4,521	2.8%
UK	1,967	2,394	3,263	4,092	2.6%
Portugal	1,716	2,150	2,829	3,535	2.2%
Denmark	3,101	3,088	3,159	3,497	2.2%
Total	63,204	80,414	104,052	137,515	
Percent of World	51.7%	65.8%	85.2%	85.7%	

출처 : BTM Consult ApS-March 2009 & WWEA Report 2010

세계 주요 풍력터빈 제조업체 표 3.2는 2008년 10대 제조업체를 보여준다. 이 표에서 보면 Vestas(DK), GE Wind(US), Gamesa(ES), Enercon(GE)사 순으로 2008년 한 해 동안 풍력시장에 가장 많은 발전기를 공급하였다.

표 3.2 2008년 10대 공급업체 현황[3]

	Accu. MW 2007	Supplied MW 2008	Share 2008 %	Accu. MW 2008	Share assu. %
VESTAS (DK)	29,508	5,581	19.8%	35,089	28.7%
GE WIND (US)	12,979	5,239	18.6%	18,218	14.9%
GAMESA (ES)	13,306	3,373	12.0%	16,679	13.7%
ENERCON (GE)	13,770	2,806	10.0%	16,577	13.6%
SUZLON (Ind)	4,724	2,526	9.0%	7,250	5.9%
SIEMENS (DK)	7,002	1,947	6.9%	8,949	7.3%
SINOVEL (PRC)	746	1,403	5.0%	2,148	1.8%
ACCIONA (ES)	1,671	1,290	4.6%	2,961	2.4%
GOLDWIND (PRC)	1,457	1,132	4.0%	2,589	2.1%
NORDEX (GE)	3,886	1,075	3.8%	4,960	4.1%
Others	11,269	4,955	17.6%	16,225	13.3%
Total	100,317	31,326	111%	131,644	108%

출처 : BTM Consult ApS-March 2009

시장 점유율을 비교하기 위하여 표 3.2를 보면 2008년 한 해 동안 10대 제조업체에서 풍력시장에 공급한 발전용량은 31,326 MW이다. 이중에서 Vestas(DK,덴마크)가 19.8%, GE Wind(US, 미국)가 18.6%, Gamesa(ES, 스페인)가 12.0%, Enercon(GE, 독일)이 10.0%를 공급하였다. 메이저 풍력터빈 업체에 비교하여 차지하는 비율이 아직 낮은 수준이지만 급격히 증가하는 자국의 시장에 힘입어 중국의 Goldwind와 Sinovel사가 10대 공급자로 포함된 것은 시사하는 바가 크다.

3.3 세계 풍력터빈 기술의 동향

풍력터빈 크기의 증대 1980년 중반 미국 캘리포니아 'Wind Rush'로 풍력을 이용한 상업발전시대가 시작되어, 1990년대 들어 덴마크, 독일, 영국 그리고 다시 2000년대에는 스페인, 아시아, 미국 등 대규모 풍력시장이 형성되면서 점차 풍력터빈의 규모도 자연스럽게 대형화되어 왔다. 이와 같은 추세는 앞에서 언급한 그림 1.16과 그림 3.3에 잘 나타나있다.

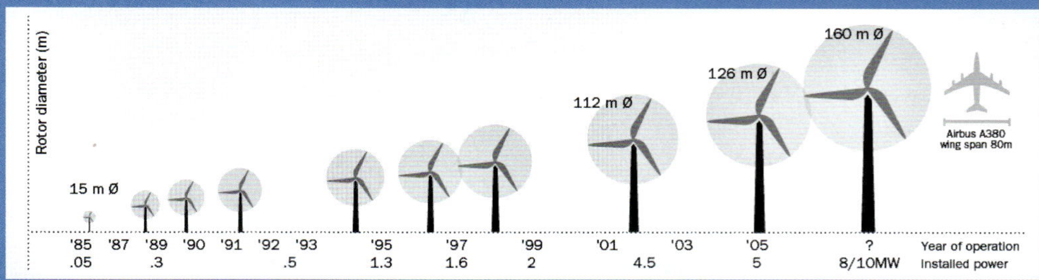

그림 3.3 세계 풍력시장에서 풍력터빈 설비용량의 변화[2]

풍력발전기의 최근의 동향으로 저비용, 고신뢰성이 미래 풍력터빈 성공의 요인으로 강조되고 있으며, 이러한 이유로 풍력터빈은 급속도로 대형화되는 추세이다. 현재 설치되고 있는 풍력터빈은 로터직경 60 ~ 90m, 출력 1 ~ 3MW 급이 주를 이루고 있으며, 그림 1.17과 같은 로터직경 126m에 달하는 6MW 풍력터빈 시제품(prototype)도 시험 운행되고 있다.

그간의 대형화 추이를 살펴보면 2000년 이전에는 750kW 미만이 주류였으나, 2001 ~ 2003년에는 750kW ~ 1.5MW가 주류를 이루었다. 2003년 이후 육상용의 경우 1.5 ~ 2.5 MW가 주를 이루고 있으며, 최근 대부분의 선진 제작사들의 경우 주력 기종을 2MW급 이상으로 조정하였다. 현재 일부 제작사에서는 3MW와 5MW 풍력터빈을 상용화하여 판매 중에 있다. 특히 5MW 시스템을 해상풍력에 적용하기 위하여 시작품 제작 또는 실증 운전하고 있다. 시장 동향, 선진 제작사들의 움직임으로 살펴볼 때 육상용은 2 ~ 2.5MW급, 해상용은 3 ~ 5MW급이 앞으로의 시장 추세일 것으로 분석되고 있다.

또 다른 분석에 의하면 풍력터빈의 평균설비용량은 시장, 지역, 기술 수준 등에 따라 차이를 보이고 있으나, 1999년에 729kW, 2001년에 915kW, 2005년에 1,282kW, 2006년에 1,419 kW로 지속적으로 증가하고 있다. 풍력발전설비의 정격출력은 1980년대에 25kW, 1990년대 초반은 500 ~ 600kW, 1990년대 후반에는 1.5MW, 2008년 최근에는 해상용을 주목표로 하고 있는 5 ~ 6MW급의 시제품, Enercon E-112와 E-126, REpower 5M, MultibridTM M5000, Bard VM 5MW 등이 제작되어 실증 운전 중에 있다.

독자의 편의를 위해 세계적으로 상용화된 중대형 풍력터빈의 규격 및 사양을 부록 3에 수록하였고 표 3.3에는 이를 요약한 내용을 정리하였다.

표 3.3 상용화된 중대형 풍력터빈 현황

Manufacturer: Model name:	Capacity kW	Rotor diam. m	Control Features	Comments
Acciona, AW 77/70	1,500	70/77	Pitch (V)	
Acciona, AW 3000	3,000	116	Pitch (V)	
Dongfang, DEC 70	1,500	70	Pitch (V)	
Dongfang, DEC 77	1,500	77	Pitch (V)	
Ecotechnia, 74	1,670	74	Pitch (V)	
Ecotechnia, 80	1,670	80	Pitch (V)	
Ecotechnia, 80	2,000	80	Pitch (V)	
Enercon, E66	1,800	70	Pitch (V)	Multipoled Generator
Enercon, E66	2,000	71	Pitch (V)	Multipoled Generator
Enercon, E70	2,000	70	Pitch (V)	Multipoled Generator
Enercon, E82	2,000	82	Pitch (V)	Multipoled Generator
Enercon, E82	3,000	82	Pitch (V)	Multipoled Generator
Enercon, E112	4,500	112	Pitch (V)	Multipoled Generator
Enercon, E112	6,000	112	Pitch (V)	Multipoled Generator
Enercon, E126	6,000	126	Pitch (V)	Multipoled Generator
Führ lander, FL MD77	1,500	77	Pitch (V)	
Führ lander, FL 2500	2,500	100	Pitch (V)	
GAMESA, G80	2,000	80	Pitch (V)	IGBT-Inverter
GAMESA, G83	2,000	83	Pitch (V)	IGBT-Inverter
GAMESA, G87	2,000	87	Pitch (V)	IGBT-Inverter
GE Wind, 1.5s, sl, se	1,500	70.5/77	Pitch (V)	IGBT-Inverter
GE Wind, 2.3	2,300	82	Pitch (V)	IGBT-Inverter
GE Wind, 2.5	2,500	104	Pitch (V)	IGBT-Inverter
Goldwind, 70	1,500	70	Pitch (V)	Direct Drive-PMG
Hunan XEMC, Z72	2,000	70.65	Pitch (V)	Direct Drive-PMG
Hunan XEMC, Z82	2,000	82.6	Pitch (V)	Direct Drive-PMG
MHI, MWT 57/62	1,000	57/62		
MHI, MWT 92/95	2,400	92/95		
Ming Yang, MY1.5se	1,500	77/82		

출처 : BTM Consult ApS-March 2009 (C) = Constant Speed ; (V) = Variable Speed

표 3.3 상용화된 중대형 풍력터빈 현황(계속)

Manufacturer: Name/types:	Capacity kW	Rotor diam. m	Control Features	Comments
Nordex, N60/N62	1300	60/62	Stall (C)	2-Speed Switchable Poles
Nordex, S70/77	1500	70/77	Pitch (V)	
Nordex, N90	2300	90	Pitch (V)	
Nordex, N90	2500	90	Pitch (V)	
Nordex, N100	2500	90	Pitch (V)	
REPOWER, MD77/MM70	1500	70/77	Pitch (V)	
REPOWER, MM82	2000	82	Pitch (V)	IGBT-Inverter
REPOWER, MM92	2000	92		
REPOWER, M5	5000	126		
Sewind, W1250	1250	64		
Siemens, SWT-1.3-62	1300	62	Active Stall (C)	2-speed CombiStall
Siemens, SWT-2.0-76	2000	76	Active Stall (C)	2-speed CombiStall
Siemens, SWT-2.3-82	2300	82.4	Active Stall (C)	CombiStall
Siemens, SWT-2.3-93	2300	93	Pitch (V)	Variable Speed
Siemens, SWT-3.6-107	3600	107	Pitch (V)	Variable Speed
Sinovel, 70-1500	1500	70		
Sinovel, 77-1500	1500	77		
Sinovel, 82-1500	1500	82		
Suzlon, S64/S66	1250	64/66		
Suzlon, S82	1500	82		
Suzlon, S88	2100	88		
VESTAS, V82	1650	82	Active Stall (C)	1 or 2 Speed
VESTAS, V80-1.8	1800	80	Pitch (V)	N/A
VESTAS, V80-2	2000	80	Pitch (V)	Variable Frequency Control System
VESTAS, V90-1.8/2	1800/2000	90	Pitch (V)	Variable Frequency Control System
VESTAS, V90	3000	90	Pitch (V)	Variable Frequency Control System
WinWinD, WWD-1	1000	62	Pitch (V)	Multibrid
WinWinD, WWD-3	3000	90/100	Pitch (V)	Multibrid
Windey, WD77	1500	77		

출처 : BTM Consult ApS-March 2009 (C) = Constant Speed ; (V) = Variable Speed

그리고 대형화에 따라 1990년도에는 100 ~ 200kW 용량을 가진 발전기용 블레이드 직경은 20 ~ 30m 정도였으나, 현재 설치되고 있는 풍력터빈은 출력 1 ~ 3MW급에서 블레이드 직경이 60 ~ 90m가 주를 이루고 있다. 또한 2005년 5 ~ 6MW의 시제품의 경우 블레이드 직경은 126m까지 도달하였으며, 추후 8 ~ 10MW급에서는 블레이드 직경이 160m까지 도달할 것으로 예상된다.

이런 풍력터빈 대형화의 주된 이유는 대형화에 따른 발전단가 감소효과를 얻을 수 있다는 점이다. 블레이드 및 시스템의 대형화에 따른 비용 증가보다 대형화에 의한 에너지 생산량이 더 크기 때문이다.

적용기술의 다변화 1MW급 이하의 중대형 풍력발전기에서는 지금까지 가격이 저렴한 농형 유도발전기가 널리 사용되었으나, 정속운전 특성과 더불어 전력계통에 연계할 때 과도상태 등의 문제점을 가지고 있다. 이에 반해 권선형 유도발전기를 사용한 이중여자 발전방식은 시스템의 가격 대비 성능면에서 우수하기 때문에 최근에 상용화된 1MW급 이상의 대용량 발전시스템에 널리 채택되고 있다. 표 3.4에서는 90년 초부터 2003년까지의 풍력터빈 핵심 부품별 발전 및 변화 추이를 보여주고 있다.

최근에는 모델의 다양화, 영구자석 발전기의 채택, 새로운 개념의 발전기 개발 등 다양한 시도가 진행되고 있다. 1.5 ~ 2.5MW급 육상 풍력터빈의 경우에는 간접구동식과 직접구동식이 대등하게 경쟁하고 있으나 시장점유율은 간접구동식이 약 80%를 차지하고 있다. 표 3.5와 표 3.6에서 직접구동방식과 간접구동식의 비율이 차이가 나는 것은 표 3.6은 독일의 경우만 고려한 것으로 직접구동방식의 Enercon사 제품이 독일에 많이 보급되었기 때문이다.

3 ~ 5MW급 해상용은 간접구동식과 직접구동식 및 하이브리드형 기술이 경쟁하고 있다. 기술적인 신뢰성은 입증되지 않았으나 대형화와 함께 하이브리드 기술인 하이브리드형이 수 MW급 대용량에서 바람직한 대안으로 부상하고 있는 상황이다.

출력제어방식은 90년 초에 피치제어와 실속제어가 비슷한 비율이었으나, 2000년초 이후에는 대형기기의 경우에 피치제어방식으로 기술의 추세가 완전히 바뀐 것을 표 3.5와 표 3.6에서 알 수 있다. 또한 속도제어방식에서도 가변속운전방식이 주를 이루고 있다.

피치 및 요잉 구동장치에서는 3MW급 이상의 중대형 및 해상용 풍력터빈시스템에는 유압식보다는 전기식 모터를 사용하고 있다.

표 3.4 풍력터빈 핵심 부품별 발전 경향[4] 단위: %

Year		1991	1993	1995	1997	1999	2001	2003
Newly Built Turbines (unit)		257	517	901	724	1527	1971	1639
Number of Blades	Two Blades	16	9	3	0	0	0	0
	Three Blades	82	90	97	100	100	100	100
Rotor Position	Down Wind	5	2	0	0	0	0	0
	Up Wind	95	98	100	100	100	100	100
Aerodynamic Control	Stall	57	70	62	49	41	31	14
	Pitch	43	30	38	51	59	69	86
Generator Type	Induction	72	81	66	52	50	38	20
	Doubly Fed Induction	0	0	0	2	15	34	49
	Synchronous	28	19	34	46	34	29	31
Rotational Type	Constant Speed	65	75	63	51	50	34	15
	Variable Speed	35	25	37	49	50	66	85

표 3.5 풍력터빈제조사의 설계개념의 선택[2]

No.	Company	Share [%]	Model	Drive train	Power rating [kW]	Dia. [m]	Tip speed [m/s]	Power conversion
1	Vestas	22.8	V90	Geared	3,000	90	87	Asynchronous
2	GE Energy	16.6	2.5XL	Geared	2,500	100	86	PMGS
3	Gamesa	15.4	G90	Geared	2,000	90	90	DFIG
4	Enercon	14.0	E82	Direct	2,000	82	84	Synchronous
5	Suzlon	10.5	S88	Geared	2,100	88	71	Asynchronous
6	Siemens	7.1	3.6SWT	Geared	3,600	107	73	Asynchronous
7	Acciona	4.4	AW-119 /3000	Geared	3,000	116	74.7	DFIG
8	Goldwind	4.2	REpower 750	Geared	750	48	58	Induction
9	Nordex	3.4	N100	Geared	2,500	99.8	78	DFIG
10	Sinovel	3.4	1500 (Windtec)	Geared	1,500	70		

표 3.6 2008년 독일풍력터빈의 적용기술 경향 단위:EA

Rotor Diameter	25 ~ 45m	45.1 ~ 64m	64.1 ~ 80m	>80m
Gearless	10	63	229	158
Gearbox	0	24	75	307
Pitch	10	86	304	465
Stall	0	0	0	0
Active-stall	0	1	0	0
1 Fixed Rotor Speed	0	0	6	1
2 Fixed Rotor Speeds	0	1	0	0
Variable speed	10	86	298	464
Number of the WT	10	87	304	465

출처: DEWI magazin 34

표 3.5는 풍력터빈 시장의 10대 제조사가 2007년에 시장을 점유하고 있는 비율과 각 사 풍력터빈의 주요 사양을 비교하고 있다. 선도회사인 Vestas사는 기술의 동향은 경량화에 있고, 블레이드의 경우 고강도와 비강성이 우수한 프리프레그형의 복합재료를 적용하고, 나셀 설계에서도 혁신적인 개념을 도입하기 위하여 노력하고 있다. GE사에서는 DFIG가 지니는 가격과 안정성면에서의 장점에도 불구하고 효율이 좋은 영구자석형 발전기로 전환하고 있다. 스페인의 Gamesa Eolica사에서는 주축이 기어박스에 통합된 2단기어를 사용함으로써 경량화를 꾀하는 최신의 기술을 도입하고 있다. 블레이드의 경우 중량을 줄이기 위하여 분리형 블레이드를 현장에서 인발 탄소 섬유 복합재 프로파일과 접합하여 사용하는 기술이 도입되고 있고, 타워의 경우도 철근콘크리트와 하이브리드형을 사용하고 있다. 직접구동식 발전기로 유명한 Enercon사에서는 발전기 설계시 권선형 회전자를 활용하여 제어를 용이하게 하는 기술을 적용하고, 허브근처의 블레이드 형상을 변화시키고, 블레이드 선단에 윙렛(winglet)을 적용하여 블레이드의 효율을 높이는 기술을 도입하고 있다.

단지화 및 해상풍력 1990년대 중반까지는 5MW ~ 100MW 사이의 대형 풍력발전단지가 급증하고, 5MW의 소형 단지 및 분산 설치는 급감하는 경향을 보이다가 2000년대 들어서면서 풍력발전 도입 지역이 전 세계적으로 확산되면서 비슷한 비율로 보급되고 있다. 대형 단지화의 추세는 타 에너지원과 비교하여 발전단가의 경쟁력 확보면에서 필수적인 사항이다.

유럽의 육상 풍력단지의 포화에 따른 건설부지 부족현상과 소음, 조망권 침해 문제로 인해 풍력단지가 육상에서 해상으로 전환되고 있다. 해상 풍력발전 기술은 아직 초기 응용 단계이며, 설치, 유지보수의 편리성을 고려하여 조립 및 분해가 편리한 구조의 증속기 및 드라이브 트레인, 크레인의 설치 등과 관련된 기술개발이 추진되고 있다. 해상풍력터빈이 육상풍력터빈과의 차이점은 나셀무게의 경량화, 부품의 부식방지, 부품의 신뢰성 향상이 더욱 강조되어야 하는 점이다. 해상풍력단지는 현재 최대 해안과의 거리 15km, 수심 20m까지 조성중에 있으며, 2010년까지 해안과의 거리 40km, 수심 35m까지 조성 가능할 것으로 전망된다. 해상풍력에 관한 사항은 제22장에서 보다 자세하게 다룬다.

3.4 풍력발전과 경제성

풍력발전의 경제성(economics of wind energy) 풍력발전의 kWh당 생산단가는 풍력터빈의 크기, 초기의 투자금액, 발전단지의 풍황 등에 따라서 달라지며 일률적인 제시는 매우 어렵다. 특히 우리나라의 경우 외국에서 수입되는 풍력터빈과 복잡한 지형에서의 설치비용 등을 고려하면 유럽의 발전단가와 비교하기는 어렵다. 기초자료가 풍부한 덴마크의 최근의 자료[22]를 활용하여 발전단가를 알아보는 것이 의미가 있겠다.

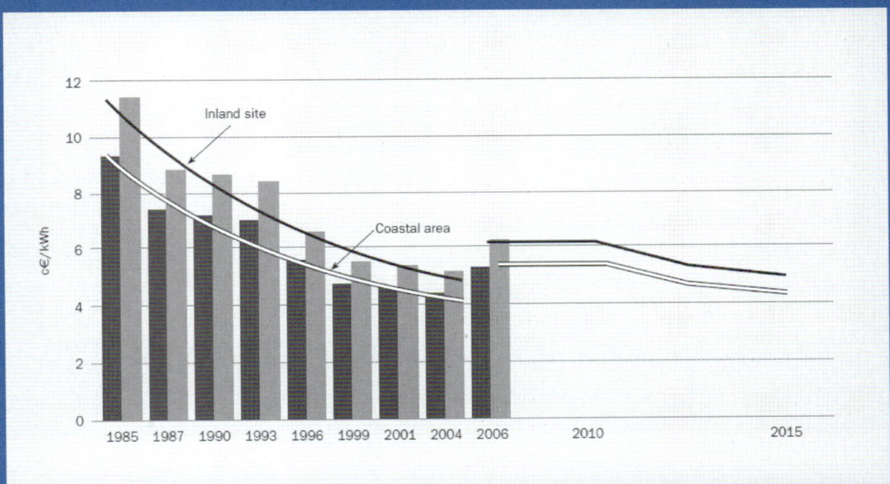

그림 3.4 2MW 풍력터빈을 기준으로 산정한 발전단가

출처: RISØ DTU

그림 3.4에서 보면 2006년에 2MW 풍력터빈을 기준으로 했을 때, 중간 정도의 풍속을 가진 내륙지방에 설치하여 생산된 단가는 6.5€cents/kWh이고 비교적 풍황이 우수한 해안지역

의 경우 5.3€cents/kWh임을 보여주고 있다. 이는 1980년대 중반의 11.3€cents/kWh와 9.2 €cents/kWh보다 각각 42%정도가 낮아졌다. 2015년에는 5.0€cents/kWh, 4.3€cents/ kWh로 낮아질 것으로 예상하고 있다. 2006년에는 공급물량의 부족과 원자재가격의 갑작스런 상승으로 인한 풍력터빈 가격의 상승 때문에 전년과 비교하여 발전단가가 높아졌다. 그림 3.4의 자료는 비교적 풍력에너지 단가가 낮은 덴마크의 경우이다. 타 국가의 경우에는 10 ~ 20%정도 높은 단가를 적용해야할 것으로 판단된다.

풍력터빈의 가격변동은 그림 3.5에서 보는 바와 같이 2005년 ~ 2006년에 가격의 급등이 있었음을 알 수 있다. 그 원인은 수요에 대한 공급의 부족과 원자재의 상승이었다. 이러한 경향은 2000년도 후반인 현재에도 계속되고 있는 실정이다.

그림 3.5 풍력터빈 가격의 변동(백만달러/MW)

그림 3.6은 풍력터빈을 구성하는 주요핵심 부품의 가격을 분류한 그림으로 2MW급 풍력터빈을 기준으로 분석한 것이다.[24] 타워의 가격이 전체의 26.3%, 블레이드 22.2%, 증속기 12.91%, 전력변환장치 5.01% 순으로 나타나있다.

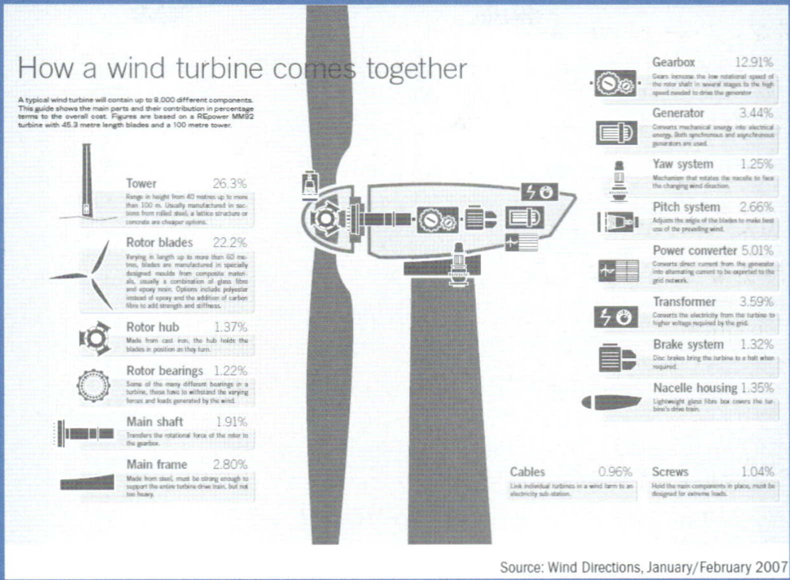

그림 3.6 풍력터빈 구성 핵심부품 가격 비교(2MW 예시)[24]

3.5 국내 기술 현황

국내의 풍력시장을 보급과 풍력터빈 제조에 초점을 맞추어서 분석해 볼 수 있다. 보급면에서 보면 2008년까지 국내에 설치된 중대형 풍력터빈은 전량 외국에서 수입하고 있으며, 국내에서는 타워만 제작하여 공급하고 있는 실정이다. 우리나라에서 최초의 전력계통연계 풍력터빈시스템은 한국에너지기술연구원이 한국관광공사의 요청으로 1992년 2월 제주도 중문에 설치한 HSW 250kW 1기이다. 이후 90년 말까지는 커다란 진전이 없었고 2000년 초부터 현재에 이르기까지, 정부의 보급정책과 풍력발전 사업자의 관심에 따라서 급속한 보급이 이루어지고 있다.

2006년에 설치한 풍력터빈은 대관령 풍력발전단지(강원풍력주식회사)에 2 MW 35기(70 MW) 추가 설치로 이전의 28MW와 합쳐서 총 시설용량이 98 MW로 국내 풍력단지 중에서 가장 큰 규모이다, 대부분의 풍력발전 단지는 풍황(wind resource)이 좋은 강원 산간 지역과 제주도에 설치되었다. 그림 3.7과 같이 2010년 1월 기준으로 전국적으로 215여기가 보급되어 발전시설용량 약 359MW가 설치되었고, 시설용량별 1 MW이상이 발전량의 대부분을 차지하고 있다.

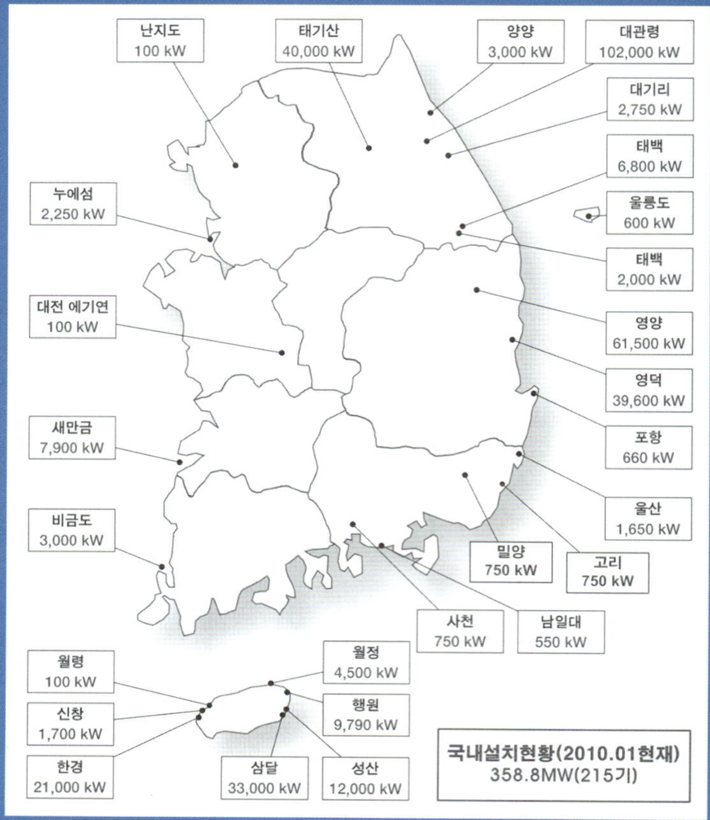

그림 3.7 국내 풍력발전시스템 기설치 현황(2010년 1월 기준)

현재 정부와 민간에서 중장기적으로 풍력발전기를 설치할 예정인 것은 권역별로는 약 20개 사업 정도가 계획 중이거나 진행 중으로 보도되고 있고, 사업규모는 총 972MW이다.

풍력터빈 개발 부분에서는 중대형 풍력터빈과 관련하여 2000년 초 이후 750kW급 풍력발전기의 국산화를 추진하여 블레이드, 발전기 등 요소기술의 설계, 제작 능력을 확보하여 상업화에 성공하였다. 이어서 MW급 풍력발전기는 1.5MW에서 2MW급의 중대형 풍력발전기가 2004년에서 2007년에 걸쳐서 개발되었다, 풍력발전의 경제성 증가를 위한 세계적인 추세에 따라 3MW급 해상 풍력발전시스템의 개발(2006년 ~ 2009년)이 완료되어 상용화를 위한 실증 운영 중에 있으며, 2008년부터 2MW급의 기어리스형 풍력터빈과 5MW급 풍력터빈을 개발을 정부의 지원으로 시작하였다. 이와 동시에 국내의 일부 대형 중공업 기업체에서는 빠르게 성장하는 세계 풍력시장에 진입하기 위하여 정부의 지원없이 1.5 ~ 2.5MW급의 풍력터빈을 국외의 기술 도입과 독자적인 연구를 통하여 개발하고 있다.

현재까지 국내 풍력발전시스템 산업 관련 참여기업은 시공업체를 제외한 시스템 제작, 설계, 풍력발전 부품 생산, 단지 개발 기업 등이 50여 업체에 달한다. 그와 관련하여 국내 풍력발전시스템의 기술 현황을 육상용 및 해상용 풍력발전시스템과 풍력발전시스템용 부품의 국산화 현황으로 나누어 표 3.7에 정리하였다.

표 3.7 국내 풍력발전시스템 기술 개발 현황(2010년 1월 기준)

분류	개발 현황
육상 풍력발전	- 750kW급 gearless type 풍력발전시스템 개발 완료/상용화(유니슨) - 750kW급 geared type 풍력발전시스템 개발 완료/실증 중(효성) - 1.5MW급 육상용 풍력발전시스템 개발 및 실증 완료(한진산업) - 1.65MW급 풍력발전시스템 개발 완료(현대중공업) - 2MW급 geared type 풍력발전시스템 개발 완료/운전 중(효성) - 2MW급 PMSG type 풍력발전시스템 개발 완료/운전 중(유니슨) - 2MW급 멀티브리드형 풍력발전시스템 개발 완료/운전 중(유니슨) - 2MW급 저풍속 gearless type 풍력발전시스템 개발 중(현대로템) - 2.5MW급 육상풍력 설비 개발 완료(삼성중공업)
해상 풍력발전	- 해상 풍력 실증 단지 조성 연구(에기연) - 해상용 3MW급 풍력발전기 실증 중(두산중공업) - 해상 저풍속형 3MW급 풍력발전시스템 개발 중(두산중공업) - 해상용 3MW급, 5MW급 풍력발전설비 프로토타입 개발 중(STX) - 해상용 5MW급 풍력발전시스템 개발 중(효성) - 해상용 5MW급 해상풍력 설비 개발 중(삼성중공업) - 해상풍력용 해저케이블 및 전력계통 체계 개발 중(LS전선)
풍력발전 시스템용 부품 국산화 개발 현황	- 600kW급, 750kW급 발전기 및 증속기(효성) - 750kW급 저풍속 고효율 풍력터빈용 블레이드 개발 완료(한국화이바) - 750kW급 PMSG type 발전기(유니슨) - 1.1MW급 풍력발전기 미쓰비시(일본)에 수출 중 - 2MW급 geared type 발전기용 증속기(효성) - 2MW급 DFIG 발전기(효성) - 2MW급 PMSG type 발전기(보국전기) - 750kW급, 2MW급, 3MW급 블레이드 개발 완료(KM) - 750kW급, 2MW급 PMSG용 전력변환기 개발(플라스포) - 750kW급, 2MW급 DFIG용 전력변환기 개발(효성) - 풍력터빈용 특수 케이블 개발 완료(LS전선)

우리나라는 풍력터빈에 필요한 중공업 및 부품산업 기반이 우수하므로 기술개발을 적극

추진하면 내수시장을 거쳐 수출 산업화하고 차세대 성장동력이 될 수 있다는 것이 대부분의 전문가들의 견해이다. 현재에도 부품별로는 저속축(main shaft), 타워 및 플렌지, 발전기 등은 외국기업에 공급하고 있는 정도로 기술력을 지니고 있다. 핵심부품인 블레이드는 국내 기술 수준도 선진국 수준에 근접해 있으며, 증속기, 피치 및 요 드라이브 부품, 베어링 등 핵심 부품의 국산화를 위하여 정부의 지원과 기업의 연구개발 노력이 진행 중에 있다.

특히 동북아에 위치한 우리나라의 경우 우리의 풍황에 맞는 극한 자연조건, 태풍, 낙뢰, 저온, 산지 지형 등에 대비한 설계요건에 따른 기술개발은 세계 다른 지역에서 시장 생존율이 높을 것이다. 우리보다 앞서가고 있는 일본의 경우 태풍 및 낙뢰에 대비한 설계, 사례 모음, 규정도입을 위하여 노력 중이며 국내에서도 고려해야 할 사항이다.

3.6 풍력터빈시스템

수평축과 수직축의 비교 앞장에서 풍력터빈을 바람의 방향에 대한 회전축의 방향에 따라 수직축과 수평축으로 분류하였다. 수직축 풍력터빈(VAWT, vertical axis wind turbine)은 바람의 방향에 관계없이 운전이 가능하기 때문에 요잉 장치가 불필요한 장점이 있다. 그러나 대부분 항력(drag force)을 이용하기 때문에 풍속이상의 주속도로 회전할 수 없으므로 에너지 변환 효율이 낮은 단점이 있다. 그림2.15의 C_P값의 비교를 통하여 다리우스(Darrieus)형과 3개 블레이드 수평축터빈의 차이가 있음을 알 수 있다. 최고의 효율을 가지는 풍속이 수평축보다는 낮지만 최대 효율이 0.4정도에 그침을 알 수 있다. 수직축가운데 양력을 이용하는 다리우스형은 풍속보다 높은 주속(tip speed)을 얻을 수 있으나, 블레이드의 피치제어가 불가능하기 때문에 출력 효율에 한계가 있다. 그럼에도 불구하고 낮은 풍속에서의 효율을 고려해서 소형의 풍력터빈에서 사용되는 형식이다.

Hau[5]는 수평축과 비교하여 낮은 공력효율, 높은 중량, 불리한 공력하중, 블레이드의 높은 가격은 다른 부품을 단순화해서 보상해야 경쟁력이 있다고 설명하고 있다. 요 시스템과 타워가 단순히 필요없다는 것만으로는 충분하지 않다는 것이다.

수평축 풍력터빈(HAWT, horizontal axis wind turbine)은 로터 회전면을 풍향에 맞추기 위한 요잉 장치가 필요하고, 증속기와 발전기 포함하는 나셀(nacelle)의 중량물이 타워 상부에 설치되어 유지와 보수의 어려움이 있다. 그러나 블레이드에 발생하는 양력(lift force)을 이용하므로 풍속보다 높은 주속도로 회전이 가능하여 에너지 변환 효율이 가장 우수하다. 따라서 현재 대부분의 중형급 이상 풍력터빈에서 사용되고 있는 형식이다.

식(2.10)에서와 같이 풍력터빈에 의하여 발생되는 출력(power)은 $P = \frac{1}{2}\rho v^3 A C_P$의 관계로 나타낼 수 있음을 제2장에서 충분히 설명하였다. 여기서 ρ는 공기밀도, v는 풍속, A는 블레이드 회전면적, C_P는 출력계수(power coefficient)이며. 이론적으로는 0.593의 값을 최대로 가진다고 설명하였다.[6] 그림 3.8에서는 전형적인 출력과 효율 곡선을 보여주고 있다. 그림 2.15는 풍력터빈의 종류에 따른 효율을 주속비(TSR, tip speed ratio)에 따라서 비교한 것으로[7], 현재 대형 상업 발전기의 설계가 가야하는 방향을 제시하고 있다.

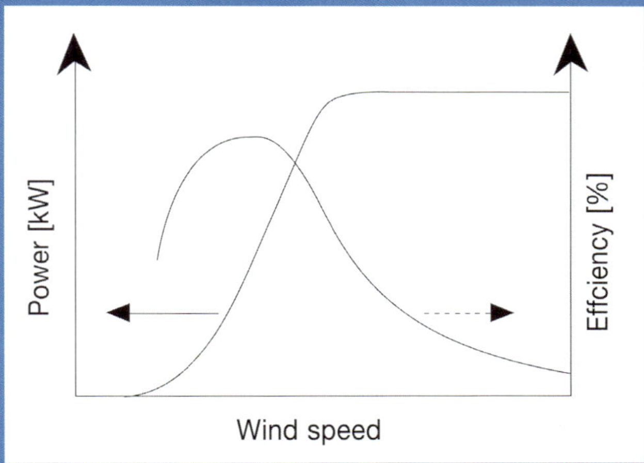

그림 3.8 출력곡선과 효율곡선

따라서 본 장에서는 중대형 풍력터빈에 대하여 다루게 되므로 수평축 풍력터빈에 한하여 분석하였다. 그림 3.9는 수평축 풍력터빈의 대표적인 구성품을 다시 한번 보였고 제2장의 그림에서 부족했던 부분을 여기에서 참고하길 바란다. 허브를 포함한 로터 블레이드와 베어링, 나셀 내부의 드라이브 트레인과 발전기 등 중요 부품과 관련된 세부 부품을 추가적으로 보여주고 있다.

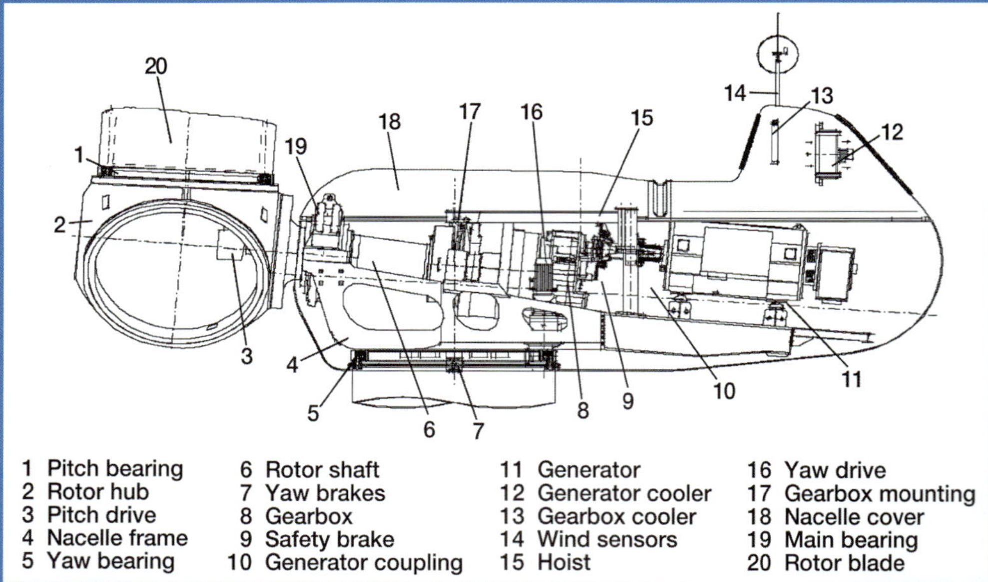

그림 3.9 수평축 풍력터빈의 구성품

풍력터빈의 설계 풍력터빈의 개발은 개념설계, 예비설계, 상세설계, 제작 및 시험, 인증의 단계를 거치는 오랜 경험과 시간을 요구한다. 개념설계는 경제성이 있는 용량을 목표로 두고 터빈의 개략적 사양을 결정한다. 이 과정에서는 GH(Garrad Hassan) Bladed™ 나 FOCUS 같은 성능 및 하중 계산 S/W 등을 동원한 하중계산을 통하여, 블레이드의 기하학적인 형상, 나셀의 무게, 타워의 높이 등이 결정된다. 이때 설계인자가 1,000여개에 이르므로 경험적인 요소로 예측하여 얼마나 입력 파라미터를 줄이느냐가 관건이다. 그림 3.10은 GH Bladed™ S/W를 이용한 설계과정의 일부로 하중계산 과정을 도식화한 것이며, 그림 3.11은 설계하중케이스(DLCs, Design Load Cases)의 설정과정을 예시로 보여주고 있다.[8] 주요 구성기기 사이의 최적 조합을 찾고, 이들 간의 상호작용을 이해하는 시스템공학적인 기술이 필요하며, 전기적, 기계적인 부품의 세부 설계는 시스템 공학에 근간을 둔 개발책임자의 지휘 하에 이루어진다.

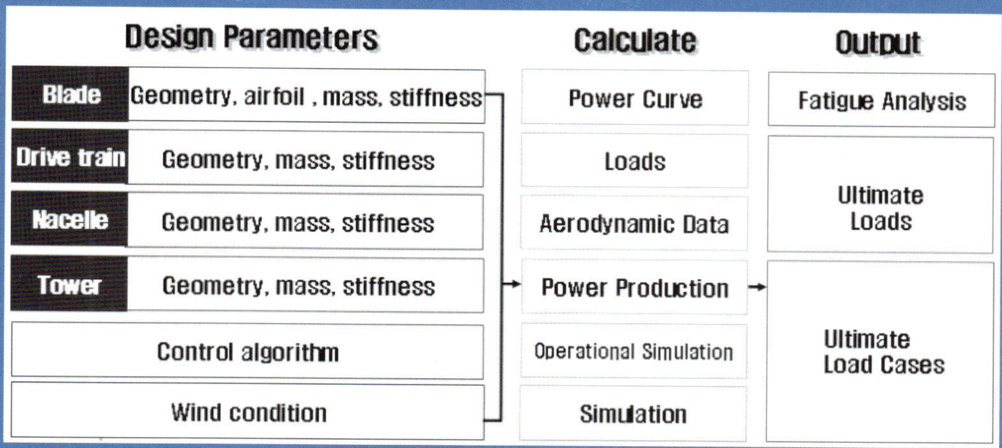

그림 3.10 Garrad Hassan의 Bladed™를 이용한 하중계산 과정의 일부

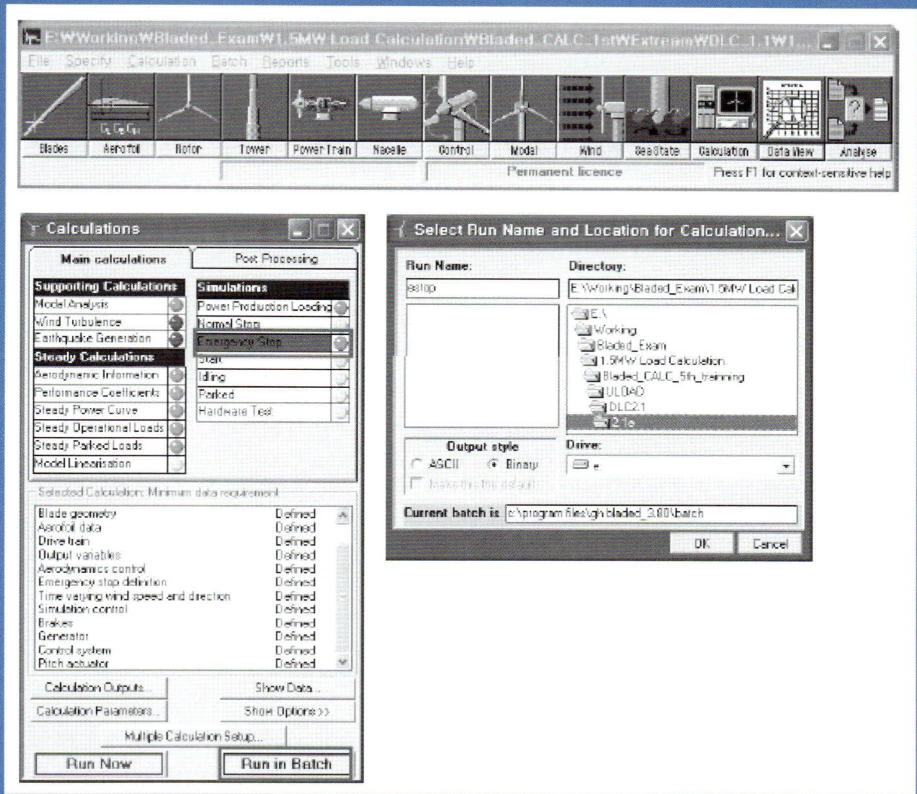

그림 3.11 Garrad Hassan의 Bladed™를 이용한 하중계산의 DLCs 설정과정의 예시[8]

풍력터빈시스템의 성능시험 전체 시스템의 성능시험은 실증단지에서 최종적으로 이루어지는데, 시스템 제어 시험, 출력의 측정, 소음, 전력품질, 시스템의 구조적 거동 측정 등이 이때 이루어진다. 부분조립 단계에서 나셀 조립품을 현장에서 시험을 거치는 것이 일반적이며, 블레이드와 증속기 등은 부품 단위로 관련 규정에 의거하여 정하중 및 피로하중시험과 내구성시험 등을 거친다. 성능시험 혹은 성능평가에 대해서는 제24장에서 자세하게 다룬다.

풍력터빈시스템의 인증 풍력시스템의 인증(certification)이란, 최종 수요자가 풍력터빈의 성능, 신뢰성, 안전성을 확인하기 위한 방안으로, 제조자가 풍력터빈을 제작함에 있어 제3자가 규정이나 추천방법에 따랐는지를 검증하는 절차를 말한다. 따라서 제조자는 풍력시장에서 경쟁력을 확보하기 위해서는 인증절차를 거치는 것이 통례이다.

그 종류는 부품인증(components certification), 형식인증(type certification), 사업인증(project certification) 등으로 나누어진다. 구체적인 적합성 및 인증시험 절차는 국제전기기술위원회(IEC, International Electrotechnical Commission)의 IEC WT-01 규정과 절차에 따라서 진행하게 된다.[9] 규정과 절차는 DEWI-OCC(Deutches Windenergie-Institut-Offshore and Certification Centre, GmbH), GL(Germanischer Lloyd), DNV-Wind(Det Norske Veritas) 규정 등에도 제안되어 있으며, 육상과 해상 부분으로 나누어져 있다. 구체적으로 IEC 61400 계열의 규정에는 안전요구사항, 출력성능시험, 소음, 출력품질 특성 평가시험, 하중시험 등이 있다.

세계적으로 인증절차를 수행하는 기관은 독일의 GL, 덴마크의 DNV-Wind, 독일의 DEWI-OCC 그리고 미국의 UL(Underwriter's Laboratory) 등이 있으며, 이들 기관과 연계하여 직접적으로 성능시험을 수행하는 시험기관은 독일의 WINDTEST와 DEWI, 덴마크의 RISØ, 미국의 NREL(National Renewable Energy Laboratory, U.S.), 네덜란드의 WMC-ECN(Wind turbine Material and Construction-Energy research Centre of the Netherlands), 스페인의 LEA-CENER(The National Renewable Energy Centre of Spain) 등이 있다. 국내에서는 위의 IEC 규정을 KS 표준화 작업을 일부 진행하였고, 상호 인증을 위한 노력이 지식경제부 기술표준원을 중심으로 이루어지고 있다. 풍력터빈의 인증과 관련하여 제23장에서 자세하게 다룬다.

3.7 로터블레이드의 발달

로터 블레이드는 바람 에너지를 기계적 에너지로 변환시키는 장치로서 풍력발전시스템의 용량과 제어방식을 선정하는데 있어서 우선적으로 고려하는 주요한 요소이다. 본 장에서는 풍력터빈에 사용되는 로터 블레이드의 재료와 블레이드의 설계 및 시험에 대하여 개괄적으로 설명하고 제5장과 제6장에서 세부적으로 다룬다.

블레이드크기의 변화(size of blades) 블레이드 크기의 변화는 1990년부터 2000년 중반까지 매우 급격하게 변화해 왔다. 그림 3.12[2]에서 보는 바와 같이 2004년 이후에는 블레이드 크기의 변화는 다소 주춤하고 있는 상태이다. 현재 가장 큰 블레이드를 가진 풍력터빈은 독일 Emden 지역에 설치된 Enercon사의 E-126모델이며, 용량은 6MW, 블레이드 직경은 126m이다. 블레이드의 크기를 변경하지 않고 용량은 7MW로 상향조정도 가능한 것으로 알려져 있다. 블레이드의 주속(날개끝 속도)도 직경의 변화에 따라 변화될 수 있으나 특히 육상형의 경우 소음 등의 환경문제와 연계되어 현재 수준인 70 ~ 80 m/s에 머무르고 있다. 다만 해상풍력으로 전환됨에 따라서 주속비를 높이면서 효율의 향상을 도모할 수 있을 것으로 기대한다.

표 3.8은 현재까지 개발된 초대형 블레이드의 무게를 예시로 소개하고 있다.

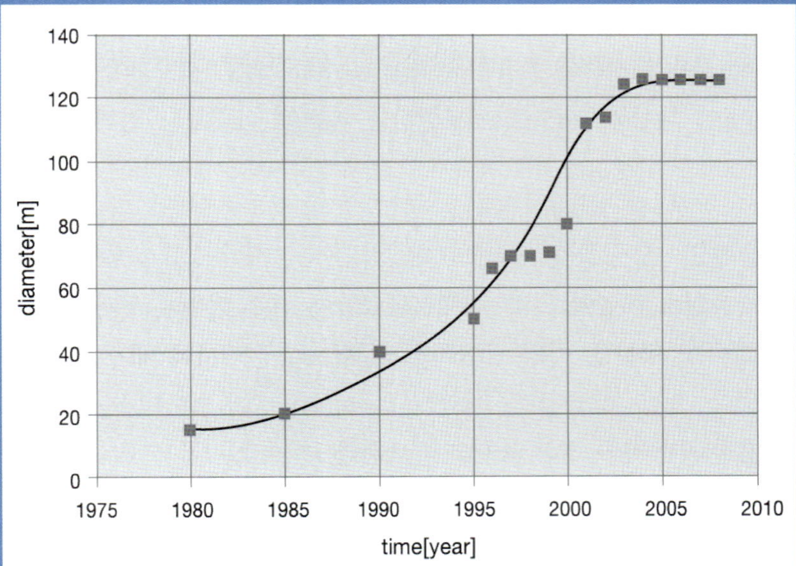

그림 3.12 년도별 풍력터빈 블레이드 직경의 변화[2]

표 3.8 초대형 블레이드의 중량 비교[2]

Turbines	Diameter(m)	Blade 중량(톤)/개
BARD VM(5MW)	122	26
E-112(4.5MW)	114	20
M5000(5MW)	116	17
REpower 5M(5MW)	126	18

출처: WIND ENERGY-THE FACTS

블레이드의 설계(design of blades) 블레이드의 단면은 익형(airfoil)의 형상이며, 공기역학적 해석을 통하여 최적의 효율을 가지는 익형을 설계한다. 풍력터빈의 블레이드 익형은 기본적으로 항공기의 익형과 같이 높은 양항비의 기본적인 성능이 요구되기 때문에 초기에는 항공기 날개용으로 개발된 익형을 그대로 사용하였다. 그러나 항공기에 비하여 낮은 레이놀즈수에서 운전되고 실속영역에서의 특성이 요구되기 때문에 풍력터빈 전용 블레이드 익형이 개발되었으며, 전용 익형을 사용하여 에너지 생산의 증가를 가져왔다.[10] 하지만, 대형화에 따른 현실과의 타협이 블레이드의 설계시에 고려되고 있다. 초대형 E-126의 경우 강철 스파가 인보드(inner board, 허브에 가까운 쪽)에 사용되어 현장에서 2개의 부품으로 조립되는데 크기에 따르는 안전성과 수송성 등을 고려한 설계인 것으로 판단된다. BARD VM 5M의 경우에는 인보드의 코드길이를 최대화하여 공력효율을 높였다. 기존의 대형 블레이드의 경우 현장 수송성을 고려하여 효율의 손해를 감수하고라도 코드길이를 좁히는 경향이 있었으나, 주요 시장이 해상풍력이므로 제조공장을 해변에 설립하는 정책과 기술면을 동시에 고려한 예이다.

블레이드 설계의 최근동향 최근의 대형화되는 블레이드의 설계에 중점을 두고 있는 부분은 경량화와 유연성을 높이는 것이다. 블레이드와 전체 터빈에 부과되는 하중을 경감시키기 위하여 블레이드 형상을 미리 굽어지게 설계(built-in curvature and sweep)하는 연구가 진행되고 있다. 또한 복합재료의 이방성(anisotropy)으로 발생하는 비틀림 연계성(twist coupling)을 활용한 수동하중 경감 능력을 부여한다.

전체 시스템의 설계와 동시에 부품단위로서의 블레이드 설계는 또 다른 큰 과제이다. 그림 3.13에는 시스템설계에서 주어지는 하중을 시작으로 공력 설계 및 해석, 구조 설계 및 해석, 제작에 이르는 일련의 과정을 도식화하였다.[11]

터빈전체에 대한 하중계산이 통합된 풍력터빈 설계도구(integrated wind turbine design

tool)을 이용하여 이루어진다.

익요소운동량(BEM, blade element-momentum) 이론에 근간을 두고 익형의 실험적 데이터를 결합시켜서 시위길이(chord length)와 비틀림각(twist angle) 등을 구할 수 있다. 계산기술의 발달로 FLEX, BLADED, ADAMS, FAST(Fatigue, Aerodynamics, Structures, and Turbulence), 등과 같은 공탄성코드(aeroelastic code) 등을 활용하여 블레이드의 형상설계가 이루어진다. Aerodyn 등과 같은 혹은 공역학 설계코드가 앞의 공탄성코드와 연계되어 활용되고, FOCUS, NuMAD, PreComp 등 구조 연계코드를 활용함으로써 보다 정확한 설계를 할 수 있다. 네덜란드의 WMC(KC-Wind turbine Materials and Constructions, ECN)에서 개발한 FOCUS는 풍력터빈 통합설계코드로써 터빈의 설계, 블레이드 상세설계, 하중계산, 피로와 강도해석 등이 결합되어 있다. 또한 CFD(computational fluid dynamics) 기법을 활용함으로써 정교한 익형을 설계하고 있다.[12]

블레이드는 원심력과 풍압에 의한 지속적인 피로 굽힘하중 조건에 처해진다. 또한 요잉작용에 의하여 진동이 증폭되기도 한다. 따라서 블레이드는 정하중과 동하중 특성을 고려한 구조설계가 필요하다. IEC 61400-1 규격에 따른 풍속조건을 고려하여 정하중해석, 고유진동수 해석, 좌굴해석 등을 상용 소프트웨어를 활용하여 수행한다. 블레이드는 루트(허브결합부위)에서 팁부위로 갈수록 전체적인 두께가 줄어드는 대변형이 발생하는 구조물이다. 구조해석을 수행할 때 기하학적인 비선형을 고려한 비선형 해석을 수행할 경우 구조 변형 형상을 좀 더 정확하게 예측할 수 있다.[13-15] 이때 활용되는 코드는 ANSYS/NuMAD, SAMCEF for Wind Turbines, ABAQUS 등이 대표적이다.

블레이드 및 시스템의 효율을 증가시키기 위한 노력으로 미국 DOE의 WindPACT (Wind Partnerships for Advanced Component Technologies) 프로그램의 일환인 Sandia National Lab의 BSDS(Blade Swept Design Studies)프로그램, STAR(Sweep Twist Adaptive Rotor) blade 프로그램 등이 대표적으로 참고할 만한 사항이다.

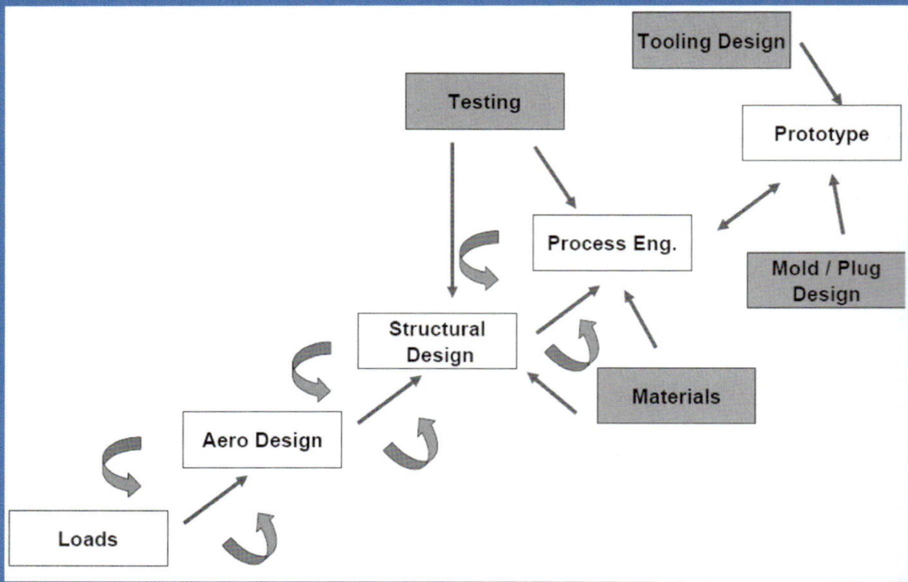

그림 3.13 블레이드 설계 및 해석, 제조 절차

블레이드 제조기술의 발전 풍력터빈시스템의 주요 요소인 로터 블레이드의 재료 선택에 있어서 구조적 하중 특성, 재료 성능, 블레이드 설계 및 수명을 고려한 재료의 선정이 중요하다. 과거 나무, 섬유를 활용하였으나, 대형화 되면서, 금속과 나무 등을 조합하여 사용하여왔다. 하지만 대형화된 블레이드에 이러한 전통적인 재료로써는 설계의 기준을 맞추기는 어려워졌다. 복합재료기술의 발전은 풍력터빈의 대형화를 가능하게 한 중요한 전환점이 되었다. 점점 대형화 되어가는 블레이드의 무게를 최대한 낮추면서 제작비를 고려하였을 때, 내식성이 우수하고 높은 강도를 가지는 유리섬유 강화 폴리에스터/비닐에스터(glass fiber reinforced polyester/vinyl-ester)와 유리섬유 강화 에폭시(glass reinforced epoxy)가 현재까지 가장 적합한 재료이다. 현재까지는 유리섬유 강화 폴리에스터를 사용한 블레이드가 가장 많이 판매 되었으며, 블레이드 제조사 중에는 덴마크의 LM Glassfibre사가 시장 점유율에서 우위를 점하고 있다. 대형 풍력발전기에서 점점 더 경량, 저수축 및 우수한 노화특성, 고강도의 블레이드가 요구되면서 폴리에스터계 수지에서 에폭시 수지의 복합재료로 전환되고 있는 상태이다.

대형화에 따른 수명 및 최적 설계를 위한 정확한 복합재료의 특성을 산출하기 위하여 EU에서는 2002년부터 3년간 440만 유로를 투입하여 17개 연구소와 기업 등이 참여한 Optimat Blade 프로그램으로 소재 데이터베이스를 구축한 바 있다. 이 프로그램이 종료되면서 초대형 풍력터빈의 재료분야의 문제점을 연구하기 위하여 UPWIND프로그램을 수행하고 있다. 앞에서 언급한 미국의 WindPACT 프로그램에서도 복합재료의 시험관련 프로그램이 진행되고 있다.

최근에는 그림 3.14와 같이 블레이드가 대형화됨에 따라 큰 부하가 작용하는 스파(spar) 구조물에 탄소 섬유 강화 에폭시가 사용되는 경우도 있다. 재료비용이 높은 단점이 있으나 강도 및 강성이 우수하면서 가벼운 CFRP(carbon fiber reinforced plastics)에 대한 관심이 증가하고 있다.

또 한편으로는 초대형 블레이드의 경우 BARD VM이나 LM의 61.5m 형 블레이드에서는 탄소 섬유의 사용을 배제하고 있다. 이는 탄소 섬유의 사용과 효율의 향상 등의 현실적 비용면을 고려한 것으로 보인다.

블레이드의 스파(spar)와 셀(shell)의 제조 공법면에서는 오픈 몰드를 사용하는 수적층(hand layup)법(Nordex 및 GE사), glass prepreg(Vestas사), VARTM법(TPI사), resin infusion 법(SIEMENS사)등이 있다.[16] 점차적으로 폐쇄형 몰드를 사용하는 전환하고 있는데 특히 SIEMENS사의 이 방법은 "The Integral Blade Process"로 특허로 등록된 제조방법인데 품질을 향상시킬 뿐만 아니라, 2차 접착이 필요하지 않고, 작업환경의 개선 등이 있는 유용한 공법이다. 블레이드 제조자들은 장기적으로 품질 유지와 노동력 감소를 위하여 항공산업에서 이용 중인 자동화된 제조법인 automated tape laying 및 automated fiber placement 법 등을 접목하기 위한 노력이 계속되고 있다.

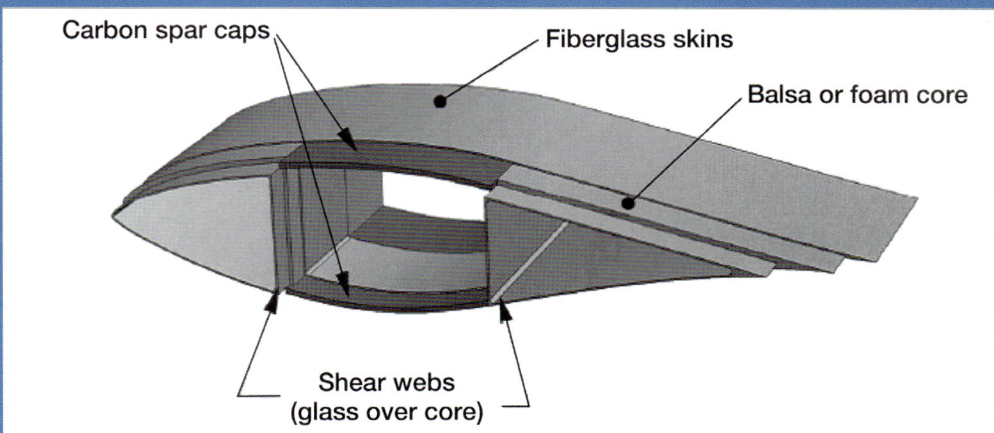

그림 3.14 고성능 블레이드 단면 형상

블레이드 시험기술 블레이드는 20년 이상 운전 하중 하에서 견디도록 설계한다. 이러한 사용연한은 복합재료 구조물 중에서 매우 큰 변형을 가진 복합재료 구조물의 사용기간을 훨씬 초과하는 경우이다. 이러한 이유 때문에 축적된 경험과 기술만으로 설계의 신뢰성을 보장하기에는 어려움이 있다. 블레이드는 따라서 풍력터빈의 설계 기준에 맞는지, 기계의 가격을 줄이는지, 실제 설치할 때의 경제적 관점 등을 고려하여 철저하게 시험할 필요가 있다. 더구나 세계 풍력산업계는 신뢰성있는 제품을 개발하기 위하여 피로시험을 수행할 것인가에 대한 논의를 계속하고 있다.

현재 구조 성능시험을 위한 IEC 61400-23 규정[17]에 따라 시험을 실시한다. 정적하중은 집중 혹은 분포하중을 가하며, 분포하중의 경우 휘플트리(whipple tree)를 장착하여 하중을 가한다. 정적강도는 플랩(flap) 방향 및 에지(edge) 방향에 따라 측정하고 규정에는 블레이드의 상하 방향을 고려하여 시험을 수행한다. 시험하중은 IEC 61400-23에서는 설계하중의 1.1배를 적용하도록 하고 있다.

정하중시험을 위한 시험설비는 그림 3.15에서와 같이 간이설비를 활용하여 시험을 수행하였으나 대형화되면서 시험의 안전성 및 안정성, 정확성 등을 고려하여 그림 3.16과 같은 윈치(winch)를 사용하는 시스템으로 변화되고 있다. 최신의 대표적인 정적하중 시험의 한 장면인데 최근에는 하중점을 늘리고 변형에 따른 하중의 조정을 자동화하여 정교한 시험을 수행할 수 있는 장치를 활용하고 있다. 블레이드의 시험에 관한 사항은 제6장에 자세하게 설명한다.

그림 3.15 대형블레이드의 간이설비에 의한 정하중시험

그림 3.16 대형블레이드의 6점 분포 정하중시험

3.8 드라이브 트레인

현재 대부분 풍력터빈시스템의 드라이브 트레인(drive train)은 저속축(main shaft, rotor shaft, low-speed shaft), 증속기(gearbox), 고속축(high-speed shaft)으로 구성이 되어 있다. 저속축은 로터 블레이드의 회전력과 추력을 증속기에 전달하는 부품으로 고강도 재료와 설계의 최적화가 중요한 사항이다.

증속기의 종류에 따라서 간접구동식(geared), 직접구동식(gearless), 혼합식(hybrid)의 세 가지 형태로 드라이브트레인의 개념이 정리된다.

간접구동식(geared type) 전통적으로 대다수를 차지하는 간접구동식(geared type) 풍력터빈의 증속기는 그림 3.17과 같이 로터 블레이드 축과 발전기 사이에 위치하면서 15 ~ 40rpm의 저속으로 회전하는 저회전 고토크의 로터 블레이드 입력동력을 약 1,200 ~ 1,800rpm으로 증속하여 고회전 저토크의 동력으로 변환하여 발전기에 전달한다.

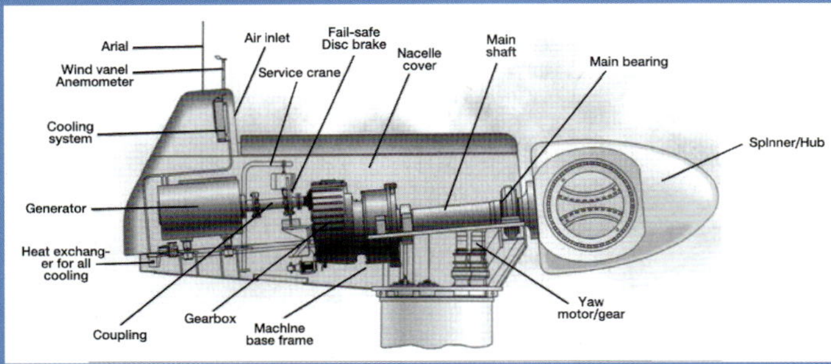

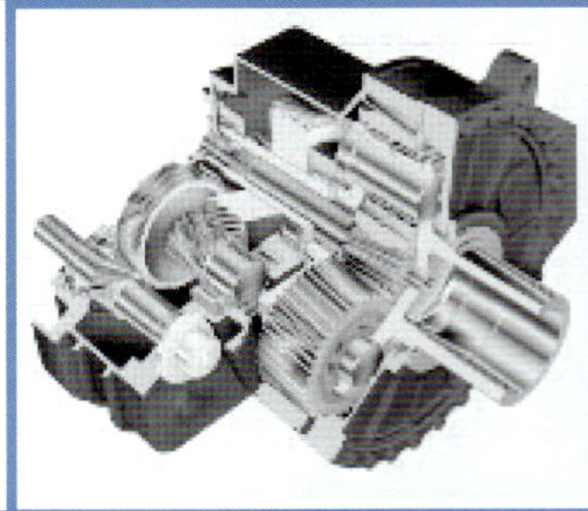

그림 3.17 간접구동식 풍력발전기와 3단 기어 증속기

대형의 풍력터빈에서는 블레이드의 회전속도를 낮추는 대신에 증속비를 높여 구조 및 안정성 문제를 해결하는 추세이기 때문에 현재 대형 풍력터빈에서는 간접구동식(geared type)이 주류를 이루고 있다.

일반적으로 중형 풍력시스템에서는 큰 증속비를 얻기 위해서 크기와 중량을 감소시킬 수 있는 1단의 유성기어열과 2단의 평행축기어를 조합한 구조를 사용하고 있다. 기어의 강도 해석은 주로 이뿌리의 굽힘강도 접촉면의 접촉응력, 스코링 강도의 3가지 항목으로 검토하며 계산의 결과 중에서 최소의 허용 응력값으로부터 전달마력을 결정한다. 일반적인 규격으로는 AGMA 2001, DIN 3990, BS 436, JGMA 401, IS6336 등이 있다.[18]

풍력용 기어박스의 설계시에 전위계수는 소음진동과 밀접한 관계를 갖고 있다. 기어박스의 시험은 다이나모미터(dynamometer)에 의해서 수행된다. 다이나모미터는 부하를 재현하는 방식에 따라 전기식 유압식 등의 방식이 있지만 전기식이 가장 적절하다. 증속기는 높은 타워위에 올리게 되므로 설치 및 보수가 용이하지 않다. 이와 함께 급격한 풍력 변화로 큰 부하 변동을 받아 기어 및 베어링 등에 동적 힘 변위로 영향을 받게 되고 기어박스의 초기고장 및 수명단축의 원인이 된다. 기어박스는 풍력터빈의 심장에 해당하여 항상 유지보수의 중점대상이 되며, 설치 조건상 다양한 컨디션 모니터링 기술이 필요하다.

하지만 증속기를 사용함으로써 드라이브트레인 길이의 증가에서 오는 시스템 설계부담, 회전 부품의 증가로 인한 전달손실 및 효율문제, 유지보수 필요량의 증가, 소음 및 나셀부의 중량 증가 등이 증속기 사용에서 오는 단점이다.

증속장치에 사용되는 증속기는 풍력터빈의 기계적 소음과 고장을 일으키는 주원인으로 높은 신뢰성과 장기간의 수명을 요구하는 풍력발전시스템의 핵심 요소 부품이다. 기어의 치형 설계에서 증속기 구조 설계에 이르기 까지 동력 전달 효율, 소음 진동, 수명 및 강도를 고려한 설계 기술이 필요하다. 설계 기술과 함께 신뢰성을 확보하기 위한 원천 기술로 성능 검증 및 내구 수명 확보를 위하여 시험 및 평가 기술이 필수적이다. 증속기는 기어를 비롯한 여러 가지 부품이 조립된 장치로서, 신뢰성을 확보하기 위해서는 각 부품에 대한 검사 및 시험 평가가 이루어져야 하며, 조립된 증속기 자체에 대한 시험 및 평가뿐만 아니라 풍력발전시스템에 조립된 전체 실제 운전시험을 통하여 평가되어야 한다. 간접구동식과 관련하여 핵심 부품인 증속기(gearbox)의 기술적인 부분은 제10장에서 자세하게 설명이 될 예정이다.

직접구동식(gearless type) Direct drive라고도 하는데 그림 3.18과 같이 저속, 고토크의 로터가 증속기 없이 직접 발전기에 전달되는 형태이며, 대부분 가변속 운전방식의 동기발전기를 사용하는 풍력발전시스템에 해당된다. 전력 계통에 연계하기 위해서는 계통 주파수와 맞지 않기 때문에 교류/직류/교류 전력변환이 필요하다. 장점으로는 위에서 언급한 증속기 때문에 발생하는 대부분의 문제점을 제거할 수 있다. 그러나 대형의 동기발전기를 사용하여야 하기 때문에 고출력 다극형 발전기의 개발이 필요하고, 발전기의 가격이 고가라는 단점이 있다. 또한 증속기의 무게가 발전기의 중량으로 전가되는 점이 좋지 않다. 이와 함께 발전기의 규모가 커지고 전기, 기계적, 열적인 하중에 노출되어 이러한 조건들이 결합되어 제조할 때 발전기 자체의 형상 및 공기간극의 제어 등에 매우 엄격한 제한사항을 요구한다.

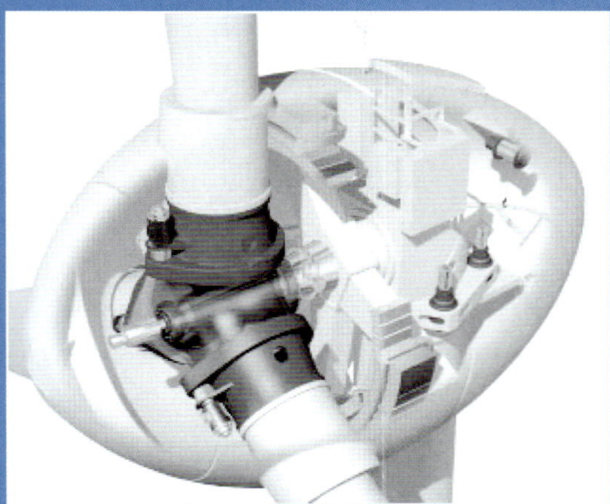

그림 3.18 직접구동식 풍력터빈

2007년에 직접구동식 풍력터빈의 시장은 Enercon사가 약 14%를 점유하고 있음을 앞장의 표 3.2에서 언급하였다. 1993년 이래 독일의 Enercon사는 100kW ~ 6,000kW급의 다양한 풍력터빈을 약 12,000기 정도를 공급할 정도로 직접구동식 시장을 주도해 왔다.

직접구동식을 대표하는 제조사는 Enercon임을 앞의 장에서 설명하였다.

Enercon사의 직접구동식 풍력터빈은 그림 3.19와 같이 다른 직접구동식 제품을 개발하는 제조사와는 달리 영구자석 보다는 권선형 회전자를 가지는 동기발전기를 적용하는 것이 특징적이다. Siemens사에서는 최근에 해상용을 목적으로 3.6MW형 동기발전기와 영구자석을 사용하는 대표적인 직접구동식 풍력터빈을 개발하여 시험 중에 있다.

MTorres사도 1,650kW 규모의 다극형 동기발전기를 가진 풍력터빈(TWT-1650)을 개발하였다. 네덜란드의 Lagerwey사에서는 수년간 Enercon사와 유사한 권선형 회전자를 가진 MW급 이하의 750kW ~ 900kW 직접구동식 풍력터빈(Emergya Wind Technology, EWT, DirectWind 750-900)을 제조하였고, Zephyros 1500kW와 2000kW (Harakosan)형으로 규모가 커진 터빈으로 발전하였다.

또한 새로운 직접구동식 풍력터빈 개발자들은 DarWinD(네덜란드, 4.7 ~ 5.0MW), LeitWind (Italy, 1.2/1.5MW), MTorres(Spain, 1.65 MW), Vensys(Germany, 1.2, 1.5, 2.5MW), Scanwind (Norway, 3.5MW), Unison(Korea, 750kW) 등인데, 특히 중국의 Goldwind사에서 라이센스 생산을 하는 Vensys설계가 있고, Northwind Power System에서 100kW급의 소형 직접구동식 터빈을 개발하여 판매하였다.

표 3.9에는 현재 풍력에너지 시장에서 상업적으로 구매가 가능하거나 최근 개발되어 시험 중인 직접구동식 풍력터빈의 종류들이다.

그림 3.19 직접구동식 대형 발전기의 내부
출처: Enercon사

직접구동식을 개발하게된 동기는 나셀내부를 단순화하고, 시스템의 신뢰성을 향상시키고, 효율을 높여 증속기와 관련된 문제를 해결하고자 하는 것이다. 기존의 간접구동식보다 가볍고 가격 경쟁력이 있는 제조기술을 개발하는데 상당한 어려움이 있지만 직접구동식으로의 경향이 뚜렷해지고 있다. 직접구동식 기술의 개발이 계속해서 진행되고 있으나, 시장 점유율이 아직 높지는 않다.

표 3.9 Direct Drive Wind Turbines

Turbine	Diameter[m]	Power[kW]	Remarks
ENERCON E-126(GE)	127.0	6,000 ~ 7,000	Prototype
DarwinD DD115(NE)	115.0	4,700 ~ 5,000	Prototype
ENERCON E-112(GE)	114.0	4,500	
Siemens DD Test Machine(GE)	107.0	3,600	Prototype
ScanWind SW 3500 DL(FI)	90.6	3,500	
ENERCON E-70 E4(GE)	71.0	2,300	
HARAKOSAN(ZEPHYROS)(NE)	70.0	2,000	
ENERCON E-66(GE)	70.0	1,800	
MTorres TWT 1650/78(ES)	78.0	1,650	
MTorres TWT 1650/70(ES)	70.0	1,650	
VENSYS 70(GE)	70.0	1,500	
VENSYS 77(GE)	77.0	1,500	
LeitWind LTW 77(IT)	77.0	1,350	
VENSYS 64(GE)	64.0	1,200	
VENSYS 62(GE)	62.0	1,200	
Leitwind LTW 61(IT)	61.0	1,200	
ENERCON E-58(GE)	58.0	1,000	
ENERCON E-48(GE)	48.0	800	
Jeumont J53(FR)	53.0	750	
Jeumont J48(FR)	48.0	750	
Unison U50(KR)	50.0	750	
Unison U57(KR)	57.0	750	
ENERCON E-33(GE)	33.4	330	
Subaru 22/100(FUJI)(JP)	22.0	100	
Northern Power NW 100/19(US)	19.1	100	

출처: Wind Energy-the Facts, EWEA, 2009

혼성형(hybrid type) 간접 및 직접구동식의 장점을 살린 하이브리드(hybrid)시스템을 말하는데 1 혹은 2단의 증속기를 가지지만 고속의 2 ~ 4극 발전기를 채용하지는 않는 형태이다. 예를 들면 그림 3.20과 같이 로터와 영구자석 발전기 사이에 1단 기어를 사용하여 연결시키는 형태이다. 고단의 증속기로부터 발생하는 기계손실과 나셀부의 중량 증가의 단점을 1단 기어로 대체하고 발전기의 극수와 크기를 감소시켜 간접구동식과 직접구동식의 문제점을 서로 보완하는 절충 형태이다. 저단 증속기를 채용함으로써 신뢰성을 높이고, 발전기의 크기를 직접구동식보다 줄여서 드라이브트레인을 균형있고 간단한 구조로 가져가는 것이 중요한 의도이다. 사용되는 저출력의 영구자석 발전기는 고출력의 다극형 동기발전기보다 가격이 저렴하다는 장점이 있지만 아직까지 활성화되지 않아서 신뢰성 문제가 있다. 이러한 개념을 최근에는 멀티브리드(Multibrid™)라는 명칭으로 상업화를 시도하고 있다.

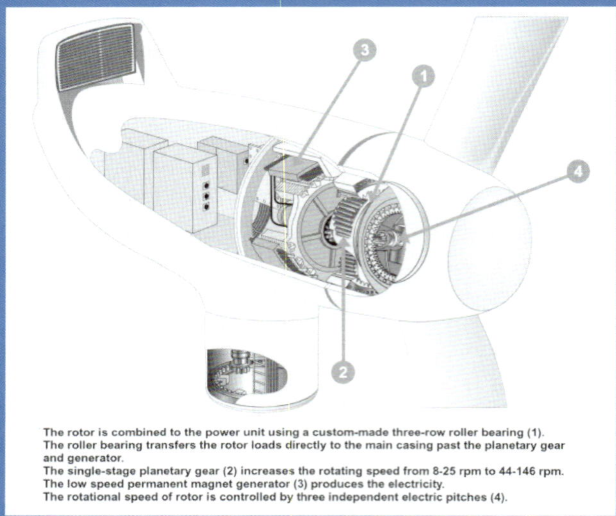

그림 3.20 하이브리드형 풍력발전기
출처: WinWind사

앞에서도 언급하였지만 직접구동식 풍력터빈은 Enercon사가 시장을 주도하고 있고, Lagerwey사가 전신인 Harakosan사, Siemens사 등이 합류하고 있다. 혼성형 풍력터빈은 WinWind사가 시장을 주도하고 있는 상황이다. 2.5MW급 풍력터빈을 생산하는 미국의 Clipper Windpower사는 특징이 있는 혼성형 드라이브트레인 설계를 가지고 있다. 4개의 영구자석형 다중 유도발전기를 증속기와 결합하여 매우 단순화된 구조를 도입하고 있다.

AREVA사는 Multibrid M5000을 개발하여 시험 중이다. 특징은 집적화된 저속형 드라이브 시스템으로 되어있고 주축이 없이 주축베어링이 바로 1단기어에 연결되며, 중간 정도의 회전속도(50 ~ 147rpm)를 가진 영구자석형 발전기를 채용하고 있다. 이에 따라서 나셀의 무게가 약 310톤 정도로 5 MW급에서는 가장 가벼운 나셀을 가지고 있다.

신생 풍력터빈 제작회사들의 경우 기존 업체들과의 경쟁에서 기술적 우위를 선점할 수 있는 직접구동식과 하이브리드형에 많은 관심을 가지고 있다. 우리나라의 경우 유니슨(주)에서

750kW 기어리스형 풍력발전기 국산화 개발에 직접구동식 모델을 채택하여 실증 단계까지 성공적으로 완료하여 상업화를 이루었다.

3.9 제어

제어 시스템 제어시스템은 풍력발전기의 회전속도와 출력 기동 및 정지, 계통연계 등을 위하여 인위적으로 조절하는 시스템이다. 제어시스템에는 속도 및 출력제어, 운전 상황 및 운전 모드 제어, 계통연계에 관한 제어, 운전 및 모니터링 시스템 등이 있으며, 기계적 특성과 전기적 특성 등을 잘 고려하여야 한다. 속도 및 출력제어에는 풍속에 따른 출력, 피치각, 회전수(로터/발전기) 제어가 있으며, 제어방식에 따라 유압식과 전자식 제어 드라이브가 있다. 운전상황 및 운전모드 제어에는 풍향과 전선수 제어, 제동장치에 관한 제어와 회전방식에 관한 제어 등이 포함된다. 제동장치에 관한 제어는 공기역학적 제동과 기계적 브레이크 제동이 있고, 회전 방식에 관한 제어에는 정속 회전과 가변속 회전이 있다. 개별 터빈의 감시 제어에 더하여 상업용 대형 풍력터빈은 풍력단지에서 동시에 운영된다. 따라서 중앙 감시 제어시스템이 기본적인 설비이며, 자동화 산업에서 널리 사용되고 있는 SCADA (supervisory control and data aquisition)시스템을 활용함으로써 운영자는 원격지에서 터빈의 운영특성을 수정 및 명령을 하달할 수 있다. 본 장에서는 출력 제어시스템과 요 제어시스템에 대해서만 간단하게 다루어 보았고 자세한 제어에 관한 사항은 제 8장과 제 15장에서 부품별로 각 기능을 고려하여 자세히 설명했다.

출력제어방식 로터의 공력출력이 발전기의 정격출력에 도달하는 정격풍속이 있다. 풍속이 정격풍속을 초과하면 공력출력을 제한하여 더 높은 풍속에서도 정격출력에 해당하는 일정한 공력출력이 로터에서 발생할 수 있도록 공력출력을 제어하여야 한다. 출력제어기술은 풍력발전시스템의 안전성과 신뢰성을 확보하기 위한 중요한 기술이다. 공력출력을 제어하는 방식에는 실속제어(stall control)와 피치제어(pitch control)가 있다. 실속제어는 수동형(passive stall)과 능동형(active stall)으로 나뉜다.[5] 이는 앞의 제2장에서 풍력발전기의 제어방식에 따른 구분에서 다소 설명이 되었고 제15장에서는 보다 구체적으로 설명될 것이나, 본 절에서는 기술적 흐름을 설명하는 목적으로 개괄적으로 설명한다.

수동형 실속제어(passive stall control) 방식 그림 3.21(a)와 같이 정격풍속을 초과하면 블레이드에 유입하는 바람의 상대적 받음각이 증가하여 블레이드 뒷면에서 유동의 박리가 발생하는 실속상태가 되어 양력이 감소하여 회전을 억제하는 방식이다. 이 방식은 블레이드가 허브에 직접 고정되는 매우 단순한 구조이다. 그러나 블레이드의 익형 단면 형상이 실속 특성을 결정하므로 적절한 단면 형상설계가 매우 중요하며, 블레이드의 공력설계에 많은 경험이 필요하다. 가격이 저렴하고 날개에 가동부가 없어 고장율을 줄일 수 있는 장점이 있으나, 이상 풍속에서 폭풍을 만났을 때를 대비하는데 한계가 있다. 실속상태의 불확실성으로 정격출력 근처에서 약간의 오버스윙을 허용하도록 설계한다.

능동형 실속제어(active stall control) 방식 그림 3.21(b)와 같이 실속제어의 단점을 보완하고 피치제어의 이점을 살릴 수 있도록 채택한 방식이다. 블레이드의 피치각을 조절하는 피치제어 기구를 두고 정격풍속 이상에서는 양력이 감소되도록 바람의 받음각을 증가시킴으로써 실속현상을 유발하여 출력계수를 감소시키는 방식이다. 피치각을 조절한다는 방식은 유사하나 피치제어방식이 받음각을 감소시키는 방향인데 반하여 능동형 실속제어방식은 받음각을 증가시키는 방향으로 제어하는 차이점이 있다. 이 방식은 단순하고 효율적인 장점을 있어 정속운전방식에 널리 적용되지만, 실속현상에 의한 양력계수의 감소와 함께 항력계수가 증가되어 블레이드에 작용하는 공력하중이 증가하게 된다. 이로 인하여 블레이드의 굽힘이나 진동, 소음이 발생하는 문제가 있다.

피치제어(pitch control) 방식 그림 3.21(c)와 같이 블레이드가 받는 바람의 상대적 받음각을 변화시키기 위하여 블레이드를 길이방향 축을 중심으로 회전시키는 방식이다. 정격풍속이상의 모든 풍속에서는 받음각을 점진적으로 감소시켜 발전기의 정격출력에 정확히 맞추도록 능동제어가 가능하며, 정격풍속보다 낮은 풍속에서는 공력출력이 최대가 되도록 피치각을 조정할 수 있다. 피치제어는 운전 중에 날개의 각도를 회전시켜 가장 효율적인 운전을 할 수 있을 뿐 아니라, 필요에 따라 출력을 조정할 수 있고 고풍속 또는 이상 풍속 시 쉽게 정지시킬 수도 있다. 피치제어는 유압장치 또는 전동기를 사용할 수 있는데, 최근의 풍력터빈은 전동드라이브를 채택하고 있다.

대형터빈에서는 피치제어를 위한 비용이 차지하는 비율이 상대적으로 높지 않고 효율적인 설계와 운전이 가능하고 비상시 대비능력이 우수한 점을 고려하여, 최근에 상용화되는 대부분의 풍력터빈시스템은 피치제어를 사용하고 있으며, 극히 일부 모델에서만 실속제어를 사용하고 있다. 대형 해상풍력에서도 개별적인 피치제어와 가변속 제어가 결합된 출력제어 기술이 높은 점유율을 차지할 것으로 예상된다.

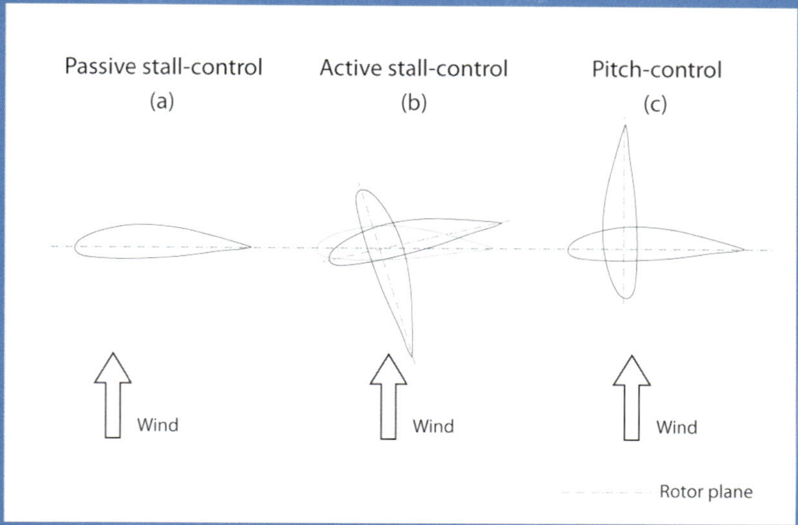

그림 3.21 실속 제어와 피치제어의 개념

최근에는 상기의 기본개념에 개별 블레이드 피치제어(individual blade pitch control)나 발전기 토크 제어(generator torque control)를 통한 미세한 제어방식을 도입하고 있다.

제어 알고리즘은 매우 복잡한 최적화 작업이 필요한 분야이어서 제어원리와 알고리즘은 각 제조사의 비밀로 보호하고 있다. 제어와 관련된 알고리즘의 도입과 계산과정이 다른 산업분야에 비교하여 복잡하지는 않지만 경험을 쌓는 속도에 맞추어서 계속적으로 발전될 것으로 보인다.

요 제어 시스템 바람이 불어오는 방향이 로터의 회전면에 수직하지 않는 요 에러가 발생하면 출력이 저하되고 시스템에 불안정한 하중이 작용하게 되어 수명 단축을 초래한다. 이런 요 에러를 방지하기 위하여 로터의 회전면이 바람의 방향에 수직이 되도록 제어하는 시스템이다. 요 시스템은 요 드라이브, 요 베어링, 요 브레이크로 구성되어 있으며, 제어방식은 수동제어방식과 능동제어방식이 있다.

수동제어방식은 로터의 위치를 나셀의 후방에 장착하는 후방향형(downwind) 배치 방식으로, 요 에러가 발생하면 바람에 의하여 요잉 모멘트가 발생하여 바람의 방향을 회전면에 수직하게 만들어 준다. 시스템이 단순하고 비용이 저렴하나, 정밀한 제어가 불가능하고 큰 요잉 모멘트가 필요한 대형 시스템에서는 부적합하기 때문에 중소형 풍력발전기에 주로 사용되었다.

능동제어방식은 로터의 위치를 바람의 상류쪽에 배치하는 전방향형(upwind) 터빈에 적용하는데, 나셀 뒷부분에 설치된 풍향계의 신호에 따라 유압 또는 전기에 의해 나셀을 요잉시키는 시스템이다. 유압식은 가격이 저렴하고 설치 공간이 작으면서 제어가 용이하며 상대적으로 출력이 높은 반면, 정확한 동역학적 해석이 필요하며 유지보수비용이 높다는 단점이 있다. 전기식은 속도 조절과 보다 세밀한 제어가 가능하며 유지보수비용이 낮은 반면에, 가격이 높고 설치공간이 많이 필요하고 중량이 무거워지는 단점이 있다.

대형의 육상 풍력과 더불어 해상 풍력에서는 태풍과 염분 등의 해상 기후조건에 대한 내구성이 요구되고 원거리 제어 및 모니터링이 가능해야 하기 때문에 유지보수의 관점에서 전기식 제어시스템이 채택되고 있다.

3.10 타워 및 구조 안전설비

타워(tower)의 역할은 구조적인 면에서 주요부품인 로터 블레이드와 나셀을 지지하는 기능을 지니고 있다. 풍력터빈이 작동 중일 때 풍하중과 블레이드를 통하여 전달되는 추력을 받는다. 격자형(lattice)과 원통형 철 구조물이 대부분이다. 대형화되면서, 피로 및 좌굴현상 등을 고려한 구조적인 안정성, 부품의 배치 및 유지보수 인력의 이동 등을 고려하여 테이퍼 원통형(tapered tube)이 주류를 이룬다.

설계할 때 피로 및 좌굴을 고려한 구조설계 뿐 아니라 로터추력의 변동(fluctuation)에 의한 타워의 1차 모드의 고유진동수와 관련된 공진현상을 회피해야한다.

특히 해상용의 경우 대형화에서 오는 나셀의 무게의 증가는 타워의 설계 및 제작에도 큰 영향을 미친다. 폭풍이나 풍랑에 대비하여 더욱 안정적이며, 강성이 높고, 무거운 타워를 설계해야하기 때문이다. 타워의 형상과 역할은 비교적 간단하지만 타워가 차지하는 부품으로서의 가격이 주요 부품 중에서는 가장 높아서 육상용 2MW형의 경우 26% 정도의 비율을 차지하고 있다. 수송에 상당한 비용이 소요되므로 풍력터빈 공급자는 풍력단지에서 근접한 지역의 기술력이 경쟁력이 있다고 판단되면 가능한 이를 활용하여 비용을 낮추고 있다.

안전설비로서 가장 중요한 구조적인 부품은 브레이크 설비이다. 기계식 브레이크(mechanical brake)는 보수 목적으로 정지했을 때와 높은 풍속에서 시스템이 정지할 때 축의 움직임을 막기 위하여 사용하며, 공력 브레이크(aerodynamic braking)으로 속도가 매우 낮아졌을 때 완전정지를 위한 장치이다.

일반적인 풍력터빈 기계 브레이크는 디스크와 캘리퍼(calipper)의 구조이며, 브레이크 설계의 가장 중요한 인자는 설계정지토크(design braking torque)이며, GL 규정 등에는 설계에 관련된 재료계수, 공력학적인 계수 등을 규정하고 있다. 브레이크는 장착 위치에 따라서 고속축용 브레이크(high speed shaft-mounted brake)와 저속축용 브레이크(low-speed shaft-mounted brake)로 나눠진다. 고속축용 브레이크의 경우에는 증속기에 피로하중을 덜 주게 되는 장점이 있고, 주축(main shaft)에 장착되는 경우에는 비교적 대형이면서 설계가 비교적 용이하다.[12]

브레이크와 동시에 필요한 안전장치로서 잠금장치(rotor locking device) 가 있는데, 나셀의 이송, 설치, 유지와 보수를 위하여 필요한 장치이다. 대개 주축의 플렌지에 구멍이 있는 잠금디스크(locking plate disk)를 장착하고 잠금핀(locking pin)을 적용시키는 형태이다.

3.11 발전기

풍력터빈의 운전방식에는, 변동하는 풍속에 대하여 회전속도가 일정한 정속회전 운전방식과 회전속도를 제어하여 효율 향상을 위한 가변속 회전 운전방식이 있다. 운전방식에 따라 사용 발전기의 종류가 결정되는데, 풍력발전기용으로는 현재 교류발전기인 동기발전기와 유도발전기만이 사용되고 있고, 직류발전기는 특유의 구조적 결함 때문에 사용하지 않는다. 소용량 풍력터빈에 주력하던 시대에는, 효율보다는 보다 안정적인 전기에너지 생산이 발전의 주목적이었다. 하지만 현대에는 인버터 기술의 눈부신 발전에 힘입어 발전기의 고 효율화를 위한 가변속 운전이 가능해짐에 따라 저 풍속 고 효율의 대용량 발전이 가능하게 되었다. 대용량 풍력터빈에는, 가장 일반적 방식인 이중여자 유도발전기, 직접 구동형 드라이브 트레인에 적용되는 다극형 저속 동기발전기, 하이브리드형 드라이브 트레인에 적용되는 다극형 동기발전기 등 크게 3가지 종류가 있다.[19]

이중여자 유도발전기(DFIG) 이중여자 유도발전기는 고속 증속기와 전력 변환장치가 결합되어 사용된다. 회전자와 고정자 모두 권선으로 구성되며, 회전자와 고정자 모두에서 자계가 발생된다. ⊕슬립시 회전자측에서 출력측으로 슬립 전력이 공급되며 ⊙슬립시 출력측에서 회전자측으로 슬립 전력이 공급된다. 어떤 역률 조건에서도 운전이 가능하며 유 · 무효 전력을 분리 제어할 수 있다. 동기 발전기보다 인버터 용량이 작아도 되는 큰 장점이 있지만, 시스템이 복잡해지고 비용이 증가되며 기어박스로 인한 문제가 존재하게 된다.[20,21]

기어리스 다극형 저속 동기발전기 3.4절 드라이브트레인에서 약간 언급되었지만 기어리스 다극형 동기 발전기는 기어가 없이 전력 변환장치와 결합되어 사용된다. 인버터 기술의 발달로 이중여자 발전기와 효율이 비슷하며 기어박스에 따른 문제점도 없다. 하지만, 사용하는 인버터의 가격이 비싸고 이로 인한 효율저하가 있으며, 시스템에서 발생하는 무효전력이 크고, 구조가 복잡해짐에 따라 제조원가가 증가하게 되는 문제가 있다.

하이브리드형 다극형 동기발전기 하이브리드형 다극형 동기 발전기는 1단의 소형

기어(WinWind의 기어비 5.7:1)와 전력 변환장치가 결합되어 사용된다. 이중여자 유도발전기와 기어리스 다극형 동기 발전기의 중간 형태로 나셀 중량과 발전기 및 주변기기의 비용을 최적화 할 수 있다는 장점이 있다.

다중 발전기(multiple generator) 일반적으로 풍력터빈에서 한 개의 발전기를 사용하는 개념과는 달리 다수의 발전기를 사용하여 효율을 높이고자 하는 시도가 있다. 풍속은 예측하기 힘들고, 매우 다양함은 이미 알고 있다. 실측과 경험을 통하여 해당지역에서 가장 빈도수가 높은 풍속대를 알게 되면 특정 풍속에서 최대의 효율을 얻을 수 있도록 발전시스템을 설계할 수 있다. 따라서 다수의 발전기를 설치하여 특정한 저풍속과 고풍속에서 최대의 출력을 얻을 수 있도록 바람을 보다 효율적으로 이용하고자 하였다. 그림 3.22와 같이 6 ~ 8극의 1,000rpm으로 회전하는 소형 발전기를 설치하여 풍속 7m/s 정도까지 발전을 하고, 그 이상의 풍속에 이르면 4 ~ 6극, 1,500rpm(50Hz) 대형발전기가 작동을 시작하여 정격속도까지 발전하는 형태이다. 이 형식은 가변속발전의 초기 개념이 되었고 전력변환장치의 발달로 더 이상 활용되지 않고 있다.

그림 3.22 두 개의 발전기로 구성된 Danish형 중소형 풍력터빈, Vestas V27
출처: 코리아리비죤

다른 형태의 다중발전기는 그림 3.23과 같이 여러 개의 발전기를 병렬로 연결하여 사용하는 형태이다.[20,21] Clipper Windpower사가 2.5MW 터빈을 개발하였는데, 혼성형 드라이브 트레인 개념을 도입하고 있다. 4개의 영구자석형 발전기를 혁신적인 증속기와 연계한 터빈을 개발하였다. 다른 혼성형 터빈과 같이 매우 컴팩트한 드라이브트레인 구조를 가진다. 특히 다중 발전기를 사용하는 관계로 저풍속의 경우 필요한 발전기를 연계하여 작동시키고 고

풍속이 됨에 따라서 작동 발전기의 수를 증가시키는 방법이다. 또한 1개의 발전기가 고장이 생겨도 계속해서 발전을 할 수 있는 장점이 있다. 하지만 다중 발전기의 연계는 기계적 방법으로 작동하고 복잡한 메커니즘이 도입되어 가격상승과 유지보수 문제를 수반한다.

그림 3.23 Clipper Windpower사의 Liberty 2.5MW 시리즈의 내부 다중발전기
출처: Clipper Windpower사, 미국

캐나다 소재 ExRo사에서는 새로운 개념의 다중발전기를 개발 중에 있다. 기본적으로 터빈 설계자들이 추구하는 다양한 풍속에서 높은 에너지를 생산할 수 있는 개념의 실현을 위한 한가지 방법으로 설계의 중요한 부분은 설계자들의 최대 목표인 변화하는 풍속에 보다 대응을 잘하는 발전기를 만드는 일이다. 많은 에너지를 거두어들이기 위해서는 발전기제작에 보다 많은 코일이 필요하다. 이것은 직경이 매우 큰 발전기를 만들게 되는데, 자석을 부착하는 로터의 크기도 당연하게 커지고 무거워진다. 그래서 로터의 회전이 어렵고 회전속도의 변화도 어려워진다. 이것이 직접구동 풍력터빈용 발전기(ring generator)의 단점이다. 여기에서 새로운 개념은 자석을 설치하는 로터를 축을 따라서 쌓는 방법(stack, 스텍)으로 로터의 직경을 줄이는 것이다. 이에 따라서 회전속도의 변화가 용이하고 풍력터빈에 따라서 쉽게 주문제작이 가능하다는 것이 장점이다. 저풍속에서는 스텍의 수가 줄어들고, 고풍속용에서는 많은 스텍이 필요하다는 것이다. 아직은 실험실 수준에 있으며, 대용량의 발전기의 개발을 위해서는 실용화 연구가 필요할 것으로 판단된다.

☑ 참고문헌

1. **WWEA Wind Energy Report 2009**-World Wind Energy Association, March 2010.

2. **WIND ENERGY-THE FACTS**, A guide to the technology, economics and future of wind power-European Wind Energy Association, published by Earthescan, 2009.

3. International Wind Energy Development-**World Market Update 2008, BTM Consult Aps, March 2009**.

4. Tom D. Ashwill, "Wind Growth in Production and Turbine Size," Sandia Blade Workshop. Apr. 18-19, 2006, Albuquerque, NM, U.S.

5. E. Hau, **WIND TURBINE**, 2nd ed., Springer, Berlin Heidelberg, 2006.

6. K. H. Bergey, "The Lanchester-Betz Limit," **Journal of Energy**, Vol. 3. No. 6, 1980, pp. 382-384.

7. R. E. Wilson, and P. B. S. Lissaman, **Applied Aerodynamics of Wind Power Machines**, Oregon State University, 1974.

8. 박범석, **풍력핵심기술연구센터 교육자료**, 2009.

9. IEC WT01 : IEC System for conformity testing and certification of wind turbines. 2001. 04.

10. R. Thresher, S. Hock, R. Loose, and J. Cadogan, "The National Wind Technology Center," **Proceedings of Windpower '94 Conference**, Minneapolis, MN, May 9-13, 1994.

11. M. West, "Blade Manufacturing at GE," **Sandia Wind Turbine Blade Workshop**, Apr. 18-19, 2006, Albuquerque, NM, U.S.

12. M. L. Buhr Jr., A. Manjock, "A Comparison of Wind Turbine Aeroelastic Codes Used for Certification," **44th AIAA Aerospace Science Meeting and Exhibit**, Reno, Nevada, U.S. Jan. 9-12, 2006.

13. T. Burton, D. Sharpe, N. Jenkins, E. Bossanyi, **WIND ENERGY HANDBOOK**, John Wiley & Son Ltd, 2001.

14. 정창규, 박선호, 한경섭, "750kW급 풍력발전기용 복합재 블레이드 구조설계," **2003 한국풍력기술연구회 한국풍력기술 및 정책 Workshop**, 2003. 6

15. 김태욱, 박지상, 정성훈, 박성배, "풍력발전용 복합재 윈드터빈 블레이드 구조해석 및 설계개발 시험," **제2회 풍력발전 정책 및 기술 Workshop**, 2004. 6.

16. D. A. Griffin, T. D. Ashwill, "Alternative Composite Materials for Megawatt-Scale Wind Turbine Blades: Design Consideration and Recommendation Testing," **J. of Solar Energy Engineering**, Vol. 125, Nov. 2003, pp. 5157.

17. IEC/TS 61400-23 : Full-scale structural testing of rotor blades, 2001. 4.

18. 이근호, 김형의, 김도식, "중형 풍력발전시스템용 기어박스 개발 기술," **기계와 재료**, 16권 4호, 2004, 한국기계연구원.

19. **Guidelines for Design of Wind Turbines 2nd Edition**, DNV/RISØ, 2002.

20. B. Tony, S. David, J. Nick and B. Ervin, **Wind Energy Handbook**, John & Wiley Sons, 2001.

21. E. A. Bossanyi, **GH Bladed Theory Manual**, Garrad Hassan and Partners Ltd, 2005.

22. Soren Krohn, Poul-Erik Morthorst, Shimon Awerbuch, **The Economics of Wind Energy-A Report** by the European Wind Energy Association, Mar. 2009.

23. Steve Sawyer, "Climate, Wind & Carbon,"-**Global Wind Energy Council**, World Green Energy Forum, October 2008, Korea.

24. **Wind Directions**, EWEA, Jan/Feb. 2007.

제4장

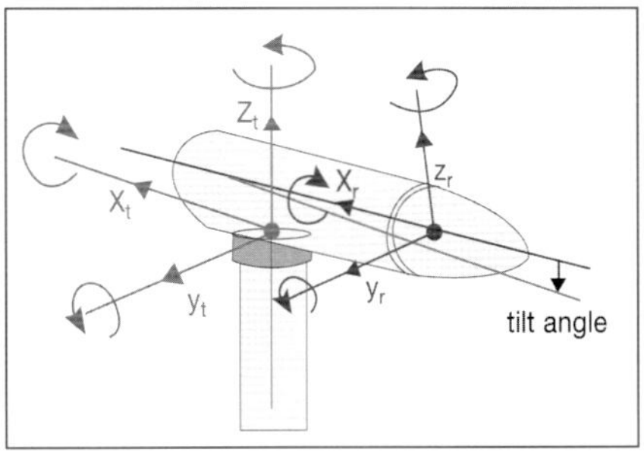

시스템 설계

Wind Turbine System Design

황병선, 박지상, 이학구

풍력핵심기술연구센터
한국기계연구원 (부설) 재료연구소

4.1 서론

풍력터빈은 블레이드, 허브, 주축, 증속기, 발전기 및 제어장치, 피치 및 요 장치, 유압 및 제습, 냉각 유니트 등의 구성기기로 이루어져 있다. 이 구성기기들은 유기적으로 상호작용을 수행하는 복합시스템이며 이 구성기기의 설계 및 제조기술, 풍황 및 각종 자연조건, 신기술의 도입, 시장의 요구사항을 고려한 다양한 외부 환경에 따라서 풍력터빈의 설계가 이루어진다. 풍력터빈의 설계자는 극한풍속에서 견딜 수 있는 구조적으로 튼튼하며, 사용기간 동안 최소한의 유지와 보수를 할 수 있는 기계를 설계해야하는 의무가 있다. 한편으로는, 풍력터빈은 기존의 저렴한 전기 공급체계와의 경쟁을 해야 하므로, 시스템 제조자와 설계자는 모든 면에서 경제적인 요구사항이 가장 우선하는 조건에 직면하고 있다.

시스템 설계는 제작사가 설정하는 시장, 설치 예상지역의 풍황, 기술적 능력, 제조단가, 기술적 동향 등을 고려하여 풍력터빈의 설계사양이 결정되는 개념설계와 이를 바탕으로 시스템의 설계 정보를 산출하기 위한 하중계산을 통한 시스템 및 구성기기의 상세설계로 이루어진다.

4.2 개념설계

개념설계 단계에서 좀 더 구체적이며 순차적으로 고려해야할 사항에 대해서 Manwell[1]은 아래와 같이 정리하고 있다.

- **사용조건과 설치장소 등의 고려**
- **과거 경험의 검토**
- **주요 사양의 결정 :** 주요 규모 및 외관의 크기, 제어와 안전개념, 주요 부품, 나셀 내부 배열, 블레이드의 크기 등
- **예비 하중 계산**
- **예비 설계실시 :** 기계적 하중 스펙트럼, 주요부품의 사양, 주요 성능, 블레이드의 공력 및 구조적 예비 설계 등을 반복적으로 실시함
- **성능 예측**
- **설계 평가**
- **제조 단가 및 에너지 생산단가의 계산**
- **상세설계와 설계의 최적화과정 반복 :** 인증을 받기 위한 하중 스펙트럼을 고려하고, 핵심부품의 사양, 핵심부품의 구조적인 통합성 검토 등을 수행함. 특히 블레이드

및 드라이브 트레인의 최종 설계 확정

- **시험용 모델 제조 :** 제작과정 인증 등을 받음
- **실증 시험 :** 블레이드 성능평가, 기타 기계류 부품의 성능평가, 시스템의 출력성능, 소음, 하중, 전력품질 등에 대한 성능시험 수행
- **상용화 모델 설계**

시스템의 목표 개념설계에서는 개발될 풍력터빈의 전반적인 기술적 사항이 구체적으로 결정된다. 이 때 다루어질 주요사항으로는 설계등급, 연간 에너지생산 목표, 로터의 크기, 나셀의 무게, 동력전달개념, 발전기의 개념 등이다.

설계등급은 IEC 61400-1에서 정의하고 있는 풍력터빈의 형식등급(type class)분류 및 기준에 따라서 결정되는데, 설치 대상지역에서 풍황 조건을 고려하여 최대의 에너지를 생산할 수 있는 설계등급으로 결정된다. 앞의 제2장의 2.5절의 표 2.2를 참고하여 예를 들면, 풍황 자원이 우수한 고 풍속지역에 설치될 터빈이 목표인 경우 IEC Class I(평균풍속 10m/s 이상) 혹은 Class II(평균풍속 8.5m/s 이상)라는 설계등급이 된다.

로터의 직경 풍력터빈 로터는 바람을 받아서 터빈에 하중을 유발하는 부품이다. 로터의 직경의 변화는 전체시스템의 설계에서 다양한 요인으로 작용하는데, 무게, 비용, 타워의 높이, 터빈의 출력 등과 직접적인 관계가 있다. 터빈의 기초이론에서 출력은 로터직경의 제곱에 비례함을 알 수 있어 직경이 커짐에 따라 출력이 증가하나 타워의 높이가 증가되어야 하며, 블레이드의 무게가 증가할 것이다. 물론 타워가 높아짐에 따라서 기준풍속이 증가하여 출력도 풍속의 세제곱에 비례하여 증가한다. 하지만, 출력의 향상과 경제성 분석을 통한 적정선을 찾아야 할 것이다. 과거의 기술자들은 이들의 상관관계를 찾기 위하여 다양한 실험식을 제시하기도 하였다.[2,6]

나셀의 설계 나셀을 구성하는 것은 로터 블레이드를 제외한 주축, 증속기, 발전기, 제어 및 보조 유니트 등인데, 시스템의 설계에서는 나셀의 무게를 가능한 낮추고자 한다. 나셀의 무게는 출력제어방식, 드라이브트레인의 개념, 나셀의 크기, 타워의 설계, 터빈의 설치 등과 연관관계가 있다. 로터블레이드 직경의 결정과 같이 연구자들은 과거의 경험과 개발추이에 의한 경험식을 적용하여 초기의 설계에 활용하기도 한다. 그림 4.1[6]은 대표적인 로터직경 대비 나셀의 중량을 나타내는 경험식인데 직경이 100m 급까지는 직경의 제곱에 비례하는 지수법칙(power law)을 따르고 있음을 알 수 있다.

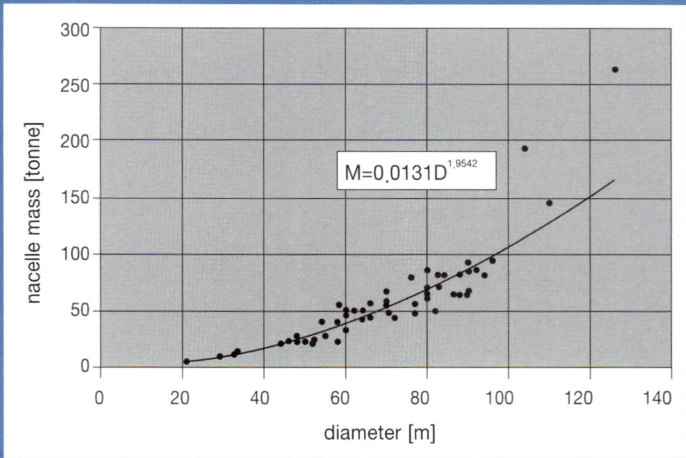

그림 4.1 현대 풍력터빈의 나셀무게 vs 로터직경 관계[1]

하지만 100m 이상의 로터 직경을 가진 초대형 풍력터빈의 나셀무게는 급격하게 증가함을 알 수 있다. 80m 이상 급의 대형풍력터빈의 이 관계는 지수가 3.0에 근접하는 것으로 주장하고 있다.[6] 선진 풍력터빈 개발자들은 이 경향을 따르지 않기 위하여 동력전달장치의 배열과 구조, 부품들의 경량화 등을 위하여 연구를 수행하고 있다. 대표적인 대형 과제는 EU에서 공동 수행하는 UPWIND 프로젝트이다. 이 프로젝트를 통하여 초대형 풍력터빈인 10MW 이상 급에 대한 기술적이며 경제적인 면에서의 타당성을 연구하고 있다.

동력전달개념 동력전달장치의 개념설계를 위해서는 동력전달계통의 형상을 이해할 필요가 있는데 구성 하부부품으로는 허브를 포함하는 로터블레이드, 주축(main shaft)과 베어링(main bearings), 증속기(gearbox), 발전기(generator), 주프레임(main frame) 등을 들 수 있다. 특히 주축 및 베어링, 증속기, 발전기는 동력전달장치의 개념을 설정하는데 매우 중요한 역할을 한다. 앞 장에서 설명한 바와 같이 동력전달체계를 통하여 발전기를 구동하는데 직접 구동과 간접 구동으로 구분하여 설명하기도 한다.

먼저 간접구동식의 경우 분리형 혹은 모듈형과 일체형으로 나누어진다. 주축 및 베어링과 증속기의 조립성을 고려할 때 일체형이냐 분리형이냐에 따라서 고려될 사항이 있다. 분리형은 모듈형이라고 하며 전통적으로 많이 사용하는 방법으로 주축 및 베어링과 증속기간의 연결이 분명하여 제조비용 및 유지보수면에서 유리하고, 비틀림하중만 전달되어 증속기에 부담이 줄어드는 장점이 있다. 하지만 주축의 길이 및 무게가 증가하고, 불필요한 공간의 발생, 하중전달체계가 길어지는 단점이 있다.

일체형은 주축 및 베어링과 기어박스가 일체형으로 설계되는 것으로 기어박스가 주 구조물 및 베어링을 통하여 하중을 받는 구조이다. 기어박스는 2열 테이퍼 롤러베어링을 사용하게 되는데 이것이 로터에서 구조물로 전달되는 모든 하중 및 굽힘 모멘트를 담당하기 때문에 상대적으로 큰 직경이 필요하다. 따라서 증속기의 제조비용이 상승하고 유지보수의 문제점이 발생할 수 있다. 이는 발전기의 선택과도 직접 연관되어 있다. 전통적으로 분류되는 동력전달개념은 그림 4.2와 같이 나타낼 수 있다.

4.2(a)는 전통적인 2점 혹은 3점 지지를 채용하는 방법으로 단일 베어링을 사용하고 하우징이 분리되어 있다. 주축이 길고 증속기에 작용하는 하중의 형태가 복잡하다. 주축의 길이는 길지만 증속기에 토크이외의 하중이 전달되는 것을 방지하는 장점이 있다. Vestas는 4.2(b)의 경우와 같이 최근의 대형 풍력터빈에서 나셀의 무게를 줄이고 하중을 축이 아닌 하우징 등이 받게하는 방법으로 통합형드라이브트레인을 채용하고 있는데 주축의 감축은 가능하나 증속기의 사양이 복잡하며 베어링 개발 등이 난제이다. 주축베어링이 커지지만 중공형 주축을 사용하고 주프레임(main plate 혹은 bedplate)의 단순화가 가능하여 역시 나셀 전체의 무게를 줄일 수 있는 장점이 있다. 또한 토크 이외의 하중이 증속기로 전달되는 것을 저감시킨다.[5] 4.2(c)의 경우는 하이브리드 시스템으로 재래식과 직접구동식의 중간을 택하는 방안이다. 단순하고 신뢰성 있는 기어박스를 개발하는 것이 주요목적으로 크기면에서 작아지는 발전기와 균형 있고 간소화된 드라이브트레인을 지향한다.

이 시스템의 특성은 증속기와 발전기간의 더 균형잡힌 구조가 되고 간소화된 배열이다. M5000의 특징은 소형으로 통합되고 느린 회전체와 주축이 없는 한 개의 주베어링, 1단 증속기와 중간속도(58 ~ 147rpm)의 영구자석 발전기로 되어, 5MW급에서는 가장 가벼운 나셀을 가지고 있다는 점이다.

그림 4.2(d)에서 직접구동방식의 경우 드라이브 트레인관점에서 보면 동력전달축의 길이가 짧아지는 장점이 있다. 그림 4.2(d)와 같이 로터가 직접 발전기의 회전자에 연결되어 있음을 알 수 있고 고정축외부의 베어링에 블레이드와 직결된 발전기가 배치되는 형태이다. 이 배열은 발전기가 타워 앞에 있는 경우에만 가능한데, 한 조의 베어링은 로터위에 놓이는 형상이다. 이런 경우는 독일의 에너콘(Enercon)사의 제품이 채용하는 방법이다. 에너콘사의 제품과 유사하게 단일 베어링을 사용하는 방식으로 허브와 발전기의 회전자사이가 더욱 가깝게 배치되는 설계도 개발되었다. 대부분의 유효하중 경로는 고정자의 중심을 통하여 뒤쪽으로 전달되는 개념으로 Zephyros 72 해상용 풍력발전기가 대표적인 예이다. 두 경우 모두 대형의 발전기가 타워의 앞 쪽에 설치되는 특징이 있어 나셀의 균형을 이루기 위한 구조적 배치 및 설계를 고려한다.

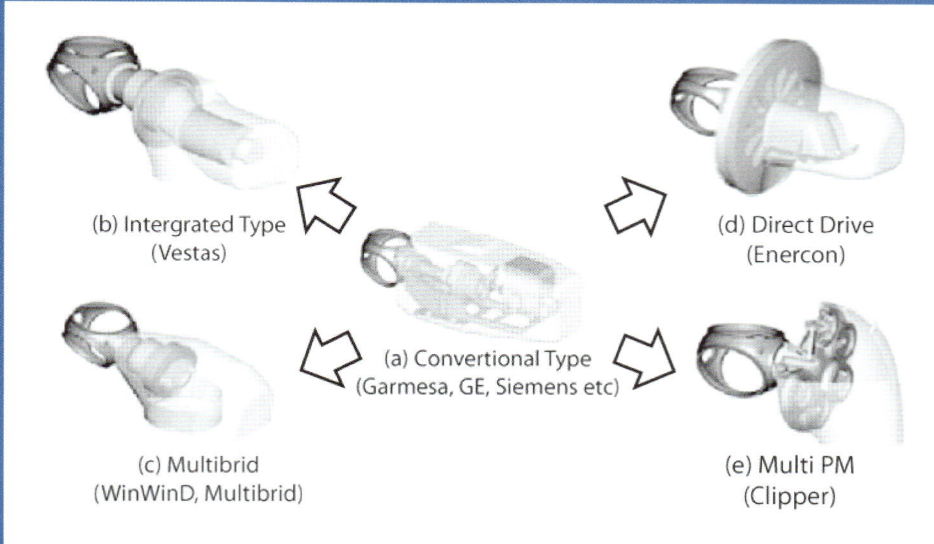

그림 4.2 드라이브트레인 동력전달개념의 예시[7]

그림 4.2(e)는 앞의 제3.10절의 그림 3.23의 Clipper Windpower사의 다중발전기에서 언급되었는데, 그림 4.3과 같이 Clipper사의 혁신적인 증속장치는 하중을 4개의 축으로 분산시킴으로써 내구성을 향상시키고 있다. Clipper사는 간편한 2단 헬리컬 증속기를 개발했는데 본 증속기의 설계는 하중을 경감시키고 손상발생 가능성을 최소화하고 고속의 4개축은 다중발전기와 다중 하중경로를 사용함으로써 증속기의 수명을 증대시킨다. 고속 기어세트는 증속기를 제거하지 않고 수리할 때 교체할 수 있다. 일반 증속기의 경우 50 ~ 70톤 정도이나 Clipper의 증속기는 브레이크나 하우징을 합쳐도 36톤 밖에 되지 않는다. 저속 테이퍼 롤러베어링은 축하중을 감당하고 당사의 특허인 가변속 기술은 타워의 진동을 완화시키는 완충(damping) 기술과 함께 부품수를 줄이고 고신뢰성을 제품에 부여하고 있다.

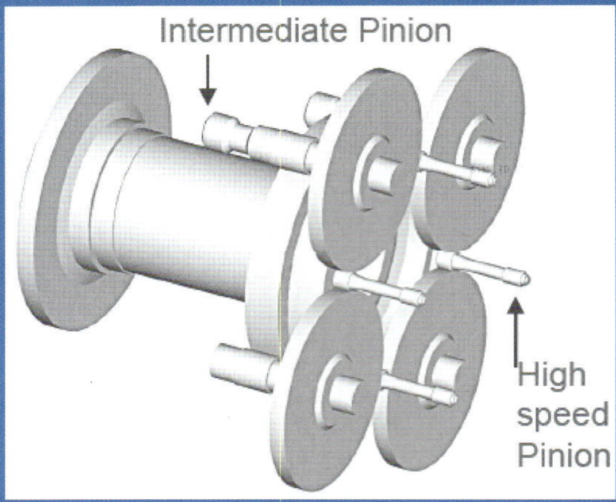

그림 4.3 Clipper Liberty 2.5MW 증속장치

발전기의 선택 중형발전기가 본격적으로 오늘날의 발전기의 형태를 갖추기 시작했던 80년대에는 스톨형 정속(fixed speed) 터빈에서는 4극 유도발전기가 대세이었다. 시장은 가변속 운전의 형태로 흘러갔고 유도 또는 동기식 발전기 모두가 전력변환기와 함께 사용가능하게 되었다. 유도발전기의 경우 DFIG를 장착한 가변속 시스템을 쉽게 이용 가능하게 하였으며, 이 경우 전력의 일부만 변환기를 통하게 하기 때문에 전력변환기의 가격과 용량을 줄일 수 있는 장점을 가졌다. 그러나 유도발전기의 경우 잘 설계된 영구자석발전기(PMGS, permanent magnet generator system)보다 분명히 덜 효율적이다.

동기발전기는 유도발전기 보다 부분 부하 효율이 매우 우수하고 구조가 단순하고 튼튼하며 신뢰성이 높은 장점이 있다. 영구자석 동기발전기는 외부여자를 사용하지 않기 때문에 효율을 향상시킬 수 있으며, 발전기 외형크기를 작게 하는데 유리하다. 비록 현재까지는 영구자석이 고가이므로 발전기 제작비용이 상승한다는 단점이 있으나, 효율적인 측면과 경량화에 의한 시스템 최적화 측면에서 권선형 동기 발전기보다 경쟁력이 우수할 것으로 예상된다. 또한 영구자석 가격이 점차 내려가는 추세이다.

발전기의 외형은 축방향으로 길어지면 공극오차가 커지고 제작 및 조립이 어려워진다. 반면 발전기가 지름방향으로 커지면 원심력이 증가하여 구조적인 위험요소가 커진다. 발전기의 상세한 설명은 제16장에서 추가로 이어진다.

부품의 상세 설계 주요 핵심부품인, 블레이드, 증속기, 발전기 등의 설계 개념의 선택은 풍력터빈의 총괄적인 설계와 직접 관련이 있어 본 절에서 언급 되었다. 개념설계에 이어 각 주요 부품의 상세설계는 개념설계에서 오는 제품의 기본 사양을 바탕으로 하중계산을 통하여 설계정보를 생성하고 이를 바탕으로 핵심부품과 주요부품인, 베어링, 요 및 피치 시스템, 타워, 전력변환장치, 냉각 및 유압 시스템 등에 대한 상세설계가 이루어진다. 각 부품에 대한 설계개념 및 상세한 내용은 다시 각 요소부품에서 다룬다.

4.3 하중계산

풍력터빈에 작용하는 하중 바람에 의해 풍력터빈에 직접 하중이 작용하는 부분은 블레이드, 나셀, 타워 등이다. 그림 4.4는 작용하중을 도식적으로 잘 나타내고 있는데, 정하중과 반복하중, 순간하중(transient load), 확률하중(stochastic loads), 결합하중 등으로 나누어진다. 정하중과 유사정하중에는 공력하중, 원심력, 각 구성품의 자체무게에서 오는 관성력(inertia force)도 고려된다. 반복하중에는 타워의 그림자효과에 의한 블레이드에 걸리는 하중, 작지만 블레이드간의 무게 불균형 등에서 발생하는 하중이 있을 수 있다. 순간하중은 돌풍, 제동에 의한 하중 등에 의하여 발생하고, 확률하중은 난류에 의하여 불균일하게 블레이드에 작용한다. 이러한 하중은 설계할 때 결합하중(combined results)으로 고려되어야 한다.

오늘날 연구목적이 아닌 개발자들은 익요소 모멘트 이론(blade element momentum theory)에 기반을 두고 인증기관이 인정하는 상용소프트웨어를 사용하여 신속한 해석과 인증기관의 설계 평가목적에 쉽게 접근하는 방법을 도입한다.

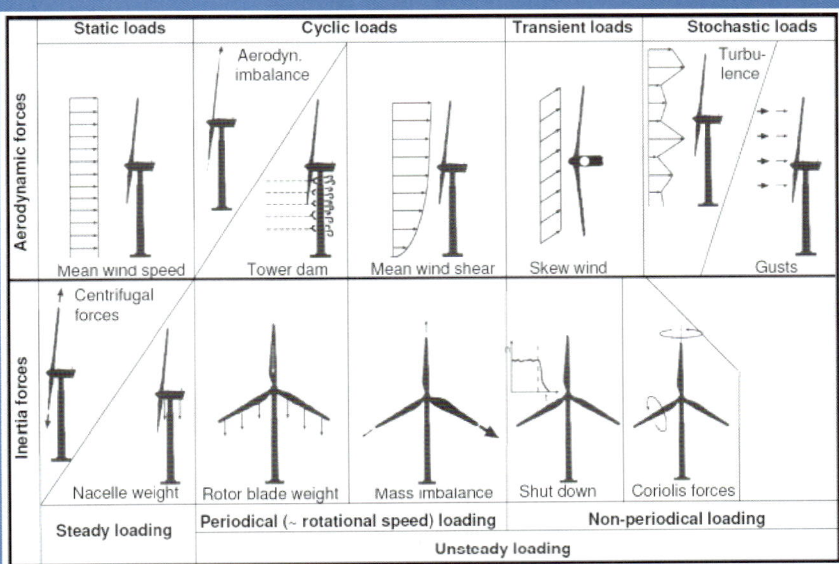

그림 4.4 풍력터빈에 작용하는 하중들의 예시

하중계산의 개념 개념설계에 의하여 결정된 풍력터빈의 사양 혹은 제원을 바탕으로 설계 가이드라인에 따라서 하중계산을 수행한다. 만일 Class Ia와 IIa 풍력터빈의 경우 극한하중(extreme load)해석에서는 50년 주기에 최대 풍속 75m/s의 극한풍속을 적용하고, 피로하중(fatigue load)해석에서는 평균풍속을 8.5m/s로 하고 Reyleigh 풍속분포를 활용하여 하중계산을 수행한다. 또한 GL 가이드라인의 규정에 따라서 풍력터빈의 상태와 외부조건의 조합으로 정의하는 설계하중케이스(DLCs, Design Load Cases)를 적용하여 약 1,000가지가 넘는 경우에 대한 하중계산을 수행한다. 하지만 상세한 풍황조건 및 운전조건을 분석하고, 경험적 노하우를 적용하여 200 ~ 300개의 하중케이스로 단순화하여 계산에 따른 비용 및 시간을 절약하고, 결과에 대한 신뢰도를 높이는 방향으로 진행한다. 하중계산을 통하여 도출된 하중값들은 주축, 주축베어링, 증속기, 요 베어링 등의 드라이브트레인의 주요 핵심 부품을 설계하는데 입력자료로 사용된다.

하중계산을 위한 입력자료의 생성은 터빈제조자나 설계자의 노하우 및 기술이 필요한 부분이며, 생성된 데이터는 개발될 풍력터빈의 핵심자료이므로 관계자 이외는 접근하기 어려운 부분이다. 공력하중의 대부분은 블레이드에서 유발되고 이 하중계산의 구체적인 사항은 블레이드의 설계와 직접관계가 있기 때문에 제5장과 제6장에서 비교적 자세히 다룰 것이다.

☑ 참고문헌

1. J. F. Manwell, J. G. McGowan, A. L. Rogers, **Wind Energy Explained**, John Wiley & Sons, Ltd., 2002.

2. Donna K. Dawson, "Big Blades Cut Wind Energy Cost," **Composites Technology**, Feb. 2003.

3. E. Hau, **WIND TURBINE**, 2nd ed., Springer, Berlin Heidelberg, 2006.

4. 이수갑외, **3.0 MW급 이상 해상용 대형 풍력발전기 개념 및 기본설계**, 산업자원부, 보고서번호 2004-N-WD12-P-03-0-000, 2006. 5. 30.

5. 이승구외, **국제기술제휴 및 협력에 의한 2MW급 풍력발전시스템 상용화 개발**, 산업자원부, 보고서번호 2006-N-WD12-J-01-0-000, 2007. 9. 30.

6. **WIND ENERGY-THE FACTS**, A guide to the technology, economics and future of wind power-European Wind Energy Association, published by Earthescan, 2009.

7. 박종포, **해상풍력 상용화 개발,"신재생에너지 기술개발과 산업화-그린에너지기술 심포지움**, 한국에너지기술연구원주관, 2009. 6. 30, 한국과학기술회관, 서울.

제5장

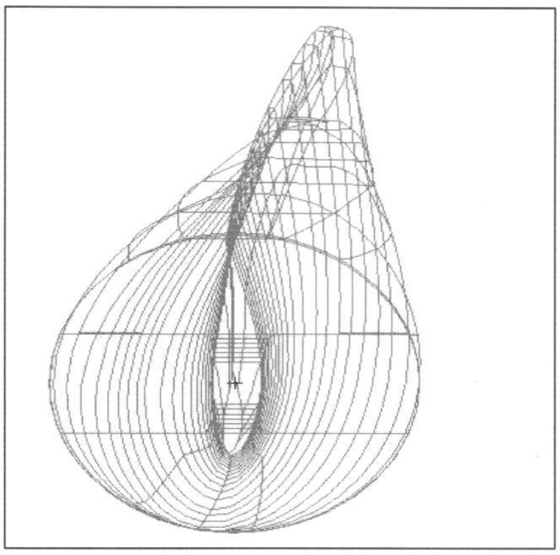

공력설계 및 해석

Blade Aerodynamics and Analysis

박지상, 황병선, 이학구

풍력핵심기술연구센터
한국기계연구원 (부설) 재료연구소

5.1 서론

블레이드는 풍력을 회전하는 동력을 변환시키는 풍력발전시스템의 구성요소로, 외형은 공기역학적 익형(airfoil) 형상을 갖고 있다. 일정속도 이상의 바람이 불면, 익형에서 발생되는 공력이 블레이드를 회전시키게 되며, 이 회전력을 이용하여 블레이드와 연결된 발전기로부터 전기를 생산하게 된다. 블레이드의 익형은 풍력발전시스템 개발초기의 항공용 익형에서 풍력발전에 최적화된 고유의 익형 형상으로 발전되었다. 풍력블레이드와 헬리콥터 또는 프로펠러기의 로터 블레이드는 익형 단면 형상을 갖는 회전체라는 면에서 유사하나, 항공기용 블레이드는 회전속도가 대단히 높고 블레이드 끝단 속도가 음속에 가까운 고속 회전체인 반면, 풍력블레이드는 10 ~ 30 rpm의 회전속도, 80m/s이하의 끝단 속도를 갖는 저속 회전체라는 점에서 다르다. 또한, 블레이드의 단면 형상도 풍력블레이드는 구조적인 특성상 두꺼운 익형 형상을 가져야 한다. 이 외에도 풍력터빈의 고유한 제어시스템, 자연현상을 고려한 외부 풍력하중 조건 등의 특성을 고려하여 풍력터빈에 최적화된 로터 블레이드가 설계되어야 한다.

본 단원은 블레이드 공력해석과 이를 바탕으로 블레이드 형상을 설계하는 방법에 대한 내용이다. 먼저, 풍력터빈의 이론적인 최대 효율에 대해 알아본 후, 운동량 이론과 익요소 이론으로부터 블레이드 형상 설계방법에 대해 알아보도록 하겠다. 초기의 개념 부분은 제2장에서 일부 설명 되었으나 설명의 일관성을 유지하기 위하여 다시 언급되는 부분이 있을 수 있다.

5.2 엑츄에이터 디스크 모델(actuator disk model)

바람이 갖는 에너지는 풍속과 유량에 의한 운동에너지로서 다음과 같다.[1]

$$P_{wind} = \frac{1}{2}\dot{m}v^2 = \frac{1}{2}\rho A v^3 \tag{5.1}$$

여기서, ρ는 공기의 밀도이며, v는 풍속, A는 풍속에 수직인 유동관(stream tube)의 단면적이다. 이러한 바람의 에너지로부터 풍력터빈이 에너지를 추출해낼 때 이론적으로 가질 수 있는 최대효율을 다음의 엑츄에이터 디스크(actuator disk) 모델을 통하여 유도하겠다.

풍력블레이드 전후의 유동장은 그림 5.1과 같은 엑츄에이터 디스크 모델로 간략화 될 수 있으며 그림 5.1을 통하여 설명을 하면 다음과 같다.

풍력터빈은 로터 디스크 전후에서 정압력 강하를 통하여 바람의 에너지를 뽑아낸다(① →

③). 바람이 로터 디스크에 접근하게 되면 풍속은 감소하고 이에 따라 정압력이 상승하다가(-②), 로터 디스크를 통과하면서(②) 대기압보다 낮은 압력으로 압력 강하가 발생한다(+②). 이후 바람이 로터 디스크에서 더 멀어지면서 압력은 다시 대기압으로 회복되고, 결과적으로 속도는 더욱 감소하게 되며, 유량 보존의 원리에 의해 유동관 단면적은 확대된다(③). 따라서 로터 디스크 전후에서 바람은 운동에너지 감소를 겪게 되고, 이중 일부가 풍력터빈에 의하여 전기 에너지로 전환되는 것이다.

이상의 과정은 Betz의 운동량 이론으로 잘 정리되는데, 간단하지만 로터 블레이드의 작동 원리와 효율에 대한 유용한 개념을 제공한다. 이를 요약하면 다음과 같다.

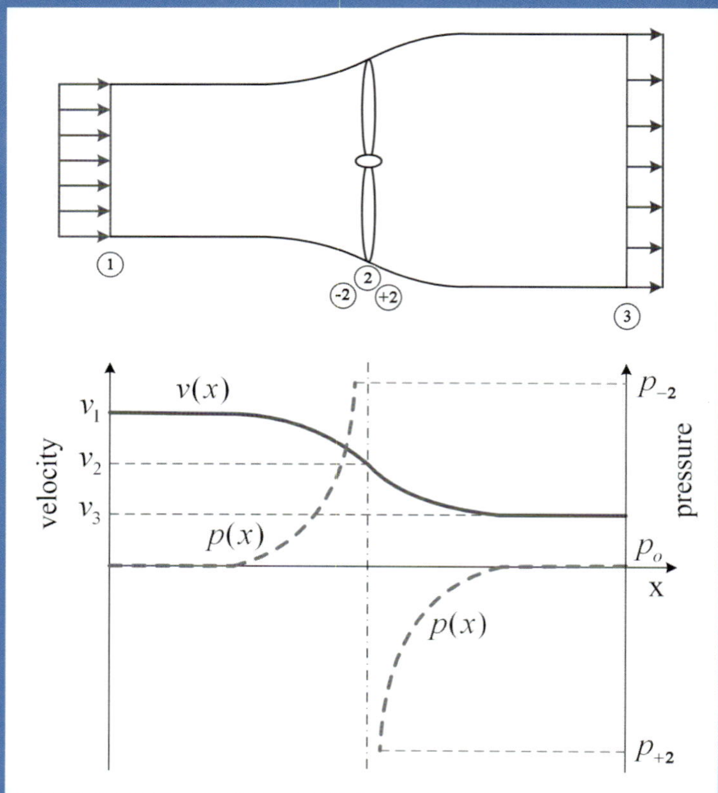

그림 5.1 로터 디스크 전후의 유동관 및 압력저하

로터 디스크 전후에 바람이 겪는 운동에너지의 감소는 다음 식으로 표현된다.

$$P_{extracted} = \frac{1}{2}\dot{m}(v_1^2 - v_3^2) \tag{5.2}$$

또한, 로터 디스크에 가해지는 하중(추력) F는 바람의 운동량 변화에 의하여 발생되므로 풍력터빈이 얻는 출력은 다음 식으로도 표현될 수 있다.

$$P_{extracted} = Fv_2 = \dot{m}(v_1 - v_3)v_2 \tag{5.3}$$

식(5.2)와 (5.3)으로부터 로터 디스크에서의 유속 v_2는 다음과 같이 정리된다.

$$\frac{1}{2}\dot{m}(v_1^2 - v_3^2) = \dot{m}(v_1 - v_3)v_2$$

$$v_2 = \frac{1}{2}(v_1 + v_3) \tag{5.4}$$

따라서, 로터 디스크에서의 유속 v_2는 상류의 유속 v_2과 하류의 유속 v_3의 산술평균이다.

로터 디스크를 통과하는 유량은 $\dot{m} = \rho A v_2 = \frac{1}{2}\rho A(v_1 + v_3)$이므로, 식(5.2)는 다음과 같이 표현할 수 있다.

$$P_{extracted} = \frac{1}{4}\rho A(v_1^2 - v_3^2)(v_1 + v_3) \tag{5.5}$$

식(5.1)로부터 로터 디스크를 통과하는 바람의 출력은 다음과 같이 정의된다.[7]

$$P_{wind} = \frac{1}{2}\rho v_1^3 A \tag{5.6}$$

풍력터빈의 출력계수 C_P를 바람이 갖는 이론적출력에 대해 풍력터빈이 추출해낼 수 있는 출력의 비로 정의하면,

$$C_P = \frac{P_{extracted}}{P_{wind}} = \frac{1}{2}\left[1 - (v_3/v_1)^2\right]\left[1 + (v_3/v_1)\right] \tag{5.7}$$

따라서 출력계수 C_P는 v_3/v_1=1/3에서 16/27=0.593의 최대값을 갖는다. 이는 각종 손실을 무시하고 이론적으로 로터 디스크가 바람으로부터 뽑아낼 수 있는 최대출력이 바람이 갖는 총에너지의 59.3%를 넘을 수 없다는 것을 의미하며, 베츠 한계(Betz limit)라 불린다.[6]

5.3 후류회전(wake rotation)

엑츄에이터 디스크 모델과 달리 실제 로터 디스크는 회전 운동으로부터 에너지를 얻기 때문에 토크와 각속도에 대한 고려가 필요하다. 후류회전에 의한 운동량 이론은 익요소 이론과 연결되어 블레이드의 설계 변수를 유도하는 중요한 부분이나, 모델 수식의 유도가 이 책의 수준을 넘어서기 때문에 본 장에서는 간략히 그 개념만을 소개할 것이다.

작용-반작용의 원리에 의하여 로터와 바람에 걸리는 토크는 그 크기가 같고 방향이 반대이다. 바람에 작용하는 토크는 바람의 각운동량 변화를 발생시키므로, 그림 5.2와 같이 원주방향의 속도 성분을 유발하여 회전하는 후류(wake)를 발생시킨다. 로터 디스크면 전후의 선운동량 변화와 각운동량 변화는 각각 축방향의 추력과 원주방향의 토크가 되며, 이는 익요소 이론의 양력과 항력으로도 유도할 수 있다. 운동량 이론과 익요소 이론에서 구해진 추력 및 토크를 각각 같게 놓고 정리하는 것이 익요소 운동량 이론이며 이로부터 블레이드의 설계변수들이 유도된다.[4]

로터 디스크의 출력계수는 선운동량 변화와 각운동량 변화의 비에 의존하게 되며, 결국 바람의 속도에 대한 블레이드의 회전속도 비율은 출력계수를 결정하는 중요한 인자가 된다. 자유 바람의 속도에 대한 블레이드 끝단의 주속비(TSR, tip speed ratio)는 이미 식(2.11)에서 정의된 바와 같다.

$$Tip\,Speed\,Ratio\ \lambda = \frac{tangential\ velocity\ of\ the\ rotor\ blade\ tip}{speed\ of\ wind} \tag{5.8}$$

로터 블레이드의 출력은 TSR의 함수가 되기 때문에 로터 블레이드를 설계하는데 있어서 이를 결정하는 것은 매우 중요한 과정이 된다.[2]

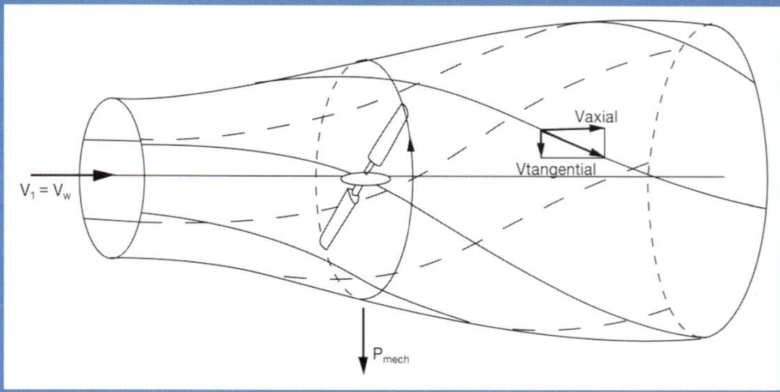

그림 5.2 회전하는 로터에서 발생되는 후류회전

5.4 익요소 이론(blade element theory)

로터 블레이드의 단면 형상은 손실을 최소화하여 최대의 출력계수를 얻을 수 있도록 익형(airfoil) 형상을 갖는다. 익형의 개념은 항공기의 날개와 동일하며, 익형에 발생하는 양력 및 항력은 제2장에서 다음과 같이 이미 정의하였다.

$$L(Lift) = \frac{\rho}{2} v^2 A C_L \tag{5.9}$$

$$D(Drag) = \frac{\rho}{2} v^2 A C_D \tag{5.10}$$

여기서 C_L은 양력계수, C_D는 항력계수이며, A는 날개의 면적이다. 스팬 방향으로 단위 길이의 날개인 경우 A는 익형의 코드 길이가 된다. 로터 블레이드에 작용하는 하중은 그림 5.3과 같이 단위 길이의 익요소에 작용하는 하중을 블레이드 전체 길이에 대해 스팬방향으로 적분하여 구해진다.

양력계수 및 항력 계수는 그림 5.4와 같이 익형으로 불어오는 상대 풍속 v_r과 익형의 코드가 이루는 각인 받음각 α의 함수로 주어진다. 그림 5.4는 스팬 방향으로 r의 위치에 피치각 θ로 놓여 있는 익요소에 작용하는 상대 풍속과 하중을 잘 나타내고 있다. 상대 풍속은 로터 디스크에 수직 방향의 속도 성분과 블레이드가 회전함에 따라 발생하는 회전면에 수평 방향인 속도 성분의 벡터 합이 된다. 양력과 항력은 상대 풍속에 각각 수직과 수평인 하중 성분이며, 이들 하중은 다시 블레이드의 회전면에 수평인 토크와 수직인 추력 성분으로 나뉘게 된다. 여기서 토크가 로터를 회전시키는 힘이며 추력은 블레이드에 굽힘 하중을 유발하는 주 하중원이 된다. 이들 하중은 모두 받음각 α의 함수이며, 받음각은 자유 바람의 속도와 블레이드 회전속도의 상대비의 함수이므로 블레이드에 발생하는 하중은 역시 주속비(TSR)와 밀접한 관련을 갖는다.

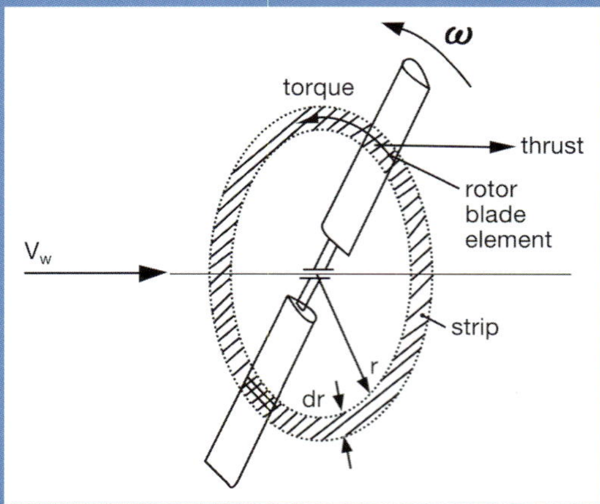

그림 5.3 익요소 이론 (Blade Element Theory) 모델

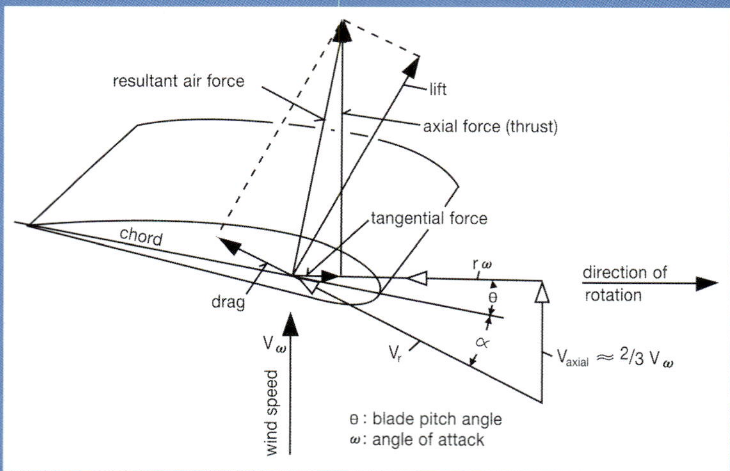

그림 5.4 익요소의 익형 단면에 작용하는 바람 및 공력 하중

5.5 주속비(TSR, tip speed ratio)와 출력계수

로터 블레이드의 출력은 앞서 설명된 기본 이론에 더하여 각종 손실이 고려되어 최종적으

로 구해진다. 이들 손실은 익형의 항력에 의한 익형 손실, 후류에 의한 손실, 블레이드 끝단의 와류에 의해 발생하는 팁 손실 등으로 구성된다. 이들 손실 역시 모두 주속비와 밀접한 관련이 있다. 따라서 최종적인 블레이드의 출력계수는 주속비의 함수로 나타나며, 그림 5.5는 그 전형적인 예이다.

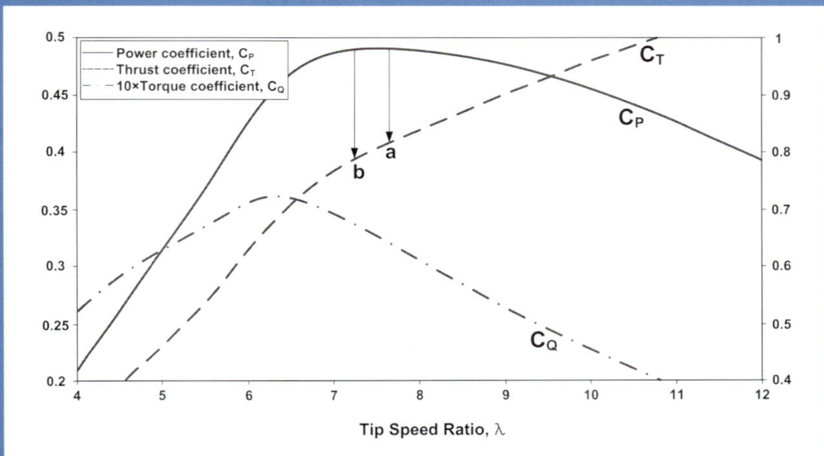

그림 5.5 Tip Speed Ratio에 따른 각종 성능 계수의 변화

출력계수 C_P는 주속비가 증가함에 따라 증가하다가 임의의 주속비에서 최대값에 도달한 후 주속비가 더 증가하면 반대로 감소하는 경향을 보인다. 출력계수가 최대가 되는 주속비는 최대 출력을 낼 수 있는 최적 주속비(TSR_opt)라 한다. 실제 설계 주속비는 추력의 과도한 상승을 막기 위해 최적 주속비(그림의 a점)보다 약간 낮은 값(그림의 b점)으로 설정한다. 토크계수 C_Q도 주속비의 함수이며, 그림과 같이 주속비가 증가함에 따라 최대값에 도달한 후 감소하는 특성을 나타낸다. 일반적으로 토크계수는 출력계수에 비해 낮은 주속비에서 최대값을 가진다. 추력계수 C_T는 주속비가 증가함에 따라 계속하여 증가하는 경향을 보인다. 추력은 블레이드와 타워의 굽힘을 직접적으로 유발하는 하중이므로 타워를 설계할 때 충분히 고려하여야 한다.

5.6 블레이드의 공력 설계와 해석 절차

블레이드 공력 설계 과정은 익형을 선정하고 이를 블레이드 길이 방향으로 적절한 두께 분포와 코드 길이 분포, 비틀림 분포를 갖도록 배열하여 최종적인 3차원 블레이드 형상을 결정해주는 과정이다. 이 과정에는 블레이드의 공기역학적 성능 요구조건과 구조적 요구조건을 고르게 만족시킬 수 있도록 반복적인 설계와 성능해석이 수반된다.

익형의 선정 풍력블레이드에 사용되는 익형은 일반적인 항공기용 익형과는 부분적으로 성격이 다르기 때문에, 공기역학적인 특성과 구조적인 특성을 함께 고려하여 선정하여야 한다. 일반적으로 풍력블레이드용 익형은 다음과 같은 특성을 가져야 한다.[2]

- 양항비(C_l/C_D)가 높을수록 좋다.
- 양력계수가 높을수록 좋다.
- 스톨이 급격하게 발생하지 않아야 한다.
- 표면 조도에 따라 공기역학적 특성이 민감하게 변하지 않아야 한다.

이상의 특성 중 표면 조도에 따른 영향은 항공기용 익형과는 대별되는 블레이드용 익형의 중요한 특징으로, 일반적인 형상은 그림 5.6과 같다.

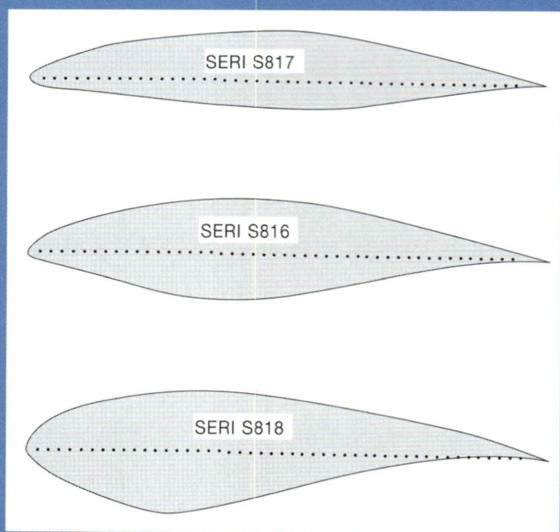

그림 5.6 풍력블레이드용 익형의 예

또한 블레이드는 인 보드 영역에서는 큰 굽힘 하중을 견디기 위해 높은 구조적 강도와 강성이 요구되기 때문에, 블레이드 스팬 방향으로 다음과 같이 다른 특성을 갖는 익형이 사용된다.

- 아웃 보드(out board) 영역에는 두께비 15 ~ 20% 정도의 공기역학적인 특성이 우수한 익형을 사용한다.

- 미드 보드(mid board) 영역에는 두께비 20 ~ 30% 정도의 공기역학적인 특성과 구조역학적인 특성이 중간 정도인 익형을 사용한다.
- 인 보드(in board) 영역에는 두께비 30 ~ 40% 정도의 구조적인 특성이 좋은 익형(두꺼운 익형)을 배치한다.

일반적인 익형은 공기역학적인 특성값이 받음각 -10° ~ 20° 사이의 영역에서만 주어져 있으나, 풍력블레이드의 경우는 -180° ~ 180° 사이의 값이 필요하기 때문에 이를 구하기 위해서 Viterna-Corrigan equation을 이용하기도 한다.

두께분포의 결정 블레이드의 두께 분포는 스팬 상의 위치에 따라 공력 성능과 구조 성능 사이의 trade-off를 통해 적절히 결정된다. 전형적인 익형 몇 가지의 두께를 선정 배열하고 그 사이는 선형 또는 비선형 보간법 등을 이용한다. 블레이드의 두께비 분포는 블레이드의 코드 길이와 두께의 비율을 적용할 때 부드러운 코드길이 분포가 될 수 있도록 배열하여 그 사이의 값을 지정해 주게 된다.[5]

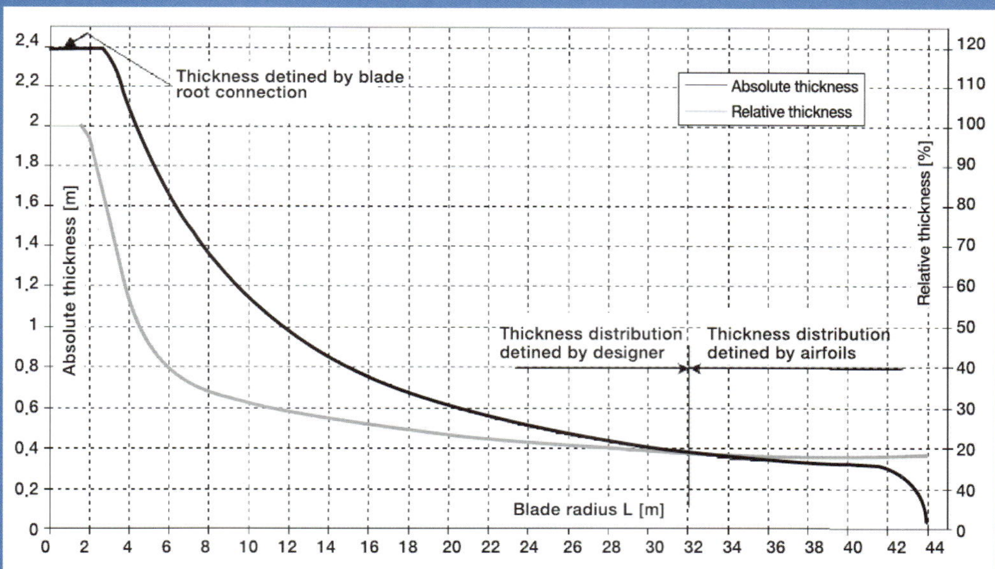

그림 5.7 블레이드의 두께 분포도 예시

그림 5.7에서 일반적인 풍력블레이드의 두께 분포를 어떤 방법으로 수행하였는지 확인할 수 있다. 블레이드의 상대 두께비와 절대 두께비율을 동시에 고려하여 루트 연결부위에서는

연결부위의 지름에 의하여 결정을 하고 이때의 상대 두께는 원형이기 때문에 100%가 된다. 그리고 블레이드 끝단 부분에서는 익형 형상에 의하여 두께가 결정이 된다.

코드길이 분포의 결정 두께 분포가 완료된 익형 형상정보를 이용하여 익형의 코드길이를 정의하게 된다. 익형의 코드길이를 결정하는 방법은 일반적으로 슈미츠(Schmitz)가 제안한 식에 의하여 결정하며 다음과 같다.

$$Chord\ length_{Schmitz} = \frac{16\pi r}{C_L z} sin^2(\frac{1}{3} arctan(\frac{R}{TSR\_opt \cdot r})) \tag{5.11}$$

여기서 z는 블레이드의 개수이며, TSR_opt은 Cp_{max}일때의 주속비이며, R은 블레이드 전체 회전자 반지름이며, 마지막으로 r은 해당 익형의 블레이드 반지름이다.

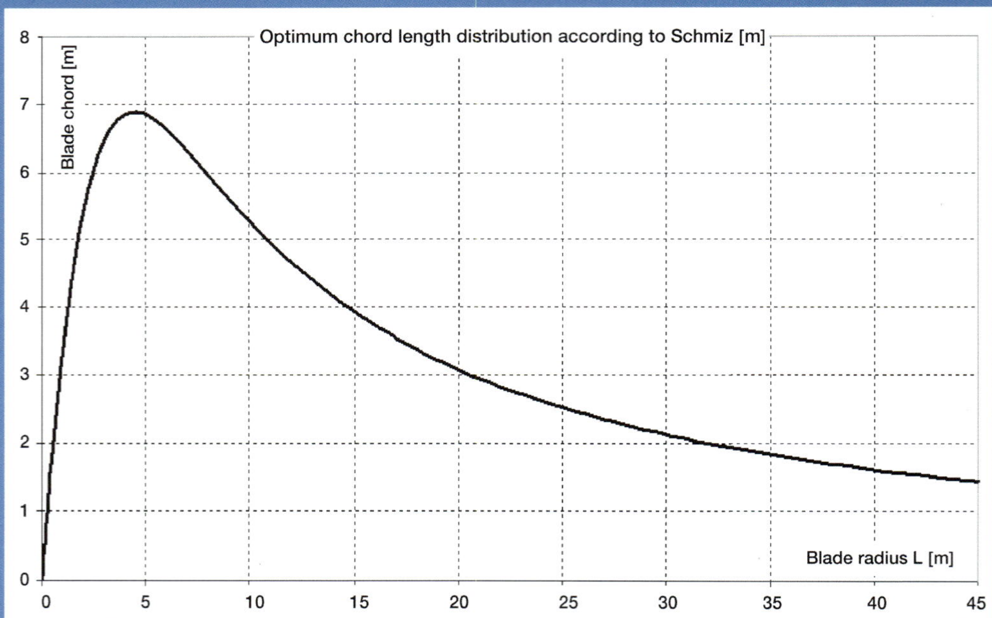

그림 5.8 블레이드 코드길이 분포도 예시

그림 5.8은 Schmitz 수식에 의하여 구한 블레이드 코드길이이다. 슈미츠 수식을 그대로 이용할 경우 루트부분으로 가면 코드길이가 무한정 커지게 되지만 블레이드의 최초 설계 시 코드길이 제한 값 등을 고려하여 적절한 선에서 코드길이를 제한하도록 한다.

비틀림 분포의 결정 비틀림 각은 블레이드의 섹션별 익형이 회전자의 반지름에 따라서 최적의 양력계수를 가질 수 있도록 정의하며 다음의 공식을 따른다.

$$\alpha_{Twist} = \frac{2}{3}arctan(\frac{R}{r \cdot TSR\_opt}) - \alpha_{Airfoil} \tag{5.12}$$

여기서 $\alpha_{Airfoil}$은 해당 익형이 가지는 양력계수에서의 받음각이며 앞의 양력계수의 재계산 값의 결과이다. 이러한 비틀림각은 회전자의 반지름에 따라서 비선형적인 값으로 변하게 되며 비틀림각이 매우 커서 음의 값을 가질 경우 소음문제가 발생할 수 있기 때문에 그림 5.9와 같이 끝단에서 다시 0의 값으로 재비틀림(retwist)을 하는 경우도 있다.[10]

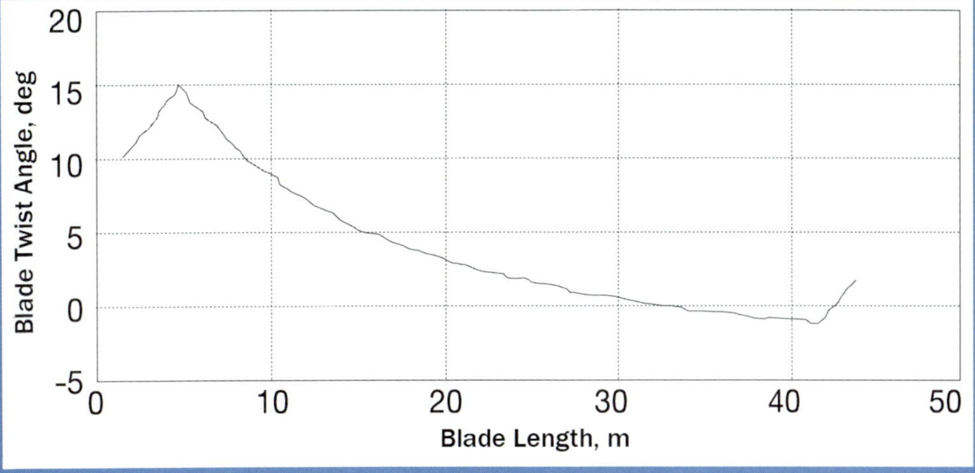

그림 5.9 블레이드 비틀림 분포 예시

익형 정렬 최종적으로 블레이드의 피치축(pitch axis) 또는 기준축(refefence axis)에 의한 정렬을 하게 된다. 일반적으로 초기 굽힘이 없는 블레이드의 경우 피치축이 일직선으로 블레이드에 정렬이 된다.

정렬된 익형은 일반적으로 피치축이 앞전(leading edge)의 30 ~ 35% 정도 되는 구간에 위치하게 된다. 인 보드 영역의 경우는 공력특성에 크게 영향을 받지 않는 구간이기 때문에 3차원 캐드 프로그램 등을 이용하여 부드럽게 루트부분의 원형 형상과 연결되도록 설계한다. 하지만 일반적으로 비틀림각은 제작성을 고려하여 15° 이상 되지 않도록 한다. 그리고 날개 끝단의 경우도 소음의 문제를 고려하여 날카로운 형상을 가지지 않도록 설계한다.

성능해석 일단 블레이드의 형상 정보가 구축되면 블레이드의 성능을 해석한다. 현재 상업용으로 나와 있는 GH Bladed, ADAMS, FAST 등의 풍력터빈시스템용 성능해석 코드를 이용하여 설계된 블레이드의 출력계수, TSR_opt, 성능 곡선 등의 결과물을 검토한다. 결과 값이 설계 목표 값에 부합하는지 판단한 후 형상 재설계 또는 구조 설계 단계로 나아간다.

이상의 단계를 거쳐 익형의 선정, 두께 분포, 코드길이 분포, 비틀림각 분포, 피치축 정렬, 루트부위, 끝단부위의 설계가 완료되면 최종적인 블레이드 형상을 완성할 수 있다. 최종적인 블레이드 형상은 일반적인 3차원 캐드 프로그램 등을 이용하여 각 스테이션별 섹션 형상으로부터 적절한 스플라인을 통해 그림 5.10과 같은 형상으로 구축된다.[5]

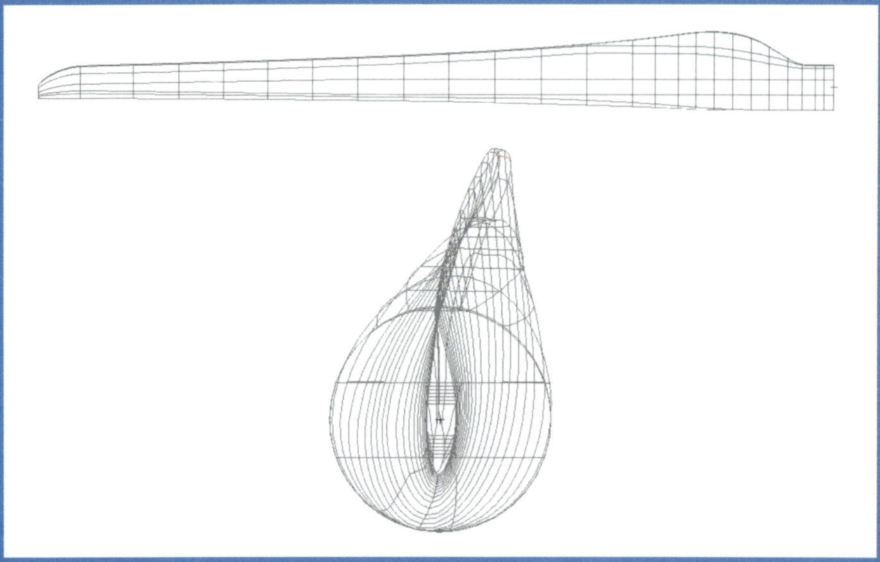

그림 5.10 블레이드 형상 설계 결과의 예시

☑ 참고문헌

1. J. L. Tangler, "The Evolution of Rotor and Blade Design," Presented at **the American Wind Energy Association Windpower 2000**, Palm Springs, California, Apr. 30-May 4, 2000.

2. D. A. Griffin, "Blade System Design Studies Volume I: Composite Technology for Large Wind Turbine Blades," **Global Energy Concetps**, LLC 5729 Lakeview Drive NE, #100 Kirkland, Washington 98109, July, 2002, pp. 4-54.

3. Sandia National Laboratories, **Innovative Design Approaches for Large Wind Turbine Blades**, Mar, 2003.

4. 황병선, 박승범, 이정훈, "풍력터빈 블레이드 기술", **풍력발전기 현장 맞춤형 재교육 강좌**, Vol. 1, 2007.

5. D. A. Griffin, "Evalution of Design Concepts for Adaptive Wind Turbine Blades," **Global Energy Concepts**, LLC 5729 Lakeview Drive NE, #100 Kirkland, Washington 98109, Aug. 2002.

6. K. H. Bergey, "The Lanchester-Betz limit," **Journal of Energy**, Vol. 3, No. 6, 1980, pp. 382-384 .

7. R. E. Wilson, and P. B. S. Lissaman, **Applied Aerodynamics of Wind Power Machines**, Oregon State University, 1974.

8. T. Burton, D. Share, N. Jenkins, and E. Bossanyi, **Wind Energy Handbook**, John Whiley & Son Ltd, 2001.

9. E. Hau, **Wind Turbine**, 2nd ed., Springer, Berlin Heidelberg, 2006.

10. E. A. Bossanyi, **GH Bladed Theory Manual**, Garrad Hassan and Pantners Ltd, 2005.

제6장

블레이드 구조 설계 해석 및 시험

Design and Test of Blade Structures

박지상, 황병선, 박중규, 이학구

풍력핵심기술연구센터
한국기계연구원 (부설) 재료연구소

6.1 서론

풍력블레이드는 풍력발전기의 가장 특징적인 요소로서 블레이드 성능에 의하여 전체 시스템의 성능, 수명이 결정된다고 해도 과언이 아니다. 최근의 MW급 블레이드는 길이가 수 십 미터에 이르며 무게는 십 톤이 넘는 대형 구조물로서 구동 중 받게 되는 다양한 하중 조건을 고려해 설계해야하고 시험을 통해 이를 검증해야한다.

구동 중 블레이드가 받게 되는 하중 조건은 다음과 같다. 블레이드는 바람의 공력에 의한 굽힘 하중과 난류(turbulence), 돌풍(gust) 등의 영향에 의한 피로 하중을 받게 된다. 하중해석은 풍력터빈의 8가지 상태(design situation)와 8가지 바람 조건(wind condition), 그리고 기타 환경 조건의 조합으로 구성되는 33개의 설계하중조건(DLCs, Design Load Cases)에 대하여 수행되며, 여기에 풍력터빈의 제어 상태에 따른 조합이 더해지면 실제 하중 해석이 요구되는 경우는 1,000가지 이상이 된다.

익형 형상의 풍력터빈용 블레이드는 이러한 하중 조건을 견딜 수 있도록 박스 빔 (박스 빔) 구조가 요구되며, 다양한 하중 조건에 대한 유한요소 해석을 기반으로 설계된다. 일반적으로 블레이드 설계는 풍력 인증기관의 규정에 따라 설계 및 해석을 수행하며, 독일의 Germanischer Lloyd에서 제정한 규정인 "Guideline for the Certification of Wind Turbines"가 가장 많이 사용되고 있다.

설계, 제작된 블레이드는 신뢰성 검증이 필요하며, 이를 위하여 정적하중 시험(static testing)과 피로하중시험(fatigue testing)이 요구된다. 정적 및 피로하중시험은 규정에 의해 시행되며, 가장 많이 적용되고 있는 규정은 독일의 GL(Germanischer Lloyd) 규정과 IEC WT 01, 61400 시리즈이다.

6.2 블레이드 재료 및 구조

최근 블레이드가 대형화됨에 따라 블레이드 재료의 비강성 및 비중량이 더욱 중요한 요소로 부각되고 있다. 구조가 대형화되면 강도와 강성은 치수의 제곱에 비례하고 중량은 세제곱에 비례하기 때문에 자중 및 관성력의 영향이 크게 증가하게 된다.

이러한 문제점을 극복하기 위하여 대형 풍력터빈용 블레이드 재료는 기존의 금속재료 대신 비강도와 비강성이 우수한 섬유강화 고분자 복합재료로 대체되고 있으며, 보강섬유로는 E-glass 계통의 유리섬유가 주로 사용되고 있다. 최근에는 유리섬유보다 더 가볍고 강한 탄소 섬유가 일부 하중부재로 사용되는 예도 있으나, 탄소 섬유의 높은 가격으로 인한 비용 문제와 유리섬유와 함께 사용될 때 발생되는 변형율 차이 문제로 인해 탄소 섬유의 사용은 매우 제한적이다.

고분자 재료인 수지는 주로 폴리에스터, 비닐에스터, 에폭시 등이 사용된다. 과거에는 상대적으로 값싼 폴리에스터와 비닐에스터가 널리 사용되었으나, 최근에는 수축, 피로특성 등 구조적 물성이 우수한 에폭시가 많이 쓰이는 추세이다. 샌드위치 판넬 구조는 블레이드 스킨(skin)에 사용되며, 코어 소재로는 발사우드, PVC폼 등이 주로 사용된다. 표 6.1은 블레이드에 사용되는 대표적인 재료의 기본적인 물성을 나타낸 표이다.[7]

표 6.1 재료 물성

	Modulus			Strength					Etc	
	E_1 GPa	E_2 GPa	G_{12} GPa	X_t MPa	X_c MPa	Y_t MPa	Y_c MPa	S_{12} MPa	υ -	ρ kg/m^3
Glass UD	43.1	13.2	3.62	916.2	759.0	49.6	141.3	40.6	0.24	1939
Glass UD Mat	42.5	13.6	3.62	934.6	733.0	56.4	163.7	40.6	0.24	1955
Glass Fabric	28.4	28.4	3.62	487.6	374.0	487.6	374.0	40.6	0.11	1939
PVC foam	0.06	0.06	0.02	-	-	-	-	-	-	60
Balsa wood	0.1	0.1	0.16	-	-	-	-	-	-	150

1) 블레이드 기본구조

풍력블레이드의 단면 구조는 항공기의 날개와 비슷하지만 단순화 되어 있다. 그림 6.1은 전형적인 블레이드의 구조 단면도이다. 블레이드의 구조를 이해하기 이전에 요소 좌표계에 대한 이해가 필요하다. 블레이드의 요소 좌표계는 블레이드에 사용되는 재료의 적층방향을 결정하는 기준이 되는 좌표계로서 그림에서 블레이드의 스팬방향으로 뻗어나간 X축 방향이 블레이드의 기준 축이 되며 재료에 수직한 방향이 Z축이고 Y축은 X축과 Z축에 의하여 결정된다. 그러므로 블레이드에 적층하는 재료의 회전축은 Z축이며 X축을 기준축인 0° 로 보고 적층 각을 결정한다.

블레이드는 스파 캡, 전단 웹, 스킨, 앞/뒷전 단방향 섬유 적층부로 구성되어 있다. 스파 캡(spar cap)과 전단 웹(shear web)이 박스 빔을 구성하여 대부분의 굽힘 하중과 전단하중을 지탱하는 역할을 하며, 샌드위치 쉘 구조의 스킨과 앞/뒷전 단방향 섬유 적층부가 공력과 구조 하중을 함께 지탱하는 역할을 한다.

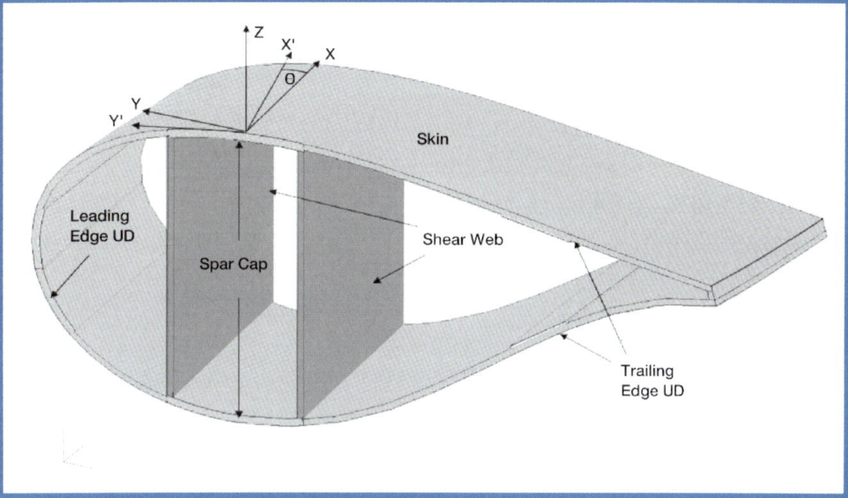

그림 6.1 박스 빔(박스 빔) 형태의 블레이드 단면 구조

스파 캡은 스킨의 중심부에 단방향 섬유를 0° 방향으로 적층한 부분을 의미하는데 이는 블레이드의 플랩방향 굽힘 강성을 가지도록 하며 블레이드에서 가장 중요한 부분이다. 전단 웹은 일반적으로 아래위 스파 캡이 위치하는 부분에 연결되어 스킨과 함께 비틀림에 대한 강성을 가지도록 하는 구조물이다. 스킨은 일반적으로 ±45° 직조 섬유와 코어로 구성되어 있다. 직조섬유는 비틀림에 대한 강성을 가지도록 하며 코어는 좌굴에 의한 안정성을 가지도록 한다. 앞/뒷전 단방향 섬유적층 부분은 코드방향 굽힘 강성 및 좌굴 안정성을 가지도록 하는 구조물이다. 이러한 기본적인 적층정보를 바탕으로 블레이드를 제작하며 블레이드의 루트 부분에서 팁으로 갈수록 두께가 얇아지는 형상을 갖는다.[2]

블레이드 구조 설계는 이러한 구조를 최대한 효율적으로 구성하여 최소의 재료로 최대의 강도 및 강성을 갖도록 하는 것을 목표로 한다.

6.3 블레이드 구조 설계

1) 설계 요구 조건

풍력블레이드를 제작하는데 있어서 가장 먼저 고려되어야 할 사항은 풍력발전시스템에 사용될 설계변수를 결정하는 일이다. 설계변수 값에 따라 전체 시스템의 출력, 성능, 규모 등이 결정되기 때문이다. 일반적으로 사용되는 대형 블레이드(3MW급 예시)의 기본 설계변수는 표 6.2와 같다.

표 6.2 Blade design parameter

Design Parameter	Value
Rated Power	3000 kW
Wind Class	IEC1a
Initial Design Blade	EU90-2300.2
Rated Rotational Speed	15.7 rpm
Rated Wind Speed	13 m/s
Cut in Wind Speed	4 m/s
Cut out Wind Speed	25 m/s
Blade Length	44 m

정격출력(rated power)은 풍력발전시스템이 낼 수 있는 최대 출력을 의미한다. 시동풍속은 풍력발전시스템이 시동되는 풍속을 의미하며 정격풍속은 풍력발전시스템이 정격출력을 내기 시작하는 풍속을, 정지 풍속은 풍력발전시스템이 정지하는 풍속을 의미한다. 바람의 등급은 풍력발전시스템이 설치될 지역의 극한풍속, 평균풍속, 난류의 강도를 고려하여 결정되는 변수이며, 특히 우리나라는 매년 태풍과 같은 극심한 바람이 불기 때문에 IEC Ia Class에 해당된다. 특히 블레이드 설계는 바람의 등급에 따라 크게 달라지며 결과적으로 전체 시스템에 미치는 영향이 매우 크기 때문에 이를 올바르게 결정하는 것이 매우 중요하다.[6]

2) 블레이드 작용하중

풍력블레이드는 바람의 힘에 의하여 회전하는 회전체로서 공력, 관성력 그리고 중력이 작용한다. 이러한 하중으로 블레이드의 익형 단면에 작용하는 힘을 방향 요소별로 분석하면 그림 6.2와 같이 나타낼 수 있다. X축은 플랩방향 Y축은 코드방향 Z축은 스팬방향을 의미한다. 각각의 축에 작용하는 힘 및 모멘트 요소는 플랩방향 전단력(F_{xs}), 코드방향 전단력(F_{ys}), 스팬방향 인장력(F_{zs}), 플랩방향 모멘트(M_{ys}), 코드방향 모멘트(M_{xs}), 스팬방향 모멘트(M_{zs})의 6가지로 구성된다.[2]

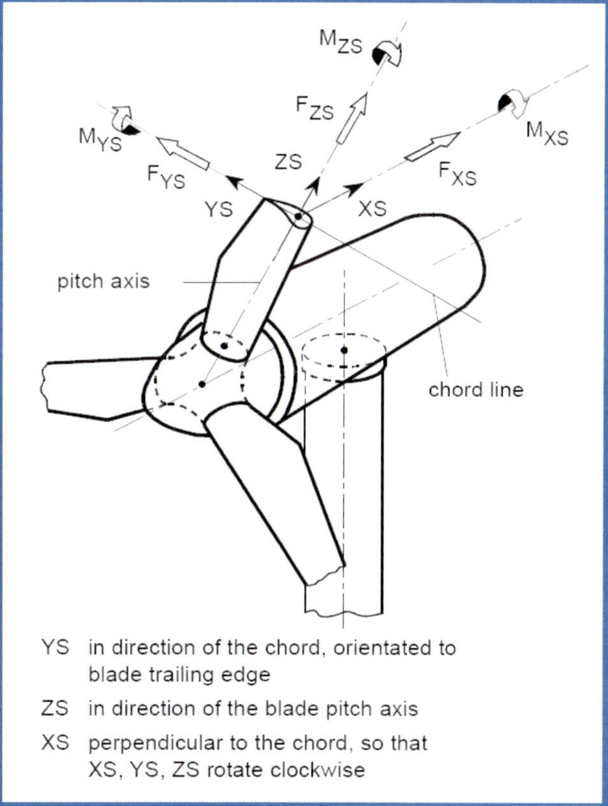

그림 6.2 Blade coordinate system and force element

설계 하중 조건(DLCs, Design Load Cases)은 풍력발전시스템의 운용 중 발생하는 풍력하중, 지진, 온도 등의 외부조건과 발전시스템 자체의 작동조건 등의 조합으로 도표화한 것이다. 이러한 설계 하중 조건에 따른 하중 해석을 수행하면 1,000가지가 넘는 하중해석 결과가 나오게 되며 이러한 수많은 하중해석 결과들을 모두 정리하여 블레이드 스팬 길이에 따른 구간별, 하중 요소별로 극한하중 조건을 결정하여 구조해석을 수행한다. 극한하중 조건은 모두 13가지로서 앞서 기술된 6가지 힘과 모멘트 하중요소의 최대 최소 조건 12가지에 전체 굽힘 모멘트(M_{res})의 최대 조건 하나가 더해져 구성된다.[4]

그림 6.3은 블레이드의 하중해석 결과 플랩방향 모멘트 최대조건과 코드방향 모멘트 최대조건에 대한 블레이드의 구간별 굽힘 모멘트 값의 실례이다.

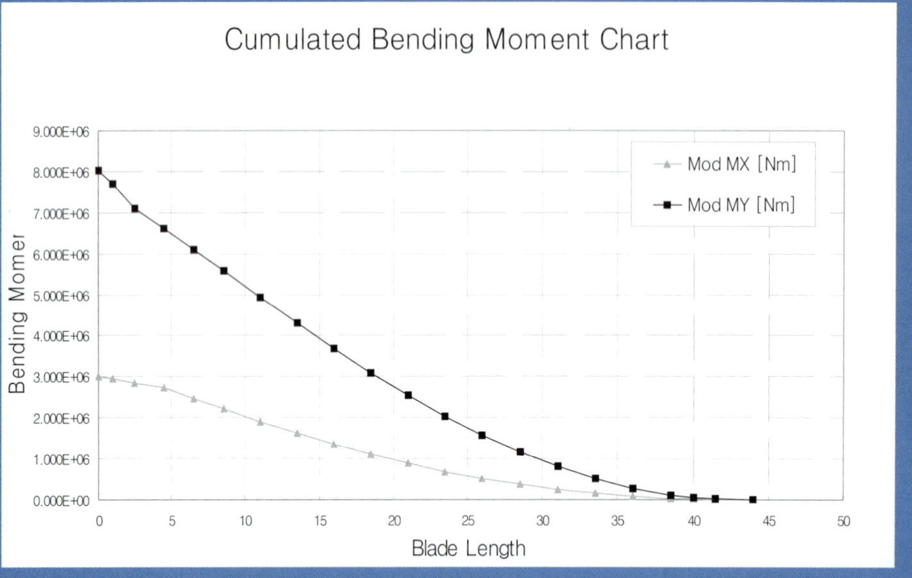

그림 6.3 Blade bending moment diagram

3) 복합재료의 적층설계

대형 풍력터빈의 주요 소재인 섬유강화 복합재료는 이방성 적층구조를 갖기 때문에 블레이드의 구조설계는 복합재 적층 설계로부터 시작된다. 복합재 적층판은 그림 6.4와 같이 방향에 따라 다른 물성을 갖는 여러 개의 단층이 서로 다른 방향으로 적층되어 구성된다. 각 단층의 적층 방법에 따라 적층판은 완전히 다른 성질을 갖게 되기 때문에 그림 6.5에서처럼 각각의 단층의 적층각도에 따른 응력과 변형량을 고려하고 그 비율을 조절해야만 복합재료의 특징을 살린 가볍고 강한 블레이드를 만들 수 있다. 따라서 이러한 복합재 구조 설계 개념은 등방성 재료의 그것과는 많은 차이가 있다.

적층 설계에 사용되는 가장 기본적인 이론은 고전적층판 이론(classical laminate plate theory)이다. 여기서는 각각의 단층을 특정 방향으로 배열된 직교 이방성 물성을 가진 층으로 정의하고 각 단층의 강성을 적층 방향으로 적분하여 적층판 전체의 강성행렬을 구하고 이로부터 적층판에 작용하는 하중에 대한 변형을 계산한 후 다시 각 단층의 변형량 및 응력을 산출하게 된다.

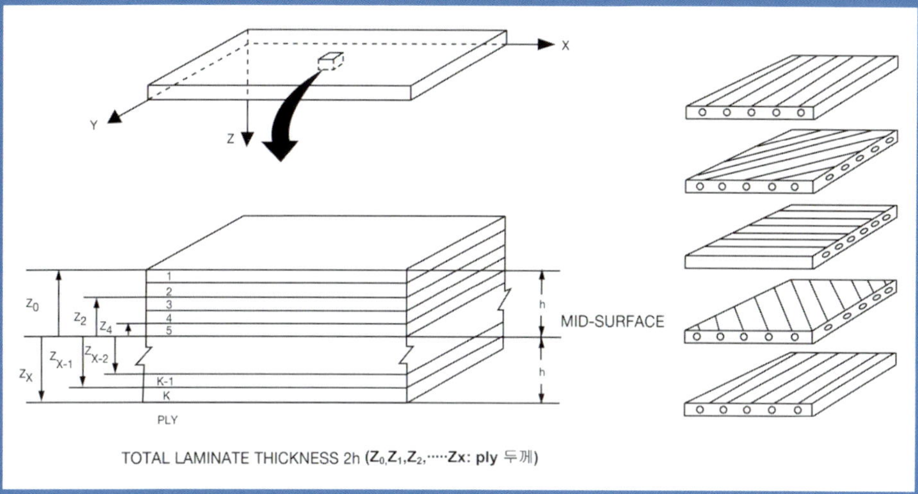

그림 6.4 복합재 적층판

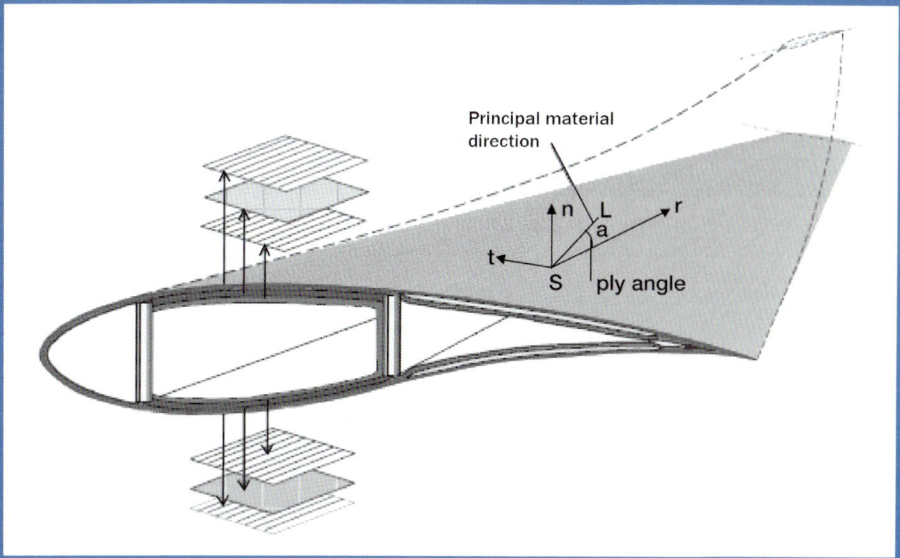

그림 6.5 블레이드 적층설계의 개념

4) 응력 및 변형량 해석

이러한 고전 적층판 이론을 통하여 적층판의 강성을 구하게 되면 이를 이용하여 빔 이론(beam theory) 또는 유한요소 해석(finite element method)를 이용한 응력 및 변형량 해석을 수행하게 된다. 빔 이론은 풍력블레이드를 익형 단면 형상을 가진 테이퍼드 빔(tapered beam)으로 단순화 하여, 각 section에 대해 플랩방향(flap direction) 굽힘강성, 에지방향(edge direction) 굽힘강성, 그리고 단면의 비틀림 강성을 계산하고, 이를 빔 이론에 대입하여 응력 및 변형량을 계산하는 방법으로서, 유한요소해석에 비하여 단순하고 빠르기 때문에 아직까지도 많이 이용되고 있다. 또한 빔 이론을 이용할 경우 블레이드의 각종 단면 특성치의 길이방향 분포가 자연스럽게 구해지기 때문에 빔 모델을 기반으로 하는 시스템 하중/성능 해석 코드와 연계하여 사용될 경우 매우 효율적인 방법이 될 수 있다. 그러나 빔 이론만으로는 국부적 부분에 대한 상세한 응력 해석이 어렵고, 스킨의 좌굴해석 등은 할 수 없기 때문에 블레이드에 대한 모든 구조 해석을 빔 모델만으로 수행하기에는 무리가 있다.

유한요소 해석은 구조 해석 방법으로 산업계 전반에 거쳐 가장 널리 사용되고 있는 방법으로서 NASTRAN, ANSYS, ABAQUS 등의 다양한 범용 코드들이 사용된다. 유한요소법을 사용하면 블레이드 각 부재의 상세한 응력을 비교적 정확히 예측할 수 있다. 그러나 복합재 블레이드에 대한 정확한 해석을 위해서는 유한요소 모델링과 결과 분석에 많은 시간과 노력이 필요하며, 해석자의 경험과 지식이 많이 요구된다.

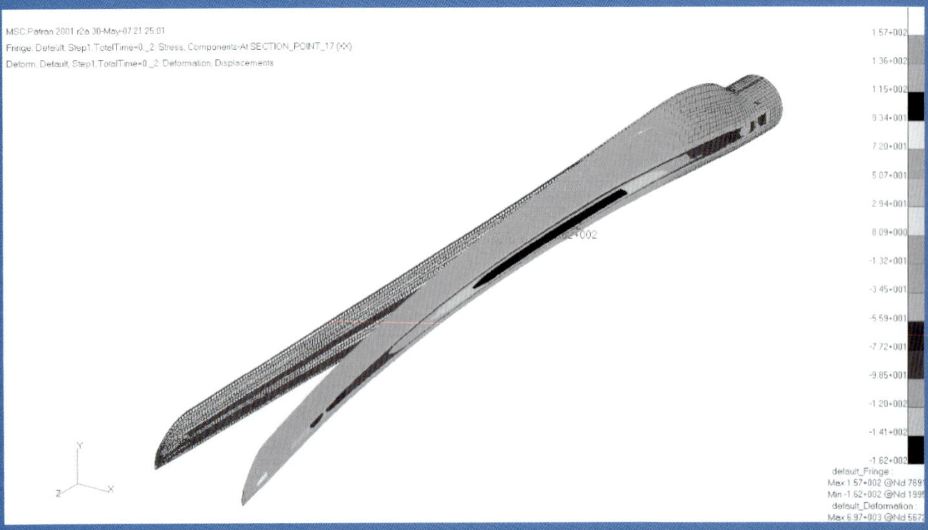

그림 6.6 블레이드의 선형 유한요소 해석 결과

그림 6.6은 풍력블레이드의 선형 유한요소 해석 결과를 후처리(post-processing)한 결과이다. 유한요소해석을 이용하여 블레이드에 작용하는 응력과 변형량 수준을 점검하고 해석 결과를 구조 적층 설계에 반영하여 부족한 부분은 강화하고 과도한 부분은 감소시켜서 최적의 적층 구조를 설계하게 된다.[1]

5) 섬유 파손 판정

블레이드의 섬유 파손판정은 앞에서 결정된 13가지 극한 하중 조건을 종류별로 적용한 응력 값이 재료의 설계 허용 값을 초과하지 않도록 하는 것이다. 재료의 설계 허용 값은 재료의 강도에 안전계수를 적용한 방법을 이용한다. 섬유 파손 판정에 사용되는 안전계수 γ_{Ma}는 식(6.1)과 같다. 첫 번째 1.35는 기본 안전계수, 두 번째 1.35는 부식에 대한 안전계수, 세 번째 1.1은 온도에 의한 안전계수, 네 번째 1.1은 성형공정에 대한 안전계수 마지막 1.0은 후경화에 대한 안전계수이다.[12]

$$\gamma_{Ma} = 1.35 \times 1.35 \times 1.1 \times 1.1 \times 1.0 = 2.205 \tag{6.1}$$

재료의 설계 허용 값은 재료의 강도에 안전계수를 나누어 줌으로써 결정할 수 있고 설계 허용 값이 항상 응력보다 높아야 한다. 재료의 강도와 안전계수 그리고 응력의 관계를 정리한 파손 판정식은 식(6.2)와 같다.

$$\frac{Stress}{Strength/\gamma_{Ma}} \leq 1 \tag{6.2}$$

6) 모재 파손 판정

블레이드의 모재 파손 판정은 IFF(inter fiber failure)라고 부르며 모재 파손 판정식에 안전계수를 적용한다.

섬유 파손 판정을 수행할 경우는 하중해석 결과에 안전계수 1.35(부분적으로 1.1)를 곱한 극한 하중을 사용하지만 모재 파손 판정의 경우 안전계수를 곱하지 않은 일반 하중을 사용하며 모재 파손 판정은 A. Puck이 제안한 파손 판정식을 사용한다. 이는 단방향 섬유로 적층된 재료에 적용되는 수식으로서 섬유에 수직한 방향의 응력과 강도, 면내 전단 응력과 강도의 관계에 의하여 결정된다.

그림 6.7은 모재파손 판정 시 사용되는 판정 경계면을 나타낸 그림으로 X축은 σ_2값이고 Y축은 τ_{12}값이다. Mode A는 인장 σ_2가 지배적인 모드이며, Mode B는 τ_{12}가 지배적인 모드이고, Mode C는 압축 σ_2가 지배적인 모드이다. 이러한 각각의 모드별 판정식 및 수식에 대한 설명은 표 6.3에 나타나 있다.

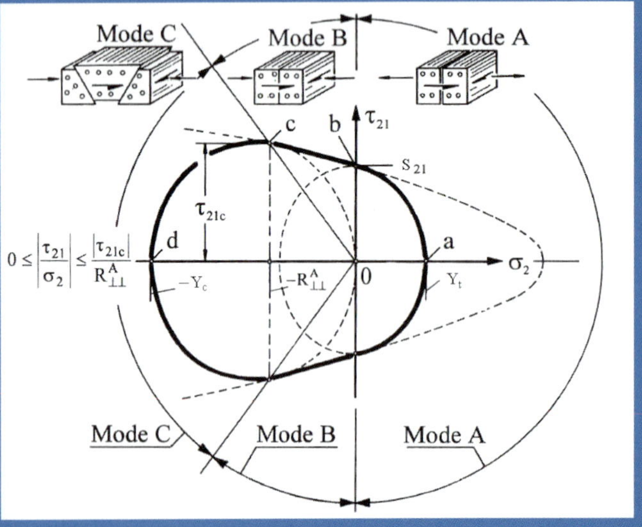

그림 6.7 Inter fiber failure boundary

표 6.3 Inter Fiber Failure Criteria

Mode	Failure Criteria	Condition
A	$\sqrt{\left(\frac{\tau_{12}}{S_{12}}\right)^2+\left(1-p_{\perp\parallel}^{(+)}\frac{Y_t}{S_{12}}\right)^2\left(\frac{\sigma_2}{Y_t}\right)^2}+p_{\perp\parallel}^{(+)}\frac{\sigma_2}{S_{12}}\le 1$	$\sigma_2 \ge 0$
B	$\frac{1}{S_{12}}\left(\sqrt{\tau_{12}^2+(p_{\perp\parallel}^{(-)}\sigma_2)^2}+p_{\perp\parallel}^{(-)}\sigma_2\right)\le 1$	$\sigma_2<0$ and $0\le\left\lvert\frac{\sigma_2}{\tau_{12}}\right\rvert\le\frac{R_{\perp\perp}^A}{\lvert\tau_{12c}\rvert}$
C	$\left[\left(\frac{\tau_{12}}{2(1+p_{\perp\perp}^{(-)})S_{12}}\right)^2+\left(\frac{\sigma_2}{Y_c}\right)^2\right]\frac{Y_c}{(-\sigma_2)}\le 1$	$\sigma_2<0$ and $0\le\left\lvert\frac{\tau_{12}}{\sigma_2}\right\rvert\le\frac{\lvert\tau_{21c}\rvert}{R_{\perp\perp}^A}$
$p_{\perp\parallel}^{(+)}=-\left(\frac{d\tau_{21}}{d\sigma_2}\right)_{\sigma_2=0}$	$p_{\perp\parallel}^{(-)}=-\left(\frac{d\tau_{21}}{d\sigma_2}\right)_{\sigma_2=0}$	$p_{\perp\perp}^{(-)}=p_{\perp\parallel}^{(-)}\frac{R_{\perp\perp}^A}{S_{12}}$
$R_{\perp\perp}^A=\frac{S_{12}}{2p_{\perp\parallel}^{(-)}}\left(\sqrt{1+2p_{\perp\parallel}^{(-)}\frac{Y_c}{S_{12}}}-1\right)$		$\tau_{21c}=S_{12}\sqrt{1+2p_{\perp\perp}^{(-)}}$

모재 파손 판정에 사용되는 안전계수는 섬유 파손 판정에 사용되는 안전계수에 파손 모드 및 하중의 전달 비율에 따라 감쇄계수를 곱한 값을 사용한다. 감쇄 계수 값은 적층 판의 구조와 모드에 따라 다른 값을 사용하며 적용 값은 표 6.4에 나타나 있다.

최종적으로 정리해 보면 모재 파손 판정을 수행할 경우 우선 요소의 하중 전달 비율을 조사하여 이에 적합한 감쇄 계수를 확인한 후 모재 파손 판정에 적용할 안전계수를 결정한다. 그리고 안전계수를 적용한 재료의 강도 값을 이용하여 판정식으로 모재의 파손 여부를 결정한다.[13]

표 6.4 Reduction factor for IFF

Failure mode	Force transfer ratio in analysis layer	
	0% < ΔF < 5%	5% ≦ ΔF
Mode A	0.6	0.8
Mode B	0.6	0.8
Mode C	0.8	1.0

7) 좌굴 안정성 판정

풍력블레이드와 같이 대변형이 일어날 수 있는 초대형 구조물은 구조물의 강도에 이르기 전에 재료의 좌굴현상에 의하여 전체적인 구조물이 파손될 수 있다. 그러므로 구조물의 좌굴 안정성을 점검하는 것은 필수적이다. 블레이드의 좌굴 안정성은 선형 또는 비선형 해석을 이용하여 판단할 수 있는데 기하학적인 비선형을 고려한 수정된 Riks 알고리즘을 이용한 좌굴 해석을 수행한다. 그림 6.8은 블레이드에 대한 post-buckling 해석을 수행한 결과이다. 압축하중을 받게 되는 면에서 좌굴이 발생하게 되며, 좌굴이 발생된 지점 스킨의 상, 하면 스트레인 값이 좌굴이 발생함에 따라 인장과 압축으로 분기되는 현상을 확인할 수 있다.

좌굴 해석에 사용되는 안전계수 γ_{Mc}는 식(6.3)과 같다. 첫 번째 1.35는 기본 안전계수, 두 번째 1.1은 강성의 편차에 대한 안전계수, 세 번째 1.1은 온도에 대한 안전계수이다.

$$\gamma_{Mc} = 1.35 \times 1.1 \times 1.1 = 1.634 \tag{6.3}$$

좌굴 해석에서 사용되는 안전계수는 재료의 강성(탄성계수)에 적용하여 재료의 강성 값을 안전계수로 나누어서 실제보다 낮은 강성 값으로 해석을 수행하도록 만든다. 이는 제작공정, 온도 등의 영향을 고려하여 강성이 떨어질 것을 고려하기 때문이다. 좌굴의 발생 여부는 섬유 파손 해석과 마찬가지로 13가지의 극한 하중조건을 각각 적용하여 좌굴발생시의 하중의 크기가 하중해석 결과 나온 하중의 크기보다 더 커야 한다. 좌굴 판정식을 정리하면 식(6.4)와 같다.

$$\frac{Applied\ Load(Load\ Calculation\ Result)}{Buckling\ Load(Structural\ Analysis\ Result)} \leq 1 \tag{6.4}$$

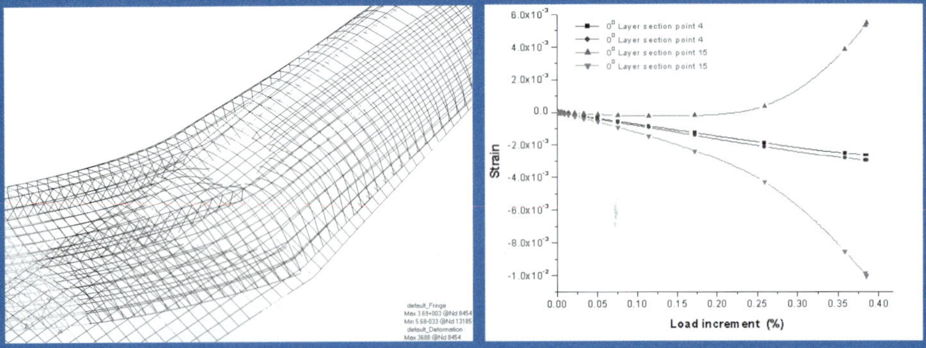

그림 6.8 Post Buckling 해석

8) 고유 진동수 해석

풍력블레이드와 같은 회전체의 경우, 물체가 가지고 있는 고유진동수에 따른 공진 해석은 회전체의 안정성 점검을 위해 필수적인 요소이다. 운용 시의 진동수가 블레이드가 갖는 고유진동수와 일치하게 될 경우 구조물에 치명적인 영향을 미칠 수 있다. 질량과 강성을 가진 회전체는 모두 각각의 모드별 고유진동수를 갖고 있으며 이러한 고유진동수는 항상 고정된 값이 아니고 회전속도(rpm, revolution per minute)에 따라서 변화하게 된다. 그러므로 회전속도별 고유진동수를 점검하고 실제 풍력블레이드의 운용 시의 회전속도와 비교하여 이러한 구간이 최대한 겹치지 않도록 설계해주는 것이 필요하다. 그림 6.9는 일반적인 회전체의 Campbell diagram을 나타낸 것으로서 모드별 진동수가 회전속도에 따라서 변하는 것을 확인할 수 있으며 원점에서 출발하는 실선은 회전체의 회전속도이다. 이러한 실선과 고유진동수선이 겹치는 구간이 공진을 일으키는 구간이 된다.

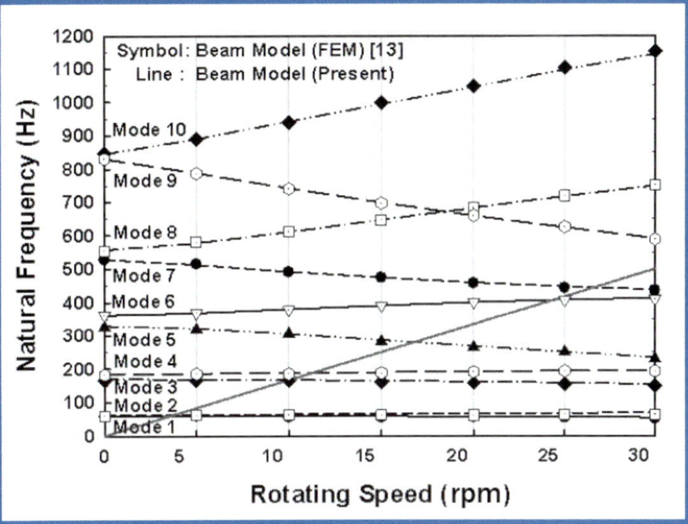

그림 6.9 Campbell diagram

6.4 블레이드의 시험 목적 및 요구사항

블레이드는 풍력터빈에서 가장 핵심부품으로 고려된다. 그림 6.10에서 보는바와 같이 신뢰성 있는 블레이드 설계 및 제조 기술은 풍력터빈이 시장에서 성공하기 위한 핵심 요소이다. 블레이드는 높은 응력을 받고 극한 하중으로 50년 주기의 돌풍과 20년 동안의 피로하중에 견딜 수 있도록 설계된다.

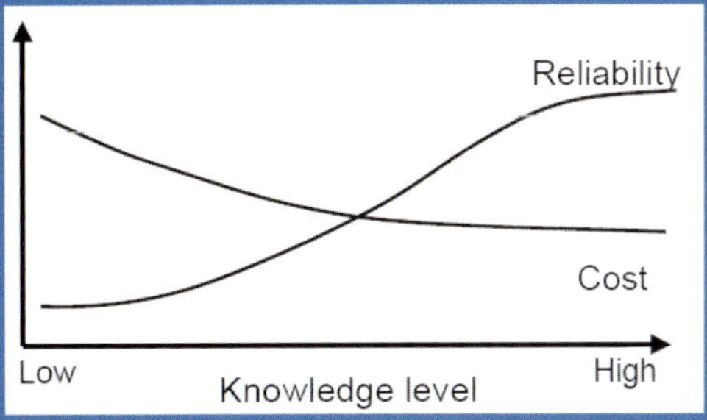

그림 6.10 Reliability and cost depend on knowledge level

블레이드 시험의 목적은 극한 하중, 또는 피로 하중 하에서 블레이드의 구조적 안전성을 검증하고 나아가 성능을 향상시키기 위한 것이다. 블레이드 시험에서는 소정의 규격에 의한 정적 및 동적 하중시험으로 제품의 신뢰성을 검증한다. 또한 시험결과를 이용하여 블레이드의 구조적 특성을 분석하고 이를 제조 공정에 반영하여 블레이드의 신뢰성을 향상시킨다.

이러한 이유로 블레이드 개발 업체나 시스템기업에서는 블레이드 시험을 블레이드 개발에 있어서 필수적인 과정으로 여기고 있으며, 대형 블레이드 수송의 문제점, 적기의 시험수행, 시험 중에 발생하는 자료의 보호 등을 이유로 블레이드 시험설비를 자체적으로 구축하기 위해 노력하고 있다. 그러나 고가의 설비구축 및 유지비용, 시험 전문인력의 활용 등, 자체적인 시험설비 운용에는 어려운 점이 많아 정부 지원 하에 운용되는 시험센터도 많이 활용되고 있다.

블레이드 시험은 기술적 사항 외에도 인증 요구조건을 만족시키기 위해서도 필수적으로 요구되고 있다. 블레이드의 인증을 위해서는 강성, 강도, 안정성과 설계수명 등이 해석과 실규모(full-scale) 시험을 통하여 입증해야 한다.

블레이드 시험에 가장 많이 적용하고 있는 규정은 독일의 GL 규정과 IEC 규정이 있으며 블레이드 시험관련 규정은 IEC TS 61400-23과 IEC TR 61400-24에서 제시한 내용에 따라 수행한다. 시험에 필요한 개념과 설계 등과 같은 내용들은 IEC WT 01과 IEC 61400-1을 참고한다. 덴마크의 경우 독자적인 규정과 Danish Standard DS 472에 따라 시스템의 안전을 위한 하중해석 등에 대한 요구사항을 표준화하고 있다.[3]

6.5 블레이드의 정적 하중 시험

실규모 블레이드 시험(full-scale blade test)은 성능평가기관이나 인증기관이 인정하는 설계하중에 기초를 두고 수행한다. 구조 설계, 해석과정에서 적용된 최대하중으로부터 구해진 시험하중을 부가하여 변위와 변형율을 측정하여 강도와 강성을 검증하고, 플랩방향의 1, 2차 고유진동수와 에지방향의 1차 진동수도 측정한다. 사용 중의 온도, 습도, 제작오차 등의 여향을 고려하여 블레이드의 설계하중보다 약간 높은 하중으로 시험을 수행하는데 일반적으로 시험하중은 식(6.5)와 같다.

$$Static\ test\ load = \gamma_{su} \cdot \gamma_{tu} \cdot Design\ load \tag{6.5}$$

시험하중 인자(test load factor)는 1.10과 1.21사이의 값을 취하는데 표 6.5에 적용하는 규격에 따라 정리하였다.

표 6.5 정적 하중 시험의 시험하중 인자

규격	GL	IEC	NVN	DS
시험하중 인자, γ_{su}	1.10	1.10	N/A	1.10
시험온도 인자, γ_{tu}	1.00 at 20℃ 1.10 at -30℃	N/A	N/A	γ_{su}에 포함

*-30℃ ~ 20℃사이의 온도는 1.10과 1.00 사이에서 선형보간

블레이드의 시험에서 측정 부위는 전체 길이의 최소 70%까지 측정하고 아래와 같이 4방향으로 시험이 이루어진다.[8]

- Flapwise direction from suction to pressure side
- Flapwise direction from pressure to suction side
- Edgewise (lead-lag wise) direction from trailing to leading edge
- Edgewise (lead-lag wise) direction from leading to trailing edge

1) 하중 적용 방법

블레이드 정하중시험은 주요 부재의 하중 전달 경로에 스트레인 게이지를 부착하여 정적인 하중을 가한 후, 최대변위와 변형률을 측정하고 강도 및 좌굴안정성 (buckling stability)등을 검증한다. 하중을 부가하는 방식은 하중점의 개수에 따라 단점하중(단일점하중), 다점하중(다중점하중), 하중장치의 종류에 따라 오버헤드크레인, 유압 작동기(hydraulic actuator), 사하중(dead weight or blast weight), 윈치(winch), 하중 분포 방식에 따라 휘플트리(whiffle tree), 로터암과 레버, 풀리와 케이블 방식 등으로 구분된다. 그림 6.11은 단점하중과 다점 혹은 분포하중 적용을 위한 휘플트리 방식을 나타내고 있다.

단점 하중은 시험방식이 단순하고 시험시간이 빠르지만 전단하중이 높고 블레이드 전체의 극한하중을 알기 위해서는 여러 하중 점에 대해 반복적으로 시험을 수행해야하는 단점이 있다. 다점하중은 휘플트리, 윈치, 샌드백과 같은 시험 장치를 사용하여 여러 하중 점에 하중을 가해 시험을 수행하는 방식이다. 이 중에서 윈치방식은 그림 6.12와 같이 윈치와 이를 고정하는 고정틀(holding jig or saddle)로 구성하여 하중부가시스템을 이룬다. 윈치의 개수는 블레이드의 길이, 요구조건에 따라 자유롭게 조절할 수 있고, 각각의 윈치를 독립적으로 조작할 수 있기 때문에 블레이드가 필요로 하는 하중분포를 정확하게 구현할 수 있을 뿐만 아니라, 블레이드의 변형이 커지는 경우에도 하중 방향을 유지할 수 있다.

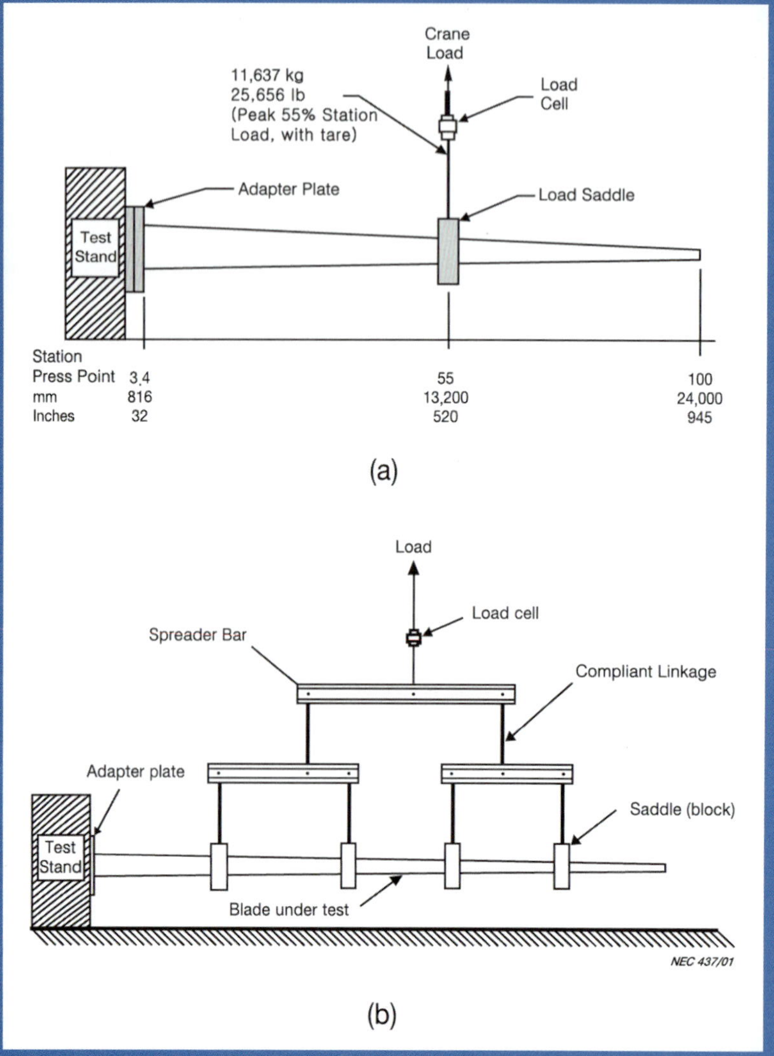

그림 6.11 휘플트리 방식: (a)단점하중, (b)다점 혹은 분포하중

그림 6.12 윈치 방식의 하중부가 장치
출처: NaREC: New and Renewable Energy Center, 영국

정하중시험 방법은 블레이드 고정장치(blade test stand)에 블레이드 루트(root) 부분을 고정시키고, 블레이드의 하중 위치에 고정치구(saddle)를 부착한다. 다음으로 와이어(wire)를 고정치구에 연결하여 당기게 된다. 최대 시험하중의 각 40%, 60%, 80%, 100% 하중을 사용하며, 40%하중으로부터 100%하중까지 단계적으로 레벨을 올리면서 정적시험이 진행된다.

2) 블레이드 고정 장치

블레이드 시험스탠드(blade test stand)는 블레이드의 루트부를 고정시키는 역할을 한다. 그림 6.13에서는 여러 종류의 시험스탠드(test stand)를 보여준다. 영국 NaREC, 그림 6.13(a), 에서는 고강도 콘크리트로 test stand를 구축하였다. Post-tensioning 방법을 사용하여 큰 하중이나 모멘트가 걸려도 견딜 수 있게 하였다. 그림 6.13(b)의 test stand는 네덜란드의 WMC-ECN (Wind turbine Materials and Construction-Energy research Center of the Netherlands)와 인도의 Suzlon의 개념으로 강화바닥에 강구조물 형의 스탠드를 높이와 위치를 변경하여 블레이드를 설치할 수 있는 개념을 적용하였다. 그림 6.13(c)는 우리나라의 (주)KM사에서 블레이드 시험대를 I빔으로 시스템을 구성하여 하부 기초에 고정하여 만들었다. Test stand 하부기초에 계산에 의한 큰 무게(mass)를 설치하여 하중과 모멘트를 지지한다.

(a) (b) (c)

그림 6.13 (a)고강도 콘크리트형, (b)이동형 강구조물형, (c)고정형 강구조물형 시험스텐드

그림 6.14는 독일 Fraunhofer-CWMT(Center für Windenergie und Meerestechnik) 센터에서 블레이드의 루트 부위의 고정판(mounting plate)의 설계를 실시한 예를 보여주고 있는데, 최대 정적하중이 10과 50MNm의 경우를 나타내고 있다. 블레이드 고정치구는 구조시험 중 가장 큰 하중과 모멘트가 걸리는 구조물이다. 따라서 블레이드 시험스탠드는 특수강화바닥(strong floor)에 고정하여 구축되어야 한다.

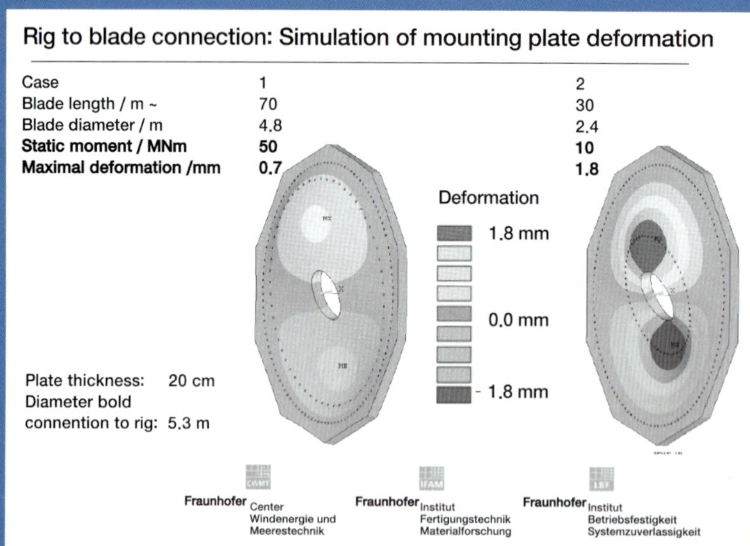

그림 6.14 Simulation of mounting plate, Fraunhofer-CWMT

3) 데이터처리 DAQ 시스템(Data Acquisition Systems)

시험이 진행되는 동안 load, displacement, strain gage, accelerometers 등의 센서를 통해 나오는 원 실험자료(raw data)는 DAQ 시스템에 수집되며, 이 수집된 데이터들은 연결

되어 있는 컴퓨터 해석프로그램을 통해 데이터 변환 및 해석이 이루어진다.

일반적으로 블레이드 시험센터에서는 대형 구조물의 구조시험에 사용되는 DAQ 시스템을 블레이드 시험에 맞도록 조합하고 수정하여 기관별로 독자적인 자료수집시스템으로 변환하여 구축하고 있다. 예를 들면 NWTC-NREL (National Wind Technology Center-National Renewable Energy Laboratory, 미국)에서는 LabView™ software에 기반을 둔 BSTRAIN(Blade Structural Tesing Real-time Aquisition Interface Network)를 개발하여 사용하고 있다. 48 채널까지 측정이 가능한 이 시스템은 모니터링 및 자료 분석에 매우 유연하게 활용할 수 있다. 시험 중에 발생하는 블레이드의 문제점을 탐지하여 신호의 조정, 블레이드의 강성변화 등을 기록하는 기능도 가지고 있는 것으로 알려져 있다. 또한 대형 구조물로써 센서와 데이터 수집장치와의 거리 때문에 발생하는 문제점을 해결하기 위하여 VDAS라는 scalable ethernet 시스템을 활용하여 분산 A/D 배열(distributed A/D layout)로 케이블 길이에 의한 신호잡음 등을 효과적으로 제어하고 있다.

6.6 블레이드의 피로하중시험

피로하중시험은 DS(Danish standard)와 IEC(International Electrotechnical Commission) 규정에서 요구하고 있으며, 다른 규정으로도 확대되고 있다. 피로시험의 하중도 설계하중보다 높은 하중에서 시험하게 되며, IEC와 DS규정은 식(6.6)과 같이 1.328의 안전계수를 적용한다.[10]

$$Fatigue\ test\ load = 1.328 \cdot Design\ load \tag{6.6}$$

피로사이클 수는 20년의 블레이드 수명을 고려하여 에지방향과 플랩방향으로 약 5백만 사이클이 요구 되며, 약 5 ~ 6개월의 기간이 소요된다.

1) 피로하중시험(fatigue load test)

피로하중시험은 설계수명동안의 반복 하중에 대해 블레이드가 충분한 강도와 강성을 유지할 수 있음을 입증하기 위해 블레이드에 주기적인 반복하중을 가하면서 블레이드의 손상 여부와 변형량의 증가 여부 등을 측정하기 위한 시험이다.

피로시험은 블레이드의 고유진동수를 측정하기 위한 진동시험(modal test)과 반복 하중을 모사한 피로시험(fatigue load test)으로 나뉜다. 피로시험 방식은 하중 부가 축에 따라 단축하중 시험과 다축하중 시험으로 나뉜다. 단축하중 시험은 단일 유압 작동기나 기타 하중원(source)을 사용하여 단축 하중을 부가한다. 단축하중 시험에서는 피로하중 성분을 플랩(flap) 방향 성분과 에지(edge) 방향 성분으로 분리하여 별도의 시험을 수행한다. 이 경우 다축 하중과 같이 플랩 방향 하중과 에지 방향 하중을 동시에 가하는 경우와 같은 피로손상을 정확히 모사하지는 못한다.

다축하중 시험에서는 플랩과 에지 방향 피로하중 성분이 별도의 하중 장치를 사용하여 독립적으로 동시에 가해진다. 다축하중 시험은 실제 하중과 피로손상을 유사하게 묘사할 수 있는 장점이 있지만 하중 부가 장치가 복잡해지며 하중 성분 간의 위상 관계를 잘 제어해야 하는 난점이 있다.

그림 6.15는 가진장치를 사용하여 플랩방향으로의 단축하중 피로시험을 수행하는 것을 보여준다.

그림 6.15 가진장치(RISØ, 덴마크)를 이용한 단일축 방향(flapwise) 피로시험

2) 하중 적용 방법

피로시험 하중부가장치로는 유압 작동기(hydraulic actuator), 가진장치(exciter) 등이 있다. 단축하중 시험의 경우 비교적 단순한 가진장치가 많이 사용되나, 2축 이상 다축하중 시험의 경우 유압 작동기와 가진기(resonant exciter)를 적절히 조합하여 하중을 가하는 방법이 주로 쓰인다. 가진기를 이용한 단축하중 시험방식은 블레이드 전체에 대해 시험을 수행할 수 있는 장점이 있지만, 플랩방향과 에지방향 동시에 시험을 수행할 수 없는 단점을 가지고 있다. 이에 반해 유압 작동기를 함께 쓰는 다축하중 시험방식은 유압 작동기를 사용하여 강제로 가진시키기 때문에 보다 정확한 하중 응답을 기대할 수 있지만, 장비의 구성이 복잡해지고 에너지소비가 큰 단점이 있다.

그림 6.16은 가진기와 유압 작동기에 의하여 단축하중을 가하는 방법을 보여준다. 가진기의 경우 모터와 편심추를 설치하는 방법(a)과 유압 작동기를 이용하는 방법(b, c)이 있다.

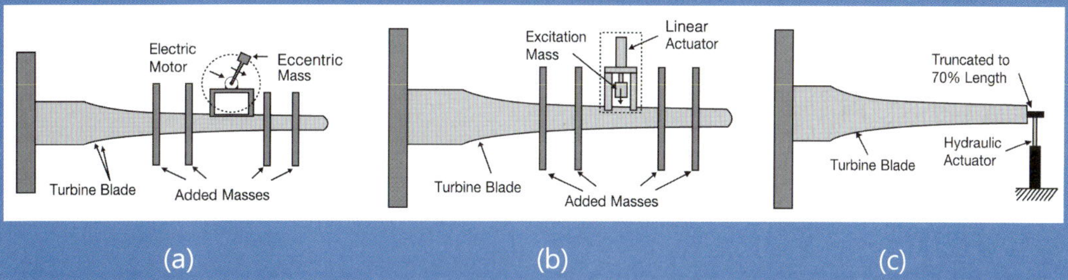

그림 6.16 단축하중 적용을 위한 가진기와 유압 작동기

2축의 경우에는 그림 6.17과 같이 유압 작동기만을 사용하는 방법과 가진기와 조합하는 방법이 있다. 그림 6.17(a)는 벨-크랭크 시스템(bell-crank system)이 에지방향으로 가진 시키는 역할을 하며, 플랩방향은 팔이 긴 유압 작동기를 사용하여 가진시킨다. 그림 6.17(b)는 플랩방향으로 추가 장착된 가진기를 사용하는 2축 피로시험기이다.

그림 6.17 2축 피로하중시험장치: (a)유압 작동기 2축, (b)유압 작동기와 가진기 조합

☑ 참고문헌

1. D. Hartman, "Analysis of Wind Turbine Blade Failure Modes," **Wind Energy Composites & Polycon 2006**, Oct 18, 2006.

2. 황병선, 박승범, 이정훈, "풍력터빈 블레이드 기술," **풍력발전기 현장 맞춤형 재교육 강좌**, Vol. 1, 2007.

3. J. Cotrell, W. Musisal, and S. Hughes, "Necessity and Requirements of a Collaborative Effort to Develop a Large Wind Turbine Blade Test Facility in North America," **Technical Report NREL/TP-500-38044**, May, 2006.

4. IEC WT101: IEC System for conformity testing and certification of wind turbines, 2001. 4.

5. M. L. Buhr, and Jr. A. Manjock, "A Comparison of Wind Turbine Aeroelastic Codes Used for Certification," **44th AIAA Aerospace Science Meeting and Exhibit**, Reno, Nevada, U.S., Jan 9-12, 2006.

6. 김태욱, 박지상, 정성훈, 박성배, "풍력발전용 복합재 윈드터빈 블레이드 구조해석 및 설계개발 시험," **제2회 풍력발전 정책 및 기술 Workshop**, 2004. 6.

7. D. A. Griffin and T. D. Ashwill, "Alternative Composite Materials for Megawatt-Scale Wind Turbine Blades: Design Consideration and Recommendation Testing," **Journal of Solar Energy Engineering**, Vol. 125, Nov, 2003, pp. 515.

8. IEC/TS 61400-23: Full-scale structure testing of rotor blades, 2001. 4.

9. Erich Hau, **Wind Turbines**, Springer, 2006.

10. Guideline for the Certification of Wind Turbines, Germanischer Lloyd, 2003.

11. Tony Burton, David Sharpe, Nick Jenkins, Ervin Bossanyi, **Wind Energy Handbook**, Wiley, 2001.

12. Verification of Inter-Fiber Failure, Note on Engineering Details, Germanischer Lloyd, 2006 America, **Technical Report NREL/TP-500-38044**, May, 2006.

13. A. Puck & H. Schurmann, "Failure Analysis of FRP Laminates by Means of Physically Based Phenomenological Models," **Composite Science and Technology**, 58, 1998, pp. 1045-1067.

제 7 장

복합재 블레이드와 나셀의 제조 기술

Manufacturing Technology of Composite Blades and Nacelles

엄문광, 이진우, 황병선

풍력핵심기술연구센터
한국기계연구원 (부설) 재료연구소

7.1 서론

풍력터빈 블레이드는 바람의 에너지를 기계적 에너지로 바꾸는 풍력발전시스템의 가장 핵심적인 구성 요소이며, 다른 발전시스템과 구분되는 풍력발전기의 특징적인 요소라고 할 수 있다. 블레이드는 바람의 힘을 회전력으로 전환시키는 공기 역학적 구조물로 최근 블레이드가 대형화됨에 따라 블레이드 재료의 비강성 및 비중량이 더욱 중요한 요소로 부각되고 있다. 통상적으로 블레이드의 길이가 증가하면 중량은 치수의 제곱에 비례하여 증가하므로, 자중 및 관성력에 의한 블레이드 하중이 크게 증가하게 된다. 따라서 최근의 대형 풍력터빈용 블레이드는 거의 대부분 비강도와 비강성이 우수한 섬유강화 고분자 복합재료로 만들어진다.[1]

복합재료[1,2]란 성분이나 형태가 다른 두 종류 이상의 재료를 혼합하여 각 재료의 장점을 극대화시켜 새로운 특성을 구현한 재료로서 보강재와 기지재료로 구성되어 있다. 여기서 보강재는 주로 하중을 지탱하는 역할을 하고 기지재료는 응력 전달 및 보강재를 보호하는 역할을 한다. 보강재의 종류로는 glass, aramid, carbon, SiC, Al_2O_3등이 있고 기재재료의 종류로는 고분자(열경화성, 열가소성), 금속(Al, Mg, Cu, Ti), 세라믹(Al_2O_3)등이 있다. 복합재료는 기존의 일반금속재료에 비해 경량이고 높은 비강도와 비강성, 내부식성, 내화학성, 단열, 절연 등의 특징을 가진다. 이러한 복합재료의 종류로는 고분자 복합재료, 금속 복합재료, 세라믹 복합재료, 나노 복합재료 등이 있다.

풍력발전기는 블레이드, 기어박스, 발전기, 제어시스템, 타워 등으로 이루어져있다. 이 중 풍력터빈 블레이드는 높은 굽힘 하중과 원심력을 견딜 수 있도록 외형은 공기 역학적 익형 형상을 만들어 주는 쉘 구조, 내부는 박스 빔구조와 샌드위치 판넬 구조로 이루어진다. 그리고 항공기용 로터 블레이드는 회전속도가 대단히 높고 블레이드 끝단의 속도가 음속에 가까운 고속 회전체인 반면, 풍력터빈 로터 블레이드는 회전속도가 10 ~ 30rpm 정도이며 끝단의 속도도 일반적으로 80m/s 이하의 저속 회전체이다. 이러한 풍력발전기는 전체 출력이 로터의 회전면적에 비례하기 때문에 현재 블레이드가 점점 대형화 되어가고 있는 추세이다. 이러한 추세에 따라 대형 블레이드가 제작되고 있으며 그림 7.1과 같이 3MW급 블레이드의 경우 길이 44m, 중량 10톤에 달하는 대형 구조물이다. 이렇게 블레이드가 점차 대형화됨으로 인해 블레이드의 재료로 비강성과 비강도가 우수한 복합재료를 주로 사용한다.

7.2 사용 원재료

1) 보강재

탄소 섬유(carbon fiber), 유리 섬유(glass fiber), 케블라 섬유(kevlar fiber)가 주로 사용된다. 탄소 섬유는 92% 이상의 탄소로 이루어진 고성능 섬유로 정의되며, 높은 인장강도와 전단강도를 지니고 있으며 열적, 전기적 특성도 우수하여 우주 및 항공분야에 많이 사용되고 있다. 유리 섬유는 용융된 유리를 연속섬유 또는 단섬유 형태로 제조한 것으로 고온에 잘 견디고 불에 타지 않으며 화학적 내구성이 있기 때문에 부식되지 않는 특성이 있다. 케블라 섬유는 아라미드 계 섬유 중의 하나로 인장강도가 같은 굵기의 철에 비해 5배 정도 높다. 예를 들면, 5mm 굵기의 케블라 섬유로 2톤의 무게를 지탱할 수 있다. 그리고 고온과 화염에 대한 강한 저항성을 가지고 있어 427℃까지 열적 위험에 대해서도 안정하다. 이와 같은 섬유들은 직물(fabric), 비굴곡 직물(NCF, non-crimp fabric, 그림 7.2), 스티칭(stitching) 등의 형태로 가공되어 보강재로 사용된다.

그림 7.1 복합재 블레이드

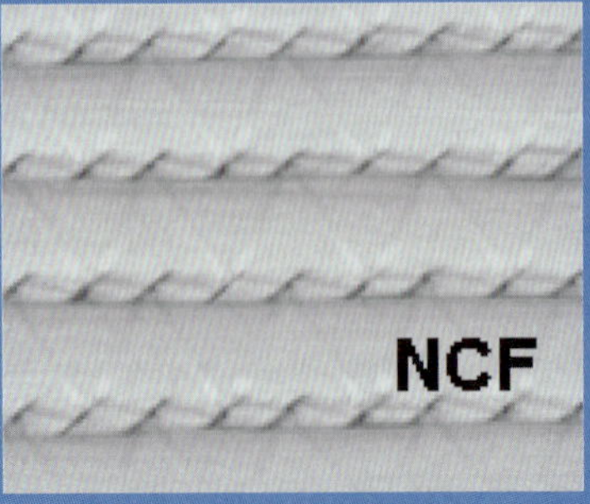

그림 7.2 유리섬유 NCF

2) 수지

에폭시(Epoxy), 폴리에스터(polyester), 비닐에스터(viny-lester) 등의 열경화성 수지(그림 7.3)를 사용한다. 에폭시 수지는 1분자 중에 2개 이상의 에폭시 기를 갖는 올리고머 화합물을 말한다. 이 화합물에 에폭시 기를 개환할 수 있는 중합용 촉매 또는 경화제를 배합하여 열경화성 수지로써 사용된다. 불포화 폴리에스테르 수지는 수지조성을 적절하게 설계함으로 경화수지의 성질을 용도에 맞게 조절하는 것이 가능하고 경화속도가 빠르고 에폭시 수지와 비교해서 재료비용이 저렴한 이점이 있다. 이러한 이유로 유리섬유 복합재료의 매트릭스 수지로써 넓게 사용된다. 비닐에스터 수지는 불포화 폴리에스터 수지의 한 종류로 일반적으로 불포화 폴리에스터 수지보다도 파괴인성이 높고, 유리섬유와의 접착성이 우수한 특징을 가진다.

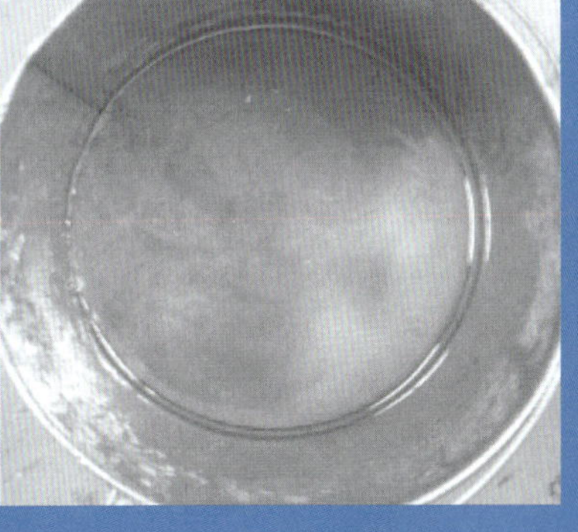

그림 7.3 열경화성 수지

3) 공간 확보재

공간 확보재로는 그림 7.4와 같이 발사우드(Balsa wood), PVC foam, 허니콤(honeycomb) 등이 사용된다. 이러한 것을 사용하는 이유는 무게는 줄이면서 강성을 높이기 위함이다. 발사우드는 반복적인 충격에 잘 견디고, PVC form은 정적이고 동적인 물성의 결합이 안정적이고 폴리에스테르수지와 안정적인 결합력을 가진다. 허니콤은 매우 다양한 샌드위치 구조물에 사용되고 접착방식에 따라 원하는 강도와 강성의 조절이 용이하다. 그러나 적층판(laminate)와 접착면적이 아주 작으므로 접착(bonding)에 있어서 고성능 수지 적층판을 필요로 한다.

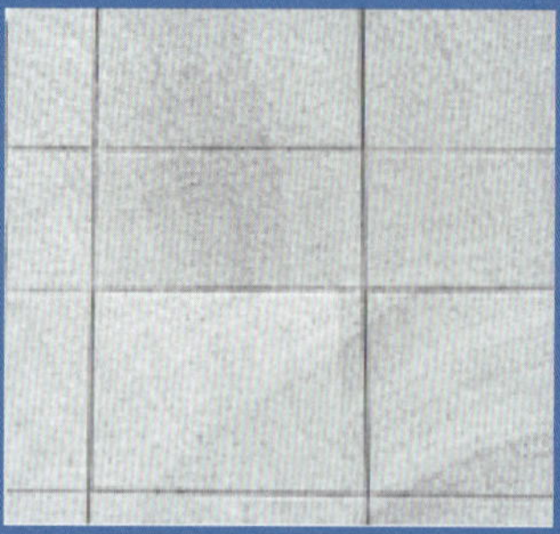

그림 7.4 PVC foam, Balsa wood

4) 유로 확보재

대형 복합재 제조공정으로 널리 사용되는 infusion 공정에는 수지 유동을 용이하게 하기 위한 유로 공간 확보재(flow distribution media)가 사용된다. 유로 확보재로는 그림 7.5와 같이 그물망 형태의 플라스틱이 주로 사용된다.

그림 7.5 유로 확보제

7.3 블레이드 제조 공정

블레이드 제조 공정에는 hand layup, pultrusion, infusion 공정 혹은 SCRIMP(Seeman Composite Resin Infusion Molding Process, infusion 공정과 동일한 공정이며 명칭만 다름) 공정 등이 있으며 공정의 발전 추이는 친환경 공정, 복합재의 고성능화, 형상 구현의 다양화로 표 7.1과 같이 요약할 수 있다.

표 7.1 블레이드 제조에 사용되는 재료 및 공정

Resin	Reinforcement	Core	Process	Blade Size
Epoxy	Wood	Wood	Hand layup	5 ~ 12m
Polyester	Fiberglass	No Core PVC Foam/Balsa Wood	Pultrusion Hand layup Wet Vacuum Bag	< 10m 10 ~ 30m 10 ~ 30m
Epoxy	Fiberglass Carbon	PVC Foam/Balsa Wood	Wet Vacuum Bag Infusion	10 ~ 40m

1) Hand layup

이 공법은 그림 7.6과 같이 복합재 성형 방법 중에서 가장 오래된 것으로 손쉽게 복합재를 제조할 수 있다. 그러나 생산성이 낮으므로 다품종 소량생산에 적합하고 생산자의 기술에 따라 품질에 큰 차이가 나는 저급 공법이다. 또한 휘발성 유기 화합물(VOC, volatile organic compound) 배출로 인해 인체에 해로우며 복합재 내부에 기포가 많고 섬유 함유량이 낮다는 단점도 있다.

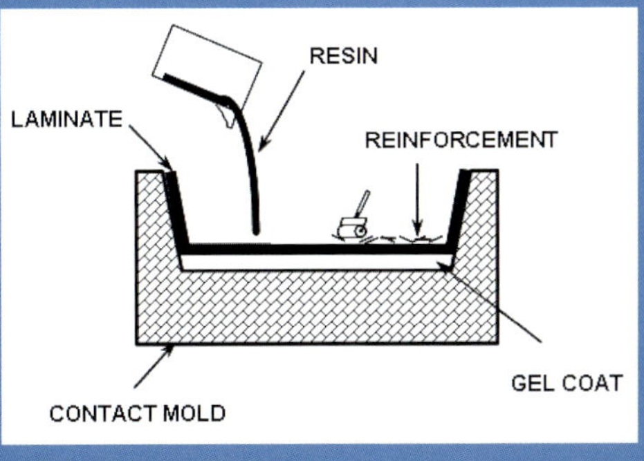

그림 7.6 Hand Layup 공정

2) Pultrusion

Dry yarn 이나 직물을 함침조(resin bath)를 통과시킨 후 금형에서 열을 가해 제품을 제조하는 공정으로 막대, 파이프, I형 빔 등 단면형상이 일정한 긴 성형품을 대량으로 생산하는데 적당한 성형방법으로 그림 7.7에 나타나 있다. 분당 3 ~ 5m의 높은 연속 생산성을 가지고 있고 섬유 함유율은 35 ~ 60% 정도이다. Pultrusion 성형장치에 사용되는 장비는 spool, resin bath, heated mold, puller 등이 있다.

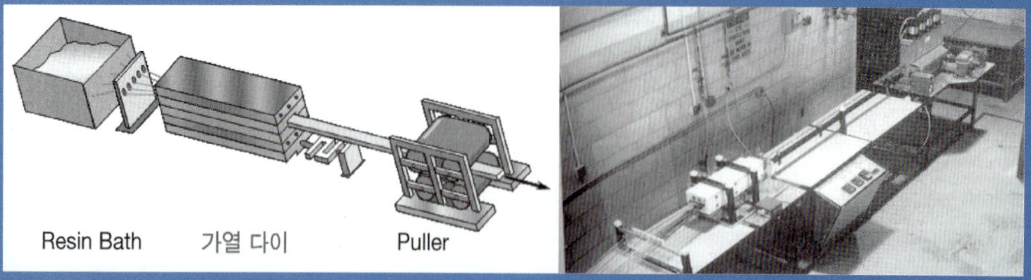

그림 7.7 Pultrusion 공정

3) Infusion/SCRIMP

액상 수지를 섬유 매트에 함침시켜 복합재를 제조하는 액상 성형(Liquid Molding)은 크게 RTM(Resin Transfer Molding) 공정과 Infusion 공정(혹은 SCRIMP 공정), RIM(Reaction Injection Molding: 유럽식 표현) 등으로 나눌 수 있다. 이중에서 RTM 공정(그림 7.8)은 금형 내에 보강재를 적층하고, 수지를 압력을 가하여 섬유 매트 내부로 함침시킨 후, 가열하여 제품을 생산하는 공정인 반면, Infusion 공정은 금형 위에 보강재와 유로 매트(Flow media)를 적층하고 진공 bagging을 한 후 수지를 섬유 매트 내부로 진공압을 이용하여 함침시키고 가열하여 제품을 생산하는 공정으로 1980년대 후반 Bill Seemann에 의해 고안된 공정이다. Infusion 공정은 대형 부품 성형을 위해 높은 유동성 매질층(유로 매트)을 유로로 이용하고, one-side mold 형태이며, 보강 매트 압축 및 수지 주입은 대기압과 진압에 의한 압력차를 사용한다. Infusion 공정은 VARI(Vacuum Assisted Resin Infusion) 공정으로 불리기도 한다.

표 7.2 Infusion 공정과 RTM 공정의 특성 비교

	RTM 공정	Infusion 공정
수지 주입 압력	대기압 이상(1-20 atm)	대기압 이하(< 1atm)
금형 형태	Closed mold	Open mold
유로 매트	사용 안함	반드시 사용
제품 크기	1m 이하 제품	크기 제약 없음(대형)

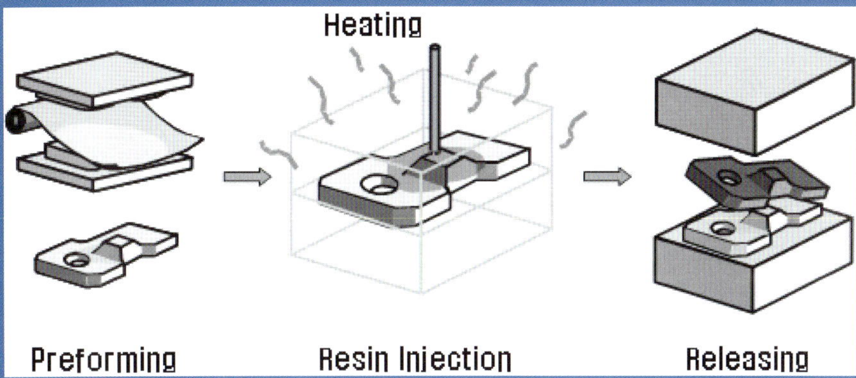

그림 7.8 RTM 공정

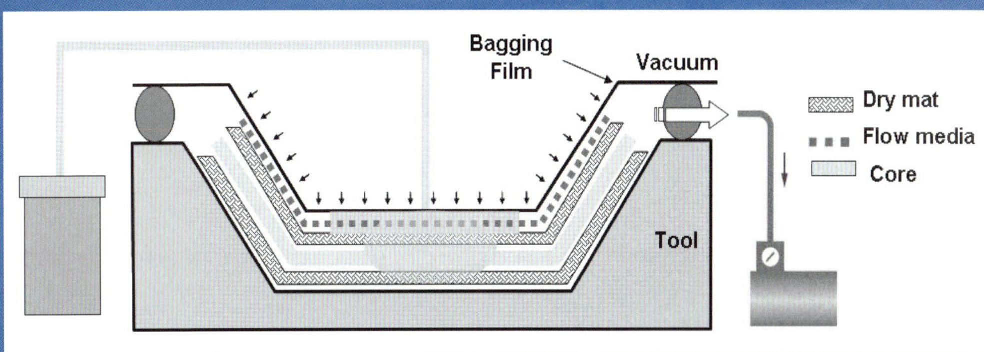

그림 7.9 Infusion 공정

그림 7.9에 나타나 있는 infusion 공정은 one-side mold에 적층하는 방식이므로 작업이 편리하여 성형시간 단축이 용이하고 대형 후판에 적합한 공정이다. 그리고 금형, 수지 주입기, 오븐/가열 장치, 진공펌프(vacuum pump)등의 간단한 장비만으로 성형이 가능하여 장비 투자 및 운용비용이 저렴한 장점을 가지고 있다. 또한 낮은 원재료 단가, VOC 발생이 적은 환경 친화적 공정, 부품 일체화 용이성 등의 장점이 있다.

7.4 제조 공정의 설계

1) 공정물성 및 공정예측

복합재 성형 공정에는 autoclave molding, filament winding, resin transfer molding, compression molding, hand layup, pultrusion 등이 있으며 이러한 공정들의 공통점은 보강섬유 사이로 수지유동이 필수적으로 수반된다는 것이다. 이때의 수지유동 속도($\overline{u}_D$)는 아래의 식(7.1)에 표시된 Darcy's law에 의해 지배되는데, 수지 유동 속도는 보강재의 투과성 계수와 가해진 압력구배에 비례하고 수지 점도에 반비례한다.

$$\overline{u}_D = \frac{Flow\,Rate}{Total\,Flow\,Area} = -\frac{[K]}{\mu}\nabla P \tag{7.1}$$

K: 투과성 계수, 보강재 물성
μ: 점도, 수지 물성
∇P: 압력 구배, 공정 변수

2) 보강재의 투과성 계수

수지유동에 있어서 투과성 계수[3-5]는 보강매트의 유동 전도성을 나타내는 물성으로, preform의 형상(그림 7.10), 종류 및 섬유 체적률에 따라 크게 변화하는 특징이 있으며, 그 값이 클수록 수지유동이 원활하다. 투과성 계수는 수지 유동 예측(공정개발)에 필수적인 물성이다. 섬유 매트의 투과성 계수(K)를 정량화하기 위해서는 섬유 매트에 수지를 주입하면서 시간에 따른 수지 전면(flow front)의 전진량을 측정하고 그 전진량을 이용하여 투과성 계수를 결정(unsaturated method)하거나, 일정 주입 압력 하에서 섬유 매트를 흘러나오는 시간에 따른 수지 배출 유량을 측정하여 계수를 결정(saturated method)하기도 한다. 투과성 계수는 섬유체적률에 따라 10^{-6} ~ $10^{-13}m^2$까지 폭넓게 변화하므로 유동에 매우 큰 영향을 미치는 성형인자이며 공정의 재현성을 떨어뜨리는 결정적 인자 중 하나이다. 통상적으로 보면 random mat는 등방성(isotropic, 유동 전면이 원형, 그림 7.11)을 보이고, 그 이외에는 대체로 직교 이방성(orthotropic, 유동 전면이 타원형)을 보인다.

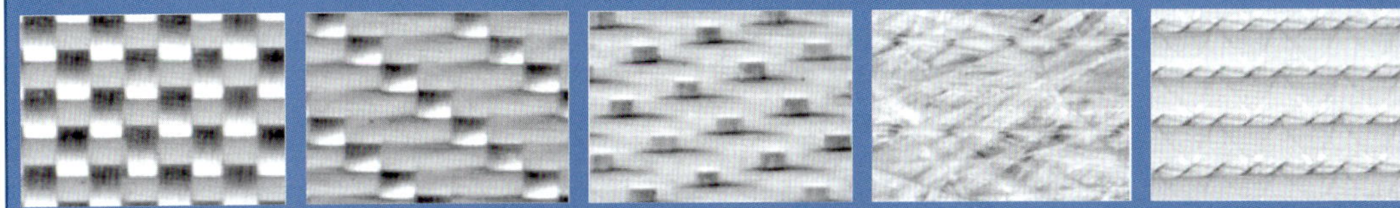

그림 7.10 보강재의 직조형태

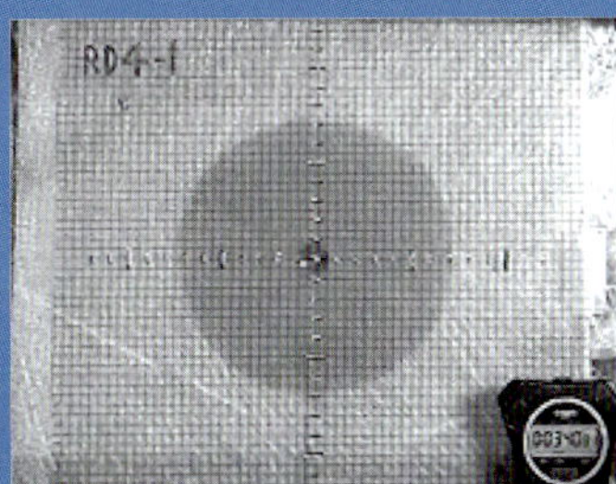

그림 7.11 수지 전진 형태

3) 보강 매트의 변형

적층한 섬유 매트를 외부로부터 힘을 가해 압착시킬 경우, 압착력에 의해 그 두께가 줄어들고, 이에 따라 섬유 매트 사이의 공극이 줄어들어 섬유 체적률이 증가하게 된다. 즉 매트에 적용된 압력 정도에 따라 섬유 매트의 두께가 변하게 되고 이는 투과성 계수의 변화를 유발하여 최종 제품의 섬유 체적률에 영향을 미친다. 이것은 최종 복합재 제품의 강성, 강도의 변화를 야기한다. 따라서 주위의 하중 변화에 따른 섬유의 변형은 성형과 강도 측면에서 주의 깊게 고려되어야 한다. 통상적으로 섬유 매트의 하중 변형 특성은 만능 시험기로 하중-변형 관계를 측정하여 그림 7.12와 같이 정량화할 수 있다.

4) 수지 점도

점도는 수지의 유동 속도에 영향을 미치는 중요한 인자 중에 하나이며, 수지가 섬유 매트 내부로 함침 되는 속도는 수지 점도[6]에 반비례한다. 통상적으로 열경화성 수지는 주제와 경화제를 혼합하여 사용하며 시간이 경과함에 따라 반응이 진행되고 따라서 유동저항인 수지의 점도 또한 증가한다. 수지 유동이 경화 반응의 초기에 대부분 일어나므로 Newtonian 유체로 가정한다. 점도는 경화도를 고려하여 아래의 식으로 근사할 수 있다.

$$\mu = \mu_{\infty} \exp\left(\frac{\Delta E}{RT} + k\alpha\right) \tag{7.2}$$

μ_{∞}, k: 점도관련 상수 ΔE: 활성화에너지
R: 일반기체상수 α: 경화도

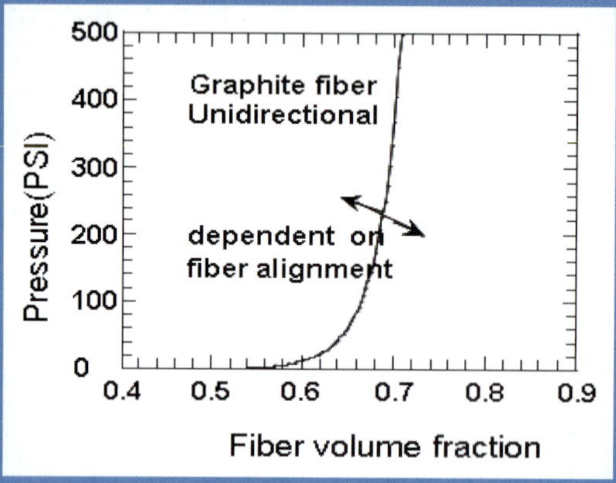

그림 7.12 섬유 매트 변형

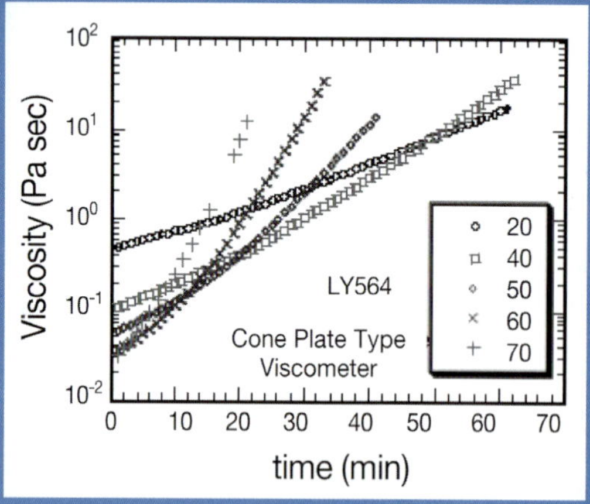

그림 7.13 점도 측정 예(등온주사)

점도 측정은 Viscometer나 Rheometer로 측정하고 cone/plate 또는 parallel plate 타입을 사용한다. 점도 측정 방식은 등온주사(isothermal scan)와 동적주사(dynamic scan)로 나눌 수 있는데, 등온주사(그림 7.13)는 일정한 온도에서 시간에 따른 수지의 점도를 측정하기 때문에 수지의 개략적인 가사시간(gel time)을 알 수 있어 적절한 수지 주입 온도를 찾기 위한 것이고, 동적주사는 빠른 속도로 수지 온도를 승온 시키면서 점도를 측정하기 때문에 수지 점도의 온도 민감성을 알 수 있다.

5) 수지 경화

수지는 화학 반응 시 각종 물성(점도, 유전율, 굴절률...)의 변화와 열을 방출하는데 수지 화학 반응 정도를 정량화하는 상태 변수로는 열량, 유전율, 굴절률 등이 있다. 일반적으로 측정의 편의 등으로 열량을 이용하여 화학반응을 정량화하는 방법이 가장 보편적이며, 수지가 반응에 의해 방출하는 열량은 DSC(differential scanning calorimeter)를 이용한 발열량 측정 방법[7-9]이 가장 널리 사용되고 있다. 그림 7.14는 수지가 반응에 의해 발산하는 총 발열량을 DSC로 측정하기 위한 동적 주사(Dynamic scan), 즉 시간 증가에 따라 온도를 일정하게 증가시키며 발열량을 측정한 예시 그래프이다. 그림에서는 포물선과 직선 사이의 폐곡선 면적이 수지의 총 방출 열량(heat of cure= 312J/g)이다.

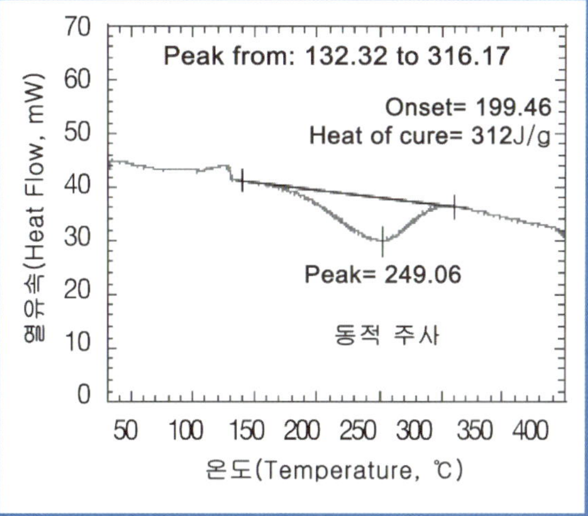

그림 7.14 DSC 발열량 측정 예

수지의 화학 반응 정도를 정량화하기 위하여 경화도를 정의하여 사용하는데, 경화도는 임의의 경화 순간까지의 발열량 합을 반응에 의해 생성되는 총발열량으로 나눈 값으로 정의할 수 있다. 다시 말해서 총발열량 대비 발생열량 분율이다. DSC는 시료와 기준물질을 가열로에 넣고 일정한 속도로 가열하면서, 시료가 흡열 및 발열할 때의 열 화학적 반응을 전기적 에너지로 환산하여 열 유속을 측정한다.

동적주사는 시료를 일정한 속도로 승온 시키면서 온도에 따른 반응열을 측정하는 방식으로 수지가 반응에 의해 발생시킬 수 있는 총 발열량을 측정하는데 사용하는 방법이다. 등온 주사는 동적주사를 참조하여 발열시점을 고려해 적절한 온도를 일성하게 유지시키면서 시간에 따른 발열량을 측정한다. 등온주사와 동적주사 데이터를 활용하여 시간에 따른 경화도를 계산할 수 있고, 계산된 시간-경화도를 시간으로 미분하여 경화율(rate of cure)을 계산할 수 있다. 이렇게 구해진 온도별 경화도-경화율 데이터를 적절한 함수를 이용하여 근사하여 경화모델(cure kinetics model)을 구하게 된다.

이렇게 구해진 경화모델을 주어진 온도 사이클에 대하여 시간 적분을 수행하면 시간에 따른 화학 반응 진행 정도(경화도)를 예측할 수 있고, 열전달 수치 해석 모델에 발생 열량을 나타내는 생성항(source term)으로 활용하면 복합재의 내부 온도 분포를 예측할 수 있다.

6) 금형 충전 수지 유동 해석

공정개발에 필요한 금형 설계 및 주입구/배출구 위치, 내부 유로 형태 및 위치, 주입구 압력 등의 공정조건 결정에 활용하고 반복적 제조를 통한 공정 개발의 개선으로 경제성 및 효율성을 제고한다. 수지유동 수치해석[10-13] 절차는 먼저 설계된 형상으로부터 node 및 element를 생성시키고 주입구, 주입압력, 점도 변화, 투과성 계수 등의 해석 조건 및 물성을 인가하고 해석을 수행한 후 완전 충전여부, short shot의 발생, 주입구 위치 및 압력의 적정성을 판단하여 결과를 분석한다. 적용되는 수치해석 기법으로는 검사체적 유한 요소법(CVFEM)으로 그림 7.15와 같이 삼각형/사각형 요소를 사용하고 수지유동은 고정 격자계와 flow analysis network를 사용한다.

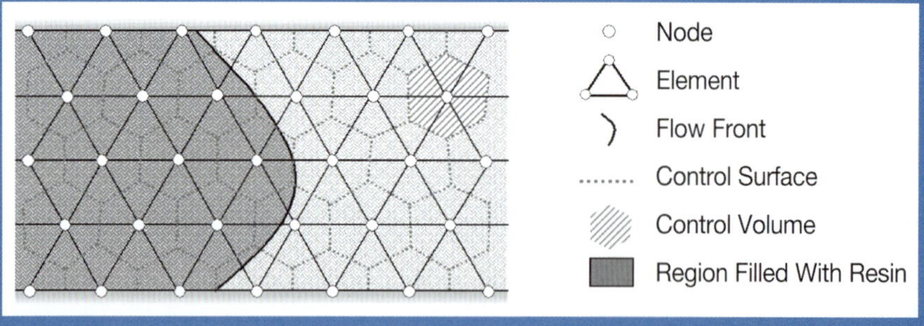

그림 7.15 유동해석에 사용되는 node, element, control volume

- **블레이드 해석 예**

하나의 해석 예로써 길이 24.5m, 높이 2m, 폭 2.2m 크기의 750kW급 블레이드의 경우, 수치 해석에서는 node 1602개, element 2930개, linear triangular를 사용하였다.(그림 7.16) 점도는 0.7 Pa•s, 압력 0.9 atm, flow media의 투과성계수는 $K_1=K_2=K_3=1\times10^{7}m$이며 섬유 매트의 두께는 그림 7.16과 같이 50, 34, 16, 4mm이고 섬유 매트의 투과성 계수는 $K_1=2.1\times10^{-11}\text{m}^2$, $K_2=1.3\times10^{-11}\text{m}^2$, $K_3=1.5\times10^{-12}\text{m}^2$ 이다.

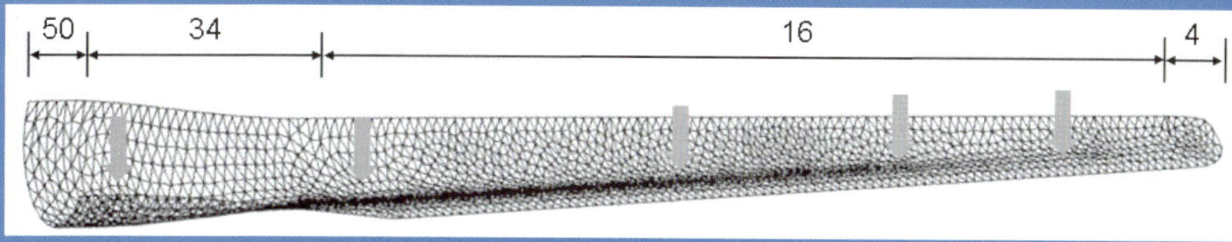

그림 7.16 블레이드 mesh 형상

그림 7.17의 시간에 따른 유동 선단 수치 해석 결과를 보면 금형 상부에는 빠른 유동이 형성되고 서서히 금형 바닥면으로 충전해 감을 알 수 있다.

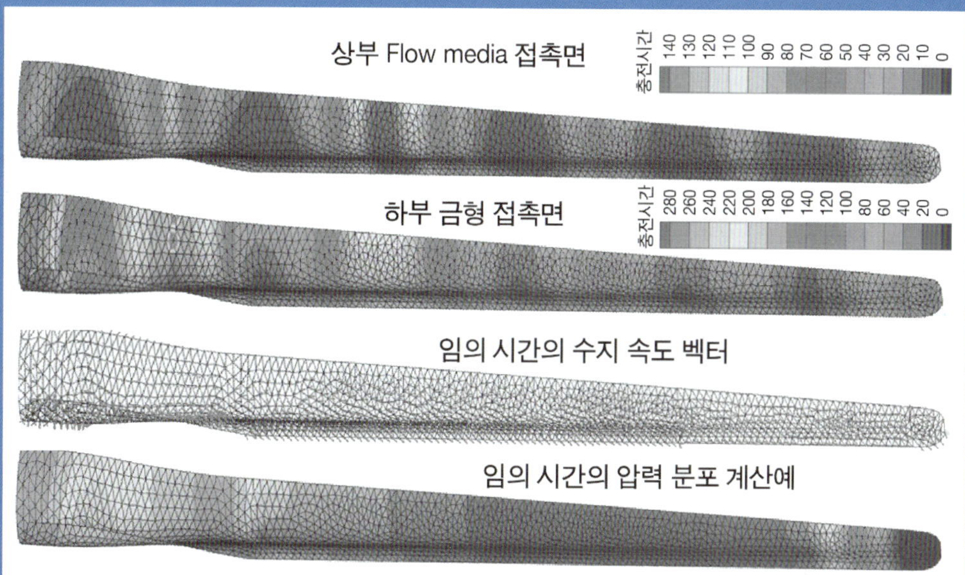

그림 7.17 수치해석 결과

7.5 Infusion에 의한 블레이드 제조

1) 복합재 블레이드의 구조 및 기능

최근 대형 풍력터빈용 블레이드의 구조 개념은 높은 굽힘 하중과 원심력을 견딜 수 있도록 박스 빔(box beam)구조를 기본으로 하여, 공기 역학적 익형 형상을 만들어 주는 쉘 구조로 이루어진다. 그림 7.18은 전형적인 블레이드의 구조 단면도를 나타낸 것인데, 스파 캡과 전단 웹(shear webs)이 박스 빔을 구성하여 대부분의 굽힘 하중과 전단하중을 지탱하는 역할을 하며, 샌드위치 쉘 구조의 스킨이 공기력과 에어 포일 형상을 유지하는 역할을 한다. 스파 캡(spar cap)은 굽힘 하중에 대한 충분한 강성을 갖도록 주로 0° 의 섬유배열을 갖도록 하며, 전단 웹은 스파 캡 사이의 하중을 전이하고 전단하중에 대응하도록 주로 ±45° 의 섬유배열을 갖는다. 스킨(skin)은 블레이드의 형상 유지를 하고 ±45° 와 약간의 0° 의 섬유배열 적층구조를 가지고 있으며 이는 주로 비틀림을 지지하기 위함이다. 블레이드 구조 설계에서는 이러한 구조를 최대한 효율적으로 구성하여 최소의 재료로 최대의 강도 및 강성을 갖도록 하는 것을 목표로 한다.

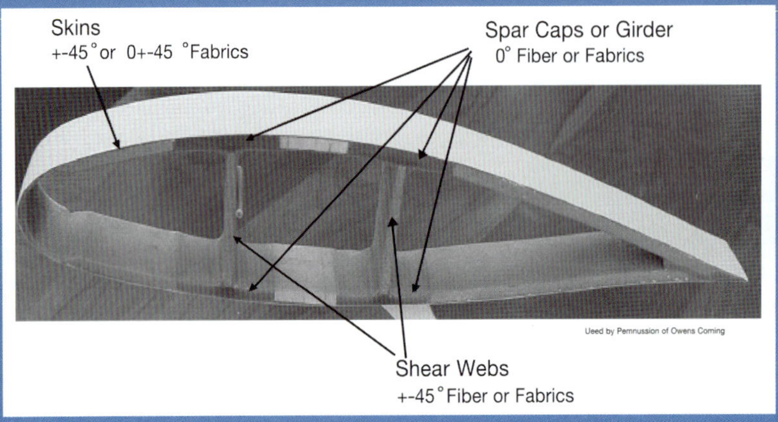

그림 7.18 블레이드 단면 구조

2) Infusion 공정에 의한 블레이드 제조

복합재 블레이드는 전술한 바와 같이 그림 7.19처럼 다양한 공정에 의해 제조되고 있으나 현재는 환경 및 경제성의 이유로 infusion 공정에 의한 제조 방식이 prepreg나 wet layup 보다는 선호되고 있다. 블레이드는 부분품을 제조하고 이들을 결합하여 완성품을 만들게 되는데, 각 부위별로 보면 로터 허브와 연결되는 root부는 두께가 매우 두꺼운데 prepreg나 infusion 공정으로 두께를 분할하여 제조하고, skin이나 shear web은 core에 wood나 foam을 이용하여 prepreg나 infusion 으로 제조하고, spar는 블레이드에 걸리는 굽힘 하중을 주로 감당하므로 일방향 연속 섬유를 쓰게 되는데 이 경우 일방향 prepreg 적층이나 일방향 dry mat yarn을 wet layup 하여 제작한다. spar가 주요 하중을 대부분 감당하도록 설계가 이루어지므로 블레이드 경량화를 위하여 카본 연속 섬유를 spar 제조에 사용하려는 연구가 현재 진행 중이다. 블레이드는 장기간 자외선이나 외부 환경(기온, 수분)에 노출되기 때문에 이러한 영향들을 최소화하기 위하여 자외선 차단제(UV gelcoat)나 페인팅(PU paint, EP gelcoat)을 표면에 적용한다.

블레이드 제조 공정을 크게 보면 먼저 복합재 금형을 제작하고, 이를 이용하여 각종 블레이드 단품을 성형하며, 단품들의 접합과 후처리를 통하여 블레이드를 완성한다.

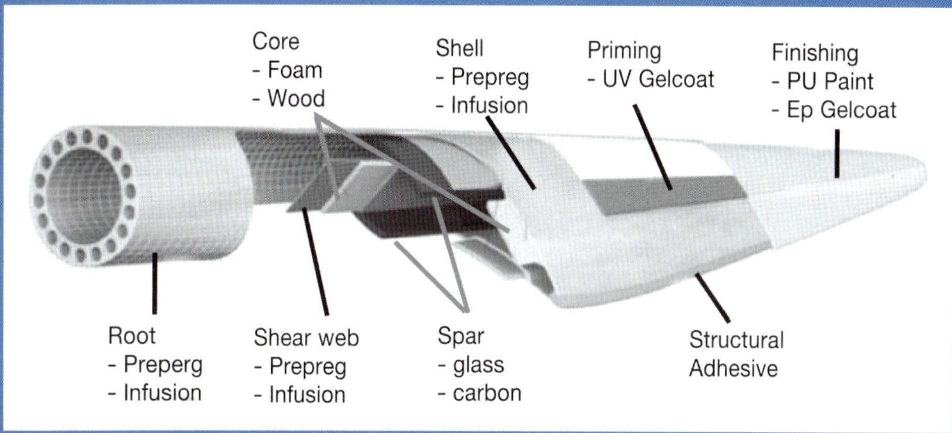

그림 7.19 블레이드 부위별 사용 재료 및 공정

3) 금형 제작

먼저 제조한 블레이드 부분품을 최종 조립할 경우 한쪽 금형을 다른 쪽 금형 위에 올려놓고 각종 부분품들을 결합하기 때문에 상부 금형은 작업의 편의성을 위하여 가볍고 변형에 대한 억제력 다시 말해서 일정 크기의 강성 또한 필요로 한다. 일반적으로 복합재 블레이드는 길이가 수 십 미터(25 ~ 60m)에 이르기 때문에 기존의 금속 금형은 무게나 작업성, 가격 등에서 비효율적이다.

따라서 금형을 복합재로 제작하는데, 먼저 negative template(목형, 플라스틱 대체재 등)를 제작(그림 7.20)한 후 dry mat를 적층하고, infusion으로 수지를 함침시키거나 wet layup으로 적층한 후 수지를 경화하여 쉘 구조를 제작한다(그림 7.21). 블레이드 제조시 섬유 매트에 함침된 수지 경화를 위한 가열 시스템(그림 7.22)을 금형 내부나 표면에 부착하고, 금형 외피에 지지 철 구조물을 설치하여 금형의 변형 방지 및 접합이 용이하게 한다.

그림 7.20 금형용 목형 제작

그림 7.21 복합재 금형제작

그림 7.22 열선을 이용한 금형 온도조절

4) 블레이드 단품 성형

복합재료 단품들 성형에는 대체로 infusion이나 prepreg 적층의 경우 아래의 과정들을 대체적으로 거치게 된다.

- 금형세척과 이형처리 ⇒ 섬유 매트 적층 ⇒ 진공 bagging ⇒ 수지 함침/경화 ⇒ 탈형
- 금형세척과 이형처리 ⇒ prepreg 적층 ⇒ (진공 bagging) ⇒ 수지 경화 ⇒ 탈형

로터 블레이드의 단품 중에서 main load를 담당하는 곳은 spar cap으로 일방향 roving을 사용하여 제작하며, shell 중심에 삽입 후 shell 제작 시 co-cure한다. 블레이드 경량화나 효율 증대를 위하여 spar cap 재료로 통상적으로 쓰이는 glass yarn 대신에 carbon yarn을 이용하기도 한다.

한편 로터 블레이드의 root부(그림 7.23)는 매우 두껍기 때문에 한 번에 제작하기 어려워 root plug를 따로 성형한 후 co-cure나 co-bonding을 한다. Shear web은 보통 spar cap 위에 위치하며 2개를 사용하여 spar cap과 함께 box 형태를 이루고, 내부에 core를 삽입하여 샌드위치 구조로 제작한다(그림 7.24).

Skin은 주요한 하중을 받는 부분은 아니지만 airfoil 형상을 유지하여 블레이드 효율 유지 및 향상의 기능을 한다. skin이 두꺼워질 경우 로터 블레이드가 매우 무거워지기 때문에 필요한 위치에 balsa wood나 PVC foam등 core를 삽입하여 샌드위치 구조로 제작한다(그림 7.25).

앞전(leading edge)이나 뒷전(trailing edge)에 사용하는 bonding plate는 구조적으로 크게 중요한 부분은 아니지만 로터 블레이드의 pressure part, suction part shell을 접착할 때 그 접착면적을 확보하여 분리되지 않도록 하는 기능을 담당한다.

그림 7.23 Root plug 제조

그림 7.24 Shear web

그림 7.25 Mat 적층 및 skin 제조(Infusion)

5) 부분품 결합

풍력블레이드는 일반적으로 크게 suction part shell(①), pressure part shell)②) 및 shear web(③) 3부분으로 구성(그림 7.26)되어 있는데, 이들을 각각 성형한 후 각 부품들을 에폭시 접착제를 사용하여 접착하며 접착 gap은 5mm 정도 둔다. 이 접착 gap이 너무 작으면 접착력이 감소하므로 적절한 gap이 필요하다. 각 부품의 접착 순서는 먼저 ②에 ③들을 c부분에 접착한다. 그런 다음 ①번과 연결시키는데 a, b 부분을 접착하면서 동시에 d부분을 접착한다.

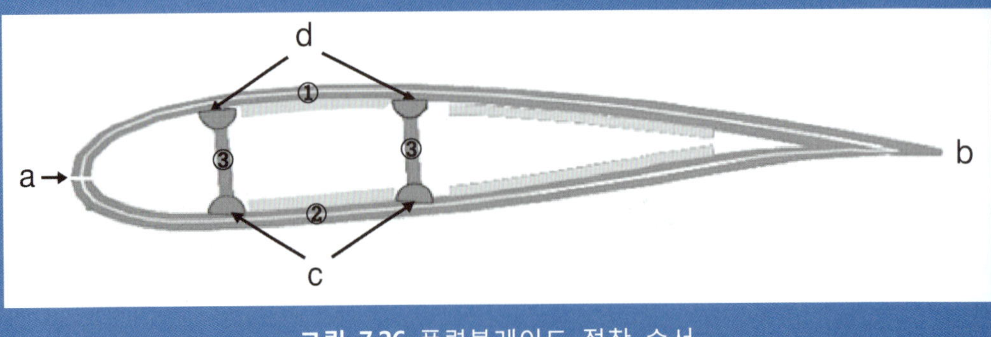

그림 7.26 풍력블레이드 접착 순서

그림 7.27 블레이드 결합 방식 : 유압 힌지 방식과 기중기 이용 방식

대형 블레이드 부품(상하 shell)은 워낙 크기 때문에 부분품들을 결합(그림 7.27)할 때는 크레인을 이용하여 상형을 이동하여 하형과 결합하는 시스템을 구축하거나 hydraulic power hinge[14]를 사용하기도 한다. 일단 제작된 블레이드는 T 볼트를 이용하여 로터 허브와 기계적으로 결합시키는데 이를 위하여 블레이드 루트부에 T형 hole 가공을 한다. 가공(그림 7.28)은 기본적으로 $r-\theta-z$ 3축 제어 드릴기(drilling machine)를 사용하면 가능하며 가공 분진 차단을 위하여 격리 공간이 필요하다.

그림 7.28 T 볼트(블레이드와 로터허브 연결)의 가공 및 설치

6) 후처리 및 손상 수리

조립된 풍력블레이드는 gel coat나 페인트를 사용하여 표면 처리(그림 7.29)를 하게 된다. 블레이드는 외부 환경에 오랫동안 노출되기 때문에 고분자로 구성된 복합재료는 내후성(weatherability)이 문제가 된다. 특히 대기 중 산소에 의해 산화가 일어나 고분자 사슬이 분해가 촉진될 수 있다. 이를 방지하기 위해 UV를 차단할 수 있는 표면 처리제가 필요하며 블레이드와의 접착성도 우수해야 한다. 그리고 풍력터빈의 사용 연한 동안 벗겨지지 않아야 한다. 최종적으로 블레이드는 결함 존재 여부를 확인(그림 7.30)하기 위하여 음향검사, thermography, 초음파 검사 등을 수행한다. 운행 중에 손상된 블레이드는 수리를 하게 되는데 낙뢰에 의한 손상(그림 7.31)은 그 부위를 제거하고 동일 재료로 hand layup하여 수리하고, 앞전 부위 미소 충격 손상과 노화(degradation)에 의한 결함(그림 7.32)은 수지 필름이나 prepreg 필름 등으로 수리 가능하다.

그림 7.29 블레이드 페인팅

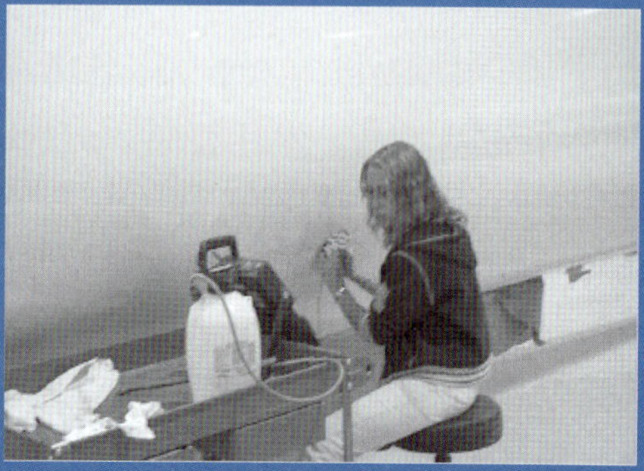

그림 7.30 블레이드 비파괴 검사

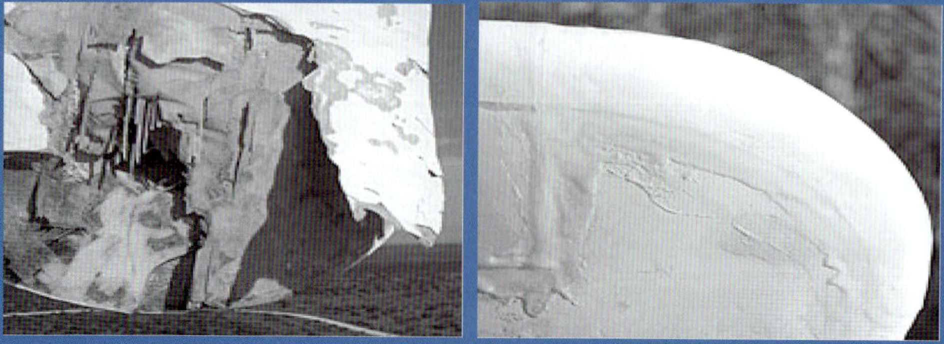

그림 7.31 낙뢰에 의한 Blade tip 손상 및 수리

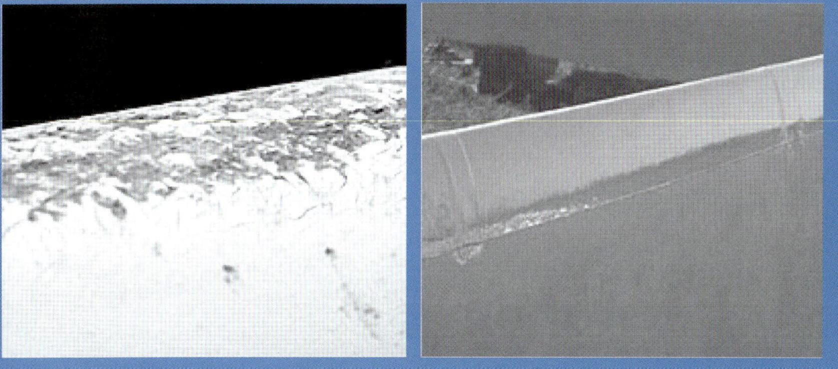

그림 7.32 Leading edge 손상 및 테잎을 이용한 수리

7.6 스피너 및 나셀 제조

로터 허브는 블레이드와 발전기 주축을 연결하는 역할을 하는데 로터 허브를 외부에서 보호하는 복합재 부품이 그림 7.33에서 나타난 스피너(spinner) 혹은 노즈콘(nose cone)이다. 그리고 그림 7.34의 나셀은 기어박스, 발전기, 제어부 등을 보호하는 역할을 한다. 나셀 및 스피너에 사용되는 재료로는 fabric mat, chopped strand mat를 혼용하여 사용하고 Foam이나 Wood core를 삽입하여 무게 절감과 단면 강성을 증가시킨다. 주로 UP, VE 수지를 사용하고 드물게 에폭시 수지를 사용하기도 한다.

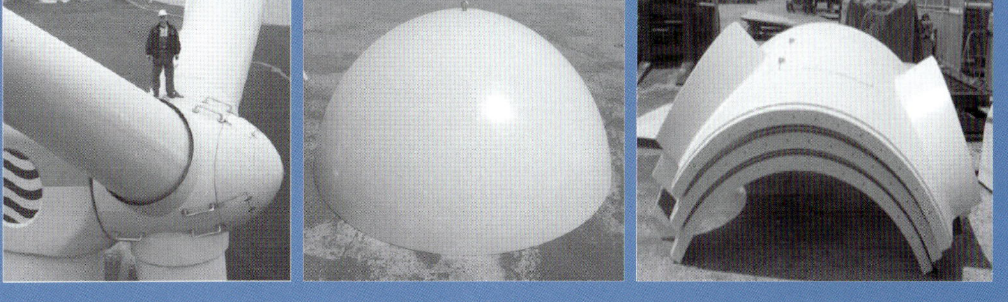

그림 7.33 스피너의 설치 및 제작 부품

제조 공정은 주로 hand layup 이나 infusion 공정을 사용하며 수지는 상온 경화하거나 금형 내부나 표면의 가열 시스템을 활용한다. 제조 과정은 블레이드의 제조와 마찬가지로 목형, 복합재 금형 제작, 부분품 제작, 부분품 결합 및 후처리 순으로 이루어지고 낙뢰방지를

위해 비금속 하우징은 피뢰침과 이에 따른 외부 도체를 설치하여 기기 지지부와 연결한다.

그림 7.34 나셀 제작용 금형 및 나셀

나셀은 바람, 자중, 눈, 얼음 등으로 인한 하중을 받기 때문에 이에 대한 고려가 필요하다. 통상 인증기관에서 제안하는 하중 산출식의 경우 하중에 대한 과다 평가가 있기 때문에 각각의 풍력시스템 하중조건(정지 및 운전 시)에서 극한하중을 산출하여 구조설계하중으로 적용한다. 예를 들면 GL의 경우 바람에 의해 나셀에 작용하는 풍하중(식 7.3)은 공기밀도 (ρ), 풍속 (v), 바람 방향 나셀 단면적 (A_i), GL 설계계수(C_w)에 비례한다. GL의 가이드라인에 의한 공력 하중 계산 시 GL 설계계수의 단순화 값 예시가 그림 7.35 및 표 7.3에 주어져 있다.

$$GL\,Wind\,Load = \rho/2 \times v^2 \times A_i \times C_w \tag{7.3}$$

표 7.3 나셀에 대한 가정된 단순화된 C_w값

표면적 A_i의 방향	바람에 직면 (정면)	바람으로부터 벗어남 (후방)	바람 방향에 평행 (측면)
C_w	+0.8(압력)	-0.5(흡입)	-0.6(흡입)

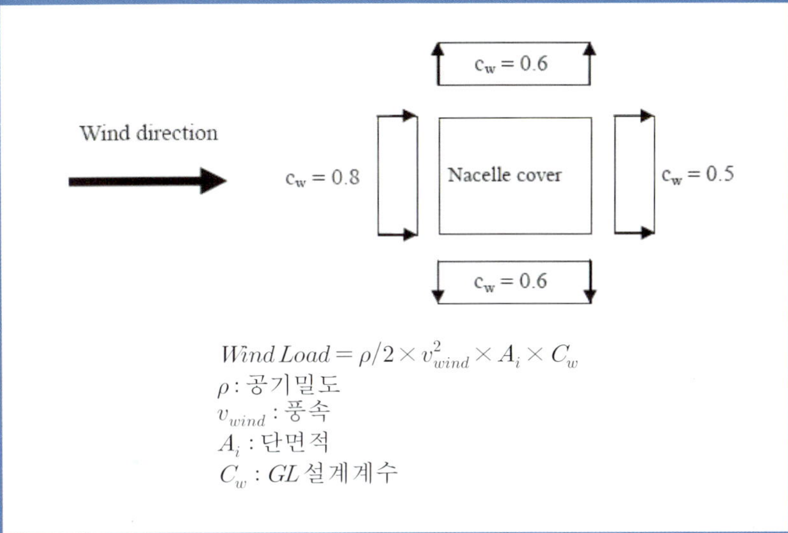

그림 7.35 GL의 바람에 의한 공력 하중 계산의 예

☑ 참고문헌

1. 전의진, 이우일, 윤광준, 김태욱, **최신 복합재료**, 교학사, 1995.

2. 이대길, 정광섭, 최진호, **복합재료-역학 및 제조기술**, 시그마프레스, 1998.

3. M. Kaviany, **Principles of Heat Transfer in Porous Media**, Springer-Verlag, 1991.

4. L. Skartsis, J. L. Kardos and B. Khomami, "Resin flow through fiber beds during composite manufacturing process. Part 1 : Review of Newtonian flow through fiber beds," **Polymer Engineering and Science**, Vol. 32, 1992.

5. M. K. Um and S. K. Lee, "A Study on the Determination of In-Plane Permeability of Fiber Preforms," **Polymer Composites**, Vol. 20, No. 6, 1999.

6. M. R. Dusi, W. I. Lee, P. R. Ciriscioli, G. S. Springer, "Cure kinetics and viscosity of Fiberite 976 resin," **Journal of Composite Materials**, Vol. 27, 1987.

7. S. Sourour, M. R. Kamal, "Differential scanning calorimetry of epoxy cure: isothermal cure kinetics," **Thermochimica ACTA**, Vol. 14, 1976.

8. P. W. K. Lam, H. P. Plaumann, T. Tran, "An improved kinetic-model for the

autocatalytic curing of styrene-based thermoset resins," **Journal of Applied Polymer Science**, Vol. 41, 1990.

9. M. K. Um, I. M. Daniel and B. S. Hwang, "A study of cure kinetics by the use of dynamic differential scanning calorimetry," **Composite Science and Technology**, Vol. 62, No. 1, 2002.

10. E. B. Becker, G. F. Carey and J. T. Oden, **Finite Elements-An Introduction**, Prentice-Hall, 1981.

11. M. K. Um, W. I. Lee, "A study on the mold filing process in resin transfer molding," **Polymer Engineering and Science**, Vol. 31, 1991.

12. Verification of Inter-Fiber Failure, Note on Engineering Details, Germanischer Lloyd, 2006 America, **Technical Report NREL/TP-500-38044**, May, 2006.

13. A. Puck & H. Schurmann, "Failure Analysis of FRP Laminates by Means of Physically Based Phenomenological Models," **Composite Science and Technology**, 58, 1998, pp. 1045-1067.

제 8 장

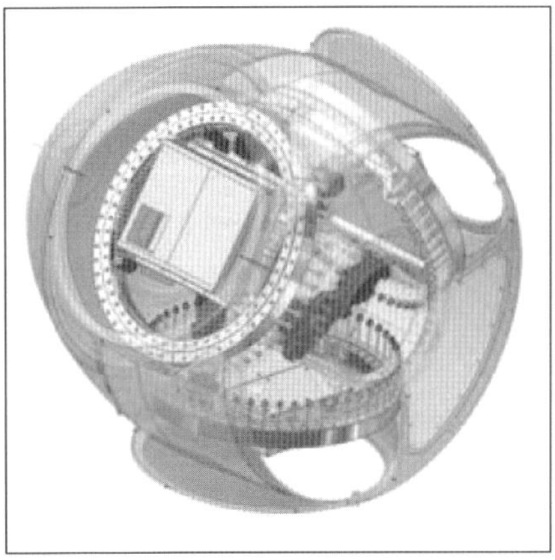

피치시스템

Pitch Systems

이근호, 박영준

풍력핵심기술연구센터
한국기계연구원

8.1 서론

피치시스템은 전기 제어 장치에 의해 초당 수회씩 전력 출력을 측정하여 적정 출력을 초과하거나 감소하게 되면, 출력 제어를 위해 즉시 블레이드 제어장치로 신호를 보내 블레이드의 각도를 조정함으로써 항상 일정한 적정 출력을 유지할 수 있도록 하는 시스템이다. 블레이드(blade)의 피치 조절을 통해 기동 풍속 이상시 로터의 기동 토크를 충분히 얻기 위한 기동운전, 정격 풍속 이상에서의 정격 출력을 일정하게 유지하기 위한 정격운전, 강 풍속(정지 풍속 이상)시 또는 저 풍속(시동 풍속 이하)시의 정지와 같은 기능도 수행하게 된다. 피치시스템을 사용하는 풍력터빈의 설계는 출력변화에 따른 신속하고 정확한 블레이드 피치제어를 구현하기 위해 공기역학적인 블레이드 설계가 이루어져야 하며, 실속(stall) 제어형 풍력터빈에 비해 설계가 어렵고 전기식 또는 유압식 구동부 및 제어장치 설치비용이 추가되는 단점이 있다. 하지만 출력 변동에 따른 장치부하를 감소시킬 수 있고 항상 일정한 출력을 유지할 수 있기 때문에 전력 생산량을 크게 증가시킬 수 있다.[1]

피치시스템은 구동 방식에 따라 능동 피치시스템(active pitch system)과 수동 피치시스템(passive pitch system)으로 구분되며, 능동 피치시스템은 사용되는 엑츄에이터(구동기, actuator), 의 종류에 따라 전기식(electrical)과 유압식(hydraulic)으로 구분된다. 피치시스템은 로터-블레이드 베어링(rotor-blade bearings), 구동요소(actuators elements), 블레이드 피칭 드라이브(blade pitching drive), 전원 공급장치(power supply), 비상 블레이드 피칭 시스템(emergency blade pitching system) 등으로 구성된다.[2]

8.2 수동 피치시스템

수동 피치 시스템은 로터(rotor)의 가변속도(variable speed)에 따라 블레이드의 피치각을 조정하는 시스템으로 별도의 구동장치가 필요하지 않고 비교적 간단한 장치로 구현이 가능하다는 장점이 있다. 하지만 출력 전력이 일정하지 않고, 비교적 작은 규모의 풍력터빈에서만 안정적인 제어가 가능하고, 대형 풍력터빈의 경우에는 회전 시작 또는 비상 정지 시 문제가 될 수 있으므로 현재 거의 사용하지 않는다.

그림 8.1은 네덜란드 Lagerwey사의 풍력터빈에 적용된 수동 피치시스템을 나타낸 것이다. 이 풍력터빈은 2개의 블레이드에 의해 회전력을 얻으며, 블레이드는 각각 플래핑 힌지(flapping hinges)에 의해 로터 허브에 연결된다. 풍속이 증가하면 용수철이 달려있는 기계장치에 의해 로터 속도가 증가하는 만큼 수동적으로 조정된다.

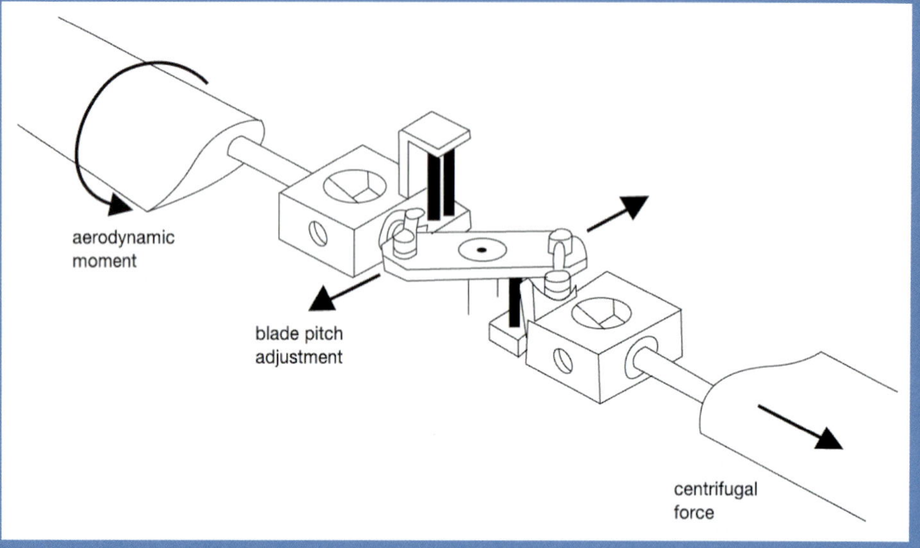

그림 8.1 수동 블레이드 피치 조정 장치(W-18/80 kW, Lagerwey사)[2]

8.3 능동 피치시스템

수동 피치시스템은 아주 간단한 장치로 블레이드 피치제어가 가능한 시스템이다. 하지만 대형화되는 풍력터빈에 적용되기에는 많은 문제점을 가지고 있다. 능동 피치시스템은 전기식 또는 유압식 엑츄에이터를 사용하여 블레이드 피치를 조정함으로써 적정 출력을 일정하게 유지 가능하며, 공기역학적 제동 방식을 사용하여 기계적 충격 없이 부드럽게 정지가 가능하다.

능동 피치 시스템은 블레이드 피치각을 조정한다는 점에서 능동 실속 제어시스템(active stall control system)과 매우 유사하다. 하지만 능동 피치시스템을 사용하는 풍력터빈의 발전량이 정격(rated power)에 도달하면 능동 실속 제어시스템과의 중요한 차이점이 있다. 만약 발전기에 과부하가 걸리게 되면 능동 실속 제어식 풍력터빈은 블레이드의 경사각을 증가시킴으로써 더 심한 실속을 발생시켜, 초과하는 바람의 에너지를 소비하게 한다. 하지만 능동 피치 시스템은 블레이드의 경사각을 감소시켜 바람의 에너지를 흘려버림으로써 로터의 회전속도를 조절한다.[3]

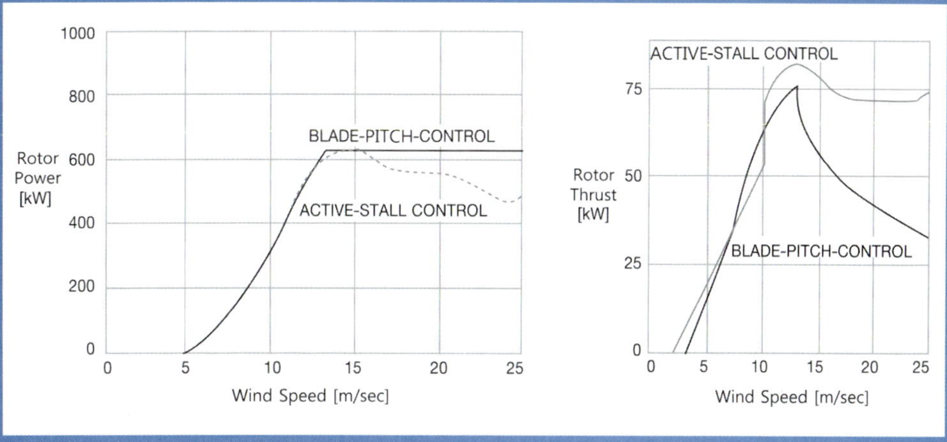

그림 8.2 피치제어시스템 및 능동 스톨 시스템 간의 제어특성 비교
출처: Contributing Technical Editor, David Marsh, 2005

그림 8.2는 덴마크의 엔지니어인 M. B. Pedersen과 P. Nielsen이 실험용으로 제작한 Nibe-A와 Nive-B 터빈을 통해 능동 피치제어와 능동 실속 제어를 테스트 한 결과이다. 풍속이 빨라짐에 따라 능동 피치제어의 출력 전력이 더 안정됨을 알 수 있다.[4]

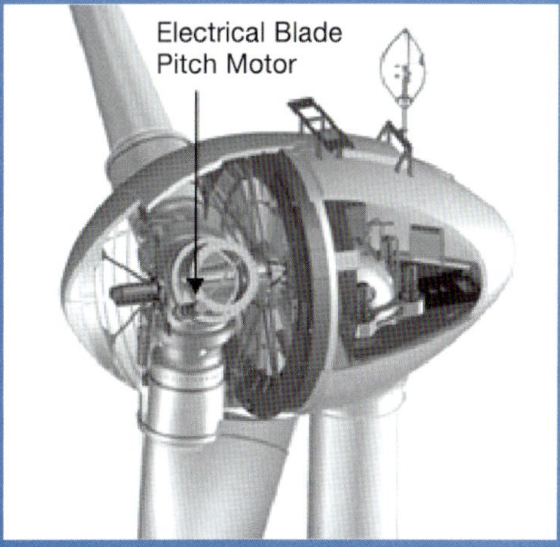

그림 8.3 Electrical Pitch System
출처: E 40-ENERCON사

전기식 피치 시스템의 특징

전기식 능동 피치시스템은 제어의 어려움으로 인해 수년 전까지 거의 사용되지 않았다. 또한 나셀(nacelle) 내에 설치된 유압 유니트에 의해 구동되는 것이 안전하고 저렴한 것으로 알려져 왔다. 하지만 근래에는 모터 제어 기술의 발달과 더불어 간편성과 경량화를 위해 여러 제조사들은 서보 모터를 사용하는 전기식 피치 제어시스템을 적용하고 있다.

그림 8.3은 서보모터를 사용하여 블레이드 피치를 조정하는 시스템을 갖춘 ENERCON사의 E-40 이다. 3개의 블레이드는 로터에 설치되어 있는 각각의 서보모터에 의해 개별적으로 조정된다.

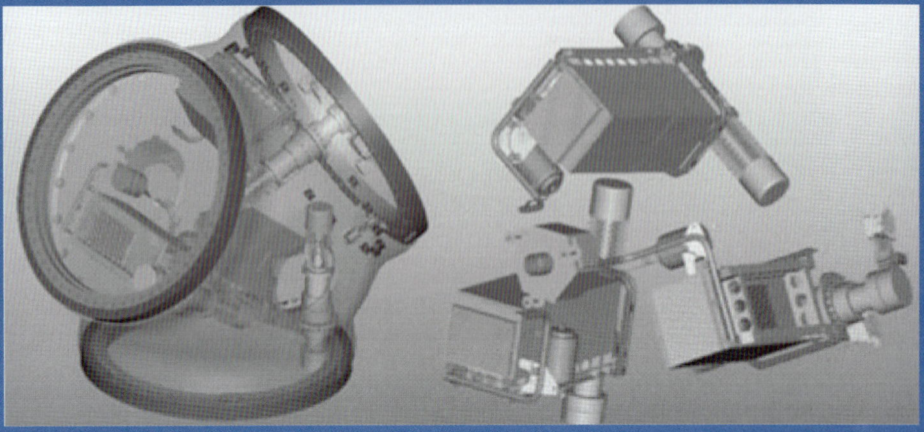

그림 8.4 Electrical Pitch System (Inside the rotor hub)
출처: LW 72-Lagerwey사

최근에는 그림 8.4 와 같이 여러 가지 기상 악조건 및 한랭지에서의 사용할 목적으로 로터 주축실 내부에 피치 블레이드 조절을 위한 구동 시스템을 갖추고 있다. 또한 로터 주축실 내부에는 장비의 트러블이나 긴급 상황에 대비하기 위한 전원장치가 포함되어 있기 때문에 접근이 어려운 상황에서도 풍력터빈의 성능을 장기간 유지할 수 있다.

전기식 피치시스템의 이점 전기식 피치 시스템은 유압식 피치시스템에 비해 시스템 구성이 간단하고 진동 및 외란에 대한 영향이 작기 때문에 높은 신뢰성을 가지고 있다. 뿐만 아니라 유압 시스템은 엑츄에이터까지 동력전달을 위해 별도의 유압 관로를 사용하기 때문에 이 과정에서 손실이 발생할 수 있으므로 정밀도 및 정확도가 전기식 피치 시스템에 비해 낮다. 그리고 전기식 피치 시스템에 사용되는 모터는 유압장치에 비해 수명이 매우 길 뿐만 아니라 유압유 등과 같은 오염물이 배출되지 않기 때문에 유지, 보수에 유리하다. 또한 소형화가 가능하여 발전 설비의 부피를 줄일 수 있다.

전기식 피치 시스템의 구성 전기식 피치 시스템은 로터와 블레이드를 연결시켜주는 베어링(bearings), 블레이드 회전을 위한 서보 모터(servo motor), 긴급 상황에 대비하기 위한 보조 전원장치 등이 주요 구성품이다. 블레이드 피치 조정을 위해서 PWM(pulse width modulation)을 이용한 제어기를 사용하거나 PLC를 이용하여 제어하는데, 제어 입력 신호는 블레이드의 공기역학적인 성능을 고려하여 최적의 정격 출력을 유지할 수 있도록 한다. 그림 8.5는 블레이드의 기본적인 구성을 나타내는 것으로 전기식 피치 시스템의 경우, 입/출력 신호 및 전원 공급, 긴급정지 신호 등은 슬립-링(slip-ring)을 통해 모터에 전달됨으로써 별도의 유압공급라인이 불필요하다.

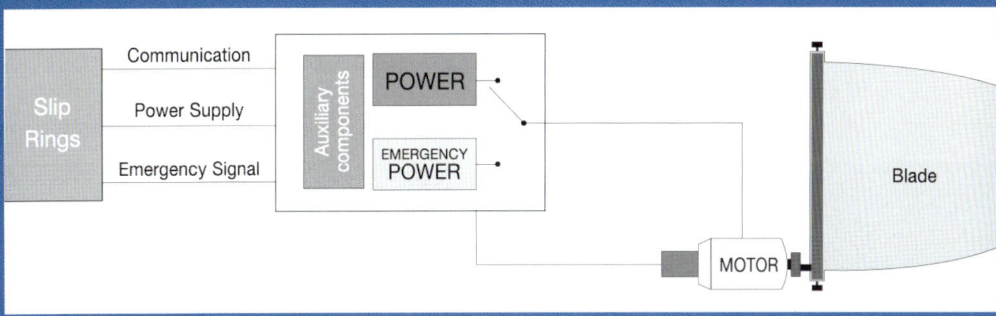

그림 8.5 Basic layout of one single blade
출처: Ingeteam사 자료

유압식 피치시스템 유압식 피치 시스템은 블레이드 피치 조정을 위해 로터 허브 외부에 설치된 유압 엑츄에이터를 사용한다. 유압 장치는 나셀(nacelle)에 있는 유압 공급 장치(hydraulic power unit)로 부터 유압 관로를 통해 전달되게 된다. 이 과정에서 유압 손실이 발생할 가능성이 있기 때문에 전기식 피치 시스템에 비해 낮은 신뢰성을 가진다. 또한 유압유를 사용하기 때문에 오염이나 열화 등으로 인한 위험부담이 있다.

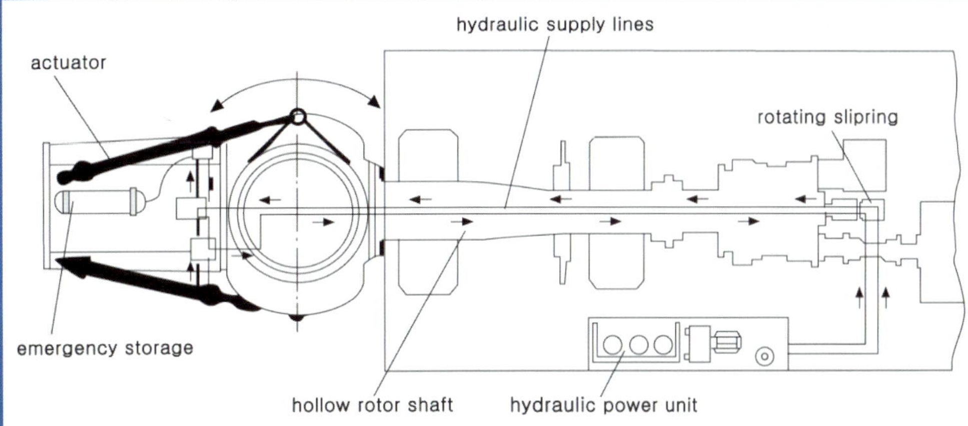

그림 8.6 Hydraulic Pitch System-WKA-60, GROWIAN사[2]

부분 피치 시스템 그림 8.7은 블레이드의 끝부분만 피치각이 조정되는 풍력터빈이다. 피치각 조정을 위해서는 블레이드 내부에 구동장치가 설치되어야 하므로 소형화가 요구되며, 엑츄에이터가 블레이드 끝단에 설치되기 때문에 블레이드의 하중을 이동시켜 로터 회전에 대한 역효과를 가져올 가능성이 있다. 유압 엑츄에이터를 사용하는 시스템의 경우 유압 공급 장치로부터 유압 전달시 엑츄에이터까지의 전달과정에서 손실이 발생될 우려가 있기 때문에 피치각의 정밀도 및 정확도는 다소 떨어진다.

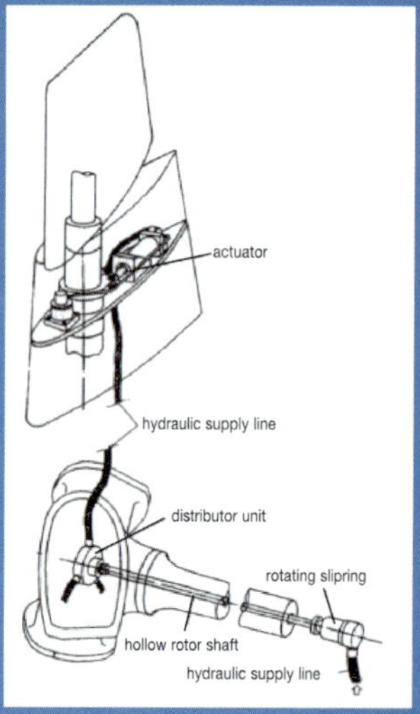

그림 8.7 Partial Blade Pitch System HWP-1000, HOWDEN사[2]

피치시스템의 제어방식 그림 8.8은 피치시스템의 제어방식을 나타낸다. 먼저 정지 상태에서 풍속이 증가하여 시동 풍속에 이르면 블레이드가 회전하기 시작하여 정격회전수(발전 시작 회전수)에 이르기까지 속도제어를 수행한다. 정격회전수에 이르면 발전을 시작하고 이때부터는 출력 제어 단계로 들어간다. 정격출력 상태에서는 바람의 요동에 따라 급격한 출력변화로 발생하는 과부하로부터 시스템을 보호하기 위해 일정 출력을 유지하도록 피치를 제어한다. 풍속이 더욱 증가하여 정격출력 상태를 넘어가면 발전을 중단하고 다시 회전속도 제어 단계로 들어가서 정격회전수가 유지되도록 제어하거나 계속해서 풍속이 증가하면 시스템을 정지시킨다.[5]

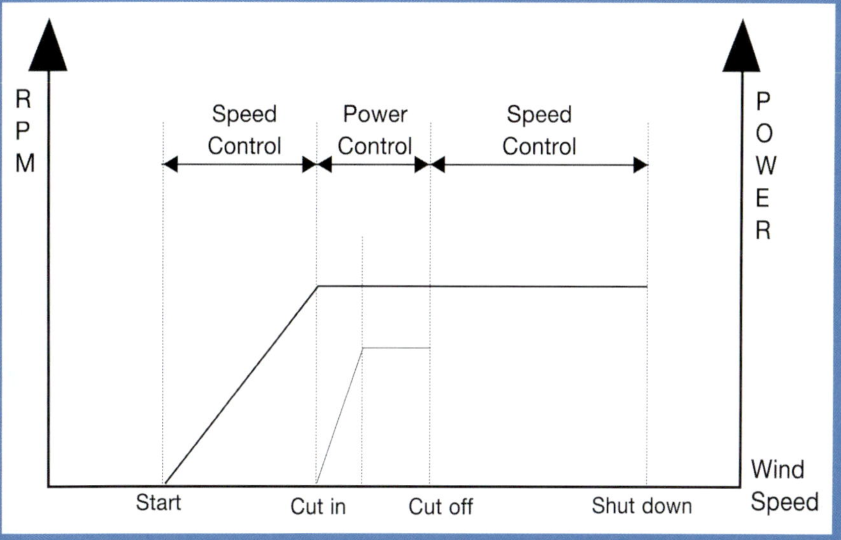

그림 8.8 Control strategy of a wind turbine system-HWP-1000, HOWDEN사[2]

피치시스템의 알고리즘 정격 이하의 풍속에서는 최대의 출력을 얻어낼 수 있고, 정격 이상의 풍속에서는 풍력발전기의 정격출력을 유지하도록 하기 위하여 그림 8.9에서 보는 바와 같이 풍속입력에 의하여 최적 TSR(tip speed ratio)을 결정한 후, 일정범위의 피치각 지령에 대한 출력값을 계산하여 출력값의 최고치를 결정한 후 이때의 피치각을 피치각 지령으로 결정한다.[6]

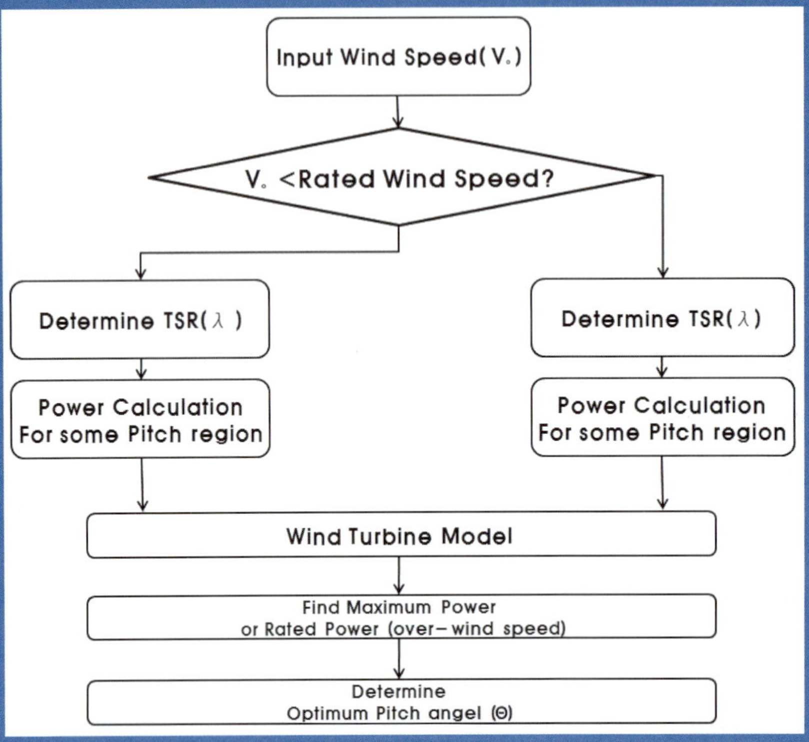

그림 8.9 피치제어 알고리즘 블록 다이어그램

피치각 제어 모델 풍력터빈시스템에서 블레이드의 피치각 제어는 시동풍속에서 정격풍속까지는 바람이 갖는 에너지를 최대로 얻기 위해서 토크가 최대로 발생하는 각으로 고정하여 운전한다. 정격풍속에서 종단 풍속까지는 풍속의 증가함에 따라 회전자 속도가 증가하여 기계적인 소손이나 전기적인 과부하 상태가 될 수 있기 때문에 정격 출력이 발생할 수 있도록 정격속도로 운전한다. 풍속에 따라 정격출력을 발생시키기 위해서는 블레이드의 피치각을 제어하여야만 한다. 그러면 기계적인 출력 토크를 줄일 수 있어 원하는 출력 값을 얻을 수가 있다.

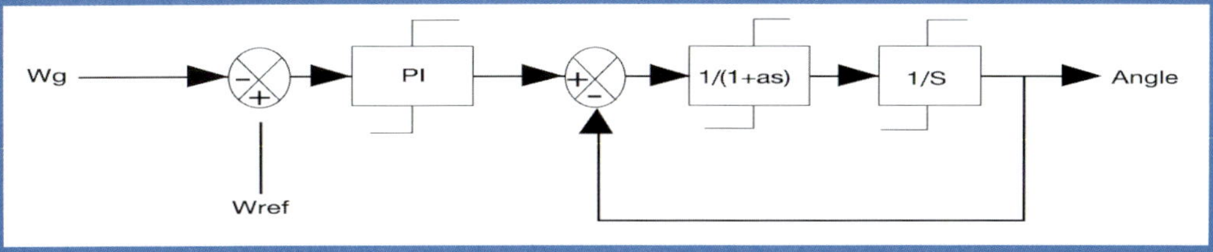

그림 8.10 피치각 제어 블록선도

그림 8.10은 정격 풍속이상에서 회전자 속도를 일정하게 제어하여 원하는 출력값을 얻기 위한 피치각 제어 알고리즘의 블록다이어그램이다. 여기서 W_g는 발전기의 속도이며 W_{ref}는 발전기의 기준속도이다. 또한 1/(1+as)는 블레이드의 큰 관성 때문에 발생하는 1차 지연요소이며 1/s는 적분기를 나타낸다. 1/(1+as)에서 a는 블레이드에의 기계적인 시정수이다.[7]

8.4 로터 블레이드 베어링

로터 블레이드 베어링은 로터와 블레이드를 연결시켜 주며, 블레이드를 종축 방향으로 회전 가능하도록 하는 역할을 한다. 베어링은 회전이 작을 때 높은 정적 하중에 노출된다. 뿐만 아니라 마찰, 부식 등은 베어링 설계과정에서 고려되어야 한다.

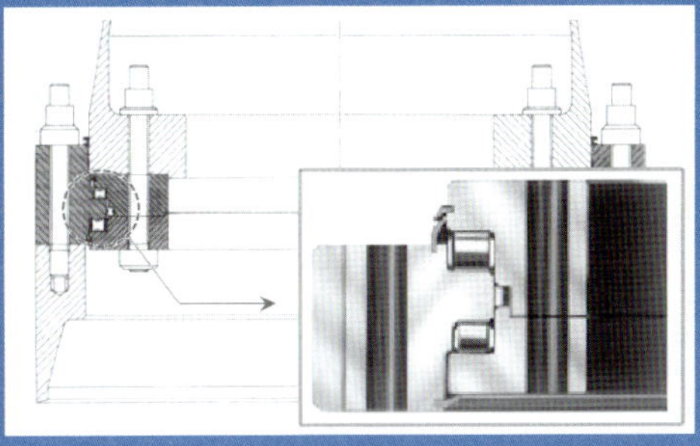

그림 8.11 Angular-contact roller bearings[2]

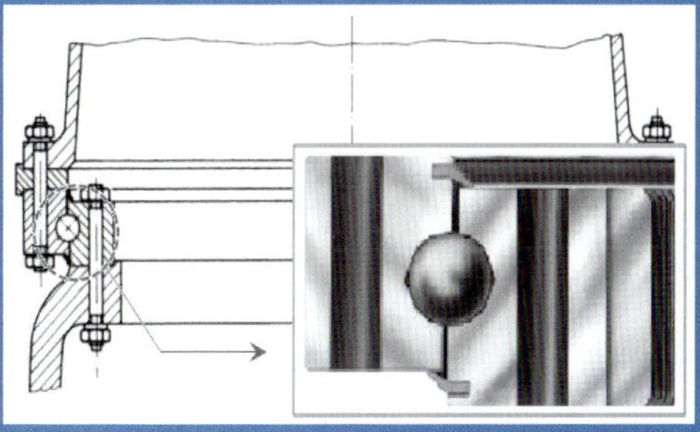

그림 8.12 Single-row four-point ball bearings[2]

Angular-contact roller bearings 그림 8.11은 원통형 롤러베어링으로 장치 내에서 서로 수직으로 배치되어 있다. 비교적 복잡하고 고가(expensive)이기 때문에 구형 풍력발전 장치에 주로 사용되어왔으나 현재에는 거의 사용되지 않고 있다.

Single-row four-point ball-bearings 그림 8.12은 4점 접점식 볼 베어링으로 현재 대부분의 풍력발전 장치에 사용되고 있다. 베어링에 걸리는 부하에 대한 변형이 작고 집중하중분포에 유리한 장점을 가지고 있다. 대형 풍력발전기의 경우에는 two-row four-point ball-bearings을 사용한다.

8.5 비상 블레이드 피칭 시스템

풍력발전기의 경우, 과도한 풍력으로 인해 로터나 블레이드가 손상되거나 파손되는 위험으로부터 보호 하기위해 블레이드의 회전속도를 감소시키는 가장 좋은 방법은 블레이드의 피치를 조정하는 것이다. 따라서 대부분 대수의 풍력터빈에는 블레이드 피치를 위한 구성 요소에서 제어시스템이 필수적이다.

그림 8.13 은 유압식 블레이드 피치제어를 하는 GROWIAN사의 WKA-60 풍력발전기의 모식도이다. WKA-60의 피치시스템은 평상시에는 나셀에 장착된 유압 공급 장치로부터 피치제어를 실시하게 된다. 이때 유압 공급 장치나 유압 공급선로에서 문제가 발생하게 되면 유압작동장치에 연결된 보조 유압 장치로부터 유압을 공급받아서 안정적으로 제어하게 된다. 최근에 많이 사용되고 있는 전기식 블레이드 피치시스템은 블레이드에 각각 설치된 모터에 보조 전원장치를 설치함으로써 긴급 상황에 대비하게 된다.

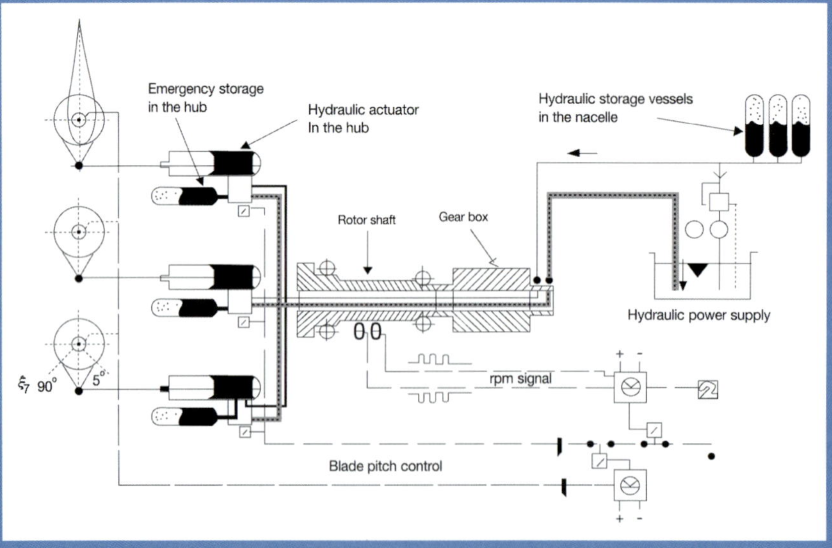

그림 8.13 Emergency blade pitch system (Hydraulic System)[2]

☑ 참고문헌

1. 한국 선급, **풍력발전시스템의 기술 기준**, 2008, pp. 21.

2. Erich Hau, **Wind Turbines 2nd edition-Fundamentals, Technologies, Application, Economics**, Springer, 2005.

3. David Marsh, **바람과 조화를 이루는 풍력발전시스템**, 컨트리뷰팅 에디터, 2005.

4. Pedersen, MB and Nielsen, "Description of two Danish 630 kw wind turbines Nibe-A and Nibe-B," Copenhagen, **Third British Hydro-mechanics Research Association International Symposium** On Wind Energy Systems, 1980.

5. 최민호, 임종환, 허종철, 이동현, 김건훈, "풍력발전기 모델링 및 피치제어 시뮬레이션," **산업기술연구소논문집**, 2000. 6, pp. 7-14.

6. 김일환, 강경보, "피치제어형 가변속 풍력터빈시스템의 시뮬레이션 모델링과 해석, " **Journal of the Korean Institute of Illumination and Electrical Installation Engineers** Vol. 19, 2005. 3, No. 2, pp. 124-130.

7. 김성주, "출력 성능 향상을 위한 풍력발전기 피치제어 알고리즘에 관한 연구, "**2003년 전력전자 학술대회 논문집**, 2003. 7. 14 ~ 17, pp. 973-976.

제9장

주축, 주축베어링, 커플링

Main Shafts, Main Bearings, and Couplings

이근호, 박영준, 황병선

풍력핵심기술연구센터
한국기계연구원

9.1 서론

주축은 블레이드로부터 전달되는 고토크, 저속의 회전력을 증속기 또는 발전기 등으로 전달하기 위한 기계 구성품이며, 주축 베어링은 주축에 연결되어 축을 지지하고 원활한 회전을 유지하게 하며 축에 작용하는 하중 및 축의 자중에 의한 마찰저항을 가능한 작게 하도록 하는 기계요소이다.

회전력 전달 특성 및 장착 위치 특성에 따라 저속축(low-speed shaft), 로터 회전축(rotor shaft), 터빈축(turbine shaft)으로 불리기도 한다. 주축은 로터 자중(rotor weight), 토크(torque), 추력 (thrust), 측방향 하중 (lateral force)으로부터 발생되는 피로 하중 (fatigue load)을 지지하면서 풍력발전기의 설계 수명만큼 신뢰성이 유지되어야 하므로 초기 제작 시 원소재의 선정부터 최종 제품까지 엄격한 관리를 요한다. 주축 베어링은 주축이 그 두 가지 기능 (블레이드로부터의 회전력을 증속기 또는 발전기로 전달하고 축에 작용하는 여러 형태의 하중을 지지)을 효율적으로 수행할 수 있도록 보조하여 풍력터빈의 제반 조건에 따라 그 종류와 위치 등이 결정된다.

9.2 주축

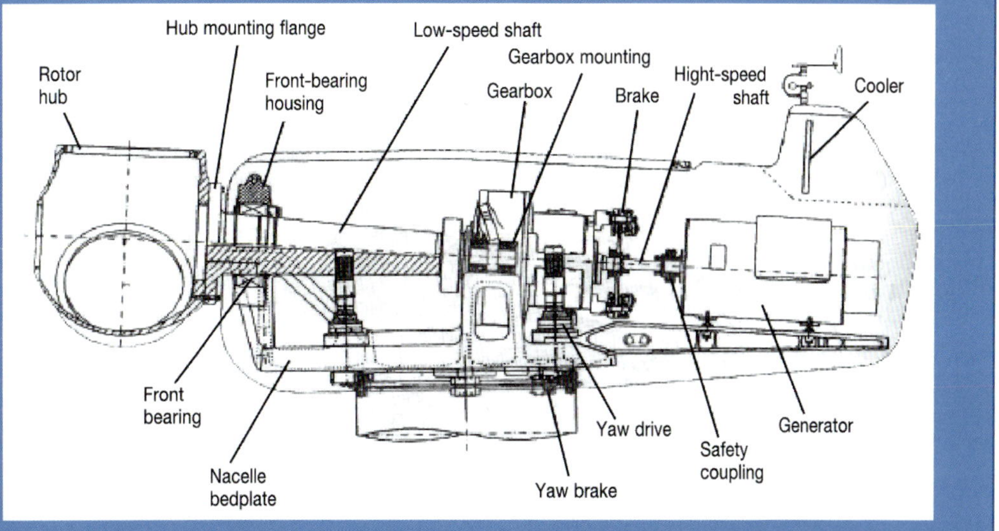

그림 9.1 테이퍼 형태 주축의 예, The Nordex N60 Turbine[1]

주축의 분류 주축을 용도, 형상, 작용하중에 따라 분류하면 다음과 같다.

- 용도 : 축의 회전에 의해 동력을 전달하므로 전동축(transmission shaft)
- 형상 : 축의 중심선이 직선이므로 직선축(straight shaft)
- 작용하중 : 굽힘과 비틀림 등 2가지 이상의 하중을 동시에 받는 축

축에 작용하는 굽힘 모멘트를 감소시키기 위해서는 그림 9.1과 같이 테이퍼 형태의 주축을 사용하는 방법이 있다.

주축은 블레이드로부터 전달되는 토크 진동(torque oscillation)을 감쇠시키기 위해서 적정 수준의 비틀림 가요성(torsional flexibility)을 가져야 하지만 로터로부터 전달되는 하중을 포함한 여러 형태의 하중들을 지지하기 위해서는 굽힘에 대해서도 강인한 특성을 가져야 한다. 이 특성을 모두 만족시키기 위하여 주축은 두 동심축 즉, 큰 강성을 가지고 있어 하중을 지탱할 수 있는 외부의 축(primary shaft)과 적정 수준의 비틀림 가요성을 가지고 있어 토크만을 전달하는 내부의 중공축(quill shaft)으로 그림 9.2와 같이 구성되기도 한다.

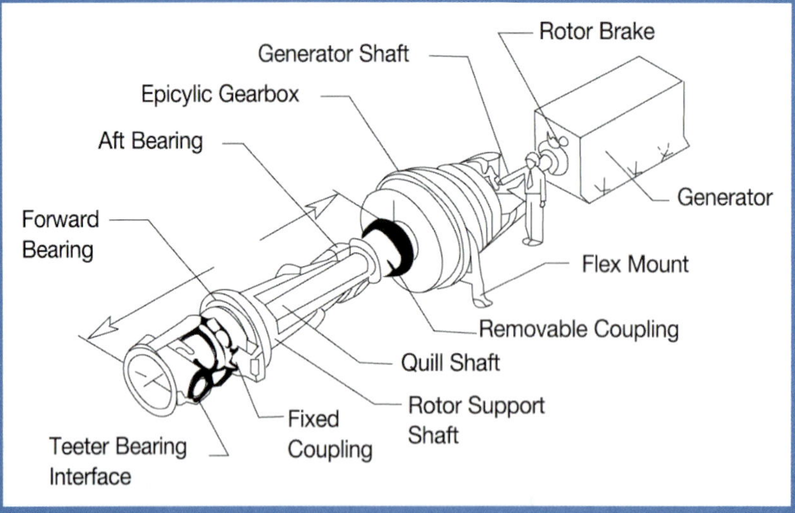

그림 9.2 이중 동심축의 예시, Mod-5B/3.2MW, Boeing 1988[2]

주축은 로터 허브를 발전기 로터(rotor of generator)에 연결해주는 역할을 하며, 나셀 주프레임과 연결된 외팔보 형태의 고정축 상에 장착될 수 있도록 제작된다. 그림 9.3는 이와 같은 내용에 대한 주축의 형상을 예로 들고 있다.

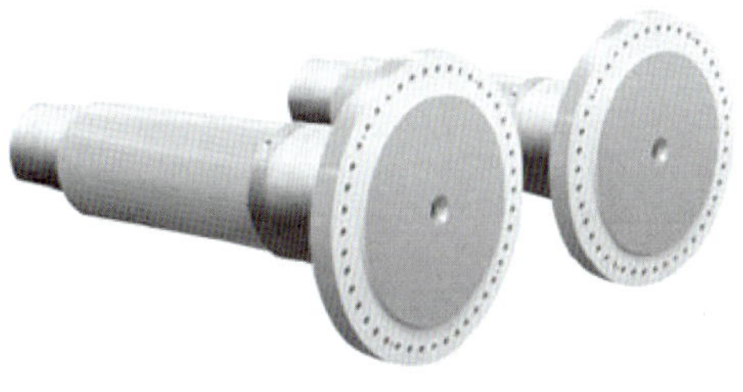

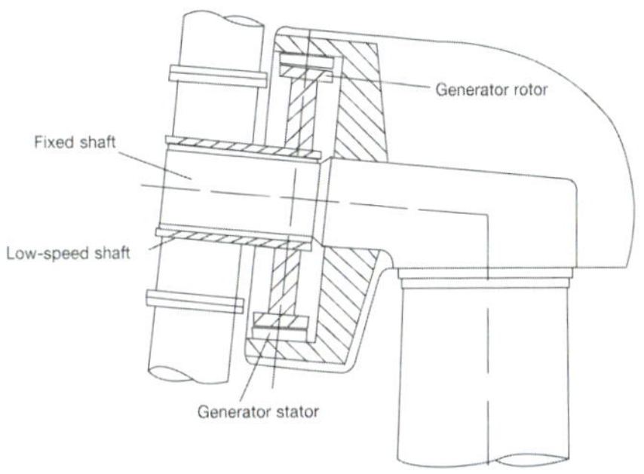

그림 9.3 주축의 형상
출처: http://www.taewoong.com

그림 9.4 직접구동식 풍력터빈에서의 주축의 예[2]

직접구동식 풍력터빈(direct drive wind turbine)에서는 증속기가 존재하지 않으므로 그림 9.4처럼 주축이 동기식 발전기에 바로 연결된다. 이 경우 주축의 배열은 간접구동식 풍력터빈에서의 배열과 완전히 다르다.

주축의 설계 시에는 하중에 의한 강도(strength), 굽힘 변형, 비틀림 변형 등의 특성뿐만 아니라 축의 위험속도도 반드시 고려해야 한다. 축의 처짐 및 비틀림 변형이 급격히 발생하면 축은 탄성체이므로 이것을 회복하려는 에너지가 발생하고, 이 에너지는 운동에너지로 변환되어 축의 원형을 중심으로 변형을 반복하게 된다. 이때 외력의 변화에 의한 주기가 축 자체의 고유진동수(natural frequency)와 일치하였을 때 공진(resonance) 현상이 생겨 진폭은 점차 커져서 축의 탄성한도를 초과하면 축이 파괴된다. 이와 같이 축의 고유진동수와 일치하는 축의 회전속도를 축의 위험속도 (critical speed)라 부른다. 공진 진동수는 다차항으로 되어 있지만, 1차항이 가장 위험하므로 일반적으로 1차항을 대상으로 위험속도를 결정한다. 축의 상용 운전속도는 그 축의 고유진동수로부터 25% 이상 떨어지도록 하여야 한다.

주축의 재료 주축의 재료로는 큰 내마모성과 강인성을 가지는 크롬-니켈-몰리브덴 합금강 (34CrNiMo6)이 주로 사용된다.

9.3 주축 베어링

베어링의 분류 하중 방향에 따라 축에 직각인 하중을 지지하는 레이디얼 베어링(radial bearings), 축방향의 하중을 지지하는 스러스트 베어링(thrust bearings), 축방향 및 축에 직각인 하중을 동시에 받는 테이퍼 베어링(taper bearings)으로 분류되고, 축과의 접촉 방법에 따라 축과 베어링 사이의 윤활유가 유막을 형성하여 미끄럼 접촉을 하는 미끄럼 베어링(sliding bearings), 축과 베어링 사이에 볼(ball), 롤러(roller), 또는 니들 롤러(needle roller)를 넣어서 구름 접촉(rolling contact)을 하도록 하여 접촉압력에 의해 하중을 지지하는 구름 베어링(rolling bearings)으로 분류된다. 미끄럼 베어링과 구름 베어링의 특성은 표 9.1과 같다.

표 9.1 미끄럼 베어링과 구름 베어링의 특성 비교

종류 / 항목	미끄럼 베어링	구름 베어링
마 찰	유체마찰이며, 마찰계수가 크다. 특히 기동마찰이 크다.	구름마찰이며, 마찰계수가 작다. 특히 기동마찰이 작다. 회전수, 하중 및 온도 등에 의한 마찰계수의 변화가 적다.
하 중	비교적 작은 하중용, 스러스트 및 레이디얼 하중을 1개의 베어링으로 지지할 수 없다.	큰 하중용이고, 충격의 흡수 능력이 크다. 스러스트 및 레이디얼 하중을 1개의 베어링으로 지지할 수 있다.
회전속도	고속회전	비교적 저속회전
진동 및 소음	정숙	전동체, 궤도면의 정밀도에 의해서 소음이 발생하기 쉽다.
설 치	간단	내·외륜의 끼워 맞춤에 주의가 필요하다.
윤 활	윤활장치가 필요하다. 온도와 점도 관계에 주의하여 윤활유를 선정한다.	그리스 윤활의 경우에는 거의 윤활장치가 필요없다. 미끄럼 베어링 만큼 점도의 영향을 받지 않는다.
규 격 화	자체 제작하는 경우가 많다.	표준형 양산품이다.
호 환 성	호환성이 없다.	호환성이 있다.
경 제 성	동압 미끄럼 베어링은 싸다. 정압 미끄럼 베어링은 부대설비가 비싸다.	양산 및 규격화로 비교적 싸다.

표 9.2 구름베어링의 분류[4]

구름 베어링			명 칭
구름 베어링	레이디얼 베어링	레이디얼 볼 베어링	단열 깊은 홈 레이디얼 볼 베어링
			단열 마그네트 레이디얼 볼 베어링
			단열 앵귤러 레이디얼 볼 베어링
			복렬 앵귤러 레이디얼 베어링
			복렬 자동 조심 레이디얼 볼 베어링
		레이디얼 롤러 베어링	원통 롤러 베어링
			테이퍼 롤러 베어링
			구면 롤러 베어링
			니들 롤러 베어링
	스러스트 베어링	스러스트 볼 베어링	단열 평면 자리 스러스트 볼 베어링
			단열 구면 자리 스러스트 볼 베어링 (조심 와셔 부착)
			복렬 평면 자리 스러스트 볼 베어링
			복렬 구면 자리 스러스트 볼 베어링 (조심 와셔 부착)
		스러스트 롤러 베어링	스러스트 원통 롤러 베어링
			스러스트 테이퍼 롤러 베어링
			스러스트 구면 롤러 베어링

이상의 특성들로 인하여 풍력발전설비에서는 주로 구름 베어링이 사용된다. 구름 베어링의 분류는 표 9.2와 같으며 가장 기본적인 형태인 볼 베어링의 구조는 그림 9.5와 같다.

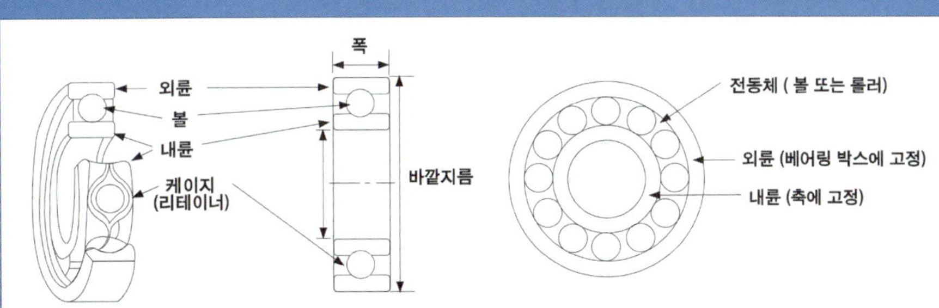

그림 9.5 볼베어링의 구조[4]

주축 베어링으로 주로 사용되는 베어링은 그림 9.6, 9.7, 9.8에서 보는 것과 같이 원통 롤러베어링, 테이퍼 롤러베어링, 구면 롤러베어링이다. 롤러베어링은 일반적인 볼베어링보다 저속하중용으로써 주로 충격 하중이 작용하는 경우에 적합하다.

원통 롤러 베어링(cylindrical roller bearings) 전동체가 롤러이기 때문에 깊은 홈 볼베어링보다 큰 하중을 지지할 수 있지만 일반적으로 스러스트 하중은 받을 수 없다. 레이디얼 하중이 큰 경우와 중하중 (重荷重), 충격하중, 고속회전에 적합하고 축방향으로 약간 이동하는 경우에 유리하다. 내 · 외륜에 턱붙이가 있는 것은 약간의 스러스트 하중도 지지할 수 있다.

테이퍼 롤러 베어링(tapered roller bearings) 원추형의 내륜과 외륜 사이에 원추형의 롤러를 집어넣은 형식으로 레이디얼 하중과 동시에 원추의 꼭지점으로 향하는 스러스트 하중도 견딜 수 있다. 외륜 리테이너에 지지된 롤러는 내륜과 분리가 가능하므로 분해 및 조립이 간편하다.

구면 롤러 베어링(spherical roller bearings) 구면 롤러를 사용하므로 내륜과는 선접촉을 하고, 외륜과는 점접촉을 한다. 외륜 궤도면이 구면형상이므로 자동조심 작용이 있다. 또한 롤러가 선접촉을 하므로 큰 레이디얼 하중과 양방향의 스러스트 하중도 지지할 수 있다.

그림 9.6 원통 롤러베어링[4]

그림 9.7 테이퍼 롤러베어링[4]

그림 9.8 구면 롤러베어링[4]

9.4 드라이브 트레인(기어 구동식 풍력터빈)

드라이브 트레인(drive train) 파워 트레인(power train)이라고도 하며 블레이드에서 생산되는 기계적 동력을 전기적 동력으로 변환시키기 위한 기계적·전기적 요소들로 이루어진 동력 전달 계통으로 주축(low-speed shaft), 주축 베어링, 커플링 등으로 이루어진 터빈축 어셈블리(turbine shaft assembly), 증속기, 발전기 구동축(high-speed shaft), 로터 브레이크, 발전기, 윤활과 냉각 및 제어를 위한 부수적인 요소들로 구성된다. 드라이브 트레인 레이아웃은 풍력터빈의 설치비용과 에너지 효율 측면에 영향을 미치므로 풍력터빈의 제반 조건에 따라 신중하게 선택되어야 한다. 제4장에서 일부 언급되었으나 추가적으로 보완하여 설명하였다.

모듈형 vs 일체형 드라이브 트레인 그림 9.9는 전통적인 모듈형 드라이브 트레인을 보여준다. 모듈형 드라이브 트레인은 각각의 구성 요소들이 서로 독립적으로 주프레임상에 장착된다. 주축 베어링은 주축이 성공적으로 기능을 수행할 수 있도록 주축의 전방과 후방의 2곳에 배치되며, 축 모멘트에 의한 베어링 하중을 경감시키기 위하여 두 베어링 사이의 거리는 전방 베어링과 로터 허브 사이의 거리보다 커야 한다. 이 경우 로터 허브로부터 전달되는 로터 자중, 토크, 추력, 굽힘 하중 등과 같은 모든 하중이 주축을 통과하게 되며 이 하중들은 주축 베어링 등을 통하여 나셀의 주프레임, 더 나아가서는 타워로까지 전달된다.

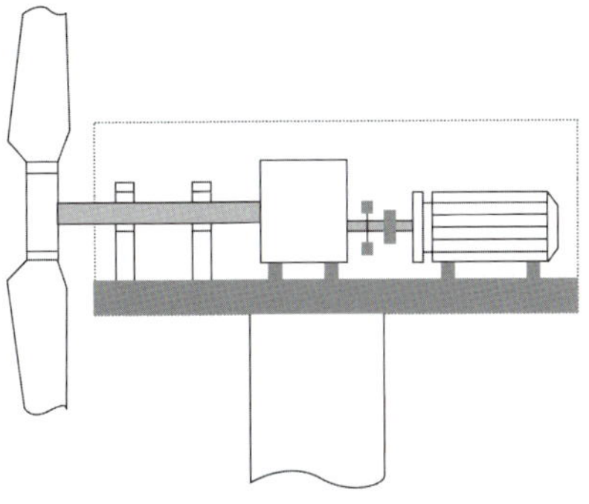

그림 9.9 모듈형 드라이브 트레인[3]

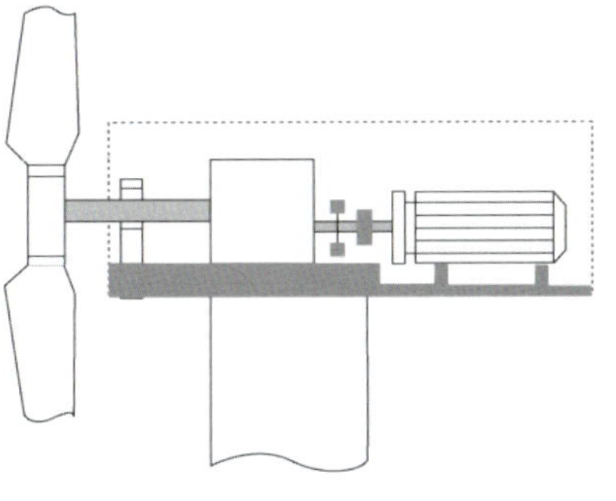

그림 9.10 3점 지지 드라이브 트레인[3]

증속기는 주축에 연결되며, 저속축 또는 고속축에 설치할 수 있는 기계 브레이크의 위치를 제외하면 모든 요소들의 위치가 이미 다 정해져 있다. 고속축의 제동에는 저속축보다 더 작은 토크가 필요하므로 기계 브레이크를 고속축에 설치할 때 더 작고 값싼 브레이크를 사용할 수 있지만 이 경우 증속기에 대한 아무런 보호 구조물이 없게 되는 취약점이 생긴다. 모듈형 드라이브 트레인은 초기의 소형 풍력터빈과 대형의 실험적 풍력터빈에 널리 사용되었으며, 그 특성상 대형이고 중량인 구조를 가지게 된다.

모듈형 드라이브 트레인에 대하여 길이가 더 짧고 컴팩트한 일체형 드라이브 트레인이 개발되었다. 그 중 그림 9.10은 3점 지지(3-point suspension) 드라이브 트레인이라 불리는 레이아웃을 보여준다. 모듈형 드라이브 트레인의 두 주축 베어링 중 전방에 위치한 베어링은 주축 상의 자유 지점에 위치하지만, 후방에 위치한 베어링은 증속기 내에 통합되며, 증속기는 주프레임 상의 두 지지부를 가진다. 이 컨셉은 매우 컴팩트한 형태의 드라이브 트레인을 가능하게 한다.

그림 9.11은 완전 통합된 드라이브 트레인을 보여준다. 이 경우 증속기가 로터와 축의 모든 하중을 전달하며, 주축과 1차 기어뿐만 아니라 연결된 모든 베어링들도 증속기에 통합된다. 발전기는 증속기에 직접적으로 연결되며, 증속기 하우징은 기어의 하우징 기능 및 타워 상부에 있는 모든 요소들의 지지 프레임 기능을 한다.

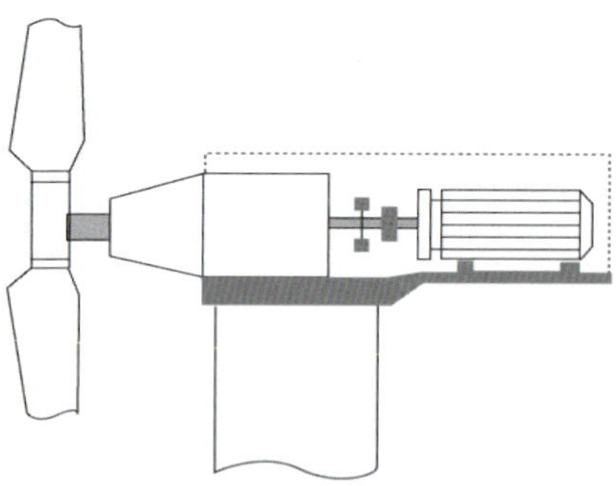

그림 9.11 완전 통합된 드라이브 트레인[3]

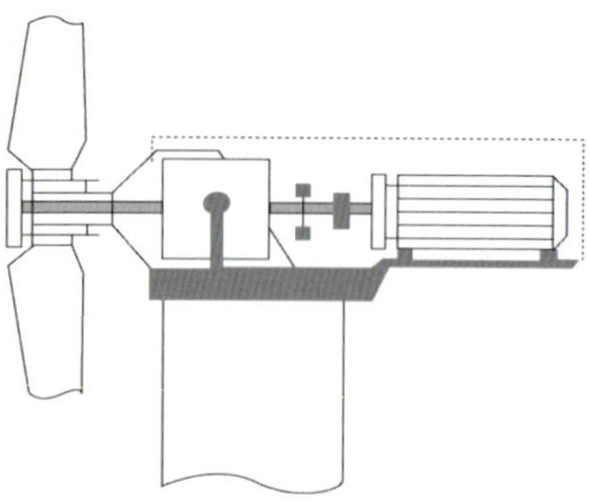

그림 9.12 하중 전달 기능을 분리한 드라이브 트레인[3]

그림 9.12는 하중 전달 기능을 극단적으로 분리한 드라이브 트레인의 형상을 보여준다. 로터 추력, 로터 자중, 경사 모멘트 등은 로터 베어링을 통하여 고정된 주프레임에 전달된다. 주축은 플렉시블 커플링을 통하여 로터와 연결되고 주축에는 발전기로 전달되어야할 회

전 토크만이 작용하게 된다. 이 드라이브 트레인은 하중경로(load path)와 회전축에 작용하는 피로하중을 크게 경감시켜 주지만 3점 지지 드라이브 트레인보다 더 많은 설치비용을 요한다.

그림 9.13 모듈형 드라이브 트레인의 예, Vestas Wind Systems A/S[3]

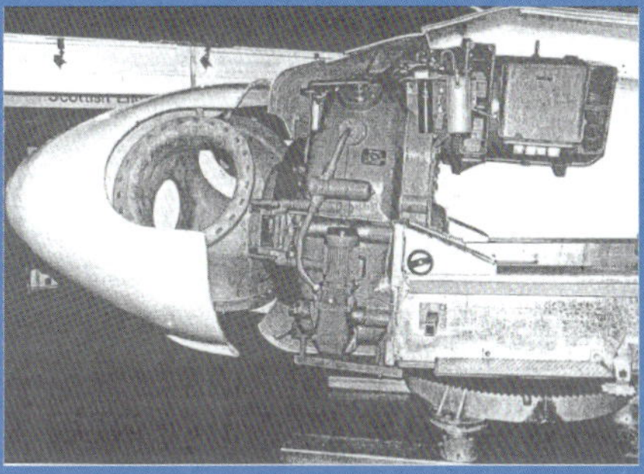

그림 9.14 완전 통합된 드라이브 트레인의 예, Nordex turbine[3]

그림 9.13과 9.14는 각각 모듈형 드라이브 트레인의 형상과 완전 통합된 드라이브 트레인의 형상을 보여준다.

9.5 커플링(couplings)

커플링(couplings) 풍력터빈에서 커플링은 증속기의 고속 축과 발전기 사이에 위치하여 기계적 동력, 토크를 전달하는 축이음 부품이다. 커플링은 두 개의 부분품으로 이루어져 있고 각 부분품은 증속기와 발전기의 중심축에 연결된다.

축 커플링은 한 축에서 다른 축으로 또는 다른 장치로 토크를 전달하기 위해 다양한 형태의 축 오정렬에 대하여 단순한 키를 사용하는 커플링, 스플라인을 사용하는 정교한 커플링, 탄성고무나 유체를 이용하는 커플링까지 다양하다.

강성 커플링(rigid coupling) 그림 9.15의 강성 커플링은 두 축사이의 상대 운동이 생기지 않도록 체결하며, 조립 시 축방향의 조정이 가능하다. 이것은 토크전달의 정확성과 신뢰성이 중요할 때, 예를 들어 구동장치와 피동장치간의 위상차가 정확하게 유지되어야 할 경우에 사용된다. 긴 축에 의해 구동되는 생산 설비는 이런 이유로 종종 강성 커플링을 사용한다. 또한 서보기구는 연결부위에서 백래시를 0으로 해야 할 필요가 있다. 커플링 체결 시, 큰 축력과 모멘트 발생을 방지하기 위해서 정밀하게 조정되어야 한다. 강성 커플링은 주로 기어커플링과 강철커플링이 있는데, 대형기계에 주로 사용되고 있다. 기어 커플링은 기어 형상인 두 개의 허브(external & internal gear)로 구성되며, 양쪽의 축 끝에 장착되어 연결된다. 토크는 커플링 기어를 통해 전달되며, 기어 치면은 크라운(crown) 형태로 되어서 각도변위가 가능하도록 되어 있다. 반경방향으로의 변위는 두 기어 사이의 거리를 통하여 흡수된다. 플렌지 슬리브의 내부 기어는 외부 기어보다 넓어 축방향의 오정렬을 흡수해준다. 다른 형태의 강성 커플링은 강철로 된 두 개의 디스크로 구성되며, 디스크를 통하여 토크가 전달된다. 두 디스크가 스페이서(spacer)로 연결되어 축(axial), 반경(radial), 각도(angular) 방향으로 축의 오정렬을 보상해 준다.

강성 커플링의 한 종류로서 쉬링크 디스크(shrink disk)가 있으며, 이것은 풍력터빈용 주축(main shaft)과 증속기의 입력부를 연결해주는 역할을 한다. 그림 9.16은 풍력터빈용 쉬링크 디스크를 나타낸 것이다. 쉬링크 디스크는 블레이드에 의한 허브의 토크를 증속기로 전달해주기 위한 것으로 쉬링크 디스크가 불량이거나 조임력이 약해지면 증속기로 전달되는 토크 손실이 발생하기 때문에 풍력발전기에서 매우 중요한 역할을 한다.

그림 9.15 강성 커플링(rigid coupling)의 예 (기어 커플링) / 출처: (주)도호코리아

그림 9.16 풍력터빈용 쉬링크 디스크(shrink disk)의 예 / 출처 : GERWAH & PETER

유연 커플링(flexible coupling) 각 축에 고정되는 허브를 고무(NBR, HNBR, NR)와 같은 부드럽고 유연한 재료로 연결하여 전달 토크 변동을 최소화하려는 목적으로 사용된다. 그러므로 유연 커플링은 유연한 부품(flexible unit)이 가장 중요하며, 보통 수 밀리미터의 움직임만을 허용한다. 따라서 다른 두 부품인 증속기와 발전기를 연결하여 정렬할 때, 미세한 오차를 허용한다. 인접한 두 축의 정렬에 주의하지 않으면 기계에는 축 반경, 각도 방향으로 오정렬이 존재한다. 또한, 비틀림 오정렬은 피동하중이 구동축에 앞서거나 뒤서려고 할 때 동적으로 일어난다. 만약 커플링이 비틀림 간격을 허용한다면 토크가 반대방향으로 작용할 때

백래시가 생길 것이다. 서보기구처럼 정확한 위상이 필요하다면 이것은 바람직스럽지 않다. 구동축으로부터의 충격하중이나 비틀림 진동을 막기 위하여 커플링에서 비틀림 탄성이 요구된다.

풍력터빈에서 증속기와 발전기사이는 유연커플링으로 연결되는데 축방향과 반경방향으로의 오정렬을 감당해 준다. 특히 증속기 쪽에서 발생하는 진동하중(oscillating load)을 흡수하여 기계 손상을 방지하며 발전기 측면에서는 발전된 전기의 질을 향상시킨다. 최근의 커플링은 증속기 축에 디스크형 기계 브레이크가 연결되어 있고 커플링 스페이서(spacer)는 절연이 필요해서 그림 9.17과 같이 유리섬유 복합재 튜브를 사용하여 강도(strength)와 유연성, 경량화 등의 장점을 활용하고 있다.

그림 9.17 풍력터빈용 유연커플링(flexible coupling)의 예
출처: Siemens

유체커플링(fluid coupling) 그림 9.18은 유체 커플링의 주요 부분들을 나타낸 것이다. 입력축에 연결되어 있는 로터(rotor)는 임펠러(impeller)라고 하며, 케이스에 볼트로 고정되어 있다. 임펠러와 케이스는 유체(보통 낮은 점도의 광유(mineral oil))를 담고 있는 하우징을 형성한다. 출력축은 하우징 내에서 베어링에 의해 지지된다. 출력축에 연결되어 있는 로터를 터빈(turbine)이라고 하며, 임펠러로부터 방출되는 오일에 의해 구동된다. 하우징과 출력축 사이의 오일실(oil seal)은 자체 윤활에 필요한 아주 미세한 누유만을 허용한다. 각 로터는 반쪽 토로이달 공간(semi-toroidal space)을 둘러싸고 있으며, 이 공간은 균일한 간격으로 배치되는 반경방향의 평평한 날개(blades; plates 또는 vanes 라고도 함)에 의해 칸막이화되어 있다. 두 로터의 날개에 부착된 코어(core) 또는 안쪽 덮개(inner shroud)가 보통 선택적으로

사용된다. 이것은 순환하는 유체가 원에 가까운 궤적을 그리도록 안내한다. 공기 순환을 개선하고 손실에 의해 발생하는 열의 방출을 위해서 하우징에 핀을 더해 준다.

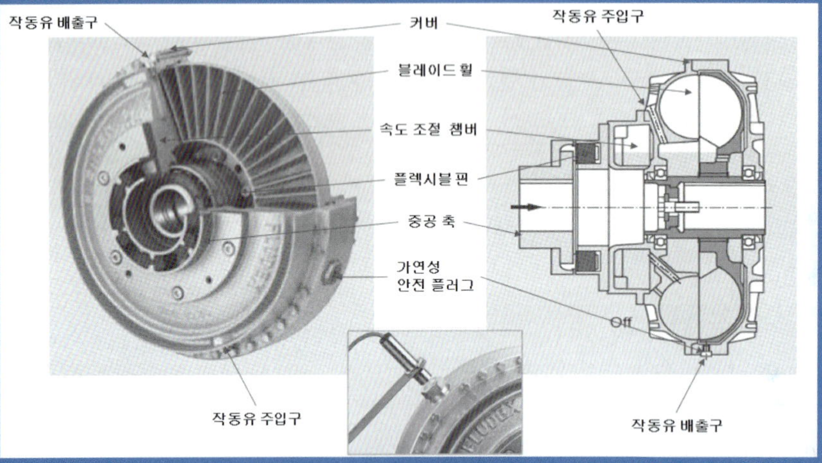

그림 9.18 유체커플링(fluid coupling) 주요 부분의 예
출처: (주) 한진산업

그림 9.19는 유체 커플링의 작동 원리를 나타낸 것이다. 임펠러의 회전은 인접한 날개 사이에 갇힌 오일에서 원심력을 발생시켜, 오일이 반지름방향 바깥으로 흐르게 된다. 유량이 터빈 쪽으로 흘러 들어가면 오일은 임펠러와 터빈 회전 평면에서 터빈 날개에 부딪치며 많은 양의 운동에너지를 잃는다. 정상적인 작동 중에는 터빈의 회전이 임펠러의 회전보다 조금 느리게 된다. 터빈 쪽의 오일에서 발생된 원심력은 임펠러 쪽의 오일 흐름을 거스르며, 이로 인하여 가로지르는 "유체 순환" 경로에서의 유체속도를 감소시킨다. 만약 전동장치의 방향이 거꾸로 되고 출력축이 입력축보다 더 빨리 작동한다면 유체 흐름의 방향 또한 역전된다. 정상적인 작동에서는 슬립(slip) 현상 때문에 출력축이 입력축보다 조금 느리게 회전한다. 슬립은 식 19.1과 같이 입출력 회전 속도로 나타낼 수 있다.

$$\text{슬립} = \frac{(\text{입력 회전속도} - \text{출력 회전속도})}{\text{입력 회전속도}} \tag{19.1}$$

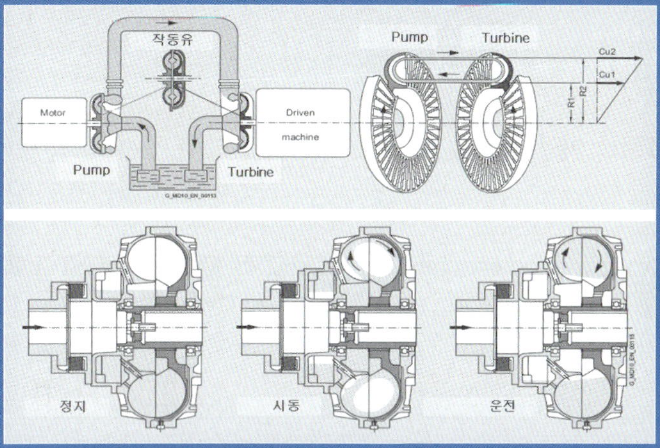

그림 9.19 유체커플링(fluid coupling)의 작동 원리 / 출처: (주) 한진산업

그림 9.20은 풍력터빈용 유체커플링의 설치 모습을 나타낸 것이다.

그림 9.20 풍력터빈용 유체커플링(fluid coupling) 설치 예 / 출처 : (주) 한진산업

☑ 참고문헌

1. Tony Burton, David Sharpe, Nick Jenkins, Ervin Bossanyi, **Wind energy handbook**, John Wiley & Sons, Ltd., 2001.

2. David A. Spera, **Wind turbine technology-fundamental concept of wind turbine engineering**, ASME PRESS, 1998.

3. Robert Harrison, Erich Hau, Herman Snel, **Large wind turbines-design and economics**, John Wiley & Sons, Ltd., 2000.

4. 정남용, **기계설계**, 삼성북스, 2007.

5. **풍력발전시스템의 기술 기준**, 한국선급, 2008.

6. 이수갑, **3.0MW급 이상 해상용 대형 풍력발전기 개념 및 기본설계-최종보고서**, 산업자원부, 2006.

7. Robert C. Juvianll, **Fundamentals of MACHINE COMPONENT DESIGN 3rd edition**, John Wiley & Sons, Ltd., 2003.

8. http://www.peter-welle-nabe.com/

9. http://www.hanjinind.co.kr/

10. http://www.tohokorea.co.kr/

제10장

증속기

Gearbox Systems

이근호, 박영준

풍력핵심기술연구센터
한국기계연구원

10.1 서론

풍력발전시스템용 증속기는 높은 타워 위 나셀내부의 좁은 공간에 설치되며, 고장 발생 시 교체가 까다롭고 비용이 많이 드는 특징이 있다. 따라서 증속기 기술은 풍력발전시스템의 매우 중요한 핵심 요소 기술 중의 하나이다. 또한, 증속기는 충분한 동력을 전달하면서 높은 신뢰성과 장수명이 요구되며, 체적과 중량의 최소화가 요구되는 추세이다. 풍력발전시스템의 대형화와 해상으로의 진출에 따라 증속기는 이러한 특징과 필요성들이 더욱 중요하게 부각되고 있다. 증속기는 블레이드 축과 발전기 사이에 위치하면서 저속으로 분당 12 ~ 40회전하는 저회전 고토크의 블레이드 입력 동력을 분당 약 1,000 ~ 1,800 회전하는 속도로 증속하여 고회전 저토크의 출력 동력으로 변환하여 발전기에 전달한다. 이때 급격한 풍력 변화는 큰 부하 변동을 발생시킴으로서 증속기를 구성하는 기어와 베어링 등에 큰 동적 힘과 모멘트로 영향을 준다. 이는 증속기의 초기고장 및 수명단축의 원인이 된다. 그리고 실제로 현장에서 많은 파손 사례가 보고되고 있다. 따라서 큰 동적 부하조건을 갖는 풍력발전시스템에서 증속기의 사용수명을 20년 이상으로 보장하기 위하여 국내·외 연구 기관 및 전문 업체의 기술 개발이 진행되고 있다.

본 단원에서는 증속기 개발에서 필요한 구조적 특성과 기어설계, 시험평가 및 방법에 대하여 기술하였다. 국외 증속기의 개발 현황으로서, 독일 Rexroth사에서 5MW급 differential geartrain 형태의 증속기(그림 10.1)를 개발 중에 있다. 이 증속기는 동력을 분할하기 때문에 높은 동력 밀도를 가지며 기존의 2MW급과 유사한 크기의 공간을 필요로 하고, 선기어(sun gear)가 플로팅(floating)되어 있으며, 각 단에 3개의 유성기어(planet gear)로 구성된다. Renk사의 Multibrid M5000 모델 증속기(그림 10.2)는 캐리어(planet carrier)가 고정된 형태를 가지는 증속기로서 4개의 유성기어를 가지며, 동압(hydrodynamic) 베어링을 사용한다. Renk사의 Aerogear 모델의 증속기(그림 10.3)는 저속 입력축이 링기어(ring gear)와 연결되어 선기어가 없는 유성기어열 증속과 2단의 평기어열을 사용하여 부품수를 줄이면서 부피가 작아지는 특징을 가지고 있다. 4개의 유성기어가 있으며 최종 기어열은 헬리컬 기어열로 이루어지기 때문에 입력축과 출력축이 옵셋이 된다. Henderson사의 증속기(그림 10.4)는 유성기어열의 링기어에 작용하는 토크가 유압 시스템에 의해서 제어되는 특징이 있다. Voith사의 WinDrive 증속기(그림 10.5)는 하나 또는 두 개의 유성기어열과 하나의 헬리컬 기어열로 구성되며, 출력 속도가 변동 속도 기어박스(variable speed gearbox)에 의해 제어되는 특징이 있다. 미국 Clipper사의 증속기(그림 10.6)는 각 유성기어에서 출력이 이루어질 수 있도록 분기 출력(distributed drive) 형태를 가지는 것이 특징이고, 사용 수명은 30년 정도이다.

그림 10.1 Differential Gears, Rexroth사

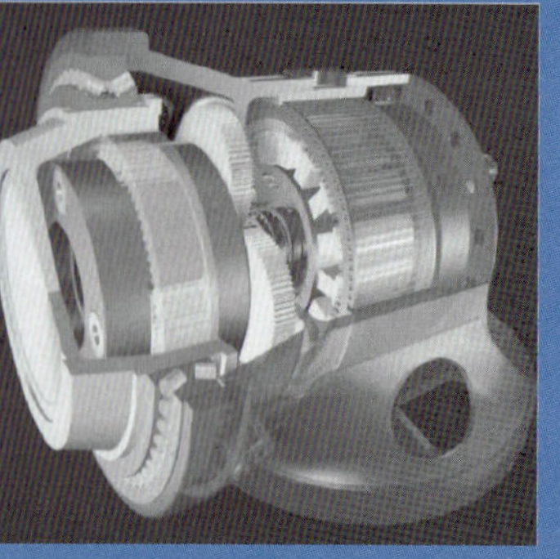

그림 10.2 Multibrid M5000, Renk사

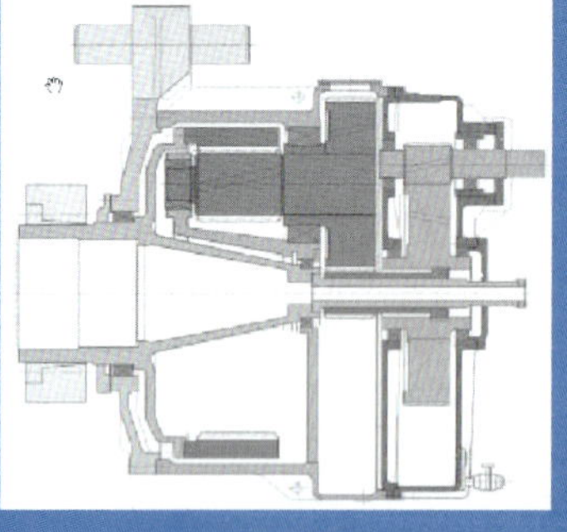

그림 10.3 Aerogear, Renk사

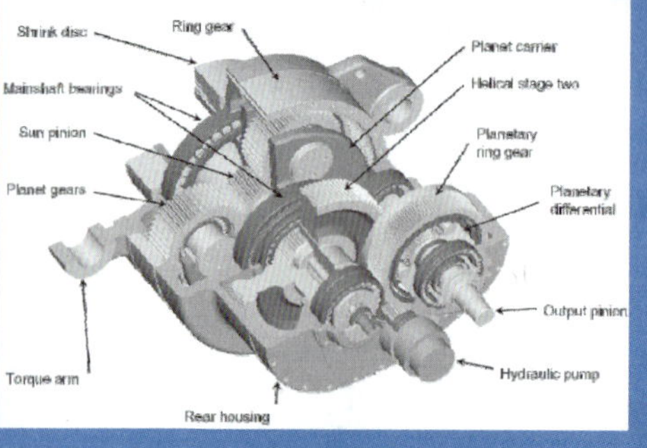

그림 10.4 Gearbox, Henderson사

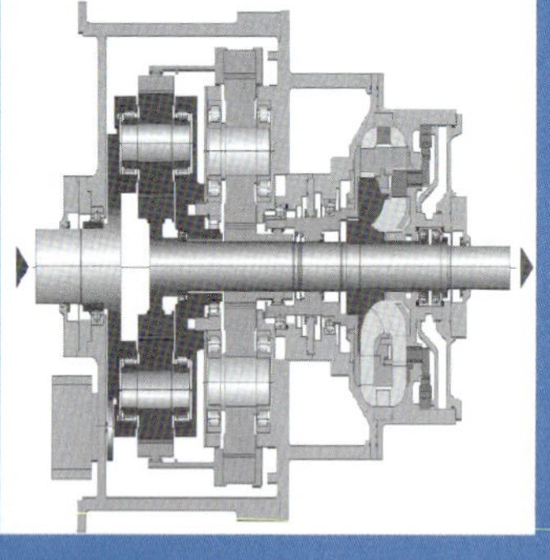

그림 10.5 WinDriv, Voith사

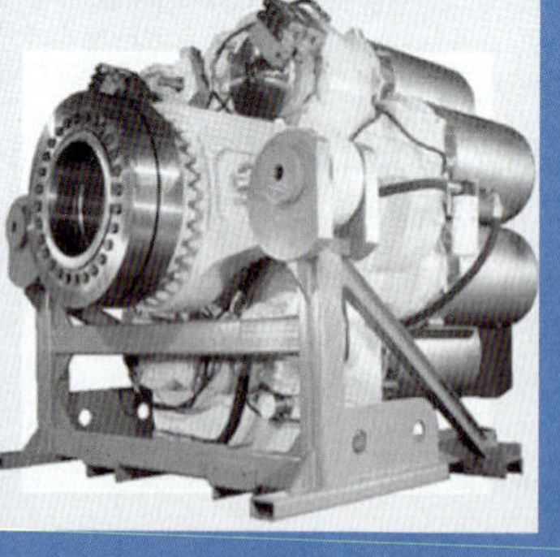

그림 10.6 Distributed Drive, Cilpper사

10.2 증속기의 특성

블레이드를 통하여 증속기로 전달되는 동력은 회전속도 및 토크의 변화가 넓은 범위에서 형성된다. 그러므로 증속기에서 발생하는 진동과 소음이 크다. 또한 증속기에 전달되는 하중의 종류에는 발전을 하고 있는 작동 상태와 발전을 멈추기 위한 브레이킹 상태에 의한 하중과 환경적인 요소에 의해 예측하지 못하는 하중이 발생한다. 따라서 증속기를 설계할 때 가장 기본적으로 검토해야 하는 것이 기어와 베어링의 강도와 수명 외에도 진동, 소음, 질량을 감소시키는 것이다. 이를 구현하기 위하여 다양한 기어의 종류를 활용하여 증속기의 기어열을 설계한다. 주로 활용되는 기어의 구조는 원통 기어와 유성 기어로서 그 조합에 따라 다양한 형태의 구조를 갖는다.

산업용 유성 기어는 선기어로 입력이 되고 캐리어로 출력이 되는 일반적인 형태를 가지지만, 풍력발전시스템용 증속기는 그 특성에 따라 여러 가지 형태를 갖는다. 유성 기어열은 선기어, 링 기어, 캐리어 요소 중에서 입력 요소와 출력 요소 그리고 고정되는 요소의 결정에 따라 6가지의 기어비를 가질 수 있으나 증속을 위한 기어비는 3가지이다. 유성기어열의 종류는 일반적으로 4종류로 나누어지며, 첫 번째는 기본 유성 기어열(simple type)로서 선 기어, 캐리어, 링 기어가 모두 1개씩을 가지는 형태이다. 두 번째는 복합 유성 기어열(compound type)로서 2단의 기어열을 설계할 때, 한 개의 축에 크기가 다른 2개의 유성기어가 있는 형태이다. 세 번째로 커플 유성 기어열(coupled type)은 두 개 또는 그 이상의 유성기어가 서로 인접하여 배열을 가지는 것이 특징이다. 네 번째로 디퍼렌셜 유성 기어열(differential type)은 다단의 기어 열에 2개의 입력을 가지며 2단에서는 고정되는 요소가 없는 것이 특징이다. 각각의 유성 기어 열에 대해서는 그림 10.7에 나타내었다.

그림 10.7(d)의 디퍼렌셜 유성 기어열의 상대속도 식은 다음 식과 같이 나타낼 수 있다. n_C, n_S, n_R은 캐리어, 선기어, 링기어의 회전속도를, N_S, N_P, N_R는 선기어, 유성기어, 링기어의 잇수를 나타내며 식(10.1)과 같이 나타낼 수 있다.

$$
\begin{aligned}
n_C &= \frac{n_S}{1+\dfrac{N_R}{N_S}} + \frac{n_R}{1+\dfrac{N_S}{N_R}} \\
n_S &= n_C\left(1+\frac{N_R}{N_S}\right) - n_R\frac{N_R}{N_S} \\
n_R &= n_C\left(1+\frac{N_S}{N_R}\right) - n_S\frac{N_S}{N_R}
\end{aligned}
\tag{10.1}
$$

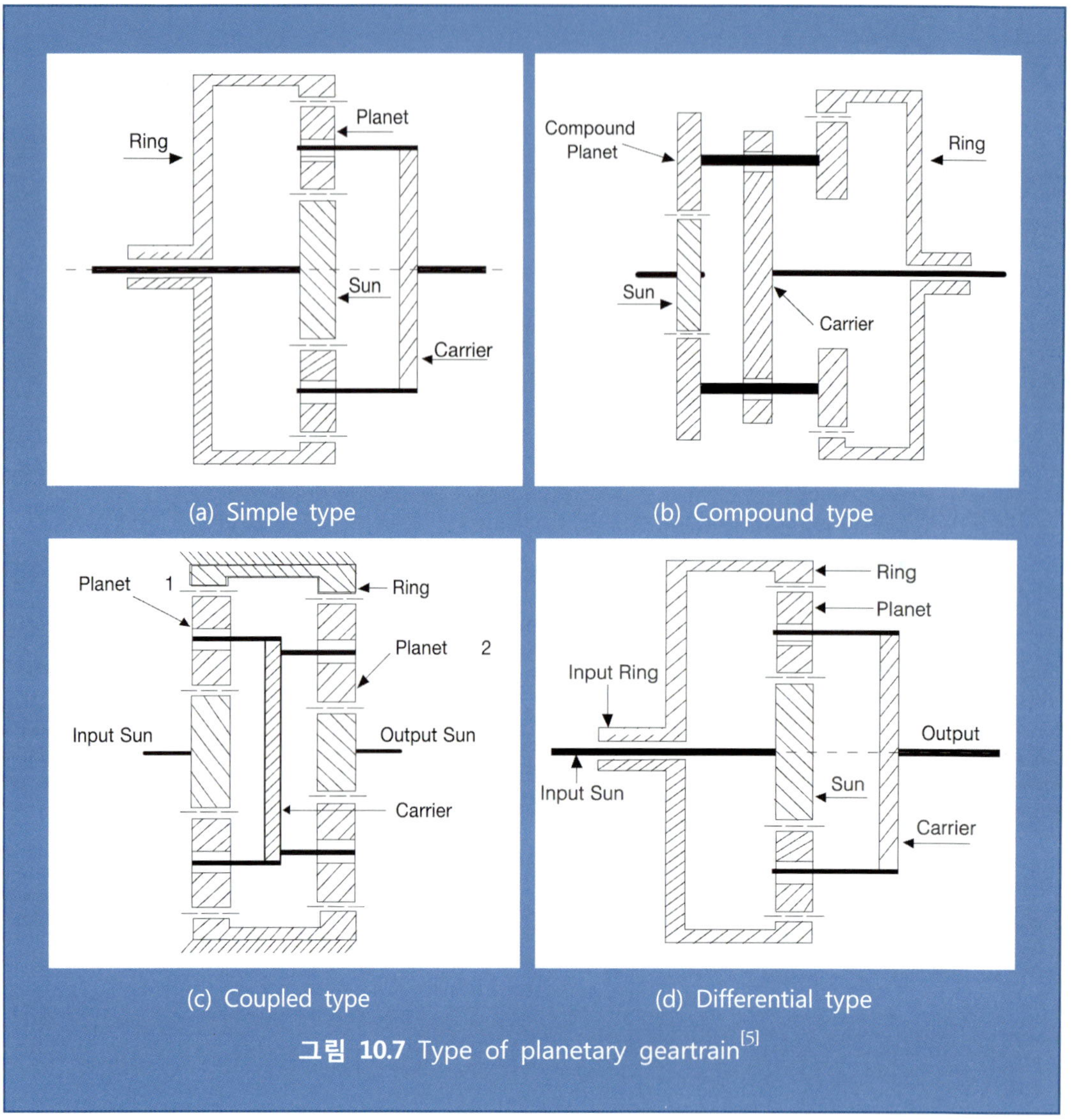

그림 10.7 Type of planetary geartrain[5]

1) 증속기 구조의 특성 분석

실제 증속기 설계에 적용된 기어열의 구조를 살펴보면, 매우 많은 종류가 있다. 원통 기어열 만으로 이루어진 기어 구조부터 설계 가능한 여러 가지 형태의 유성 기어 구조를 조합한 경우에 이르기까지 적용 방법에 따라 많은 종류의 설계가 가능하다. 표 10.1에서 증속기에 적용된 구조에 대해서 나타내었다.

표 10.1 Structure of gearbox[11]

구 분	기어열의 구조	특 징
헬리컬 기어열	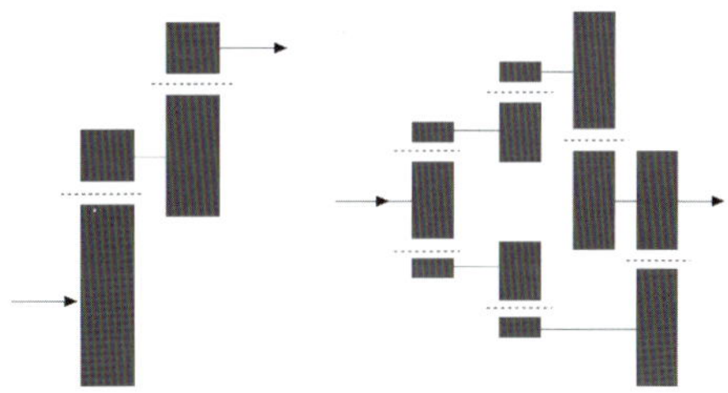	두 개의 헬리컬 기어열을 가지는 구조로서 동력을 분배함에 있어서 장점을 가짐
유성 기어열 & 헬리컬 기어열의 복합구조	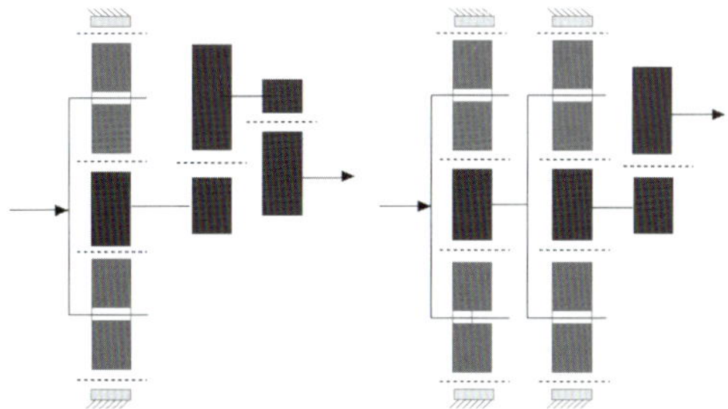	한 개 또는 두 개의 유성기어열과 헬리컬 기어열을 조합하여 구성함 캐리어에 의해 구동되며, 링기어는 하우징에 고정되고 선기어에 의해 동력 전달
복합 유성 기어열	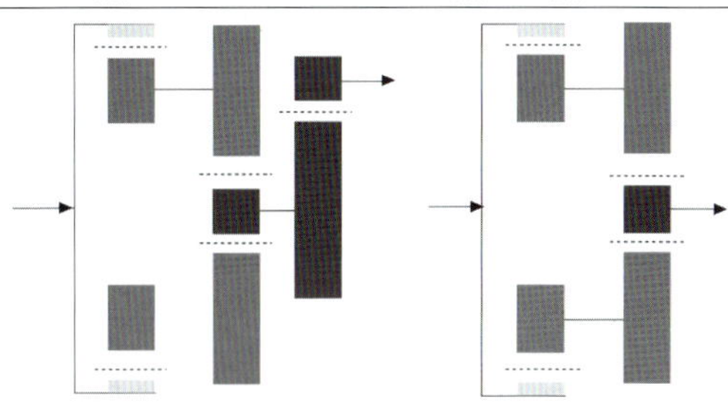	복합 유성 기어열로 구성 헬리컬 기어열의 유무에 따라 기어비의 차이가 있으며, 링기어는 하우징에 고정되지 않음
커플 유성 기어열	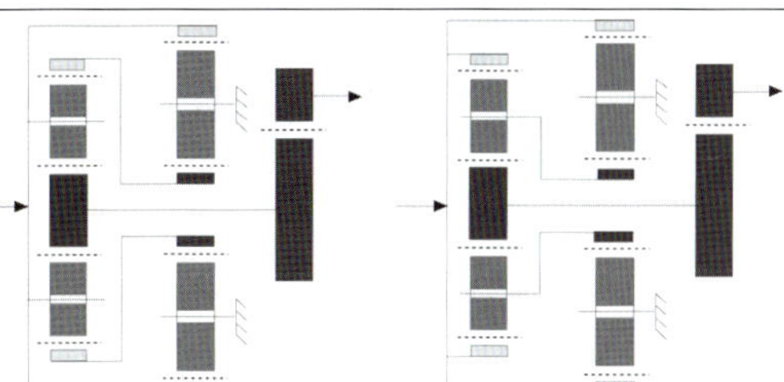	링기어는 하우징에 고정되지 않으며, 각 단에 대해서 하중 분배의 효과가 있음 유성기어의 개수에 따라 기어비를 결정하는 것이 중요함
디프렌셜형 유성 기어열	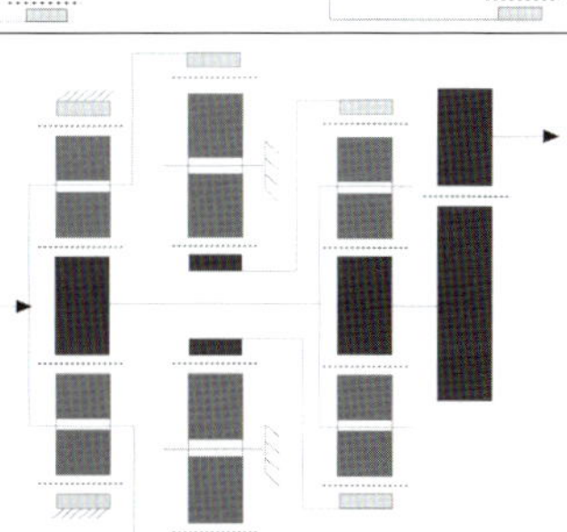	1단은 일반 유성기어열이며, 2단과 3단이 디프렌셜형으로 구성 최근 많은 연구가 이루어지며, 대형 풍력발전 시스템에 활용됨 비용이 많이 드는 구조

10.3 증속기의 설계 기술

1) 증속기 설계 방안

풍력발전시스템에 사용되는 증속기는 헬리컬 기어나 스퍼기어와 같은 평행축 기어를 사용하거나 유성기어열과 평행축 기어를 조합하여 사용하는 등 여러 가지의 구조가 사용된다. 풍력발전시스템용 증속기에서 기어열의 선택은 증속기의 제조사와 설계조건에 따라 달라진다.

풍력발전시스템의 증속기는 나셀의 좁은 공간 안에 설치되어야 하며 높은 수명 및 강도를 요구하므로 기어열의 구조에 따른 증속기의 부피, 신뢰성, 강도 및 제작비용 등에 대한 영향이 고려되어야 하고, 신중하게 결정되어야만 한다.

2) 기어의 강도 설계

기어의 강도해석은 주로 이뿌리의 굽힘 강도, 접촉면의 접촉응력, 스코링 강도의 3가지 항목으로 검토되며 계산 결과 중에서 최소의 허용응력 값으로부터 전달동력을 결정한다. 일반적으로 많이 사용되는 규격에는 AGMA2001, DIN3990, BS436, JGMA401 등이 있으며 1996년에 정식 표준으로 공표된 후 사용이 점차 증가하고 있는 ISO6336 규격이 있다.

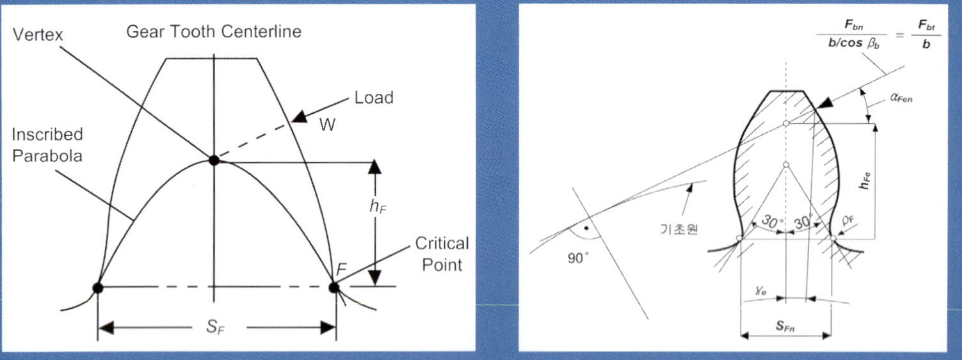

(a) AGMA 규격 (b) ISO 규격

그림 10.8 Critically stressed point finding method in gear strength analysis

그림 10.8은 대표적으로 사용되는 강도계산규격인 AGMA와 ISO의 위험단면의 결정방법을 나타낸다. AGMA 규격(a)에서 S_F는 임계단면의 이뿌리 현 또는 이두께 (mm), F는 임계단면의 이뿌리 반경 (mm), h_F은 굽힘 모멘트 암 (mm), W는 하중 (N)을 나타내며, ISO

규격(b)에서 α_{Fen}는 이끝 하중 각 (°), S_{Fn}는 임계단면의 이뿌리 현 또는 이두께 (mm), h_{Fe}은 굽힘 모멘트 암 (mm), ρ_F는 임계 단면의 이뿌리 반경 (mm), F_{bn}는 치면에 작용하는 수직 하중 (N), b는 치폭 (mm), β_b는 기본 나선 각(°), F_{bt}는 기어축의 반경방향으로 작용하는 하중 (N)을 나타낸다. 그림 10.8에서 (a)는 AGMA의 위험단면 결정방법인 내접포물선법에 의한 위험 단면을 말하며, (b)는 ISO의 위험단면 결정방법인 30도 접선법에 의한 위험단면을 나타낸다. 이러한 차이로 인하여 AGMA와 ISO는 강도를 계산할 때 계산결과에 차이가 존재하며 실제 현장 적용 시 각각의 강도계산규격에 대한 충분한 이해가 선행되어야 하고 신중히 선택되어야 한다.

식(10.2)과 식(10.3)는 대표적인 기어 강도계산 규격인 ISO6336의 굽힘강도(σ_F)와 접촉강도(σ_H) 계산식을 나타낸다.

$$\sigma_F = \frac{F_t}{bm_N} Y_F Y_S Y_\beta \tag{10.2}$$

$$\sigma_H = Z_H Z_E Z_\epsilon Z_\beta \sqrt{\frac{F_t}{d_1 b} \frac{u+1}{u}} \tag{10.3}$$

위의 식(10.2)과 (10.3)에서 F_t는 공칭 접선하중, b는 치폭, m_N은 치직각 모듈, u는 기어비, d_1은 피치원직경, Y_F는 치형계수, Y_S는 응력집중계수, Y_β는 비틀림각계수, Z_H는 영역계수, Z_E는 탄성계수, Z_ϵ는 물림률계수, Z_β는 비틀림각계수이다.

3) 유성기어의 설계

유성기어란 고정축 주위를 일정 회전비로 회전하는 일반기어와는 달리 선기어 주위의 유성기어를 캐리어로 지지하여 회전하는 구조를 기본으로 하는 기어열을 의미한다. 이 때, 선기어는 자전운동, 유성기어는 자전과 공전운동을 동시에 한다.

유성기어를 설계할 때의 제약 조건, 고려사항과 기어비를 정리하면 다음과 같다.

- N개의 유성 기어가 간섭하지 않을 조건

$$m_N(N_p+2) < m_N(N_P+N_s)\sin\frac{180^\circ}{K}$$

- 유성기어의 잇수 : $N_P = \dfrac{N_R - N_S}{2}$

- 구속 조건 : $\dfrac{N_R - N_S}{K}$=정수(integer)

- 기어비 선정

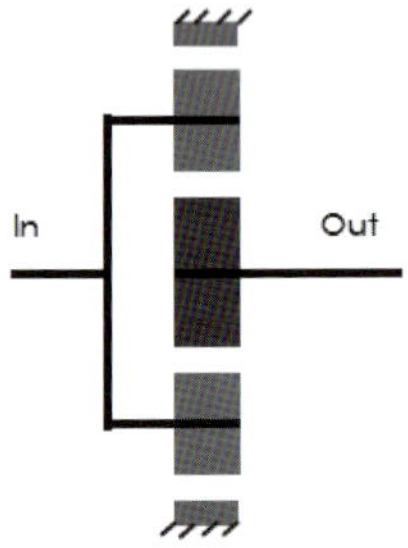

전진증속

Input : Carrier

Fixed : Ring gear

Gear ratio(증속비) : $i = \dfrac{N_R + N_S}{N_S}$

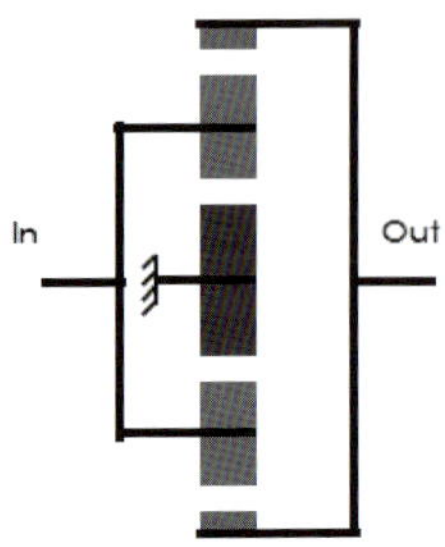

전진증속

Input : Carrier

Fixed : Sun gear

Gear ratio(증속비) : $i = \dfrac{N_S + N_R}{N_R}$

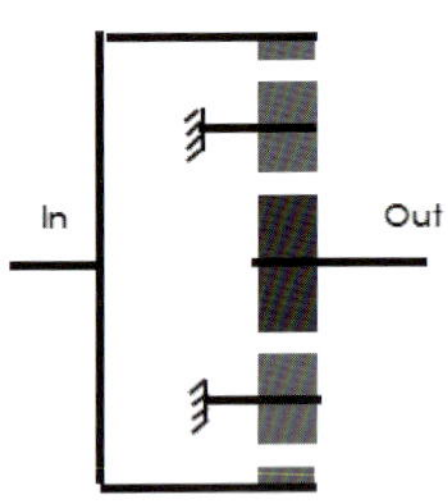

후진증속

Input : Ring gear

Fixed : Carrier

Gear ratio(증속비) : $i = -\dfrac{N_R}{N_S}$

위의 식에서 M_N은 모듈, N_S는 선기어의 잇수, N_P는 유성기어의 잇수, N_R은 링기어의 잇수, K는 유성기어의 개수, i는 기어비이다.

• 기어의 설계 프로세스

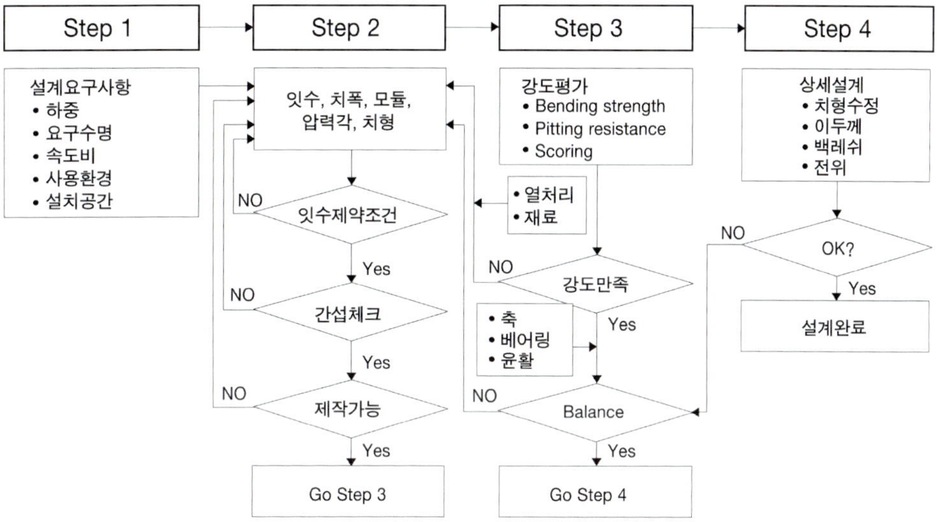

10.4 증속기의 시험평가 기술

시험평가의 목적은 설계에서 예측한 성능 특성을 시험을 통하여 입증하는 것이다. 증속기에 있어서 피로와 마모는 고장 원인 중에서 주요한 요소이다. 증속기는 기어를 비롯하여 여러 가지 부품이 조립되는 장치로서, 신뢰성을 확보하기 위해서는 각 부품에 대한 검사와 시험평가가 이루어져야 한다. 또한, 조립된 증속기 자체에 대한 시험과 평가와 최종적으로 풍력발전시스템에 조립된 전체 실제 운전시험을 통하여 증속기의 신뢰성을 평가해야 한다.

1) 시험장치

풍력발전시스템용 증속기의 시험은 다이나모미터(dynamometer)에서 수행된다. 다이나모미터는 부하를 재현하는 방식에 따라 전기식, 유압식 및 기계식 등 여러 가지 방식이 있다. 표 10.2는 부하를 재현하는 방식에 따른 다이나모미터의 특징을 비교한 것이다. 전기식 다이나모미터는 높은 가격에도 불구하고 부하재현성의 정확성과 제어의 편리함에 따라 가장 일반적으로 사용되는 방식이며, 풍력발전시스템용 증속기의 시험용으로 가장 적절한 방식이다.

표 10.2 Comparison of dynamometer type features

Features	Water Brake	Eddy Current	DC/AC	Back-to-back	Hydraulic
Motoring Ability	No	No	Yes	Yes	Yes
Inertia	Low	Variable	High /Variable	Variable	Variable
Control Stability	Low	Good	Very Good /Excellent	Good	Very Good
Speed Capability	High	High	Moderate /High	Moderate	High
Power Line Regeneration	No	No	Yes	Yes	Yes
Control Response	Slow	Moderate	Fast /Fastest	Moderate	Fast
Cooling Requirements	High	High	Low	Low	Moderate
Electrical Requirements	None	Low	High	High	Low
Technology	Old	Old	Old/New	Old	Old
Power Range	High	High	Moderate	Moderate	Moderate
Price	20%	30%	100%	50%	70%

일반적으로 산업용 감속기나 변속기의 시험에서도 전기식 다이나모미터가 사용되는데, 풍력발전시스템용 증속기의 경우는 작동 특성인 입력 동력의 회전수가 낮고 높은 토크를 입력 모터에서 직접 구동하여 전달하는 것이 불가능하므로 입력축 다이나모미터에 감속용 증속기를 설치하여 풍력발전시스템용 증속기에 필요한 저속의 회전속도와 토크를 전달하여야 한다. 증속기 성능을 평가하는데 있어 기본이 되는 입력동력과 출력동력의 측정에서 풍력발전시스템용 증속기는 입력축에서 고토크를 받게 됨으로 고부하 측정을 위한 측정기술의 적용이 필요하다. 출력축의 동력측정에는 토크미터를 장착하여 직접 측정하거나, 출력축 다이나모미터로 사용되는 전기모터나 혹은 발전기의 동력을 측정함으로 얻을 수 있다. 또한 풍력발전시스템용 증속기는 풍력에 의한 부하의 순간 변위 등 풍력변동에 의한 영향이 매우 크므로 이 영향을 고려한 부하 재현 시험장치가 필요하다. 따라서 유압 엑츄에이터나 전기식 크레인에 의하여

회전하는 입력 축에 횡하중 및 보조 부하를 부가하는 방식을 채택하고 있다. 그림 10.9는 미국 NREL(National Renewable Energy Laboratory)의 다이나모미터 시험장치의 개념도로서 3,350 HP급 입력축 다이나모미터를 채택하여 100kW에서 2MW급 풍력발전시스템용 증속기를 포함한 파워트레인을 시험할 수 있는 시험 장비이다. 풍력발전시스템용 증속기의 입력회전수를 0에서 146rpm으로 작동시키기 위하여 입력축 다이나모미터측에 감속기를 채택하고 있으며 출력축 부하용으로는 풍력발전시스템의 발전기를 채택하여 발전된 전기 동력을 재사용하는 에너지 회생제어시스템으로 구성되어 있다. 그리고 시험 장비를 6° 까지 경사를 갖도록 하여 풍력발전시스템의 실 작동 조건을 재현하도록 하였다. 또한, 바람의 변동에 의해 증속기에 전달되는 하중을 재현하기 위하여 증속기의 입력축에 유압실린더가 장착되어 있다.

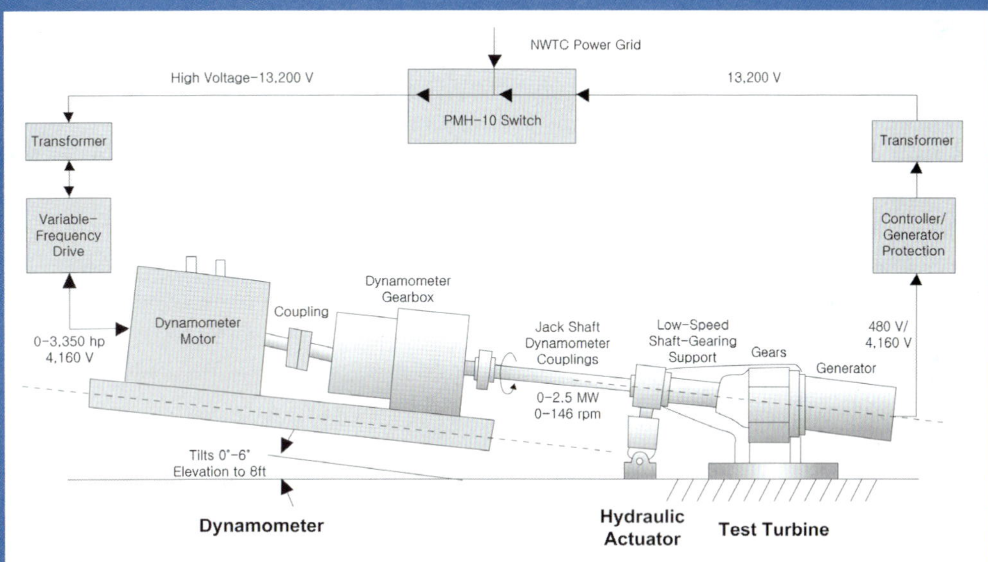

그림 10.9 증속기 시험장비, NREL

2) 시험방법

풍력발전시스템용 증속기의 시험은 증속기가 작동하는 조건과 사용수명 시간 등을 재현하여 확정하는 절차이다. 따라서 풍력발전시스템용 증속기에 가해지는 부하의 정확한 재현과 작동수명 시간에 따른 시험을 실시하여야 합리적인 평가 결과를 얻을 수 있다. 그림 10.10과 같이 부하재현을 위하여 증속기에 전달되는 시간별 부하를 측정하여 부하 프로파일을 얻는다. 이를 작용 응력별로 분류하여 부하 스펙트럼을 작성할 수 있다. 이때 응력별로 통계적 분류를 할 때 RFC(rain flow counting)나 LDD(load duration distribution) 방법을 적용한다. 그리고 증속기에 작용한 부하는 일정하게 누적된다는 누적손상이론과 재료의 허용가능 응력에 대한 S-N Curve를 접목한 Miner's Rule 해석을 통하여 등가부하 및 속도를 얻을 수 있고 이에 대한 결과로부터 강도설계를 기반으로 한 설계식 및 와이블 분포에 의한 통계적 수명 추정식을 적용하여 적정한 시험기간을 얻을 수 있다.

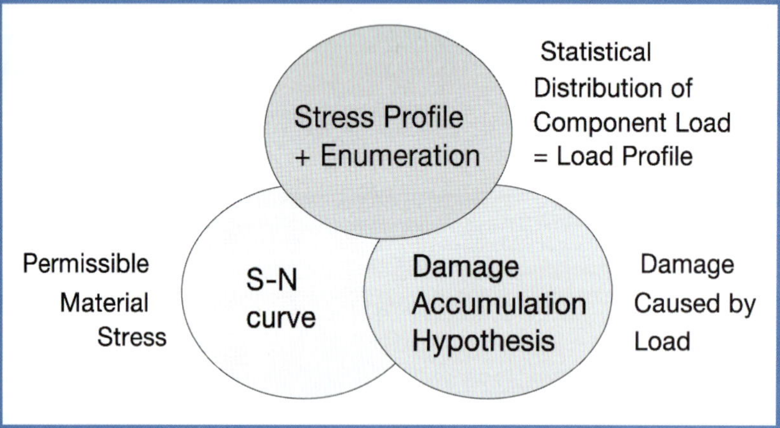

그림 10.10 Calculation method of testing time and loads

시험하고자 하는 증속기의 총량적으로 가해지는 등가부하와 시험시간을 얻었다 하더라도 증속기의 개발을 위한 시험평가는 단순히 일정부하를 일정한 시간동안 시험함으로 수행될 수 없다. 증속기를 설계할 때에 고려된 각 성능항목에 대하여 단시간의 성능확인 시험이 필요한 항목도 있으며, 전체 사용수명 동안 작동 후에 결과를 평가하여야 하는 경우도 있다. 또한 수명시험기간 동안 성능(효율, 진동, 온도 등)의 열화 정도를 지속적이고 주기적으로 확인하여 평가하는 것도 필요하다. 따라서 세부적인 시험항목과 각 성능에 대한 평가기준은 풍력발전시스템의 사용자와 증속기의 설계자 등이 국제평가 기준 등을 따라 합의하여 결정하여야 한다. 표 10.3은 풍력발전시스템용 증속기를 개발하는 경우 실시되는 시험항목에 대한 것이다. 일반적인 증속기의 시험항목과 다른 것은 풍력작동 환경을 고려한 transient load, turbulent wind simulation, direct-drive(low speed) generator와 high-speed generator testing이 있다는 것이다.

표 10.3 풍력발전시스템용 증속기의 시험항목

NO.	Testing items
1	Run-in testing
2	Gearbox endurance testing
3	Functional testing
4	Transient load testing
5	Vibration testing
6	Turbulent wind simulation testing
7	Direct-drive(low speed) generator testing
8	High-speed generator testing
9	Acoustic emission testing

☑ 참고문헌

1. B. Niederstucke. A. Anders, P. Dalhoff, R. Grzybowski, "Load data analysis for wind turbine gearboxes," **Germanischer Lloyd Wind Energie GmbH Johannisbollwerk** 6-8, 20459 Hamburg .

2. H. J. Sutherland, D. P. Burwinkle "The special content of the torque loads on turbine gear tooth," **SED**-Vol. 16, ASME, 1995, pp. 91-97.

3. D. W. Dudley, **Handbook of Practical Gear Design**, McGraw-Hill Inc., 1984.

4. ISO 6336, **Calculation of load capacity of spur and helical gears**, 1996.

5. AGMA 6123-A88, **Design Manual for Enclosed Epicyclic Metric Module Gear Drives**, 1988.

6. W. Musial, **Dynamometer Test Bed**, NREL, 2000.

7. G. H. Lee, Y. H. Choi, H. E. Kim," Study of the Effects of Addendum Modification to Design of Step-up Gearbox for Wind Power Generation System," **KSPE, 2003 2nd Conference** 9.03F169, 2003.

8. G. H. Lee, B. J. Sung, Y. H. Choi, "Study of Optimal Design Parameter for Gearbox on Wind Power System," **KSPE, 2003 1st Conference** 03S175, 2003.

9. A. J. Seebregts, L. W. M. M. Rademakers, B.A. van den Horn, "Reliability analysis in wind turbine engineering," **Microelectron. Reliab.** Vol. 35. Nos 9-10 pp. 1285-1307, 1995.

10. M. Lasa, I. Perez, J. Sanz, J. Arino, A. Bilbao, A. Vizcarguenaga, A. Zarraoa, **Innovative Wind Turbine Testing Centre in Spain**, Spanish Centre for Renewable Energies, 2005.

11. "Wind Turbine Gearing," **KISSsoft seminar document**.

12. "Wind Turbine Gearbox Reliability Collaborative," **Wind Turbine Reliability Workshop**, 2006.

13. **Guidelines for Design of Wind Turbines 2nd Edition**, Det Norske Veritas, Cophenhagen and Wind Energy Department, RISØ National Laboratory, 2002.

14. J. F. Manwell, J. G. McGowan, A. L. Rogers, **Wind Energy Explained**, John Wiley & Sons, Ltd., 2002.

15. Robert Harrison, Erich Hau, Herman Snel, **Large Wind Turbines, Design and Economics**, John Wiley & Sons, Ltd.,

16. Henrik Stiesdal, "The Wind Turbine Components and Operation," **BONUS-INFO Newsletter Special Issue**, Bonus Energy A/S, Autumn, 1999.

17. G. M. Joselin Herbert, S. Iniyan, E. Sreevalsan, S. Rajapandian, "A Review of Wind Energy Technologies," **Renewable and Sustainable Energy Reviews**, 11(2007) pp. 1117-1145.

18. Thomas Ackermann, Lennart Soder, "Wind Energy Technology and Current Status: A Review," **Renewable and Sustainable Energy Reviews**, 4, 2000, pp. 315-374.

19. **Enercon Magazine for Wind Energy Issue**, 2006.

20. 정태형외, **최신기계설계**, 도서출판 Young, 2006, p. 738.

제 11 장

브레이크

Brake Systems

황병선, 박종한

풍력핵심기술연구센터
한국기계연구원 (부설) 재료연구소

11.1 서론

풍력터빈의 운영에서 제어가 필요한 요인은 로터의 과속, 기어박스와 발전기의 온도, 과중한 진동 레벨, 과도한 풍속, 전기 단락 등이 있는데 그 중 신호를 감지하면서 신속한 제어가 필수적인 부품은 브레이크 시스템이다. 브레이크는 두 기계요소 중에서 회전하는 요소를 마찰이나, 자력, 유압 등으로 회전속도를 감속시키며 최종적으로는 정지 상태에 이르게 하는 장치를 말한다. 풍력터빈에서 채용된 브레이크시스템은 주축용 공력 브레이크 및 기계 브레이크, 발전기 브레이크, 피치시스템 브레이크, 요 브레이크 등 있으며, 본 절에서는 각종 브레이크에 대하여 순서대로 설명하고자 한다.

풍력터빈의 주회전 부품은 로터블레이드의 작동에 의하여 회전하는 주축, 저속축(LSS, low speed shaft, main shaft) 및 고속축(HSS, high speed shaft)이 있다. 풍력터빈이 과중한 하중에 노출되거나 유지와 보수를 위하여 블레이드의 회전을 정지시킬 필요가 있을 때, 공력 브레이크, 기계 브레이크, 잠금장치가 순차적으로 작동하는 것이 일반적이다. 풍력터빈에 사용되는 주축 회전제어용 브레이크는 세 가지의 브레이크 시스템이 있는데 공력 브레이크, 기계 브레이크, 발전기 브레이크이다. IEC 61400-1은 한 개 이상의 브레이크시스템을 요구하며 그 중 한 가지는 공력 브레이크이다. 이 DS 472 같은 규정[1]은 두 개의 fail-safe 브레이크시스템을 요구한다. 또한 중요한 안전시스템으로써는 풍력터빈이 브레이크시스템을 갖추고 있어도 이송, 설치, 유지, 보수를 위하여 작업자가 안전하게 작업할 수 있도록 하는 안전 잠금장치(locking device)가 있다. 안전 잠금장치에는 설치하는 위치에 따라 로터 잠금장치, 요 잠금장치, 블레이드 피치 잠금장치 등이 있다.

11.2 공력 브레이크

매우 큰 토크를 가진 풍력터빈 블레이드의 회전속도를 줄이는 것은 블레이드의 피치각도를 조절하여 양력을 감소시키는 공력 브레이크(aerodynamic brake)이다. 이 공력학적인 프로세스는 풍력터빈 전체에 걸리는 하중을 감소시킨다. 공력 브레이크는 출력제어와 정지를 위한 주브레이크 장치이다.

공력 브레이크에는 날개 전체를 조절하는 피치제어(pitch control)시스템을 사용하는 브레이크와 스톨제어(stall control)터빈에서 속도 조절을 위하여 날개의 끝부분에 설치한 끝단 브레이크(tip brake 혹은 air brake)가 있다. 최근 대형 터빈에서 적용하고 있는 피치제어를 이용하는 공력 브레이크는 각 날개가 독립적으로 0° 에서 90° 사이의 피치 각도를 조절하여 작동한다. 피치제어시스템은 이미 다른 절에서 언급되었기에 이곳에서는 끝단 브레이크(tip brake)

에 대하여 설명한다. 블레이드가 움직이지 않는 스톨제어를 하는 고정 피치 로터는 끝단 브레이크를 주브레이크(primary safety system)로 사용한다. 그림 11.1에는 스톨제어 750kW 풍력터빈에서 끝단 브레이크를 이용하여 정지된 상태를 보여주고 있다. 이 끝단 브레이크는 부분 피치제어(partial span pitch control) 시스템과 형상은 비슷하나 그 기능이 약간 다르다. 끝단 브레이크는 메가와트급 풍력터빈에서는 더 이상 적용되지 않고 있다.

그림 11.1 끝단 브레이크(tip-brake)를 이용한 풍력터빈의 정지 상태
출처: Jeumont J-48(750kW, 대관령) - 강원대학교 풍력발전시스템 연구센터

11.3 전기 브레이크

풍력터빈의 운동에너지에 의해 발전기로 동작시켜 얻어진 전기에너지를 터빈 축에 추가적인 부하로 작용시켜 얻는 제동방식을 전기 브레이크라 한다. 여기서 추가적으로 발생되는 전기에너지를 저항기에서 열에너지로 발산하여 브레이크 작용을 얻을 수 있으며, 전동차와 같은 대형 전동기에서는 계통에 회생하여 전력회생 브레이크 작용을 수행한다.

이러한 전기 브레이크 방식은 넓은 속도범위에서 거의 일정한 제동력이 얻어지며, 기계 브레이크처럼 브레이크 슈의 마모나 유지보수가 필요 없기 때문에 전력절감 및 비용절감의 효과를 가져올 수 있다. 그러나, 저속에서는 전기 브레이크력이 감소되어 공력, 기계 제동방식과 병행하여 사용되어야 하는 단점을 갖는다.

11.4 기계 브레이크

로터블레이드의 회전속도를 감소시키는 가장 좋은 방법은 공력 브레이크를 사용하는 것이다. 풍력터빈이 대형화되면서 로터회전에 의한 주축의 토크가 매우 커지기 때문에 기계 브레이크(mechanical brake)로 주축의 회전을 감소시키는 것은 터빈에 매우 큰 부담을 준다. 기계 브레이크는 블레이드가 정격회전속도 이상으로 회전하는 것을 조절하거나 제어시스템의 명령에 인해 공력 브레이크에 의하여 이미 상당히 감소된 속도의 회전축을 완전히 정지시키는 역할을 하는 브레이크를 말한다. 또한 풍력터빈 축이 원하는 위치에 정확히 멈추기 위해서는 이 기계 브레이크가 필수적이며 보조 브레이크(backup system, secondary brake) 혹은 정지 브레이크(parking brake)라고도 한다. 특히 기계 브레이크(mechanical brake)라는 단어를 사용하는 것은 풍력터빈이 가지는 독특한 브레이크 시스템인 공력 브레이크(aerodynamic brake)에 대응하는 표현이다. 특히 산업현장에서는 로터 브레이크(rotor brake), 비상 브레이크(emergency brake)라하고, 주된 역할에 따라서 다이나믹 브레이크(dynamic brake), 홀딩 브레이크(holding brake) 혹은 정지 브레이크(parking brake)라고 불리기도 한다.

1) 기계 브레이크의 종류

본 절에서는 기계 브레이크에 대하여 중점적으로 설명한다. 기계 브레이크는 브레이크 패드에 가압하는 방법에 따라서 능동형 브레이크(active brake)와 수동형 브레이크(passive brake)로 나눈다. 능동형 브레이크는 유압 시스템에서 유압을 그대로 이용하여 브레이크를 작동시키며, 수동형 브레이크는 유압 시스템이 스프링을 유지한 후에 신호에 의하여 스프링을 작동시켜 스프링의 힘으로 패드를 민다.

또 다른 형태로 표현하는 것은, 디스크 브레이크와 클러치 브레이크이다.[2] 그림 11.2의 디스크 브레이크는 자동차에서와 같이 축에 붙은 디스크를 캘리퍼로 잡는 형태이다. 브레이크가 작동할 때 유압으로 작동된 캘리퍼가 디스크의 운동에 반대로 토크를 발생시켜 로터의 속도를 늦춘다. 클러치 브레이크는 압축공기나 유압으로 스프링을 작동시키는 fail-safe 설계로 이루어진다.

그림 11.2 기계 브레이크의 예시 1.65MW wind turbine High speed drive SHD7
출처: Stromag 자료, 2007

2) 기계 브레이크의 위치

기계 브레이크는 저속축이나 고속축에 설치할 수 있다. 저속축에 브레이크를 설치하면, 매우 큰 토크를 견디기 위해 마찰면적이 큰 디스크 브레이크 시스템이 필요하며 이로 인해 규모가 커지고 시스템이 무거워 진다. 터빈의 무게와 부피의 감소를 지향하는 설계개념을 고려하면, 고속축의 브레이크 시스템은 기어박스를 통하여 큰 토크가 감소된 상태이므로 브레이크 크기가 감소되어 가격에 대비하여 효율적인 위치이다. 하지만 고속축에 둔다면 정지된 상태에서도 공기유동의 영향에 의하여 작은 양이지만 지속적으로 움직이기 때문에 기어박스의 마모가 훨씬 크며, 기어박스가 파손되면 로터의 회전속도를 감속시킬 수 없다. 예를 들어, 고속축 브레이크를 적용한 경우, 터빈이 저속이나 정지 상태로 갈 때 풍속의 갑작스런 변화가 블레이드를 통하여 충격력을 기어에 전달하게 되고 역회전(backlash) 현상을 일으키며 기어에 손상을 줄 가능성이 높다.

그럼에도 불구하고 저속축의 브레이크의 크기가 증가하는 것은 더 큰 단점으로 지적되어 메가와트급의 저속축에 주브레이크로써 기계 브레이크를 설치하는 것은 금지되어 있다.[3,4] 표 11.1에서 보는 바와 같이 대형 풍력터빈의 경우에 고속축 브레이크가 사용된다. 또한 디스크형 기계 브레이크가 대개 적용되고 있어 본 절에서는 디스크형에 대하여 주로 설명하고자 한다.

3) 기계 브레이크의 구성

디스크형 기계 브레이크는 브레이크 캘리퍼, 디스크, 패드라이닝 등이 주요 구성품이다. 브레이크의 작동을 위해서는 유압 시스템이 사용된다.

브레이크 캘리퍼(brake caliper) 패드가 작동할 수 있도록 실린더, 피스톤, 패드 스프링 등의 부품의 일체가 부착되는 하우징 혹은 전체를 캘리퍼(caliper)라고 한다. 풍력터빈에 사용되는 대표적인 캘리퍼의 형상은 그림 11.3과 같다.

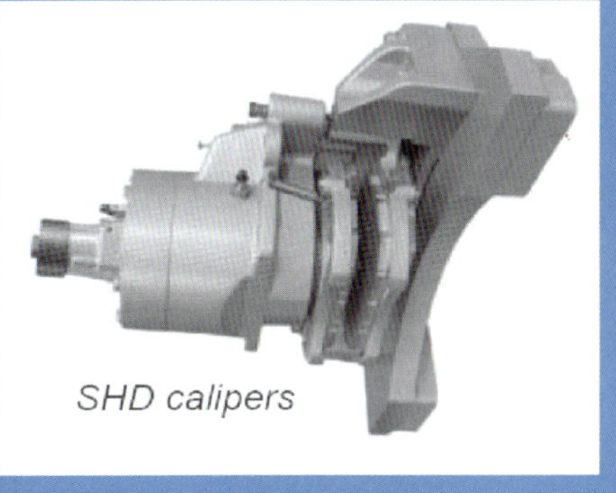

그림 11.3 caliper 형상
출처: Stromag 자료, 2007

디스크(disk) 디스크는 회전축에 부착된 회전원반으로 양면을 유압으로 마찰패드로 압착하여 회전을 정지시키는 중요한 역할을 한다. 디스크는 마찰에 의하여 마찰열이 발생하나 밀폐된 상태가 아니므로 방열이 용이하나 자동차 같이 공기의 흐름에 의한 냉각은 이루어지지 않아 다소 느리다. 브레이크의 기능을 발휘하기 위해서는 고온에서 변형이 발생하지 않고 편평도를 유지해야한다.

이에 따라 마찰에 의한 온도의 계산과 측정을 통한 설계가 이루어져야 하며 열하중(thermal loading)을 보다 잘 흡수하기 위해서는 가능하면 두꺼운 디스크가 유리하다. 그림 11.2는 캘리퍼와 디스크의 대표적인 구조이다. 그림에서 사용된 디스크의 소재는 spheroidal graphite iron(구상흑연주철[5])이나, steel S235JR 혹은 S355JR이며, 표면은 그림 11.4와 같은 조도를 갖도록 가공한다.

표 11.1 브레이크 시스템 모델의 예

풍력터빈 모델	디스크 크기	캘리퍼수	패드 라이닝재료	부착 위치*	비 고
W80, u, Siemens	940mm	1	sintered metal	HSS	
HST-2.3MW Siemens		2		HSS	
250kW Vitaa Zeus		2		HSS	
N90 Nordex		2		HSS	
N60 Nordex		2		HSS	BSFI 300
GE 3.X	min 800 x 20 ~ 50 t,	2 (2 disk)	sintered metal	HSS	BSFI 3000
S70 Sudwind, 1.5MW	500 x 20-40t	2	sintered metal /organic materials	HSS	BSFI 300
GE 1.5MW	412mm max x 40t	1	sintered metal /organic materials	HSS	BSAK 3000
750kW JACOBS		2		HSS	
Enercon 300		2		LSS	Stromag
900kW micon		1		HSS	Stromag

* HSS: High Speed Shaft, LSS: Low Speed Shaft, All fail-safe design

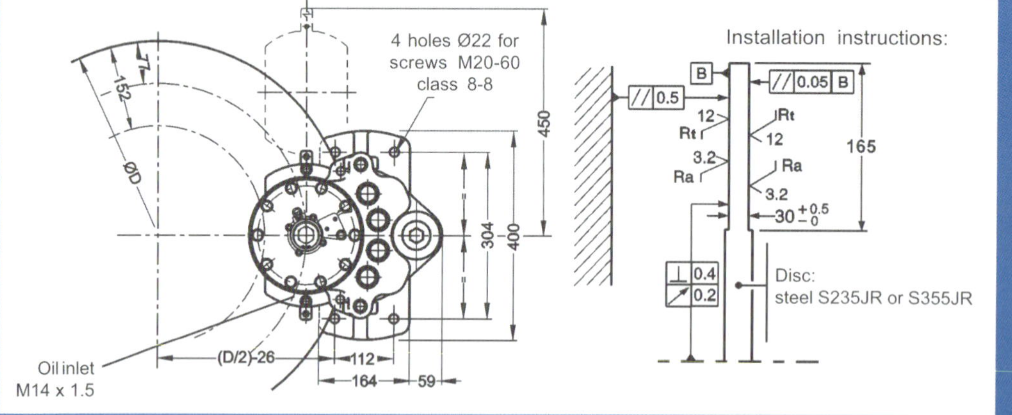

그림 11.4 브레이크 디스크의 규격 및 표면가공의 예 (Stromag France 자료, 2007)

브레이크 패드와 라이닝(brake pad & lining) 브레이크 작동은 캘리퍼의 브레이크 블록과 디스크사이의 마찰의 결과로 이루어진다. 이때 브레이크는 매우 큰 응력이 걸리게 되어 브레이크 블록은 고온에서 견딜 수 있는 특수 재료를 고려해야 한다. 이때의 온도는 자동차의 경우 300℃를 넘지 않는데 풍력터빈은 약 600 ~ 700℃에 도달한다.[3] 세라믹 패드

(ceramic pad)는 300 ~ 400℃ 이상에서 사용이 어려워 표 11.1과 같이 sintered bronze 소재를 고온용으로 사용한다.[1] 또한 organic non-asbestos 재료를 사용하기도 한다.

유압 시스템(hydraulic system) 브레이크 작동의 중요 동력원은 대개 유압 시스템이다. 유압 시스템에 대해서는 제12장에서 설명된다.

4) 브레이크 제어장치(controllers and Interfacing devices)

브레이크의 작동에 명령을 내리는 것은 전체 시스템 제어를 통하여 이루어지지만, 기계 브레이크 시스템의 상태를 감지하여 항상 최상의 성능을 발휘할 수 있도록 유지되어야 한다. 브레이크가 작동되어 스프링이 풀린 상태, 패드 라이닝의 마모상태, 이상 고온의 감지 등이 필수적이다. 대개 브레이크 제조자는 고유모델의 제어장치를 패키지로 판매하고 있다.

5) 브레이크의 설계 및 성능

브레이크를 설계할 때 작동하는 동안 발생하는 최대의 토크를 고려해야하며, GL 규정에 의하면 브레이크 설계 토크는 터빈의 최대 설계 토크와 같게 하도록 추천하고 있다. 제조자에 따라서 공력 브레이크가 작동되기 때문에 기계 브레이크의 경우 공칭 토크의 70% 정도를 가하도록 설계하기도 한다. 브레이크의 성능은 일단 브레이크가 작동하면 5초 이내에 최대 토크를 가할 수 있도록 설계해야한다. 또한 브레이크는 최대 속도로 회전할 때 로터의 운동에너지를 흡수할 수 있어야한다.[2]

고속축용 브레이크의 경우에 브레이크의 설계에 필요한 최대 허용 브레이크 토크(braking torque)는 블레이드에 의하여 주축에 가해져서 증속기 내부기어의 최대 허용하중과 관계가 있다.

F_c는 브레이크 패드로 디스크를 누르는 힘으로 압착력(clamping force)이라고 한다. 브레이크 힘 혹은 제동력(braking force), F_b, 은 패드와 디스크사이의 접선방향의 마찰력(tangential friction force)이다. 클러치와 브레이크 라이닝 재료의 경우 마찰계수가 0.15 ~ 0.45사이에 있는데[6], 여기에서 마찰계수는 대개 0.4로 계산한다.[5,7] 브레이크 힘, F_b, 와 브레이크 토크, T_b, 는 브레이크힘의 모멘트로써, 각각 식(11.1)과 식(11.2)와 같이 나타난다.

$$F_b = 2\mu F_c \tag{11.1}$$

$$T_b = F_b r_e \tag{11.2}$$

여기에서 μ는 패드와 디스크사이의 마찰계수이고, r_e는 디스크의 유효 반경이다. 실제 유효 반경을 계산할 때는 패드의 폭을 계산에 넣는다.

예를 들면, 500kW 중형 풍력터빈에서 공력토크(aerodynamic torque), T_l, 를 100,0000 [Nm]이라고 하면, 경험상으로 정상 사용 조건에서 molded 패드의 경우 50% 정도가 마찰에 의하여 닳게 되는데, 이러한 조건을 고려하여 $T_b/T_l=2$를 적용한다. 이에 따라 계산된 브레이크 토크는 200,000Nm이다. 디스크 직경을 2m라고 할 때 식 11.2에서 브레이크 힘, F_b 는 200,000N이다. 만일 110kN 브레이크 힘을 갖는 디스크 브레이크를 사용한다면 2개가 적당하다고 볼 수 있다. 만일 공간 등의 제한 때문에 만일에 직경 1.4m의 디스크를 사용해야 한다면 braking torque =110kN x 0.7m x 3개 =231KNm가 되어 110kN형 브레이크 3개가 필요하다.

상세설계에서 고려되어야 할 사항은 대개의 기계 브레이크가 dynamic brake로써 사용되므로 로터의 관성토크(inertia torque)와 축의 회전속도 등도 고려되어야 한다. 풍력터빈의 경우 산업기계와는 달리 고속축에 원반형 브레이크가 설치되어 있어서, 속도가 100m/s에 이르면 온도 상승으로 인해 물성이 하락되고 패드의 마모가 증가하기 때문에 패드 소재의 선택도 매우 중요하다.

11.5 기타 브레이크 시스템

전기기계 브레이크(electro mechanical brake) 현재까지 기계 브레이크는 유압에 의하여 캘리퍼가 작동하는 장치가 주로 사용되어 왔다. 나셀 내부에 유압 시스템을 설치해야 하며, 모든 브레이크가 한 유압 시스템에 의존해야 하고 검사 및 유지보수에 비용이 들고 유압유나 호스를 의무적으로 교체해야 하는 단점들이 있다.

이에 따라 다른 형태의 브레이크가 도입되고 있고, 2002년에 Hanning & Kahl[8]사가 제시한 것이 그림 11.5와 같은 전기기계 브레이크 시스템 (electro mechanical brake system)인데 독립적인 전기모터로써 작동된다. 따라서 한 개의 유압 시스템에 의존하는 브레이크 장치보다 장점이 있다. 전기-기계 브레이크는 self-locking 드라이버를 도입하여 전력 단락이 발생할 때에도 작동한다는 점이 유리하다. Enercon사의 E-70 터빈에 설치하였고, 점차적으로 다른 모델에도 적용할 예정이다.

전자기 브레이크(electromagnetic brake) 전류가 코일에 인가되어 전자석으로 역할을 할 때 비접촉 제동역할을 하는 것을 말한다. 발전기를 이용하는 전자기제동(electromagnetic braking)은 비상시에 로터제동에 사용되는 옵션이며 대형풍력터빈이나 강한 바람에 사용할 수 있는 주브레이크 역할을 할 수는 없다. 전자기제동은 블레이드의 furling법 등과 같이 다만 소형 터빈에서 주브레이크 역할을 하며, 정지 후에는 기계브레이크를 주로 사용하고 있다.

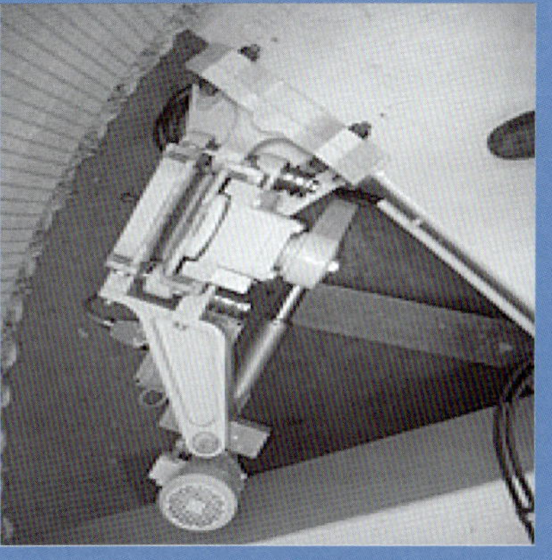

그림 11.5 전기기계 브레이크예시
출처: Enercon Windblatt Magazine

발전기 브레이크(generator brake 혹은 torque)라고도 하는데 고속축 브레이크가 로터를 정지할 수 있을 정도로 느려질 때까지 전기 브레이크 토크를 제공하는 dynamic brake로써 작동하는 것을 말한다.[2] 발전기에 전기 브레이크 토크를 제공하는 원리는 그리드 단락 후 resistor bank에 전력을 공급하면 발전기에 하중을 걸어 로터에 토크를 주어 감속시키는 방법이다. 고정자의 권선을 단락시킴으로써 마치 동기 발전기에 무한대 하중(load)이 걸린 것 같은 효과를 내게 하여 발전기의 회전운동 에너지를 고정자 권선의 열로 발산, 소모시켜 발전기를 정지시키는 제동기능을 말한다.

11.6 요 브레이크

제13장의 요 시스템에서 설명이 되겠지만, 풍력터빈에서 브레이크는 비상시나 회전의 제어를 위해서만 사용되는 것이 아니고, 바람이 부는 방향으로 나셀을 자연스럽게 조절하기 위한 수단이다. 즉, 요 브레이크는 나셀을 원하는 위치에 정지시키기 위하여 사용되는 제동장치이다. 마이크로 컨트롤러는 피치와 속도조절, 고속축 브레이크와 요 브레이크, 요 모터, 유압 펌프모터를 제어하고 터빈의 작동을 감지한다. 풍향풍속계의 신호가 나셀이 바람의 방향으로 향하도록 모터를 가동시킨다. 최적 위치에 오면 가동모터는 신호에 의하여 작동을 멈춘다. 터빈 작동을 차단하고자 할 때는 일정한 각도로 블레이드를 정지시키고 요 브레이크를 가동시킨다. 그림 11.6은 요 브레이크의 보기이다.

그림 11.6 750kW형 발전기에 설치된 요 브레이크
출처: Stromag 자료

11.7 잠금장치

잠금장치(locking device)는 공력 브레이크와 기계 브레이크를 활용하여 최종적으로 정지된 주축을 잠금핀(lock pin)을 이용하여 움직이지 못하게 하는 장치이다.[9] 그림 11.7과 같이 저속축에 설치된 잠금핀이 로터를 제자리에 멈추어 있게 하여 기술자가 발전기에 안전하게 다가갈 수 있게 한다. 또한 운송 등의 상황에서 발전시스템의 보호를 위해서 사용한다. 대개 주축에 플렌지 형태의 디스크를 부착하고 일정한 간격으로 구멍 만든다.

그림 11.7 750kW형 발전기에 설치된 주축브레이크와 잠금장치

☑ 참고문헌

1. **Guidelies for Design of Wind Turbines** 2nd Edition, Det Norske Veritas, Cophenhagen and Wind Energy Department, RISØ National Laboratory, 2002.

2. J. F. Manwell, J. G. McGowan, A. L. Rogers, **Wind Energy Explained**, John Wiley & Sons, Ltd., 2002.

3. Robert Harrison, Erich Hau, Herman Snel, **Large Wind Turbines, Design and Economics**, John Wiley & Sons, Ltd.,

4. Henrik Stiesdal, 'The Wind Turbine Components and Operation,' **BONUS-INFO Newsletter Special Issue**, Bonus Energy A/S, Autumn, 1999.

5. **Braking Technology for Wind Turbine**, Twiflex Ltd.,

6. 정태형외, **최신기계설계**, 도서출판 Young, 2006, pp. 738.

7. **Svenborg 자료, REB-Wind-164**, March 22, 2006.

8. **Enercon Magazine for wind energy** issue 03/2006.

9. 손정대, 고우식, 최원호, 이승구, '2MW 풍력발전기용 Rotor Locking Device의 구조설계에 관한 연구,' **2007년 한국풍력에너지학회 춘계국제 학술대회 논문집**, 제주, 2007. 4. 19-20, pp. 159-164.

제12장

유압 시스템

Hydraulic Systems

이근호, 박영준

풍력핵심기술연구센터
한국기계연구원

12.1 서론

유압이란 희랍어 HYDRAULIC으로 'HYDRO(물)'과 'ALOUS(파이프)'에서 유래되었으며, 유체와 관련된 모든 것을 의미한다. 즉, 유체의 모든 힘과 운동의 전달 및 조절을 의미한다. 오늘날의 유체동력기술은 1653년 '파스칼의 법칙'이 발견되면서 본격적으로 개발되기 시작했다.

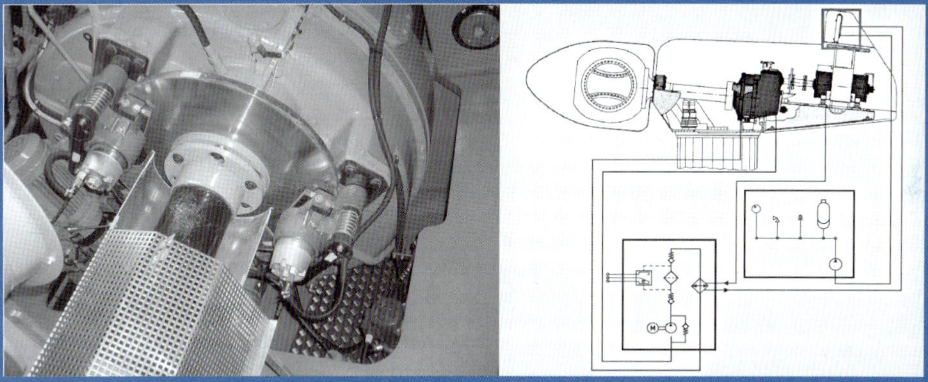

그림 12.1 풍력발전기에 적용되는 제동 장치 및 윤활 시스템

풍력발전기의 유압 시스템(그림 12.1)은 요 시스템, 피치시스템, 제동 장치 및 증속기의 윤활 시스템 등에 사용된다. 이러한 유압 시스템은 대부분 허브의 외부 또는 내부에 설치된 유압 엑츄에이터(구동기, actuator)를 통하여 작동되며, 나셀(nacelle)에 있는 유압 공급 장치(hydraulic power unit)로부터 유압을 전달받는다. 최근 요, 피치시스템에서는 유압 손실이나 오염, 유지보수 등의 문제로 인하여 유압식에서 전기식 시스템으로 전환되고 있다. 하지만 큰 힘을 요구하는 제동 장치와, 증속기 기어의 마찰로 인한 동력 손실이나 마모를 최소화하기 위하여 사용하는 윤활 시스템에는 유압 시스템이 적용되고 있다.

유압 시스템은 유압유를 담고 있는 오일탱크(tank 또는 reservoir), 유압유를 엑츄에이터로 보내는 유압 펌프, 펌프 구동을 위한 전기 모터, 유체의 방향, 압력 및 유량을 제어하기 위한 밸브, 오일의 압력을 기계적인 힘 또는 토크로 바꾸어 일을 하게 하는 엑츄에이터, 이물질 제거를 위한 필터, 오일을 수송하기 위한 수송관로, 유압유의 누수 또는 이물질 침투를 막기 위한 씨일(seal), 유압유의 온도 제어를 위한 오일 냉각기 및 히터 등으로 구성되어 있다.

표 12.1은 유압 시스템의 장, 단점을 나타낸 것이다.

표 12.1 유압 시스템의 장, 단점

장점	작은 힘으로 큰 힘의 제어가 가능
	힘의 조정이 쉽고, 정확한 위치 제어와 속도 제어 가능
	무단 변속이 가능하고 작동 원활
	원격 조정이 가능하며, 진동이 적음
단점	배관이 까다롭고 오일 누설 위험 (화재 위험)
	에너지 손실이 크고, 에너지 저장 불편
	오일의 열화 현상으로 주기적 교환 필요
	공동 형상(Cavitation) 발생 가능

12.2 유압 시스템의 구성

유압 탱크(hydraulic tanks) 그림 12.2는 표준적인 유압탱크의 구조를 나타낸다. 유압 장치를 순환한 오일은 회로중의 오염물, 이물질, 수분, 공기를 함유하여 탱크로 돌아온다. 여러 가지 불순물을 함유하고 돌아온 오일을 정화하는 방법으로는, 제일 간단한 침전법이 사용된다. 즉, 질량의 차이에 따라 오일보다 무거운 것은 아래로, 가벼운 위로 분리된다.

그리고 침전 혹은 분리하는 시간을 거친 후, 다시 펌프의 흡입 쪽으로 오일을 흘려준다. 탱크 안에서 불순물이 충분히 침전, 분리하는 데에 필요한 시간은 불순물의 종류, 양에 따라 다르다. 그래서 일반적으로는 펌프 토출량의 몇 배의 탱크 용량으로 하느냐 하는 경험 값으로 결정된다. 자연히 침전하는 것을 기다릴 뿐만 아니라 마그넷 세퍼레이터(magnet separator)라고 불리는 자석을 탱크 내에 설치하여 자성이 있는 이물질을 응집 침전 시키는 것으로, 탱크 내의 오일의 정화를 빠르게 하고, 탱크의 소용량화로 이어진다.

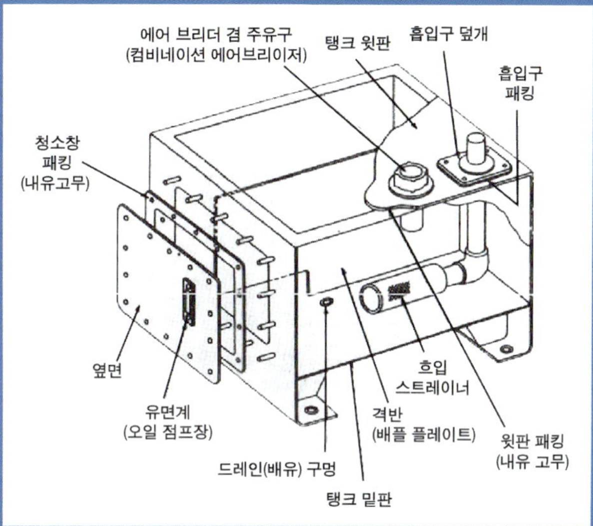

그림 12.2 유압 탱크

유압 탱크에 필요한 조건을 정리하면 아래와 같다.

- **필요한 오일의 양을 저장할 수 있을 것 :** 정화 작용이 충분히 행해지는 용량이고, 토출량을 고려한 충분한 용량을 갖고 있어야 한다.
- **주유구 및 공기 출입구가 있을 것 :** 주유구는 오일을 넣을 때에 이물질이 함께 들어가지 않도록 필터를 갖추고 있어야 한다. 그리고 유면 변동에 대해서는 공기의 출입이 필요하게 되므로 공기구멍이 있어야 한다. 주유규 겸 에어 블리져라는 부속품이 제일 많이 사용된다.
- **격판 (배플 플레이트)이 있을 것 :** 정화작용을 위함과 펌프의 공기 흡입 방지를 위해 설치한다.
- **청소창이 있을 것 :** 탱크에 고인 침전물을 제거하거나 작동유를 교환할 경우, 오일을 빼낸 뒤에 탱크 내면을 청소할 필요가 있다. 그때 탱크 안이 보일 수 있는 공간을 확보할 청소창이 필요하다.
- **유면계가 있을 것 :** 오일의 양을 확인하여 오일이 부족할 경우 추가 주유 및 오일이 많을 경우 배출을 하기 위해 필요하다.
- **배유구가 있을 것 :** 오일을 빼기 위한 포트이지만, 작업성을 고려하면 스톱 밸브를 설치하는 경우도 있다.

위의 조건들이 최소한으로 필요한 조건이 된다. 이들 외에도 탱크의 바닥은 배유가 잘 되도록 기울기를 만들어 두는 방법과 고정을 위한 고정 볼트용 홀을 가공할 수 있다.

유압 펌프(hydraulic pumps) 전동기나 내연기관 등의 원동기로부터 공급받는 회전 토크의 기계적 에너지를 밀폐된 케이싱(casing) 또는 실린더(cylinder) 내에서, 로터(rotor)의 회전 또는 피스톤(piston)의 왕복작용 등에 의하여 윤활성을 충분히 갖는 유압유를 이용하여 압력을 가진 오일의 유체에너지로 변환하는 기기를 유압 펌프(그림 12.3)라 하고, 유압장치의 에너지원으로서 가장 중요한 요소이다. 유압 펌프의 종류는 매우 다양하며, 성능상으로는 정 토출량형, 가변 토출량형으로 분류되지만 구조상으로 분류하면 그림 12.4와 같고, 성능 비교는 표 12.2와 같다.

그림 12.3 유압 펌프

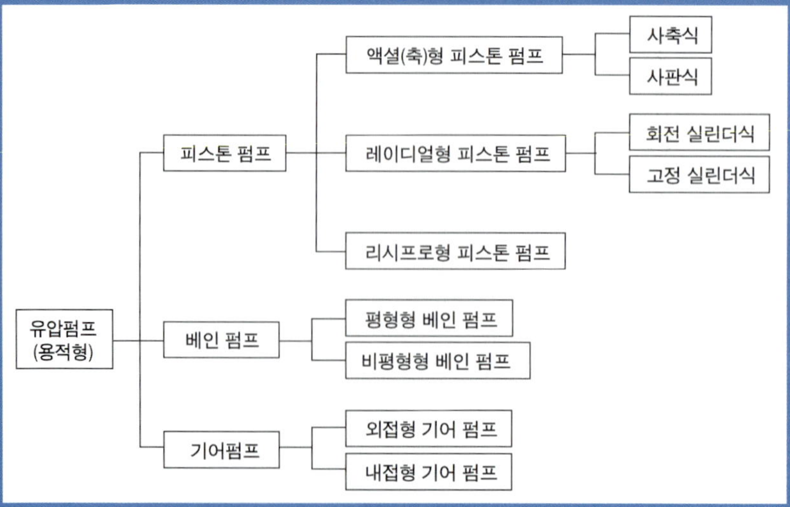

그림 12.4 유압 펌프의 분류

표 12.2 유압 펌프 형식의 분류와 성능 비교

형식 / 성능	피스톤 펌프			베인 펌프		기어 펌프	
	축형	레이디얼형	리스프로형	평형형	비평형형	외접형	내접형
배수량 (cm^3/rev)	5~1000	5~500	1~80	1~370	10~30	1~500	1~500
최고압력 (MPa)	21~42	14~25	30~50	3.5~21	3.5~14	1.0~21	0.5~30
최고회전수 (rpm)	75~5000	1000~1800	1000~1800	1200~2500	1200~1800	900~4000	1200~3000
용적효율 (%)	92~98	90~98	92~98	88~95	80~90	85~95	95~95
전효율 (%)	85~95	80~90	85~95	70~90	60~70	70~85	65~60

유압 펌프의 성능은 각각 구조는 달라도 압력이 높아 졌을 때의 펌프 내부의 토출측에서 저압의 흡입측 또는 케이스 내로의 누설의 대소가 결정적인 수단이다. 누설이 커지면 펌프로부터의 토출 유량이 감소하여, 제대로 된 성능이 출력되지 않는다.

유압 펌프의 성능을 나타내는 토출량 $Q(l/\text{min})$은 아래의 식으로 표시된다.

$$Q = \frac{\eta_v \cdot q_p \cdot N}{1000} (l/\text{min}) \tag{12.1}$$

여기에서, η_v = 유압 펌프의 용적 효율

q_p = 유압 펌프의 1회전당의 토출량, (cm^3/rev)

N = 입력 회전수, (rpm)

η_v는 유압 펌프의 용적 효율이라고 불리는 계수로서, 유압 펌프의 내부 누설이 없으면 1.0(100%)이 된다. 표 12.2에서 참조하는 바와 같이 일반적으로 압력이 높을수록 작은 값이 되고, 그 값은 유압 펌프의 종류에 따라 다르다.

유압 펌프를 작동시키기 위해 필요한 입력, 즉 전동기나 엔진의 출력은 L_N(kW), 토출 압력을 P(MPa), 토출량을 $Q(l/\text{min})$라고 하면, 펌프의 종류에 관계없이 다음 식으로 계산할 수 있다.

$$L_N = \frac{P \cdot Q}{60 \cdot \eta} \tag{12.2}$$

여기에서, P = 토출 압력 (MPa)

η = 전효율(펌프 효율)

Q = 토출량 (l/min)

η는 전효율 (펌프 효율)이라고 불리며, 펌프에 주어진 입력이 유효하게 사용된 비율 (%)을 나타낸다. 이 효율에는 용적 효율 η_v 외에 유압 펌프 내부의 미끄럼 부분의 마찰 등에 의한 기계 효율 η_m도 관계하고 있다. 그러므로 이 값도 사용하는 압력이나 펌프의 종류에 따라서 다른 값이 된다. 유압 장치를 설계할 때에 중요한 변수이다 (표 12.2 참조).

유압 모터(hydraulic motors) 유압 모터는 한마디로 말하면 유압 펌프와 거의 동일하다. 위에서 설명한 유압 펌프는 축을 회전시켜서 기름을 토출하지만, 그와 반대로 기름을 넣어 주면 축이 회전하면서 유압 모터가 된다. 즉 유압 모터는 오일의 압력과 유량을 출력 토크와 출력 회전수로 변환하는 액추에이터가 된다. 유압 실린더는 오일의 압력을 힘으로, 유량을 속도로 변환한다. 유압모터는 일반적으로 그림 12.5에 나타낸 것과 같은 형태이며, 유압에너지의 압력을 출력 토크로, 유량을 출력 회전속도라는 기계적 에너지로 변환하는 것이다.

그림 12.5 유압 모터
출처: www.directindustry.com

유압 모터의 출력 토크와 출력 회전수는 아래와 같이 계산된다.

$$T = \frac{\eta_m \cdot q_m \cdot P}{2 \cdot \pi}(N.m) \tag{12.3}$$

여기에서, P = 구동압력 (MPa)

q_m = 유압 모터의 용량 (cm^2/rev)

T = 유압 모터의 출력 토크 (N·m)

η_m = 기계효율

유압 밸브(hydraulic valves) 유압 시스템에서 가장 중요한 사항 중의 하나가 제어이다. 제어 부품을 올바로 선정하지 못하면 전체 시스템은 원하는 기능을 수행할 수 없다. 유압은 우선 밸브라고 부르는 제어장치를 사용하여 제어한다. 이러한 제어장치의 선택에는 형태뿐만 아니라 크기, 작동기술, 그리고 원격-제어 능력이 포함된다(그림 12.6).

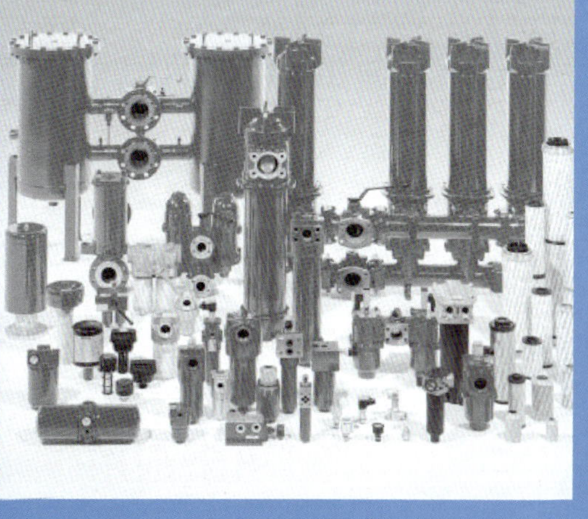

그림 12.6 Hydraulic Valve
출처: www.hydac.com

제어장치의 세가지 기본 형태로서 (1) 방향 제어밸브, (2) 압력 제어밸브, (3) 유량 제어 밸브가 있다.

방향제어밸브는 주어진 회로에서 유체가 이동하는 경로를 결정한다. 예를 들면 유압 실린더나 모터의 운동방향을 결정한다. 이러한 유체경로는 주로 체크밸브, 셔틀밸브, 그리고 2방향, 3방향, 4방향 등의 방향 제어밸브들에 의하여 제어된다.

압력제어밸브는 작동기 부하의 과다 또는 밸브의 닫힘으로 인하여 발생되는 과도한 압력으로부터 시스템을 보호한다. 일반적으로 압력제어는 압력 릴리프밸브, 감압밸브, 순서밸브, 무부하밸브, 그리고 카운터 밸런스밸브에 의하여 수행된다.

그리고 유압회로의 여러 관로에서 유량이 제어되어야 한다. 예를 들면 작동기의 속도를 제어하기 위해서는 유량을 제어하여야 한다. 유량 제어는 유량제어밸브를 통하여 해결할 수 있으며, 정확한 속도제어가 요구되지 않는 곳에서는 유량제어밸브에서의 압력강하에 따라 변하는 무보상형 유량제어밸브가 사용된다. 압력강하의 변화에 자동적으로 조절되어 일정한 유량을 공급해야 하는 곳에서는 압력보상형 유량제어 밸브가 사용된다.

엑츄에이터(구동기, actuators) 펌프는 동력을 전달하기 위해서 유압 시스템의 유체에 에너지를 가하는 기능을 수행한다. 엑츄에이터는 그 반대의 기능을 수행한다. 그것은 유체로부터 에너지를 끌어내고, 유용한 일을 수행하기 위해 그 에너지를 기계적 에너지로 변환한다.

유압실린더는 그림 12.7과 같이 유압 동력을 직선 운동으로, 유압 모터는 회전 운동으로 변환한다.

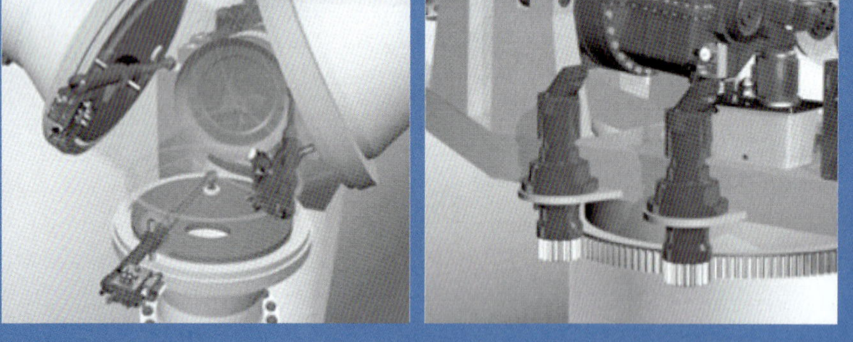

그림 12.7 Actuator (pitch & yaw system)
출처: www.boschrexroth.com

씨일(seals) 유압장치에 있어서 고압이 될수록 기기의 접합부나 이음 부분으로부터 오일이 새기 쉽다. 또 외부에서 기기 내로 이물질이 침입하는 경우도 있다. 그림 12.8에 보는 것과 같이 누유나 이물질의 침투방지를 위하여 사용하는 기구를 총칭하여 씨일(seal)이라 한다. 그리고 고정 부분에 쓰이는 씨일을 가스켓(gasket), 운동 부분에 쓰이는 씨일을 패킹(packing)이라 한다.

그림 12.8 Seal
출처: www.kcsealsinc.ca

유압장치에 사용되는 씨일에 요구되는 조건은 다음과 같다.

- **양호한 유연성 :** 압축 복원성이 좋고, 압축 변형이 작을 것.
- **내유성 :** 유중에 있어서 체적 변화나 열화가 적고, 내약품성이 양호할 것.
- **내열, 내한성 :** 고온시에 노화, 저온시에 탄성저하가 적을 것.
- **기계적 강도 :** 장시간의 사용에 견디는 내구성 및 내마모성이 풍부할 것.

씨일 재료의 종류는 매우 많고, 종래 사용되어 왔던 일반적인 씨일 재료로서는 목면, 석면, 가죽, 천연고무 등이 있지만 최근의 고압, 고온, 특수한 작동유 등의 조건에는 거의 단독으로 사용되지 못하고 합성고무, 합성수지와 혼용되고 있다. 현재 가장 많이 사용되고 있는 것은 합성고무, 합성수지를 성형 가공한 것이다. 그 밖에 연강, 스테인레스강 등의 금속류나 세라믹, 카본 등도 사용되고 있다. 씨일의 재료나 형식은 유압유의 압력, 온도, 종류, 기기의 사용조건 등을 고려하여 적절한 것을 선정해야 한다.

필터(filters) 유압에서는 장치를 만드는 단계에서도, 사용하고 있는 동안도 이물질에 대해 주의를 해야 한다. 특히 사용 중에 있어서는 유압 기기의 대부분이 기계적인 미끄럼 운동 부분을 갖고 있으므로, 미끄럼 운동에 따라서도 약간 마모 가루가 나오고, 작동유의 열화에 따라 슬러지가 발생하여 작동유 중의 이물질이 된다. 이러한 이물질을 막아주는 것이 필터이다. 그림 12.9는 유압장치에서 필터의 설치 위치의 예시이며, 필터는 유압 장치의 어느 라인에 설치하느냐로 다음과 같이 분류가 된다.

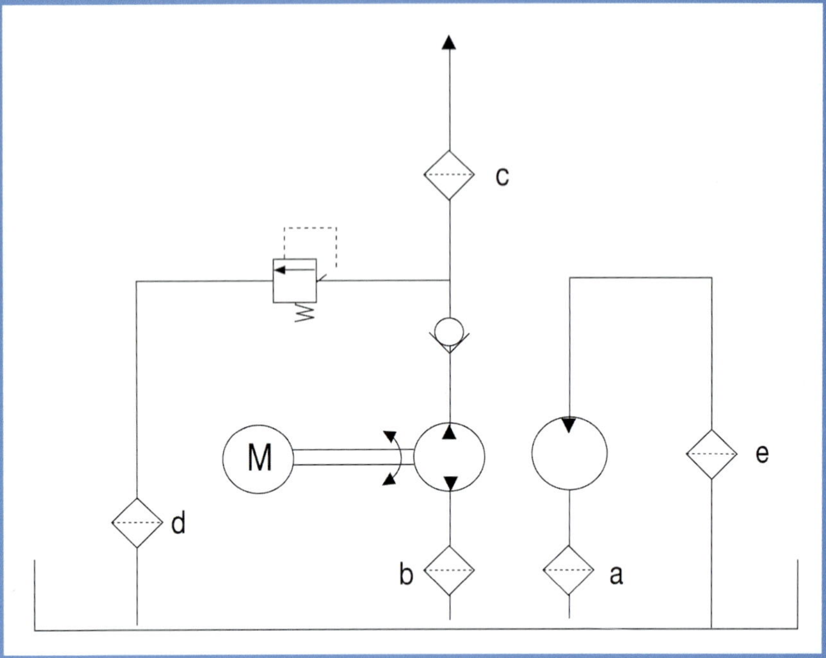

그림 12.9 필터 구성도

- **펌프 흡입 라인 :** 스트레이너(a), 흡입 필터(b)
- **펌프 토출 라인 :** 라인 필터(c), 순환 필터(e)
- **복귀 라인 :** 리턴 필터(d)
- **공기 출입 부분 :** 주유구 겸 에어 블리저, 에어 블리저

유압 라인에서 구분하고 있는 것은 사용 압력이 크게 다르기 때문에 필터의 내압이 다른 것이고, 구조적으로는 그다지 큰 차이는 없다.

오일 냉각기(oil coolers) 유압회로에 있어서 유압 펌프로부터 이동되는 작동유가 유압 실린더나 유압 모터로 일을 할 때까지는 유압 펌프에 있어서의 동력손실, 릴리프 밸브나 감압 밸브 등의 감압손실, 배관 중의 저항 손실 등 여러 가지 손실이 있고, 이들 손실은 열에너지로 되어 유온을 상승시킨다. 이 결과 산화에 의한 유압유의 열화, 점도저하에 따른 윤활성의 감소나 유압기기의 내부누유의 증대, 패킹류의 성능 열화 등 많은 영향을 미친다. 이 때문에 회로 중에 그림 12.10과 같은 오일 냉각기(oil cooler)를 붙여 유온의 상승을 방지하고, 작동유를 40 ~ 50 ℃의 적정유온으로 유지하도록 한다.

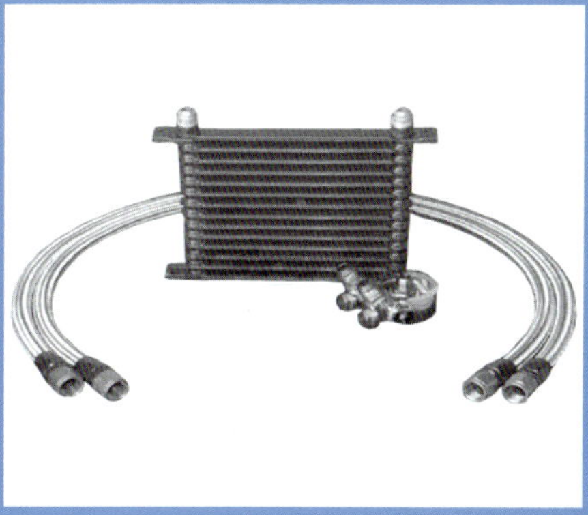

그림 12.10 Oil Cooler
출처: Greddy Oil Cooler Kit WRX

오일 냉각기의 설치 장소는 열 발생원의 위치에 따라 정하는 것이 바람직하며, 일반적으로 릴리프 밸브의 배유포트(drain port)의 관로, 또는 유압회로의 귀환 쪽에 설치되고, 또 전용 펌프에 의하여 오일 냉각기를 위한 유압 회로를 설비할 때도 있다. 오일 냉각기의 냉각 방법은 일반적으로 수냉식이 많이 사용되고, 공랭식도 일부 쓰이고 있다. 수냉식은 냉각수를 보내는 냉각관을 설치하고, 냉각관의 둘레를 작동유가 순환하면서 유과(流過)하고, 이 사이에 오일의 열을 냉각수가 흡수한다. 공랭식은 자동차의 방열기(radiator)와 같은 구조로써 냉각관 속을 작동유가 흐르는 동안에 팬(fan)에 의하여 공기를 보내 오일의 열을 발산시킨다. 공랭식은 냉각수를 얻기 힘든 장소나 물을 사용하기가 적당치 않은 장소 등에 사용된다. 이들의 오일 냉각기를 사용하는 경우에는 부하나 유량의 변동에 따른 발생 열량의 변화가 생겨 과냉각이 되는 경우가 있다. 따라서 유온을 적정 범위 내로 유지하도록 유온의 변화에 따라 냉각수의 유량을 자동적으로 조절하는 유온조절장치를 장비하고 있다. 일반적으로 유온을 전기 신호로 바꾸기 위하여서 서모스탯(thermostat)과 접점붙이 온도계가 사용되고, 열전대(thermocouple)와 온도 조절계를 병용한 것도 있다. 그림 12.11은 증속기의 냉각시스템의 예를 보여주고 있다.

오일 히터(oil heaters) 한랭 시에 유압 장치를 시동할 때, 오일은 점도가 높아 반 그리스 상태로 되어 있어, 흡입 불량에 의해 펌프가 정상적인 오일량을 토출하지 못하거나 혹은 기계적 저항의 증대에 의해서 펌프가 돌지 않는 경우가 발생한다. 이와 같은 상태로 반복하여 사용하면 펌프가 파손된다. 그래서 탱크 속의 오일을 적정 점도로 하기 위해 히터를 탱크에 넣어 적당한 온도까지 올리고 나서 작동 시켜야 한다. 즉, 히터는 오일의 최저 온도를 유지하기 위해 사용한다. 최저 온도는 사용하는 작동유나 펌프의 종류에 따라 다르지만, 일반적으로 광유계 작동유에서는 20℃ 전후이다.

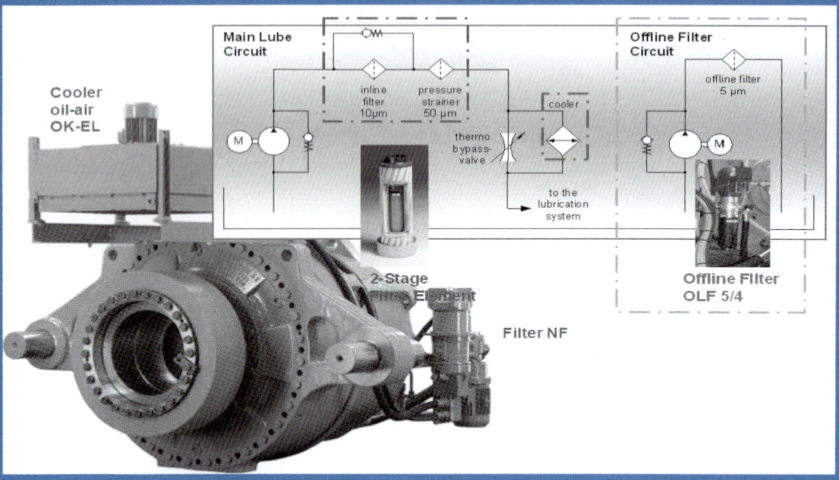

그림 12.11 Gearbox cooling system

12.3 유압 시스템의 선정

유압 탱크의 선정 유압 탱크의 용량은, 사용하는 기계, 유압 회로, 유압 장치, 환경, 사용 빈도, 과거의 경험 등 여러 가지 조건으로 결정된다. 일반적으로 유압 탱크의 용량을 결정하는 요인으로서는 다음과 같다.

- **유온의 상승 정도 :** 유온의 상승은 오일의 열화와 유압 장치의 오동작의 원인이 된다.
- **요구되는 정화 작용 :** 오일 중의 오염 물질이나 공기, 수분 등의 혼입물이 탱크 내에서 분리 혹은 침전되는 것을 막기 위해서 정화를 돕는다. 구조상의 연구 외에, 필터, 미소 분리기 등의 설치에 의해 조건도 변하게 된다.
- **유압 실린더의 오일 출입량의 차 :** 유압 실린더의 호흡량에 의한 탱크 내 오일량 변동분을 흡수 할 수 있을 만큼의 공간 용적이 필요하다.
- **유압 장치 외 배관 중의 오일량의 회수 :** 오일이 오일 탱크에 회수할 경우, 오일이 넘쳐 나오지 않는 용량으로 해야 한다.
- **어큐뮬레이터 내 축압유의 회수** - 어큐뮬레이터를 사용하는 회로에서는 비상 정지 때나 설비 전체의 정기 점검 때에 모든 어큐뮬레이터의 축압유를 회수하게 되는데, 오일이 넘쳐 나오지 않는 용량으로 해야 한다.

- **탱크 형상, 구성** - 유압 탱크 안에 스트레이너, 히터, 온도계, 복귀관, 필터, 미소 분리기 등을 설치할 경우, 설치한 기기, 계기가 기능을 수행하는 오일량이 필요로 하며, 유압 탱크위에 펌프, 전동기나 밸브를 부착하는 공간으로부터 용량이 결정되기도 한다. 유압 탱크 용량은 다음과 같은 조건에서 결정되지만, 일반적으로 탱크 용량 결정의 목표로서 가변 토출량 펌프의 경우 2 ~ 3배정도, 정토출량 펌프의 경우에는 3 ~ 5배정도가 사용된다.

유압 펌프의 선정 펌프 선정에 있어서는 전체적인 유압 시스템에서 필요한 오일량을 계산해 내야 한다. 펌프 유량 $Q(l/\mathrm{min})$은 다음과 같다.

$$Q=\frac{\triangle V}{T}\cdot 60+\triangle Q \tag{12.4}$$

여기에서, $\triangle V$ = 필요 오일량(l)
T = 1사이클의 시간(sec)
$\triangle Q$ = 누설량(l/min)

이를 통해, 요구되는 압력과 펌프 유량 이상의 펌프를 카탈로그 등에서 선정한다. 보통 펌프 유량에 110 ~ 115%이상의 펌프를 선정한다. 예를 들어, 요구되는 압력이 210kgf/cm^{2}이고 펌프 유량이 $60l/\mathrm{min}$일 경우에 카탈로그에서 펌프 용량이 60cm^3/rev 압력 210kgf/cm^{2}일 때의 용적 효율이 95%의 펌프를 선정하였고, 전동기의 회전수를 슬립을 예상하여 1,200rpm으로 하면 유량 Q는

$$Q=60\cdot 1200\cdot 0.95\cdot 10^{-3}=68.4(l/\mathrm{min}) \tag{12.5}$$

된다. 실토출량과의 비를 비교해 보았을 때, 114%로써 14%의 여유를 가지므로, 이 펌프를 선정한다.

유압 모터의 선정 유압 모터의 선정은 필요 토크 회전수를 구하고, 사용 압력을 가정하여 대강의 용량을 계산하여 사용할 유압 모터의 목표를 정한다. 그리고 $T=P_q/2\pi\cdot\eta_t$의 식을 통하여 토크를 확인하고, 오일 모터를 결정한다.

이와 같이, 유압 모터는 회전수, 토크의 필요 범위, 사용 압력 등에 따라 기종 선정이 변하게 된다.

압력 배관의 선정 배관 사이즈를 고를 경우에는 보통 사용압력에 대한 안전성과 관 내경의 유체마찰에 의한 압력손실을 생각해야 한다.

사용 압력에 대하여 강도가 유지되도록 배관을 선정하는 것으로, 일반적으로 다음과 같은 식에 의해 계산된다.

$$P = \frac{2 \cdot t \cdot \sigma_B}{d \cdot s} \tag{12.6}$$

여기에서, t : 배관의 두께(mm)

σ_B: 배관의 인장강도 (N/mm^2)

P : 최고 사용 압력(MPa)

s : 안전율

d : 배관의 내경(mm)

안전율은 서지 압력, 파손일 경우의 위험도를 기준으로 판단하여 결정하는데, 일반적으로 5 ~ 8의 값을 취하고 있다.

사용압에 대하여 관의 두께를 결정하려면 다음과 같은 식을 사용한다.

$$t = \frac{p \cdot D}{200 f_t} \tag{12.7}$$

여기에서, t : 배관의 두께(mm)

p : 사용압력 (kgf/mm^2)

D : 관의 외경(mm)

f_t : 허용응력(kgf/mm^2)

(인장강도(kgf/mm^2) / 안전계수 S = 10 ~ 3)

보통의 경우 안전계수 S=4 정도가 되지만 가는 관의 경우는 S=4로 충분한데 관의 공작하는 관계로 S=8 정도가 되고 있다. 경우에 따라 내구력이 변화하므로 안전계수를 특히 고려할 필요가 있다.

오일 필터의 선정 필터 선정(표 12.3 참고)에 있어서 다음과 같은 것에 유의해야 한다.

- **작동유와 엘리먼트 재질의 적합성 :** 난연성 작동유의 경우는 용량의 문제도 있지만, 비중이 크므로 압력 손실이 커지는 점, 또 패킹이나 엘리먼트 재질과 서로 맞지 않아 부식 등이 문제가 되는 일이 있다.
- **여과 입도와 여과 특성 :** 공칭값이냐, 절대값이냐의 판정이다.
- **사용 유량과 압력 손실 :** 저온에서의 기동을 생각할 때는 온도에 의한 점도 변화의 영향을 체크하여 둔다.
- **사용 압력과 엘리먼트 내압 :** 회로 서지 압력도 고려한다.

표 12.3 여과 입도와 유압기기의 관계

<table>
<tr><th colspan="3">용도</th><th>여과입도</th><th>오염농도의 목표</th></tr>
<tr><td colspan="3">탱크용 필터</td><td>100 ~ 150[메시]</td><td rowspan="2">-</td></tr>
<tr><td rowspan="5">관로용필터</td><td rowspan="2">일반유압장치</td><td>저 압</td><td>100 ~ 150[메시]</td></tr>
<tr><td>중고압</td><td>25[μm]</td><td rowspan="2">NAS 12급</td></tr>
<tr><td rowspan="2">피스톤 펌프</td><td>저압</td><td>25[μm]</td></tr>
<tr><td>중고압</td><td>10[μm]</td><td>NAS 9급</td></tr>
<tr><td colspan="2">서보 밸브</td><td>5 ~ 10[μm]</td><td>NAS 6 ~ 9급</td></tr>
</table>

냉각 용량 선정 증속기에서 냉각시켜야 할 용량을 선정하는 것은 증속기 시스템에서 열로 발생하는 동력 손실을 결정하는 것이다. 예를 들어 증속기 용량은 3 MW, 증속기 효율은 95 %라고 하면, 5 %의 동력 손실이 발생하게 된다. 여기에서 동력 손실량은 증속기 시스템에서 발생하는 열량으로써, 윤활 및 냉각 시스템에서 냉각시켜야 할 열량과 동일하다.

증속기의 동력 손실량은 다음과 같다.

$$3{,}000kW \cdot 5\% = 150kW$$

$$\text{or } H_e = 860(L_i - L_u) = 860 \cdot (3{,}000 - 2{,}850) = 139{,}000kcal/h$$

여기에서, H_e = 동력 손실, kW

L_i = 증속기 시스템의 입력 동력, kW

L_u = 증속기 시스템의 유효 동력, kW

즉, 150 *kW* (139,000 *kcal/h*)로 냉각을 시켜야 한다.

증속기의 윤활 및 냉각 시스템은 증속기의 회전에 의한 기계적인 힘으로 작동하는 오일펌프(mechanical part)와 증속기와는 별도로 전기모터로 구동되는 오일펌프(electrical part)로 구성되어 있다. 즉, 윤활시스템에 윤활유를 공급하기 위하여 2개의 오일펌프가 사용된다. 이는 증속기의 회전속도에 따라 필요한 윤활유의 양을 제어할 수 있으며, 윤활유의 온도에 따라 냉각 쿨러의 작동을 제한하여 냉각 효율을 향상시킬 수 있는 장점이 있다.

☑ 참고문헌

1. Choi, J. Y., Choi, H. K., Yum, S. B., Kim, Y. K., Lee, C. J., Min, S. J., Choi, S. G., 'Driving is Possible in Low Wind, Suspension Style and Oil Pressure Wind Force Power Generation System, **Proc. of KIEE Fall Conference**, pp. 35-38, 2008.

2. 불이월유압연구그룹(不二越油壓硏究), 이치구 역, **신편 알고싶은 유압**, 도서출판 기전연구사, 2006.

3. 하재현, **최신유압공학**, 도서출판 청문각, 2001.

4. 양협, **유압공학I(유압부품의 설계 및 선정)**, 태훈출판사, 2001.

5. 강철구, 이교일, 장효환, 조승호, **유공압공학** 제5판, 사이텍미디어, 2001.

제 13 장

요 시스템

Yaw Systems

이근호, 박영준

풍력핵심기술연구센터
한국기계연구원

13.1 서론

풍력터빈을 구성하는 여러 요소들 중에서 요(yaw) 시스템은 풍력발전시스템의 로터(rotor)와 나셀(nacelle)을 바람이 불어오는 방향으로 향하게 하여 풍력발전시스템의 효율을 최대가 되게 하고, 풍력발전시스템 전체에 작용하는 피로 하중을 감소시키는 역할을 한다.

풍력터빈의 블레이드가 바람에 수직하게 향하지 않는 경우 즉, 바람의 방향과 주축이 일치하지 않을 경우 요 오차가 발생하게 되는데, 이것은 바람에 포함된 에너지의 일부가 풍력터빈의 회전면을 그냥 통과하여 풍력터빈의 출력이 낮아짐을 의미한다. 이런 점을 이용하여 요 오차를 발생시킴으로써 출력을 제어하는 방법은 출력 제어에 있어서는 좋은 방법이 될 수 있지만, 바람이 불어오는 블레이드 면에는 반대 면보다 더 큰 힘(bending torque)이 작용하기 때문에 풍력터빈에 불규칙한 부하를 가하게 된다. 그러므로 블레이드의 방향이 바람이 불어오는 방향과 같지 않고 요 오차가 발생한 채로 운전하는 풍력터빈은 바람을 정면으로 받는 풍력터빈에 비해서 더 큰 피로하중을 받게 되며, 이는 풍력터빈의 수명을 단축시키는 직접적인 원인이 된다. 따라서 운전 중 발생할 수 있는 모든 하중 조건에 대하여 풍력발전시스템의 나셀을 바람의 방향과 일치시킬 수 있게 하는 요 제어 방법을 선택해야 한다.

요 시스템은 타워와 회전하는 나셀을 연결하고 지지하는 요 베어링(yaw bearings), 요잉(yawing)을 수행하기위한 동력 시스템을 총칭하는 요 드라이브(yaw drive), 나셀을 고정하기 위한 요 브레이크(yaw brake), 나셀이 일정방향으로 장시간 회전하게 되면서 발생할 수 있는 송전케이블의 꼬임을 방지 할 수 있는 케이블 꼬임 계수기(cable twist counter) 등으로 구성된다.

13.2 주요 구성요소와 기능

1) 요 베어링(Yaw bearings)

요 베어링은 고정된 타워와 회전하는 나셀을 연결하고 지지하는 역할을 한다. 따라서 로터를 통해 나셀에 작용하는 바람의 힘을 타워로 전달하는 주요 경로가 된다. 풍력터빈에는 구름베어링(rolling bearings)과 미끄럼베어링(slide plate bearings)이 모두 사용되고 있다. 베어링은 크게 볼, 내륜, 외륜으로 구성 되며 내륜은 메인 프레임과 연결되고 외륜은 타워에 볼트로 체결된다. 그림 13.1은 요 베어링의 예시이다.

① 내치형 베어링과 외치형 베어링

타워에 설치되는 요 베어링은 베어링의 내륜(inner ring) 또는 외륜(outer ring), 다시 말해 내치형 베어링(그림 13.2)과 외치형 베어링(그림 13.3)으로 구분할 수 있다. 외치형을 타워에 장착하면 요 드라이브는 베어링 내부에 위치하게 되므로 드라이브의 안정성이 높은 장점이 있다. 그러나 고려해야 할 사항은 요 드라이브와 브레이크를 타워 안의 공간에 배치하기가 어렵다는 점이다. 결론적으로 대부분의 내치형 베어링과 외치형 베어링 사이에는 큰 차이점이 존재하지 않으며 다만 공간적 차이가 있고, 내치형이 해상 풍력발전에서 안정성이 조금 더 높다는 이점이 있다. 표 13.1에는 내치형과 외치형에 대한 비교 분석을 하였다.

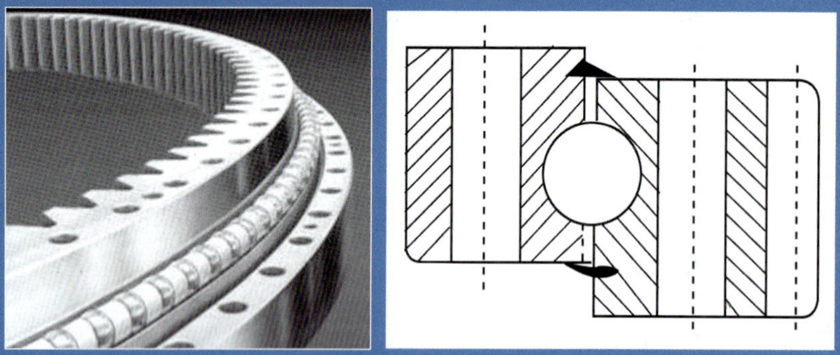

그림 13.1 요 베어링의 예[2]

② 요 베어링 설계하중

풍력발전시스템의 설계 수명은 20년이며, GL 규정에서는 요 시스템의 운전 시간을 시스템 설계 수명의 10%로 정의하고 있다. 또한 바람방향의 변동으로 인한 요 베어링과 요 드라이브 피니언 사이의 채터링(chattering)을 방지하기 위하여 브레이크 캘리퍼 중 일부를 이용하여 상시 마찰력을 제공할 경우, 요 베어링에 작용하는 요잉 모멘트의 듀티 싸이클(duty cycle)은 아래 그림 13.4와 같이 얻을 수 있다.

그림 13.2 내치형 요 베어링

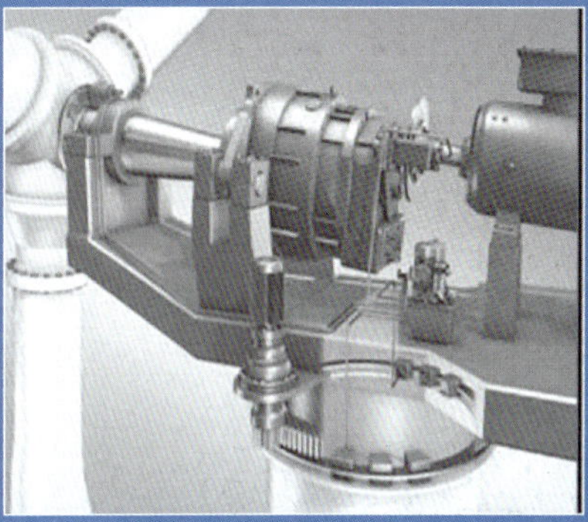

그림 13.3 외치형 요 베어링

표 13.1 내치형과 외치형의 베어링 비교

	내치형	외치형
무게	외접형보다 무거움	기준
가격	외접형보다 고가임	기준
장점	Drive를 보호, 높은강도	비용이 효율적인 구조
단점	복잡함	베어링이 타워 밖에 있음

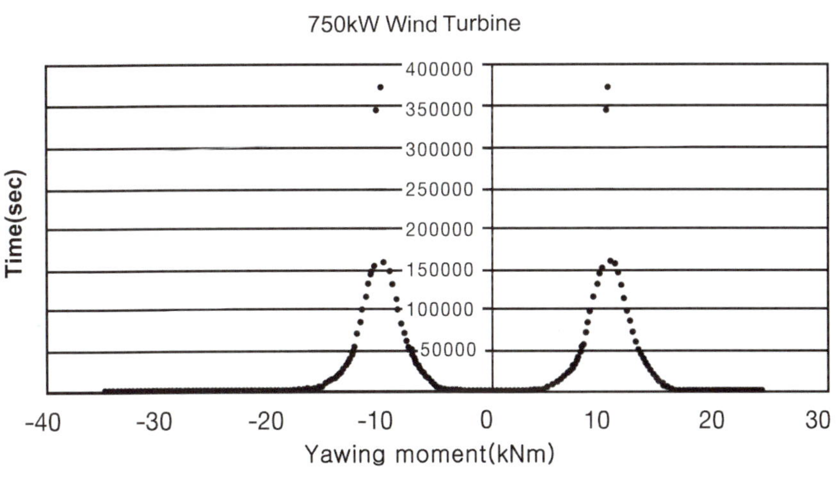

그림 13.4 요 베어링 Duty cycle[2]

2) 요 드라이브(yaw drives)

요 드라이브는 요잉을 수행하기 위한 동력 시스템을 총칭한다. 요 드라이브는 감속기와 모터로 이루어져 있고 감속기는 1,000 : 1 이상 높은 감속비를 얻기 위하여 다단(4 ~ 5단) 유성기어를 사용한다. 요잉의 속도가 너무 빠를 경우 로터에 의해 발생하는 자이로 효과(gyro effect)가 풍력터빈에 악영향을 준다. 수동 요 시스템의 경우 이를 방지하기 위하여 요 시스템에 댐핑을 추가하며, 능동 요 시스템의 경우에는 자이로 효과를 최소화할 수 있도록 일반적으로 15/R(° /sec)이하의 속력과 $450/R^2$ (° $/sec^2$) 이하의 가속도를 갖도록 설계한다. 따라서 이런 낮은 속도를 얻기 위해 요 모터는 요 감속기에 연결되어 있다.

요 드라이브용 모터는 크게 전기 모터(그림 13.5)와 유압 모터(그림 13.6)로 나눌 수 있다. 일반적으로 660kW 이상의 대형 풍력발전시스템에서는 전기 모터를 사용하여 나셀의 위치를 제어한다.

요 드라이브는 일반적으로 나셀에 장착되며 이는 타워의 상층부에 설치된 요 베어링과 연결된다. 요 베어링에는 기어가공이 되어 있어 외부의 갑작스런 변화에 대응하고, 정밀한 요잉이 가능하게 해준다. 요 베어링에 가공되는 기어의 강도는 DIN 3990 또는 ISO 6336으로 평가한다.

그림 13.5 전동식 요 드라이브

그림 13.6 유압식 요 드라이브

① 요 드라이브 설계 하중

요 드라이브의 경우 GL 2003 규정에 따라 설계 하중을 도출하고, 그에 적합한 용량의 전기 모터나 유압 모터를 선정하는 것은 요 베어링의 선정 과정과 같다. 그러나 요 드라이브의 경우, 모든 설계 하중에 대해 이겨낼 수 있는 수준의 설계 용량을 선정하는 것이 아니라 전체 설계 하중의 3σ(σ:표준편차) 구간을 견딜 수 있도록 모터 용량을 선정한다. 이는 최대 용량을 결정하는 순간적인 피크의 경우, 전체 운전 시간 중에 발생하는 비율이 극히 일부일 뿐만 아니라, 피크 하중으로 인한 순간적인 하중이나, 슬립이 발생하더라도, 요 시스템이 파손되거나 전체 시스템의 운전에 큰 영향을 주지 못하기 때문이다. 그림 13.7은 요 드라이브의 설계 하중을 도출하기 위해 BLADED 프로그램을 이용하여 구한 요 모멘트 그래프이다. 예를 들어 이 때 발생한 모멘트의 평균이 X, 표준편차가 σ라 하면 요드라이브 모터의 용량은 다음식과 같이 선정할 수 있다.

$$X-3\sigma < X < X+3\sigma \tag{13.1}$$

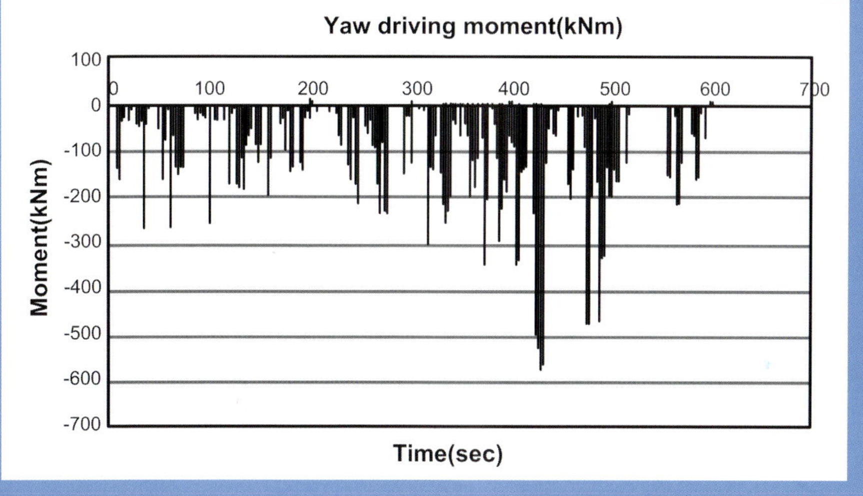

그림 13.7 요 모멘트 그래프[2]

② 요 감속기

유성기어는 경량화, 소형화, 고강도화가 가능하여 자동차의 자동 트랜스미션 및 산업용 감속기 등에 널리 사용되고 있다. 그림 13.8과 같은 다단 유성기어는 입력토크를 분산하여 전달하므로 소형, 경량의 설계가 가능하고 각 기어 요소가 소형으로 설계되어 피치선 속도가 작아져 소음과 효율에 유리하다. 또한 평기어나 헬리컬기어와 비교하였을 때 다음과 같은 장점을 갖는다.

- 3 ~ 4개의 유성치차에 의해 입력토크가 분산, 전달되므로 소형, 경량의 설계가 가능하다.
- 각 치차 요소가 소형으로 설계될 수 있으므로 일반적으로 소음과 효율에 큰 영향을 끼치는 피치선속도가 작아져 소음과 효율 측면에서 유리하다.
- 입력축과 출력축이 동축상에 위치하므로 변속부를 컴팩트하게 설계할 수 있다.

- 동력전달시 발생하는 원주 방향 하중이 대향 배치된 유성치차에 의해 상쇄되므로 베어링의 지지 구조와 축 설계가 단순해진다.
- 유성치차는 치차의 충돌이나 부분적인 맞물림에 의해 치차의 이(tooth)가 손상될 가능성이 적다. 또한 이(tooth)의 물림상태가 좋아 이의 물림이 일정하게 유지되는데 이것이 동력 흐름의 방해를 받지 않고 자동으로 그리고 신속하게 속도비를 바꿀 수 있게 해준다.

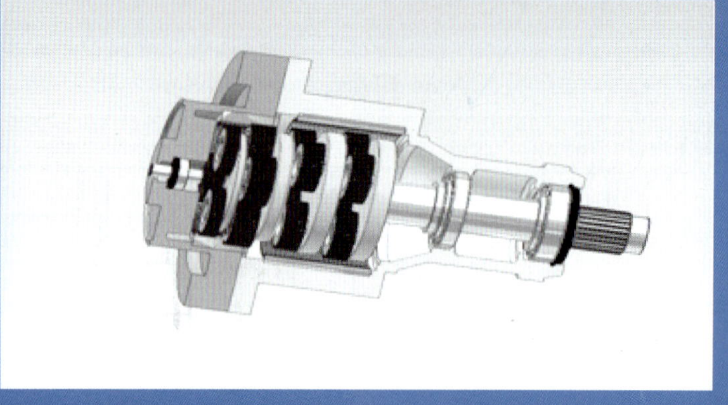

그림 13.8 요 감속기

3) 요 브레이크(yaw brakes)

나셀을 고정하기 위해 사용하는 요 브레이크는 일반적으로 아래의 그림 13.9와 그림 13.10과 같이 각각 브레이크와 유압 캘리퍼를 이용한다. 요 브레이크는 최대 요 모멘트를 견딜 수 있도록 안전율(S=1.15)을 적용하여 설계한다. 또한 먼지나 부식, 기름 등의 이물질에 대한 적절한 대비책도 마련하여야 한다. 요 브레이크의 용량을 결정하기 위해서는 요 베어링에 작용하는 요 모멘트를 분석해야 한다. 요 브레이크의 경우 모든 하중 조건에 대해서 나셀을 고정시킬 수 있도록 브레이크 용량을 선정하여야 한다.

그림 13.9 요 브레이크 시스템의 플렌지 디스크

그림 13.10 요 브레이크용 대용량 유압 캘리퍼

4) 케이블 꼬임 계수기

풍력터빈의 발전기에서 생산된 전류는 전선을 통해 송전된다. 따라서 만일 풍력터빈이 긴 시간동안 일정방향으로 계속해서 요잉을 한다면 전선은 점점 꼬이게 될 것이다. 이를 방지하기 위해서 풍력터빈에는 제어기에 꼬인 전선을 풀 시기를 알려줄 케이블 꼬임 계수기(cable twist counter)가 장착되어 있다.

때때로 풍력터빈의 상부가 꼬인 전선을 풀기 위하여 마치 고장 난 것처럼 같은 방향으로 5 ~ 6번 회전하는 것을 볼 수 있는데, 이는 꼬인 전선을 풀기 위함이다.

5) 요 컨트롤(yaw control)

① 요 컨트롤의 정의

요 컨트롤의 목적은 바람의 방향에 따라 로터의 방향을 요의 각도를 통하여 제어하는 것으로 기계부품의 수명을 감소시키는 반복적인 작은 움직임을 피하고 동력 손실을 가능한 작게 하기 위함이다.

② 요 제어

요 모션의 제어는 상반된 두 목표를 가지는 것이 특징이다. 한편으로는 출력 손실을 막기 위하여 풍향과 로터와의 편차인 요 각도(yaw angle)를 최소화해야 하며, 다른 한 편으로는 기계적 요소들의 수명을 줄이는 연속적인 작은 요 움직임을 막기 위하여 풍향에 너무 민감하게 반응해서는 안 된다. 일반적인 규정을 정하는 것이 불가능하기 때문에 이 두 조건 사이에 실제적인 타협점을 찾는 것이 해결해야 할 문제이다. 그림 13.11은 요제어의 작동개념을 보여준다. 지역적인 바람 특성뿐만 아니라 터빈의 특성들을 고려하여 해결책을 찾아야 한다. 일반적으로 유효한 모델이라고 할 수는 없지만 WKA-60 터빈이 한 예(그림 13.12)가 될 것이다. 터빈의 풍량 측정 시스템은 10초 동안의 평균 풍향 정보를 제공한다. 이 정보는 매 2초마다 나셀의 순간적인 요잉 포지션과 비교된다. 편차가 3° 이하라면 요 제어시스템은 작동하지 않을 것이다. 계산된 요 앵글이 이 값 이상이라면 미리 프로그램화된 기능 (preprogrammed function)에 의하여 조정에 필요한 시간이 결정된다. 10° 정도로 요 앵글이 작다면 요잉은 60초 이내에 행해지고, 20° 정도로 더 커지면 요잉은 20초 이내에 행해진다. 계산된 요 앵글이 50° 를 초과한다면 요잉은 즉시 행해진다. 작동표 (operation diagram)는 요 시스템이 작동하는 시간 범위를 보여준다.

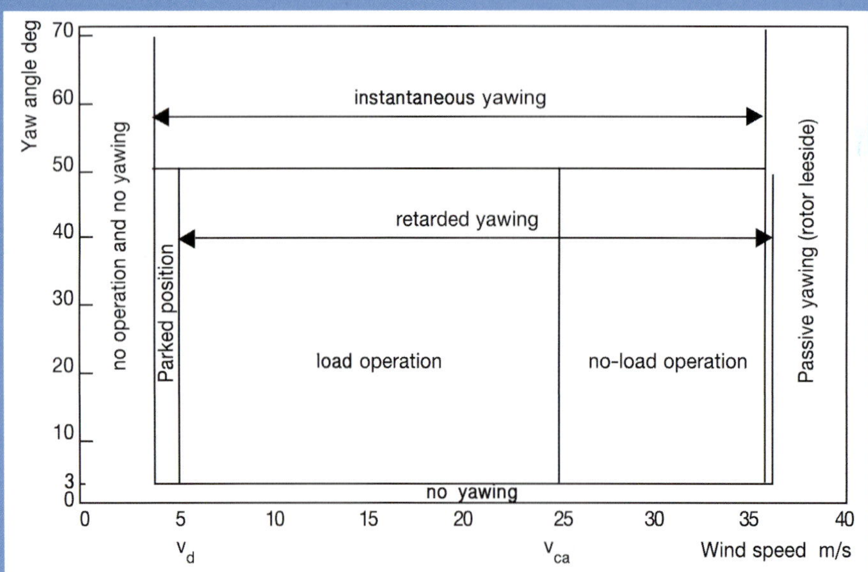

그림 13.11 Yaw Control Operation Concept[4]

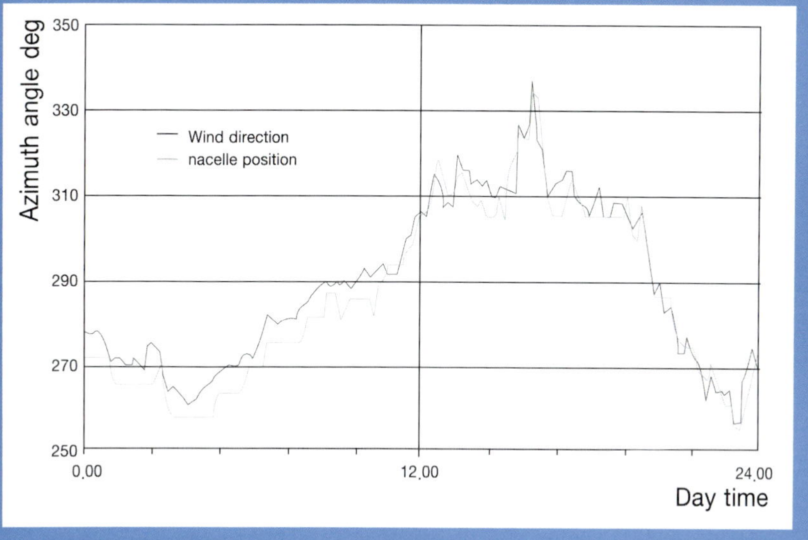

그림 13.12 WKA-60의 가동 중인 나셀과 풍향의 방위각[4]

☑ 참고문헌

1. 이수갑, "3.0MW offshore wind turbine concept and preliminary design", 산업자원부, 2006.

2. 이현주, 최원호, 안경민, "Design of yaw system of wind turbine", **한국신・재생에너지학회**, 2006, pp. 277-280.

3. 이동환, 고우식, 이형우, "A Study on Finite Element Method of Yaw bearings for Wind Turbine," **한국마린엔지니어링학회**, 2007, pp. 918 -923.

4. Erich Hau, **Wind Turbines - Fundamentals, Technologies, Application, Economics, Springer**, 2005, pp. 312-363.

제 14 장

타워

Towers

김진봉, 황병선, 박종한

풍력핵심기술연구센터
한국기계연구원

14.1 서론

풍력터빈 블레이드를 통하여 전달되는 풍하중과 나셀 및 블레이드의 무게를 지지하는 역할을 하는 타워는 전체 풍력발전기의 제작비용의 약 20 ~ 25%를 차지하는 고가의 구조물이다. 타워는 풍력발전기의 구성요소 중에서도 가장 무겁고 크기가 큰 요소이다. 최근에 세계 대형 풍력발전기 시장의 큰 부분을 차지하는 2MW급 혹은 3MW급의 풍력발전기에 사용되는 타워의 경우에는 발전단지에 따라 다르지만 약 80 ~ 100m의 길이와, 나셀과 블레이드를 포함한 구조물의 무게인 약 100톤 이상의 무게를 지탱할 수 있도록 설계되어야 한다.

그림 14.1 격자(lattice) 타워와 원통형상(tubular) 타워로 제조된 풍력발전기

이런 풍력터빈용 타워는 다양한 형태로 제작되지만, 그림 14.1과 같이 주로 격자(lattice) 구조와 원통형상(tubular) 구조가 대부분을 차지한다. 그 중 격자 타워는 싼가격, 운반이 용이함, 더욱이 아연 도색에 의해 비교적 용이하게 부식방지 조치를 할 수 있는 등의 이점이 있다. 반면에 외관이 좋지 않고, 유지보수를 위해 나셀까지 오르는 작업자가 외부에 노출되는 결점이 있다. 원통형상 타워는 격자 타워보다 비싼 가격이지만, 미관을 해치지 않고 나셀까지 타워 내부를 통해 안전하게 도착할 수 있다. 따라서 대형 풍력발전기에서는 격자 타워보다 상대적으로 비싼 원통형상 타워가 주류를 이룬다. 보통 원통형상 타워는 강철(steel)로 만들어지며, 단면이 일정한 것, 도중에 직경이 변하는 것, 테이퍼형(taper shaped) 등이 있다. 그러나 대형 타워인 경우에는 철 구조물의 고가의 비용으로 인해 콘크리트(concrete) 구조물 및 철/콘크리트 하이브리드형도 제작이 되고 있다.[11] 본 절에서는 오늘날 대부분의 대

형 풍력터빈에서 많이 채용하고 있는 원통형상 타워를 중심으로 설계, 제조 및 시험에 대하여 설명하고자 한다.

14.2 타워의 구조 및 기능

구조와 기능 풍력터빈용 타워는 중요 부품인 블레이드와 허브 및 기어박스, 발전기 등 부품이 모두 조립된 나셀을 지지하는 구조물로서 현재 상용화된 대형 풍력발전기는 강철튜브형(steel tubular) 구조를 가지고 있으며, 일정한 간격으로 원통을 제작하여 각 끝 부분에 플렌지와 볼트로 조립하는 형태로 제작되고 있다. 그림 14.2와 같이 원통형상의 타워 내부는 작업자가 안전하게 나셀까지 올라갈 수 있는 통로로 사용되기 때문에 이를 위한 사다리가 설치된다. 또한 나셀 내부의 발전기에서 생산된 전기를 지상의 전기계통과 연결하기 위한 전력선들을 지지하는 케이블 트레이(cable tray)도 설치된다. 최근에는 타워가 높아져서 작업자의 이동을 용이하게 하는 전동운반장치를 설치하기도 한다.

그림 14.2 타워 내부의 형상

타워의 기능은 앞서 타워의 구조에서 알 수 있듯이 블레이드가 회전하면서 발생하는 추력과 나셀 및 블레이드 무게에 의한 자중 그리고 타워가 바람에 의해 받는 하중을 지지하는 역할과 함께 작업 및 전력연계를 위한 통로로써의 역할을 하며 풍력발전기를 이루는 다른 기계요소에 비하여 매우 간단하다. 그러나 풍력발전기를 이루는 다른 요소들에 비하여 파손에 의하여 유발되는 손실이 매우 크고 대형 풍력터빈 가격의 20 ~ 25%정도를 차지하여 타워 자체의 단가도 매우 높기 때문에 가격경 쟁력이 있으면서도 안전한 타워를 개발하는 하는 것은 매우 중요하다.

14.3 타워의 설계개념 및 설계 방법

타워 설계 개념 원통형상 타워는 그 구조적인 역할에서 주어지는 하중 특성과 함께, 형상, 제조 공정, 소재, 사용 환경 등에 따라서 다양한 설계 요구조건들을 만족하여야 한다. 또한, 비교적 간단한 형상이지만 높은 단가와 무게 때문에 최적 설계를 통해 무게절감, 제조공정의 단순화, 설치 용이성 향상 등으로 가격경쟁력을 확보하면서 동시에 구조적 안전성을 확보하는 것이 상품가치를 높이기 위한 주요 요소가 된다.

본 절에서는 GL 규정을 기준으로 원통형상의 철 구조 타워의 설계를 위한 절차를 간략히 소개한다. GL 절차서에 따르면 그림 14.3에서 보는 바와 같이 타워의 설계와 해석에서 주요 고려 사항은 크게 고유진동수 해석, 설계하중 해석, 강도해석, 구조안정성 해석 등으로 분류할 수 있다.

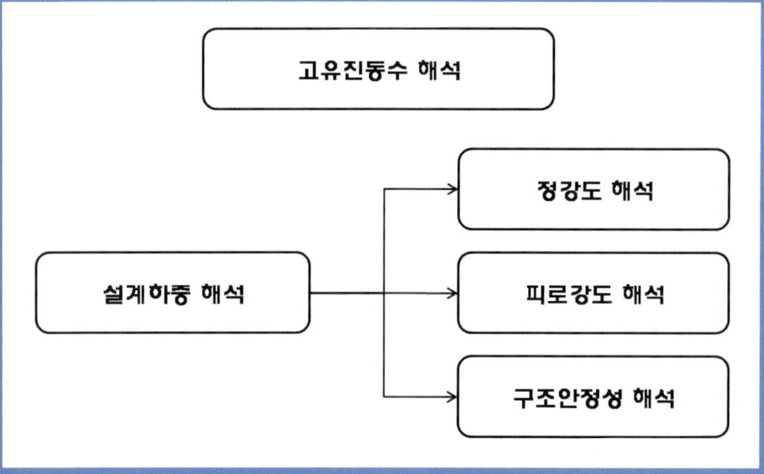

그림 14.3 풍력터빈용 타워의 설계 절차

고유진동수 해석 타워의 고유진동 설계/해석에 있어서 가장 중요한 것은 풍력발전기에서 가장 주요한 동적 하중 유발체인 풍력터빈 블레이드의 회전수와의 공진을 피하는 것이다.

이를 위해서는 아래와 식(14.1)과 식(14.2)를 만족하여야 한다.

$$\frac{f_R}{f_{0,1}} \le 0.95 \tag{14.1}$$

$$\frac{f_{R,m}}{f_{0,n}} \le 0.95 \ \text{ or } \ 1.05 \le \frac{f_{R,m}}{f_{0,n}} \tag{14.2}$$

f_R = maximum rotating frequency of the rotor in the normal operating range
$f_{0,1}$ = first natural frequency of the tower
$f_{R,m}$ = transition frequency of the m rotor blades
$f_{0,n}$ = n-th natural frequency of the tower

이때, 타워의 고유진동수는 blade transition 주파수의 20%이상의 크기를 갖는 고유진동수까지 충분한 수가 계산되어야 한다. 또한 타워의 고유진동수를 구할 때에는 타워가 세워지는 지면의 특성도 같이 고려되어야 한다.

식(14.1)은 정상운전(normal operating range) 상태에서의 로터의 회전수가 타워의 1차 고유진동수의 95%이하이어야 함을 의미하고, 식(14.2)는 타워의 모든 고유진동수는 모든 운전 상태에서 블레이드 개수를 고려한 블레이드 통과진동수의 5%를 벗어나야 함을 의미한다. 고유진동수 설계요구조건을 만족시키기 위해서는 흔히 캠벨선도(공진선도, Campbell diagram)를 사용한다.

설계하중 해석 타워을 설계하기 위해서는 타워에 가해지는 하중을 정확하게 적용하는 것이 중요하다. 타워의 설계하중은 일반적으로 공탄성해석을 통하여 얻어진다. 공탄성해석으로 설계하중을 구하는 자세한 절차는 GL 절차서와 IEC 61400-1을 참조할 수 있다. 설계하중은 풍력발전기가 겪을 수 있는 다양한 설계하중상황(DLCs, design Load Cases)에 대해서 시간의 진행에 따라서 계산되는 매우 방대한 값들이다. 타워의 설계에 사용되는 하중은 그림 14.4와 같이 다양한 하중들의 합력이 동시에 작용하게 된다. 따라서 설계하중상황에서 계산되어야 하는 하중들도 그림 14.4와 14.5의 모든 하중들을 포함하여야 한다.

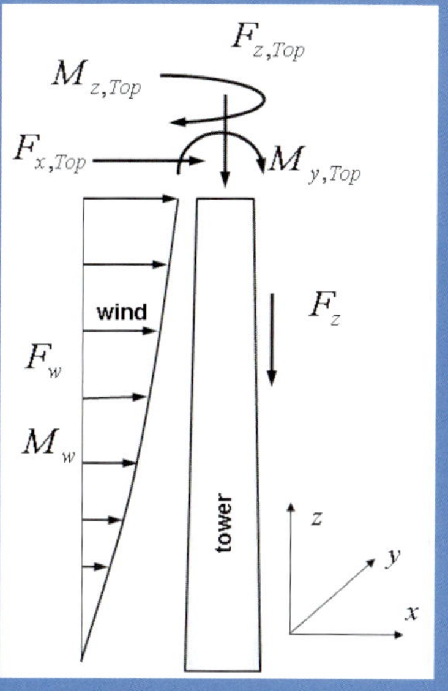

$F_{z,Top}$: 블레이드, 나셀 등의 무게로 인하여 가해지는 힘.
$M_{z,Top}$: 블레이드, 나셀의 Yaw 방향으로 발생하는 비틀림 힘.
$F_{x,Top}$: 풍력발전기 블레이드의 추력.
$M_{y,Top}$: 풍력발전기 블레이드, 나셀에 의해 발생하는 굽힘력.
F_z : 타워자중에 의한 힘.
F_w : 타워에 가해지는 풍압으로 인해 발생하는 힘.
M_w : 타워에 가해지는 풍압으로 인해 발생하는 굽힘력.

그림 14.4 풍력터빈용 타워에 가해지는 하중

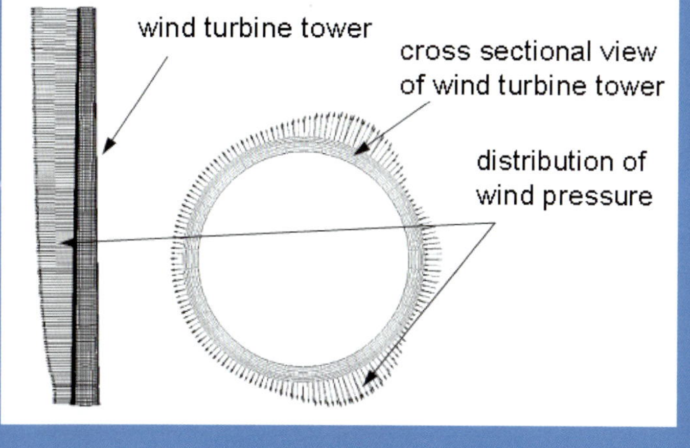

그림 14.5 풍력터빈용 타워에 가해지는 풍압의 예

정강도 해석 정강도 해석은 타워에 가해지는 다양한 하중의 조합 중에 타워에 가해지는 극한(ultimate) 하중에 대해서 타워 구조의 강도가 충분한지 여부를 해석하는 것이다. 타워에 대한 정강도 해석에서는 특히 극한 하중에 취약한 용접 연결부, 개구부(openings in tubular tower)(그림 14.6) 및 플렌지 연결부(그림 14.7)가 주 관심이 된다.

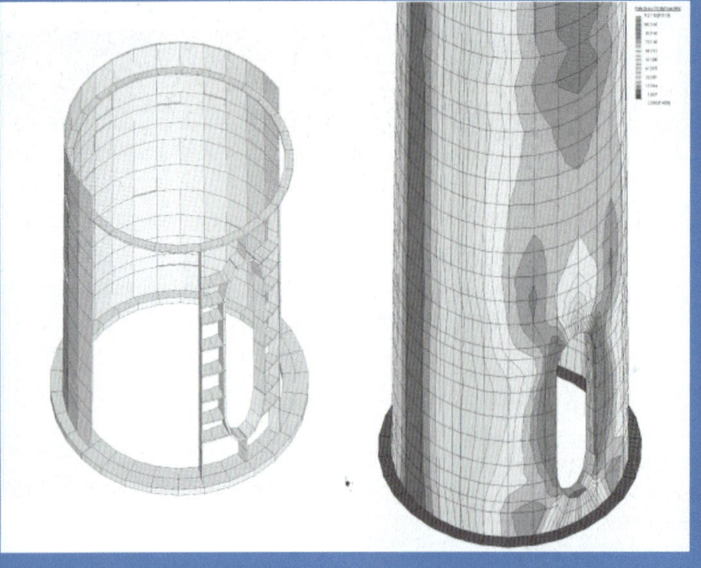

그림 14.6 풍력터빈용 타워의 개구부(opening) 해석의 예

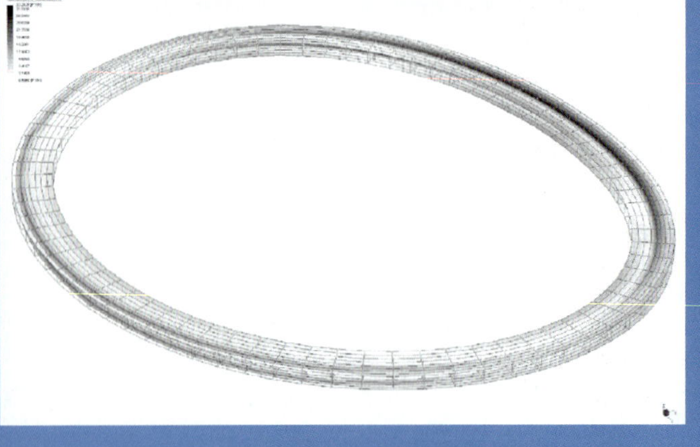

그림 14.7 풍력터빈용 타워의 조립에 사용되는 플랜지의 유한요소모델

정강도 해석을 위해서는 각 극한하중에 대해서 타워를 구성하는 모든 부분이 충분한 안전율 여유(margin of safety)를 갖도록 설계하여야 한다. 정강도 해석을 통한 설계결과는 아래의 식(14.3), (14.4), (14.5)를 만족하여야 한다.

$$F_d = \gamma_f F_k \tag{14.3}$$

$$f_d = \frac{f_k}{\gamma_m} \tag{14.4}$$

$$F_d \le \frac{f_d}{\gamma_n} \tag{14.5}$$

여기에서,

F_d : design values of load
γ_f : partial safety factors of load
F_k : characteristic values of load
f_d : design values of the material properties
γ_m : partial safety factors of material
f_k : characteristics of the material properties
γ_n : failure factors for component classes

식(14.3)에서 γ_f는 설계하중에 대한 안전계수로서 다양한 DLCs에서 구한 하중(F_k)의 불확실성을 반영하기 위해서 사용된다. 식(14.4)에서 γ_m은 소재물성을 위한 안전계수로서 실험적으로 구한 소재의 특성과 실제 구조물을 구성하고 있는 소재의 특성(f_k)과의 차이를 반영한다. 이러한 차이는 물성시험 수량, 환경 등의 한계성과 소재자체가 내포하고 있는 여러 가지 불확실성에 기인한다. 식(14.5)에서 γ_n은 설계하고자 하는 구조물의 설계개념을 반영한 것이다. 즉, 설계대상 구조물이 파손이 발생하더라도 풍력발전기의 전체적인 파단으로 진행되는 경우와 그렇지 않은 경우 등을 구분하여 그 구조의 파손으로 발생하는 손실이 전체 구조에 미치는 영향을 반영한다.

피로강도 해석 피로강도 해석을 위한 피로하중은 여러 가지 DLCs로부터 나온 하중들을 rainflow counting 방법으로 평균응력, 반복응력의 크기별로 반복수를 구하여 Markov matrix를 구성하고 Miner's rule을 이용하여 계산한다. 타워의 피로강도 해석을 위해서 사용하는 피로하중은 풍력발전기의 수명인 20년을 기준으로 계산되며, 피로하중 해석의 대상시간을 풍력발전기의 type class에 맞추어 20년 동안 발생하는 실제 횟수로 환산할 수 있도록 스케일 값(scale factor)을 응력 주기 횟수(number of stress range)에 곱하여 계산한다. 피로강도 해석은 임의의 평균응력, 반복응력의 크기를 가지는 피로하중이 구조물의 각 부분을 이루는 소재 및 구성품에 발생시키는 손상을 나타내는 손상계수(n_i/N_i)가 누적된 누적손상계수를 나타내는 Miner sum(D)를 구하는 것으로서 피로손상을 일으키지 않으려면 식(14.6)와 같은 조건을 만족하여야 한다.

$$D = \sum_i n_i / N_i < 1 \tag{14.6}$$

여기에서,

D : Miner sum, 누적손상계수

n_i : 임의의 피로하중에서의 반복하중 수

N_i : 임의의 피로하중에서의 반복수명

식(14.6)에서 N_i는 피로수명식인 S-N 선도로부터 구할 수 있다.

좌굴 해석 타워의 설계에서 좌굴은 응력의 작용방향에 따라서 meridional stress에 의한 좌굴, hoop stress에 의한 좌굴, shear stress에 의한 좌굴로 구분된다. 각각 방향에 대한 좌굴 응력 한계는 타워를 이루는 각각의 섹션(section)의 형상, 쉘의 두께, 타워 지름 등과 재질에 따라서 달라진다. 좌굴은 특히 타워의 개구부(opening)의 설계에 매우 중요한 요소이다. 타워의 개구부를 설치할 때에는 반드시 좌굴을 대비한 강화가 요구된다.

타워의 설계 그림 14.8은 대형 풍력발전기에서 일반적으로 많이 사용되는 강철(steel)로 제작된 타워의 예시이다. 그림 14.8에서 볼 수 있듯이 타워는 여러 개의 섹션으로 제조된 조립체이다. 전체적인 형상은 테이퍼형을 가지는데, 위의 다양한 해석을 통해서 테이퍼형 타워의 바닥부와 꼭대기의 직경, 각 섹션의 철판의 두께, 플렌지 구성, 강화링(reinforcing ring)의 위치 결정, 개구부의 형상 및 보강방안 등을 결정하여 최종적으로 최적화된 설계안을 도출할 수 있다. 풍력터빈 타워도 풍력터빈의 형식승인에 필요한 부품이므로 일반적으로 각 풍력터빈사가 설계를 수행한다.

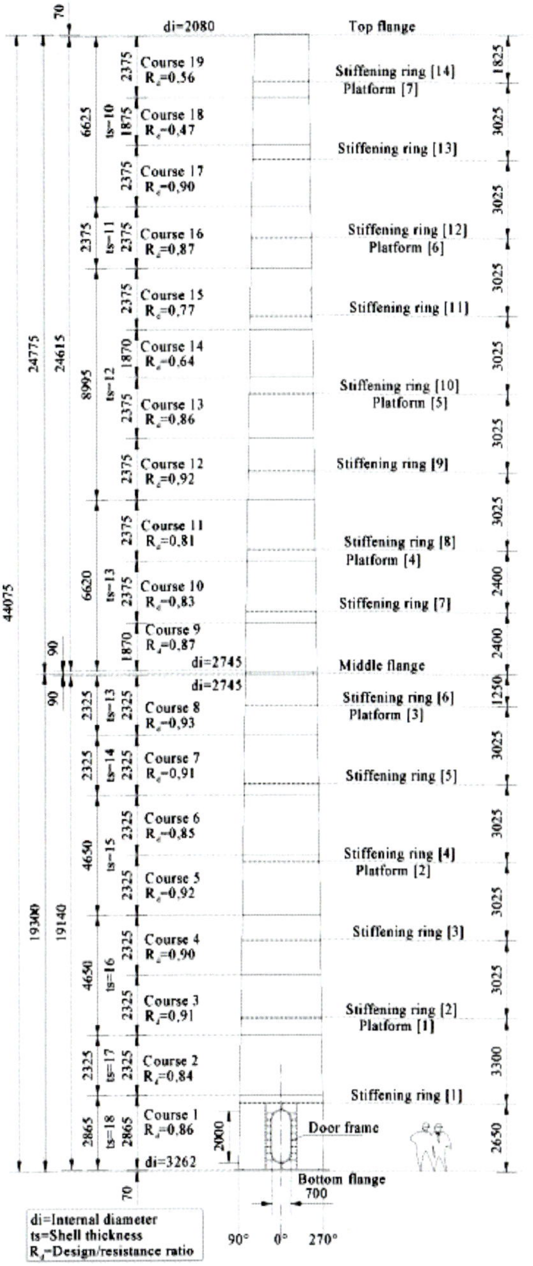

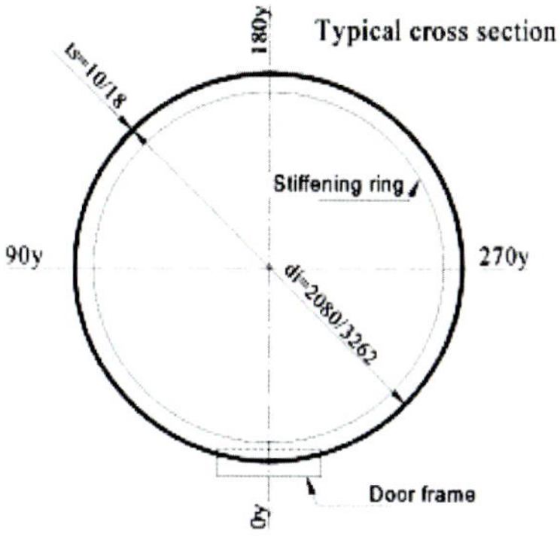

MATERIAL LIST			
No	Description	Quality	Code
1	Steel plates	S 355 J2G3	EN 10025
2	Bolts	10.9	ISO 7411
3	Anchors	8.8	ISO 7411
4	Nuts	---	ISO 4775
5	Washers	---	ISO 7415

PART LIST			
No	Description	Weight (kg)	
1	Shell: t=10mm	3.561	
2	Shell: t=11mm	1.483	
3	Shell: t=12mm	6.538	
4	Shell: t=13mm	7.741	
5	Shell: t=14mm	2.290	
6	Shell: t=15mm	5.070	
7	Shell: t=16mm	5.640	
8	Shell: t=17mm	3.089	
9	Shell: t=18mm	3.921	39.333
7	Stiffening rings	1.891	
8	Door stiffeners & frame	397	2.288
9	Topflange	238	
10	Middleflange	1.281	
11	Bottomflange	2.038	
12	Anchor ring	1.456	5.013
13	Bolts	343	
14	Anchors	1.623	1.966
15	Miscellaneous	1.400	1.400
		Total	50.000

그림 14.8 풍력터빈용 타워의 설계 예시 (1 MW급 풍력터빈용 타워)

14.4 타워의 제조 방법

타워의 재료는 목재, 복합재료, 강철, 콘크리트 등 다양하고 강철 구조물의 고비용으로 인해 콘크리트 구조물과 강철과 콘크리트 구조물의 혼합 형태 등 여러 가지로 시도 되고 있다. 하지만 현재 상용화된 대형 풍력발전기에서는 강철 구조물이 가장 많이 사용되고 있으며, 강철재료의 타워의 제조 방법은 일정한 간격의 쉘(shell)을 만들어 플렌지로 이어 붙이는 쉘형(shell type)이 많이 사용되고 있다.

타워 쉘(tower shells) 타워의 강철재료는 보통 DIN규격의 S355를 많이 사용하며 항복강도는 약 355N/mm^{2}이다. 쉘의 제조 방법은 원하는 두께의 강철판재를 대형 벤딩(bending) 머신에 넣고 원통형으로 bending 후에 그림 14.9와 같이 용접을 한다. 그리고 그림 14.10과 같이 각각의 양 끝단에 플랜지를 용접한다. 쉘을 원하는 만큼 제작하여 풍력발전기 설치 장소로 운반 후에 이 쉘을 하나씩 각 끝 부분의 플랜지 끼리 볼트로 연결하여 타워를 완성 시킨다.

타워는 상부로 갈수록 좁아지기 때문에 각 구성 쉘은 원추(conical)형으로 테이퍼를 가지고 있다. 철판은 재단기술자에 의하여 미리 부채꼴형(혹은 banana peel형)으로 설계되고 재단된다. 재단할 때는 일반적으로 프로그램 레이저 절단기를 사용하여 정밀도를 유지한다. 원추형의 대형 쉘을 굽히기 위해서는 강철롤러의 인장과 압축정도가 달라져야하므로 상당한 노하우가 필요하다.

대개 타워는 10 ~ 20m 섹션으로 만들어지고, 섹션 상하부에 플렌지 용접으로 부착하여 섹션을 조립하여 타워를 완성한다. 대개 600kW급 중형 풍력발전기의 경우 로터직경이 44m 이며, 이때 타워는 높이가 50m, 중량이 약 40톤이고 2 ~ 3개의 섹션으로 이루어진다. 72m의 로터직경을 가지는 2MW급의 경우 80톤 무게와 60m 높이의 타워가 필요하다.

타워 플렌지(tower flanges) 타워 플렌지는 타워의 연결에 필요한 구성품으로써 보통 한 타워에 6 ~ 7개의 플랜지가 사용된다. 그리고 아래부터 하부플렌지(bottom flange), 중간플렌지(middle flange), 상부플렌지(top flange)로 나누며 플렌지 제작은 용접에 의해 많이 이루어져 왔으나 현재 대형 링 롤링 밀 설비의 증가로 링 롤링 가공으로 제작이 되고 있다. 링 롤링 가공 방식은 투입 소재의 양과 가공 량이 절감되며, 작업시간도 단축이 되어 제작 단가를 낮출 수 있다. 타워 플렌지 소재는 S355NL과 같은 저합금강이 주로 사용 되며 형태로는 L-플렌지와 T-플렌지로 나눌 수 있다.

(a) 강철 판재 Bending

(b) Bending된 Shell의 용접

그림 14.9 풍력터빈용 타워 쉘의 제조

(a) 타원형상(tubular) 타워 조립

(b) 풍력발전용 타워 플렌지

그림 14.10 (a)풍력터빈용 타워 조립 및 (b) 타원 플렌지

용접(welding) 용접은 타워의 제조에서 가장 중요한 작업공정이며 고급기술자의 고도의 경험을 요구하는 부분으로 일반적인 절차는 다음과 같다. Bending이 이루어진 각 타워의 섹션은 쉘의 길이방향으로 용접하고, 원통 쉘 간 용접은 다음섹션에 연결하기 위하여 이루어진다. 쉘 간 용접은 서서히 회전하는 굴림베드(rolling bed)에서 이루어진다. 분체용접기로써 용접기술자가 외부로부터 용접을 하는 동안 다른 작업자는 내부에서 대응하여 같은 지점을 용접해 나간다.

용접법은 특수용접인 CO_2 용접이 많이 사용된다. 용접선은 완전히 스며들게 하고 추후 연마과정을 거치고 초음파나 X-선 장비로 검사를 하고 중요부위의 용접선은 전수검사를 수행한다. 용접공정은 GB/T19001-2000idt ISO9001 :2000 규정 등에 따른다.

도장(coating and painting) 용접작업을 끝낸 타워섹션은 다양한 표면처리 과정을 거쳐서 부식방지와 미관을 위한 도장작업을 거친다. 표면의 도장이 안착되도록 입자를 이용하여 녹제거와 표면 거칠기를 높이기 위하여 회수하여 사용하는 금속알갱이(metal grit)를 분사하는 블라스트작업(blast process)과정을 거친다. 탈지과정을 거친 후 적용되는 도장용 페인트는 제19.6절에서 언급되는 재료를 사용하여 대개 액상 페인트를 airless spray gun으로 분사하여 도장하고 건조과정을 거친다.

타워 기초(foundation) 풍력터빈의 기초는 나셀과 타워의 무게를 지탱하고, 최대 극한 풍하중을 견딜 수 있도록 설계된다. 따라서 타워 기초는 극한하중조건(extreme wind condition)에서 풍력터빈이 전복되지 않게 견딜 수 있도록 하는 것이 기본 설계 개념이다.

타워 기초의 방법으로는 슬라브 기초, 다중파일 기초, 모노파일 기초 등이 있으며, 그 중 슬라브 기초가 가장 많이 사용되는 방법이다.

슬라브 기초는 암반 등이 지표면에 가까이 존재할 때 많이 사용하며 가장 간단하고 경제적인 공법이다. 대개 4종류의 시공방법이 있는데, 평슬라브, stub and pedestal, stub towered embedded in taped slab, slab held rock anchor 등의 방법이다.

연약지반에서는 파일 기초가 더욱 견고하고 효율적인 방법이다. 수개의 파일을 이용하여 수직 및 측면하중을 지지하는 것이 다중파일 기초이며, 한 개의 파일을 solid 혹은 hollow 형으로 사용하는 것이 모노파일 기초이다.

☑ 참고문헌

1. “GL Wind Guidelines 2003-Rules and Guidelines IV Industrial Services 1. Guideline for Certification of Wind Turbines,” Germanischer Lloyd, WindEnergie GmbH.

2. “Wind turbines-part 1: Design requirement,” IEC 61400-1:2005(E)

3. **풍력발전시스템의 기술 기준 Technical Guidelines for Wind Turbines**, Korea Register.

4. “Eurocode 3 : Design of steel structure,” European Committee for Standardization, part 1.1.

5. "DIN 18800 : Structure steelwork,” International Organization for Standardization, part 1.

6. "DIN 18800 : Structure steelwork," International Organization for Standardization, part 4.

7. "DIN 1055 : Design load for building," International Organization for Standardization, part 4.

8. "ASTM E1049-85 : Standard practice for cycle counting in fatigue analysis," **Annual book of ASTM standard**, Vol. 03. 01.

9. 홍혁수, 박진일, 방조혁, 류지윤, 김두훈, "2MW급 풍력발전기 타워 쉘 최적설계," **한국신재생에너지학회지**, Vol. 2, No. 4, 2006. 12, pp. 19-26.

10. I. Lavassas, G. Nikolaidis, P. Zervas, E. Efthimiou, I. N. Doudoumis, "Analysis and design of the prototype of a steel 1-MW wind turbine tower," **Engineering Structures**, Vol. 25, 2003, pp. 1097-1106.

11. F. J. Brughuis, "Advanced tower solutions for large wind turbines and extreme tower heights," **The Proceedings of EWEC 2003**, Madrid, Spain, pp. 16-19, June, 2003.

제15장

제어 및 모니터링

Control and Condition Monitoring Systems

문석준, 김봉기

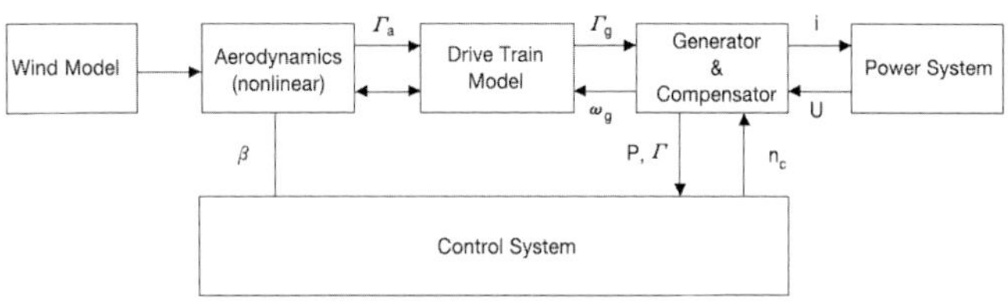

풍력핵심기술연구센터
한국기계연구원

15.1 제어 시스템

풍력 발전시스템이 전력을 성공적으로 생산하기 위해서는 시스템을 구성하고 있는 여러 요소들의 운영 및 연계를 담당하는 제어 시스템이 필요하다. 제어 시스템은 블레이드의 피치 조정, 발전기의 토크 조절뿐만 아니라 풍속 측정, 각 요소의 상태점검, 파킹 제동기의 작동, 발전기의 계통 연결 및 단절 등의 역할을 담당한다.

제어시스템의 목적 제어 시스템은 연간 전력에너지 생산량을 최대화하면서 동시에 각 요소들에 작용하는 하중을 최소화하는 방향으로 설계된다. 또한 최대한 운전비용을 절감하고, 일정한 요구출력을 제공하면서 전력의 품질을 향상시키고, 시스템의 안전까지 도모하는 것이다. 제어 시스템은 (1) 풍력 발전단지 내의 다수의 발전기를 운영하는 제어 (2) 각 개별 발전기에 대한 감시 제어 (3) 각 발전기 내의 다양한 하위 요소에 대한 독립적인 동적 제어 등 세 부분으로 나눌 수 있다. 이들 제어장치들은 연동 루프(loop)를 통해 계층적으로 운영된다.

감시 제어기 감시 제어는 발전기 운전 상태(발전, 저 풍속 정지 등)를 조정하고, 바람과 제한 조건(높은 하중, 한계 조건 등)을 모니터링하며, 발전기를 적절히 시동 및 정지하고, 그리고 블레이드의 선단 속도 비 또는 로터 속도 조절을 위해 동적 제어기에 제어 입력을 제공하는 역할을 한다.

동적 제어기 풍력발전기의 발전기, 피치(또는 요) 작동기 등 여러 요소의 작동을 담당하는 동적 제어기는 일반적으로 풍력발전기의 특정 요소 한 개만을 독립적으로 관리한다. 다른 요소들은 각각의 다른 동적 제어기들이 담당하고, 이들 여러 동적 제어기들의 조율과 기타 운전은 감시 제어기가 담당한다. 동력 전달 계통의 토크를 감소시키거나, 전력 전자 변환기내의 전력 유동을 제어하거나, 작동기의 위치를 조정하기 위해 동적 제어기는 블레이드 피치를 조정하는 역할을 한다. 또한 운전 조건의 고속 변화를 추종할 때, 이들에 대해 연속적으로 고속 조정을 수행한다. 제어 작동이 각 시스템에 미치는 영향은 계속 모니터링 되면서 동적 제어기의 입력으로 제공된다.

1) 제어 요소

각각의 풍력발전기마다 제어 시스템의 세부 사양은 상이하지만, 모든 발전기는 공통의 목적이 있다. 즉, 풍력 에너지를 전기적 에너지로 바꾸는 것이다. 이 목적을 위해 모든 제어 시스템에서 공통으로 사용되는 요소들을 설정할 수 있다. 그림 15.1은 단순하게 나타낸 수평축 풍력 발전기 모델로, 제어요소와 풍력발전기 간의 관계를 이해하는데 매우 유용하다.

공기역학적 토크 공기역학적 토크는 발전기의 모든 운전모드에 영향을 미치고, 각 요소에 하중으로 작용한다. 공기역학적 토크는 바람에서 발생한 순(net) 토크이며, 로터 선단 속도 비, 블레이드의 기하학적 형상, 풍속, 요 오차 및 기타 추가적인 로터 제동장치 등과 밀접한 관련이 있다. 이들 공기역학적 토크의 원인 요소들은 풍속을 제외하면 제어장치를 통해 조정이 가능하다. 공기역학적 토크는 로터 선단 속도비와 파워 계수 C_p (블레이드의 설계, 풍속 및 로터 속도에 의해 결정), 로터의 기하학적 형상(블레이드 피치 및 보조 날개 설정), 풍속, 요 오차 및 기타 로터의 항력에 미치는 인자 등 관련 항목들로 표현할 수 있다. 선단 속도 비 변화는 로터 효율과 그로 인한 토크를 바꾸는데 사용할 수 있다. 즉, 실속이 조정된 고정속도 풍력 발전기에서 낮은 선단 속도비와 이에 수반되는 낮은 파워 계수 C_p 값은 강한 바람에서 공기역학적 토크를 조정하기 위해 사용된다. 한편, 속도가 변하는 풍력 발전기에서 로터의 속도를 유리한 선단 속도비를 유지하거나 실속이 조정된 발전기에서처럼 선단 속도 비와 동력 계수를 감소시키기 위해 변경 할 수 있다.

발전기 발전기 토크는 계통 연결 발전기의 설계 특성으로 조정하거나 전력 전기 변환기를 사용하여 독립적으로 제어할 수 있다. 계통에 연결된 발전기는 매우 작은 속도 변화나 속도 변화 없이 운전하며 동기 속도 근처에서 운전을 유지하는데 필요한 토크를 생성한다. 계통에 연결된 동기식 발전기는 속도변화가 없어서 어떤 토크든지 작용하면 거의 동시에 보정이 된다. 이는 특정 조건에서 높은 토크와 전력 스파이크를 야기한다. 계통에 연결된 유도 발전기는 동기 속도의 수 %만큼 속도가 변해서 동기 발전기에 비해 부드러운 응답과 낮은 토크 스파이크가 발생한다. 발전기는 전력 전기 변환기를 통해 계통에 연결될 수 있고 이로 인해 발전기 토크는 다른 값들 보다 빨리 설정된다. 변환기가 현재 발전기가 발생시키고 있는 전류의 주파수, 상 및 전압을 결정하면 발전기 토크를 제어할 수 있게 된다. 로터에 유입되는 바람의 방향을 바꿈으로서 풍력 시스템을 제어하는 방법을 많은 설계에서 사용한다. 이 접근 방법은 일반적으로 작은 발전기에 사용되며, 출력을 제한하기 위해 요 운동으로 로터를 바람 밖으로 나가게 하거나 나셀을 위쪽으로 돌리는 것을 포함한다. 회전 하중은 요 전력조정 시스템의 설계에서 고려해야 한다. 회전하중을 고려해야 할 경우, 요 속도는 제한 될 수 있으며, 이로 인해 출력을 조정하는 능력에는 나쁜 영향이 있을 수도 있다.

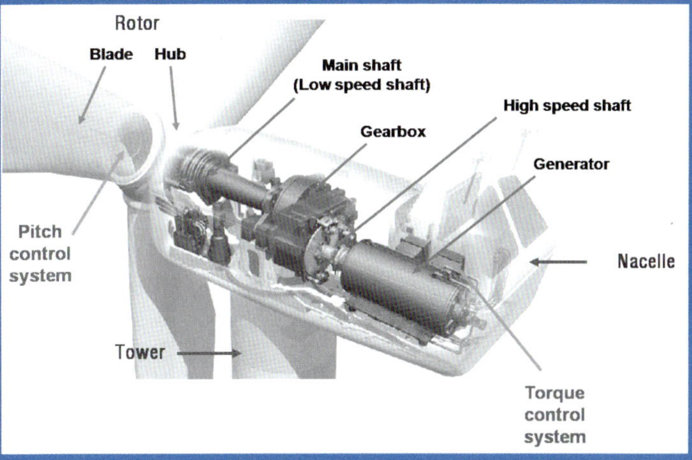

그림 15.1 풍력발전 제어시스템 예

블레이드 (또는 로터) 로터의 기하학적 형상을 바꾸면 블레이드의 양력 및 저항력이 변화하고, 궁극적으로 공기역학적 토크가 변경된다. 이를 통한 공기역학적 토크 제어는 전체 길이의 피치 제어 또는 블레이드의 일부에 대한 형상 변경을 통해 얻을 수 있다. 전체 길이의 피치 제어에는 블레이드 장축에 대한 회전이 필요하며, 이는 블레이드의 피치를 수평이 되도록 조정(받음각 감소)하거나 하중을 줄이기 위해 실속시키는 방법(받음각 증가)을 통해 공기역학적 토크를 조정하는데 사용될 수 있다. 가변피치 풍력 발전시스템의 블레이드는 일반적으로 최적의 발전성능을 위해 설계되며, 바람이 증가함에 따라 실속이 점진적으로 증가하는데 대한 어떤 설비도 필요 없다. 이들 블레이드는 보통 상대적으로 받음 각이 큰 가장 효율적인 지점에서 운전된다. 이 위치로부터 블레이드를 실속 쪽으로 회전시키면 수평에 이르기 위한 회전보다 상대적으로 빨라진다. 수평으로 회전시키면 각각의 받음 각이 운전 조건과 관련이 있기 때문에 보다 조용한 운전이 가능하고 보다 정확히 제어할 수 있다. 반대로, 불안정한 하중에서 실속을 유도하면 발전기에 큰 추력이 발생하고 실속 유동의 불안정한 특성상 제어의 정확도는 떨어지고 소음도 증가한다. 보조 날개는 블레이드의 일부분에 대한 형상을 변경함으로서 로터의 기하학적 형상에 영향을 주기 위해 사용된다. 이를 통해 전체 블레이드의 길이에 대한 양력 계수를 감소시키고 항력 계수를 증가시킨다. 보조 날개는 전체 길이 피치 제어처럼 강력한 작동기가 필요하지 않지만 적어도 어느 정도의 작동 메커니즘이 블레이드에 설치되어야 한다. 블레이드를 연결된 조각으로 분리하고 블레이드의 설계에 영향을 줄 수 있는 작동 부를 블레이드의 안쪽에 설치할 필요가 있다.

제동 장치 선단 제동장치 또는 스포일러 같은 로터 보조 장치도 역시 로터 토크를 바꾸는 데 사용될 수 있다. 선단 보조날개 및 피치 조정되는 선단은 로터에 마이너스 토크를 작용시키고, 스포일러는 블레이드 주변의 유동을 방해하여 양력을 감소시키고 저항력을 증가하게 한다. 요 오차의 증가(로터를 바람 밖으로 향하게 함) 및 로터 및/또는 동력 전달 계통의 경사는 공기역학적 토크를 줄이거나 조정하는데 사용할 수 있다. 풍력 발전기의 대기 및 실속이 조정되는 풍력 발전기의 정지는 저속 축 또는 고속 축 상의 제동장치를 통해 이뤄진다. 제동장치는 보통 공압, 유압 또는 스프링을 사용하며 보통 제동장치의 토크를 능동적으로 제어하기 위한 솔레노이드 밸브 등 조정 가능한 밸브의 작용을 필요로 한다. 추가적으로 제동 방법은 (1) 전력 변환기에 의해 조정되는 기계 상에 발전기 토크를 사용하여 로터를 제동하거나 (2) 전기적인 제동장치 토크를 발전기에 발생시키는 보조적 전기 요소인 동적 제동장치를 사용하는 두 가지 방법이 있다.

2) 감시 제어

감시 제어기는 발전기의 안전한 자동운전, 문제 확인 및 안전 시스템의 운용 등을 관리한다. 자동 발전기 운전은 일반적으로 계통 연결발전 같이 미리 정의된 운전 상태에서, 저속 바람에서 계통 연결 없이 자유 운전하는 것 같은 다른 상태로 이동 시 릴레이 전환을 통한다. 동시에 운전 조건이 사전 설정된 제한에 부합하는지 연속적으로 점검되며, 어떤 입력이든지 제한된 값을 초과하게 될 때 적당한 조치가 취해진다. 이 같은 임무는 하드웨어 릴레이 로직, 전기적 회로 또는 가장 많이 쓰이는 산업용 컴퓨터를 통해 관리된다. 고장 방지 백업 시스템은 감시 제어기에서 분리된 부분으로서 주 감시 제어기에 고장이 발생했을 때 발전기를 안전하게 정지시키기는 역할을 한다.

초기화 제어기가 운전을 위해 초기화 되었을 때, 시스템 점검 상태를 수행된다. 이 임시 상태는 시스템이 운전을 시작할 준비가 되었는지 또는 시작하고 있는 지를 확인하는 데 필요한 초기임무를 수행하는 것을 포함한다. 시스템이 최초로 작동하면서 결함을 해지하고, 로터 및 요 위치를 결정하고, 발전기 시스템이 정상적으로 운전되고 있는지를 확인할 센서 입력을 점검할 필요가 있다. 이를 위해 작동기가 가동되고 그 측정결과로 운전을 시작할 준비가 되었는지를 결정한다.

운전 준비단계 운전 준비 단계는 정지 로터 및 대기 제동장치의 작동으로 설명된다. 일단 연결이 되면 감시 제어기는 (1) 발전기 및 계통 연결에 대한 모니터링과 유압 및 공기압 저장기의 압력을 유지하고 필요 시 요 오차보정 등 발전기의 준비상태를 유지한다. (2) 풍속 및 풍향을 관찰해서 적당한 운전 조건을 파악한다. 적절한 조건이 파악되고 시스템 점검을 통해 운전을 방해할 오류가 없다고 확인되면 운전 시동단계로 들어서게 된다.

고정 단계 바람의 변동특성으로 인해 발전기가 다음 바람이 잠잠해질 때까지 어느 정도 지속적으로 구동이 될지 예상대로 시동할 수 있을 정도로 충분이 바람이 부는 지를 결정하기 위해 평균 및 통계적 측정치를 사용해야 한다. 일반적으로 감시 제어기는 일정 기간 동안의 평균 풍속이 미리 설정한 수준 이상이거나 바람이 특정 시간 동안 일정 한도를 넘게 불 때 발전기를 시동할 준비가 되었는지를 결정한다. 이를 발전기가 오랜 기간 동안 머물러 있는 고정 단계라고 한다.

시동 단계 조건이 맞으면 시동단계로 들어가고 제동장치가 풀린다. 특히 가변피치 발전기를 포함하여 많은 발전기가 방해 없이 운전 속도까지 가속하지만 로터를 가속하기 위해서 블레이드의 위치를 바꾸는 피치 메커니즘의 설정 지점에 대한 갱신을 할 필요가 있다. 다양한 속도의 발전기에 대한 시동 과정에서 동적 제어기의 운전을 시작하고 속도 설정 지점을 제공할 필요가 있다. 한편, 문제를 파악하기 위해 시스템 운전 및 계통 연결을 모니터 하는 과정은 중단해도 된다.

일반적으로 실속제어 발전기는 운전 속도까지 모터를 사용할 필요가 있으며, 이는 발전기를 계통에 연결 하고 제동장치를 해제함으로써 가능하다. 이들 발전기는 모니터링이 필요하지 않는데, 로터 속도가 작동 속도에 다다랐을 때 발전기나 접촉기가 닫힌다. 발전은 계통 연결이 완벽하고 올바른 운전 속도에 이르렀을 때 시작된다. 계통 연결 중에, 시스템 및 계통 오류를 계속해서 점검하고 발전기는 지속적으로 바람의 방향을 유지한다.

발전 단계 발전 중에는 계통으로 전류가 흐르게 된다. 발전 중 제어기의 작동은 발전기 설계와 발전기가 전체 하중 또는 일부 하중에서 운전되는지에 따라 영향을 받는다. 실속제어 고정속도 풍력 발전기의 발전은 발전기 운전 및 요소의 상태에 대한 모니터링으로 충분할 수 있다. 가변피치 발전기에서 블레이드의 피치는 부분 하중 또는 전체 하중 상태에서 지속적으로 변할 수 있고, 가변속도 발전기에서는 다른 하중 또는 풍속 범위에 따라 제어도 변해야 할 필요가 있다. 감시 제어기는 발전 중에 시스템 오류 검출, 발전기 요 방향 및 전력 및 로터 속도의 지속적인 모니터링을 포함하여 많은 임무를 수행하며, 이 모니터링을 통해 운전상의 문제를 파악하고 속도 및 전력 제어기에 대한 설정 지점을 결정한다. 고속 돌풍에서 짧은 시간 동안 발전이 발전기의 정격 출력을 넘을 수 있다. 이는 피치 작동기의 듀티 사이클(duty cycle)을 제한하고 순간적인 돌풍이 시작-정지 사이클을 증가시키지 않고 지나가도록 하기 위해서다. 이 상태의 임무는 발전기와 계통의 연결 해제, 여러 제어장치의 중지 또는 새로운 제어 목표 및 설정 위치 제공이 포함되며, 정지나 자유운동 모드에 대한 임시 상태다.

자유 운동 단계 바람이 별로 없을 때 발전을 할 수 있을 정도로 바람이 발생할 때까지 로터가 자유운동을 하도록 허용한다. 이 자유운동 중에는 발전기는 계통에 연결되지 않고 제어기는 이를 모니터링하고 시스템 점검을 수행한다. 조정된 요 발전기에서는 자유운동 중에 로터가 바람의 방향을 유지한다. 한편, 프리 요 발전기에서는 자유운동 중에 요 오차가 모니터 된다. 로터의 속도도 자세하게 모니터 되는데, 해당 시 블레이드 피치를 이용하여 로터 속도를 규정된 범위 내에 있도록 한다. 이 상태는 바람 또는 출력이 규정된 수준 이상일 때, 바람이 규정된 하한선 이하로 떨어졌을 때, 또는 시스템 모니터링 결과 발전기가 운전하지 않는다고 나타났을 때 해당된다.

정지 단계 발전기를 정지시키기 위해서는 공기역학적 항력 장치 또는 블레이드의 피칭을 통해서 로터를 감속하고, 대기 제동장치를 작동한다. 그리고 로터가 실제로 운동을 멈췄는지 점검할 필요가 있다. 정지에는 특정 방향에서 블레이드를 대기상태로 하는 것과 요 제동장치를 작동시키는 방법이 포함될 수 있다. 다른 요소의 문제가 없다면, 완전한 정지 상태에서는 발전기가 다른 운전 사이클을 시작할 준비가 되어 있다.

비상 정지 단계 비상 정지 단계는 비상 운전 또는 한계 조건을 초과 했을 때, 정상적인 정지 절차가 발전기를 보호하기에 느리다고 간주되거나 요소의 고장으로 인해 정상적인 중지 절차가 효율적이지 못하다고 판단될 때 발생한다. 일반적으로 비상 정지는 모든 제동장치의 급격한 작동을 통해 이루어지며, 장비의 안전 또는 보호를 위해 여러 시스템을 정지하게 된다. 운전자가 다시 작동하지 않는 한 더 이상의 발전기 운전은 허용되지 않는다.

기타 감시 제어기의 지속적인 오류 진단 범위는 센서를 포함한 요소의 고장, 안전 운전 한도를 넘는 운전, 계통 고장 또는 문제, 기타 바람직하지 않은 운전 조건을 포함한다. 요소의 고장은 직접적 또는 간접적으로 파악된다. 예를 들어, 발전기와 기어박스 간의 결합부 고장은 알려진 발전기 및 로터 속도가 서로 응답하지 않을 때 직접적으로 파악될 수 있다. 또한, 이 같은 고장은 로터 속도가 가속되었거나 또는 지나치게 높았다는 것을 감지하거나 과속조건에서 해제되도록 설계된 선단 저항력 장치의 배치를 발견함으로서 파악할 수 있다.

3) 동적 제어

동적 제어기는 각 요소의 운전 방향을 결정하고, 기계시스템의 동적 특성은 제어 행위의 결과에 영향을 미친다. 일반적으로 제어장치는 기계적 응답의 정확성과 동적특성을 향상시키고, 시스템에 작용하는 원하지 않는 외부 교란에 대한 기계적 응답을 억제시키고, 개별 상황에서 기계요소 또는 기계 운전상의 진동에 대한 민감도를 감소시키기 위해 사용된다.

폐 루프 제어 일반적으로 제어장치는 제어 행위의 결과가 제어시스템의 입력에 포함되는 피드백 루프를 사용한다. 제어장치는 기계시스템의 출력을 측정하고, 이를 활용하여 제어 행동을 결정하므로 적절한 기계시스템 운영을 향상시킨다. 이들의 효과는 피치 제어 메커니즘의 예를 통해 설명할 수 있다. 단순한 피치 제어 메커니즘은 전기 모터를 사용하여 피치 축에 대해 블레이드를 회전시키는 것이다. 블레이드를 회전시키기 위해 특정 양 만큼의 전류가 모터에 사전에 설정된 시간 동안 공급되어야 한다. 여기서 원하는 양 만큼의 블레이드 피치 변화는 여러 인자와 관계있다. 따라서 제어장치가 항상 원하는 대로 작동하는 것은 아니다. 대안으로 블레이드의 뿌리 위치에 대한 측정값을 제어장치의 입력으로 사용하는 '폐 루프' 제어장치를 설계해 볼 수 있다. 어떤 이유에서든지 블레이드가 원하는 양만큼 움직이지 않는다면 보정을 해야 하며, 기계의 운전이 변화와 교란에 덜 민감하게 해야 한다. 폐 루프 제어는 시스템의 동적 특성을 향상시키는 데 사용할 수도 있다. 위의 예에서 블레이드는 항상 동일한 시간에 동일한 거리를 움직이려고 한다. 따라서 적절하게 설계된 제어장치는 빠르게 모터의 전류를 증가시켜서 블레이드를 가속하거나 블레이드가 원하는 목표에 도달하면 감속하여 시스템의 반응시간을 향상시킨다.

제어장치 설계 조건 제어장치를 설계할 때에는 풍력 발전기 운전에서의 고유한 특성 및 제한조건을 고려해야 한다. 즉, 몇몇 제한조건은 긴 외팔보형태의 블레이드, 항상 진동하고 있는 타워, 그리고 내부 감쇠비가 작은 금속 축의 사용 등 발전기의 동특성과 밀접한 관련이 있다. 다른 제약은 운전 조건에서 비롯된다. 즉, 가변속도 발전기는 특정 풍속에서 일정한 선단 속도 비(최대 파워 계수 C_p^{max})를 유지하려고 한다. 제어장치는 풍속의 변화를 따라 제어시스템의 발전기 토크를 변화시켜서 로터 속도를 제어해야 한다.

제어장치 설계 과정

- **문제 분석 :** 원하는 기계운전, 가능한 제어 능력, 적절한 센서 및 작동기, 그리고 다른 설계 제약에 대한 고려를 포함한다. 이 분석은 개선된 제어 특성을 갖춘 기계 설계로의 갱신이 필요함을 나타낼 수 있다.
- **명세서의 공식화 :** 예비 설계 명세서에는 시스템 응답 시간, 단계별 입력에 대해 조정된 시스템의 과도 응답, 그리고 제어장치의 안정성에 대한 측정 등이 포함된다. 하드웨어의 교환 조건도 고려해볼 수 있으며, 시스템의 응답이 빠를수록 작동기에 보다 많은 전력이 필요하고 요소의 하중을 증가 시키며 피로수명은 감소시킨다.
- **모델 개발 :** 제어장치설계에는 시스템의 동특성에 대한 이해가 필요하며, 이는 일반적으로 수학적 모델을 통해 해결한다. 시스템에 따라 선형 또는 비선형 모델이 사용된

다. 각 하위 시스템 모델은 관심 주파수 범위에서 시스템의 동특성을 정확히 반영해야 한다.

- **모델 선형화 :** 일반적으로 풍력발전시스템은 강한 비선형성을 갖는 모델로 모델링을 할 수 있으며, 초기 제어장치의 설계에서 이들 모델을 선형화하면 선형 시스템 설계에 대한 여러 쉬운 접근법을 사용할 수 있다.
- **제어 설계 :** 엔지니어는 전체적으로 조정된 기계의 동특성이 설계 사양에 부합하는 것처럼 제어기의 동특성에 대한 설계를 시도한다. 고전적인 설계 접근법에서는 조정된 시스템의 동적 응답이 서로 다른 주파수 범위에서 특정 기준에 따르도록 설계한다. 저 주파수 시스템 거동은 원하는 제어 명령에 따르도록 설계하는 것이고, 중간 주파수 범위에서 시스템 응답은 안정적이고 적절한 응답 시간을 확보하기 위한 설계이고, 높은 주파수 거동특성은 모델링 되지 않은 동특성과 센서 측정기 노이즈가 시스템 거동에 영향을 미치지 않도록 하는 것이다.
- **시뮬레이션 개발 :** 제어기 설계의 운전을 시험하기 위해 비선형 모델을 토대로 한 비선형 시뮬레이션 컴퓨터 코드가 개발되기도 하였다. 가능하면 이 시뮬레이션의 결과를 실제 데이터와의 비교를 통해 확인한다.
- **시뮬레이션 연구 :** 선형 시스템에 대한시험용 제어기의 설계가 끝나면 비선형 시뮬레이션 모델을 사용하여 새 제어기 설계를 포함하여 보다 현실적인 비선형 시스템의 거동을 고찰한다.
- **성능검증 :** 적절한 설계가 완료되면 제어기를 풍력발전시스템에 설치하여 현장 검증시험을 수행한다.

이 과정은 여러 번 반복해야 하며 어느 지점에서건 이전 단계로 돌아가서 제어 대상을 재설정하고, 모델의 수정 또는 제어기를 재설계 할 수 있다.

4) 풍력발전 제어 개념

그림 15.2는 풍속 V를 파라미터로 해서 로터 토크 Q와 회전수 Ω의 관계를 나타내고 있다. 그림에서 보는 바와 같이 최대 출력계수 C_{pmax}는 2차 곡선으로 나타낼 수 있으며, 풍력발전시스템의 최대 출력 P_{max}과 쌍곡선으로 나타내어진다. 동기링크를 거쳐 계통으로 전력을 제공하는 고정속도 가변피치방식의 경우, 회전수는 허용회전수 Ω_1로 구속되고 풍속이 증가하면 경로 abc를 지나간다. 따라서 풍속 V_1일 때, c점에서 정격 출력이 발생한다. 풍속 V가 V_1보다 큰 범위에서는 블레이드의 피치를 제어하여 c점을 유지한다. 가변피치시스템은 블레이드 전체 피치를 제어하여 로터의 효율을 최대 상태로 운전시킬 수 있지만, 허브 구조가

복잡하게 되고 피치제어를 위한 액추에이터 시스템이 필요하게 된다.

한편, 고정속도 고정피치의 경우에는 블레이드의 실속에 의해 과회전을 제어한다. 동기의 링크는 회전수 Ω_2 〈 Ω_1으로 유지하고, 운전경로는 def이다. 고풍속 구역에서 풍차는 실속하고 이론적으로는 f점으로 유지된다. 실속제어는 가장 간단하고 값이 싼 제어시스템이다. 단순한 허브나 일체형 블레이드를 이용할 수 있고, 액추에이터 시스템도 필요 없다. 그러나 로터 회전수를 독립적으로 제어할 수 없고, 보통 유도 발전기와 조합하여 사용한다. 또한 일반적으로 과회전 방지를 위해 공력 브레이크를 갖추고 있다. 가변회전 가변피치방식의 경우, 전력계통과의 비동기 링크가 필요하게 된다. 시동풍속에서 회전수 Ω_3로 계통으로 접속하고 h점에서 운전을 개시한다. 풍속이 증가할 때, 경로 hebc를 지나고, 회전수를 Ω_4까지 올리면 경로 hebi를 지나게 된다. c점 및 i점에서는 회전수 Ω_1 및 Ω_4에서 P_{max}를 유지하기 위해 블레이드의 피치제어를 하게 된다.

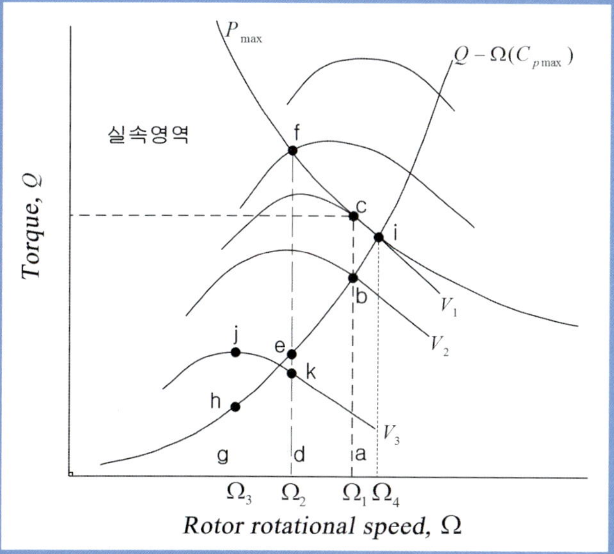

그림 15.2 풍력발전기의 제어 개념[11]

15.2 상태감시 시스템(condition monitoring system)

풍력발전 단지의 경제성 및 신뢰성 확보를 위해서는 가동률(availability)을 최대화하여야 하며, 이를 위해서는 정기적인 유지/보수(operation and maintenance) 및 고장을 최소화하여야 한다. 유지/보수성은 풍력발전시스템 설계에 상당히 중요한 요소로, 이를 풍력발전시스템의 RAMS(reliability, availability, maintainability, serviceability)라고 한다.

그림 15.3은 풍력발전기 구성품의 연간 고장 빈도 및 가동정지 시간을 나타낸 것으로 전기 시스템, 제어기 및 센서의 고장 빈도가 가장 높고, 증속기와 발전기의 고장빈도는 연간 0.1회 정도로 매우 낮으나 고장이 발생했을 때 풍력발전기 가동정지 시간이 7일 이상인 것을 알 수 있다.

특히 그림 15.4에 나타낸 풍력발전기 운영시간에 따라 발생하는 연간 고장 빈도를 보면, 풍력발전기 대형화에 따라 고장 빈도가 매우 커지는 것을 볼 수 있다. 즉, 최근의 추세로 보면 대형 풍력발전기를 사용하는 해상 풍력발전의 경우 운전조건이 육상보다 더 가혹하고 접근성이 좋지 않아 유지/보수가 어려우므로 RAMS가 육상 풍력발전에 비해 더욱 중요하며, 이에 따라 상태감시 시스템의 중요성이 매우 커지고 있음을 알 수 있다.

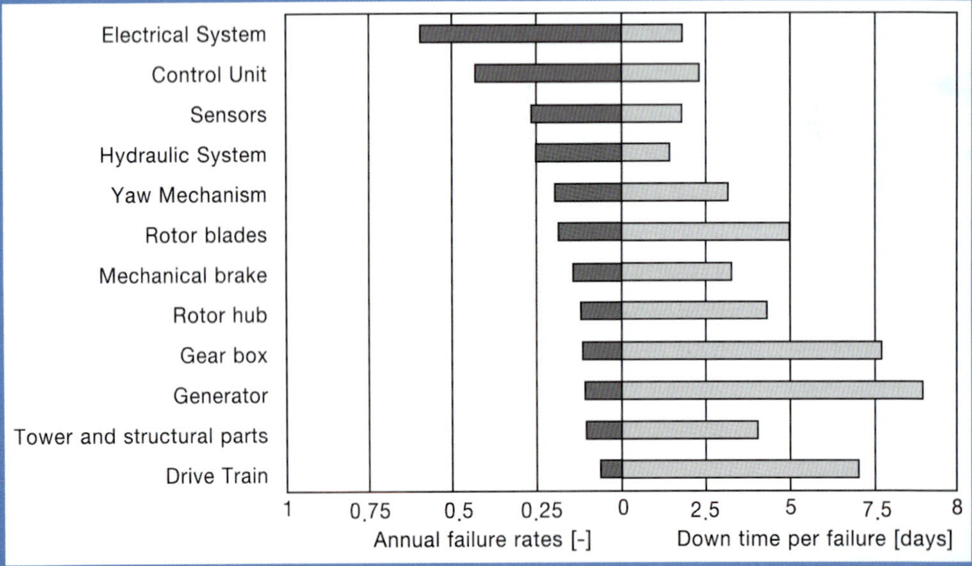

그림 15.3 풍력발전기 구성품별 고장 빈도 및 가동정지 시간[4]
출처: EOW Presentation by ISET-2007

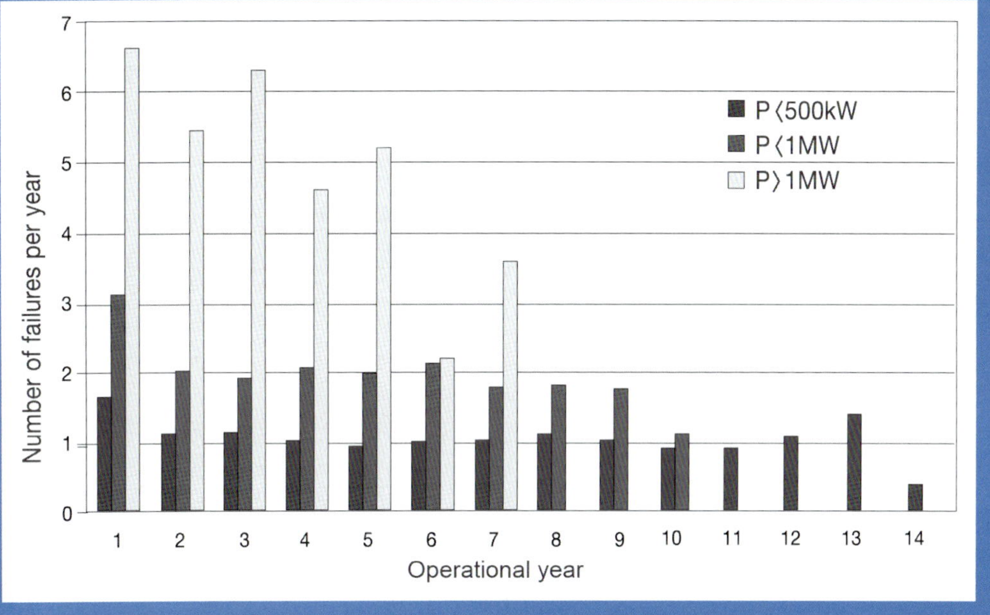

그림 15.4 풍력발전기 운영 연수 및 용량에 따른 고장 빈도[4]

일반적으로 성공적인 실시간 상태감시를 위해서는 다음과 같은 세 가지 조건을 갖추는 것이 필요하다.[5]

- **Detection of failure mechanism**
  고장 메커니즘과 사용 가능한 분석 방법을 명확히 개발해야 한다. 모든 고장 가능한 상황에 대해 고장모드 및 효과분석(FMEA, failure mode and effect analysis)이 수행되어야 하고, 가능한 한 고장 발생 전 이상 상태를 초기에 감지할 수 있는 기능이 고려되어야 한다.
- **Detection on time**
  상태감시는 고장이 발생하기 전 유지/보수를 계획할 수 있도록 해야 하며, 이로부터 고장을 방지할 수 있어야 한다. 즉, 시스템의 상태변화를 적절한 시기에 감지하여 예측 및 예지분석(prognosis)이 가능해야 한다.
- **Measurable criteria**
  명확하고 측정 가능한 기준이 개발되어야 한다. 즉, 정상, 주의, 경고를 할 수 있는 레벨을 명확히 제시할 수 있어야 한다.

이러한 관점에서 풍력발전기의 상태감시는 아직까지는 완벽히 이루어지고 있지는 않다. 가장 중요한 이유 중 하나는 변화가 심한 공력학적 특성 등으로 인한 stochastic loading으로 고장의 근본적인 원인을 잘 모르는 경우가 많기 때문이다. 또 다른 중요한 이유는 주의, 경고등을 위한 정확한 레벨 설정을 위해서는 많은 측정 및 평가가 지속적으로 수행되어야 하는데, 풍력발전기 모델이 매우 빠르게 발전하고 있어 상태감시 시스템의 동역학적 특성이 계속 바뀌고 있기 때문이다. 따라서 풍력발전기의 실시간 감시시스템 기술은 짧은 시간에 적은 노력으로 정확한 진단을 할 수 있는 기술개발이 요구되고 있다.

1) 측정량

풍력발전기 상태감시에 적용 가능한 측정량은 다음과 같이 요약할 수 있다.[6]

- Vibration
- Oil conditions
- Thermography
- Crack
- Strain measurement
- Acoustic measurements
- Electrical effects
- Process parameters
- Visual inspection
- Performance monitoring
- Self diagnostic sensors

여기에서는 참고문헌[7]의 분류에 따라 기계적 부분, 전기적 부분 및 그 밖의 부분에 대한 모니터링 기술로 나누어 언급하고자 한다.

① 기계적 측정량

스트레인 구조물에 가해지는 동적 하중을 결정하기 위해서는 스트레인 측정이 요구되며, 측정을 통해 공력학적 하중에 의한 블레이드 상태를 계측할 수 있다. 스트레인게이지를 이용한 측정은 일반적인 방법이나, 장기간의 모니터링이 필요할 경우 내구성이 부족하고 전기장 및 자기장에 취약한 단점이 있다. 그러나 응력 등의 분석을 통해 풍력발전기 부품의 수명 예측에는 매우 유용할 수 있다.

최근, 내구성 및 안정성이 우월한 광센서(optical fiber sensor)를 이용한 응력 측정이 시도되고 있으며, 일반적으로 그림 15.5와 같은 FBG(fiber bragg grating) 센서를 사용하고 온도보정을 위한 측정도 동시에 이루어진다. 그림 15.6은 블레이드 스트레인 측정을 위한 센서 설치방법으로, 직렬 또는 병렬로 다수의 위치에서 측정을 수행한다.

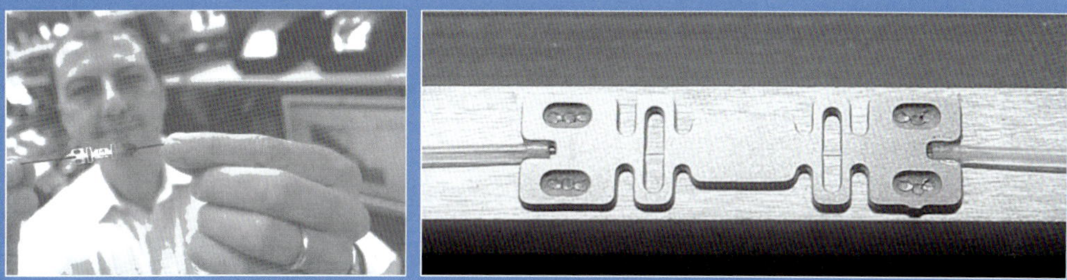

그림 15.5 Micron Optics os3100 fiber optic strain sensor

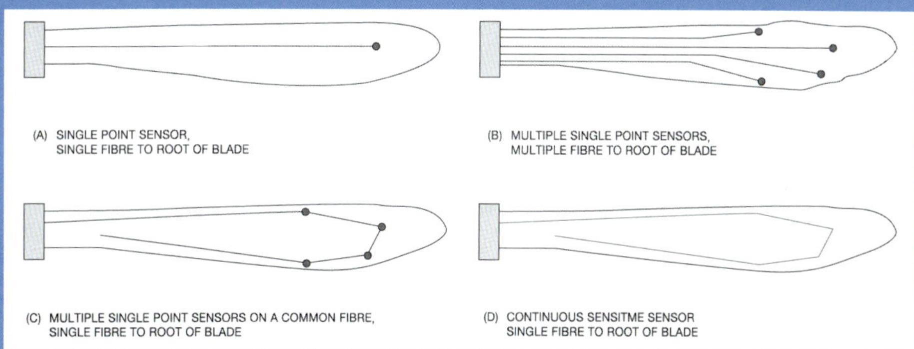

그림 15.6 Sensor location proposed by ECN
출처: Energy Research Center of the Netherlands

진동(vibration) 진동에 의한 상태감시는 가장 잘 알려진 기술로, 센서 및 측정값(변위, 속도, 가속도)은 주파수 범위 및 모니터링의 중요성에 따라 선택될 수 있다. 풍력발전기의 경우 주축 베어링, 기어박스, 발전기와 타워 진동 감시 등에 사용될 수 있다. 베어링 및 기어박스의 진동 측정에는 piezoelectric 형태의 센서를 이용한 측정이 일반적이며, 측정 주파수 범위는 3Hz ~ 20kHz 정도가 된다. 풍력발전기 지지구조물, 타워와 나셀과 관련된 장대형 구조물의 저주파수 진동은 고유주파수의 이동 등을 통해 구조물의 이상 유무를 확인할 수 있는데(그림 15.7), 일반적으로 스트레인게이지 또는 20Hz 이하의 주파수 영역에서 감도가 높은 가속도계를 쓰는 것이 바람직하다.

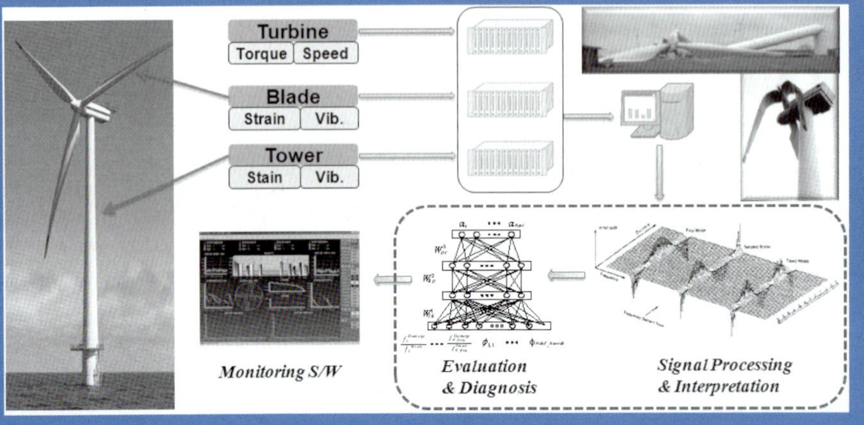

그림 15.7 풍력발전기 블레이드 및 타워 모니터링 기술 개념도

Shaft orbit 저속으로 회전하는 축의 베어링 상태를 감시하기 위해서는 orbit 측정이 수행된다. 베어링에 연결된 축의 직각 방향 변위를 계측하여 그림 15.8과 같이 벡터 합으로 축의 궤도를 나타낼 수 있다.

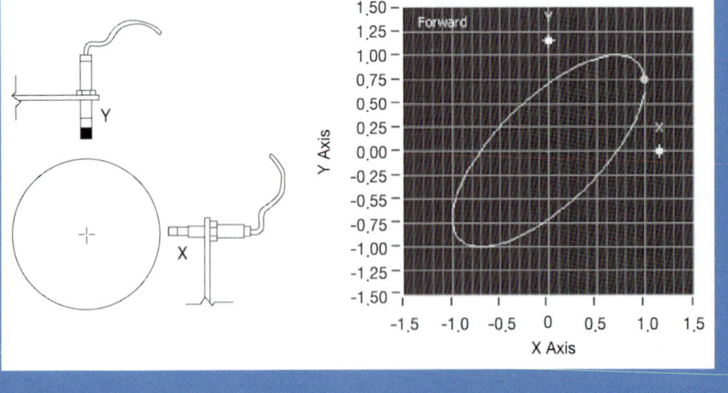

그림 15.8 변위센서를 이용한 Orbit 측정 개념도

토크(torque) 축에서 발생하는 토크는 일반적으로 그림 15.9와 같이 스트레인 센서를 이용해 측정하며, 축방향의 45°로 작용하는 장력(tension)을 계측한다. 그러나 회전체의 스트레인을 비접촉식으로 전송하기 위한 장비가격이 고가여서 프로토 타입

(prototype) 측정에만 주로 사용되고 있으며, 장기간의 모니터링 용도로 사용하기에는 내구성에 문제가 있다. 또한, 전자기장 간섭에 민감한 단점이 있다.

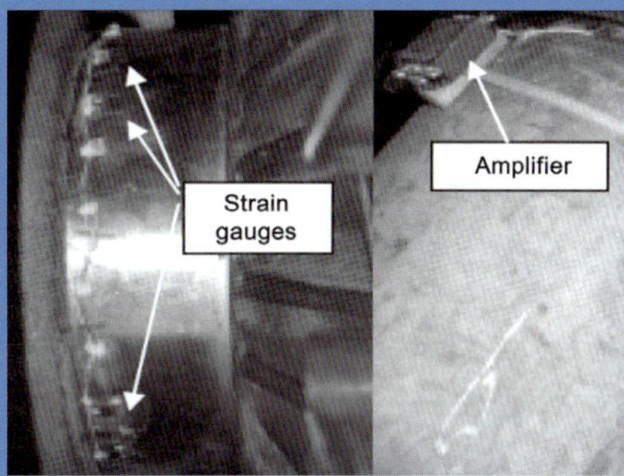

그림 15.9 스트레인게이지 및 telemetry 시스템을 이용한 토크 측정 예

축 회전속도(shaft rotational speed) 베어링 또는 기어축의 회전속도의 측정은 induction type의 센서를 쓰는 것이 일반적이며, 신호의 회전속도 정밀도를 유지하기 위해서는 최소한의 펄스 주파수가 5Hz 이상이어야 한다.

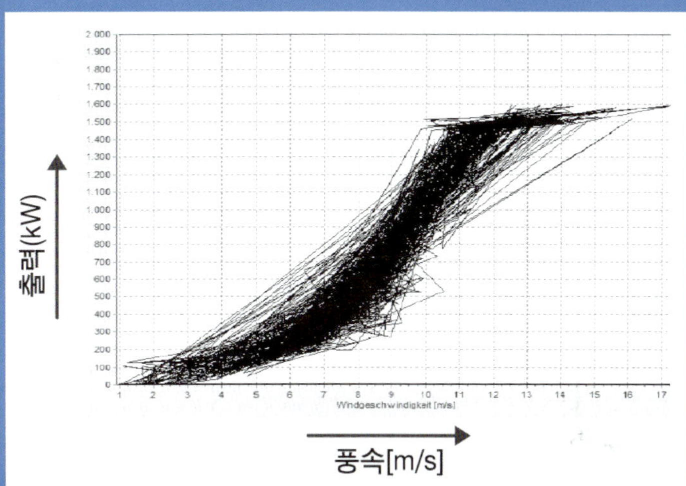

그림 15.10 풍속에 대한 출력 곡선 예

② 전기적 측정량

출력(power output) 풍력발전기의 전체적인 성능을 평가하고 고장신호를 분석하기 위한 값으로, 고장이 발생한 많은 경우에 실제 풍속과 관련 없이 출력이 감소하는 것을 볼 수 있다. 일반적으로 그림 15.10과 같이 풍속 변화에 대한 출력을 모니터링 하여 풍력발전기 부하상태를 감시하고 있다.

발전기 전류 고정자와 관련된 발전기의 고장은 phase 전류의 고주파수 분석을 통해 가능하며 10Hz ~ 80kHz 정도의 광대역 주파수 범위에서 모니터링 하는 것이 필요하다.

③ 그 밖의 측정량

풍속 및 풍향 출력과 동일하게 풍력발전기의 전체적인 성능을 평가하고 고장신호를 분석하기 위해 필요한 값으로, IEC 61400-12[8]에서 기술한 순출력곡선(true power curve)을 측정할 필요는 없다. 주로 사용되는 센서는 컵형 풍향풍속계(cup anemometer)이며 출력은 펄스형태의 신호가 발생한다. 풍향은 측정된 데이터를 분류하기 위해 사용될 수 있는데, 동일한 풍속에서도 풍향에 따라 난류강도(turbulence intensities)가 다를 수 있기 때문이다. 많은 형태의 풍향계가 있으나 꼬리 방향타(wind vane) 형태의 센서로도 충분하다.

온도(temperature) 베어링 및 오일 온도 측정을 통해 부품의 상태 변화를 감시할 수 있으며, 일반적으로 -40℃ ~ 300℃에서 측정이 가능한 저항(resistor) 형태의 온도센서를 사용하면 된다. 전기장치 및 관련 부품의 고장 감시를 위해 열점 검사(thermography)를 수행할 수도 있는데, 접촉 불량 등에 의한 고온부위를 빠르고 간단하게 찾아낼 수 있다. 열점검사는 기본적으로는 시각적으로 확인해야 하는 오프라인(off-line) 감시방법으로 활용되나, 최근 실시간 감시 카메라 및 관련 소프트웨어 적용을 통해 실시간 감시도 가능하다.

오일(oil) 상태 베어링 및 기어의 마모는 오일 내 금속입자를 발생시키며, 금속입자의 수와 크기가 증가하면 고장을 의심할 수 있다. 오일분석의 목적은 오일의 오염도 감시를 통한 부품 특성 분석이며, 그동안 주로 샘플 취득을 통한 오프라인(off-line) 측정이 이루어졌다. 그러나 최근 그림 15.11과 같은 센서 가격이 하락하면서 오일의 특성을 온라인상(on-line)으로 진단하는 방법이 일반화되고 있으며, 이를 통해 과도한 오일과 필터의 오염, 부품의 특성 변화를 감지하는 기술이 점차 널리 사용되고 있다.

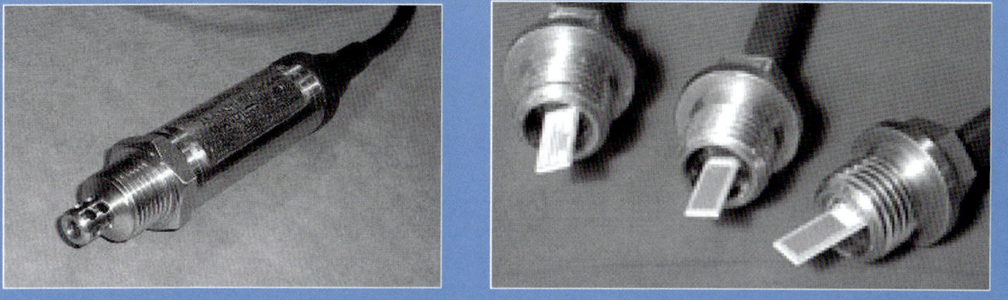

그림 15.11 오일 수분 센서와 오일센서

측정방법은 그림 15.12와 같이 유체에 자장을 걸어서 그 속에 포함되어 있는 강자성체의 양을 측정하여 접촉되는 부품의 마모가 얼마나 진행되었는지 유추하는 방법, 레이저를 통해 유체내의 불순물의 크기와 양을 측정하여 판단하는 방법, 유체에 가는 망을 통과시켜서 유체가 저항하는 압력을 통해 유체에 포함된 불순물을 유추하는 방법이 있다. 또한, 오일의 상태를 확인하기 위한 방법으로 전도성 및 pH값 측정을 통해 수분 및 화학적 함유량을 확인할 수도 있다.

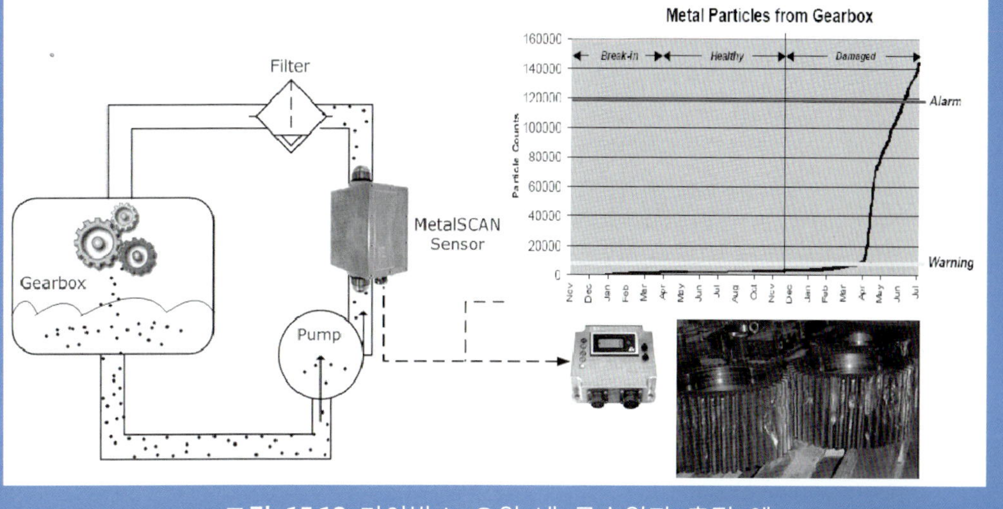

그림 15.12 기어박스 오일 내 금속입자 측정 예

2) 측정 시스템

일반적으로 풍력발전기 상태감시 시스템은 아날로그 신호를 디지털 신호로 변환하는 ADC

(analog-to-digital converter)를 사용하고 있으며, 시스템은 sampling rate와 측정값의 resolution으로 성능을 표현할 수 있다. 그림 15.13은 CMS(condition monitoring system)의 구성을 나타낸 것으로, 최근 사용되는 CMS는 20kHz 이상의 sampling rate와 12bit 이상의 resolution을 갖고 있다. 또한, ADC 입력 전압이 일반적으로 (-10 ~ +10)V 이므로 적절한 신호 취득을 위해서는 아날로그 증폭기를 사용해야 하고, 소프트웨어에서 필터와 증폭기와 관련된 파라미터를 설정 할 수 있어야 한다.

데이터는 측정값 및 사용된 센서에 따라 분석을 위한 적절한 형태로 전처리(pre-processing)되어야 하는데, resampling, digital filtering, order analysis 등이 사용될 수 있다. 데이터 처리를 위해 사용되는 FFT(fast fourier transform) 기반의 많은 알고리즘은 제작자와 사용자에 따라 다양한 형태로 응용되고 있다. 또한, 경향분석 및 상세한 고장분석을 위해서 데이터베이스를 사용하고 있으며, 많은 양의 데이터를 유지와 관리하기 위한 데이터 압축, 전송 및 저장기술이 요구된다. 대부분의 풍력발전기 통신은 TCP/IP protocol에 의한 ethernet 네트워크를 사용하며, IEC 61400-25[9]에 기술된 표준을 따르는 것이 필요하다.

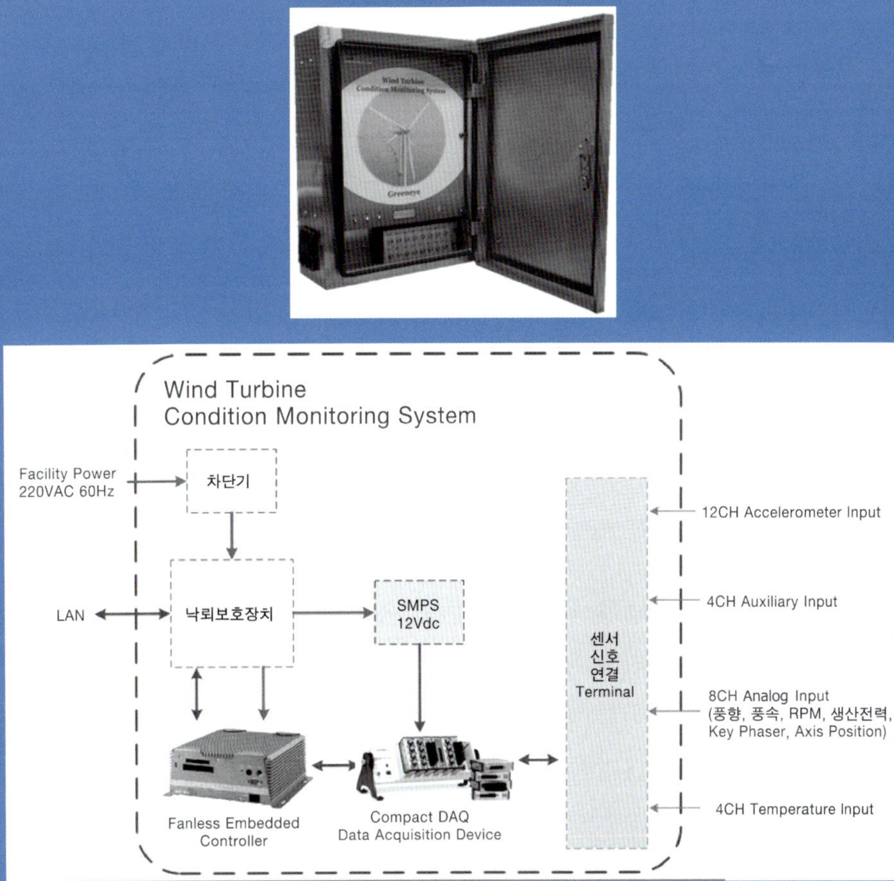

그림 15.13 측정시스템 구성 예

3) 신호 분석 및 평가

풍력발전기 상태감시에 의해 취득된 데이터를 분석하고 평가하면 부품의 크랙, 마모 등을 초기에 확인하고, 고장의 진전 등과 시스템 상태를 파악할 수 있다. 측정된 신호로부터 유용한 정보, 즉 고장 정보를 추출해내기 위해서는 그림 15.14와 같이 신호처리(signal processing)과정을 거치고 이렇게 처리된 신호들을 분류함으로써 적절한 고장그룹을 선정하여 분류할 수 있다.

분류된 고장그룹을 통해 현재의 시스템이 어떠한 상태인지 파악하기 위해서는 주의(caution), 경고(warning), 경보(alarm)단계로 분류하는 것이 필요하며, 이에 따른 적절한 행동(action)을 고장신호로 발생시킬 수 있는데, 이러한 모든 과정을 고장진단 시스템으로 정의할 수 있다.

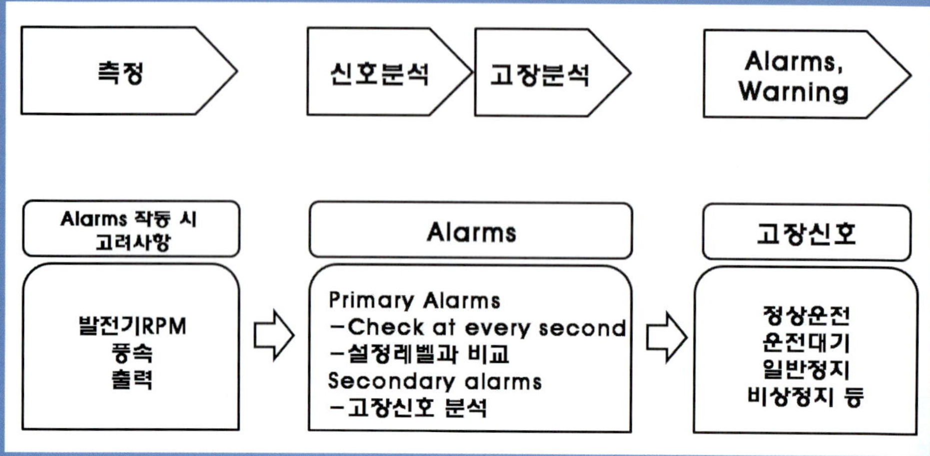

그림 15.14 상태감시를 통한 고장분석 절차

주의는 모니터링 되는 시스템의 부분적인 고장, 즉 기계부품의 외장부분이 약간 손상되었거나 정상적인 상태에서 약간의 진동이 발생하는 것과 같이 크게 문제되지 않는 작동 상태를 나타낸다. 경고는 운행 상태가 지정된 한계 이상을 벗어났을 때를 알려주는 것으로, 이러한 상태가 계속되면 정상적인 운행이 어려움을 가져올 수 있기 때문에 조속한 수리 및 보완이 필요한 상태를 나타낸다. 경보는 갑자기 발생한 이상 상태를 나타내는 것으로 즉각적인 파손이 발생했거나 곧 발생하는 것이 예상될 때를 의미하므로 신속한 운행 정지와 수리와 보수가 필요한 상태를 의미한다.

센서로부터 측정된 신호를 분석하기 위해서는 그림 15.15와 같이 센서 및 측정 대상의 동특성(dynamic characteristics)을 고려한 적절한 필터(filter) 적용을 통해 시스템 특징을 나타내고(feature generation), 통계적 방법/시계열 분석/주파수 분석 등의 신호처리 기법을[10] 활용하여 특징을 추출(feature extraction)하는 것이 필요하다.

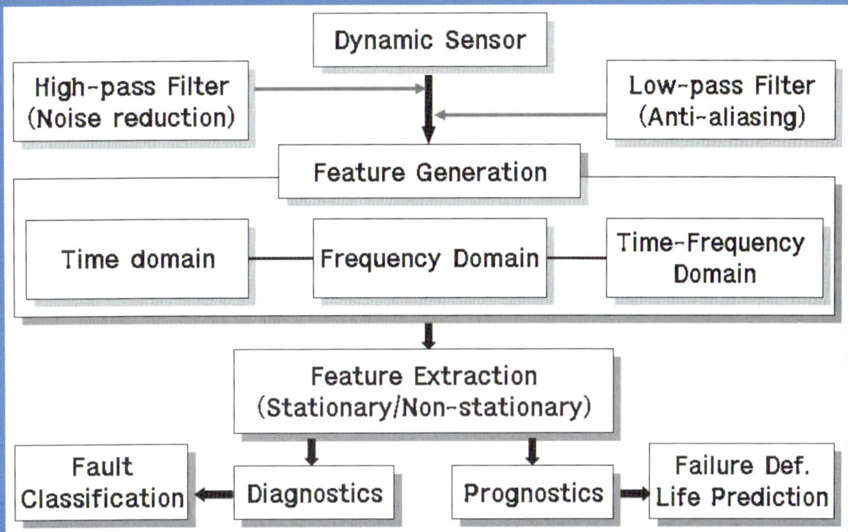

그림 15.15 고장 진단을 위한 신호처리 개요

☑ 참고문헌

1. F. D. Bianchi, H. D. Battista, R. J. Mantz **Wind Turbine Control System: Principles, Modelling and Gain Scheduling Design**, Springer-Verlag, 2007.

2. T. Burton, D. Sharpe, N. Jenkins, E. Bossanyi, " **Wind Energy Handbook**," John Wiley & Sons, Ltd, 2001.

3. J. F. Manwell, J. G. McGowan, A. L. Rogers, " **Wind Energy Explained**," John Wiley & Sons, Ltd, 2002.

4. J. Giebhardt, B. Hahn, M. Durstewitz, "Requirements for Condition Based Operation and Maintenance in Offshore Wind Farms," EOW, **ISET Presentation**, 2007.

5. Condition Monitoring of Offshore Wind Farms(CONMOW), **Final Report, ECN-E-07-044**, 2007.

6. T. W. Verbruggen, **Wind Turbine Operation & Maintenance Based on Condition Monitoring WT-Ω**, ECN-C-03-047, 2003.

7. "'State of the Art Report, Condition Monitoring for Wind Turbines," **UPWIND**

Project Report, 2007.

8. IEC 61400-12 Wind Turbine Generator Systems-Part 12 : **Wind Turbine Power Performance Testing.**

9. IEC 61400-25 Communications for Monitoring and Control of Wind Power Plants.

10. K. Shin, J. K. Hammond, **Fundamentals of signal processing for sound and vibration Engineers**, John Wiley & Sons, Ltd, 2008.

11. 고경남, 허종철 공역, **풍력공학입문,** 문운당, 2007. 4.

제16장

발전기

Generators

조한욱

풍력핵심기술연구센터
한국기계연구원

16.1 서론

발전기는 회전운동 또는 선형 운동하는 기계요소의 운동에너지를 전기 에너지로 변환하는 기기를 말한다. 현재까지의 풍력발전시스템에 주로 적용된 발전기는 이중여자 유도형 발전기(DFIG, doubly-fed induction generator)와 영구자석 동기형 발전기(PMSG, permanent magnet synchronous generator)가 있다.

본 장에서는 발전기의 원리를 살펴보고, 이중여자형 유도형 발전기와 영구자석 동기형 발전기를 중심으로 한 여러 가지 발전기의 형태에 따른 특징 및 구성에 대하여 다루고자 한다.

16.2 발전기의 원리

『자계가 존재하는 공간에서 도체가 속도를 갖고 움직이면 이 도체에 전압이 유기된다』 이 문장은 전자기 현상의 가장 기본적인 법칙을 말로 풀어쓴 것으로써, 발전기의 가장 기본적인 원리를 설명한다. 특히, 맥스웰 방정식을 기본으로 하는 전자기 현상의 물리적 이해는 발전기를 비롯한 전동기, 변압기 등의 전기기기를 이해하는 데 큰 도움을 준다. 따라서, 본 절에서는 다음의 4가지 물리적 현상의 수학적 표현인 맥스웰 방정식에 기초를 둔 몇 가지 전기기기의 원리를 기술한다.[1]

- 권선의 전류는 권선 주위에 자계를 만든다.
- 코일에 자계가 쇄교한다면 시간적으로 변하는 자계는 전압을 유기한다.
- 자계가 존재하는 공간에 전류가 흐르는 권선이 존재하면 이 권선에 힘이 유기된다.
- 자계가 존재하는 공간에서 권선이 움직이면 이 권선에 전압이 유기된다.

1) 자계의 생성 및 암페어의 법칙

전류가 흐르는 도체에 의해 생성되는 자계의 기본원리는 암페어의 법칙에 의해 설명되며, 식(16.1)과 같다. 여기서, H 는 전류 I 에 의해 유도되는 자계의 세기이다. SI 단위계에서 I 의 단위는 암페어이고, H 의 단위는 ampere-turn/meter 이다.

$$\oint H \cdot dl = I \tag{16.1}$$

그림 16.1은 철심의 한쪽에 N회의 권선을 감은 직사각형의 철심을 나타내고 있다. 암페어의 법칙에 의하여, 전류에 의해 유도되는 자계는 철심의 안쪽에 존재하게 되고, 주어진 철심 내 공간에 흐르는 자속량 ϕ는 자속밀도 $\boldsymbol{B}$ 에 의하여 식(16.2)로 나타낼 수 있다.

$$\phi = \int_A \boldsymbol{B} \cdot d\boldsymbol{A} \tag{16.2}$$

여기서, $\boldsymbol{A}$는 철심의 단면적이며 l_c은 자속이 흐르는 평균 유효 지름이다. 식(16.2)에 의해 권선의 전류 $\boldsymbol{I}$ 에 의한 전체 자속량 ϕ를 구할 수 있다.

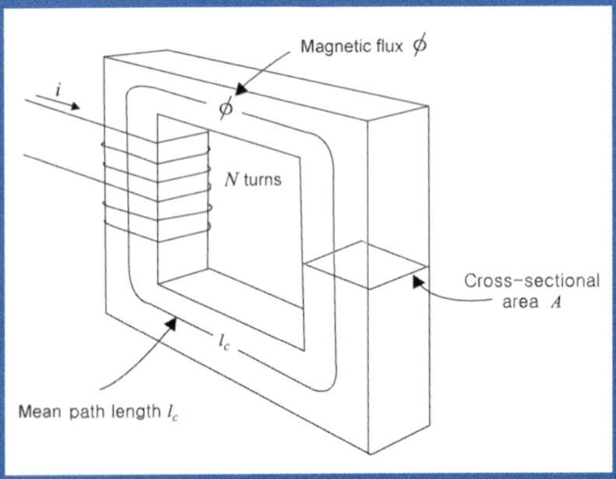

그림 16.1 철심 및 코일을 갖는 자기회로 예시[1]

2) 패러데이의 법칙과 유도전압의 발생

패러데이의 법칙은 자계가 존재할 때, 그 주변에 미치는 영향에 대한 물리적 현상을 설명하는 법칙이다. 즉, 감겨져 있는 코일을 통해 자속이 통과하면 전압은 시간에 대한 자속의 변화율에 직접 비례하여 유기됨을 설명하며, 식(16.3)과 같다.

$$e = -\frac{d\phi}{dt} \tag{16.3}$$

여기서, e는 감겨져 있는 권선에 유기된 전압이고, ϕ는 권선을 통과하는 자속이다. 만약, 코일이 N 번 감겨있고, 같은 자속이 권선 코일을 모두 통과하여 전달된다면, 전체 코일에 유기되는 전압은 식(16.4)와 같다.

$$e = -N\frac{d\phi}{dt} \tag{16.4}$$

식(16.4)에서 '-' 표시는 렌츠의 법칙을 표기하며, 코일에 만들어진 전압의 방향은, 만약 코일의 끝이 단락되어 있을 때, 원래의 자속과 반대되는 자속을 만드는 전류를 생성한다는 것을 의미한다.

그림 16.2는 렌츠의 법칙에 의한 유기전압에 의한 자속 변화의 억제 개념과 페러데이의 법칙에 대하여 설명하고 있다. 그림에서 보여지는 것처럼, 자속의 크기가 증가하고 있으면, 코일에 생성된 전압은 자속의 증가를 억제하려는 방향으로 자속을 만들려고 한다. 따라서, 코일의 전압은 외부 회로로 이러한 전류를 흘리기 위한 극성을 형성하며 그림 16.2(b)에 잘 나타나 있다.[1]

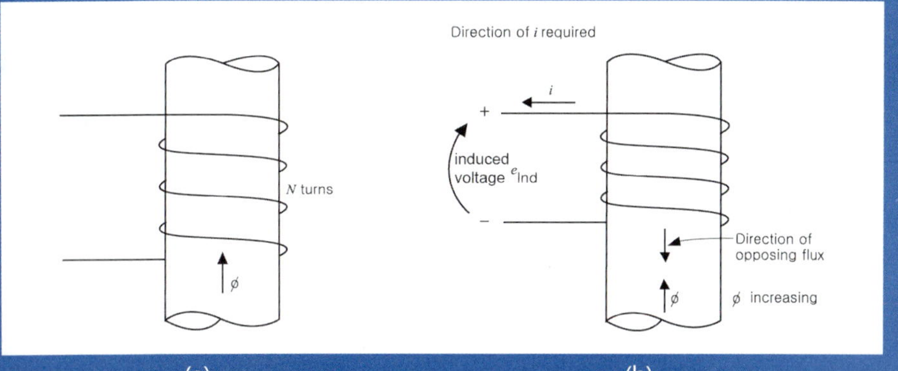

(a) (b)

그림 16.2 렌츠의 법칙 (a) 자속증가 (b) 전압극성 측정[1]

3) 자계 내를 움직이는 도체의 유기전압

자계가 존재하는 공간에서 전류가 흐르고 있는 도선이 자계 내를 움직이면 도선에 전압이 유기된다. 이 때 도선에 유기된 전압은 식(16.5)와 같이 표현된다.

$$e = (v \times B) \times l \tag{16.5}$$

여기서, v는 도선의 이동 속도, B는 자속밀도, l은 자계 내의 도선 길이를 각각 나타낸다. 그리고, 벡터 l은 $v \times B$에 대해 가장 작은 각을 만드는 방향으로 향한다. 도체의 전압은 양의 전압이 벡터 $v \times B$의 방향이 되도록 형성된다. 그림 16.3은 자계 내에서 움직이는 도

체의 유기전압 발생 현상을 보여주고 있으며, 이 원리는 모든 종류의 발전기 동작의 기본 원리가 된다.[1]

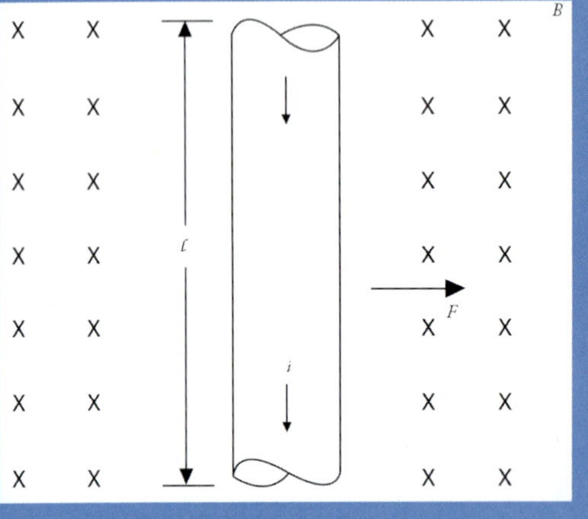

그림 16.3 자계 내를 움직이는 도체의 유기전압 발생 원리[1]

16.3 유도기

회전자 전압이 물리적 결선없이 회전자에 유도되는 현상을 이용해 회전자에 직류 계자회로 없이 동작할 수 있는 기기를 유도기라 한다. 보통의 전기기계를 사용하는 현장에서 유도기는 풍력발전 등과 같은 특수한 분야외에 발전기로써의 응용이 매우 드물기 때문에, 일반적으로 유도기라하면 대개 유도전동기를 말한다.

본 절에서는 풍력발전시스템에 가장 많이 적용되고 있는 이중여자 유도형 발전기(DFIG, doubly-fed induction generator)를 알아보기 위한 선행 학습단계로 일반적인 유도기의 구조, 동작원리, 물리적 현상 등을 살펴보기로 한다.

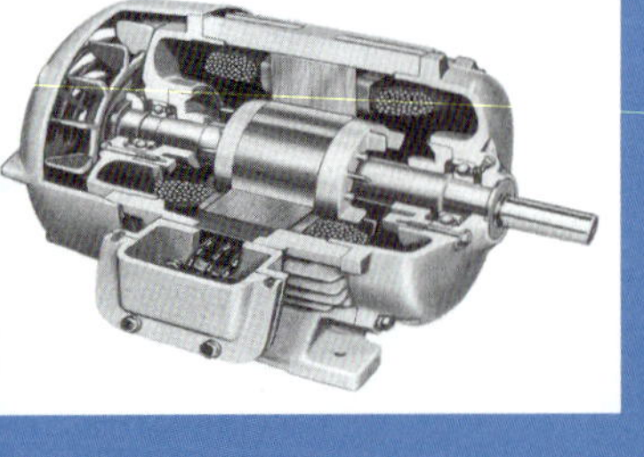

그림 16.4 농형 유도전동기의 구조[1]

1) 유도전동기의 구조

산업 현장에서 가장 일반적으로 쓰이는 농형 유도전동기의 구조는 그림 16.4와 같다. 고정자는 다수의 슬롯에 3상 권선을 각각 120° 의 위상차를 가질 수 있도록 감아놓은 형태이다. 회전자는 회전자의 표면에 슬롯을 파고 알루미늄 또는 구리와 같은 도체바를 나란히 넣어 그 양단을 단락환으로 연결한 구조를 갖고 있다. 회전자의 모양이 마치 다람쥐의 쳇바퀴처럼 생겨서 농형 회전자라고 한다.

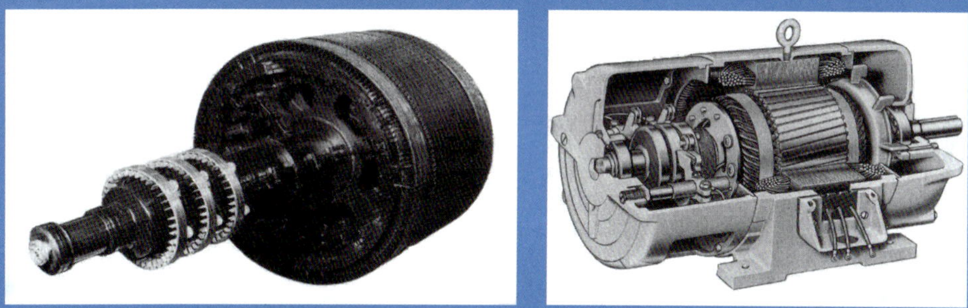

그림 16.5 권선형 유도전동기의 구조[1]

또 다른 형태의 유도전동기는 권선형 유도전동기이며, 구조는 그림 16.5와 같다. 권선형 유도전동기의 회전자는 고정자 권선과 같은 형태의 3상 권선을 가지고 있다. 이 3상 회전자의 권선은 보통 Y 결선으로 되어있고, 3상 회전자 권선의 한쪽 끝은 회전자 축의 슬립 링에 연결되어 있다. 회전자의 권선은 슬립 링 위에 놓여진 브러시를 통해 단락되어 있다. 따라서, 권선형 회전자를 갖는 유도전동기는 고정자의 브러시를 통해 회전자에 흐르는 전류를 측정할 수 있고, 외부 저항을 회전자 회로에 삽입할 수 있는 특징을 갖는다. 또한, 전동기의 토크-속도 특성을 변경하기 위하여 위의 특징을 사용할 수 있는 장점을 가진다. 그러나, 권선형 유도전동기는 구조 및 제작의 복잡성으로 인하여 가격이 더 비싸고, 브러쉬나 슬립 링의 마모 때문에 유지비도 더 많이 드는 단점을 가진다.[1]

2) 유도전동기의 기본개념

그림 16.6과 그림 16.7은 유도전동기 고정자측 3상 권선에 전류가 인가될 때 발생하게 되는 회전자계의 기본원리를 나타낸다.

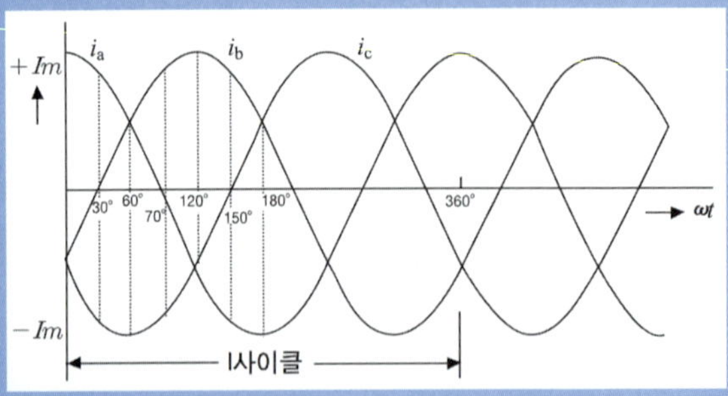

그림 16.6 3상 전류

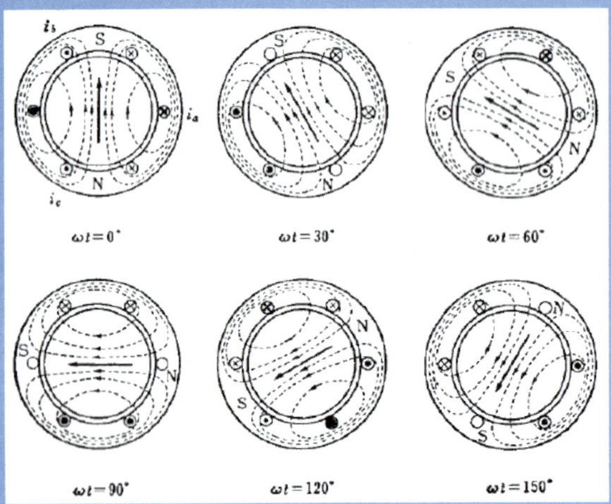

그림 16.7 3상 전류에 의한 회전자계의 발생

위 그림에서 보이는 바와 같이 고정자에 3상 전압을 인가하면 3상 전류가 흐르게 된다. 이 전류는 반시계 방향으로 회전하는 자계 Bs 를 발생하며, 회전자계의 회전속도는 식(16.6)과 같다.

$$n_{sync} = \frac{120f}{P} \tag{16.6}$$

여기서, n_{sync}는 회전자계의 동기속도이며, f 는 Hz 로 전원 주파수이고, P 는 기기의 극수이다. 이 회전하는 자계는 회전자 도체바를 쇄교하며, 회전자 도체바에 전압을 유기시킨다. 이 유기전압식은 앞서 살펴본 식(16.4), 식(16.5)와 같다. 회전자 도체바에 전압이 유기되는 것은 고정자 자계에 대한 회전자의 상대운동 때문이며, 고정자 자계와 발생된 회전자 유기전압에 의한 전류의 흐름은 유도기의 토크를 발생시킨다. 따라서, 회전자계의 방향이 반시계 방향으로 회전할 경우, 회전자의 유도 토크의 방향도 반시계 방향이 되므로 회전자는 반시계 방향으로 가속된다.

그러나, 만약 유도전동기의 회전자가 동기속도로 회전할 때 회전자 도체바는 회전자계에 대하여 상대적으로 정지해 있는 것과 같으며 전압이 유기되지 않는다. 이 때 회전자의 유기전압과 전류가 '0'이 되고, 유도 토크 또한 '0'이 되어 마찰 손실에 의해 속도는 느려지게 된다. 즉, 유도전동기는 동기속도 근처까지 속도가 상승할 수는 있지만 실제 동기속도 까지는 도달하지 못한다.

이러한 개념에 의해 정의되는 것이 유도기의 슬립(slip)이며, 회전자와 회전자계의 상대운동을 정의하기 위하여 동기속도(n_{sync})와 회전자속도(n_m)와의 차이로 정의되는 슬립 속도(n_{slip})가 사용되기도 한다. 여기서, 전동기의 슬립속도는 식(16.7)과 같이 쓸 수 있다.

$$n_{slip} = n_{sync} - n_m \tag{16.7}$$

여기서, n_m은 회전자의 실제속도이다. 또한, 상대운동을 기술하기 위해 사용하는 슬립은 백분율 또는 P.U. 로 나타내며 식(16.8)과 같다.

$$s = \frac{n_{sync} - n_m}{n_{sync}} \quad (\times 100\%) \tag{16.8}$$

3) 유도전동기의 토크-속도 특성

유도전동기의 토크-속도 특성곡선은 그림 16.8에 나타나 있다. 이 특성곡선은 개략적으로 세 가지 영역으로 나눌 수 있다. 첫 번째 영역은 곡선의 저 슬립영역이다. 저 슬립영역에서 전동기 슬립은 부하를 증가시킴에 따라 대략 선형으로 증가한다. 그리고, 회전자의 기계적 속도는 부하에 따라 대략 선형으로 감소한다. 이 영역에서 회전자 리액턴스는 무시할 만큼 작게 되므로, 회전자의 역률은 약 1이 된다. 반면 회전자 전류는 슬립에 대해 선형으로 증가한다. 유도전동기의 전체 정규 정상상태 동작영역은 선형의 저 슬립영역이다. 따라서, 유도전동기는 선형의 속도 강하 특성을 갖는다고 할 수 있다.

두 번째 영역은 중간 슬립영역이다. 중간 슬립영역에서 회전자의 주파수는 저 슬립영역에서보다 높다. 이 영역에서 회전자 전류는 더 이상 저 슬립영역에서처럼 급격하게 증가하지 않으며, 역률은 저하하기 시작한다. 전동기의 탈출 토크는 부하가 증가할 때 회전자 전류의 증가와 회전자 역률의 감소가 정확히 균형을 이루는 점에서 발생한다.

유도전동기의 세 번째 영역은 고 슬립영역이며, 이 영역에서 회전자 전류의 증가는 회전자 역률의 감소에 의해서 완전히 무시되기 때문에 유도 토크는 실질적으로 부하가 증가함에 따라 감소한다. 일반적으로 사용되는 유도전동기에서, 곡선에서의 기계의 탈출토크는 정격전 부하의 200 ~ 250%가 되며 기동토크는 전부하 토크의 150% 정도가 된다.

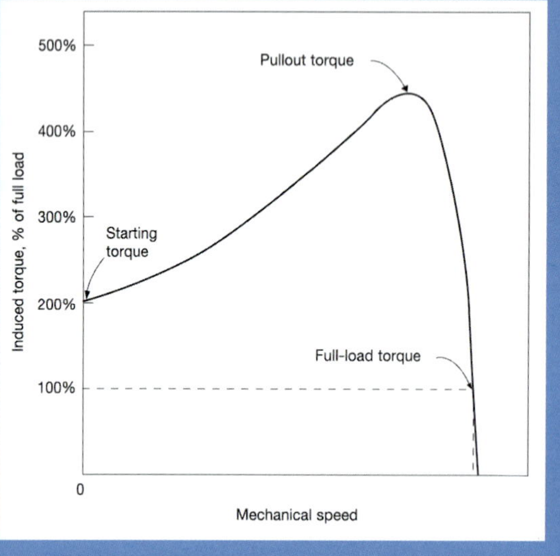

그림 16.8 유도전동기의 토크-속도 특성 곡선[1]

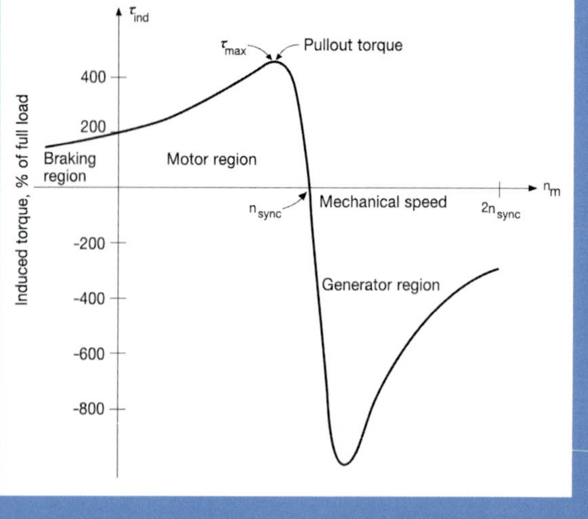

그림16.9 슬립에 따른 유도형 전기기기의 운전모드[1]

4) 유도발전기

그림 16.9 는 슬립에 따른 유도형 전기기기의 운전모드를 나타낸다. 만약 유도전동기의 회전자가 동기속도보다 빠르게 구동되면 기계의 유도토크의 방향이 반대로 되어 기계는 기계적 힘을 전기적 힘으로 변환하는 발전기가 된다 (generator region). 한편, 전동기가 자계방향에 대하여 반대로 회전한다면 기계에서의 유도토크는 기계를 매우 빠르게 정지시키게 되고 반대 방향으로 회전하게 할 수 있다(braking region).

발전기로서의 유도기는 다양한 제약조건들을 갖는다. 일반적인 농형의 유도발전기는 분권 계자회로가 없기 때문에 무효전력을 만들 수 없다.

발전기는 무효전력을 소비하는 전기기기이기 때문에 고정자 자계를 일정하게 유지하기 위해서는 무효전력을 공급할 수 있는 외부전원이 연결되어 있어야 한다. 이 외부 무효전력원은 계자전류가 없는 유도발전기의 단자 전압에 연결되어 제어가 가능하여야 하며, 유도발전기 자체만으로는 출력전압을 조정할 수 없다. 따라서, 발전기의 전압은 외부 전력시스템에 의하여 유지된다.

유도발전기의 가장 큰 잇점은 간단하다는 것이다. 기기의 속도가 연결되어 있는 전력시스템의 동기속도보다 약간 더 높은 속도 영역에서 전동기가 발전기로 작용하는 것이다. 토크가 전동기의 축에 더 크게 작용할수록 출력은 더 크게 되며, 정확한 제어 등이 필요하지 않다는 점에서 풍력용, 열재생 시스템용 등 기존 전력시스템에 연계된 유사 보조 전력원으로의 적용에 매우 좋은 대상이 될 수 있다.[1]

16.4 이중여자 유도형 발전기

1) 이중여자 유도형 발전기의 구조

이중여자 유도형 발전기(DFIG, doubly-fed induction generator)란 고정자의 3상 권선에서 여자전류를 공급하는 기존의 농형 유도기와는 달리, 고정자와 회전자 2쌍의 3상 권선에 여자전류를 공급할 수 있는 유도기기를 말한다. 앞서 언급된 일반 권선형 유도기가 회전자 권선측에 슬립 링-브러시를 외부회로를 이용하여 2차 저항제어 등의 기능을 활용한다면, 이중여자형 유도기는 고정자와 회전자 양쪽 모두에 여자전류를 공급하고, 여러 가지 물리량의 제어를 수행할 수 있는 기능을 갖는다.[2-5]

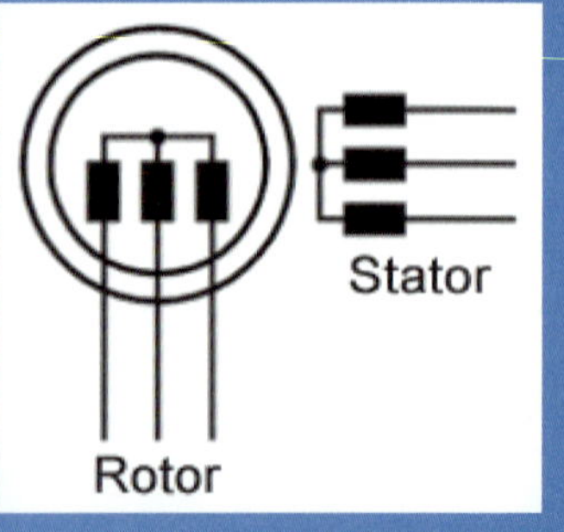

그림 16.10 이중여자 유도형 발전기의 내부회로 구조[5]

그림 16.10은 대표적인 유도발전기의 내부회로 구조를 간단히 나타내고 있으며, 고정자와 회전자에 각각 1쌍의 3상 권선을 배치하여 각각에서 유도기의 여자 전류를 공급할 수 있는 구조를 보여주고 있다. 일반적으로 고정자 권선의 정격용량이 회전자 권선에 비하여 크고 동기속도 부근에서는 전력의 대부분이 고정자에서 발생하기 때문에 발전기로 사용할 경우 고정자 권선은 계통에 직접 연결하고 회전자 권선은 전력변환장치에 연결하여 발전기의 제어를 담당한다.[6]

2) 이중여자 유도형 발전기의 원리

현재 대부분의 대용량 풍력발전시스템에 이중여자 유도형 발전기가 적용되고 있으며, 그림 16.11에서 보는 바와 같이 고속 증속기와 전력변환장치가 결합되어 사용된다. 앞서 설명된 것처럼, 회전자와 고정자 모두 권선으로 구성되며, 회전자와 고정자 모두에서 자계가 발생된다. (+) 슬립시 회전자측에서 출력측으로 슬립전력(s*PGen)이 공급되며, (-) 슬립시 출력측에서 회전자 측으로 슬립전력이 공급된다.

이중여자 유도형 발전기는 어떠한 역률조건에서도 운전이 가능하다는 특징을 가지며, 유효전력과 무효전력을 분리하여 제어가 가능하다. 무엇보다도 가장 큰 장점은 동기 발전기를 적용하는 풍력발전시스템보다 인버터의 용량이 정격의 약 30% 수준이 되어 전력변환부 단가의 절감을 기대할 수 있으나, 기어박스 등 기계시스템의 추가적 필요에 의해 전체 시스템이 복잡해지는 단점을 갖는다.[7]

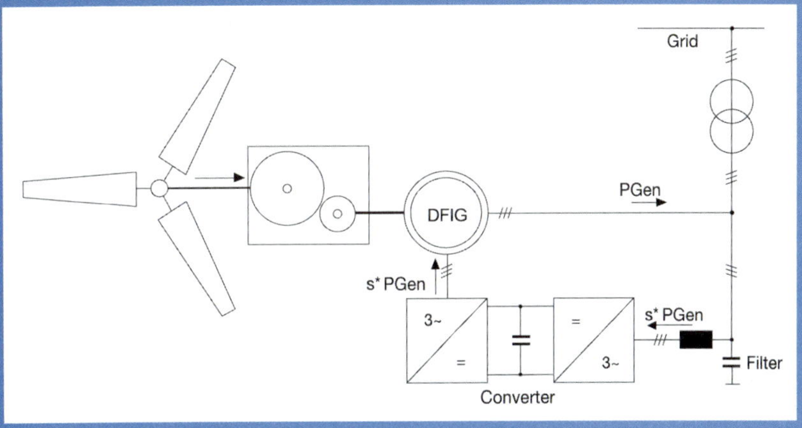

그림 16.11 이중여자 유도형 발전기 시스템의 기본 구조

권선형 유도기는 구조적으로 발전기와 전동기가 동일하고 동작 조건에 따라 발전기 모드와 전동기 모드로 운전 될 수 있다. 그림 16.12는 권선형 유도발전기의 운전 모드에 따른 전력조류를 도식적으로 나타내고 있다.

그림 16.12(a)는 유도발전기 회전자가 동기 속도 이하 ($0<s<1$) 에서 회전하는 경우를 나타내고 있으며, sf 의 주파수를 갖는 슬립전력 sP_r 을 공급하면 기계적 에너지 P_n 을 흡수하여 P_s 의 발전 전력을 생산하게 된다.

그림 16.12(b)는 유도발전기의 회전자가 동기 속도 이상 ($s<0$)에서 회전하는 경우를 나타내고 있으며, sf 의 주파수를 갖는 슬립전력 sP_r 을 소모하게 됨으로써, P_s 의 발전 전력을 생산하게 된다.

한편, 유도발전기의 출력 유효전력 P_s 는 동기좌표계 상의 전압방정식을 적용하여 식 (16.9)로 나타낼 수 있다.

$$P_s \approx -\frac{3}{2}\left(\frac{L_m}{L_s}\right) v_{eqs} \sqrt{2}\, I_{rs} \tag{16.9}$$

L_m: 상호인덕턴스, L_s: 고정자인덕턴스

즉, 유효전력 P_s 는 정상상태에서 회전자 전류 I_{rs} 에 비례하는 관계를 가지게 되므로, 이를 이용하여 발전전력을 제어할 수 있다. 또한 회전자 전류에 이해 발전 출력을 조절하고 이를 통해 발전기의 속도를 제어할 수도 있다. 다시 말해, 발전기의 회전자측 전류를 통해 출력을 제어함으로써, 풍속에 관계없는 고정속도 방식의 풍력발전시스템을 구성할 수 있게 된다.[7-9]

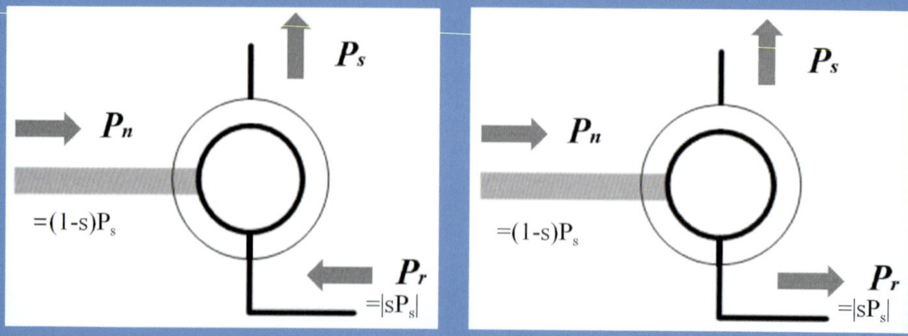

(a) Sub-synchronous 모드(0<s<1) (b) Super-synchronous 모드(s<0)

그림 16.12 권선형 유도발전기의 모드별 전력조류

16.5 영구자석형 동기 발전기

1) 영구자석형 동기 발전기의 구조

영구자석 전기기기의 역사는 영구자석 재료의 발전과 함께 발전해 왔다. 영구자석은 처음 DC Motor에 적용되었고, 그 후 동기전동기에 적용되었다. 1970년대 희토류계 자석인 Nd-Fe-B 계열의 영구자석 개발 이후, 영구자석형 동기기의 대형화 및 고출력화를 위한 개발도 함께 발전하였다. 1990년대 1.2 T 이상의 잔류자속밀도를 갖는 고성능 재질의 영구자석이 개발됨에 따라, 영구자석형 전기기기는 고효율 및 고출력 전동기로서의 응용분야를 넓혀온 것이 사실이다.[10-14]

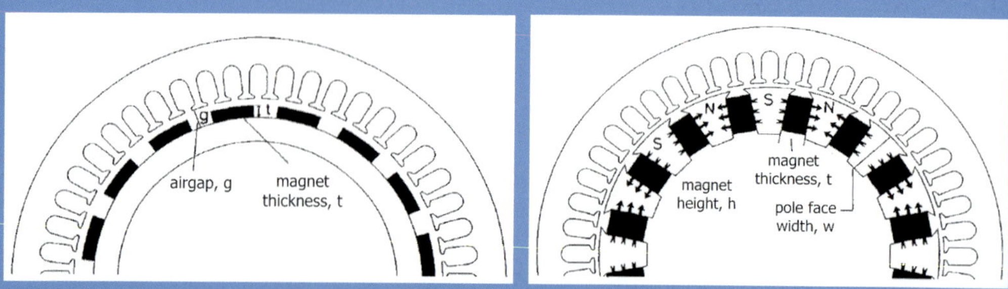

그림 16.13 영구자석의 부착형태에 따른 영구자석형 동기 발전기의 구조[6]

영구자석 전기기기는 회전자의 형태에 따라서, 크게 표면부착형 영구자석 기기(SPMSM, surface-mounted permanent magnet machine), 매입형 영구자석 기기(IPMSM, interior permanent magnet machine) 로 나뉘어질 수 있다. 이는 영구자석의 부착위치를 회전자 표면에 부착하는 방법과 회전자 철심내에 삽입하는 방식에 따라 구분하는 것으로써, 부착방법에 따라서 자기회로의 구성 및 파라미터가 변화되기 때문에 이에 따라 돌극형(salient-pole type) 및 비돌극형(non-salient-pole type)로 나뉘어 지며, 각각의 특성에 맞는 제어 방법이 수반되어야 한다.[16-17] 그림 16.13 은 영구자석의 부착형태에 따른 영구자석형 동기발전기의 구조를 나타낸다.

2) 영구자석형 동기 발전기의 원리

영구자석형 발전기는 앞서 설명된 유도형 발전기에 비하여 회전자의 다극 구성이 용이하여 기어박스 없이 터빈로터에 직접 연결할 수 있어 기어리스 형태의 풍력발전시스템 구현이 가능하다. 따라서, 기계적 손실을 줄일 수 있는 장점을 갖게 되며, 최근 잔류자속밀도와 보자력이 높은 Nd-Fe-B계열의 영구자석을 사용함으로 해서 유도형 발전기에 비해 소형 컴팩트화에 유리하여 소용량의 풍력발전시스템에의 응용도 활발하다. 단, 영구자석의 가격이 상대적으로 비싸, 경제성 면에서 일부 단점을 가질 수 있으나, 그 외 다양한 장점들을 갖고 있어 최근 연구개발 및 상용화 노력이 활발히 진행되고 있다. 그림 16.14는 풍력발전시스템에 적용된 대표적인 영구자석형 동기발전기의 형태를 나타낸다.

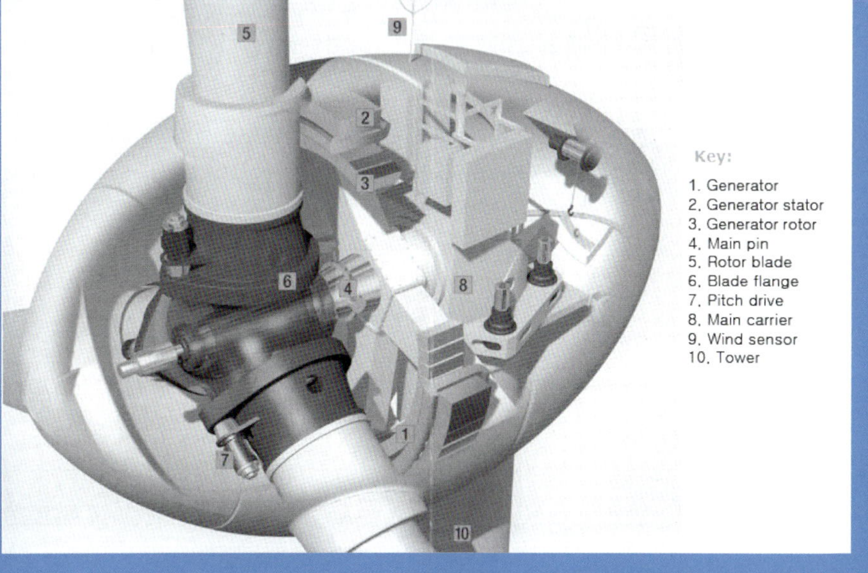

그림 16.14 영구자석형 풍력발전기의 구조의 예, Enercon E-40

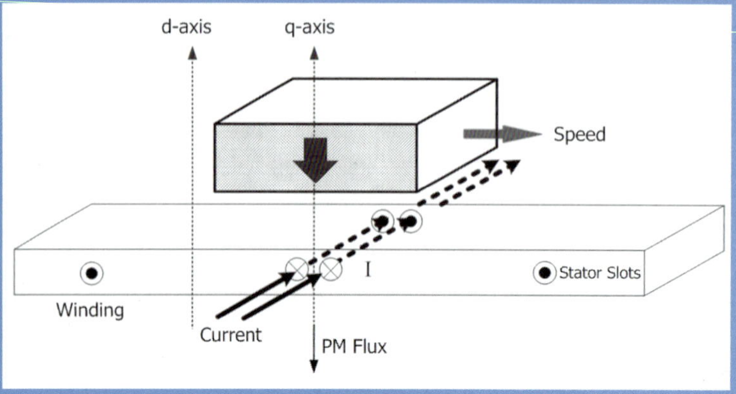

그림 16.15 영구자석형 풍력발전기의 원리

영구자석 발전기의 기본 원리는 16.2절에서 이미 언급된 바와 같이, 『자계가 존재하는 공간에서 도체(권선 등)가 속도를 갖고 움직이면 이 도체에 전압이 유기된다』의 법칙을 충실히 따른다. 그림 16.15는 영구자석 발전기의 원리를 선형운동계로 표현하여 나타내고 있다. 그림에서 보는 바와 같이, 영구자석을 갖는 회전자가 속도를 갖고 움직일 때, 상대적 운동을 하는 아래측 권선에는 유기 전압이 발생하고 부하측의 상태에 따라 전류가 흘러 전력이 생산된다. 여기서, d, q-axis 는 3상 교류 3개의 자계축을 직류와 같이 2개의 축으로 나타낸 것이며 자세한 내용은 17.5절에서 설명되어질 것이다. 그림 16.16은 영구자석형 동기발전기가 적용된 풍력발전시스템의 전체 구조를 나타낸다.

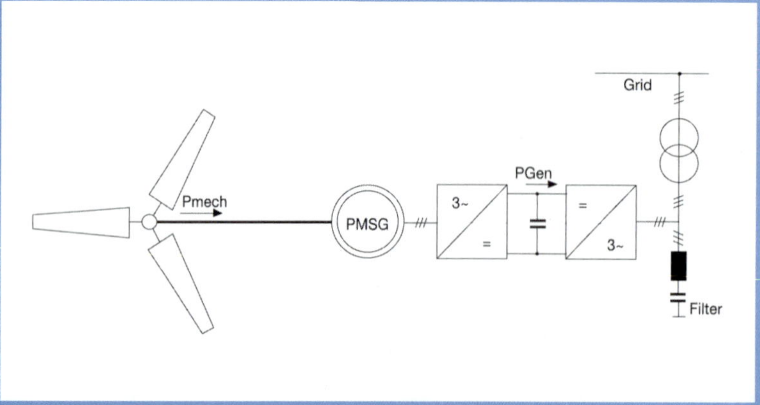

그림 16.16 영구자석형 풍력발전시스템의 구조

☑ 참고문헌

1. Stephen J. Chapman, 안진우, 신판석, 우경일 공역, **전기기기**, McGraw-Hill Korea.

2. A. Tapia, G. Tapia, J. X. Ostolaza, J. R. Saenz, "Modeling and control of a wind turbine driven doubly fed induction generator," **IEEE Trans. Energy Conversion**, Vol 18, No.2, pp. 194-204, June 2003.

3. J. B. Ekanayake, L. Holdsworth, X. Wu, N. Jenkins, "Dynamic modeling of doubly fed induction generator wind turbines," **IEEE Trans. Power Systems**, Vol. 18, No. 2, pp. 803-809, May 2003.

4. R. Datta, V. T. Ranganathan, "Variable-speed wind power generation using doubly fed wound rotor induction machine-A comparison with alternative scheme," **IEEE Trans. Energy Conversion**, Vol. 17, No. 3, pp. 414-421, Sept. 2002.

5. 정병창, **이중여자 유도형 풍력발전시스템의 돌입전류와 토크리플 저감을 위한 발전기 제어 알고리즘**, 박사학위논문, 전북대학교 2006.

6. S. Muller, M. Deicke, R. W. DeDoncker, "Adjustable speed generators for wind turbines based on doubly-fed induction machines and 4-quadrant IGBT converters linked to the rotor," **IEEE Industry Applications Conference 2000**, 8 – 12 Oct. 2000, pp. 2249-2254.

7. Theodore Wildi, **Electrical Machines, Drives, and Power Systems**, Prentice Hall.

8. 김일환, 송승호, "풍력발전시스템에서의 전력전자기술 및 전력품질 평가," **전력전자학회지** 제8권 제4호 2003년 8월.

9. I. Boldea, S. A. Nasar, **The Induction Machine Handbook**, CRC Press.

10. 이두영, **"PMSG 풍력발전의 특성분석을 위한 시뮬레이터 개발,"** 명지대학교, 석사학위 논문, 2007.

11. J. Chen, C. V. Nayar, L. Xu, "Design and finite element analysis of an outer-rotor permanent magnet generator for direct coupled wind turbines," **IEEE Trans. Magn.**, Vol. 36, No. 5, pp. 3802-3809, Sept. 2000.

12. L. Soderlund, J. T. Eriksson, J. Salonen, H. Vihriala, R. Perala, "A permanent

magnet generator for wind power applications," **IEEE Trans. Magn.**, Vol. 32, No. 4, pp. 2389-2392, July 1996.

13. E. Spooner, A. C. Williamson, G. Catto, "Modular design of permanent magnet generator for wind turbines," **IEE Proc.-Electr. Power Appl.**, Vol. 143, No. 5, pp. 388-395, Sept 1996.

14. A. J. G. Westlake, J. R. Bumby, E. Spooner, "Damping the power-angle oscillations of a permanent magnet synchronous generator with particular reference to wind turbine applications," **IEE Proc.-Electr. Power Appl.**, Vol. 143, No. 3, pp. 269-280, May 1996.

15. E. Spooner, A. C. Williamson, "Direct coupled, permanent magnet generators for wind turbine applications," **IEE Proc.-Electr. Power Appl.**, Vol. 143, No. 1, pp. 1-8 Jan. 1996.

16. N. Yamamura, M. Ishida, T. Hori, "A simple wind power generating system with permanent magnet type synchronous generator," **IEEE International conference on power electronics and drives systems** (PEDS '99), July 99, Hongkong, pp. 849-854.

17. K. T. Chau, Y. Fan, M. Cheng, "A novel three-phase doubly salient permanent magnet machine for wind power generation," **IEEE Industry Application Society Annual Meeting 1994**, pp. 366-372.

제 17 장

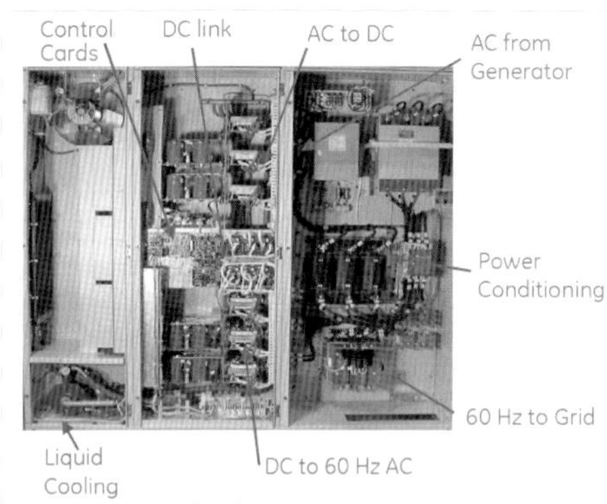

전력변환기

Power Electronics Devices

조한욱

풍력핵심기술연구센터
한국기계연구원

17.1 서론

전력전자는 전동기의 구동시스템과 전력의 변환 등 산업적인 응용에 있어 다양한 요구가 대두되어 왔다. 지난 40년간 트랜지스터 등 반도체 소자를 이용한 실제적인 전력의 제어를 가능하게 하는 정지형 전력변환장치의 개발에 의해 전동기 및 전력변환에 있어 커다란 변화의 가장 중요한 요소가 되었다.

실리콘 제어정류기(SCR, silicon-controlled rectifier)인 최초의 다이리스터가 1957년 말에 개발된 이래, 전력용 반도체 소자의 비약적 진보가 이루어져 왔다. 1970년 까지는 다이리스터는 산업응용에 있어서 전력제어를 위한 소자로서 독점적으로 이용되어져 왔다. 그러나 1970년 이후 여러 가지 종류의 전력용 반도체 소자가 개발되었으며, 상업적으로도 매우 유용하게 되어 전동력 응용기술 등 다양한 전력변환 시스템에 적용되었다.[1]

17.2 전력변환 회로의 형태

전력의 제어나 전력조정을 위해서는 한 형태로부터 또 다른 형태로의 전력변환이 필요하며, 전력소자의 스위칭 특성이 이러한 변환을 가능하게 한다. 정전력 컨버터는 이러한 전력변환의 기능을 하며, 다음과 같이 5가지 정도의 형태로 분류가 가능하다.[1]

- 다이오드 정류기
- AC-DC 컨버터 (제어 정류기)
- AC-AC 컨버터 (교류 전압제어기)
- DC-DC 컨버터 (DC 초퍼)
- DC-AC 컨버터 (인버터)

1) 다이오드 정류기

다이오드 정류기회로(diode rectifier circuit)는 교류 전압을 고정된 직류전압으로 변환시키는 전력변환 회로이며, 단상 또는 다상 입력에 대한 직류 변환이 가능하다.

2) AC-DC 컨버터

다이오드 정류기는 고정출력전압만 제공하는데 비해, 제어된 출력전압을 얻기 위해 다이오드 대신 위상제어 다이리스터(thyristor)를 사용하여 제어된 전압을 얻는다. 일반적으로 많이 사용되는 위상제어정류기(phase-controlled rectifier)는 간단하며 가격이 싸다. 이러한 제어

정류기를 AC-DC 컨버터라고 하며, 산업응용, 특히 수마력에서 MW 전력수준까지의 범주에 있는 가변속 구동에 폭넓게 사용된다. 최근에는 고속 대전력 스위칭 소자(IGBT ; insulated gate bipolar transistor)의 발달로 펄스폭 변조제어(PWM ; pulse width modulation controlled)형 컨버터가 많이 사용되며, 대부분의 풍력발전시스템에도 적용된다.

3) AC-AC 컨버터

고정된 AC 전원으로부터 가변의 AC 출력전압을 얻기 위하여 이용된다. 주로 TRIAC을 이용한 컨버터가 사용되며, 출력전압은 TRIAC 의 도통시간을 가변함으로써 제어된다. 이러한 형태의 컨버터를 교류전압 제어기라 부른다. 그러나 AC-DC 컨버터의 경우와 마찬가지로, 최근 산업현장에서는 제어의 용이성 등 다양한 장점을 갖는 PWM(pulse width modulation) 컨버터를 이용한 AC-DC-AC 컨버터 시스템을 더 많이 사용한다.

4) DC-DC 컨버터

DC-DC 컨버터는 초퍼(chopper) 또는 스위칭 레귤레이터로 알려져 있으며, 트랜지스터 등의 고속 스위칭 소자에 의해 전력변환이 구현된다. 평균 출력전압은 트랜지스터의 도통시간을 가변함으로써 제어된다.

5) DC-AC 컨버터

DC-AC 컨버터는 일반적으로 인버터(inverter)로 알려져 있으며, 트랜지스터 등의 전력변환소자의 교번적 스위칭 동작에 의해 전력변환이 구현되며, 트랜지스터의 도통시간을 가변함으로써 출력전압이 제어된다.

17.3 DFIG 용 전력변환 시스템 구성

1) DFIG 전력변환 시스템의 구조

이중여자 유도형 풍력발전기 시스템의 전체 구성도는 그림 17.1과 같다. 발전기는 16장에서 언급되어진 권선형 유도발전기(doubly-fed induction generator) 를 사용하며, 유도발전기의 고정자는 차단기를 통하여 계통에 연결된다. 그리고, 회전자측에 설치된 전력변환장치는 발전시스템의 전력을 제어한다.[2-5]

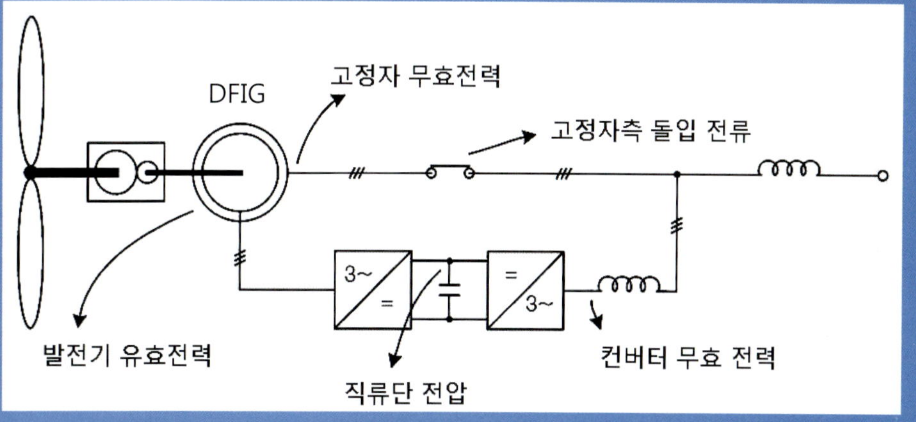

그림 17.1 DFIG 전력변환 시스템의 구성[2]

그림 17.1에서 보여지는 바와 같이, 주요 제어 물리량으로는 발전기 유효전력, 고정자 무효전력, 직류단 전압, 컨버터의 무효전력, 고정자측 돌입전류 등이 있다.

보통 회전자측에 연결된 전력변환장치를 MSC(machine-side converter)라고 하며, 발전기의 토크 또는 회전속도를 제어하는 방식으로 주요 제어 물리량인 시스템의 발전량을 제어한다. 발전되는 유효전력은 결국 블레이드의 기계적 출력과 시스템의 효율에 직접적으로 비례한다. 또한, 동시에 발전기에 여자전류를 공급함으로써 고정자에 유입되는 무효전력을 제어하는 기능을 갖는다.

한편, 계통(grid)측에 연결된 컨버터는 MSC와 back-to-back 으로 연결되어 있으며, 계통 연계를 주로 담당하기 때문에 GSC(grid-side converter)라 한다. GSC는 전력변환부의 DC-Link 전압을 제어하고, GSC와 계통간의 무효전력을 제어하는 기능을 갖는다.[6-9]

2) 회전자측 컨버터(MSC)의 구조

회전자측 컨버터는 그림 17.2와 같이 3상 전압형 PWM 컨버터 시스템의 전력회로로 구성되어 있다. 이 회로에서 6개의 IGBT, 직류단 커패시터 등으로 구성되어 있다.

IGBT 소자를 점호하는데 사용되는 PWM 파형을 제어 기준 신호와 피이드백된 신호와의 오차를 이용해 입력단 전압의 전류의 처리를 통해 만들어진 공간전압벡터 PWM 방식(SVPWM, space vector pulse width modulation)에 의해 발생된다.

평활용 커패시터 C는 부하에 대해 일정 직류 전압원의 역할을 하고 있으며, 직류 출력측 커패시터의 양단 전압은 PWM 컨버터 제어에 의해 항상 일정하게 제어된다.

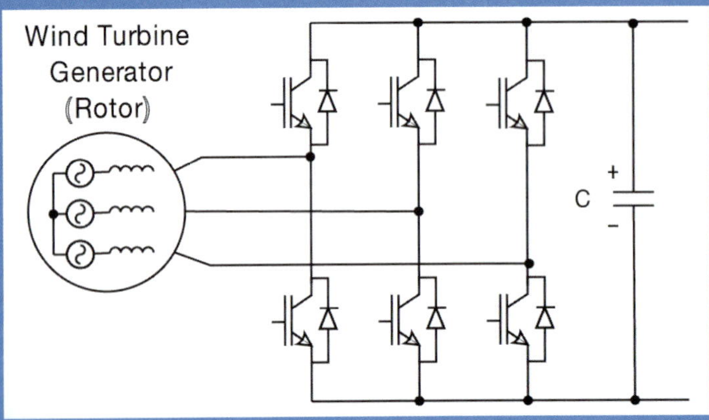

그림 17.2 회전자측 컨버터(MSC)의 기본 구조

3) 회전자측 컨버터(MSC)의 제어

DFIG는 고정자가 계통과 직접적으로 연결되어 있고, 회전자측 컨버터(MSC)는 회전자로 공급되는 전력량을 제어하는 기능을 갖는다. 특히, 회전자의 전류제어를 통해 고정자에서 발생되는 전력량의 제어가 이루어지기 때문에, 고정자측의 전압, 전류를 이용한 고정자 자속 기준 벡터제어를 수행한다. 앞서 언급된 바와 같이, 모든 전압과 전류, 자속을 동기 좌표계로 변환할 경우 직류와 같이 크기 성분만 존재하고 빠르고 정확하게 제어할 수 있기 때문에, 제어기는 동기좌표계로 변환된 값을 제어한다.

발전기의 벡터제어를 알아보기 위하여 우선 전류제어 수행과정을 살펴본다. 인버터를 이용한 교류 전기기기의 전류제어를 위하여 히스테리시스 제어, 예측제어, 데드비트 제어 등의 여러 가지 전류제어 기법이 적용될 수 있다. 그러나, 상대적으로 우수한 제어 특성과 쉬운 제어기 이득의 설정, 제어대상 부하의 제정수 변동에 대한 강인성으로 인하여 일반적으로 PI 제어기가 많이 이용된다. 동기좌표계 상에서 제어를 수행할 경우 변환된 물리량은 마치 직류 전동기의 물리량과 같이 표현되므로, 직류기의 제어 이론이 거의 그대로 적용된다(17.5절 참조). 그림 17.3은 이중여자 유도형 풍력발전시스템 회전자측 제어 블록도를 나타낸다.[2]

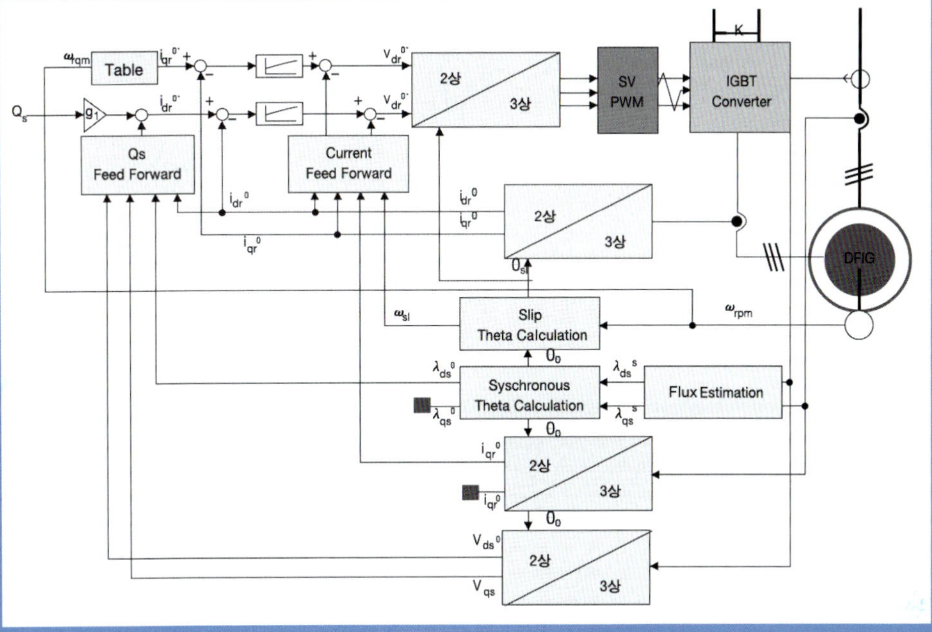

그림 17.3 회전자측 컨버터(MSC)의 제어 블록도[6]

4) 계통측 컨버터(GSC)의 구조

그림 17.4에 보여지는 바와 같이, 계통에 연결되는 3상 교류 전력선에 수동소자인 커패시터와 인덕터가 위치한다. 이 소자들은 에너지를 저장하거나 전류 및 전압을 필터링 하는 역할을 담당한다.

에너지의 저장 역할은 주로 출력단의 수동소자인 직류단 커패시터가 담당하고, 교류측에 위치하는 수동소자는 주로 필터 역할을 한다. 이 필터는 스위칭에 의한 구형파 전류와 전압을 필터링 한다. 이미 잘 알려진 바와 같이, 교류측 수동소자는 제어기의 동특성과 필터의 성능에 많은 영향을 미치는데, 제어기의 동특성과 필터의 성능은 역비례하는 특성을 갖기 때문에 최적의 소자값 선정은 계통측 컨버터 설계에 있어 가장 큰 이슈중 하나이다. 즉, 다음의 3가지가 가장 중요한 설계 사양이다.[10]

- 직류단 커패시터의 용량 산정
- 승압용 인덕터의 결정
- AC 필터용 커패시턴스와 인덕턴스 결정

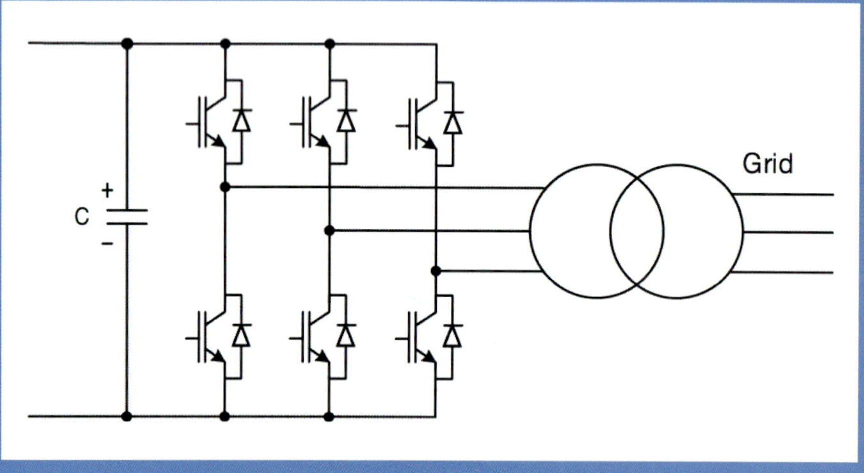

그림 17.4 계통측(GSC) 컨버터 기본 구조

5) 계통측 컨버터(GSC)의 제어

계통측 컨버터는 계통 전압의 위상각을 계산하고 직류단 전압제어, 무효전력의 제어, 그리고 전류제어를 수행한다. 그림 17.5는 계통측 컨버터의 제어 블록도를 나타낸다.[11-13]

계통측 컨버터의 전류제어는 회전자측 컨버터의 전류제어방식과 동일하며, 직류단 전압의 제어는 직류단 커패시터에 입출력되는 유효전력의 크기를 제어하는 방식으로 이루어진다.

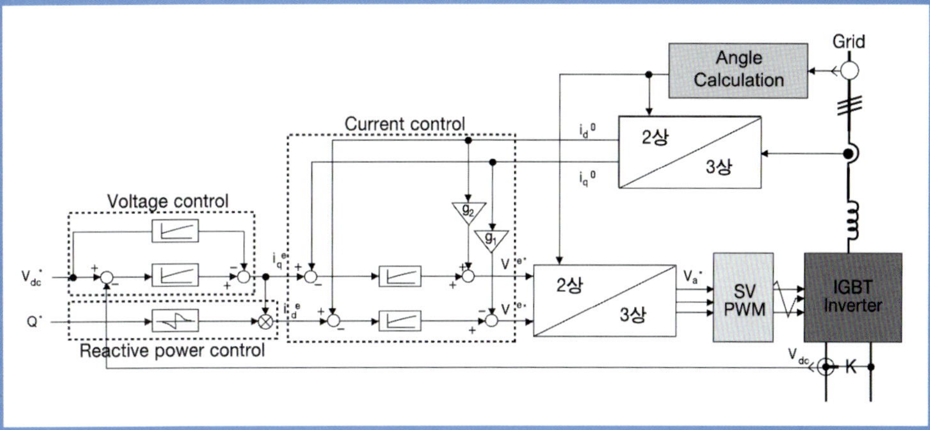

그림 17.5 계통측(GSC) 컨버터 제어 블록도[6]

6) 소프트 스타터(soft starter)

유도발전기는 자체적으로 자속을 발생하지 못하고 외부에서 전원을 공급받아서 자속을 발생한다. 유도기에 전원이 공급될 때, 유도기에는 정격보다 높은 전류가 흐르게 되는데 이를 돌입전류라고 하며, 크기는 정격전류의 4 ~ 5 배가량 되기도 한다.

돌입전류의 크기는 계통에 연계되는 순간의 풍력발전기 회전속도와 관련없이 거의 일정한 값을 갖게 된다. 돌입전류의 영향은 유도발전기측과 계통측 모두에 영향을 미치게 되는데, 우선 유도발전기 측에는 정격전류 이상의 전류가 흐르게 되어 급격한 온도상승을 유발한다. 이는 기기의 열화현상이 빨라지게 하여 수명을 단축시키게 되고, 매우 심각할 경우 화재 등의 사고를 일으키기도 한다. 계통측에서는 대용량 유도기에 의한 영향이 크다. 대용량 유도기의 경우 기동될 때 정격의 몇배에 이르는 돌입전류를 흐르게 하므로, 계통 연계 시 과전류로 인한 계통 보호장치의 오작동을 초래하기도 한다. 또한 돌입전류에 이해서 계통전압이 설정된 운전범위보다 낮아지기도 한다.

풍력발전시스템의 경우에는 1기당 단위 용량이 수백 kW에서 수MW 이상이기 때문에 계통에 미치는 영향은 매우 크다. 발전기로 유도기를 적용하면서 유도기의 고정자를 계통에 직접 연결하는 풍력발전시스템에서는 발전기를 계통에 연결하는 순간에 발생하는 돌입전류를 억제하기 위하여 그림 17.6과 같이 소프트 스타터를 사용한다.[6]

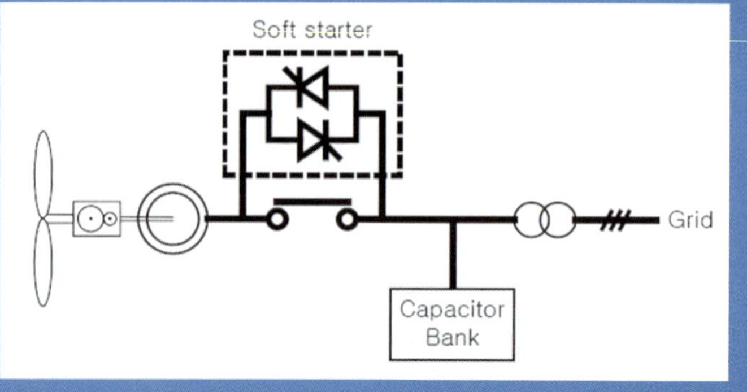

그림 17.6 소프트 스타팅 회로 예시[6]

이중여자 유도형 풍력발전시스템에서도 권선형 유도발전기를 사용하여 고정자 전력선을 계통에 직접 연결하기 때문에, 계통에 연결되는 순간 돌입전류가 발생할 수 있다. 풍력발전시스템에서 돌입전류는 앞서 설명된 바와 같이 발전기의 수명과 주변지역의 전력품질에 영향을 미치게 되므로 매우 중요한 문제이다. 이밖에도, 이중여자 유도형 풍력발전시스템에서는 위 문제 외에도 고정자측에 유입되는 돌입전류에 의하여 회전자 측에 설치된 전력변환회로의 설계값 이상의 전류가 회전자측에 유기됨으로써 전력변환용 반도체 소자를 손상시킬 수 있다.

17.4 영구자석 동기발전기용 전력변환 시스템 구성

1) PMSG 전력변환 시스템의 특징

영구자석 동기기(PMSG)를 발전기로 사용하는 풍력발전시스템의 형태는 그림 17.7과 같다. 그림에서 보여지는 바와 같이 가장 큰 특징은 발전기의 용량과 동일하거나 그 이상의 용량을 갖는 2대의 전력변환장치를 사용하는 것이다.

동기기의 출력 전압과 주파수는 회전속도에 비례하는 특징을 갖기 때문에, 동기기와 계통 사이에는 인버터 컨버터 세트가 설치되어, 가변 전압·가변 주파수의 발전기 출력을 일정 전압과 일정 주파수로 변환하여 계통에 공급한다.

그러나, 2 대의 전력변환 장치를 사용하기 때문에, 발전 전력의 손실이 상대적으로 크게 발생하며, 손실량은 발전기 단자에서 출력되는 전력의 약 3% 정도가 된다.[14-17]

영구자석 동기발전기 시스템은 전범위 속도 가변 제어가 가능하다. 발전기 측에 설치되어 있는 컨버터에 의하여 전 범위 운전이 가능하지만, 시스템의 효율과 보호, 하드웨어적 제약 때문에 일반적으로 발전기 정격속도의 50% ~ 120%에서 운전한다.

가변 속도제어가 가능하기 때문에 돌풍과 같이 순간적인 입력 증가는 회전속도의 증가로 흡수하여 시스템의 출력이 안정적이고, 다른 시스템에 비하여 효율이 높고, 영구자석 동기기를 사용하기 때문에 발전기의 여자를 위한 별도의 전력을 공급하지 않아도 되는 장점을 가진다.

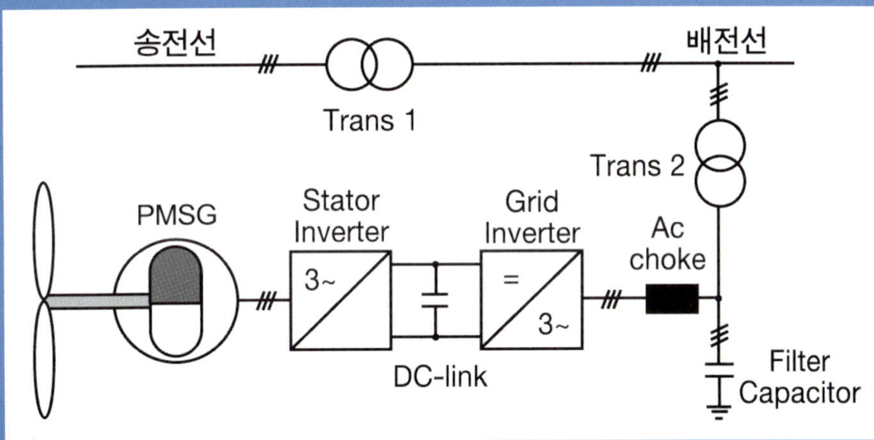

그림 17.7 PMSG 발전시스템 구조[5]

2) 계통측 컨버터의 제어

발전기 측에서 공급되는 전력이 계통으로 전달되는 전력보다 클 경우 DC 링크 전압은 상승하게 된다. 반대의 경우에는 DC 링크 전압이 감소한다. 그러므로, 계통측의 컨버터는 d-축 전류를 제어함으로써 DC 링크 전압을 일정하게 유지하여야 한다.

계통측 컨버터가 일정하게 DC 링크 전압을 유지하게 되면 영구자석형 동기발전기에서 발생된 전력은 자연스럽게 계통으로 전달된다.

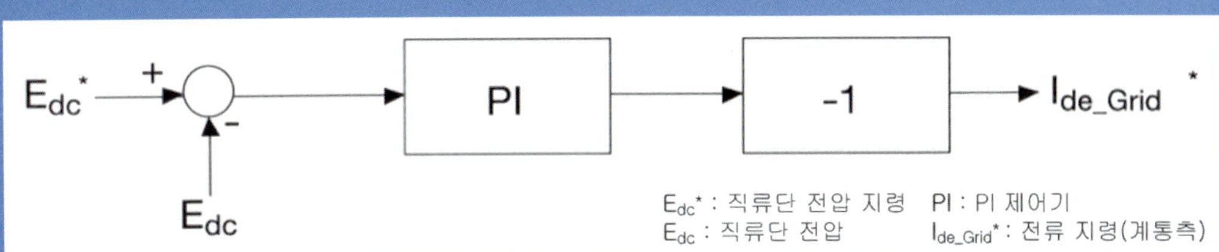

그림 17.8 계통측 컨버터의 DC 링크 전압 제어기

그림 17.8은 계통측 컨버터의 DC 링크 전압 제어기 블록도를 보여주고 있다. E_{dc}^{*} 와 E_{dc}를 비교하여 만들어진 오차는 PI 제어기를 거쳐 계통측 인버터의 d-축 지령치를 만든다. -1 게인은 전류의 방향이 반대이기 때문이다.

전압 제어기를 통해 나온 계통측 인버터의 d-축 전류 지령치와 동기 발전기의 d 축 전류의 합이 인버터측 전류제어기의 d-축 전류 지령값으로 입력되어 계통측 인버터의 PWM 스위칭을 하게 된다.

발전기측 컨버터의 d-축 전류제어를 수행할 경우 DC 링크 전압이 감소하는 경우를 방지하기 위해 전압제어기의 지령치에 발전기 측의 d축 전류를 합한다. 또한 계통측 인버터는 계통의 역률제어를 수행한다.

3) 발전기측 컨버터의 제어

발전기 컨버터는 출력계수(C_p)함수에 의한 최적의 운전점에서 발전기가 동작하도록 전류제어를 수행한다. 동기발전기의 전류를 제어하기 위해서는 동기발전기의 역기전력 상수를 알아야 하는데, 동기발전기의 역기전력 상수는 동기발전기를 개방상태에서 동작시켜 발생하는 전압을 발전기의 회전각속도로 나누어 구한다. 동기발전기의 역기전력 상수를 구함으로써 회전속도에 따른 발전기의 역기전력을 구할 수 있다. 발전기측 컨버터의 d-축 전류제어 블록도는 그림 17.9와 같다.

영구자석 발전기의 ω^{*}와 ω의 오차는 PI 제어기를 거쳐 발전기측 컨버터의 d-축 전류지령치를 만든다.

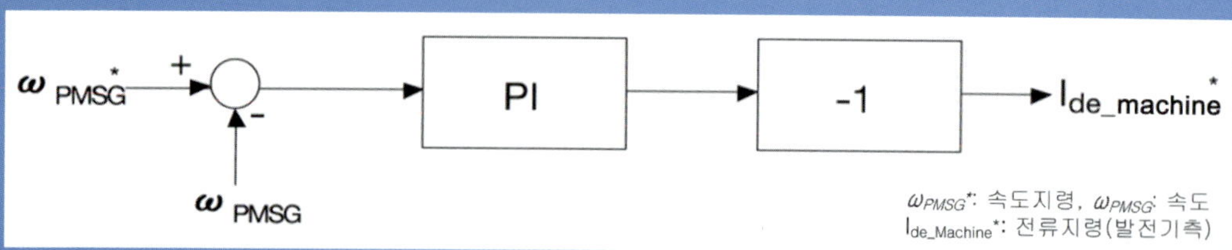

그림 17.9 발전기측 컨버터의 d-축 전류 제어기

17.5 3상 전력 변환 기본 이론[19]

유도기와 동기기 등 대부분의 3상 전력이 이용되는 교류전동기의 경우, 기기의 인덕턴스가 회전자의 위치에 관한 함수로 나타나게 된다. 이 때문에 교류기의 전압방정식은 전동기가 정지하고 있는 경우를 제외하고는 시변 미분방정식(time varying differential equation)으로 나타나게 된다. 전력변환에 있어 변수의 변환은 이러한 복잡한 시변 미분방정식을 보다 쉽게 해석하기 위해 사용된다.

일반적으로 3상 교류 전동기/발전기의 a, b, c 상의 변수들은 적절한 좌표 변환을 통하여 d, q, n 의 세 개의 직교 좌표계 상의 변수로 변환될 수 있다. 대개 직축(d-axis)은 여자 자속이 존재하는 축이며, 횡축(q-axis)은 그와 직각을 이루는 축이며, 회전 자속이 정방향으로 회전할 때 d축에 비해 회전 할 방향에 앞서서 위치한다. 중성축(또는 영상분 축, n-axis) 은 d-q 축과 3차원 공간상에서 서로 직교하는 축으로 회전자계의 형성에는 기여하지 않는다.

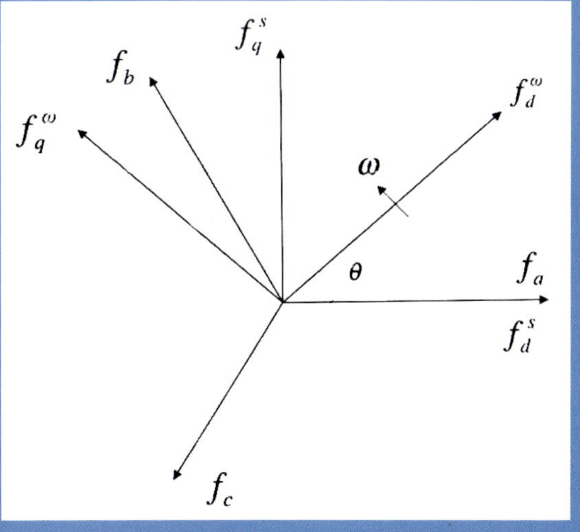

그림 17.10 3상 전력의 축변환 관계

그림 17.10은 3상의 좌표축과 정지(stationary) 좌표계, 임의의 속도, ω, 로 회전하는 좌표계의 직축, 횡축과의 관계를 나타내고 있다. 그림과 같은 좌표축에서 3상의 변수를 임의의 좌표계로 변환하는 식은 다음과 같이 정의된다.

$$f_{dqn}^{\omega} = T(\theta) f_{abc} \tag{17.1}$$

여기서, $f_{dqn}^{\omega} = [f_d^{\omega} \quad f_q^{\omega} \quad f_n^{\omega}]^T$, $f_{abc} = [f_a \quad f_b \quad f_c]^T$ 이고, 변환행렬 $T(\theta)$는 식(17.2)와 같이 정의된다.

$$T(\theta)=\frac{2}{3}\begin{bmatrix}\cos\theta & \cos\left\{\theta-\frac{2}{3}\pi\right\} & \cos\left\{\theta+\frac{2}{3}\pi\right\}\\ -\sin\theta & -\sin\left\{\theta-\frac{2}{3}\pi\right\} & -\sin\left\{\theta+\frac{2}{3}\pi\right\}\\ \frac{1}{\sqrt{2}} & \frac{1}{\sqrt{2}} & \frac{1}{\sqrt{2}}\end{bmatrix} \tag{17.2}$$

$T(\theta)$ 의 변환 행렬은 식(17.3)과 같은 중요한 성질을 갖는다.

$$\begin{aligned}T(\theta)^{-1}&=\frac{3}{2}T(\theta)^{T}\\ &=\begin{bmatrix}\cos\theta & -\sin\theta & \frac{1}{\sqrt{2}}\\ \cos\left\{\theta-\frac{2}{3}\pi\right\} & -\sin\left\{\theta-\frac{2}{3}\pi\right\} & \frac{1}{\sqrt{2}}\\ \cos\left\{\theta+\frac{2}{3}\pi\right\} & -\sin\left\{\theta+\frac{2}{3}\pi\right\} & \frac{1}{\sqrt{2}}\end{bmatrix}\end{aligned} \tag{17.3}$$

따라서,

$$T(\theta)\left[\frac{d}{dt}T(\theta)^{-1}\right]=\begin{bmatrix}0 & -\omega & 0\\ \omega & 0 & 0\\ 0 & 0 & 0\end{bmatrix} \tag{17.4}$$

$$\left[\frac{d}{dt}T(\theta)\right]T(\theta)^{-1}=\begin{bmatrix}0 & \omega & 0\\ -\omega & 0 & 0\\ 0 & 0 & 0\end{bmatrix} \tag{17.5}$$

$$T(\theta)=R(\theta)T(0) \tag{17.6}$$

여기서,

$$R(\theta)=\begin{bmatrix}\cos\theta & \sin\theta & 0\\ -\sin\theta & \cos\theta & 0\\ 0 & 0 & 1\end{bmatrix} \tag{17.7}$$

$$T(0) = \begin{bmatrix} 1 & -\frac{1}{2} & -\frac{1}{2} \\ 0 & \frac{\sqrt{3}}{2} & -\frac{\sqrt{3}}{2} \\ \frac{1}{\sqrt{2}} & \frac{1}{\sqrt{2}} & \frac{1}{\sqrt{2}} \end{bmatrix} \tag{17.8}$$

이상의 변환식으로부터, 3상의 변수를 정지좌표계의 변수로 변환하는 관계식은 식(17.9)와 같고, 유사하게, 정지좌표계의 변수로부터 동기좌표계로 변환하는 관계식은 식(17.10)과 같다.

$$\begin{aligned} & f^s_{dqn} = T(0) f_{abc} \\ \rightarrow\ & f^s_d = f^e_d \cos\theta_e - f^e_q \sin\theta_e \\ & f^s_q = f^e_d \sin\theta_e + f^e_q \cos\theta_e \end{aligned} \tag{17.9}$$

$$\begin{aligned} & f^e_{dqn} = R(\theta) f^s_{abc} \\ \rightarrow\ & f^e_d = f^s_d \cos\theta_e + f^s_q \sin\theta_e \\ & f^e_q = - f^s_d \sin\theta_e + f^s_q \cos\theta_e \end{aligned} \tag{17.10}$$

한편, 순시전력(instantaneous power) 는 삼상변수들로부터 식(17.11)과 같이 쓸 수 있고, d-q 변수로 표현하면 식(17.12)와 같다.

$$Power = V_{as} i_{as} + V_{bs} i_{bs} + V_{cs} i_{cs} \tag{17.11}$$

$$Power = V^T_{abc} I_{abc} = \left[T(\theta)^{-1} V^{\omega}_{dqn} \right]^T \left[T(\theta)^{-1} I^{\omega}_{dqn} \right] \tag{17.12}$$

☑ 참고문헌

1. Stephen J. Chapman 저, 안진우, 신판석, 우경일 공역, **전기기기**, McGraw- Hill Korea.

2. A. Tapia, G. Tapia, J. X. Ostolaza, J. R. Saenz, "Modeling and control of a wind turbine driven doubly fed induction generator," **IEEE Trans. Energy Conversion**, Vol. 18, No. 2, pp. 194-204, June 2003.

3. J. B. Ekanayake, L. Holdsworth, X. Wu, N. Jenkins, "Dynamic modeling of

doubly fed induction generator wind turbines," **IEEE Trans. Power Systems**, Vol. 18, No. 2, pp. 803-809, May 2003.

4. R. Datta, V. T. Ranganathan, "Variable-speed wind power generation using doubly fed wound rotor induction machine-A comparison with alternative scheme," **IEEE Trans. Energy Conversion**, Vol. 17, No. 3, pp. 414-421, Sept. 2002.

5. P. Cartwright, L. Holdsworth, J. B. Ekanayake, N. Jenkins, "Co-ordinated voltage control strategy for a doubly-fed induction generator (DFIG)-based wind farm," **IEEE Proc.-Gener. Transm. Distrib.**, Vol. 151, No. 4, pp. 495-502, July 2004.

6. 정병창, **이중여자 유도형 풍력발전시스템의 돌입전류와 토크리플 저감을 위한 발전기 제어 알고리즘**, 박사학위논문, 전북대학교 2006.

7. L. Holdsworth, X. G. Wu, J. B. Ekanayake, N. Jenkins, "Comparison of fixed speed and doubly-fed induction wind turbines during power system disturbances," **IEE Proc.-Gener. Transm. Distrib.**, Vol. 150, No. 3, pp. 343-352, May 2003.

8. R. Pena, J. C. Clare, G. M. Asher, "A doubly fed induction generator using back-to-back PWM converters supplying an isolated load from a variable speed wind turbine," **IEE Proc.-Electr. Power Appl.**, Vol. 143, No. 5, pp. 380-387, Sept. 1996.

9. R. Pena, J. C. Clare, G. M. Asher, "Doubly fed induction generator using back-to-back PWM converters and its aplication to variable-speed wind-energy generation," **IEE Proc.-Electr. Power Appl.**, Vol. 143, No. 3, pp. 231-241, May 1996.

10. 장정익, **계통전압 불평형시 풍력발전용 Back-to-Back PWM 컨버터의 제어**, 석사학위논문, 영남대학교, 2006.

11. T. Thiringer, A. Petersson, T. Petru, "Grid disturbance response of wind turbines equipped with induction generator and doubly-fed induction generator," **IEEE Power Engeering Society General Meeting**, 2003, 13-17 July 2003, pp. 1542-1547.

12. R. Pena, R. Cardenas, J. Clare, G. Asher, "Control strategy of doubly fed induction generators for a wind diesel energy system," **IEEE Industrial**

Electronics Society 28th Annual Conference (2002 IECON), 5-8 Nov. 2002, pp. 3297-3302.

13. M. Machmoum, F. Poitiers, C. Darengosse, A. Queric, "Dynamic performances of a double-fed induction machine for a variable-speed wind energy generation," **IEEE Power System Technology-Proc. PowerCon2002,** 13-17 Oct. 2002, pp. 2431-2436.

14. J. Chen, C. V. Nayar, L. Xu, "Design and finite element analysis of an outer-rotor permanent magnet generator for direct coupled wind turbines," **IEEE Trans. Magn.**, Vol. 36, No. 5, pp. 3802-3809, Sept. 2000.

15. L. Soderlund, J. T. Eriksson, J. Salonen, H. Vihriala, R. Perala, "A permanent magnet generator for wind power applications," **IEEE Trans. Magn.**, Vol. 32, No.4, pp. 2389-2392, July 1996.

16. E. Spooner, A. C. Williamson, G. Catto, "Modular design of permanent magnet generator for wind turbines," **IEEE Proc.-Electr. Power Appl.**, Vol. 143, No. 5, pp. 388-395, Sept. 1996.

17. A. J. G. Westlake, J. R. Bumby, E. Spooner, "Damping the power-angle oscillations of a permanent magnet synchronous generator with particular reference to wind turbine applications," **IEEE Proc.-Electr. Power Appl.**, Vol. 143, No. 3, pp. 269-280, May 1996.

18. 이두영, **PMSG 풍력발전의 특성분석을 위한 시뮬레이터 개발**, 명지대학교, 석사학위논문, 2007.

19. 설승기, **전기기기제어론**, 도서출판 브레인코리아.

제18장

계통연계 및 송전

Grid Connection and Power Transmission

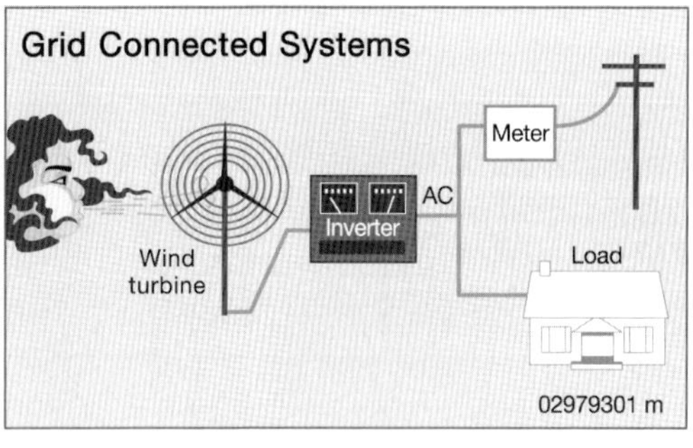

조한욱

풍력핵심기술연구센터
한국기계연구원

18.1 서론

오늘날 풍력발전의 연구개발 추세는 점점 대형화되는 것과, 신재생에너지의 관심 증대 및 화석연료 고갈에 대한 우려로 인해 발 빠른 실용화 및 상업화 운전에 있다. 풍력발전이 이처럼 대형화됨에 따라 부각되는 문제는 계통연계 및 송전, 그리고 발전 출력에 대한 전력품질과 그 영향에 대한 것이다. 즉, 용량이 큰 풍력발전시스템은 하나의 분산형 전원으로서 동작되기 때문에 이에 대한 연구와 대비가 반드시 필요하다. 본 장에서는 여러 가지 풍력발전시스템이 계통에 연계될 경우 시스템이 구성에 대하여 알아보고, 전력품질의 문제에 대한 몇 가지 사항을 정리하고자 한다.

18.2 풍력발전기 및 계통 연계 방식의 다양성

풍력발전시스템의 개발 방향은 크게 대형화와 가변속화로 볼 수 있다. 최근에는 풍력기술의 발전에 의해 단위 풍력기기의 평균전력 용량도 대형화를 거듭하고 있는 상황이다. 따라서 풍력발전기의 계통연계 및 전력품질에 관한 내용은 가장 중요한 이슈 중 하나이다.

1) 발전기–계통연계 구성 경향

풍력발전기 시스템에 사용되는 발전기-전력변환기 조합의 구성을 발전기 종류와 여자 방식에 따라 구분해 보기로 한다. 현재 가장 널리 사용되고 있는 풍차용 발전기는 앞서 언급되어진 바와 같이 크게 유도기와 동기기로 구분되는데, 어느 발전기가 적용되든, 발전시스템의 효율을 높이고 안전성을 향상시킬 수 있는 가변속 운전 방식으로 바뀌고 있다. 그림 18.1은 풍력발전기의 배전계통 연계방법을 직입형과 변환형 두 가지 형태로 나누어 구분하였다.

직입형은 계통에 직접연결을 하며 구조가 간단하다는 장점을 갖지만, 전력변환기의 부재로 제어가 불가능하여 실제로는 사용되지 않는다. 변환형은 전력변환기를 사용하여 배전계통에 연계를 하기에 구조가 복잡하다는 단점을 가지고 있지만, 풍력발전기를 계통에 연계시킬 때 정밀한 제어가 가능하다는 장점을 갖는다.

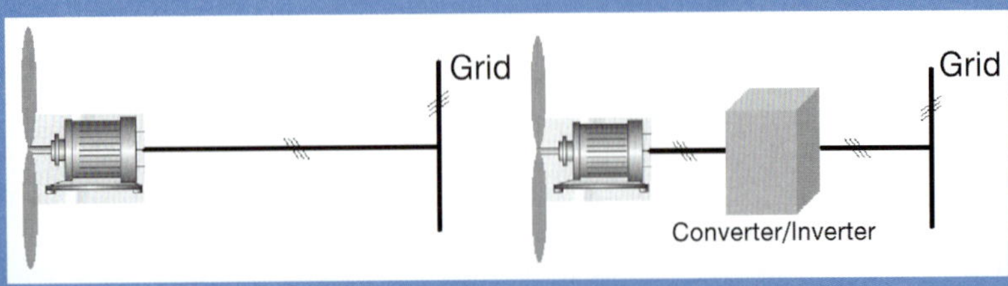

(a) 직입형 (b) 변환형

그림 18.1 풍력발전기의 배전계통 연계방법

2) 유도기를 적용하는 시스템 구성

그림 18.2(a), (b)는 농형 유도발전기를 배전계통에 연계할 때의 구성을 간략히 나타내며, 그림 18.3(a), (b)는 이중여자 유도발전기의 배전계통 연계구성도이다.

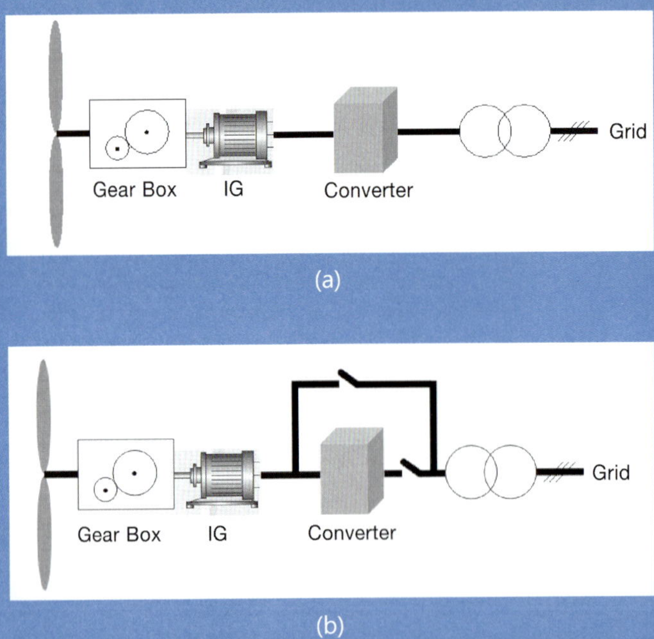

그림 18.2 농형 유도발전기의 배전계통 연계

그림 18.2(a)는 전형적인 농형 유도발전기형 풍력발전기의 배전계통 연계구성도이다. 발전기에서 출력되는 가변주파수, 가변전압의 출력을 전력변환기를 통해 고정주파수, 고정전압으로 바꾸어 배전계통과 연계된다. 그림 18.2(b)는 (a)와 유사하나 전력변환기의 무효분을 감쇄하기 위하여 bypass를 사용한다. 1980년대부터 90년대 중반까지 덴마크식 터빈에 많이 적용

되었으며, 80년대 중반부터 역률 보상용 커패시터 뱅크보다 부드러운 계통 투입을 위하여 소프트 스타터를 사용하기 시작하였다.

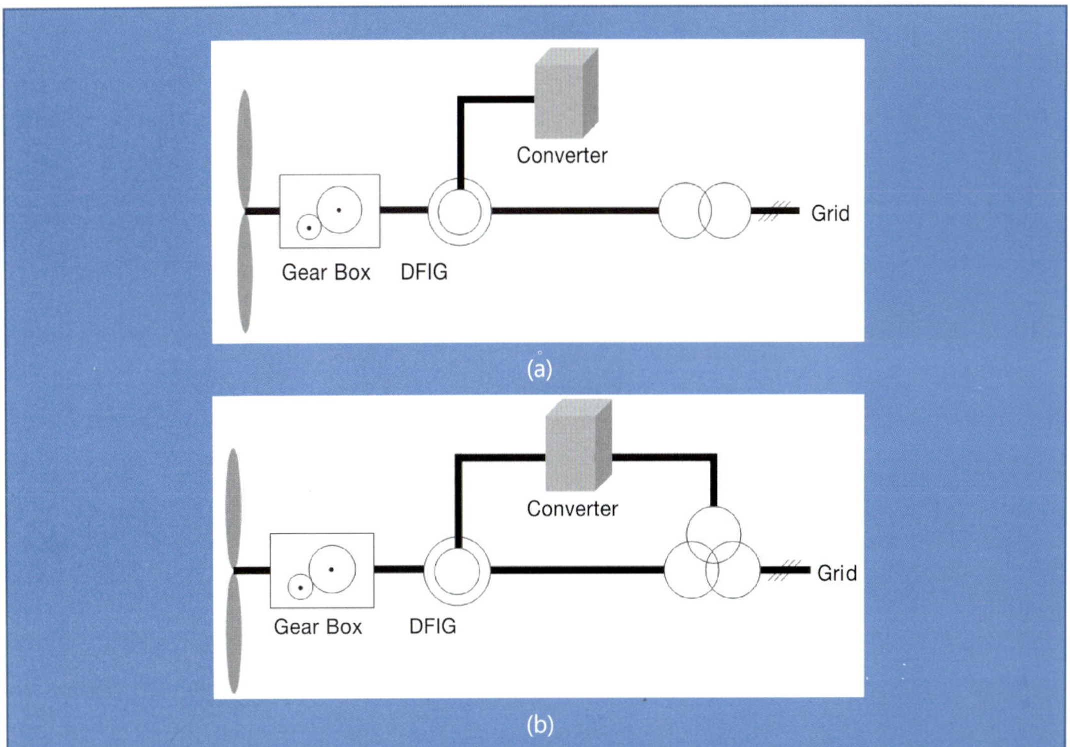

그림 18.3 이중여자형 유도발전기의 배전계통 연계

그림 18.3(a)와 (b)는 유도형 발전 배전계통 연계도인데, 앞서 설명된 농형 유도발전기와 가장 큰 차이점은 회전자 권선의 전력을 제어 할 수 있다는 것이다. 그림 18.3(a)방식은 1990년대 중반부터 Vestas가 사용한 OptiSlip방식이다. 회전자 권선 외부에 추가로 연결된 저항값을 스위치 PWM조작에 의해 가변하게 되고, 따라서 회전자 슬립이 10%정도 범위 내에서 변동가능한 발전 방식이다. 이러한 방식을 회전자 내부에 장착하여 회전시키게 되면 외부 결선이 간단해지고 회전속도는 10%범위 내에서 가변 가능한 유도 발전시스템이 구성될 수 있다. 국내에 도입되어 운전 중인 Vestas사의 풍력발전기들이 이와 같은 방식으로 구성되어 있다.

그림 18.3(b)는 이중여자형 유도발전기를 사용하면서 회전자측에 주파수변환기(컨버터+인버터)를 이용하여 슬립에너지를 조절하는 방식이다. 이러한 방식을 사용하면 정격 출력의 20 ~ 30% 정도의 주파수 변환기를 사용하여 전 범위 가변속 방식에 비해 전력변환장치의 가격이 저렴해지고 운전가능한 회전속도도 넓은 특징을 가지고 있다. 따라서, 1MW급 이상의 대

용량 풍력발전기에서는 전체의 약 60% 가량이 이와 같은 방식을 채택하고 있다.

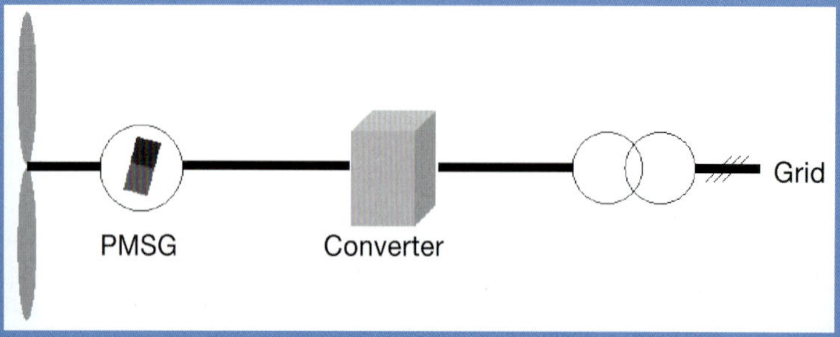

그림 18.4 영구자석형 유도발전기의 배전계통 연계

그림 18.4는 기어박스를 사용하지 않고 다극형 영구자석형 동기 발전기를 사용하여 전체 용량의 전력변환장치를 통해 출력을 전달하는 방식이다. 이러한 방식은 소형 풍력발전시스템(1kW ~ 20kW 내외)에도 널리 채택되고 있으며, ABB사에서는 3.5MW급 다극형 영구자석 발전기 시스템을 HVDC 기반 계통연계와 더불어 미래형 풍력발전시스템의 모델로 제시한 바 있다.

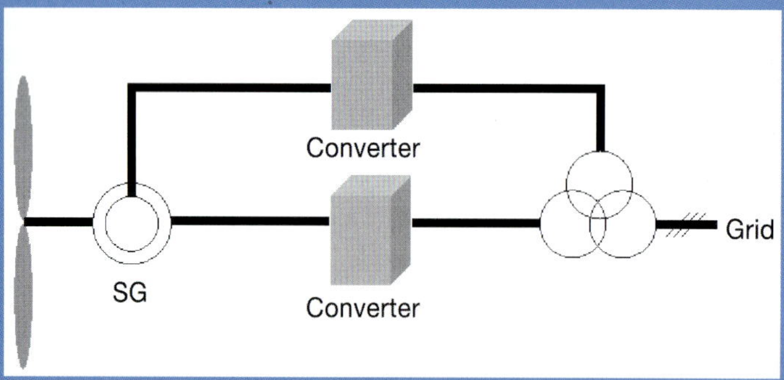

그림 18.5 권선형 동기발전기의 배전계통 연계

그림 18.5는 권선형 동기발전기의 계통연계시스템 구성도이다. 이 방식에서는 다극 권선형 동기발전기를 사용하여 기어박스를 없애고 정격용량의 전력변환기를 사용하는 방식이다. 이와 같은 방식은 Enercon사와 Lagerwey 사에서 제품화 하여 비교적 널리 적용되고 있으며, 특히 낮은 기동풍속과 넓은 가변속도 운전범위를 가질 수 있는 장점이 있으므로, 풍황 조건이 좋지 않은 지역에 유리할 수 있겠다.

18.3 HVDC(high voltage direct current) 계통 연계기술

초고압 직류(HVDC)전력전송은 발전소에서 생산되는 교류전력을 직류로 변환시켜서 송전한 후 수전점에서 교류로 재변환시켜 전력을 공급하는 방식을 말한다. 이러한 HVDC 전송기술은 대용량 전력을 송전할 수 있는 차세대 전력전송 기술로 기존의 교류 송전기술의 장점인 전압 승압을 통해 효율적이며 경제적인 전력전송을 가능하게하고 교류송전의 여러 가지 단점을 극복할 수 있다.

그림 18.6은 덴마크 440MW HVDC 컨버터 사례를 보여준다.

그림 18.6 Danish terminal for Skagerrak's pole 3(Rated power: 440MW)

출처: The ABCs of HVDC Transmission Technology

또한 최근에는 새로운 전력전자 기술의 발달과 신소자의 개발로 HVDC시스템에 더욱 관심이 집중되고 있으며 세계 각국에서는 국가간의 전력망을 연결하거나 전력 사용의 시차를 이용한 계통의 연계 등에 고전압 직류송전 방식을 많이 적용하고 있다. 이와 같이 직류송전은 모든 면에서 교류송전보다 우수하다고는 말할 수는 없으나 교류송전에서 가지고 있는 단점을 보완할 수 있다는 면에서 큰 매력을 가지고 있다.

풍력설비와 같은 신재생에너지가 개별적으로 배전급 계통에 연계되는 경우를 볼 수 있지만, 300MW이상의 대용량 신재생 에너지원은 경제적인 관점에서 HVDC를 이용하여 연계하는 것이 바람직하다. 또한 300MW 이하에서는 전압형 HVDC를 이용하여 신재생에너지를 계통에 연계해야 할 것으로 판단된다.

대용량의 전력을 장거리에 송전하고자 할 때 HVDC기술을 사용함으로써 전력손실을 낮출 수 있어 기존의 교류방식에 의하는 것보다 유리하다. 그리고 HVDC가 가지는 또 하나의 이점은 전력제어가 용이하다는 것이다. 교류계통의 전력흐름은 선로저항이 적은 경로를 따라 흐르게 됨으로 인하여 특정지점에서 전력생산 변화는 전력계통 전체의 전력흐름을 변화시키게 되는 예상치 못한 부작용을 발생시키는 반면에 HVDC는 특정량의 전력을 특정지점으로 송전하는 것이 가능하다. 따라서 HVDC는 대용량의 전력을 저손실로 수요지까지 전송하는 효과적일 뿐만 아니라, 향후, 해상 풍력발전에서 생산된 전력을 수송하는데 유용한 기술로서 기술 수요는 더욱 증가할 것으로 예상된다.

☑ 참고문헌

1. Stephen J. Chapman 저, 안진우, 신판석, 우경일 공역, **전기기기**, McGraw-Hill Korea.

2. 정병창, **이중여자 유도형 풍력발전시스템의 돌입전류와 토크리플 저감을 위한 발전기 제어 알고리즘**, 박사학위논문, 전북대학교, 2006.

3. 이광렬, **풍력발전의 배전계통연계를 위한 전력변환기 제어에 관한 연구**, 석사학위논문, 명지대학교, 2003.

4. 송승호, 김일환, 한병문, **풍력발전기의 전기적 특성과 계통연계시 상호작용**, 전력전자학회지, 제8권 제6호, 2003. 12.

5. 김일환, 송승호, **풍력발전시스템에서의 전력전자기술 및 전력품질 평가**, 전력전자학회지, 제8권 제4호, 2003. 8.

6. I. Boldea, S. A. Nasar, **The Induction Machine Handbook**, CRC Press.

7. 장정익, **계통전압 불평형시 풍력발전용 Back-to-Back PWM 컨버터의 제어**, 석사학위논문, 영남대학교, 2006.

제 19 장

풍력터빈용 재료

Wind Turbine Materials

염종택, 황병선, 이진우

풍력핵심기술연구센터
한국기계연구원 (부설) 재료연구소

19.1 서론

풍력발전기(혹은 풍력터빈, wind turbine)용 핵심부품은 로터 블레이드(rotor blade), 대형 베어링, 증속기(gearbox), 발전기(generator), 전력변환장치, 타워 등으로 구성되어 있다. 전력변환장치나 타워는 동적하중을 감당하는 구조물은 아니지만 대부분의 핵심부품들은 대형구조물인 동시에 구동하는 회전체이다. 상기 핵심부품 이외에 스피너(spinner), 로터허브(rotor hub), 나셀(nacelle), 주프레임(main frame), 유압-냉각-윤활시스템, 브레이크, 커플링 등이 2차 부품으로 분류되고 2MW급 풍력터빈을 예로 들면 약 8000여개의 개별 부품으로 구성되어 있다. 2MW급 풍력터빈의 경우, 블레이드의 무게는 개당 6톤 이상, 길이는 40m 내외이다. 타워는 하부 직경이 4m, 높이는 80 ~ 90m, 무게는 200ton에 이른다. 허브, 주축, 증속기, 발전기 등을 담고 있는 나셀의 무게는 70ton 정도이다.

풍력터빈을 구성하는 소재는 일반적인 기계시스템과 같이 금속재료와 비금속재료로 이루어져 있다. 비금속재료로써 크기와 무게면에서 풍력터빈을 구성하는 특징적인 재료가 복합재료이다. 특히 풍력터빈용 블레이드, 노즈콘, 나셀케이스 등은 초대형화, 경량화 및 고신뢰성을 만족하는 특성을 지녀야하며, 대형 부품의 개발을 위해서는 풍력터빈의 구동환경과 관련된 다양한 정적·동적인 하중에 대응하는 최적화 설계 기법과 맞춤형 소재 기술, 내구성 시험기술 등이 중요하다.

풍력터빈용 금속소재는 450만톤의 타워용 강재와 45만톤 정도의 베어링 강재가 매년 요구되고 있고, 소요 강재량 중에서 극지 해상의 대형 시스템에서는 고강도, 저온인성, 내피로, 내식성이 우수한 강재가 필요하기에 이르렀다.[1] 또한 전통적 금속소재로써 가격의 20% 이상을 차지하는 타워 무게는 지반 위 터빈의 무게 중 60% 정도를 차지하기 때문에 고도로 정련된 경량, 고강도 재료가 사용되고 있다.[2,3] 본 절에서는 주요 풍력발전용 소재부품에 대해 살펴보고, 이러한 소재부품의 제조방법과 여러 파괴 및 비파괴검사 등에 대하여 소개하고자 한다.

독자의 이해를 돕기 위하여 터빈을 구성하는 개략적인 주요 재료의 무게비를 표 19.1에 요약하였다.[4]

표 19.1 중대형 풍력터빈의 구성 소재의 비율(무게비)[4]

Components	Permanent Magnetic Materials	Pre-stressed Concrete	Steel	Aluminum	Copper	GRP
Rotor Hub			100			
Blades			5			95
Gearbox			98	2		
Generator	small		63		35	
Frame & Machinery Shell			84	9	4	3
Tower		2	98			

19.2 주요 풍력발전용 소재부품

풍력터빈 블레이드는 대형기계의 기어와 같이 기계부품으로 인식되어야 한다. 소재의 측면과 기계부품으로써의 기능 측면을 고려해야 하는데, 정적 및 동적하중을 감당하는 구조물 설계기술과 경험에서 오는 노하우 등이 기술의 요체를 이루고 있다.

소재 측면에서 복합재료 블레이드의 경우, 유리섬유와 열경화성 수지인 에폭시(epoxy)와 폴리에스터(polyester) 수지를 사용하고 있으나 최근에는 저수축성 및 내피로 특성이 우수한 에폭시 수지가 주류를 이루고 있다. 보강섬유로는 유리섬유가 주로 사용되는데, 대형이며 구조적 성능을 유지하기 위하여 방향성을 보유한 다축직조형직물(multi-axis non-crimp fabric)이 많이 쓰이고 있다. 탄소 섬유(carbon fiber) 또한 성능향상 및 경량화 등의 목적으로 사용량이 증가하고 있으나 가격대비 전체적인 성능향상에 대한 체계적 평가가 필요하다. 그 외 블레이드를 이루는 소재는 접착제 및 샌드위치 재료가 있는데, 접착제는 에폭시 수지와 결합력이 우수한 에폭시계 접착제를, 샌드위치재료는 발사우드(Balsa wood) 혹은 항공용 우레탄폼(urethane foam)을 사용하고 있다.

공정 측면에서 블레이드 제조기술은 항공기 산업에서 파생된 복합재료 공정기술인 autoclave 기술과 수지액상주입기술(RTM 혹은 resin infusion method)이 활용되고 있다. 설계 및 시험기술 측면에서 볼 때, 전체 형상을 결정하기 위한 공력학적인 설계 및 해석기술은 풍력터빈 시장의 형성이 국내에서 늦어진 관계로 항공산업에서의 기술전이가 늦어졌다. 하지만 구조설계 및 해석 기술, 시험기술은 국내산업의 필요성에 의하여 국가의 연구개발 지원 등을 통하여 독자적 설계수준에 이르고 있다. 국제 경쟁력이 있는 블레이드 부품의 완성을 위해서는 소재, 공력설계, 구조설계, 신뢰성시험 기술 등이 고르게 발전되어야 한다.

풍력발전용 금속부품의 경우 허브, 주요프레임 등과 같이 고중량의 부품은 주조로 생산하고 있으며, 반복적인 피로하중을 받거나 과도한 하중을 받는 부분에는 대부분 단조품이 사용된다.[5] 그림 19.1에 풍력발전에 사용되는 대표적인 구성 부품 및 주요 소재부품을 나타내었다.

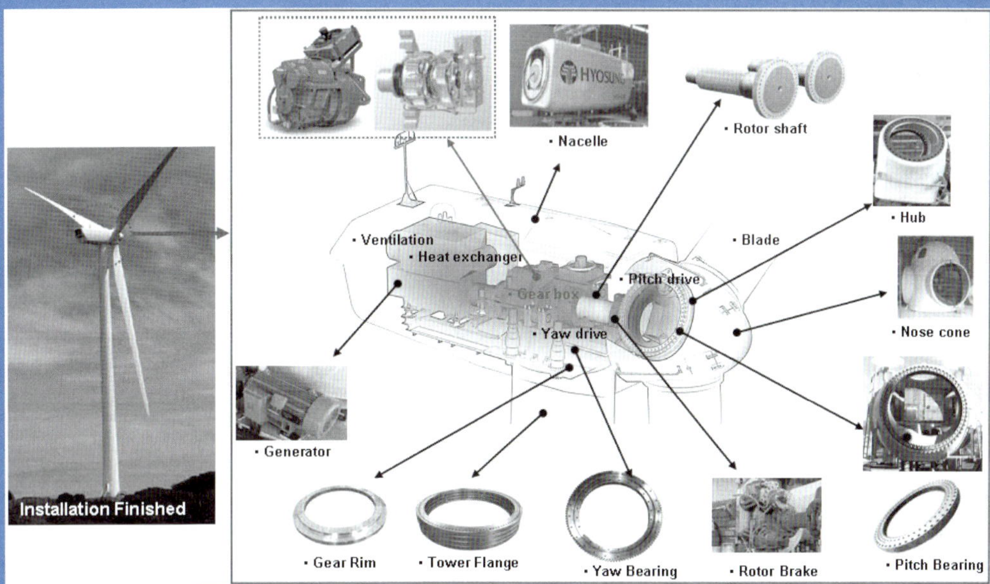

그림 19.1 풍력발전용 주요 구성 부품 및 소재부품

허브와 프레임(hubs and main frames) 풍력터빈의 허브 어셈블리는 로터 블레이드(rotor blade)에 작용되는 힘을 회전력(모멘트, moment)으로 변환시키는 모듈 혹은 부품으로 허브(hub), 3개의 블레이드와 연결되는 피치(pitch) 베어링과 링부품 등의 관련 단조부품으로 구성된다. 여기서, 허브는 로터 블레이드에 가해지는 굽힘 모멘트(bending moment)로 인해서 용접법이 아닌 주조법으로 제조하게 되며, 그림 19.2에 허브의 자세한 모습을 나타내었다. 일반적으로 허브를 비롯한 프레임류 소재는 구상흑연주철(ductile iron, EN-GJS-400-18-LT, EN 1563)이 주로 사용되며, 그림 19.3에 구상흑연주철의 조직사진을 나타내었다.

그림 19.2 풍력발전용 허브

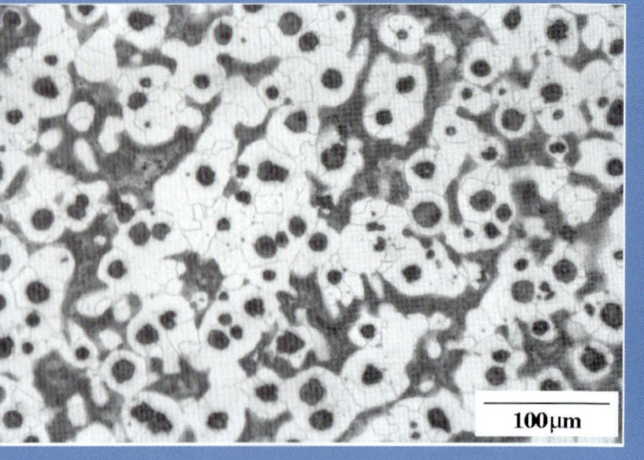

그림 19.3 구상흑연주철의 조직사진

Bedplates 혹은 main frame도 구상흑연주철이나 steel S235JR 혹은 S355JRJ2G3 소재로써 주조공정으로 제조된다. 그림 19.4의 경우 무게가 약 7톤, 3.9m(L) × 2.3m (W) × 1.36m (H) 크기의 bedplate이다.

로터 회전축(rotor shafts) 풍력터빈의 나셀(nacelle)의 형태, 즉 발전기의 종류에 따라 간접구동식(geared type)과 직접구동식(gearless type)으로 나누어진다. 현재, 대부분의 상용 풍력발전기에는 로터 회전축과 증속장치가 있는 간접구동식이 사용되고 있으며, 그림 19.5와 그림 19.6에 로터 회전축의 모습과 조질처리(quenching and tempering)에 의해 열처리된 미세조직을 나타내었다. 이러한 로터 회전축 소재의 미세조직은 템퍼드 마르텐사이트(tempered martensite) 조직, 즉 솔바이트(sorbite) 조직과 일부 탄화물이 석출된 형태를 보이며, 강도와 인성이 잘 조합된 특성을 부여하는 조직을 나타낸다. 로터 회전축은 블레이드의 회전 운동에너지를 증속장치에 전달하는 부품으로서 풍력발전기의 설계수명만큼 건정성이 유지되어야 하므로 초기에 개발할 때 원소재의 선정부터 최종제품까지 엄격한 관리를 요한다.

그림 19.4 풍력터빈용 bedplate

그림 19.5 풍력발전용 로터 회전축

그림 19.6 로터 회전축 소재의 광학 현미경사진 (34CrNiMo6 steel)

로터 회전축의 재료로는 주로 34CrNiMo6강(대비규격 : AISI 4337, 4340)이 사용되고, 스페인의 풍력터빈제조사인 Gamesa에서 일부 42CrMo4 또는 36CrNiMo6 등의 소재가 사용된다. 또한 항복강도가 600 N/mm^2, 최대인장강도가 800N/mm^2 이상, V-notch Charpy 충격치가 35J 이상인 30CrNiMo8 소재도 사용된다. 일반적으로 자유형 단조공정으로 제조한 후에 조질처리(quenching and tempering)에 의해 열처리가 수행된다. 표 19.2는 로터 회전축에서 요구되는 기계적 특성과 현재 국내에서 생산되는 로터 회전축의 일반적인 특성을 나타내었다.

표 19.2 로터 회전축 소재의 기계적 특성

Property	Tensile				Impact at -40℃	**FATT	Hardness
	Y.S	T.S	E.L	R.A			
	N/mm^2		%		J	℃	Hv
spec.	650	850 ~ 1000	13	55	min. 27	30	275 ~ 305
*test specimen	732.8	886.9	23.1	66.4	54.3	-3.6	288

* test specimen : 단조가공 후 품질 열처리한 실제품

**FATT: Fracture Appearance Transition Temperature (파면 현상 천이 온도)

타워 쉘(tower shells) 재료 타워의 재료는 전통인 강철(steel)이 주류를 이루고 있고 강철재료는 보통 DIN규격의 S355를 많이 사용하며 항복강도는 약 355N/mm^{2}이다. 제14.4절의 그림 14.9와 같이 쉘의 제조 방법은 원하는 두께의 강철판재를 대형 벤딩(bending) 머신에 넣고 원통형으로 bending후에 용접을 한다. 대형 원통형 섹션의 제작과 운반, 부식 등의 문제점을 지적하며, 대체 재료로써 철근 콘크리트 타워가 시도되고 있다. 이러한 재료는 터빈 설치현장에서 쌓아올릴 수 있기 때문에 제작 및 운반문제에서 자유로울 수 있다. 독일의 Enercon사에서 가장 적극적으로 활용하고 있으며, E-112 풍력터빈의 경우에 현장 콘크리트 타워(in-situ concrete tower)나 강철 타워를 사용하였다. 더욱 대형인 E-126 시제품의 경우에는 131m의 높이, 35개의 콘크리트 섹션, 14.5m의 하단 직경의 대형 타워이다. 초대형 콘크리트 타워의 경우에도 현장제작은 문제점이 있어 전용공장에서 22개의 중간섹션은 반씩 나누어서 제조하고 현장으로 운반하고 조립하였다. 나셀과의 조립부분 섹션은 강철로 제작하였다. 특히 콘크리트 타워의 경우 벽의 두께가 45cm에 이르고 총 110m^{3}의 재료가 사용되었다.[20] 그림 19.7과 같은 복합재료 타워도 산업계에서 시도되고 있다. 최대의 장점은 경량화에

서 오는 운송 및 설치의 비용감소와 내후성 및 내부식성에서도 우수하다는 점이다. 복합재료 특유의 진동특성, 피로특성 등이 기존의 강철재료 보다는 우수하긴 하지만 아직 소형 시제품을 개발하여 시험 중에 있는 상태로, 대형화 및 상업화에 이르기까지는 해결해야할 문제가 많은 것으로 보고 있다. 우리나라에서도 소형 풍력터빈용으로 복합재료를 이용한 기초적인 연구개발이 진행된 바 있다.[21,22]

그림 19.7 40m 길이의 복합재료 타워 시제품

출처: NECSO, Entrecanales Cubiertas, S.A, Spain

타워 플랜지(tower flanges) 재료 풍력발전용 타워는 풍력발전기를 지지하는 구조물로서 현재 건설되고 있는 상용 대형 풍력발전기의 타워구조는 그림 19.8에서 보듯이 주로 강 파이프식 타워(steel tubular towers)구조이다. 약 20 ~ 30m 간격으로 용접을 통해 제작되며 각 끝 부분은 플랜지와 볼트로 연결되어 있다. 타워 플렌지는 앞서 제 4.3장에서 설명한 바와 같이 타워의 연결에 필요한 구성품으로써 6 ~ 7개의 플랜지가 한 세트를 이룬다. 지름이 가장 큰 bottom flange와 middle flange, top flange로 구분되며 그림 19.9에 실제 타워플랜지를 나타내었다.

일반적으로 타워 플렌지의 제조방식은 크게 용접(welding)에 의한 방식과 링 압연(ring rolling)방식으로 구분할 수 있다. 전자는 이음매가 있는 경우이고, 후자는 이음매가 없는 경우로 분류된다.

기존에는 용접에 의해 대형 플랜지를 제조하여 왔으나, 최근에는 대형 링 밀(ring mill)

설비의 증가와 더불어 후자에 의한 방식으로 많이 제작된다.

링압연 방식은 투입소재와 가공량의 절감, 작업시간의 단축으로 제작단가를 줄일 수 있고, 원주방향의 미세조직이 연신되어 내외압에 대한 저항성이 높아지는 등 양호한 기계적 특성을 얻을 수 있다. 또한 링 압연 가공 전 업셋팅과 코깅공정을 통해 충분한 단조비를 가하기 때문에 요구 물성치를 만족시키기 위한 품질 열처리가 용접방식에 비해 간단한 장점이 있다. 더욱 자세한 내용은 다음절에 소개하고자 한다.

한편, 타워 플렌지는 S35NL(대응소재: A350 LF2N, A694 F42, F490G, ST52.3)과 같은 저합금강이 주로 사용되며, 소재의 특성으로 용접성이 좋고, 일반강에 비해 강도 및 충격치가 우수하며, Al 첨가를 통해 조직 미세화를 얻어낸 강종이다. 그림 19.10과 표 19.3에 실제품에 대한 미세조직과 기계적 특성을 나타내었다. 이러한 타워플렌지 소재의 미세조직은 미세 펄라이트(pearlite)와 페라이트(ferrite)로 구성되며 충격에너지값은 50J이상을 요구하고 있다.

그림 19.8 플렌지가 부착된 강파이프형 타워

그림 19.9 타워에 조립될 플렌지

그림 19.10 타워 플렌지 소재의 조직사진(S35NL steel)

표 19.3 타워 플렌지 소재의 기계적 특성

Property	Tensile				Impact at -50℃
	Y.S	T.S	E.L	R.A	
	N/mm²		%		J
spec.	295	450 ~ 600	21	-	min. 50
*test specimen	327.1	513.4	33.2	74.6	98.3

* test specimen: 링압연 가공후 normalizing한 실제품

피치 및 요 베어링(pitch and yaw bearings) 풍력발전용 피치 베어링은 날개의 경사각(pitch) 조절로 출력을 능동적으로 제어하며, 변화하는 풍력에 대응하여 최적의 출력을 나타내어야 하기 때문에 정밀 성형공정과 가공기술이 필수적으로 요구된다. 피치 베어링의 소재는 42CrMo4(대응규격: SCM440) 등의 기계구조용 합금강이 주로 사용되며, 그림 19.11에 실제 피치 베어링의 형상을 나타내었다.

한편, 요 베어링은 바람의 반대방향으로 풍력터빈 로터(rotor)를 회전시키는 역할을 하는 요 시스템에서 고정된 타워와 회전하는 나셀을 연결하고 지지하는 기어타입의 핵심부품으로, 타워 플렌지 등과 같은 단순 링부품과 달리 요 오차설계, 성형 정밀도, 조직 균일성 등의 제품 요구특성이 까다로우며, 정밀 기어가공기술은 물론 고주파 열처리 등에 의한 표면경화기술을 요구하고 있다. 요 베어링 소재는 피치베어링소재와 같은 42CrMo4(대응규격: SCM440) 등의 기계구조용 합금강이 주로 사용된다. 최근, 요 베어링소재의 충격치를 향상시키기 위해 V첨가 강종을 활용하고 있는 추세에 있다. 그림 19.12는 요 베어링의 실제 형상을 나타낸 것이고, 표 19.4에 요구되는 기계적 특성을 나타내었다.

표 19.4 요 베어링 소재의 기계적 특성

Properties	Tensile				Impact at -20℃
	Y.S	T.S	E.L	R.A	
	N/mm²		%		J
spec.	min. 635	min. 825	min. 10	-	min. 19

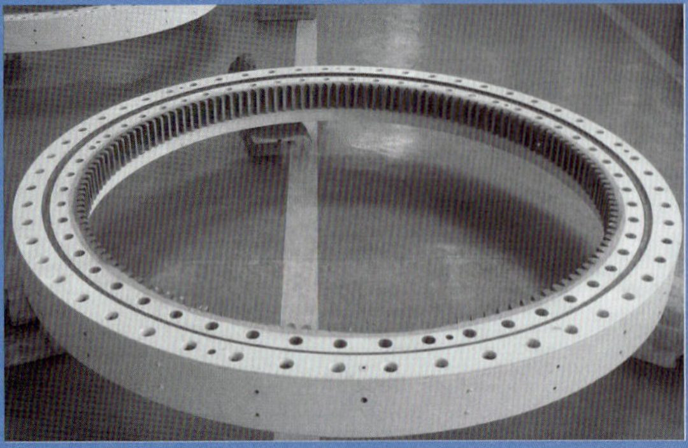

그림 19.11 풍력터빈용 피치베어링, 1.5MW형

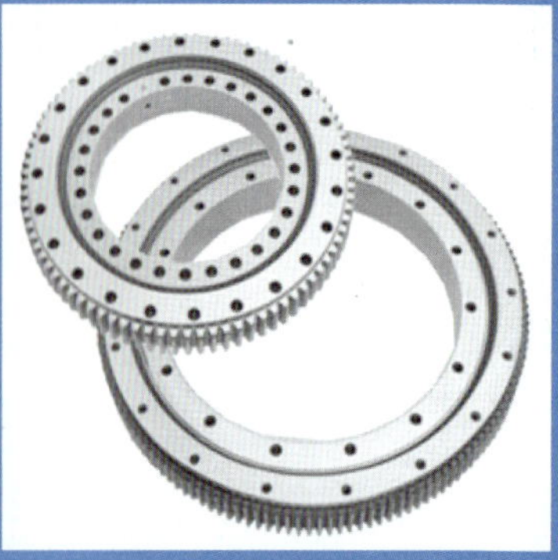

그림 19.12 풍력발전용 요 베어링

주축 베어링(main shaft bearings) 풍력발전용 핵심부품에서 동력전달체계상에 있는 베어링류는 주축베어링과 기어박스 베어링을 들 수 있으며, 주축 베어링의 경우 축방향 하중과 반경방향의 하중을 수용해야 하고 축과 지지대의 변형에서 오는 정렬오차를 감당해야 한다. 주축과 지지구조물과의 비교적 큰 변형 때문에 정렬오차를 고려하여 주축 베어링으로 사용되는 것이 그림 19.13과 같은 SRB(spherical roller bearings)이다. SRB는 outer ring 내부의 구형 raceway에 2열의 롤러가 배치되어 있다. Inner ring raceway는 베어링 축에 대하여 기울어져 있다. 이 베어링은 자동정렬이 가능하여 하우징과 주축 굽힘 변형에 대한 축의 정렬에서 에러가 발생해도 큰 문제가 없다.

이 베어링은 높은 반경방향 하중에 견디며, 양방향으로 축방향 하중도 받아들인다. 또한 각 베어링의 시리즈에 따라 다르겠지만 허용 angular misalignment는 1 ~ 2.5° 정도이다. 이 정도는 로터하중 때문에 발생하는 하우징과 프레임에서의 변형을 보상하여 베어링에 손상을 발생시키는 모서리에서 과다한 하중을 방지하기 위한 수치로는 충분하다.

주축베어링으로 고려되는 다른 형태의 베어링은 DTRB(double thrust roller bearings) 등이 있는데, 내부의 베어링형태에 taper가 있는 롤러를 사용하는 등 설계자의 개념에 따라서 선택한다. 특히 taper가 있는 롤러베어링은 기어박스에서 나오는 고속축(output shaft)과 연결되는 부분에서 사용된다.

Inner ring과 outer ring 재료는 피치와 요 베어링의 재료와 유사하게 사용되고 있다. 이러한 주축 베어링 소재에 대한 정보는 각 회사의 소유로 구체적으로 알려져 있지 않으나, 침탄(carburizing)으로 경화된 침탄 담금질강(case-hardening materials)이 사용되고 있으며, 경도는 59HRc 이상을 요구하는 것으로 알려져 있다.

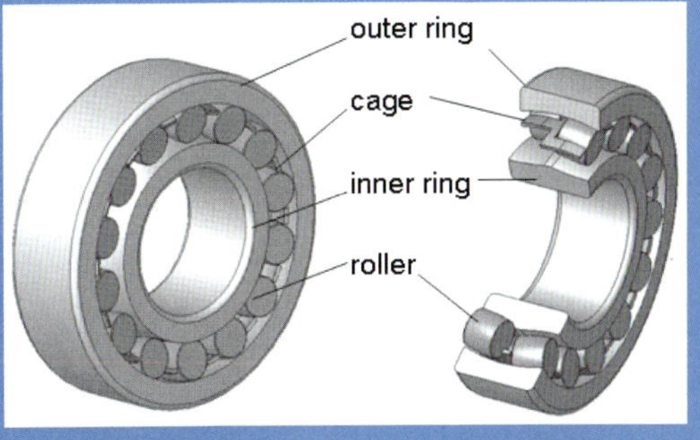

그림 19.13 Spherical roller bearings의 구조와 실제 부품의 형상 (REpower 5M형 내부직경 1.5m, 무게 2.7톤)

내부의 볼(ball)이나 롤러(roller)의 경우 축하중과 반경방향의 하중 등으로 볼(혹은 롤러)과 링, 볼 상호간의 마찰에 의하여 micro slipping 등에 의하여 손상이나 마모가 발생한다. 이를 보호하기 위하여 윤활시스템이 함께 적용되지만, 극한 하중의 경우 베어링 소재의 자체 특성에 매우 민감하다.

표 19.5 Steel ball과 silicon nitride ball 재료의 특성 비교[6]

Property	Steel ball	Si_3N_4 ball
Density[g/cm^3]	7.6	3.2
Hardness[Vickers]	700	1550
Elastic Modulus[GPa]	190	320
CTE(10^{-6}K)[RT to 800℃]	12.3	2.9
Max. Usage Temp.[℃]	320	1000
Surface Finish Grade 5[micron]	0.02	0.05

베어링용 볼이나 롤러를 구성하는 재료의 정확한 조성은 각 제조사에서 엄격히 통제되고 있기 때문에 알기 어렵다고 언급하였으나, 표 19.5와 같이 문헌의 간접비교 자료를 통하여 짐작할 수 있다.[6] 본 자료를 통한 silicon nitride 베어링 볼의 경우 경량이며, 강성이 높고, 방식성이 높고, 윤활성도 우수하며, 내마모성, 낮은 열평창계수 등의 우수한 특성을 지니고 있음을 알 수 있다. 하지만 전통적인 HIP(hot isotropic pressing) 등을 활용하는 높은 제조비용, 대형 부품의 제조의 난점 등으로 현재 적용을 위한 연구단계에 있다.

19.3 풍력발전용 단조부품의 제조공정

풍력발전용 소재부품, 특히 단조품의 경우 그림 19.14에 나타낸 바와 같이 주로 자유형 단조와 링단조 및 링압연공정에 의해 제조된다. 이때 샤프트(shafts)류의 경우 소재의 잉고트상태에서 가열로에 장입하여 목표한 가열온도로 가열한 후 업셋팅공정과 코깅공정을 거쳐 충분한 단련비를 가하는 잉고트 파쇄공정을 거친 후 자유형 단조에 의해 제조하게 된다.

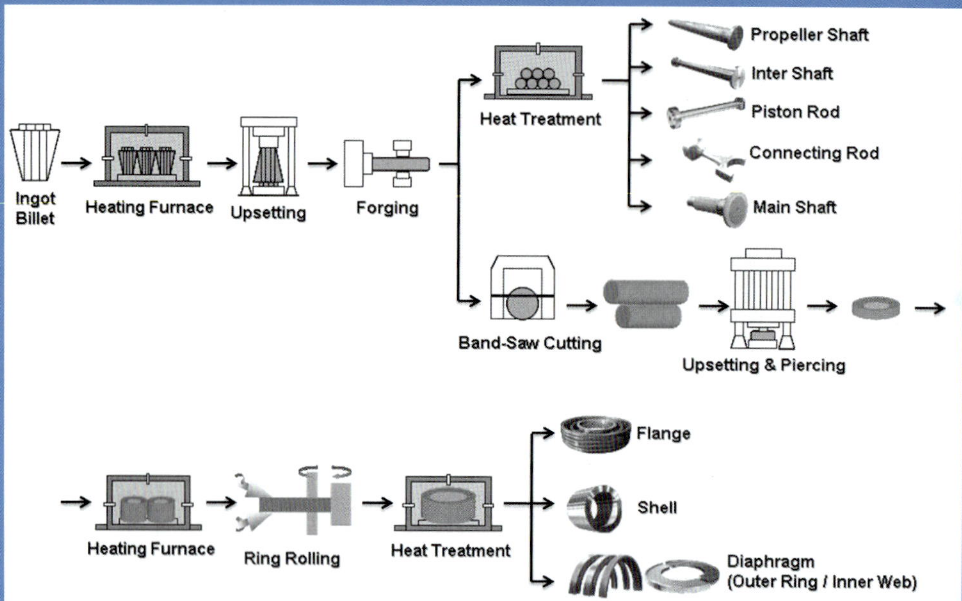

그림 19.14 풍력발전용 주요 단조부품의 생산공정도

한편, 링부품 제조의 경우 과거에는 링단조 혹은 멘드렐 단조에 의해 수행해 왔으나, 현재는 대부분 링압연공정에 의해 링부품을 제조하고 있다.[7] 링압연공정은 링단조공정에 비해 작업 속도가 빠르며, 온도유지가 가능하며, 수율향상 등을 꾀할 수 있고, 특히 결정립 유동선(grain flow line)이 원주방향으로 끊기지 않고 연속적으로 형성되기 때문에 우수한 특성을 발현할 수 있는 장점을 가진다. 본 절에서는 풍력발전용 단조부품의 제조공정에 대해 보다 자세히 다루고자 한다.

자유형 단조 자유형 단조는 풍력발전용 대형단조부품에서 거의 대부분 활용되고 있으며, 먼저, 잉고트(ingot) 및 슬라브(slab)상태의 소재를 내·외부가 균일하도록 목표온도로 가열하게 된다.

이때, 소재에 따라 다소 차이는 있으나 탄소강의 경우 통상 소재의 지름을 기준으로 30min./inch정도의 유지시간이 적용되며, 경우에 따라 스텝(step)가열을 수행하기도 한다. 그 후에 잉고트(ingot) 및 슬라브(slab) 등으로부터 업셋팅(upsetting), 코깅공정을 통한 잉고트 파쇄공정 및 단조형상 구현을 수행한다. 이때 업셋팅공정은 소재의 단면적을 늘리는 작업으로 주로 후속공정의 단조비 확보를 목적으로 하며, 후자인 코깅은 소재의 길이를 늘리는 작업으로 내부 단조효과 부여와 제품 형상화 등을 목적으로 수행한다.

그밖에 단조품의 단차 형상을 만들기 위해 3각형 지그를 이용하여 일정 깊이의 홈을 만드는 작업인 단차구현(necking)공정과 강괴의 불건전부(주로, 잉고트의 상·하부)를 제품에 혼입되지 않도록 절단하는 절단(discarding)공정, 대형 링부품의 제작공정인 링단조와 링압연공정 등도 자유단조의 종류로 분류되어 여러 풍력발전 부품을 제조할 때 응용되고 있다. 대표적인 자유형 단조의 종류[8] 등이 그림 19.15에 제시되었다. 다음 절에서는 현재, 대형 링부품 제조공정에 주로 활용되고 있는 링압연공정에 대해 자세히 다루고자 한다.

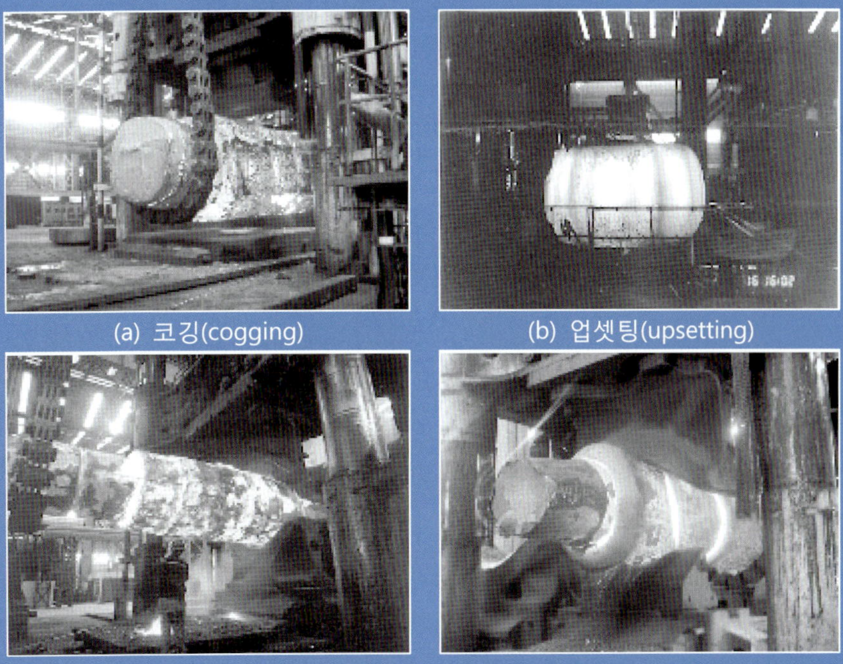

(a) 코깅(cogging)

(b) 업셋팅(upsetting)

(c) 단차(necking)

(d) 절단(discarding)

그림 19.15 풍력발전용 단조부품 제조를 위한 자유단조의 여러 종류들

링압연공정 절차 링압연공정의 절차는 그림 19.16에 제시된 바와 같이, 먼저, 자유형 단조에서 설명된 잉고트 파쇄(ingot breakdown)공정을 거쳐 잉고트상태의 조대한 결정립

과 주조조직을 미세화하고, 표면가공을 통해 빌렛을 제조하게 된다.

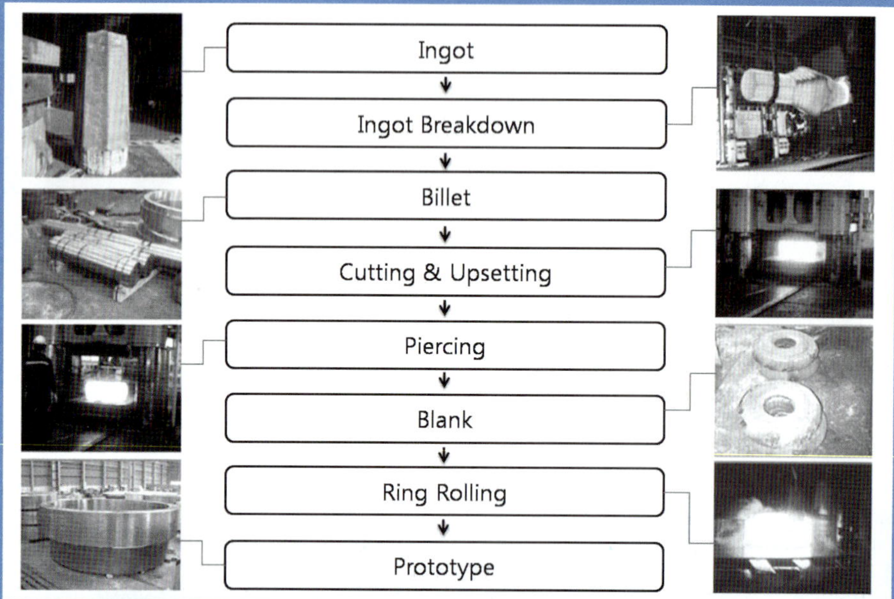

그림 19.16 풍력발전용 주요 단조부품의 링압연 제조공정 순서도

이러한 빌렛을 활용하여 초기 링형상 즉, 블랭크(blank)를 제작하게 되는데, 이러한 블랭크 설계는 최종제품의 형상과 표면결함의 발생여부를 결정할 수 있는 중요한 단계이다. 블랭크는 빌렛을 부피계산에 의해 일정 크기로 절단하고, 가열과 유지를 한 다음 업셋팅공정을 거쳐 미리 준비된 펀치를 이용하여 내경을 피어싱(piercing)한 후에 피어싱된 내경 표면을 가공하는 순서로 제작된다. 제작된 블랭크를 이용하여 링 압연공정을 거쳐 풍력발전용 플랜지, 요, 피치링 등의 풍력발전용 소재부품을 제조하게 되며, 최종적으로 제조된 링부품은 열처리와 기계가공을 통해 최종 부품으로 생산하게 된다.

링압연공정의 형상설계 링압연공정 형상설계[9]의 경우 가장 먼저 실제 링제품으로부터 링압연공정을 위한 형상으로의 변환이 진행되어야 하며, 링압연품의 형상은 식(19.1)과 같은 관계에 따라 링압연 성형품의 세 가지 표면부 허용치를 고려하여 결정하게 된다.

$$TOL = F_1 + F_2 + F_3 \tag{19.1}$$

여기서, F_1은 피할수 없는 표면결함, F_2는 링직경의 팽창, F_3는 링 높이 또는 두께의 팽창율 등과 관련된 허용치를 의미한다.

한편, 링압연공정에서 초기 형상(preform), 즉 블랭크(blank) 등의 형상설계는 링압연공정에서 링두께의 감소율과 높이 감소율이 거의 균일하게 유지하도록 하기 위한 계산방법에 따라 이루어져야 하며, 만일 이를 충족시키지 못할 경우 그림 19.17에 제시된 여러 형태의 형상결함과 fishtail과 같은 결함이 발생할 수 있다.[10]

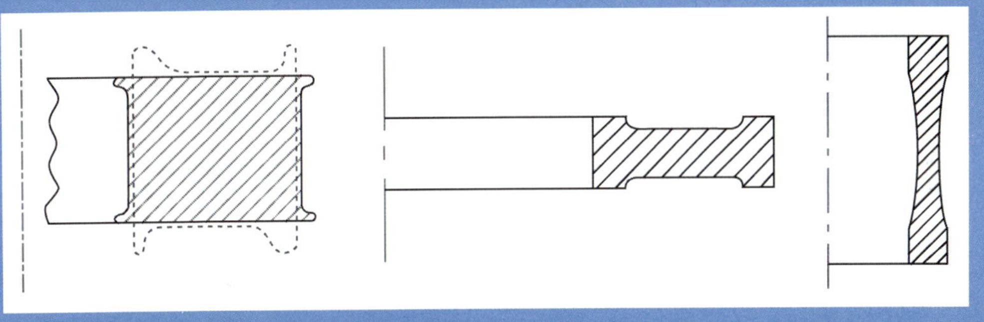

(a) (b) (c)

그림 19.17 링압연공정의 여러 결함들; (a) fishtail 표면결함 (b) 와셔형태(washer-type) 형상결함 (c) 슬리브형태(sleeve-type) 형상결함

링압연공정에서 자주 발생되는 fishtail, folder 등의 표면결함을 최소화하기 위한 조건으로 링의 두께와 높이사이의 관계를 정의하는 다음과 같은 관계식이 활용된다.

$$h_1^2 - b_1^2 = h_2^2 - b_2^2 \tag{19.2}$$

$$b_1 = \frac{d_{1o} - d_{1i}}{2} \tag{19.3}$$

$$b_2 = \frac{d_{2o} - d_{2i}}{2} \tag{19.4}$$

여기서, h는 링의 높이, b는 링의 두께이며, 아래첨자 1과 2는 각각 블랭크와 최종 링의 치수를 의미한다. 또한 아래첨자 o와 i는 각각 외경과 내경을 의미한다. 일반적으로, 링압연공정에서 피어싱(piercing)을 위한 펀치가 구비되어 있기 때문에 블랭크의 내경(d_{1i})은 자동적으로 결정된다. 따라서, 블랭크의 크기는 높이(h_1)와 외경(d_{1o})의 계산을 통하여 결정할 수 있으며, 식(19.2)에 나타낸 부피분율이 일정하다는 가정과 함께 다음과 같은 관계식을 얻을 수 있다.

$$\frac{d_{2o}+d_{2i}}{2(d_{1i}+b_1)}=\frac{b_1}{b_2}\sqrt{1-\left(\frac{b_2}{h_2}\right)^2+\left(\frac{b_1}{h_2}\right)^2} \tag{19.5}$$

결국, 이러한 계산방법에 의해 초기 블랭크 크기를 결정할 수 있다.

링밀 및 링압연공정 링압연공정 장비 즉, 링밀(ring mill)은 수직식, 수평식 링밀과 함께 링의 형상을 구현하는 여러 맨드렐(mandrel)을 구비하고 있는 다중 맨드렐 링밀 등 다양한 종류가 있다. 과거 수평식 장비는 맨드렐에 의한 원주방향의 성형만을 수행하는 단일과정(single pass) 링밀이 주류를 이루었으나, 지금 현재는 원주방향의 성형과 함께 높이 감소를 꾀하는 두 가지 과정(two pass)을 수행하는 링밀이 대부분을 차지하고 있다. 이중 가장 많이 활용되고 있는 수평식 링밀에 대해 살펴보고자 한다. 그림 19.18은 지금 현재, 국내 링 생산업체에서 사용되고 있는 전형적인 수평식 링밀을 나타낸 것이다. 장비의 구성은 구동력을 공급하는 회전롤(main roll), 공회전을 하면서 소재에 반경 방향의 성형하중을 가하는 맨드렐(mandrel), 소재의 축 방향 소성변형을 제어하는 축롤(axial roll) 등으로 이루어져 있다. 이 장비에서 블랭크(blank)는 맨드렐과 회전롤 사이에 놓이며, 회전롤을 회전시키면서 맨드렐로 압축을 가하여 롤간의 거리를 좁힘에 따라 링의 두께가 얇아지게 된다. 이때 소재의 체적은 변형을 받는 동안 일정하므로, 링의 두께가 얇아지는 것은 링의 직경이 증가됨으로 보상된다.[11]

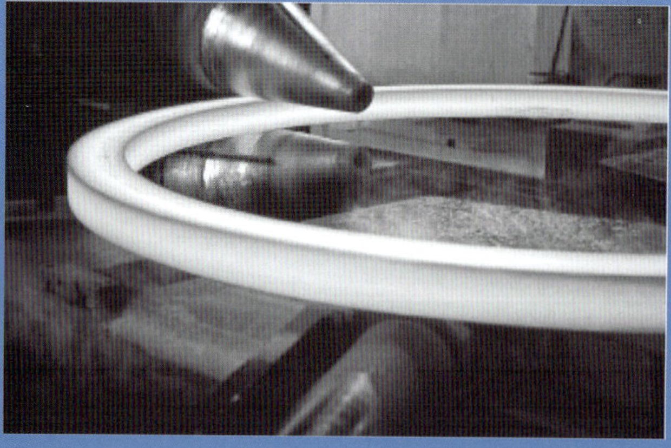

그림 19.18 수평식 링밀의 개략도

19.4 수지, 보강 섬유 및 도료

풍력터빈 복합재 블레이드의 기지(matrix) 수지는 주로 불포화계 수지인 불포화 폴리에스터(unsaturated polyester), 비닐에스터(vinyl-ester)와 에폭시(epoxy)가 사용된다. 과거에는 블레이드의 무게를 최대한 낮추면서 제작비를 고려하여 계 수지가 사용되었으나 풍력블레이드가 풍력터빈에서 점차적으로 경량, 저수축 및 우수한 노화특성, 고강도가 요구되면서 에폭시 수지의 복합재료로 전환되고 있는 추세이다. 특히 블레이드가 대형화되면서 수지는 복합재료의 성형 공정에 적합하도록 선정되어야 한다.

불포화계 수지(unsaturated polyester) 불포화 폴리에스터, 그림 19.19, 는 무수프탈산(phthalic anhydride)과 같은 포화산과 무수말레산(maleic anhydride) 등의 불포화산을 프로필렌글리콜(propylene glycol) 또는 디에틸렌 글리콜(diethylene glycol)과 같은 디올(diol)과 공중합 시켜 제조한다. 이때 포화산은 가교 밀도를 조절하기 위해 투입되면 스티렌(styrene)과 같은 반응형 희석제를 사용하여 수지의 점도를 낮추게 된다. 경화는 과산화물에 의해 생성된 자유 라디칼이 비닐기를 반응시켜 이루어진다. 이 수지는 그 저렴한 가격으로 인해 복합재 블레이드뿐만 아니라 산업용, 스포츠 용품, 자동차, 건축에 사용되는 복합재료의 기지 수지로 광범위 하게 적용된다. 그러나 경화될 때에 열수축이 상대적으로 크고 고온에서의 열안정성이 취약하며 기계적 물성도 소폭 떨어지는 단점이 있다.[12]

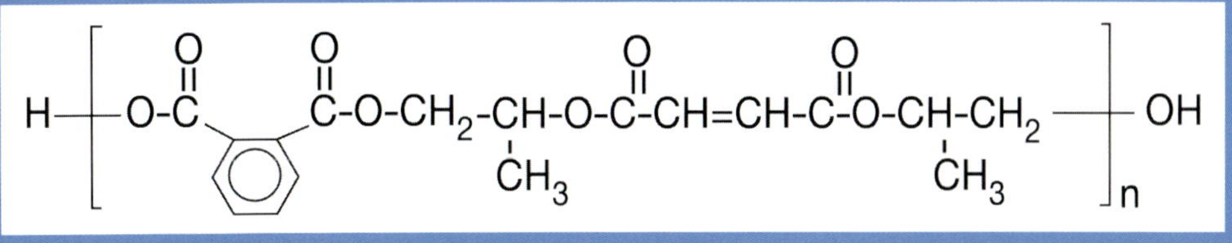

그림 19.19 불포화 폴리에스터의 화학 구조

비닐에스터 수지(vinyl-ester resin) 비닐에스터 수지, 그림 19.20, 는 일반적으로 메타 아크릴산(methacrylic acid)과 같은 불포화 카복실릭 산과 비스페놀(bisphenol) A형 에폭시 수지의 부가 반응으로 얻어진다. 이중결합이 불포화 폴리에스터와 달리 사슬 말단에 존재하며 가교 밀도가 비교적 적어서 유연하고 강인하다. 특히 사슬 내에 있는 히드록실기(-OH)가 존재하여 유리 섬유 표면에 있는 히드록시기와 강한 수소 결합을 형성할 수 있다. 이로 인해 수지와 섬유 간의 계면 결합력이 향상되기 때문에 유리 섬유로 보강된 복합재료의 경우 우수한 물성을 구현할 수 있다. 또한 에폭시 수지에 비해 가격이 저렴하며 기존의 불포화 폴리에스터 제조 공정을 그대로 이용할 수 있는 장점이 있다.

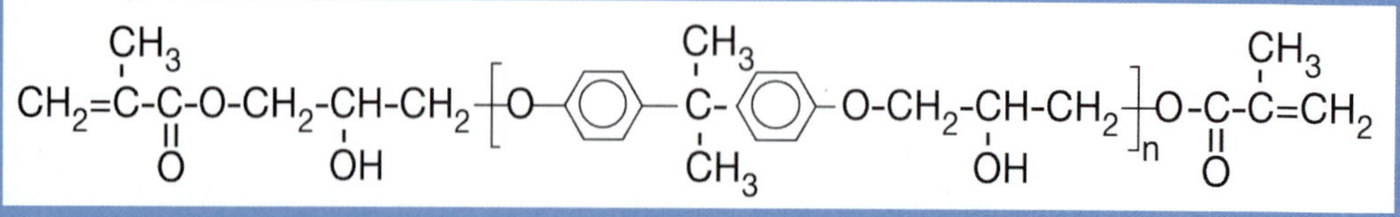

그림 19.20 비닐에스터의 화학 구조

에폭시 수지(epoxy resin) 과거에는 블레이드의 무게를 최대한 낮추면서 제작비를 고려하여 불포화 폴리에스터나 비닐에스터 수지가 사용되었으나 풍력블레이드가 풍력터빈에서 점차적으로 경량, 저수축, 우수한 노화특성, 고강도가 요구되면서 에폭시 수지의 복합재료로 전환되고 있다. 에폭시 수지(그림 19.21)는 보통 비스페놀 A와 에피클로로히드린(epichlorohydrin)을 중합하여 만든 올리고머(oligomer) 형태의 수지를 말하며 대표적인 열경화성 수지이다. 가격은 기존의 불포화 폴리에스터나 비닐에스터에 비해 높으나 경화 수축률이 상대적으로 매우 낮고 내열성과 기계적 물성이 높다는 장점이 있다. 경화제를 통해 경화된 에폭시 수지는 기계적 물성뿐만 아니라 내수성, 내화학성과 전기적 성질이 매우 우수하며 사슬 내의 분자구조, 분자량 및 에폭시 당량 등을 변화시켜 다양한 특성의 수지를 제조할 수 있다. 경화제 또한 에폭시 기와 결합할 수 있는 반응성 관능기를 보유한 화학 물질이 다양하게 존재하기 때문에 특성에 따라 선택의 폭이 넓다. 그림 19.22는 각각 대표적인 산무수물계 경화제와 에폭시 수지와의 반응식을 나타내고 있다.

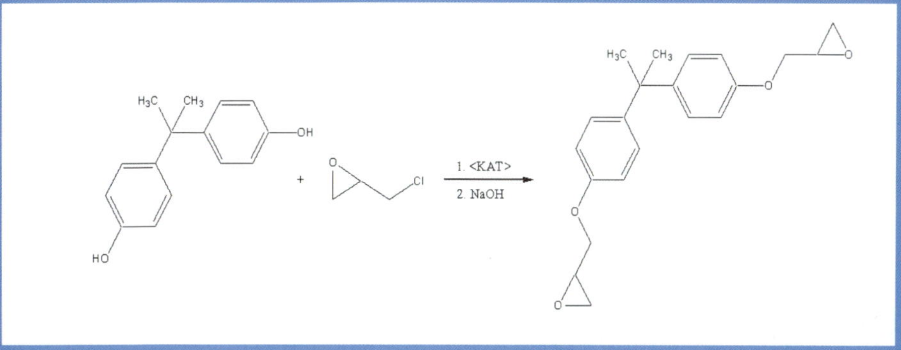

그림 19.21 비스페놀 A와 에피클로로히드린과의 반응식

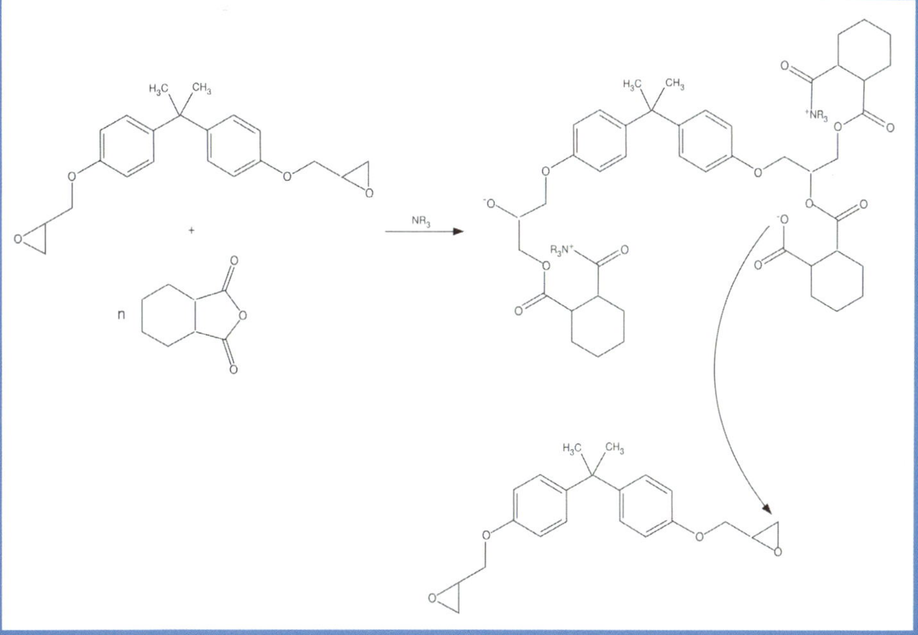

그림 19.22 에폭시 수지와 산무수물계 경화제와의 반응

블레이드용 수지 요구특성 최근에 생산되는 풍력블레이드는 대부분 수지주입공정으로 제조되고 있으며 블레이드가 대형화됨에 따라 다양한 특성 조절이 가능한 수지 시스템이 사용되고 있다. 표 19.6은 풍력블레이드용 에폭시 수지의 수지주입공정에서 요구되는 대표적인 특성을 요약하였다. 대형 블레이드에서는 수지주입공정에서 유동 거리가 대폭 늘어나

기 때문에 공정에 적합한 최적 점도의 수지가 요구된다. 그리고 블레이드가 대형화 되어 경화될 때 높은 온도 조건을 구현하기 어렵기 때문에 낮은 온도에서 경화할 수 있어야 한다.

표 19.6 풍력블레이드용 에폭시 수지의 수지주입공정에 요구되는 특성

물성	가사 시간 (상온/100g)	점도 (상온)	경화 조건	피로 강도 (Reversed bending, DLR Brunsw.)
요구 조건.	500 min 이상	700 cps 이하	80℃, 10 hr 이내	exp. > 1 x 10^6 (10%) exp. > 2 x 10^6 (90%)

그러나 이런 경우 대부분 수지의 가사 시간이나 겔화시간(gel time)이 짧아지기 때문에 적절한 경화 온도를 가지거나 경화제 시스템의 함량이나 조합을 통해 조절이 가능해야 한다. 수지/경화제 시스템은 보통 상온에서 700cps 이하의 점도에 가사시간과 가열조건을 고려하여 80 ~ 90℃에서의 경화 온도를 필요로 한다. 그림 19.23은 실제 풍력블레이드 제조에 적용되고 있는 에폭시 수지 시스템의 점도를 측정한 자료이다. 더하여 수지 자체의 인장강도, 압축강도, 신율 등과 같은 기계적 물성 또한 중요한 요소이며 특히 우수한 피로 강도가 요구된다.

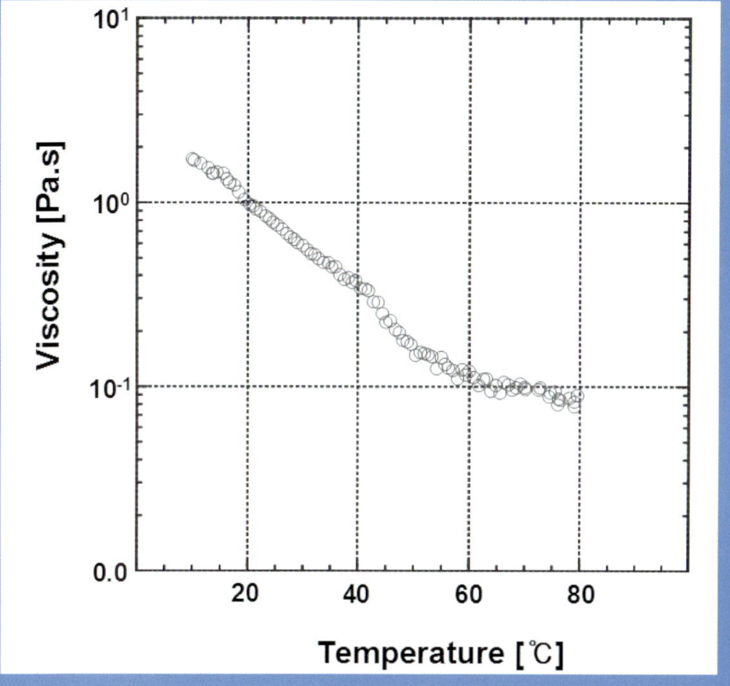

그림 19.23 풍력블레이드용 에폭시 수지의 점도
(dynamic scan, 5℃/min)

에폭시 수지는 일반적으로 저점도의 비스페놀 A 또는 비스페놀 F계가 사용되며 경화제는 아민(amine)계를 적용하고 있다. 특히 저점도 아민 경화제(~ 80 cps)를 투입함으로써 상대적으로 높은 점도를 가진 수지(~ 1,100 cps)의 점도를 떨어뜨릴 수 있다. 경화 반응은 그림 19.24와 같이 일어나며 에폭시 당량비로 계산하면 보통 무게비로 100:30으로 혼합한다. 경화제는 단독으로 사용하기 보다는 경화 온도와 겔화시간을 조절할 수 있도록 2 종류 이상의 조합을 이용한다. 수지와 경화제 이외에 점도와 발열량 조절을 위해 소량의 반응형 희석제를 혼합하거나 탈포를 위해 소포제가 투입될 수도 있다.

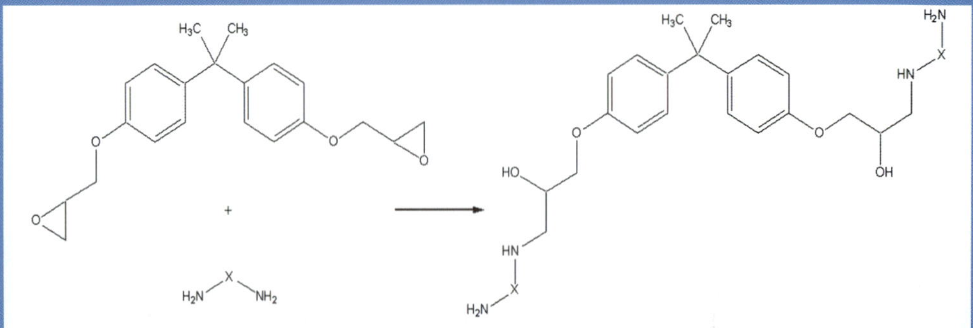

그림 19.24 에폭시 수지와 아민 계 경화제와의 반응

19.5 복합재 블레이드 보강 섬유

보강 섬유는 복합재료에서 구조적 성능을 결정하는 가장 중요한 요소이며 일반적으로 복합재료 부피 중 40% 이상의 부분을 차지하며 외부 하중을 직접 받는다. 복합재 풍력블레이드에서 적용되는 보강 섬유는 보통 탄소 섬유와 유리 섬유가 주로 사용된다.

유리 섬유 유리 섬유는 규사, 석회석과 붕사 등의 원료를 적절히 배합하고 1,550℃에서 용융하여 섬유화 한다.[13] 그림 19.25와 같이 용융 유리는 백금과 로듐의 합금으로 만든 상자 모양의 부싱(bushing)으로 들어가 밑 부분에 있는 직경 1 ~ 2mm의 수백에서 수천 개의 노즐로 중력에 의해 흘러내리면서 섬유화가 이루어진다. 부싱을 통해 나온 유리는 그림 19.26에서 보는 바와 같이 연신된 후에 냉각되고 직경이 5 ~ 24㎛ 정도의 미세한 필라멘트가 된다.

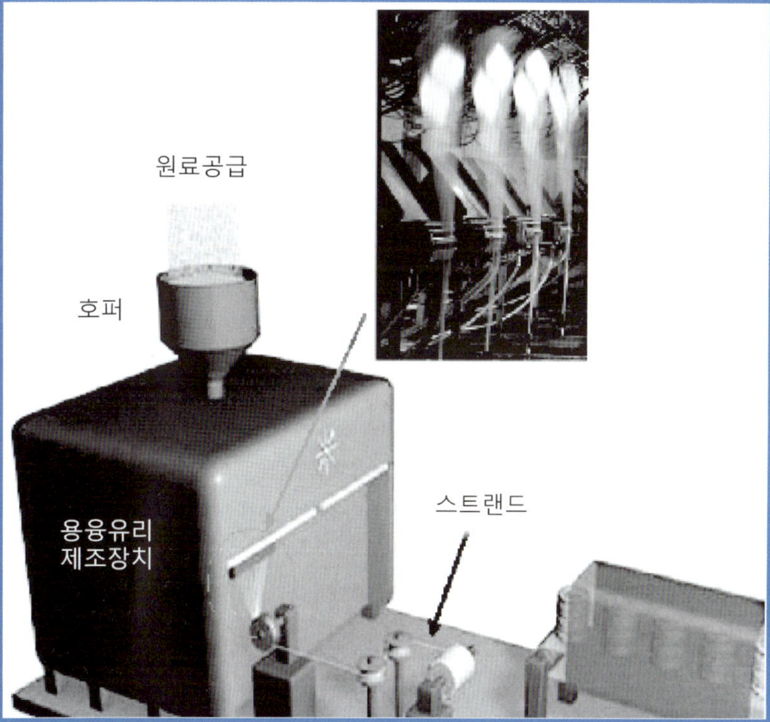

그림 19.25 유리 섬유 제조 공정

그림 19.26 유리 섬유 필라멘트 및 로빙

이렇게 제조된 유리 섬유 필라멘트는 집속하면서 섬유 표면에 윤활성을 부여하고 후 공정에서 섬유 표면이 손상되는 것을 방지하기 위해 사이징(sizing) 처리를 한다. 또한 이러한 사이징 처리는 복합재료화 할 때에 유리섬유와 기지 수지와의 접착성을 향상시켜준다. 사이징은 보통 필름형성제(film former), 윤활제(lubricant), 정전기 방지제(antistatic agent), 커플링제(coupling agent) 등으로 구성되어 있으며 유기화합물의 혼합액에 의해 유리 섬유가 코팅된다. 일반적으로 사이징은 유기실란(organosilane) 코팅제가 사용되며 유리 섬유 표면에 있는 하이드록실기와 유기실란이 물이 빠져나오면서 그림 19.27의 형태로 결합하게 된다. 사이징은 유리 섬유 무게대비 약 0.2 ~ 0.5% 정도에서 유리 섬유를 완전히 코팅할 수 있는 것으로 알려져 있으며 유리 섬유에서 요구되는 표면 특성에 따라 아민기, 비닐기, 에폭시기 등 다양한 관능기가 포함된 유기실란을 선택할 수 있다.

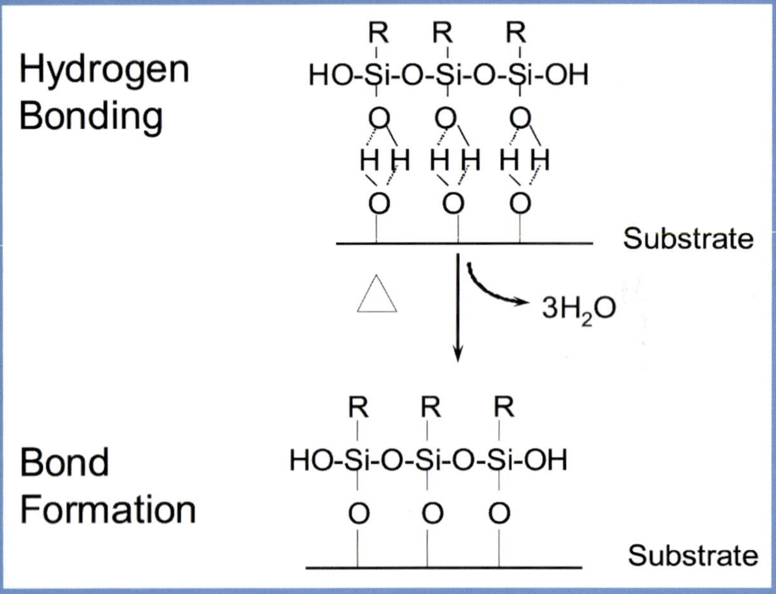

그림 19.27 유리 섬유와 유기실란의 반응

탄소 섬유(carbon fiber) 탄소 섬유는 흑연 섬유(graphite fiber)로도 지칭되며 탄소 원자의 결정구조를 이용한 고강도 섬유이다. 높은 기계적 물성이 요구되는 최신 복합재료에 강화제로 널리 사용되고 있다. 탄소 섬유 제조에 이용되는 전구물질(precursor)은 폴리아크릴로니트릴(polyacrylo-nitrile,PAN)과 석유정제 부산물인 피치(pitch)가 있으며, PAN을 이용한 탄소 섬유 제조공정의 개략도는 그림 19.28과 같다. 그림 19.28과 같이 먼저 전구 물질을 250 ~ 350℃에서 산화 공정을 통해 안정화 시킨 후에 1,000 ~ 1,500℃에서 탄소화 공정, 2,000℃에서 흑연화 공정을 거쳐서 6 ~ 8㎛의 탄소 섬유가 제조된다. 탄소 섬유 또한 폴리비닐알콜(polyvinylalcohol) 등의 표면 처리와 에폭시 사이징 처리 공정을 통해 기지 수지와의 결합력을 높이고 있다. 그림 19.29는 탄소섬유 로빙과 확대된 필라멘트를 보여주고 있다.

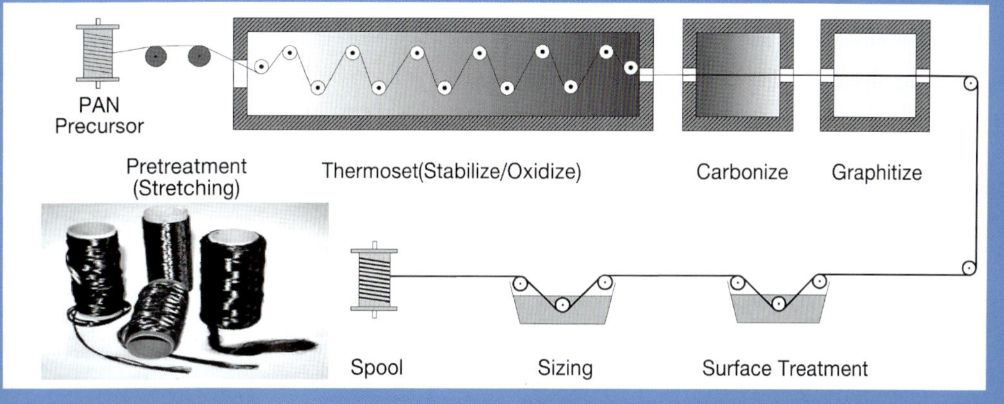

그림 19.28 PAN을 이용한 탄소 섬유 제조 공정

그림 19.29 탄소 섬유 로빙 및 필라멘트

풍력블레이드용 보강재 과거 풍력블레이드는 비용 관점에서 경쟁력이 있는 유리 섬유를 보강재로 사용하였으나 초대형 풍력블레이드의 대부분은 탄소 섬유 spar를 결합하거나[14] 탄소 섬유/유리 섬유 하이브리드 형태(그림 19.30)와 전량 탄소 섬유 보강 복합재료가 사용될 가능성이 크다. 연구 보고에 의하면[15] 120m 로터에 탄소 섬유 스파(spar)를 적용하면 무게는 32 ~ 38%, 가격은 14 ~ 16% 정도 줄일 수 있다. 탄소 섬유/유리 섬유 하이브리드를 적용한 경우, 동일한 부피 분율에서 유리 섬유와 비교하여 신율은 50% 정도 감소하나 강성이 2.5배 이상 향상되는 결과를 보였다.[15] 따라서 최근 블레이드 시스템들은 탄소 섬유 복합재료 스파를 적용하고 있으며 더 큰 블레이드를 제작하기 위해서는 다소간 탄소 섬유 복합재료를 사용해야 하는 것을 알려져 있다.

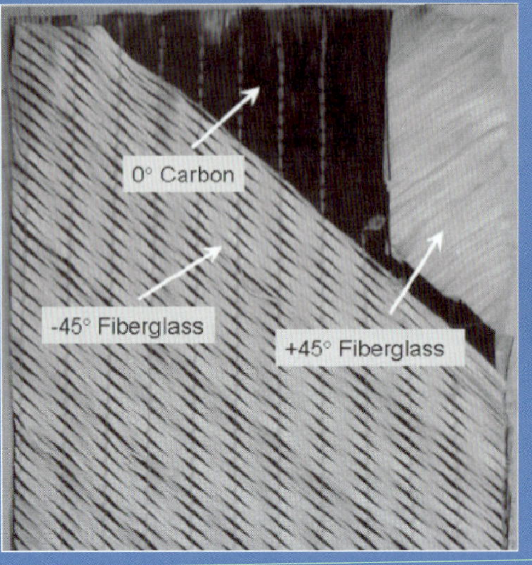

그림 19.30 탄소 섬유/유리 섬유 하이브리드 보강재

그러나 전량 탄소 섬유가 적용된 복합재 블레이드는 무게를 줄일 수는 있으나 가격이 문제가 된다. 보통 전통적인 유리 섬유 보강 복합재료에 비해 3 ~ 5배 정도 비싸고, 가벼운 블레이드라 할지라도 운송비용이나 설치비용이 줄어들지는 않기 때문에 문제가 된다. 그리고 블레이드 무게가 가벼우면 전체 시스템에 걸리는 하중을 감소되어 허브나 타워의 구조적 요구 조건이 완화되나 이것이 탄소 섬유를 사용함으로 인한 비용 증가의 보상 여부는 명확하지 않다.

블레이드에 있어서 강성이 매우 중요하지만 피로 강도 또한 중요한 요소인데, 유리 섬유 복합재료는 그 안정성이 검증되어 있으나 탄소 섬유 복합재료가 충분한 피로 강도를 보유하고 있는지 완전히 검증되지 않았다. 탄소 섬유 복합재료의 사용에 따라 부품이 더 얇아지면 낮은 하중에서도 좌굴 (buckling)이 일어날 수 있으므로, 이러한 국부적인 좌굴을 피하기 위해서는 복합재료의 두께가 늘어날 수 있다.[16]

보강 섬유는 풍력블레이드 제조 공정과 물성 요구 사항에 따라 다양한 형태의 구조가 선택될 수 있다. 프리프레그 공법이나 wet layup 공정에서는 보강 섬유의 구조가 기계적 물성에 큰 영향을 미치나 생산성에는 차이가 없다. 수지주입공정은 보강 섬유의 구조가 기계적 물성과 생산성과 밀접한 관계가 있는데, 블레이드의 대형화에 따라 복합재 블레이드에 사용되는 보강 섬유 구조는 그림 19.31과 같이 특성이 우수한 다축 비굴곡 강화섬유 직물 NCF (multi-axis non-crimp fabric)가 널리 쓰이고 있다. 이러한 구조는 기존의 직조 직물을 대체하고 있으며 대형 블레이드의 80%이상 적용되고 있다.

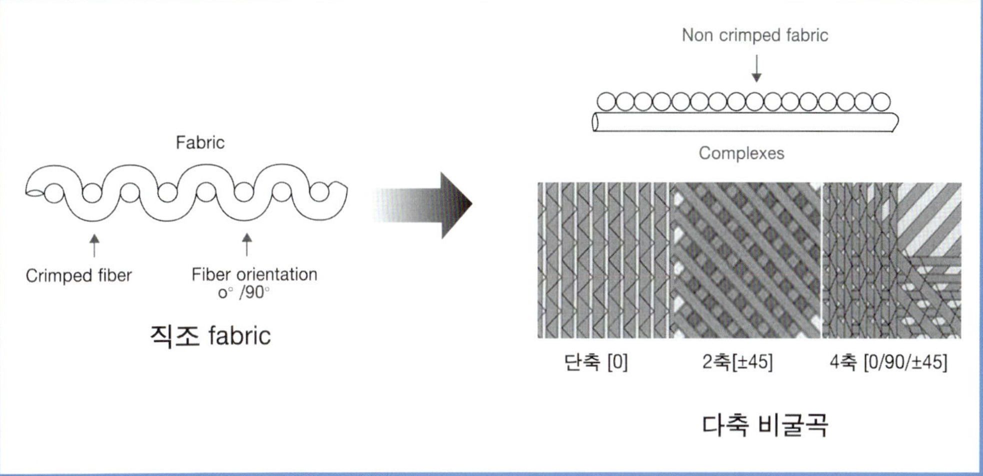

그림 19.31 직조 직물과 다축 비굴곡 직물의 비교

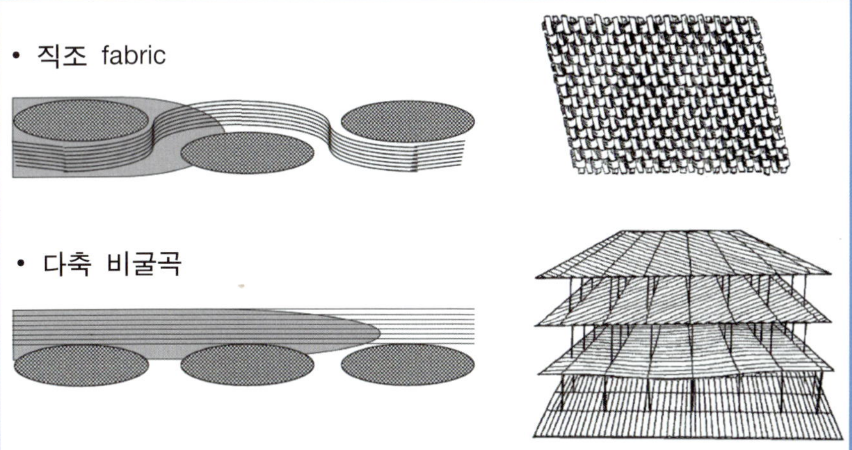

그림 19.32 보강 섬유의 구조에 따른 수지 유동 비교

다축 비굴곡 직물은 대형 블레이드 제조 공정인 수지주입공정에 적합한 특성을 가지고 있다. 직조 형태와 비교하였을 때, 굴곡된 섬유가 최소화 되어 있어 섬유의 직진성이 대폭 향상된다. 또한 섬유 체적율이 높아 우수한 기계적 물성 구현이 가능하며 수지주입공정에서 수지의 침투성이 직조 직물에 비해 매우 높아 블레이드 생산성을 높일 수 있다. 그림 19.32는 기존의 직조형 구조와 비굴곡 구조의 보강 섬유 내부에서 수지의 흐름을 도식화

한 것이다. 비굴곡 형태는 구조적으로 투과성이 높아 수지의 유동이 원활하게 진행될 수 있음을 보여주고 있다.

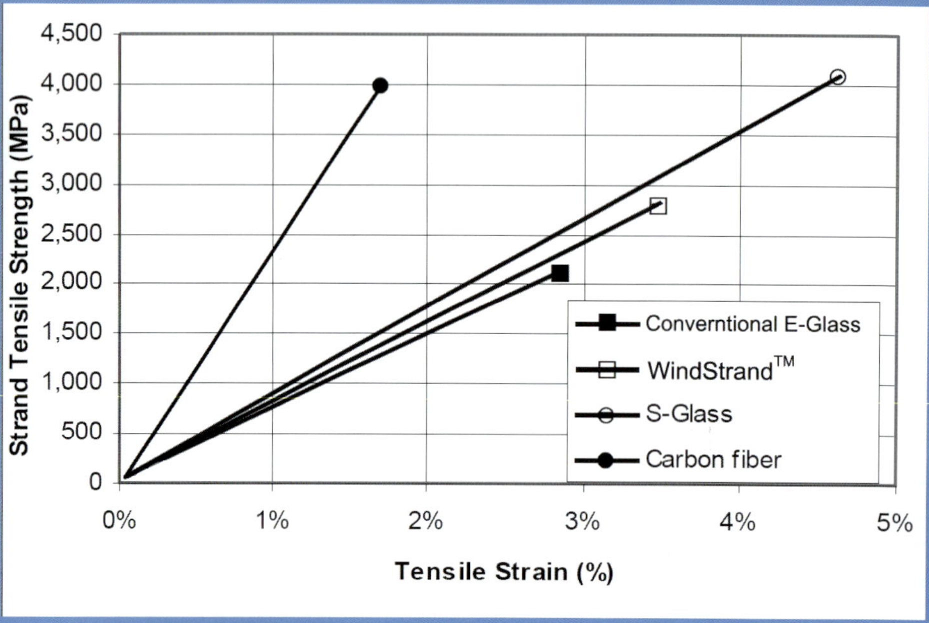

그림 19.33 풍력터빈 블레이드 전용 WindStrandTM의 인장강도의 비교[23]
출처: Owens Corning 자료

최근 풍력터빈 블레이드에의 수요가 증대함에 따라 섬유 제조사들은 풍력전용 유리섬유를 개발하고자 노력하고 있다. 대표적인 유리섬유 제조사인 Owens Corning사에서는 성능이 향상된 E-glass 계열의 유리섬유(WindStrandTM)를 개발하여 직조회사에 공급하고 있다. 그림 19.33에서 보는 바와 같이 기존의 E-glass와 비교하면 인장강도가 35%, 강성이 17% 증가되어 있으며, 피로, 충격, 노화, 부식 그리고 온도 저항성 향상 등의 기존제품에 비해 차별화된 특징을 갖고 있다.[23] 이 섬유는 새로운 고성능 강화섬유플랫폼인 하이퍼텍스(HiPer-texTM)를 응용한 첫 제품으로 유리 용해, 섬유화 및 사이징 기술에서 진보된 기술이 도입되었다. 다른 대형 유리섬유 제조사인 PPG에서는 풍력터빈 블레이드용 HYBON 2026TM 유리섬유를 개발하여 종래의 것보다 인장강도를 20%, 피로특성을 2배 향상시켰다고 한다.

이러한 유리섬유를 이용하여 그림19.30과 같은 블레이드용 강화제를 만들고 자세하게는

그림 19.34와 같이 굴곡이 생기지 않고 섬유의 방향성을 잘 이용할 수 있는 스티칭법을 사용하여 다축이면서 비굴곡직조물(non-crimp fabric)을 만든다.[23] 그림의 경우 가장 일반적인 각도를 가진 직조물로써 0/+45/90/-45의 적층 구조를 보여주고 있다. 예를 들면, 길이 방향으로의 강도와 강성이 필요한 부분은 0° 층을 강화해서 다른 적층을 가진 직조물을 도입한다. 블레이드의 위치에 따라서 응력이 다른데, 구조해석을 통하여 필요한 특성을 지닌 직조물을 선택한다.

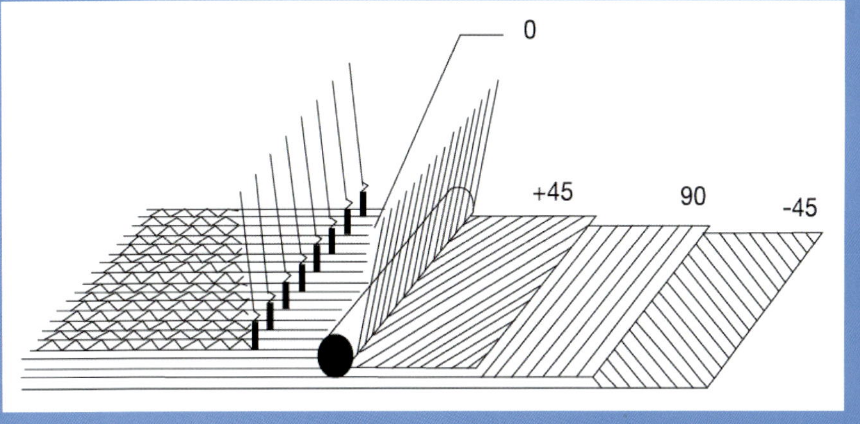

그림 19.34 다축 비굴곡직조(multi-axis non-crimp fabric)의 대표적인 구조(0/+45/90/-45 형 직물)[23]

출처: Owens Corning 자료

19.6 블레이드 코팅용 도료

풍력터빈은 보통 사용연한이 20년 이상이며 그 기간 동안 블레이드 또한 외부에 노출된다. 특히 복합재료 블레이드는 고분자 기지를 사용하기 때문에 폭로 환경에서의 열악한 내후성(weatherability)이 문제가 된다. 대기 중 산소에 의해 산화가 일어나거나 UV(ultraviolet)에 의해 고분자 사슬의 분해가 촉진될 수 있다. 이를 방지하기 위해 UV를 차단하고 산화를 방지할 수 있는 블레이드의 표면 처리가 필요한데 풍력블레이드는 gel coat나 도료를 사용하여 표면 처리를 하게 된다.

도료는 크게 안료, 바인더(binder) 수지와 용제로 구성되어 있으며 풍력블레이드에서는 TiO_2와 같은 저가의 백색 안료가 쓰이며 산화방지제 또는 UV 안정제 등과 같은 첨가제가 투입 될 수 있다. 사용되는 바인더 수지가 도료의 내후성과 내구성 그리고 내식성뿐만 아니라 풍력블레이드 생산성과도 관련이 있다. 범용의 비스페놀 A계 에폭시 바인더 수지는 가격은 저렴하고 내구성과 내식성은 우수하여 많이 사용되었으나 UV 환경에서 내후성이 취약하여 점차 아크릴 변성 에폭시 또는 실리콘 변성 에폭시 바인더로 대체되고 있다.

아크릴 변성 에폭시 바인더는 비스페놀 A계 에폭시 바인더의 열세한 내후성을 극복하였으나 상대적으로 내식성이 취약하여 해상 풍력터빈에서는 문제가 될 수 있다. 실리콘 변성 에폭시 바인더는 기존의 에폭시 binder에 비해 내후성이 획기적으로 향상되었고 내수성과 VOC (volatile organic compounds) 저감형 제품 설계가 가능하게 했다. 그러나 범용 바인더에 비해 높은 가격과 도입 초기 단계이기 때문에 장기간의 사용으로 인한 검증된 자료가 부족한 것이 단점이다.

최근에 풍력블레이드에는 환경 친화적인 수용성 도료의 사용이 확대되고 있다. 유기 용제와 같은 VOC가 인체와 환경에 많은 문제를 일으키고 있기 때문이다. VOC 감소를 위해 고체(high solid)형 도료가 사용되는데 용제 함량이 10% 이하 또는 무용제형도 출시되고 있다. 이러한 교체(high solid)형 도료는 기존의 도료에 비해 코팅 두께가 커서 작업성이 매우 우수하여 풍력블레이드 생산성 향상에도 기여하고 있다.

19.7 기타 부품용 소재

대형 디스크형 브레이크도 구상흑연주철이나 steel S235JR 혹은 S355JR을 사용하고 있으며, 특히 브레이크 패드는 대형 토크에 우수한 저항력을 유지할 수 있으며, 디스크표면에 손상을 최소화하는 sintered bronze 혹은 organic non-asbestos 소재를 사용한다.

발전기는 직접구동식 동기발전기(synchronous generator)를 채용하는 경우가 많아져 영구자석(permanent magnet) 재료의 활용이 중요한 부분이다. 영구자석은 발전기의 성능을 유지하기 위해서는 높은 전류자기를 지녀야 하는데 온도상승과 단락이 될 때 발생하는 일시적인 전류에 의하여 자기 성능을 소실할 우려가 적은 재료가 필요하다. 합금자석, 산화물자석, 희토류자석 등이 있는데, 잔류자속밀도와 자계보유력이 높은 희토류계인 Neodymium magnet 재료로써 기계내부용 영구자석 동기모터에 많이 활용되고 있다.

19.8 풍력발전용 소재부품의 파괴 및 비파괴 검사

금속부품의 검사 풍력발전용 소재부품의 제조공정 후 제품품질은 파괴 및 비파괴 검사에 의해 평가되며, 파파검사는 인장, 충격, 경도시험 등의 기계적 특성평가와 함께 화학성분 검사, 마크로, 마이크로 등의 조직검사도 함께 수행한다. 이때, 인장특성의 경우 규격에 따라 차이는 있으나, 주로 유럽규격(EN 10113-2 (1994) 또는 EN 10025-3 (2004))에서는 항복강도의 규제를 제품의 두께에 따라 다르게 명시하고 있으며, 대표적인 플랜지(flange) 소재부품에 대한 두께별 요구되는 인장특성과 충격특성을 표 19.7에 나타내었다. 조직관찰에서 가장 중요한 부분은 기계적 특성과 직결되는 결정립 크기로 파워 플랜지의 경우 ASTM # 6 또는 그 이상을 요구한다.

한편, 비파괴 검사는 재료를 파괴하지 않고 그 실체의 결함을 조사하는 방식으로 단조품이 대형일수록 결함의 혼입과 발생의 가능성이 커지고 100% 완벽한 단조품을 얻는 것은 현실적으로 불가능하기 때문에 황삭가공후 단조품의 비파괴검사는 필수적이라 할 수 있다. 비파괴 검사는 초음파탐상법, 자분 탐상법, 액상 침투법(PT), 방사선 탐상법, 육안 검사법 등이 있으며, 자분 탐상법, 액상 침투법, 육안 검사법은 주로 표면결함을 검사하는 방법으로 흔히 풍력발전용 단조부품 비파괴 검사는 그림 19.35에 제시된 초음파 탐상법을 활용한다. 초음파 탐상법은 초음파 발생에 의해서 결함의 정확한 위치 와 상당한 두께의 미세한 결함 도 검출할 수 있는 장점이 있어, 풍력발전용 단조품 뿐만 아니라, 여타 소재부품에도 흔히 적용되고 있다.

표 19.7 풍력발전용 플랜지 소재의 인장 및 충격특성 요구치

Code	Steel quality and grade	Nominal product thickness "t" (mm)	Yield strength (MPa)	Tensile strength (MPa)	El. (%)	Impact properties	
						Test Temp.	Avg. (J), L
EN 10025-3 (2004)	S355NL	16≤t	355	470 ~ 630	22	-50°C	Min. 50
		16<t≤40	345				
		40<t≤63	335				
		63<t≤80	325		21		
		80<t≤100	315				
		100<t≤150	295	450 ~ 600			
		150<t≤200	285				
		200<t≤250	275				
ASTM A694	F42	0<t≤250	min. 290	min. 415	min. 20	-50°C	Min. 50

블레이드 비파괴시험 대표적인 블레이드의 제조결함은 박리(delamination), 접착결함(adhesive flaws), 수지 부족(resin-poor 혹은 dry spot) 등이다.

블레이드에 외관상 결함이 없는 것만으로는 제조결함 여부를 판단하는데 충분하지 않다. 따라서 결함을 검색하기 위하여 전통적인 다양한 방법이 사용되고 있다.

앞 장에서 언급한 바와 같이 블레이드는 주로 매트나 매쉬 형태의 유리섬유로 이루어져 있다. 수 십 미터의 블레이드를 제작하기 위하여 수 백장의 유리섬유를 적층하여 수지로 함침시킨다. 조그만 섬유의 불규칙성도 기포나 다른 형상의 결함의 원인이 될 수 있고 블레이드가 하중을 받으면 재료와 구조물에 기계적 응력을 유도한다. 이로 인하여 적층판이 찢어지고 블레이드 파손으로 이끈다.

그림 19.35 대형시스템 소재부품의 비파괴검사 현장

육안검사 최근에 최신 NDT기술이 로터블레이드의 시험에 활용되고 있는데, 침투(penetrant)시험, 소형카메라를 이용한 육안 검사 등이다. 현재 기계부품의 경우, 제조 시험은 수행하지 않고 있지만 손상원인은 조사하고 있다. 예를 들면 유성기어의 육안검사를 위하여 내시경을 통한 육안검사가 행해지고 있다.

초음파 NDT 초음파검사는 빠르고 신뢰성 있는 복합재료 검사방법으로 블레이드의 손상 여부를 검사하기 위하여 수행된다. 초음파 주사법의 장점은 표면아래에 있는 부분을 볼 수 있게 하고 수지가 부족한 부분이나 박리(delamination)가 발생한 부분을 점검할 수 있게 한다는 점이다.

두드리기(tap) 시험 Tap시험은 초음파시험의 결과를 증명하기 위하여 사용되거나 재료의 불균일성을 찾아내기 위하여 사용하는 방법이다. 그 기본 아이디어는 재료의 두께나 재료 종류가 변하거나 기공이 존재할 때 구조물을 두드리면 발생되는 소리가 변화하는 것이다. 블레이드의 스파와 스킨사이의 접착이 분리되었을 때도 소리의 변화가 발생한다. 이 때 사용되는 도구는 수동용 tapping hammer, "Woodpecker"라는 간이 시험기, 컴퓨터 tap tester(CATT, computer aid tap tester) 등이 있다. 자동화된 tap시험은 손상영역을 인쇄해 낼 수 있다는 장점이 있어 손상을 기록화 할 수 있다. 이 방법은 얇은 적층판, 하니컴 구조, 샌드위치 구조와 같은 박판 형상의 구조에서는 판별이 잘 이루어진다. 하지만 후판의 경우에는 효과적이지 않다.

적외선 thermography 제7.6절에서 조금 언급하였지만 비파괴적인 시험은 블레이드의 수명과 구조강도의 유지를 위해서는 필수적인 과정이다. 접착제에 의한 접합은 블레이드 구조물에서 매우 중요한 사항이어서 주의해서 검사해야 하는데 육안으로 볼 수 없기 때문에 어렵고, 초음파 탐상이나 x-ray에 의한 결함의 검출 방법은 한계가 있다. 최근에는 이러한 문제점을 해결하기 위하여 적외선을 활용한 결함의 검색 연구가 계속되어 왔다.[17-19]

최근에 독일의 프라운호퍼(Fraunhofer Wilhelm-Klauditz-Institut)에서 블레이드의 비파괴검사를 위하여 개발한 적외선(IR, infrared) thermography 방법이 대표적인 것이다. 전자석 대역(electromagnetic spectrum)에서 열을 발생하는 모든 물체는 또한 적외선을 방출한다. 적외선은 가시광선보다 긴 파장을 지니고 있어 우리는 볼 수는 없지만 기계적으로 검출은 가능하다. 물체로부터 방출되는 IR은 IR 검출기(infrared detector)로 찾아서 컬러이미지로 나타낼 수 있다.

Active thermography는 열원(pulsed heat)을 주사하여 되돌아오는 신호를 이미지로 나타내는 방법이며, passive thermography는 자체적으로 방출되는 IR을 받아서 이미지로 나타내는 방법이다. 따라서 블레이드의 결함을 찾기 위해서는 active thermography개념을 사용한다. 그 원리는 IR 방출기(Infrared radiator)로써 간단히 표면을 가열하고 특수카메라로 표면의 열이 재료 속으로 퍼지는 상황을 보여준다. 열의 전단 부분이 기포나 박리부분을 만나면 공기 속에서는 열이 연속 고체보다 석게 퍼져나가기 때문에 계속해서 축적이 된다. 이 축적된 열을 감지하여 화면으로 나타낼 수 있기 때문에 검사자는 수 센터미터 재료 속을 들여다 볼 수 있다. 적외선주사장치(IR scanner)는 블레이드의 길이방향으로 시험을 하고 매번 같은 지점에서 정확하게 측정한다. 다시 말해서 이 장치는 적층판의 두께를 투과하여 볼 수 있게 하고 접합 부위를 검사할 수 있으며 접착부위의 온도차를 기록하면서 결함을 탐지하여 사진으로 보관한다. 또한 확실하지 않은 부분이 있으면 그 부분만 집중적으로 전자이미지 처리과정을 거쳐서 분석할 수 있다. 그림 19.36은 독일 프라운호퍼 연구소에서 개발한 블레이드 비파괴 검사용 IR thermography 장치와 결함을 보여주는 예시[19]이다.

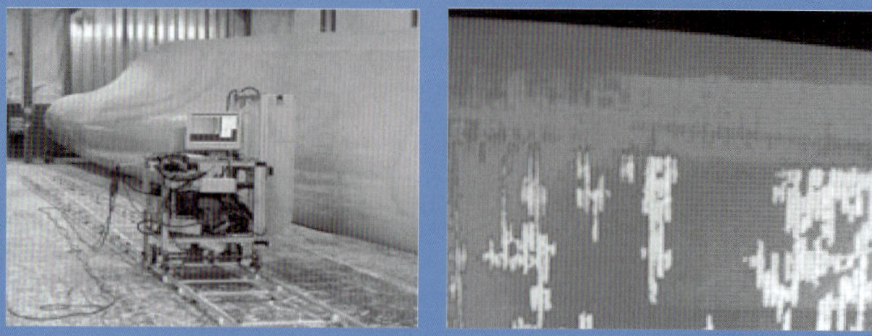

그림 19.36 infrared thermography 측정기와 결함의 예시

☑ 참고문헌

1. "세계 및 국내 철강산업 동향," **한국철강협회보** 2007-1호, 2007.

2. 한민족과학기술자네트워크(KOSEN), "청정 에너지 생산을 위한 풍력터빈: 기술 및 문제점," **한민족과학기술자네트워크(KOSEN)** 웹진, 78호, 2008.

3. BTM consult ApS, **International Wind Energy Development World Market Update 2008**, 2009.

4. Dan Ancona and Jin McVeigh, **Wind Turbine-Materials and Manufacturing Fact Sheet**, Pinceton Energy Resources International LLC, 2001.

5. 황창률, 김종식, 김국주, 최승식, 염종택, "풍력발전용 단조부품 산업의 현황 및 전망," **기계와 재료**, 2007, pp. 82-90.

6. Sreekunar Chockalingam and Vasntha R. W. Amarakoon, **Energy Efficient and Economical Processing of Silicon Nitride Ball bearings for Wind Turbine Applications**, NYS College of Ceramics at Alfred University.

7. 염종택, 최승식, 이종수, "대형 링 구조부품의 제조를 위한 링 압연공정기술," **기계와 재료**, 19권 3호, 2007, pp.111-118.

8. 두산중공업 주단 BG 자료.

9. R. Shivpuri. E. Eruc, "Planning and Simulation of the Ring Rolling Process for Improved Productivity," **Int. J. Mach. Tools Manufact.**, Vol. 33, No. 2, 1993, pp. 153-173.

10. R. Bolin, "Ring Rolling," **ASM Handbook**, Vol. 14A, Metalworking; Bulk Forming, ASM Int., Materials Park, OH 44073-0002 (2005), pp. 136-155.

11. J. T. Yeom, J. H. Kim, N. K. Park, S. S. Choi, C. S. Lee, **J. Mater. Process**. Tech., Vols. 187-188, 2007, pp. 747-751.

12. 이종문, 조동환, "불포화 폴리에스터/비닐에스터 블렌드의 경화 거동, 열안정성 및 굴곡 특성," **폴리머**, 제27권 제2호, pp. 120-128.

13. 전의진, 이우일, 윤광준, 김태욱, **최신복합재료**, 교학사, 1995 .

14. Chris Red, "Windmill Blade Production; Will Record Gains Push Automation?," **Composites Manufacturing**, 2006.

15. Dayton A. Griffin, Thomas D. Ashwill, "Alternative Composite Materials for Megawatt-Scale Wind Turbine Blades: Design Considerations and Recommended Testing," **Journal of Solar Energy Engineering**, 2003.

16. Barry Berenberg, "Redesigning Wind Blades," **High-Performance Composites**, 2002.

17. M. A. Drewry and G. A. Georgiou, "A Review of NDT techniques for wind turbines," **Insight** Vol. 49, No. 3, March 1997.

18. G. M. Smith, B. R. Clayton, A. G. Dutton and A. D. Irving, "Infrared thermography for condition monitoring of composite wind turbine blades: feasibility studies using cyclic loading tests," Wind Energy Conference 1993, **Proceedings of the 15th British Wind Energy Association Conference**, 6-8 Oct. 1993, York(UK), pp. 365-371.

19. P. Meinslschmidt and J. Aderhold, "Defect Detection in Rotor Blades using Thermographic Inspection Techniques," **DEWEK 2006**, 8th German Wind Energy Conference, Nov. 22-23, 2006, Bremen, Germany.

20. WINDBLATT, **Enercon Magazine for Wind Energy**, No. 4, 2007.

21. C. Y. Son, et al., "Study on Natural Frequency of Offshore Wind Turbine Tower," **EWEC 2007**, May 7-10, Milan, Italy.

22. 김영익 외, **풍력발전기 Tower 신공법 개발**, (주)에이엠아이, 2008. 9.

23. L. Peters, Georg Adolphs, J. Llsted Bech, P. Bronsted, "HiPer-tex™ WindStrand™: A New Generation of High Performance Reinforcement," **Proceedings of the 27th RISØ International Symposium on Materials Science**, RISØ National Laboratorym Roskilde, Denmark, 2006, pp. 297 -305.

제20장

소형풍력

Small Wind Turbines

황병선, 김실근

풍력핵심기술연구센터
한국기계연구원 (부설) 재료연구소

20.1 서 론

최근 IEC(국제전기기술위원회, International Electrotechnical Commission)에 의하면 종래의 블레이드의 회전면적(swept area)이 40m^2 이하인 풍력터빈에서 최근 40m^2 이상 200m^2 이하의 풍력터빈으로 정의하고 있다. 이 경우는 수평축 터빈을 기준으로 했을 때이며 수직축 풍력터빈의 경우에는 발전용량에 의한 분류도 도입되어야 할 것이다. 따라서 뚜렷한 구분은 없지만 수평축 혹은 수직축의 형상과는 상관없이 대개 100kW 미만의 풍력발전기를 소형풍력발전기로 판단해도 무리가 없어 보인다. 이 규격은 회전자면적이 40m^2 미만이고, 교류 1,000V 또는 직류 1,500V 미만의 전압으로 발전하는 소형 풍력발전시스템에 적용한다. 소형풍력터빈은 주택, 농장, 소규모 기업에서 전기요금을 절약하기 위하여 사용되거나 계통과 연결하기 어려운 원격지에서 사용되는데, 대형풍력터빈과 유사한 점과 상이한 점이 공존하여 별도로 검토되어야 하는 분야이다.

20.2 소형풍력터빈의 발전

대형풍력발전기의 상업화가 활발해진 1980년 이전까지는 풍력발전기 발달의 역사는 사실상 소형풍력의 발전사라고 해도 될 것이다. 앞의 절에서 언급하였던 고대 풍차와 1800년대 이후 미국에서 사용되었던 풍차는 소형풍력터빈의 전신이라고 볼 수 있다. 1800년대 미국에서는 8백만대 이상의 풍차가 사용되었다고 한다. 더구나 미국 중서부에서는 1920년대에는 200 ~ 3,000W형 풍력터빈이 사용되었다. 1970년 후반과 80년 전반의 석유위기 때에 풍력에너지가 관심을 받기 시작하여 1 ~ 25kW형 풍력터빈이 4,500기 이상 사용되었다.[1] 이후 석유가격이 안정되면서 소형풍력에 대한 관심은 감소되었고 세계적으로 소규모 기업이나 주택에서 전기요금을 절약하기 위하여, 혹은 원격지에서 계통에 연결할 수 없는 지역에서 소형풍력발전기의 설치에 관심을 지속적으로 보이고 있다.

20.3 소형풍력터빈의 분류

제20.1절에서 소형풍력터빈의 기준을 IEC 규정에 따라서 분류하는 법을 설명하였다. 하지만 시장과 기술자들이 분류하는 다른 방법들이 있다. 참고문헌[2]에 의하면 표 20.1과 같이 100kW 이하의 소형풍력터빈을 세부적으로 구분하고 있다.

표 20.1 소형 풍력터빈의 분류

세부 분류	정격출력[kW]	로터회전면적[m²]
Pico-wind turbine	1kW이하	4.9 이하
Micro-wind turbine	1kW<정격출력<7kW	40 이하
Mini-wind turbine	7kW<정격출력<50kW	200 이하
미분류	50kW<정격출력<100kW	300 이하

출처 : CIEMAT, Centro de Investigaciones Energéticas Medioambientales y Tecnológicas, Spain

다른 분류로써 참고문헌[3]에 의하면 11 ~ 20m 타워에 설치되는 1kW이하의 터빈을 mini 혹은 micro 터빈이라 하고, 24 ~ 43m 타워에 설치되는 1 ~ 30 kW 용량의 터빈을 소형(small) 터빈이라 한다. 24 ~ 50m 타워를 사용하는 30 ~ 300kW 급의 풍력터빈을 medium 혹은 mid-sized 터빈이라고 정의하기도 한다.

좀 더 구체적으로 알아보기 위하여 수직축과 수평형 소형풍력터빈에 대하여 덴마크의 Nordic Folkecenter에서 발행한 소형 풍력터빈의 자료[4]에 의하면 216종의 소형터빈을 분석하였는데 세계적으로 소형 풍력터빈의 현황을 파악하는데 도움이 된다. 이 자료에서 분류된 내용을 보면,

- 250W 이하의 소형발전기는 38 종
- 251 ~ 500W형 발전기는 28종
- 501 ~ 1,000W형 발전기는 43종
- 1,001 ~ 2,500W형 발전기는 25종
- 2,501 ~ 5,000W형 발전기는 28종
- 5,001 ~ 10,000W형은 27종
- 10,000W 이상은 27종

이중 수평축형은 187종 수직축형은 29종이다. 각 시스템의 종류는 파생형을 포함하는 것이다. 소형풍력발전기는 많은 종류와 크기의 다양함 등이 있고, 제조사도 소형회사가 거의 대부분을 차지하고 있다.

수평축형은 3개의 블레이드가 주류이고 5개 이상의 블레이드를 가진 경우도 있다. 그림 20.1에서 보는 바와 같이 수직축형은 양력을 이용하는 자이로밀(gyromill)형과 H-다리우스

형(H-type Darrieus), 항력을 이용하는 사보니우스(Savonius)형 등이 있다. 최근의 다른 자료[5]에 의하면 300종의 소형풍력터빈이 있고 150개사에서 시장을 분점하고 있다고 한다.

(a) (b)

그림 20.1 소형풍력터빈: (a) H-자이로밀 터빈(3-30kW, 뉴질랜드), (b) 트위스트 사보니우스 터빈(400W, 핀란드)

20.4 소형풍력터빈의 운전

계통연계형 소형풍력터빈 작동원리를 간단히 살펴보면 풍속이 낮아 출력을 내지 못할 때는 계통(grid)으로부터 전기를 공급을 받는다. 출력을 얻기 시작하면 가전제품에 전기가 공급되며 계통으로 부터의 공급을 줄인다. 결과적으로 전력적산계(electric meter)는 천천히 돌아서 전기요금을 낮출 수 있다. 터빈이 필요이상의 전력을 생산하면 남는 양은 계통으로 보내지면서 전력적산계는 반대방향으로 돌아서 전기요금을 돌려받게 된다. 대형풍력발전기가 풍력단지에서 일방적으로 계통에 전력을 공급하는 체계와는 차이가 나는 점이다. 그림 20.2에서 보는 바와 같이 ①소형풍력터빈에서 생산된 전기는 ④충전제어장치(charge controller)를 거쳐서 생산된 출력량에 따라서 ⑥배터리에 저장되거나 ⑨인버터(inverter)를 거쳐서 계통으로 보내진다.

독립형 소형풍력터빈 전력소비자가 계통으로부터 먼 거리에 있을 경우 계통에 연결하는 것은 또 다른 비용이 들기 때문에 전기저장장치(battery)에 근간을 둔 독립전원형(off-grid) 소형풍력 시스템을 활용하고 있다. 그림 20.2에서는 계통에 연결된 계통연계 체계를 예시로 들고 있는데 독립형인 경우에는 ⑪항목만 제외하고는 같은 구성으로 되어 있다.

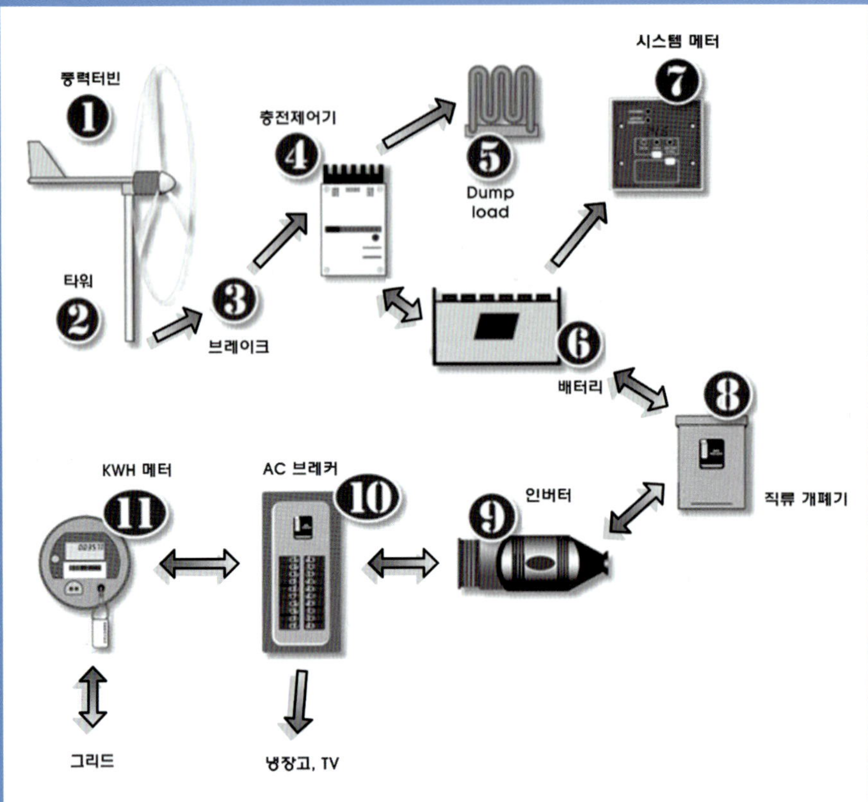

그림 20.2 계통연계형 소형풍력터빈의 발전 및 출력의 흐름도[6]
출처: home power Dec. 2005. Ian Woofenden

20.5 소형 풍력터빈의 구조적 및 설계 특성

수평축 소형풍력터빈의 구조는 기계적 구성 부품에서 볼 때는 로터블레이드, 발전기, 꼬리날개(tail), 타워, 기초 등으로 구성되어 있다. 전기적 구성 부품은 발전기, 차단스위치, 전력변환 및 컨디셔닝 부품, 전력적산기(energy meter), 회로브레이커 패널 등으로 구성되어 있다.

블레이드(blades) 블레이드는 대형풍력터빈과 같이 바람의 운동에너지를 기계적 회전운동으로 변환하는 장치이다. 크기가 소형이므로 대개 대량생산과 칫수 안정성을 고려하여 압축 성형 혹은 사출성형법을 적용하고 있다. 소재는 유리섬유강화플라스틱 혹은 보강재 강화 열가소성 플라스틱 등이 사용된다.

새로운 익형의 설계를 통하여 성능향상을 시도할 것이며, 소음의 방출을 감소시키기 위하여 설계변수인 익형 형상, 주속, 받음각과 같은 사항을 최적화시키기 위한 노력이 계속되고 있다.

발전기(generators) 소형풍력발전기에서 생산되는 초기 전기는 전압과 주파수가 변동하는 대개 3상의 불균일한 교류(AC)이다. 이것이 직류로 정류되어 축전지에 저장되거나 계통연계형 인버터로 공급된다. 간단한 구조와 낮은 가격의 유지를 위하여 영구자석을 사용하며, 직접구동식으로 증속기나 벨트를 사용하지 않는다.

브레이크(brakes) 시스템을 보호하기 위한 장치로써 소형풍력의 경우 대개 간단한 기계적인 원리를 활용한다. 풍속이 높아질 경우 로터를 위 혹은 측면방향으로 기울여서(펄링, furling) 주풍향으로부터 비켜나도록 하거나, 블레이드 피치를 변경하는 방법을 사용한다. 유지보수를 위하여 터빈을 정지시킬 필요가 있을 때도 브레이크를 사용한다. 펄링시스템은 소음발생이 크고 진동의 원인이 되기 때문에 개선의 여지가 있어 저렴하면서 신뢰성이 있는 피치시스템의 개발이 기대된다. 전기적 원리를 이용한 dynamic braking은 단순히 삼상전원을 분리시켜 단락스위치로써 역할을 하도록 하는 방법으로 기계적인 방법보다는 약하다.

에너지 저장장치(energy storage devices) 독립전원형이나 계통 연계형이지만 비상(back-up) 배터리를 에너지저장장치로 사용한다. 주변에서 볼 수 있는 축전지를 병렬형태로 연결하여 사용한다.

타워(towers) 소형풍력의 경우 타워가 차지하는 비용이 매우 높아 풍력터빈자체의 가격보다 높은 경우가 많다. 일반적으로 높이는 9m 이상인 경우가 많고 10kW 터빈의 경우 24 ~ 36m 정도의 높이를 가진다. 타워의 형태는 세 가지가 사용되는데 기울여서 조립한 후 세우기(tilt-up), 고정줄 방식(fixed-guyed), 자주식(free-standing)의 세 가지 방법이 일반적이며, 주변의 지리적 상황, 비용 등을 고려하여 선택한다.

전력 전자(power electronics) 기계적 부품이외에 다양한 전기적 부품이 사용되는데, charge controller, dump load, DC disconnect, inverter, breaker panel, system meter, kW-hour meter 등이 있다. 충전제어기(charge controller)는 배터리가 과충전되는 것을 방지하는 역할을 수행하여, 소비부하(dump load)로 보낸다. 시스템 계측기(system meter)는 풍력터빈이 생산하는 전기량, 배터리 충전량, 부하에서 사용하는 전기량 등을 알려준다. DC disconnect는 배터리와 인버터사이에 있어 단락스위치 역할을 한다. 인버터(inverter)는 풍력터빈에서 생산된 전기를 일정 품질의 AC로 변환하는 역할을 한다. 적산전력계(kW-hour meter)는 양방향형으로 소비자가 얼마나 전기를 소모하고, 터빈이 생산하는 전기가 얼마나 계통으로 공급하는지를 계측하는 역할을 수행한다.

수직축 소형풍력터빈(vertical small wind turbines) 수직축 소형풍력터빈의 구조에서 기계적 부품과 전기적 구성 부품과 그것들의 역할 면에서 수평축과 근본적인 차이는 많지 않다. 그러나 기계적 부품 면에서 특히 블레이드의 형상이 크게 다르다. 블레이드는 높은 솔리디티(solidity)와 낮은 주속비로 인하여 높은 토크를 발생하여 양수용 기계로써 활용도가 많았다. 특히 블레이드의 구조상 바람의 방향에 영향을 받지 않아서 요(yaw)장치가 필요없고 블레이드의 형상도 대개 평판형태로써 제작비용이 낮다는 장점이 있고 발전기는 지상에 설치할 수 있어서 타워의 설계에 유리하다. 또한 소형 수직축풍력터빈의 경우 시동속도가 낮아서 유리한 점이 있지만 대형으로 갈수록 낮은 풍속에서 시동토크가 필요하여 모터를 이용하여 시동을 걸어야하는 단점이 있었다.

수직축 소형풍력터빈의 블레이드는 고정형과 힌지에 의한 가변 피치형으로 나눌 수 있는데, 양력을 이용하는 점에서는 같다. 블레이드 형상은 동일한 폭을 가진 직선형이고 원심력하에서 자중에 의하여 굽힘하중을 받게 된다. 이런 굽힘하중을 최소화하기 위하여 꼬인형태의 블레이드가 제시되기는 하지만 제작상의 어려움이 존재한다. 따라서 블레이드의 무게를 최소화하고 관성모멘트의 최대화가 가장 큰 이슈이다. 이것은 블레이드 단면의 중앙축으로부터 소재가 가능한 멀리 떨어져야한다는 조건을 요구하게 된다. 직사각형 블레이드의 경우 관성모멘트/단면적의 비, I/A, 가 최대화되어야 한다. 이로서 solid 블레이드는 내부가 비어있는 것 보다 불리하다는 것을 알 수 있다.

블레이드를 축에 고정하기 위하여 2곳의 고정점을 이용하는데 굽힘응력을 최소화하기 위하여 블레이드 고정점을 끝에서 일정하게 떨어진 곳에 둔다.

구체적인 이론적 접근은 본교재가 다루는 범위를 넘기 때문에 상세한 언급은 피한다.

20.6 소형 풍력터빈의 성능평가와 인증

소형풍력터빈의 인증을 요구해야하느냐 하는 문제는 아직 논란의 여지가 있으나, 소형의 신뢰성도 운영할 때 경제성과 연관되어 있어 중요한 요소로 작용하고 있기 때문에 판매에서 경쟁력을 가진다고 볼 수 있다. 소형풍력터빈의 인증도 대형풍력터빈의 경우와 유사하게 접근하나 단지 안전성요건을 검토하는 과정이 대형에 비교하여 간편화된 절차를 따르는데 소형 풍력터빈의 경우에도 구조적 통합성(structural integrity)을 증명[5]해야하고 이는 국제적으로 인정되는 IEC 61400-2의 소형풍력터빈의 설계 요구사항[7]에 따른다. 추가적으로 적용이 가능한 요구사항은 GL 가이드라인[8]이다.

이 규격은 날개의 회전면적이 200㎡ 미만(정격출력으로는 30kW 미만)으로 전력전압이 AC 1,000V 또는 DC 1,500V 미만인 풍력발전시스템에 적용된다. 본 규격서는 소형풍력발전시스템의 등급, 바람과 환경, 전기부하 조건 등을 규정하고 있으며, 하중조건과 간략화한 하중과 공탄성모델, 하중측정, 응력계산 등도 포함되어 있다. 보호와 정지시스템과 안전시험,

출력성능시험 등의 주요 사항도 포함되어 있다.

국제적으로는 대형풍력터빈의 인증을 위한 성능평가기관과 인증서 발행기관에서 인증업무를 수행하고 있으며, 소형 풍력터빈은 IEC61400-2에 의거하여 인증을 받게 된다. 최근 2006년에 IEC 규정이 개정[IEC 61400-2: 2006 ED. 2)]되었고 소형풍력의 국제 안전규격의 제정과 개정을 위하여 IEC의 Technical Committee 88의 실무팀(MT02: Maintenance Team 02)에서는 정기적 회의를 통하여 지속적으로 개정작업을 수행하고 있으며, 현재 2006년에 개정된 IEC 61400-2, Edition 2: 'Design Requirement for Small Wind Turbines'에 대한 보완 작업을 수행 중이다.

국내에서는 IEC 61400-2를 준용한 KSC IEC61400-2: 2004를 제정하여 한국에너지기술연구원과 강원대학교가 성능평가기관으로 선정되어서 성능평가를 수행하고 결과를 검토하여 에너지관리공단에서 인증서를 발행하고 있다. 최근 2006년에 개정된 IEC 61400-2: 2006 ED. 2를 국내에서도 도입을 위한 노력을 하고 있는 상태이다.

특히 국내의 소형풍력터빈 제조사는 영세한 규모이며 적절한 기술자를 보유하고 있지 않아 국내인증을 위한 서류절차, 규격의 이해 및 적용에 상당한 어려움을 지니고 있다.

소형수평축의 경우 작동 메커니즘이 중대형과 동일하기 때문에 인증관련 규정은 기존 대형규정을 비교적 쉽게 간략화가 가능하여 제정하여 활용하고 있다. 하지만 제품의 가격에 대비하여 인증에 드는 비용이 많이 드는 단점이 있어 인증이 활발하게 이루어지지 않고 있다.

이와 비교하여 수직축 풍력터빈의 인증과 관련하여 국제적으로 규격이나 가이드라인이 마련되어 있지 않은 상태이다. 터빈설계를 위한 기본원리 와 작동 메커니즘이 매우 다양하고 종류가 많으며 인증관련 절차를 제정하기에는 충분한 시장이 형성되지 않아서 인증기관에서 관심을 갖지 못하고 있는 실정이다.

20.7 소형풍력터빈의 기술현황

소형풍력터빈과 중대형풍력터빈기술의 비교 표 20.2에 소형 풍력터빈과 대형풍력터빈의 기술외적인 면에서 각 항목별로 차이점에 비교하였다. 표 20.3에서는 풍력터빈 주요 구성기기별 기술적인 면을 비교 분석하여 보았다.

표 20.2 소형풍력과 대형풍력의 항목별 비교

항 목	소형풍력	대형풍력
블레이드 회전면적 (Swept Area) [회전직경]	40 ~ 200 ㎡ [7.14m ~ 15.9 m]	200 ㎡ 이상 [15.9 m ~]
설계자	초보자 ~ 전문가, 다양한 기술적 배경	전문가 및 전문가 그룹
설계 도구 (Design Tool)	경험 ~ 전문적 도구	최신 설계 도구
풍력터빈 구매자	개인 ~ 소형 비즈니스 회사	대형 전문인력을 보유하는 회사 및 발전사업자
시장의 성숙도	소비자 인식부족	성숙도 높음
소비자 만족도	만족도 하 ~ 중 정도	만족도 중급 이상
출력성능 및 제품 데이터	데이터 불충분, 제3기관의 측정 데이터도 부족	규정에 의한 인증 데이터 필수 제공
주요고장원인	완전한 문제점 해결이 없이 판매되는 경우가 있음	일시적 문제점 존재하나 보증
설치 장소	거주지에서 가까운 거리 혹은 원격지 독립사용	거주지에서 이격된 거리(소음 및 방해요인)
정부의 정책	지원 정책면에서 부족 지역에 따라 일정하지 않음 Grid 연결에 어려움	지원정책이 양호함 그리드연결문제 양호함
종류 및 숫자	5 ~ 50kW 216종 풍력터빈 88개 제조자 77개국 2006년	50 ~ 6000kW 50종 이상 20개 이상 제조자 15개국 이상 2008년

표 20.3 소형풍력과 대형풍력의 부품기술별 비교

항 목	소형풍력	대형풍력
블레이드	▪ 설계 S/W 등의 활용 미흡 ▪ Solid 형의 FRP 블레이드 제조, 4 ~ 8m 직경 ▪ 알루미늄 혹은 플라스틱으로 제조 ▪ 인증 규정에 의거 정적-피로하중시험 적용하나 강제규정은 아님	▪ 전용 S/W 활용 필수 ▪ 스킨/스파캡/샌드위치 구조의 대형복합재료(FRP), (직경 30 ~ 120m) ▪ Resin Infusion 제조 방법이 주류 ▪ 인증 규정에 의거 정적-피로하중시험
타워	▪ Guyed Pole형이 주류/비용저렴(기초작고, 공간) ▪ Steel 격자(Lattice) 혹은 원통형 활용(자주식, 대형기초 필요) ▪ 높이 10 ~ 40m(25m Average): 거주지역에 가까워서 고도 제한이 있음(약 10m)	▪ 원통 강관형이 주류-원통형제조, 플렌지로 연결 ▪ 철근 콘크리트형: Precast 콘크리트 및 현장제조 ▪ 높이 50 ~ 100m
브레이크	▪ Furling 작용 활용 혹은 Disc or Drum brake(수동) ▪ Dynamic braking: 전기적 shot	▪ Aerodynamic brake(블레이드 피치) 및 기계적 브레이크
발전기	▪ Permanent Magnet Generator (PMG)가 주류	▪ 유도발전기(DFIG) 및 PMSG
제어	▪ DC power: 배터리 충전 ▪ AC power: 그리드 연결	▪ 기계적제어, 전기적제어(발전기)
그리드 연결	▪ 독립전원용 혹은 그리드연결	▪ 상업용 그리드 연결
시동풍속 회전속도	▪ 시동풍속: 3 ~ 4m/s ▪ Rated rpm: 150 ~ 1200	▪ 시동풍속: 4 ~ 6m/s ▪ 10 ~ 25 rpm 대형, 중형: 50 ~ 70 rpm
제품 품질	▪ 제조자에 따라 품질 변동이 심함 ▪ 5년 워런티, 유지보수 적음	▪ 인증제도의 정착에 따라 품질 향상

20.8 소형풍력터빈의 시장

소형풍력터빈 시장의 개념은 두 가지로 나눌 수 있겠다. 첫째는 개발도상국에서 부족한 전력을 보완하기 위하여 독립적으로 축전지에 저장하여 사용하는 용도가 있고, 기존의 계통 전력사용자가 전력요금을 줄이기 위하여 적용하는 용도가 있을 수 있다. 물론 아직은 제한적이기는 하지만 태양광-풍력과 디젤-풍력 형태의 하이브리드 시스템으로 사용하는 경우도 있다.

개발도상국의 독립전원용 소형풍력터빈의 수요는 있으나 경제력과 관련된 구매력이 부족하여 시장 창출이 쉽지는 않은 상태이다. 따라서 가정, 소규모 사업체, 농장, 공장, 학교 등과 같은 곳에서 전기요금을 절약하기 위하여 보조적으로 소형풍력터빈을 설치하려는 수요가 선진국에서 있다고 볼 수 있다.

개발도상국인 아프리카, 아시아, 남미 국가의 오지 등에서 수요는 있지만 선진국의 원조와 연계되어야 하므로 시장개척이 또한 쉽지 않은 것으로 보인다. 중국의 시장은 지난 7년간 내몽고 지역에 100,000기가 넘는 터빈이 이동식주택에 설치되어 사용 중인 것으로 분석하고 있다.[9] 중국의 소형풍력터빈 업체의 경우 난립하여, 제품의 품질과 내구성에 문제가 있고, 유지와 보수가 제대로 지원되지 않아서 소형풍력발전에 대한 신뢰도를 떨어뜨리고 있는 부분이 있다. 그러나 장기적으로는 중국이 가진 대형시장이 기술을 주도하는 형식으로 기술력의 발전이 기대된다.

AWEA 자료[10]에 의하면 소형풍력분야의 세계시장은 미국, 영국, 캐나다, 독일 등의 국가가 주도하고 있으면 그 외 25개국 들이 생산을 하고 있다고 분석하고 있다. 2007년 미국의 소형풍력터빈 시장은 9,092기를 판매하는 실적을 보였는데 전년에 비교하여 14%가 증가 하였다. 이 중에서 98%가 미국의 소형풍력터빈사가 판매하였다.

대표적인 미국시장을 외국의 소형풍력터빈사가 진입하지 못하는 이유는 기술적으로는 유지보수가 최소한의 신뢰성있는 기계의 제작기술이 부족한 부분이 있고, 기술외적인 부분으로는 공공기관의 인센티브 정책의 일관성과의 연계, 건축조례(zoning regulation), 그리드연결 관련 정책, 까다로운 설치허가 등과 관련된 사항을 국외업체가 소비자를 위하여 적극적으로 이해하고 접근하기는 불가능하기 때문이다. 이 때문에 미국내의 주요 소형풍력기업에 부품단위의 판매 등을 수행할 수 밖에 없는 실정이다.

따라서 소형풍력분야의 세계시장에 대한 자료는 상당이 부족한 상황이지만 최근의 2008년 Wind Turbine Blade Workshop[11,12]자료를 바탕으로 작성하여 보았다. 소형풍력의 경우 미국시장이 가장 크고 유망한 시장이므로 이 자료의 분석은 상당히 의미가 있다고 하겠다. 시장환경의 변화는 아래 5가지로 요약하고 있다.

- 2015년까지는 2007년의 시장에 비교하여 분산전력(distributed wind technology)시장이 5배 정도로 성장할 것으로 예상하고 있다.
- 소형풍력산업에 성장에 가장 큰 영향을 미치는 것은 아직도 kW당 제작단가인 것으로 판단하고 있다.
- AWEA(미국풍력에너지협회, American Wind Energy Association)에서는 14 ~ 25%의 연간 성장세를 보일 것으로 판단하고 있고 이것은 분산전원의 설치 확대로 소형풍력 시장이 투자자에게 관심을 갖게 되어 시장이 성장할 것이라는 예측에서 온다.
- 기술적인 문제보다는 재정, 정치, 법제 그리고 규제와 연계되어 시장의 확대와 축소가 좌

우되는 경향이 있는데 점진적인 제거가 가능할 것으로 판단한다.

- 미래의 고객들이 최소한 자기주택에서 7년 이상 거주해야 경제성을 갖게 되는데, 현재 유가와 전기료의 상승으로 점차적으로 가능성이 높아지고 있다.

미국 시장의 분석의 예 미국에서의 소형풍력 시장을 분석하여 보면 2006년 한 해 동안 2,400기 소형풍력발전기가 판매되었는데, 1,476기는 미국 제조사에서 미국내에 판매하였고, 909기는 미국제조사가 외국에 판매, 15기는 외국 제조사가 미국시장에 판매한 것으로 나타났다. 지리적으로 미국의 소형풍력발전기 시장은 캘리포니아(CA), 뉴욕(NY), 버몬트(VT), 메사추세츠(MA), 펜실바니아(PA), 오하이오(OH), 텍사스(TX), 메인(ME), 아리조나(AZ)주에 있으며, 가장 활발한 주는 CA, NY, CO, MA주인데 51%는 교외 주택, 19%는 농장, 10%는 소규모사업자, 10%는 학교와 공공시설에서 설치하였다.

미국 교외주택 지역의 예 미국에서 교외 주택지역에 설치된 경우의 예를 보면 그림 20.3과같이 캘리포니아주의 교외지역에서 2000년 이후 116기의 소형풍력터빈이 설치되어, 43cents/kWh의 전기료를 절약하였다.[2]

그림 20.4[3]의 막대그래프는 2001 ~ 2007년 사이에 설치된 소형 풍력발전기로 지속적인 증가를 보임을 알 수 있고 이 그림에서 보는 바와 같이 소형풍력발전기도 미래에 지속적으로 설치 수량이 증가할 것으로 예상하고 있다.

그림 20.3 캘리포니아 교외 주택지역에 설치된 소형풍력터빈

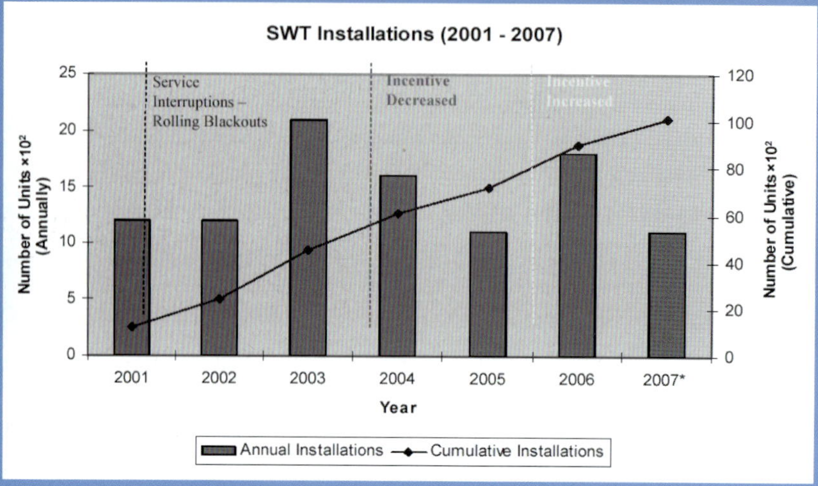

그림 20.4 미국 소형 풍력터빈의 설치 수량의 증가 추세[3]

발전단가의 비교 대형풍력터빈과 소형풍력터빈의 발전단가는 활용하는 풍속대의 차이, 투자규모, 시장의 규모, 용도가 다르기 때문에 직접적인 비교는 어려운 부분이 있다. 하지만 독자들이 상당히 궁금해하는 부분중의 하나이므로 적절한 자료[13]에서 그 내용을 소개하고자 한다. 2007년에 작성된 이 자료에서는 육상용(1 ~ 3MW)은 kWh당 4 ~ 6 센트, 해상용(1.5 ~ 5MW)은 6 ~ 10센트, 소형(3 ~ 100kW)의 경우는 15 ~ 30센트, 가정용 미니형(0.1 ~ 1kW)은 20 ~ 40센트로 분석하고 있다. 소형터빈의 경우도 기술적인 발전과 생산량이 증가하면서 점차 단가가 하락할 것으로 보인다.

유럽의 동향 앞에서도 언급한 바와 같이 소형풍력터빈 시장도 대형과 유사하게 정부나 공공기관의 규제에 큰 영향을 받는다. 풍력선진국인 덴마크에서도 대형풍력산업은 왕성하지만 소형의 경우에는 규제가 너무 엄격하여 소형풍력터빈 기업이 별로 없는 실정이다. 설치조건을 명확하게 하고 유연한 평가과정이 도입된다면 건물 옥상용 소형터빈의 시장은 충분하게 열릴 수 있다고 보고 있다.

대형풍력터빈에 역시 주력을 두고 있는 독일에서도 풍황이 우수한 독일 북부지역에서 자가발전용으로 관심을 갖기 시작했다. 구체적인 예시로써 2008년에는 영국의 Quiet Revolution 사의 스파이럴형의 6kW 풍력터빈은 저소음과 독특한 형상으로 인하여 소비자의 관심을 끌고 있는데, 독일 전력회사로부터 투자를 받고 대량 생산할 계획이다.

20.9 국내 소형풍력터빈 기술 및 시장 현황

국내의 소형 풍력터빈 기술은 자연발생적으로 성장해온 분야인데 정부의 지원 정책이 중대형 위주로 집중되어 있기 때문이다. 소형의 경우 앞에서 언급했던 단위 kWh당 생산단가가 높고, 국내의 설치 시장이 좁기 때문에 빠른 속도로 성장하지 못하고 있다. 주로 개인적인 관심과 열정을 가진 기술자들에 의하여 발전해 왔다고 볼 수 있다. 최근 2004년경에 비로소 10kW형 혹은 30kW형 소형 발전기의 개발에 정부의 지원이 있었지만 그것도 단속적인 지원에 그치고 있다.

소형건물, 주택, 아파트 등에서 활용하기에는 국내의 인구 밀집도가 너무 높고, 계통전원이 매우 잘 발달되어 있기 때문에 소형풍력이 진출하는데 어려움을 겪고 있다. 관련 산업의 활성화를 위해서는 외국 수출 모델의 개발을 수행해야 하나 국내시장의 부재로 인한 기술개발에의 투자가 여의치 않은 실정이다.

국내의 소형풍력터빈 기술 수준은 상당한 수준에 있고, 부분적으로는 부품을 수출하는 경우도 있다. 하지만 선진국에 진출하는 문제는 제20.8절에서 언급한 바와 같이 소규모 기업으로써는 감당하기 어려운 기술외적인 사항들이 많기 때문에 쉬운 일은 아니다. 중국과 같은 시장은 자국내의 수많은 소규모 업체와의 과당 경쟁에 뛰어들어야 하므로 또한 여의치 않은 부분이 많다. 하지만 세계적으로 그린에너지에 대한 인식이 높아져서 소형터빈의 시장이 점차적으로 확대될 것으로 보여 가격 대비 품질이 우수한 국내 제품의 개발로 국외 수출에의 가능성을 보일 수 있다.

비록 kWh당 발전단가가 대형기기와 단순하게 비교하여 높은 것은 사실이지만 소형과 대형의 활용분야가 다르고, 소형의 경우 평균풍속이 4m/s이상이고, 250W이상 크기, 하루 사용량이 1 kWh 내외일 경우에는 디젤, 계통, 태양광보다 경쟁력이 있는 것으로 보고되고 있으며, 10kW용량의 터빈이 풍속 3.5m/s의 풍황자원을 지니면 최소한의 경제성은 있는 것으로 분석하고 있다.[9] 이러한 분석은 국내에서도 적용이 가능할 것으로 보인다.

화석연료의 가격이 지속적으로 상승할 것으로 예상되며, 평균풍속이 3.5m/s 이상되는 지역이 국내에서도 상당부분 존재하기 때문에 가정이나 소규모 비즈니스, 농장 등에서의 수요를 창출할 수 있을 것으로 보인다. 단지, 선진국에서와 같이 설치 인센티브와 설치에 관한 법규의 정리 등 제도적인 면에서의 정부의 적극적이 노력이 시장의 성장과 관련되어 있다고 할 수 있겠다.

20.10 대표적 국내외 소형풍력터빈

부록 4에는 소형풍력터빈 세계시장에서 많이 판매되는 대표적인 터빈[6]들과 국내의 소형풍력터빈의 사양을 요약하여 보았다. 단, 저자는 본 저서에서 소개되는 특정터빈에 대한 관련은 없으며 독자들의 이해를 높이고자 수록하였다. 국내의 경우 소형풍력터빈을 개발하였거나 현재 유지하고 있는 기업들을 정리하여 보았고, 완제품의 단순수입사는 제외하였다.

☑ 참고문헌

1. M. Bergey, "A Primer on Small Wind," Home Power and Backwoods **Home Magazines**, Bergey Wind Power Co.

2. **Wind Energy-The Facts**: a guide to the technology, economics and future of wind power, EWEA, 2009, pp. 126.

3. Heather Rhoads-Weaver et al., **Small Wind Siting and Zoning Study: Development of Siting Guidelines and a Model Zoning By-Law for Small wind Turbines(under 300 kW)**, the Canadian Wind Energy Association, eFormative Options, LLC & Entegrity Wind Systems, Inc. September 2006.

4. **Catalogue of Small Windmills from 5 W to 50kW**, Katie Christensen, Nordic Folkecenter for Renewable Energy, Ydby, DK- 7760 Hurup Thy, Denmark, 2006.

5. Mathias Steck and Fabio Pollicino, "Certification of Small Wind Turbines," **Proceedings of WWEC2009**, June 23 ~ 25, ICC Jeju, Korea.

6. Mick Sagrillo and Ian Woofenden, "Wind Turbine Buyer's Guide," **Homepower**, June & July 2007, pp. 119.

7. International Electrotechnical Commission Standard IEC 61400-2: 2006, Ed. 2, "Design requirements for small wind turbines".

8. Guideline for the Certification of Wind Turbines, Edition 2003 with Supplement, Germanischer Lloyd, 2004.

9. Small Turbines for Rural Development, http://www.bergey.com.

10. Ron Stimmel, "AWEA Small Wind Turbine Global Market Study 2008," American Wind Energy Association, May 2008.

11. Trudy Forsyth, "Overview of Small Wind Turbines", **2008 Wind Turbine Blade Workshop**, May 2008, Albuquerque, NM, U.S.A.

12. David Calley, "Materials and Processes for Volume Manufacturing of Small Wind Turbine Blades", **2008 Wind Turbine Blade Workshop, May 2008,** Albuquerque, NM, U.S.A.

13. Christian Casillas, Stephen Depe, Daniel Prull, RAEL(Renewable and Appropriate Energy Lab) Wind Group Seminar, UC Berkeley, Feb. 2007.

제21장

풍력 하이브리드 발전시스템

Wind Hybrid Power Generation Systems

남용윤, 이근호, 정종관

풍력핵심기술연구센터
한국기계연구원

21.1 서론

대부분의 현대 풍력터빈은 대형 중앙 집중식 전력계통과 연결되어 사용되고 있다. 풍력 하이브리드 발전은 풍력터빈이 독립 계통과 연계되어 그 발전 비율이 대형 계통과 비교하여 상대적으로 큰 경우이다. 보통 독립발전에는 디젤엔진을 많이 사용하는데 이 경우를 풍력-디젤 발전시스템이라고 부른다(Hunter and Elliot, 1994). 가끔 여기에 다른 재생에너지 발전기가 추가될 수 있다. 일반적으로 전통적인 발전과 한 개 이상의 재생 에너지원을 포함한 시스템을 하이브리드 발전시스템이라고 부르는데, 재생에너지원의 종류에 따라 구분한다. 세계적으로 가장 많이 이용되는 것은 디젤 엔진을 이용하는 디젤-풍력발전과 태양광을 이용하는 광전자-풍력발전이다. 그 외에도 조력, 바이오 디젤 등 다양한 재생 에너지원을 하이브리드 발전에 이용한다.

21.2 풍력 하이브리드 발전시스템의 구성 요소

1) 풍력터빈(wind turbines)

독립 전력계통에서 사용되는 풍력터빈의 용량은 보통 10kW에서 500kW까지이다. 이 크기의 풍력터빈들은 대부분 고정 속도 유도식 발전기를 채용하고 있는데, 유도발전기는 무효전력이 외부에서 공급되어야 한다. 따라서, 이러한 풍력터빈을 채용한 하이브리드 시스템에서는 적어도 한 개 이상의 디젤 발전기를 운영하거나 별개의 전력 공급 설비를 갖춰야 한다. 풍력터빈의 유도발전기 기동 전류도 이 설비에서 공급한다. 일부 풍력터빈에서는 동기식 발전기를 사용한다. 피치제어가 가능하다면 계통 주파수 제어에 피치제어를 활용할 수 있고, 또 동기 발전기로 무효 전력을 제공할 수도 있다. 동기발전기를 채용한 풍력터빈은 디젤 발전기를 사용하지 않고 단독으로 운전할 수 있다. 그리고 이러한 풍력터빈은 흔히 전력변환기를 장비하고 있다.

DC 전력을 주출력으로 제공하는 터빈들도 있는데, 보통 작은 규모(10kW 이하)로 부하에 따라(AC 또는 DC) 운전할 수 있도록 적당한 제어기 또는 전력 변환기를 갖춰야 한다.

2) 디젤 발전기(diesel generators)

독립 전력 계통의 발전기는 그림 21.1과 같이 보통 디젤엔진과 직결된 동기 발전기인데 전통적인 AC 전력 계통과 마찬가지로 실효 및 무효 전력을 이 동기 발전기로 공급한다. 계통 주파수는 디젤엔진의 조속기를 사용하여 제어하는데, 복수개의 디젤 발전기를 사용할 경우도 한대의 엔진으로 주파수를 제어한다. 주파수 제어는 실효전력 제어에 해당한다. 동기 발전기로 전압제어도 가능한데 이는 무효전력 제어와 관련이 있다. DC 계통에는 일반적으로 전용 정류기를 부착한 디젤 구동의 AC 발전기를 사용한다.

원격지의 디젤 연료비는 경우에 따라 다르지만 대개 비싸기 때문에 풍력터빈의 출력에 따라 디젤발전의 부하를 줄이거나 정지시키면 연료비를 절감할 수 있다. 그러나 이는 부정적인 결과를 초래할 수 있다. 디젤 엔진은 저부하 운전은 효율이 나쁘고, 엔진 마모를 증가시켜 엔진 수명이 짧아진다. 그리고 잦은 기동과 정지도 엔진의 마모를 상당히 촉진한다. 전체 시스템의 경제성을 향상시키기 위해서 디젤엔진의 최소 부하를 설정하고, 디젤 기동-정지 횟수를 제한할 필요가 있다. 이 방법은 연료 소비를 증가 시키지만, 디젤엔진의 정비와 교체 기간을 감소시키기 때문에 시스템의 경제성을 향상시킨다.

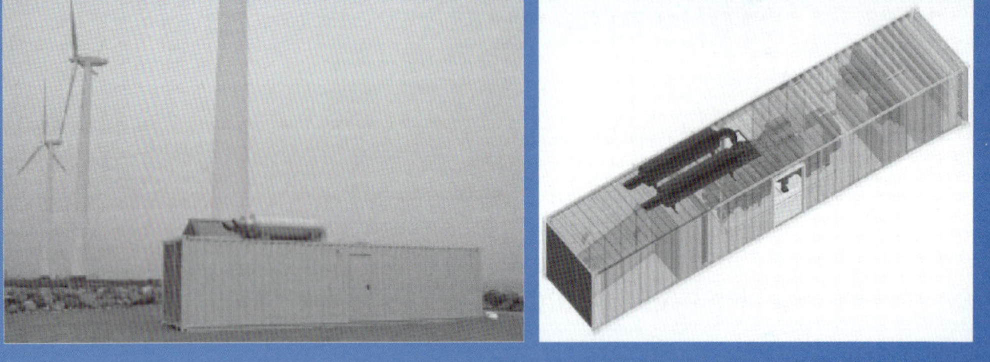

그림 21.1 디젤 발전기의 예

3) 광전지 패널(photovoltaic panels)

그림 21.2와 같이 광전지(PV)패널은 일부 하이브리드에서 풍력터빈의 유용한 보조 수단으로, 태양광을 직접 전력으로 바꿔준다. 광전지 패널은 기본적으로 DC 전력 원이다. 따라서 저장수단과 개별 DC버스와 연계하여 운영된다. 보다 큰 시스템에서는 전용 인버터와 결합하여 사용될 수 있고 사실상 AC 전력원으로서 기능을 한다.

그림 21.2 광 패널을 이용한 풍력 하이브리드 발전의 예

4) 에너지 저장 장치(energy storage systems)

풍력발전기 근처에 설치되어 전력 계통에 연결되어 있는 에너지 저장장치는 제어를 통하여 계통 주파수가 변동하지 않도록 전기를 임시로 저장하고 저장된 전기를 계통에 공급한다. 그림 21.3은 일본의 홋카이도의 전력 자료로 에너지 저장 장치에 의한 출력 평탄화를 보여준다. 야간에 발전한 전기를 저장하여 주간의 전력 생산량을 보상하는데 사용된다.

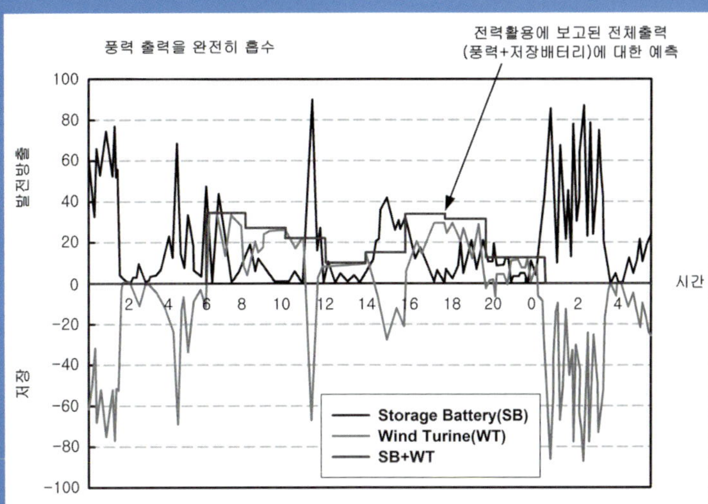

그림 21.3 에너지 저장 장치를 이용한 전력의 평탄 출력

배터리(battery) 배터리는 그 편이성으로 가장 손쉬운 에너지 저장 장치로 여겨진다. 그림 21.4와 같이 배터리 저장시스템은 모듈화 되어 있고 다수의 배터리를 이용하여 큰 양의 에너지를 저장할 수 있다. 일반적으로 보다 큰 독립형 AC 네트워크에서는 에너지 저장이 쉽지는 않지만 가능은 하다. 에너지 저장은 니켈-카드뮴 배터리도 간간히 사용되긴 하지만 보통 납축전지를 사용한다. 배터리는 기본적으로 DC 장치이므로 AC 시스템과의 연계를 위해서는 전력 변환기가 필요하다.

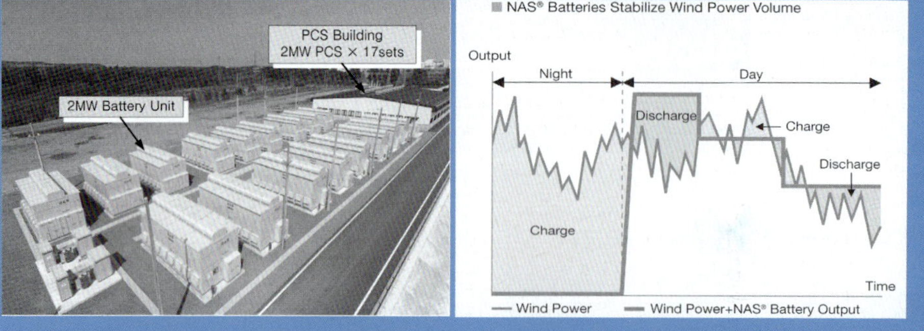

그림 21.4 34MW NaS® Battery Power Storage System
(Futamata 51MW Wind Farm, Rokkasho)
출처: NGK Insulators, LTD.

플라이 휠(flywheels) 전기 에너지의 가장 큰 단점은 저장의 어려움에 있다. 일례로 400파운드의 자동차 배터리는 1파운드의 가솔린이 저장하고 있는 정도의 에너지 밖에 저장하지 못 한다. 그렇기 때문에 저장 에너지 밀도가 높은 석유나 석탄 같은 화석 연료와는 달리 전기 에너지는 필요한 시점에 필요한 장소에서 생산되어야 한다. 이러한 전기 에너지의 단점을 보완해 줄 수 있는 장치가 플라이 휠 에너지 저장 장치이다. 플라이 휠 시스템은 양수발전, 압축공기 저장방식과 함께 기계적 에너지 저장방식의 일종으로 화학전지와 같이 소형화, 모듈화가 가능하여 흔히 기계전지(electro- mechanical battery) 또는 플라이 휠 전지(flywheel battery)라고 불린다. 이는 잉여 전기에너지를 회전하는 플라이 휠의 운동에너지로 변환하여 저장하고 필요시 전기에너지로 출력하는데, 다음과 같은 장점을 가진다.

- 다른 에너지 저장장치에 비교해서 에너지 저장 효율이 매우 높다.
- 순시 충/방전이 가능하다.
- 수명이 반영구적이다.

- 화학전지와 달리 저온에서 상대적으로 성능 저하가 없다.
- 환경 친화적 에너지 저장 장치이다.

현재까지 플라이 휠 시스템은 에너지 저장 측면에서보다는 회전체 제어 측면이나 자기부상베어링 측면에서의 연구 성향이 두드러졌다. 하지만 고비용의 에너지 시대와 환경오염의 심각성이 대두되고 있는 시대적 상황과 맞물려 플라이 휠 시스템이 에너지 저장 측면에서 새롭게 부각되고 있다. 그림 21.5는 플라이 휠 에너지 저장장치의 예시이다.

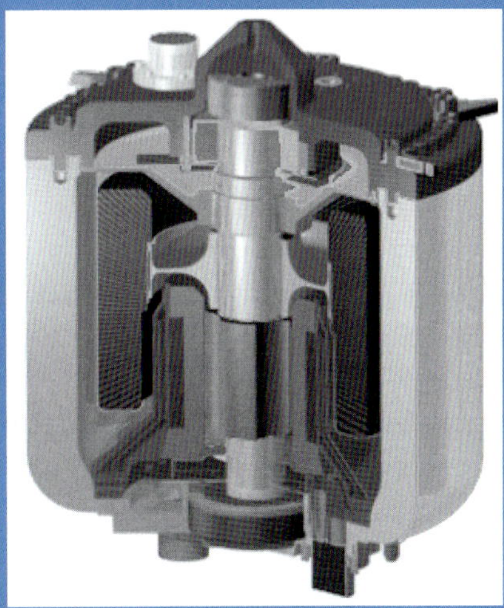

그림 21.5 플라이휠 에너지 저장장치의 예(Pentadyne社)

슈퍼 커패시터(super capacitors) 커패시터의 성능 중 특히 전기 용량의 성능을 중점적으로 강화한 것으로서, 전지의 목적으로 사용하도록 한 부품이다. 전자 회로에 사용되는 커패시터는 전기적으로 충전지와 같은 기능을 갖는다. '전력을 모아서 필요에 따라 방출한다'는 것이 기본 취지이며, 전자 회로를 안정되게 동작시키기 위해서는 반드시 필요한 부품의 하나이다. 충·방전을 반복하는 환경에서 오랜 시간이 경과해도 안정되게 동작한다. 보통 교류 전원으로부터 공급받아 충전해 두고 전원이 끊어진 경우에 소전력을 공급할 목적으로 사용된다. 보통 기기 내부에 설치되어 있으며, 설정용 메모리에 전력을 일시적으로 공급하거나 정전 시에 동작하는 안전기기 등에 이용되고 있다.

전자 부품에서 배터리 대용으로 쓰이기 시작한 전기 이중층 콘덴서(EDLC, electric double layer capacitor)가 새로운 소재와 기술이 접목되면서 대용량화 되어 일반 산업용에 응용되면서 배터리 기능을 대체하고 있다. 슈퍼 커패시터는 EDLC와 유사 커패시터로 분류되나 유사 커패시터로는 배터리에 가까워 논외로 한다. 슈퍼 커패시터는 미래전기자동차의 전원공급원으로 개발되기 시작하면서 급진적인 발전이 이루어지고 있다. 배터리는 전기화학작용에 의하여 전기에너지를 방출하므로 충전시간이 길고 환경오염의 문제가 있다. 또한 내부저항이 매우 높아 효율이 극히 낮다. 이에 반하여 EDLC는 전기적인 분극작용에 의하여 충전이 이루어지므로 충전시간이 매우 짧고 환경오염의 염려가 없다. 방전전압을 조절할 수 있는 장점이 있는 반면 방전시간에 경과함에 따라 에너지가 점차 떨어지는 단점도 있다. 외국에서는 현재 최고용량 2,700F의 제품이 나오고 있다. 용량만을 볼 때 상상하기 힘들 정도 이다. 그러나 전기에너지 이용측면에서는 제품 단위 무게 당 저장량(W/kg)이므로 이 저장밀도를 높이려는 기술개발이 급속하게 진전되고 있다. 앞으로 차량용은 물론 일반 산업용, 우주/군사용, 발전소의 에너지 저장매체로 수요가 팽창하리라 생각된다.

양수 발전(wind-pumped storage hybrid power generation) 양수발전은 발전소의 아래와 위에 저수지를 만들고 발전과 양수를 반복하는 수력발전이다. 여름처럼 물이 많을 때나 야간에 풍부하게 남는 전력으로 펌프를 가동하여 아래쪽 저수지의 물을 위쪽 저수지로 퍼 올린다. 그리고 물이 부족해지는 시기나 주간처럼 전력이 많이 필요할 때 방수하여 발전한다. 일반적인 수력발전소의 연간 발전전력량은 연간 강수량과 자연유량에 제한을 받는다. 하지만 양수방식을 사용하면 더 많은 전력을 생산할 수 있다. 양수발전을 위해서는 발전소보다 충분히 높은 위치에 많은 양의 물을 저장할 수 있는 자연호수 또는 인공호수가 있어야 한다. 자연유량으로 대규모의 발전을 할 수 있는 지점은 이미 대부분 개발되었고, 전력의 수요는 날로 증가되고 있다. 따라서 자연유량에 의존하는 방식을 벗어나 양수에 의한 발전이 필요하다. 그리고 대형 화력발전소, 원자력발전소, 풍력발전소에서는 항상 일정한 전력을 생산하는 것이 유리하다. 풍력발전에서는 바람의 양이 많을 때는 전력이 남고 바람의 양이 부족할 때는 전력이 부족하게 되는데, 잉여전력을 이용하여 양수를 하였다가 전력이 부족할 때 발전하는 것은 매우 합리적이고 유리하다.

축열 시스템(thermal energy storage) 열에너지를 효과적으로 활용하기 위해서 또는 열 이용기기의 효율향상을 위해서는, 양질의 열에너지를 필요한 시간에 필요한 양만큼 공급할 수 있어야 한다. 축열 시스템(TES, thermal energy storage)은 이와 같이 에너지를 효과적으로 사용할 수 있도록 열에너지를 저장하였다가 공급하는 시스템이다. 즉, 축열 시스템은 열에너지의 공급과 수요사이에 있을 수 있는 시간적 · 공간적, 그리고 양적 · 질적 부하격차를 해소함으로써 에너지 이용효율을 향상시키는 시스템이다. 또한 풍력과 같은 간헐적 에너지원이나 심야전력과 같이 수급에 시간적 불균형을 갖는 에너지, 또는 산업배열과 폐열 등 저밀도 미활용 에너지원을 효과적으로 저장하였다가 공급함으로써, 이러한 에너지를 부가가치가 높은 고급 에너지원으로 전환시키는 환경친화형 시스템이다. 풍력은 짧게는 하루 중 밤과 낮, 기후조건에 따라, 길게는 계절에 따라 활용할 수 있는 에너지의 양이 크게 변화하는 특징이 있다. 따라서 풍력을 효과적으로 활용하기 위해서는, 간헐적인 에너지를 열에너지로 계속 저장하였다가 적절히 공급할 수 있는 축열 시스템이 유용하다.

5) 전력 변환기(power converters)

전력 변환에는 두 가지 변환이 있다. 정류와 인버팅으로 정류는 AC를 DC로 바꾸고, 인버팅는 DC를 AC로 바꾸어 AC 계통에 전력을 공급한다.

라인정류 인버터(line-commutated)는 외부 AC 라인이 필요하다. 따라서 계통 주파수를 설정할 수 없다. 예를 들어, 하이브리드 전력시스템 내의 모든 디젤발전기가 꺼진다면, 자기전환 인버터(self-commutated)들이 내부 전자 장치로 정격 출력 주파수를 제어한다. 이들은 보통 다른 장비들과 함께 사용되지 않지만, 계통 주파수를 설정할 수 있다. 인버터 중에는 라인정류 또는 자기전환 모드가 아닌 것들도 있는데 이들은 여러 방면에 사용되지만 매우 비싸다.

로터리 컨버터는 기계 전기적 정류기로 직접 DC 발전기에 연결된 AC 동기식 발전기로 구성된다. 두 전기 발전기는 모터나 발전기 중에 하나로 사용할 수 있다. 하나가 모터로 사용되면 다른 것은 발전기로 사용하게 된다. 로터리 컨버터의 장점은 매우 잘 만들어진 장비라는 것이고 단점은 전자 전력 컨버터에 비해 효율은 다소 떨어지고 가격도 훨씬 비싸다는 것이다.

6) 시스템 제어기(system supervisory controllers)

대부분의 하이브리드 발전시스템은 여러 제어방식을 통합하고 있다. 제어 기능은 시스템 요소에 통합된 전용 제어기를 통해 이뤄지는 것도 있지만, 일반적으로는 디젤엔진 상의 조속기, 동기 발전기상의 전압 조절기, 풍력터빈의 제어기 또는 배터리 뱅크의 충전 제어기를 사용한다. 전체적인 시스템의 제어는 시스템 제어라고 알려진 개별적인 제어기로 수행한다. 시스템 제어기의 특정 기능에는 디젤 발전기의 온 오프 기능, 전력 설정 지점 조정, 배터리 충전과 전력을 제어 가능한 하중으로 배분하는 기능이 포함될 수 있다.

☑ 참고문헌

1. J. F. Manwell, J. G. McGowan, A. L. Rogers, **Wind Energy Explained(Theory, Design and Application)**, WILEY, 2002, pp. 410-422.

2. Ray Hunter, George Elliot, **Wind-Diesel System**(A Guide to the Technology and its Implementation), CAMBRIDGE University Press, 1994.

제22장

해상 풍력

Offshore Wind Turbines

남용윤, 임채환, 이재선

풍력핵심기술연구센터
한국기계연구원

22.1 서론

현재 세계 풍력 현황은 육상에 세워진 풍력발전기의 설계와 건설, 운영 등에 대한 경험을 바탕으로 해상 풍력발전단지(offshore wind farm)를 세우는 쪽으로 가고 있다. 바다 위의 발전기는 우선 기둥을 세울 수 있는 기초(foundation)가 필요하게 되고 수심에 따라서 고려해야 할 사항이 늘어난다. 또 전력망을 바다에 깔아야 할 뿐만 아니라 바다 위에 변전소도 지어야 한다. 그래서 건설, 전기, 기계 등과 같은 여러 가지 측면에서 육상에 비해 어렵고 비용도 상대적으로 높다. 이런 어려움에도 불구하고 풍속감소가 육상에 비해 상대적으로 작기 때문에 같은 높이의 타워(tower)를 가지고 좀 더 큰 출력을 얻을 수 있다.

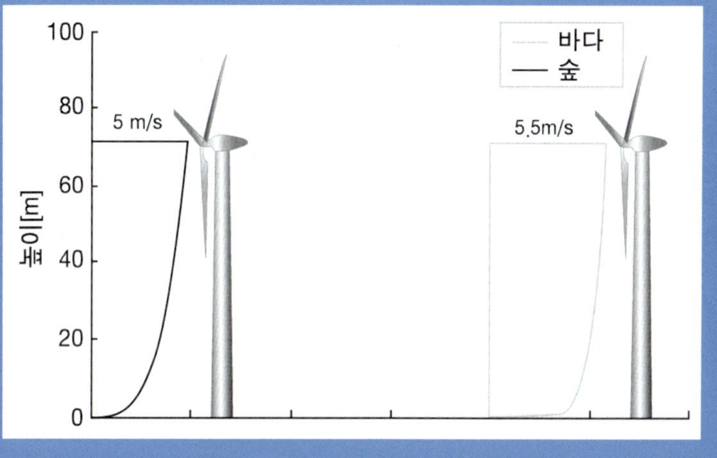

그림 22.1 지형에 따른 같은 기둥(tower) 높이에서 풍속의 차이[18]

예를 들어 높이 100m에서 바람이 바다와 숲에서 동시에 6m/s로 불고 있다면, 숲에서는 높이 약 72m에서 풍속 5m/s이고 반면 바다에서는 그림 22.1과 같이 풍속은 5.5m/s가 된다. 숲에 세워진 100kW급 발전기로 풍속 5m/s에서 12.5kW의 출력을 낸다고 하고, 출력(power)은 풍속의 세제곱에 비례한다면, 바다에 세워진 같은 100kW급 발전기로 풍속 5.5m/s에서 30%가 많은 16.6kW의 출력을 낼 수가 있다. 즉 해상에서 더 많은 전기에너지를 얻을 수 있다. 아울러 날개 전체가 비교적 균일한 힘을 받기 때문에 로터 블레이드(rotor blade)와 타워(tower)의 피로하중도 감소한다.

현재 Enercon의 E-112(출력 4.5 MW)와 GE Wind의 3.6 MW급의 풍력발전기 등과 같은 기종이 해상 풍력발전단지의 건설을 위해서 독일과 스페인에서 시험가동 중이다. 다른 회사들도 속속 해상 풍력발전단지용 풍력발전기를 소개하고 있다.

우리나라는 인구에 비하여 육지 면적이 좁으나 삼면이 바다로 둘러싸여 있어 해상 풍력단지를 조성하는 것이 가능하고, 특히 관련기술인 조선 및 해양구조물 건조기술이 세계 제1위이므로 해상 풍력발전도 세계적인 산업으로 키울 수 있을 것이다. 이를 인지하여 최근에 정부에서도 해상 풍력발전기의 개념 및 기본설계 프로젝트를 추진하고 수행한 바 있다.[14] 표 22.1에는 운영 중인 유럽의 해상 풍력발전 단지의 2009년까지의 현황이 정리되어 있다.[13] 최근까지 해상 풍력발전의 개발은 주로 고정식으로 얕은 수심에 설치되고 있으나, 점차 해안으로부터 멀리 떨어져 수심이 깊은 곳에서도 풍력발전단지를 개발할 필요성이 제기되고 있으며, 이에 따라 부유식 플랫폼을 이용한 해상 풍력발전시스템 기술이 많이 연구되고 있다.[19]

22.2 해상 풍력발전단지(offshore wind farm)

덴마크, 네덜란드, 독일 그리고 영국 등은 해안에서 수 km떨어진 수심이 5m ~ 20m 바다 위에 풍력발전기를 설치하는 해상 풍력발전단지를 개발 중에 있다. 이 해상 풍력발전단지는 내륙의 공간적 제약에서 벗어나 해상의 우수한 풍력자원을 이용하고 저 난류성으로 인한 발전기의 수명이 늘어나는 장점이 있다. 이런 장점에도 불구하고, 해상 구조물의 높은 설치비용으로 인해서 그 동안 실용화되지 못하였으나, 대형풍력발전기의 개발로 인하여 발전단가를 낮추어 경제성을 확보해가고 있다. 덴마크 전력회사들의 경제성분석 결과에 따르면 대당 용량 1,500kW 풍력발전기를 사용한 해상 풍력발전단지 중 특히 Tunø 지역의 해상단지의 경우 발전원가는 kW당 현재 6€cents에서 3.8€cents로 낮아질 것으로 전망되고 있다.

또한 국외 풍력발전기 전문제작사들은 해상 풍력발전단지용 대형 풍력발전기를 개발보급중인데 Enercon사, ABB사, Lagerwey사 등 많은 풍력발전기 제작사들이 해상 풍력단지용 모델을 주력 모델로 내세우고 있다. 현재 덴마크와 네덜란드 북쪽 해안에 대규모 풍력단지가 건설 중에 있으며 이들 해상단지의 용량은 각각 600MW와 100MW에 이르며, 건설비용은 kW당 약 1,560€ ~ 2,250€에 이를 것으로 예상된다. 또한 덴마크는 2030년까지 4,000MW의 해상풍력단지를 조성한다는 목표를 세우고 있다. 그림 22.2는 덴마크 미델 그룬덴의 해상풍력단지이다.

표 22.1 Operational Offshore Wind Farms in Europe End 2009
출처: Offshore Statistics, EWEA

Project Name	Country	Numbers of WTGs	WTGs (MW)	Manufacturer	MW	Foundation Type	Construction
Vindeby	DK	11	0.45	Siemens	4.95	Gravity	1991
Lely	NL	4	0.5	Nedwind	2	Monopile	1994
Tunø Knob	DK	10	0.5	Vestas	5	Gravity	1995
Irene Vorrink	NL	28	0.6	NordTank	16.8	Monopile	1996
Bockstigen	S	5	0.55	NEG-Micon	2.75	Monopile	1998
Blyth Offshore	UK	2	2	Vestas	4	Monopile	2000
Horns Rev 1	DK	80	2	Vestas	160	Jacket	2001
Middelgrunden	DK	20	2	Siemens	40	Gravity	2001
Utgrunden I	S	7	1.5	Ge Wind	10.5	Monopile	2001
Yttre Stengrund	S	5	2	NEG-Micon	10	Monopile	2002
Frederikshavn	DK	2	2.3	Nordex, Siemens	4.6	Monopile	2003
Frederikshavn	DK	2	3	Vestas	6	Monopile	2003
Nysted	DK	72	2.3	Siemens	165.6	Gravity	2003
Samsø	DK	10	2.3	Siemens	23	Monopile	2003
North Hoyle	UK	30	2	Vestas	60	Monopile	2003
Enova offshore Project Ems Emden	DE	1	4.5	Enercon	4.5	Monopile	2004
Arklow Bank	IRL	7	3.6	GE Wind	25.2	Monopile	2004
Scroby Sands	UK	30	2	Vestas	60	Monopile	2004
Kentish Flats	UK	30	3	Vestas	90	Monopile	2005
Breitling	DE	1	2.5	Nordex	2.5	like land-based	2006
Barrow	UK	30	3	Vestas	90	Monopile	2006
Offshore Wind Farm Egmond aan Zee	NL	36	3	Vestas	108	Monopile	2007
Lillgrund	S	48	2.3	Siemens	110.4	Gravity	2007
Beatrice	UK	2	5	Repower	10	Jacket	2007
Burbo Bank	UK	25	3.6	Siemens	90	Monopile	2007
Thornton Bank phase 1	B	6	5	RePower	30	Gravity	2008
Hooksiel	DE	1	5	Bard	5	Tripod	2008
Kemi Ajos phase 1+2	FI	8	3	WinWind	24	Gravity	2008
Prinses Amalia	NL	60	2	Vestas	120	Monopile	2008
Inner Dowsing	UK	27	3.6	Siemens	97.2	Monopile	2008
Lynn	UK	27	3.6	Siemens	97.2	Monopile	2008
Alpha Ventus - Borkum West	DE	6	5	Multibrid	30	Tripod	2009
Horns Rev 2	DK	91	2.3	Siemens	209.3	Monopile	2009
Storebaelt/Sprogø	DK	7	3	Vestas	21	Gravity	2009
Hywind	NO	1	2.3	Siemens	2.3	Floating	2009
Gässlingeground	S	10	3	WinWind	30	Gravity	2009
Gunfleet Sands 1 and 2	UK	29	3.6	Siemens	104.4	Monopile	2009
Rhyl Flats	UK	25	3.6	Siemens	90	Monopile	2009
Robin Rigg	UK	30	3	Vestas	90	Monopile	2009
Total		826			2,056		

그림 22.2 Offshore wind power farm (Denmark, Middelgrunden, 20×2 MW)

22.3 고정식 풍력발전

해상 풍력발전의 개발에 있어서 중요한 것은 해상에 구조물을 설치하는 것이다. 해상 풍력발전시스템은 일반 육상용 풍력발전기와 비슷하지만 타워의 기초와 해수에 의해 발생되는 부식방지를 위한 풍력발전시스템의 해양화가 가장 핵심적이다. 이 가운데 가장 기술적이고 경제적인 요소가 되는 타워의 기초는 다음과 같이 3가지로 분류되며 그림 22.3에 나타내었다.

그림 22.3 수심에 따른 해상 풍력발전시스템 형식[19]

- 수심 0 ~ 30m: 모노파일(mono-piles), 중력식(gravity bases)
- 수심 30 ~ 60m: 멀티파일(multiple pile), 멀티케이슨(multiple caisson)
- 수심 60m 이상: 부유식(floating system)

해상 구조물의 기초는 육상기초와 달리 지반의 강도가 매우 약하기 때문에 시공할 때 해저지반의 기초 침하가 우려되고 있어 그에 따른 적절한 보강공법이 제시되어야 할 것이다.

콘크리트 자중 기초 해상 풍력발전단지에 가장 많이 사용되는 기초로서 상대적으로 수심 3 ~ 5m 지역에서 사용된다. 강철(steel)이나 콘크리트(concrete)중량물의 자중으로 전도를 막는 방식으로 타워의 하중을 지반으로 직접 전달하는 기초방법이다. 대표적으로 덴마크의 Nysted Windfarm과 스웨덴의 Middelgrunden에서 적용되었다. 그림 22.4는 콘크리트 자중 기초의 모식도이다.

그림 22.4 Concrete gravity foundation[7]

출처: BTM 2009 report

모노파일(mono-pile) 기초 수심 25m 이하의 해상지역에서 사용 하는 방식이다. 미리 해상 지반을 20 ~ 30m정도 천공(pre-drilling)하여 그라우팅을 하고 파일(pile)을 고정시키는 방식으로 제작과 설치가 간단하고 어느 정도 깊은 해상에서도 적용이 가능하다는 장점이 있다. 덴마크의 Horns Rev에서 적용한 것이 대표적이다.

Tripod 또는 tetrapod pit(multiple pile) 기초 수심이 더 깊어질수록 모노파일 기초는 현재의 기술로는 매우 어렵고 비경제적이다. 따라서 더 깊은 수심에서는 보통 3개나 4개의 강철파일(steel pile)을 사용하는 tripod 또는 tetrapod pile 기초를 사용한다. 3개의 파일 사이에 설치되는 강철재는 인장력 또는 압축력을 받으면서 바람이나 파도에 의한 하중을 저항하도록 설계하며 너울로 발생하는 타워의 상하운동에 의한 하중을 분산시켜 기초를 안정화 시킨다. Tripod 혹은 tetrapod pile 기초는 깊은 수심에서 설치가 가능한 장점이 있는 반면에 파일의 제조와 설치에 대한 비용이 매우 비싸다. 대표적으로 스코틀랜드의 Beatrice에서 2개의 풍력발전용 해상 구조물을 건설하였다. 그림 22.5는 멀티파일 기초의 모식도이다.

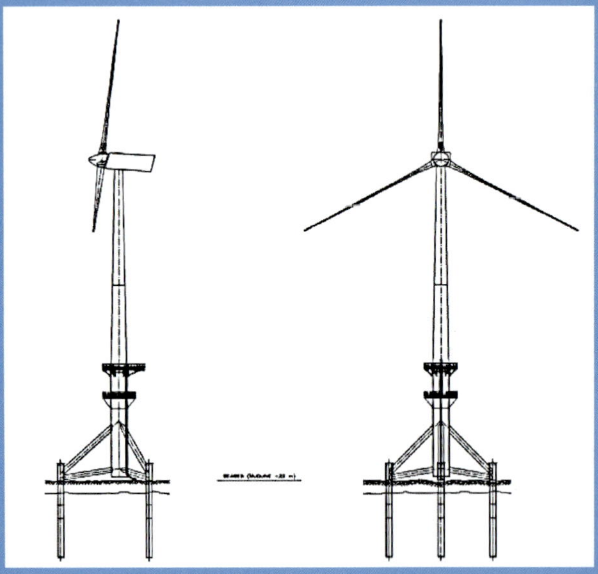

그림 22.5 Multiple pile foundation[7]

Suction caisson 기초 큰 양동이 같은 기초로서 해저에 기초를 내려놓으면 케이슨 내부에 구속된 물이 양수(pumping)되면서 지반 속으로 기초가 빨려 들어가 고정되는 방식이다. 이 방법은 이전의 pile이나 콘크리트 자중식 기초와 다르게 시공 시간과 재료비용에서 상당한 이득을 주는 반면 단단한 지반이 아닌 진흙(clay) 지반에서는 변위가 발생되어 침하가 된다는 문제점이 있어 거의 사용하지 않는다. 대표적으로 덴마크의 Frederikhavn에서 적용되었다.

22.4 부유식 풍력발전시스템

부유식의 정의와 종류 육상에서처럼 해저에 파일을 심어 타워를 고정시키는 고정식과는 달리 부유식은 그림 22.6과 같이 해상에 떠있는 부유체 위에 타워를 고정 시키고 부유체의 운동을 계류 시스템으로 제어하는 시스템이다. 부유식은 해안에서 멀리 떨어져서 설치할 수 있기 때문에 주변 환경에 미치는 소음과 전자기 등의 영향이 작다.

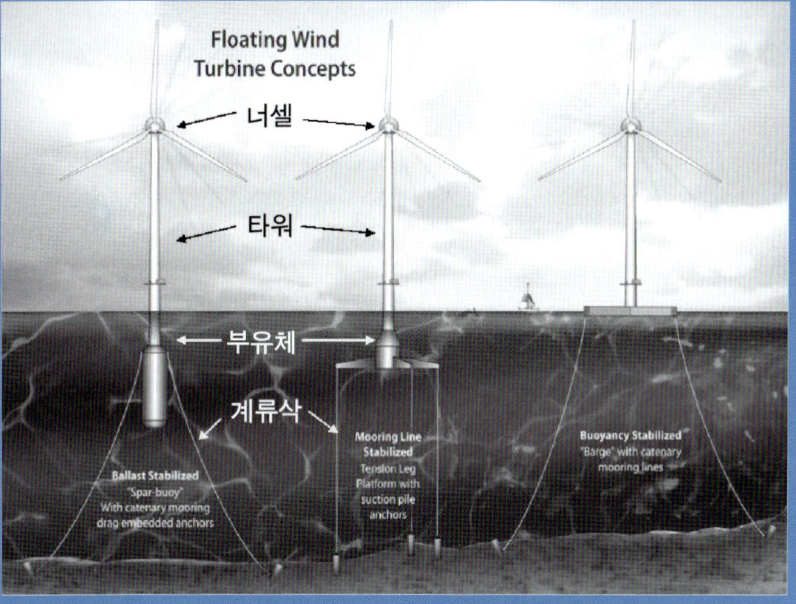

그림 22.6 부유식 풍력발전시스템 개념도 및 명칭
출처: NREL

부유식은 수심 40 ~ 50m 이상에 설치될 때 고려할 수 있는 형식이며, 주로 석유탐사와 채굴을 위한 해양구조물 건설에 사용된 해상 부유구조물 시스템의 개념을 활용할 수 있어 다양한 형태의 구조물을 환경조건에 맞추어 설계할 수 있다. 부유식은 해상에 떠 있어 파도, 바람 등의 주위 환경의 영향을 많이 받아 고정식에 비하여 움직임이 크기 때문에 움직임이 될 수 있으면 작도록 부유시스템을 설계하는 것이 최대 관건이다. 해상 풍력발전기의 요구 정밀도만큼 부체를 제어하기 위해서는 부유식 구조물의 계류시스템에 매우 엄밀한 설계와 시공기술이 필요하다.

부유식 풍력발전시스템은 일반적인 고정식 기초보다 그 거동이 훨씬 복잡하여 풍력발전시스템이 요구 하는 설계기준을 정립하기 위해서는 보다 다양한 부유 구조물의 거동과 실제 거동 분석 및 계측을 통해 해상 풍력발전시스템의 기본조건을 충족시키는 최적의 부유 기초에 대한 연구가 필요하다. 또한 대형 상부 구조물을 지지하기 위한 계류라인과 앵커시스템은 대규모의 시스템으로 구성되어야 하며, 따라서 고성능 앵커-계류시스템이 필수적이다.

부유식 구조물의 형식은 부력체가 외력을 받는 경우에 이에 대항하여 자세를 유지하는 복원력의 발생 메커니즘에 따라 폰툰형, 주상형, 인장 계류형으로 분류할 수 있다.

폰툰형 선박의 복원성 원리와 같이 부력체가 기울어지면 기울어진 쪽의 부력이 증가하고 반대쪽의 부력이 감소하여 복원 모멘트가 생긴다. 폰툰형은 수면 위에 떠 있기 때문에 파의 영향을 많이 받으므로 비교적 정온한 해역에 적합하다. 폰툰형 중에서 파의 영향을 작게 받기 위하여 고안된 대표적인 형식 중의 하나가 반잠수식(semi-submissible type platform)이다. 반잠수식은 그림 22.7에 보는 바와 같이 플랫폼을 수면 하부의 부유체와 수개의 기둥으로 연결한 형식으로 일반 선박과 같은 부유식 구조물에 비하여 수선면적이 매우 작다. 사영면적이 작아 하중을 작게 받으며 큰 배수량의 하부구조가 물속에 잠겨있어서 수직운동이 줄어들고, 수선면이 작으므로 운동의 고유주기가 길어져 약 30초에 이르며 따라서 10초에 몰려 있는 파랑과의 공진을 피할 수 있다는 장점이 있다.

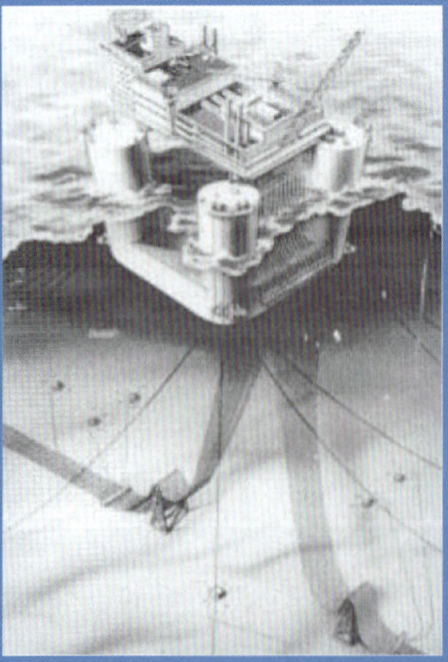

그림 22.7 반잠수식
(semi-submissible type platform)

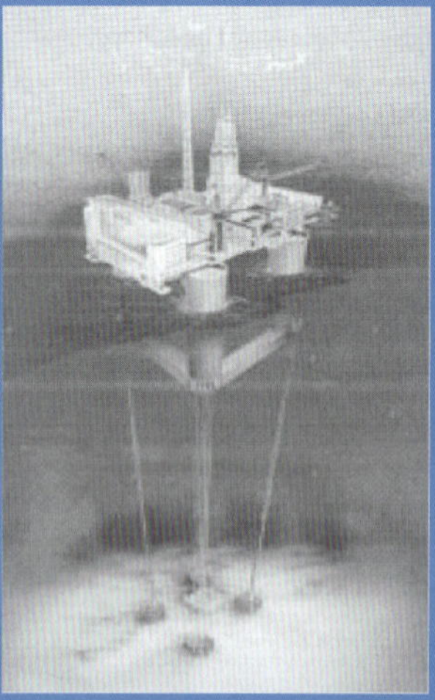

그림 22.8 인장각 플랫폼(TLP)[19]

인장 계류형 해저와 부력체를 세장한 탄성부재로 결합하여 이의 강성으로 복원력을 발생시키는 형식이다. 이러한 구조물 중의 대표적인 형식으로는 인장각 플랫폼(TLP, tension leg platform)이 있다. TLP형식은 그림 22.8에서 보는 바와 같이 플랫폼이 수개의 쇠줄이나 쇠파이프로 해저면에 연결되어 일정위치를 유지하도록 만들어져 있다. 플랫폼의 구조는 반잠수식의 형태와 유사하게 만들어 하중을 적게 받게 설계되어 있으며, 플랫폼을 정적 평형위치보다 조금 아래로 내려가도록 쇠줄을 끌어당겨 설치함으로서 쇠줄에는 잉여부력에 의한 인장력이 걸리게 된다. 이렇게 함으로써 구조물이 수평운동을 하더라도 복원력이 발생하여 원래의 위치로 돌아오도록 설계되었다. 인장 계류형은 부체에 작용하는 파하중을 인장계류부재를 통하여 해저의 기초에 전달하게 되므로 해저의 기초를 비교적 용이하게 하는 것이 가능한 경우에 유효한 형식이다.

주상형 대표적인 구조물은 비교적 최근에 제안된 스파형(spar platform)이다. 그림 22.9에서 보는 바와 같이 실린더 형태의 구조물이 수직으로 서 있고 그 위에 플랫폼이 설치된 형태로서 부력 중심 밑에 중력중심을 둠으로서 안정성을 얻으며, 위치유지를 위하여 유연계류장치나 긴장계류장치가 설치된다.

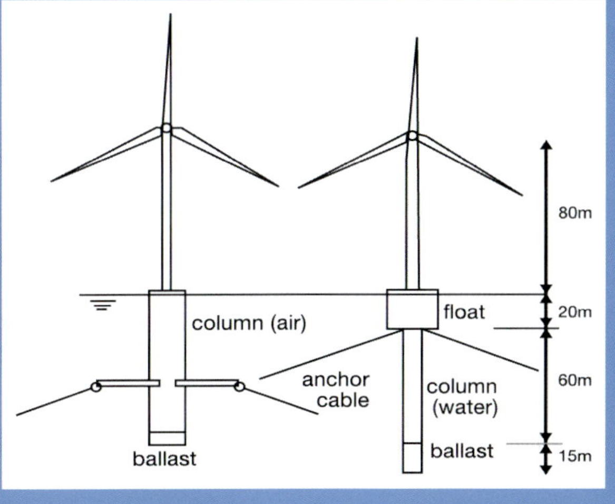

그림 22.9 스파형 (spar platform)[19]

부유식의 중요성 육상이나 천해역 또는 연안에 설치된 고정식 해상 풍력발전시스템은 기술 주기상 발전기에 도달해 있어 시장 진입장벽이 크다. 부유식 해상 풍력발전시스템은 아직 세계적으로 개발 단계에 있고 상용화가 되어 있지 않기 때문에 진입을 빨리하면 기술을 선점할 수 있는 가능성이 크다. 장기적인 관점에서 관련분야인 조선/해양 및 토목분야와 연계하여 풍력분야는 부유식 해상풍력분야를 선점하고 조선/해양 및 토목분야는 새로운 시장개척으로 사업영역을 넓히는 계기를 마련하는 시너지 효과를 기대할 수 있다. 해상 풍력발전시스템의 지지구조물은 대형화가 될수록 경제성이 있기 때문에 대형 구조물을 설치할 수 있는 육지에서 먼 해역에 설치하는 것이 유리하며 이 경우 부유식 풍력발전시스템이 고정식에 비하여 경제성이 높아진다.

부유식의 국내외 기술 동향 국내에서는 해상풍력분야에서 고정식 형태의 해상 풍력발전시스템은 연구 중이나 부유식 해상 풍력발전시스템에 대해서는 아직 연구가 본격적으로 수행된 바가 전혀 없다.

미국 MIT의 P. Sclavounos교수팀은 NREL과 공동으로 NREL에서 풍력발전기의 설계를 위해 개발된 기체동력학 및 구조동력학 해석프로그램(FAST)과 MIT에서 해상 구조물의 파도력 및 파도응답시뮬레이션 프로그램으로 개발된 프로그램(WAMIT)을 결합하여 이를 5 MW급의 폰툰형과 TLP형의 해상풍력발전기 플랫폼(그림 22.10)의 설계에 적용하고 두 가지 타입에 대한 동응답해석과 비용해석을 수행하였다. 비용해석 결과로서 폰툰형과 TLP형의 플랫폼 건설비용이 각각 $1,810,000과 $1,410,000으로 TLP형이 폰툰형 보다 비용이 적게 드는 것으로 추정되었다. 이 플랫폼의 건설단가에는 플랫폼의 제작뿐 아니라 풍력발전기의 탑재와 해역설치에 드는 비용도 포함되었으나 풍력발전기의 제작비, 전력의 이송시스템 구축비용은 포함되어 있지 않다.

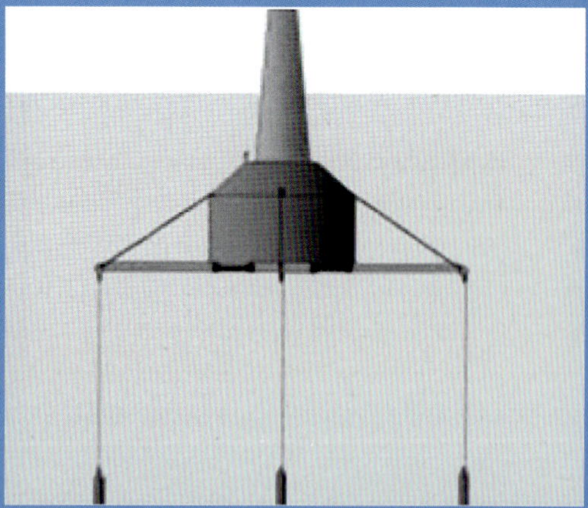

그림 22.10 NREL TLP 개념도

출처: Musial et al, 2004

그림 22.11 The HYWIND floating wind turbine 개념[19]과 설치된 모습

출처: MarineBuzz.com

노르웨이의 StatoilHydro사에서는 그림 22.11과 같이 수심이 200내지 300m가 되는 콘크리트 재료를 이용한 부유식 해상 풍력발전기 HYWIND 시제품을 2009년 5월에 노르웨이 인근의 북해에 설치하였다. 5MW급과 120m의 로터 직경을 갖는 풍력발전기 200기를 설치하여 매년 4TWh의 전기를 생산하는 대규모 해상 풍력발전단지를 개발하는 것을 목표로 하고 있다. HYWIND의 설계를 검증하기 위하여 극한 해상 상황에 노출되었을 때의 동적 응답을 해석하는 전산프로그램을 개발하여 설계에 적용되었다. 전산프로그램은 풍력발전기가 육상에 고정되어 있는 경우의 거동을 수행할 수 있는 공탄성해석프로그램(HAWC2)과 해양구조물의 동적응답해석을 하기 위한 프로그램(SIMO/RIFLEX)으로 구성되어 있다. 이 전산프로그램을 이용하여 극한 환경 하에서의 HYWIND의 동적응답을 계산하고 이를 해양공학수조에서의 모델 테스트 결과와 비교하여 좋은 일치된 결과를 얻어 전산프로그램의 유용성을 입증하였다.

22.5 우리나라 해상 풍력발전시스템

우리나라는 삼면이 바다로 둘러싸여 있고, 특히 수심이 낮은 남해와 서해에서 대형 해상 풍력발전단지의 조성이 가능하다. 간단히 소요면적을 산출하여 보면 다음과 같다. 향후 1기당 5,000kW의 발전기를 500m 간격으로 설치한다고 하면 50만kW의 단지조성에는 가로 5km, 세로 5km의 해상면적이 필요하다. 육지에서 이와 같은 대단위 부지를 확보하는 것은 쉽지 않으며, 결국 풍황 조건이 양호한 해상을 잘 선택하면 쉽게 해결될 수가 있다. 대규모 해상 풍력발전단지의 조성을 위해서는 우선 국내에서의 정밀한 풍황 조사가 선결되어야 한다. 이 데이터에 의하여 경제성 있는 발전단지의 규모가 결정되며, 이어서 제반 환경영향평가에 따른 항로, 어로구역, 양식장에 대한 피해, 철새 및 수중 동물 등에 대한 조사가 이루어지고, 필요시 지역 주민에 대한 보상과 홍보가 이루어져서 지역과 함께 혜택을 누릴 수 있는 해상 풍력발전 사업의 추진이 필요하다. 한편 우리나라는 현재 5WM급의 해상풍력용 발전기의 개발이 진행 중이다.

전라남도에서는 전남 서남부 도서, 해상 및 해변 지역에 '5GW 풍력프로젝트'를 추진 중이며 이중 4GW는 해상풍력발전으로 개발하려고 하고 있다. 1단계 해상풍력발전단지는 500MW 규모이며 2012년에 착공예정이다.[20]

22.6 해상 풍력발전시스템의 미래

세계풍력에너지협회(World Wind Energy Association, WWEA)는 세계 신규 풍력발전 설치 추세를 2010년에는 약 440GW 정도 될 것으로 예상하고 있으며, 이 중 해상풍력의 신규 설치량은 약 2.5% 정도 차지할 것으로 보고 있다.

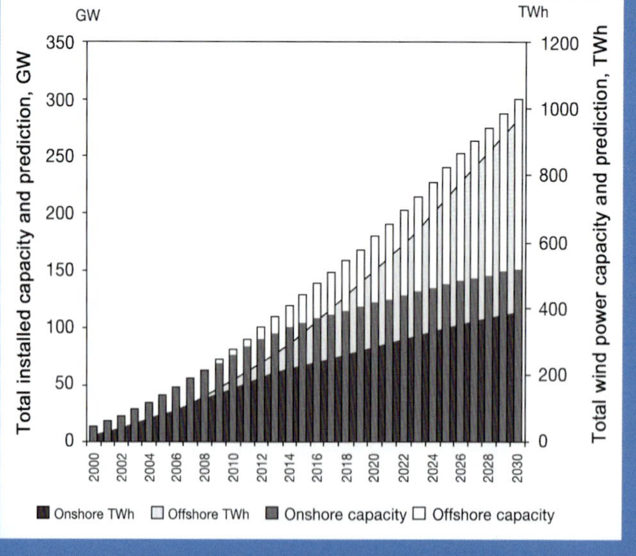

그림 22.12 육상 및 해상풍력의 전망

출처: EWEA

유럽풍력에너지협회(Europe Wind Energy Association, EWEA)에 의하면 유럽에서의 해상풍력 시장규모는 1992년부터 2006년까지 14년 동안 매년 33.5%의 성장률(그림 22.12와 그림 22.13)을 보여 왔으며, 그림 22.14와 같이 이러한 추세로 2020년의 해상풍력 규모는 약 20 ~ 40GW가 설치될 것으로 예상된다.

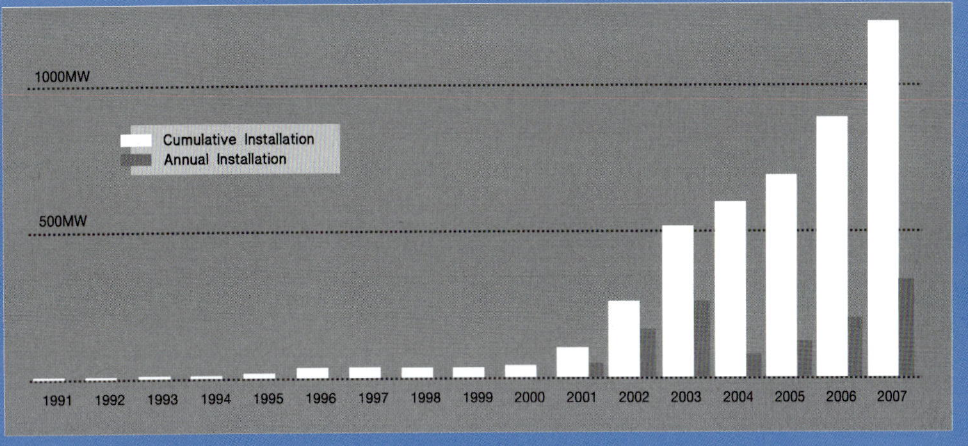

그림 22.13 유럽 해상풍력 시장현황
출처: EWEA, 1991 ~ 2007

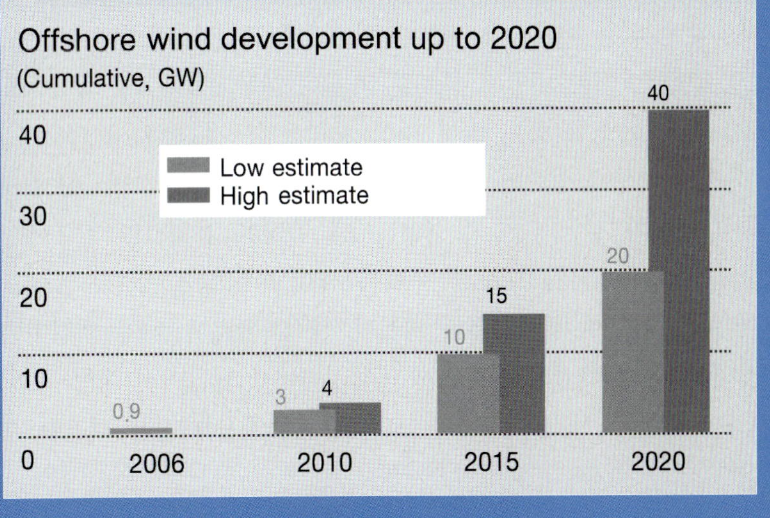

그림 22.14 2020년 유럽의 해상풍력 개발 전망
출처: EWEA, 2008

최근까지 해상 풍력발전시스템은 해안가를 중심으로 한 수심이 얕은 지역에서의 개발이 주도되어 왔으나 최근에는 기기의 대형화와 넓은 지역에 설치할 수 있도록 해양화(marinization)된 시스템을 채택하는 것이 대세이다. 현재는 해양시스템이 매우 고가이기 때문에 운용과 유지보수 등을 포함한 비용 효과를 높이고 효율이 높은 5MW 이상의 대형 시스템에 대한 연구가 필요하다.

22.7 차세대 초대형 해상 풍력발전시스템

차세대 초대형 해상풍력시스템은 풍력시스템 중에서 블레이드 길이가 55m 이상이고 용량이 5MW 이상인 시스템으로 정의될 수 있다. 현재 5MW급은 해외에서는 상용화 되어 있으며 8 ~ 10MW의 시스템에 대해서 타당성 연구(feasibility study)가 진행 중이다. 육상용에 비해 구조상 큰 차이는 없으나, 해풍과 해수에 의한 부식을 막기 위한 방지 대책이 필요하며, 조류, 해류 등의 해상 환경을 고려한 기초 구조물을 포함한 시스템 설계(그림 22.15)가 필요하다.

현재 블레이드 직경이 110m를 넘고 1기당 최대출력이 5,000kW에 이르는 소위 "멀티메가와트"의 대형기가 만들어지고 있으며 기술적으로는 10MW의 초대형 해상 풍력발전기도 수년 내에 가능한 시점에 와 있다. 따라서 현대의 풍력발전기술의 키워드는 풍력발전기의 대형화이며, 이를 바탕으로 한 발전프로젝트의 대형화로 볼 수 있다. 이와 같이 대형기를 선호하게 된 배경에는 전력회사의 영향이 크다. 즉, 화력이나 원자력발전소는 대부분 출력이 수 십만kW로 대규모이기 때문에 풍력발전소에도 이와 같은 규모의 경제성을 요구하게 되었고 이에 대응하기 위한 대형기의 개발이 필요하게 되었다. 또한, 이를 집적하여 수용하기 위한 대형 풍력발전단지의 개발이 중요한 과제로 대두되었다. 그 중에서도 대형 풍력개발 프로젝트로서 각광을 받고 있는 것이 해상 풍력발전단지(offshore wind farm)이다. 수심 20 ~ 30m까지의 해상에 설치되는 풍력발전기는 대형이 적합하며, 현재 유럽에서 5MW급이 시운전중이다. 이와 같은 대형 풍력발전기를 육상에 설치하는 경우에는 전체 무게가 수 백톤을 초과함으로서 도로를 이용한 운반이 사실상 어렵다. 특히, 50m를 초과하는 긴 풍력날개를 운반하기 위하여 직선도로의 확보가 선결과제로서 이의 해결이 현실적으로 어려운 경우가 많다. 그러나 해상의 경우에는 임해지역에서 만들어진 대형 부품들을 선박이나 바지선에 탑재하여 이송과 설치가 가능함으로서 운반상의 문제점을 해결할 수 있는 장점이 있다.

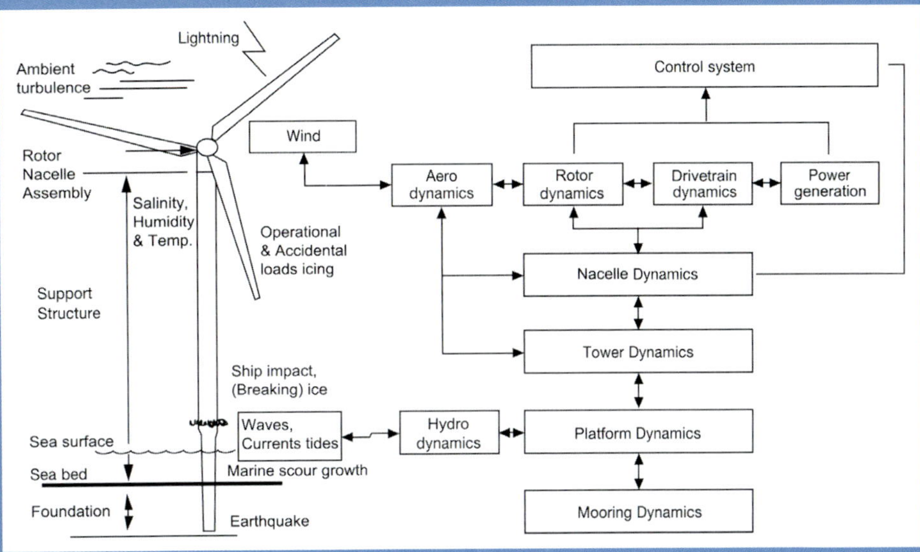

그림 22.15 해상용 풍력시스템의 설계 프로세스

현재 해상 풍력시스템에 설치되는 용량은 2 ~ 3.6MW급이나 향후 경제적 관점에서 볼 때 초대형 시스템이 주류가 될 것으로 예측된다. 3면이 바다인 우리나라의 풍력 보급을 위해서는 경제성 있는 풍력시스템의 개발이 필요하다. 현재까지 상용화되어 설치된 해상용 풍력발전시스템은 덴마크 Vestas사의 3MW 모델과 덴마크 Siemens사의 2.3MW와 3.6MW 모델이 대부분을 차지하고 있다. 해상용 풍력발전시스템의 경우 육지와 달리 초대형 부품의 운송 상 제약이 없고, 해상용 기초구조물 설치에 많은 비용이 소모되므로, 2 ~ 3MW의 풍력발전시스템보다 5MW 이상의 초대형 풍력발전시스템일수록 풍력단지를 조성할 때 경제성이 높다.

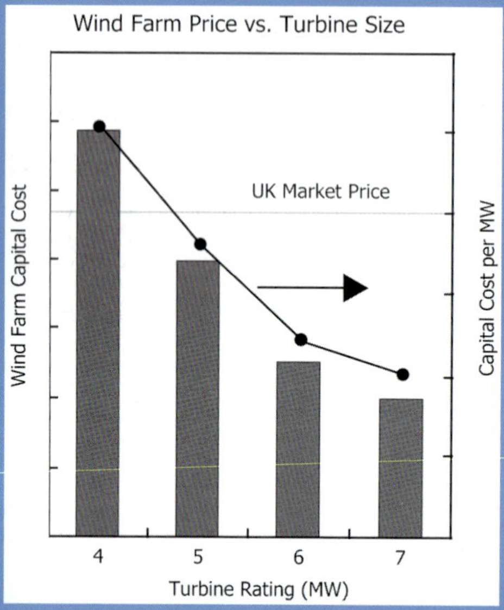

그림 22.16 터빈용량에 따른 해상풍력 원가 추이
출처: GE Wind, 2007

EWEA에 따르면 2030년 경에는 해상 풍력발전 단지가 전체의 약 50%를 차지하리라 예측되고 있다. 급속히 확대되는 해상 풍력발전 시장의 진출을 목표로 선진 풍력발전시스템 제조업체에서는 2000년대 초반부터 해상 풍력발전시스템의 개발을 시작하여 현재까지 개발 완료하였거나, 개발을 진행 중이다.

해상풍력기술개발의 세계적인 추세는 단지 대형화(4.5MW→4.7GW), 설비 대형화(2.5MW→5MW), 설치 깊이 확대(3m→46m) 등 신기술 도입을 위한 노력과 해상풍력 비용의 55%를 차지하는 기초, 시공기술의 저가화를 통한 보급 확대에 노력 중이다. 그림 22.16에서 보는 바와 같이 발전단가도 빠른 속도로 감소되고 있다. 해상풍력의 평균설치 용량은 2007년말 기준으로 2.2MW이나(출처: BTM WMU 2007), 2009년 추진 중인 해상풍력단지의 평균 설치 용량은 4.2 ~ 4.6MW로서 5MW급이 주류를 이루고 있다.

해상용 초대형 풍력발전시스템의 해외 개발 현황은 시장의 평균 설치용량 증가에 발맞춰 초대형 시스템 개발의 완료 또는 개발 중이다. 우선 REpower사에서는 5MW 상용화하여 Bremerhaven 항구(독일)에 연간 100기 생산이 가능한 공장을 건설하였다. 또한, 벨기에 연안에 C-Power 300MW(60기) 해상 풍력단지에 대한 초기 프로젝트(initial project)를 수행하고 있다. 이 외에도 해상용 6MW 풍력발전시스템 개발도 진행 중이다.

Multibrid사는 5MW 해상용 풍력발전시스템인 M5000의 개발을 완료하였고, 2009년 독일의 Alpha Ventus에 6기의 풍력터빈을 설치하였다.

Enercon사에서는 E-112 4.5MW 풍력발전시스템의 개발을 완료하였고 2007년에는 E-126 6MW 풍력발전시스템을 설치하였다. Bard사는 5MW Prototype 2기를 육상에 설치하였고, 2008년 하반기에는 Jade강에 설치하였다. 2008년에는 연 20대, 2009년에는 연 40대, 2010년에는 연 50 ~ 60대를 생산할 설비를 구축할 계획으로 7MW 이상급을 개발 중이다. 미국의 GE Wind는 미국 DOE와 협력하여 5 ~ 7MW 시스템을 개발하는 중으로 8MW 해상 풍력발전시스템용 동력전달장치에 대한 개념 설계 중이다.

☑ 참고문헌

1. Det Norske Veritas, **Guidelines for Design of Wind Turbines** 2nd Edition, Cophenhagen and Wind Energy Department, RISØ National Laboratory, 2002.

2. J. F. Manwell, J. G. McGowan, A. L. Rogers, **Wind Energy Explained**, John Wiley & Sons, Ltd., 2002.

3. Robert Harrison, Erich Hau, Herman Snel, **Large Wind Turbines, Design and Economics**, John Wiley & Sons, Ltd.,

4. Henrik Stiesdal, "The Wind Turbine Components and Operation," **BONUS-INFO Newsletter Special Issue**, Bonus Energy A/S, Autumn, 1999.

5. Young-Ho LEE, "Strategy for the Offshore Wind Energy in Busan," **the 2nd Offshore Wind Energy Forum**, Jeju, 2005, pp. 25-30.

6. 이영호, "해상 풍력발전의 개요 및 전망," 2005년도 **한국마린엔지니어링 학회 후기학술대회 논문집**, 2005.

7. 서동일, "해상풍력시스템의 기초침하에 관한연구" **한국마린엔지니어링 학회지** 제31권 제8호, 2007. 11, pp. 1020-1027(ISSN 1226-9549).

8. 경남호, "해상 풍력발전기술," **한국태양에너지학회** Vol. 3, No. 3 2005, pp. 56 -68.

9. Support Structures for Offshore Wind Turbines, DNV, http://www.dnv.com/.

10. Offshore Wind Energy and Industrial Development in the Republic of Ireland, SEI, 2004.

11. 정태영, "해상 풍력발전 기술의 개발 현황," **2008년도 한국해양과학기술협의회 공동학술대회** pp. 1378-1383, 2008. 5.

12. 산업자원부, **신재생에너지 [풍력] RD&D 전략 2030**, 2007.

13. Operational Offshore Wind Farms end 2009, EWEA-Offshore statistics, EWEA, http://www.ewea.org/index.php?id=1861

14. 이수갑 외, **3MW급 이상 해상용 대형풍력발전기 개념 및 기본 설계**, 보고서번호 2004-N-WD12-D-03-0-000, 산업자원부, 2006.

15. WWEA(World Wind Energy Association), Press Release-wind turbines generate more than 1 % of the global electricity, 2008.

16. Musial, W., "Offshore Wind Energy Potential for the United States" **Wind Powering America-Annual State Summit, Presentation File**, 2005.

17. Suzuki, H., "Offshore Wind Turbine: Floating type," **Wind Engineering**, JAWE, Vol. 31. No. 1(No. 106), Jan. 2006 (in Japanese).

18. 김종민, **풍력발전기 개요**, Institut für Luft- und Raumfahrt, Technische Universität Berlin.

19. 정태영, "해상 풍력발전을 위한 부유식 플랫폼 형식에 관한 고찰," **2008년도 한국풍력학회 봄학술대회**, 2008. 5.

20. 전라남도, "전라남도 5GW 풍력 프로젝트," **해상풍력산업을 통한 지역경제 발전 방안 워크숍**, 목포대학교 해상풍력중신 신재생에너지 인재양성센터, 2010, 2

제23장

풍력터빈의 인증

Certification of Wind Turbines

황병선, 이희원

풍력핵심기술연구센터
한국기계연구원 (부설) 재료연구소

23.1 서론

풍력터빈의 인증 역사는 30년 정도 되는데 초기에는 덴마크, 독일, 네덜란드가 그 주축이 되어 자신들만의 설계와 평가의 기준을 정하여 발전을 시켜왔으며 신재생에너지가 전 세계적으로 에너지 사업의 중요한 쟁점으로 부각되면서 풍력터빈의 개발과 함께 국제 규격 인증의 중요성이 인지되었다.

풍력에너지 산업에서는 덴마크, 독일, 네덜란드, 미국 등과 같이 선진국들의 활발한 교류와 국제전기기술위원회(IEC ; International Electrotechnical Commission)의 노력으로 국제 표준화 작업이 이루어지고 있다. 국내의 경우는 "대체에너지 개발 및 이용 · 보급 촉진법"을 통해 관련 업체와 연구기관들이 풍력발전에 기여할 수 있는 법적 근거와 중대형 풍력발전시스템의 설비심사 세부기준과 KS기준을 마련하는 등 국내의 국제적 인증을 위한 작업이 활발히 이루어지고 있으며, 현재 일부 단체나 기관을 중심으로 국제 규격에 맞는 인증시스템 구축을 위한 준비가 진행 중에 있다. 따라서 국내 풍력발전 관련 구조물과 부품 개발업체들뿐만 아니라 수출 및 수입업체, 풍력발전단지 사업체들은 각각의 부품과 시스템 그리고 풍력발전단지 사업에 대한 풍력터빈 적합성 시험, 인증 그리고 평가에 대한 IEC 국제 규격에 의한 인증 절차(certification procedure)를 인지할 필요가 있으며 인증서(certificate)를 획득해야 한다. 이것은 국내의 기술력을 향상시킬 뿐만 아니라 풍력산업을 성장 동력으로 활용할 수 있는 토대가 될 수 있다. 그것은 곧 IEC WT 제도의 목적인 풍력발전시스템의 국제무역 촉진에 부합하기도 한다. 본 23장의 내용은 IEC 61400의 내용을 기본으로 하였고 한국선급의 "풍력발전시스템의 기술기준"을 참고하였다. 이 단원의 내용은 인증에 대해 전체적인 흐름을 알고자 간략하게 기술하였으므로 자세한 내용은 IEC 기술규격과 한국선급에서 제시하는 참고문헌을 활용하길 바란다.

23.2 용어정의

용어에 대한 정의는 IEC WT 01을 인용하였고 ISO/IEC Guide 2, ISO 8402 그리고 IEC 60050-415를 포함하는 정의를 담고 있다.

인정(accreditation) 인증과 시험, 지정된 형식시험 등과 같은 임무를 실행하는데 있어서 어떠한 기관이 공정하고 기술적으로 충분한 자격을 가지고 있음을 공식적으로 인정기관이 승인하는 절차.

신청자(applicant) 인증을 받기 위해 신청하는 주체 (단체).

인증서 보유자(certificate holder) 인증서가 발행된 후 인증서를 보유하고 있는 주체 (단체). 인증서 보유자가 원래의 신청자가 아닐 수도 있으나 인증서 유지의 책임이 있음.

인증(certification) 제3자가 제품, 공정 또는 서비스가 적합성 평가로 알려진 규정된 요구 사항에 적합함을 서면으로 보증하는 절차.

인증기관(certification body) 적합성 평가에 의한 인증을 수행하는 기관.

인증시스템(certification system) 적합성 인증을 수행할 절차와 관리를 위하여 지정된 규정이 있는 시스템.

적합성평가(evaluation for conformity) 제품, 공정 또는 서비스의 지정된 요구 사항에 대한 이행 정도의 체계적인 심사.

최종 평가보고서(final evaluation report) 형식인증과 연관된 적합성 평가의 결과를 포함하는 보고서. (형식인증서 발급 결정 근거)

검사(inspection) 관련 특성을 측정, 관찰, 시험 또는 계측에 의해 제품, 공정 또는 서비스를 지정된 요구 사항에 대한 이행 정도의 체계적인 검사.

설치(installation) 풍력터빈을 사이트에서 설치하는 경우 제작, 조립, 건설 그리고 시운전을 포함한 과정.

제조(manufacture) 공장 또는 작업장에서의 제작과 조립을 포함하는 과정.

제조자(manufacturer) 풍력터빈 또는 풍력터빈 관련 주요 부품을 제작하는 주체(단체).

운영기관(operating body) 적합성 평가, 시험 또는 검사를 수행하는 기관.

감독(surveillance) 절차와 제품 그리고 서비스 상태의 지속적인 모니터링과 확인 그리고 지정된 요구 사항을 만족함을 보증하는 관련 문서에 대한 기록 분석.

형식인증서(type certificate) 형식 인증의 성공적인 완료로 인해 발급된 문서.

형식인증(type certification) 풍력터빈형식이 지정된 요구사항에 적합함을 서면으로 보증하여 인증기관이 주는 절차.

형식시험(type testing) 지정된 요구사항에 의하여 주어진 풍력터빈형식을 위한 시험을 수행하는 행위.

프로젝트인증서(type certificate) 프로젝트인증의 성공적인 완료로 인해 발급된 문서.

프로젝트인증(type certification) 인증기관이 하나 또는 그 이상의 지정된 풍력터빈이 지정된 사이트에 요구사항에 적합함을 서면으로 보증하는 절차.

풍력터빈형식(wind turbine type) 일반적인 제조 공정과 설계 파라미터와 설계 조건의 지정된 값 또는 범위에 의해 유일하게 규정되는 일반 설계, 재료 그리고 주요 구성품의 풍력터빈.

23.3 인증시스템

1) IEC WT 01

IEC WT 01은 IEC에서 풍력발전시스템의 성능평가의 국제 규격화를 위하여 만든 기술기준으로써 서로 다른 국가 간의 평가와 인증을 상호 인정하고 국제적인 기준이 되고자 하는 것을 목적으로 한다. 풍력발전시스템의 부품과 구조물에 대해 국제 규격에 맞게 제조하는 것은 국내뿐만 아니라 다른 나라에 수출을 할 경우 국제 승인 또는 인증을 받을 때 유리하다.

이것은 1995년 IEC TC(technical committee) 88에 의해 제정되었으며 관리 감독을 받고 있다. 현재는 IEC TC 88-MT(maintenance team)에 의해 세 번째 개정판 작업이 진행되고 있으며 이 그룹은 적합성 평가 위원회(CAB, conformity assessment board)에 매년 IEC 풍력발전시스템 제도의 사용 및 개발에 관한 사항을 보고한다.

풍력터빈을 위한 기술기준으로는 IEC 61400 시리즈가 있으며 그 외에도 IEC 체계는 풍력터빈의 각각의 부품에 대한 품질에 대한 승인과 평가를 시행함으로써 사업자의 제품 품질을 향상시켜 신뢰성을 확보하는데 의의를 가진다. 그리고 풍력터빈의 적합한 시험 및 평가 그리고 인증을 위한 IEC 제도를 위해 아래와 같은 국제적 기준을 토대로 만들고 있다. 필요한 목적에 따라서 IEC 기술 기준을 참고하면 다음과 같다.

- 풍력터빈의 인증 과정의 요소 정의
- 적합성 평가 절차
- 적합성 감독을 위한 절차
- 제출문서 규정
- 인증기관 및 시험기관에 대한 요구사항 규정
- IEC 61400-1 Ed. 3.0(2005. 08): 설계 요구사항
- IEC 61400-2 Ed. 2.0(2006. 03): 소형풍력터빈의 설계 요구사항
- IEC 61400-3 Ed. 1.0(2009. 02): 해상용 풍력터빈에 대한 설계 요구사항
- IEC 61400-11(2002. 12): 소음측정기술
- IEC 61400-12 Ed. 1.0(1998. 02): 풍력터빈의 출력성능시험
- IEC 61400-12-1 Ed. 1.0(2005. 12): 출력성능측정
- IEC 61400-13 Ed. 1.0(2001. 06): 기계하중측정
- IEC/TS 61400-14 Ed. 1.0(2005. 03): 겉보기 음향파워레벨과 순음 값의 선언
- IEC 61400-21 Ed. 2.0(2008. 08): 계통연계형 풍력터빈의 출력품질특성에 대한 측정 및 평가
- IEC/TS 61400-23 Ed. 1.0(2001. 04): 로터 블레이드의 실규모 구조 시험
- IEC/TR 61400-24 Ed. 1.0(2002. 07): 낙뢰 보호
- IEC 61400-25-1~5 Ed. 1.0(2006. 12): 풍력발전시스템의 모니터링과 제어

2) 인증 및 기관

용어정의에서 설명한 것과 같이 IEC WT 01에서의 인증(certification)이란 제3자가 제품, 공정 또는 서비스에 대한 적합성 평가로 알려진 규정된 요구사항에 적합함을 서면으로 보증하는 절차라고 명시하고 있다.

다시 말해 사업체 또는 평가기관 스스로가 설계와 제품을 평가하는 것은 대외적으로 신뢰성을 가질 수 없으므로 국제 규격을 통해 인정된 인증기관 즉 제3자가 각각의 단계별 시험, 평가를 통한 국제적인 기준의 적합성을 인증을 하는 것이다.

신청자(applicant)는 얻고자하는 인증을 적합성 평가 및 시험을 통해 인증서를 얻게 된다. 인증을 받기 위해서는 풍력터빈의 설계적합성평가 및 성능시험과 같은 주요사항에 대한 적합확인서와 관련 문서가 필요한데 이것은 각각의 평가기관의 평가를 통해 발급받을 수

있다. 이와 같은 문서와 관련 자료는 마지막으로 인증기관(certification body)에 보내져 최종 평가를 받게 된다. 최종 평가는 기관에 따라 다를 수 있지만 IEC 국제규격을 최소 요구사항으로 하고 있다. 신청자는 최종 평가를 통과해야만 최종 평가보고서와 함께 인증서를 발급받을 수 있게 된다.

이러한 절차는 풍력사업 관련 사업자 혹은 설계 및 제작자가 국제적으로 신뢰할 수 있도록 인증을 받기 위한 것으로 인증서 발급은 국가기관 또는 인증기관으로써의 역할을 수행할 수 있도록 인정된 기관에 의해 인증이 된다. 다시 말해 인증기관은 평가기관에 의해 적합확인서 및 시험보고서를 통해 설계, 제작, 기타 품질 관리 시스템이 인증기구에서 요구하는 최소 사항에 만족하는지의 적합성을 판정하는 기관이다. 대표적인 국제인증기관으로는 독일의 GL (Germanischer Lloyd), DEWI-OCC, TÜV (TÜV Rheinland), 덴마크의 DNV-Wind (Det Norske Veristas), 미국의 UL (Underwriters Laboratories), ABS (America Bureau of Shipping), 중국의 CCS (China Classification Society), 영국의 LR (Lloyd's Register)이 성능평가기관과 함께 인증을 위한 수행과 인증을 부여하는 역할을 하고 있다. 표 23.1에서는 현재 각국의 인증기관과 인증을 위한 규격에 대해 정리하여 나타내었다.

국내 중대형 풍력 인증시스템의 경우 형식인증 위주로 진행이 되고 있으며 이에 따른 최종 인증서는 에너지관리공단에서 발행을 하고 KR(한국선급)이 설계 및 인증평가를 시행하고 있다. 또한 정부가 지정하는 성능평가기관에서 이루어지는 성능평가는 설계적합성평가기관인 KR(한국선급)에 의해 최종 평가가 이루어지고 이에 대해 최종 평가보고서 및 모든 관련 서류들은 에너지관리공단을 통해 형식인증서가 발급되는 체계를 그림 23.1과 같이 구성 중에 있다.

국제 시장의 경우 대부분이 GL의 인증을 도입하고 있는 실정이다.

표 23.1 국외 풍력터빈 관련 인증기관

Body	Location	Standard Used	Certification Symbols
Germanischer Lloyd (GL)	Germany	GL Rules, DK 472 NVN11400-0, IEC	Germanischer Lloyd
RISØ/ DNV-Wind	Denmark	DK 472, IEC	DNV
CIWI, ECN/KEMA	Netherlands	NVN11400-0, IEC	KEMA
TÜV	Germany	IEC	TÜV
DEWI-OCC	Germany	IEC	DEWI OCC
Underwriters Laboratories (UL)	USA	IEC	UL
CRES	Greece	IEC	ΚΑΠΕ CRES

23.4 인증서의 종류

인증서는 그림 23.2와 같이 적합확인서, 최종 평가보고서의 절차를 거쳐 발행이 된다. 그리고 적합확인서 또는 인증서를 받기 위해 검사 및 평가가 진행하는 중 안전에 중요한 영향을 주지는 않지만 미비한 부분에 대해서는 각각 임시적합확인서 또는 임시인증서가 발행이 된다.

먼저 인증서는 실제 제품에 대해 이루어지는 인증에 대해 모든 사항이 만족이 될 때 발행이 된다. 인증서는 형식인증, 프로젝트인증, 부품인증, 프로토타입인증을 모두 포함하며 유효기간은 5년을 초과할 수 없으며 유효기간을 초과하지 않는 범위에서 주기적으로 재검사되어야 한다.

적합확인서는 인증서를 발행할 때 이루어지는 평가에 대해 적합하다는 확인증서를 말한다. 예를 들면 형식인증의 경우 의무사항인 설계근거평가, 형식시험, 제조평가에 대한 적합확인서가 발행이 되고 이들을 모두 종합하여 인증서가 발행이 되는 것이다. 원칙적으로는 증서의 유효기간은 5년이나 적합확인서는 유효기간에 대한 언급이 없다. 그리고 임시증서에는 임시적합확인서와 임시인증서가 있으며 적합확인서 또는 인증서와는 다른 의미를 가진다.

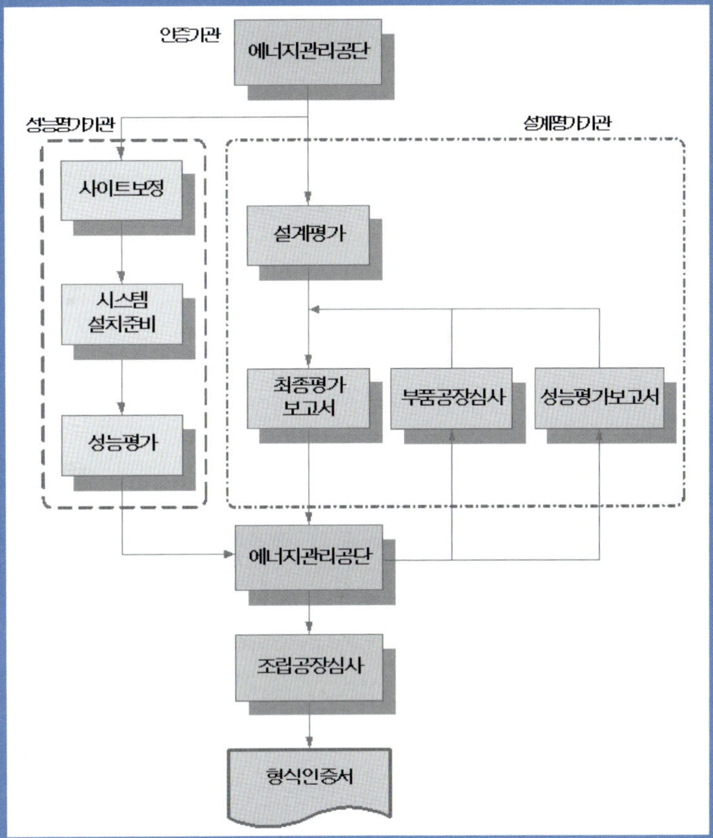

그림 23.1 국내 중대형 풍력 인증체계 (안)

적합확인서 또는 인증을 받기 위한 시험 또는 평가 시행에서 풍력터빈 조건, 구조물, 제품 등에 대해 안전에 중요한 영향이 되지는 않지만 미비한 부분이나 미결사항이 발생할 경우에 이것을 확인할 수 있는 임시인증서를 발행하는데, 차후 이러한 사항을 해결한 뒤 임시인증서를 제출하면 적합확인서 또는 인증서를 받을 수 있다.

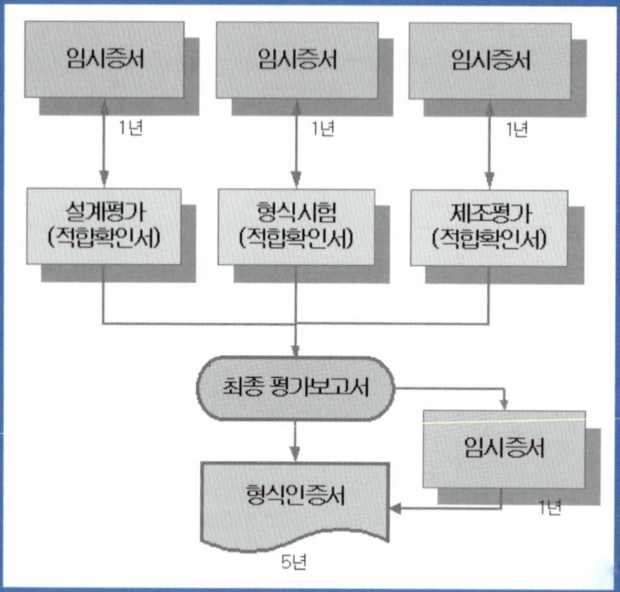

그림 23.2 인증절차에 따른 인증서의 종류
(형식인증의 예)

최종 평가보고서는 풍력터빈을 위한 문서, 검사, 감독, 시험에 대한 전반적인 평가 내용을 문서화한 인증을 위한 마지막 절차이다. 이러한 절차를 거쳐서 인증을 위한 인증서가 발행이 된다.

IEC 인증기준은 최소 사항일 뿐이며 각각의 인증기관은 자체적으로 절차서(규정)를 가지고 있기 때문에 인증을 받고자 한다면 인증기관의 절차서에 대한 규정과 규칙 사항을 고려하여 준비를 하여야 할 것이다. 그렇지만 인증기관에서 제시한 절차서가 강제적인 사항은 아니다. 단지 인증기관에서 제시한 절차서는 IEC 국제규격을 기초로 하여 인증기관 자체에서 중요 시하는 부분이 있을 뿐 풍력터빈인증을 위한 것은 IEC 국제규격에 대한 사항과 국가가 정하고 있는 법과 규정이 중요한 부분이다.

23.5 인증의 범위

IEC 인증은 풍력터빈을 위한 인증을 받기 위한 최소 사항과 기준이 되는 사항을 기재한 것이므로 인증기관보다 약하다고 볼 수 있다. GL, DNV-Wind, TÜV, DEWI-OCC, UL등과 같은 인증기관에서 제시하는 풍력터빈에 관한 인증 관련 지침서는 좀 더 세분화되어 있고 인증기관 자체에서 중점적으로 두는 평가들이 있으므로 각각의 인증기관에 대한 인증 관련 지침서를 확인해 볼 필요가 있다.

본 내용은 IEC 인증을 기준으로 하고 있으며 인증의 종류로는 형식인증(type certification), 부품인증(component certification), 프로젝트인증(project certification), 프로토타입인증(prototype certification)으로 구분이 된다. 인증에 대한 설명은 아래와 같이 기술하였다.

1) 형식인증(type certification)

풍력터빈형식에 대한 설계가정, 지정규격 그리고 기타 기술요구사항에 적합하게 설계된 형식인증에 대해서 승인한다. 또한 적합 판정을 받은 제조 공정, 부품 설계 명세서, 검사, 시험 절차, 거래 문서와 같은 문서형식의 파일들을 이용하여 IEC WT 01과 IEC 61400-1 그리고 IEC 61400-2의 기술 요구 사항에 대한 설계와 평가를 기준으로 형식인증서를 획득하게 된다(그림 23.3, 23.4).

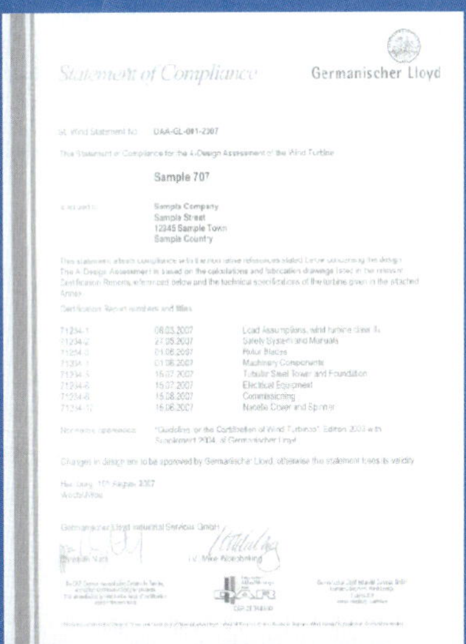
Statement of Compliance
Germanischer Lloyd
Sample 707

그림 23.3 적합판정서의 예
출처: Germanischer Lloyd

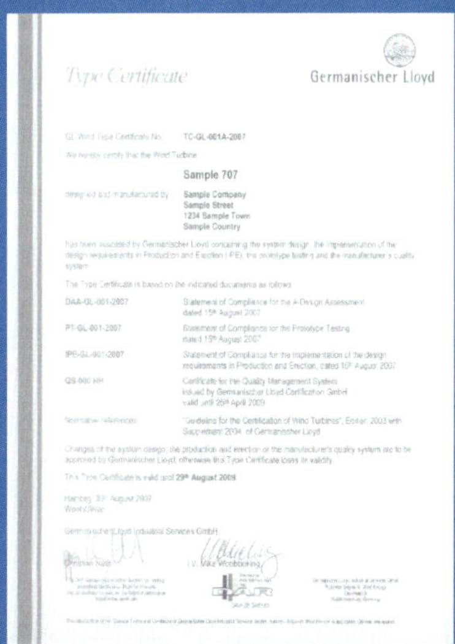
Type Certificate
Germanischer Lloyd
Sample 707

그림 23.4 형식인증서의 예
출처: Germanischer Lloyd

다시 말해 형식인증은 하나 또는 그 이상의 풍력터빈에 적용되는 것으로서 타워와 타워 기초 사이의 연결부분을 포함하는 풍력터빈이 설계가정, 지정 규격, 기타 기술요구사항에 적합하게 설계되고 문서화되었으며 이러한 자료를 기초로 제작되었음을 확인하는 것이다. 그리고 형식인증의 풍력터빈은 제출된 설계문서대로 설치되고 운전되며 관리된다는 검증이 필요하다.

풍력터빈과 그에 따른 부품을 설계할 때 이와 같은 인증 절차를 무시하고 제품 설계가 이루어진다면 평가 시에 어떠한 항목이 고려가 되는지 인증 받는 과정에서 어려움이 있을 수 있다.

형식인증은 설계평가, 제조평가, 형식시험, 기초설계평가, 기초제조평가, 형식특성측정으로 구성이 되는데 설계평가, 제조평가, 형식시험은 최종평가를 받기 위한 평가사항이다. 설계평가하기에 앞서 풍력터빈 및 부품에 대한 설계근거평가가 이루어지는데 이것은 의무사항에 포함된다. 이 4가지는 의무적으로 평가를 받아야하는 사항들이며 기초설계평가, 기초제조평가, 형식특성측정과 같은 평가 사항들은 인증기관에 의해 선택적으로 평가를 받을 수 있다. 의무사항의 4가지 시험 및 평가를 시험 및 평가기관을 통해 적합 판정을 받으면 각각의 평가 및 시험에 대한 적합확인서가 발행이 되는데 이러한 과정에 의해 발행된 적합확인서를 종합하여 최종평가 후 인증서가 발행이 된다. 형식인증의 이러한 체계를 그림 23.5와 같이 도식화하여 나타내었으며 형식인증 절차에 대한 간략한 설명과 평가 관련 세부 내용을 나열하였다.

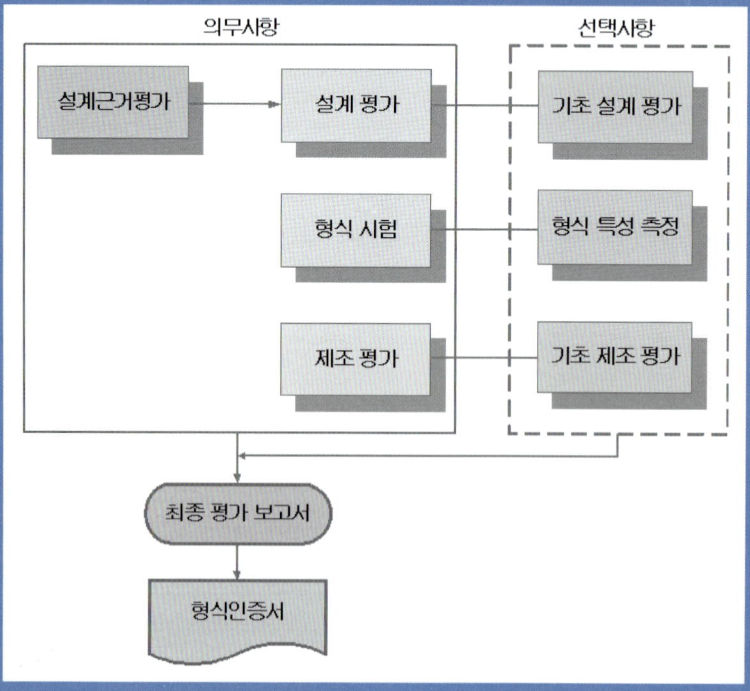

그림 23.5 풍력터빈의 형식인증 체계

① 설계근거평가(design basis evaluation)

신청자에 의해 제출된 도면과 해석에 적용된 도면, 설계식, 데이터, 문서등 설계할 때 이루어진 모든 내용을 문서들의 설계에 대한 기초평가를 말한다. 그러므로 문서에 대한 평가만 이루어지며 시험 및 소프트웨어를 이용한 시뮬레이션은 평가 시에 적용이 되지 않는다.

- 설계 파라미터, 방법, 원리 평가(design parameters, methodologies and principles evaluation)
- 요구조건 평가(requirements evaluation)
- 규정 및 규격 평가(codes and standards evaluation)

② 설계평가(design evaluation)

설계근거평가가 문서에 대한 평가라고 한다면 설계평가는 설계 근거 평가를 기초로 인증기관에 의해 여러 가지 설계에 대한 평가 방법을 이용하여 평가가 이루어진다. 설계평가는 의무적인 사항이며 신청자가 제출한 설계에 대한 문서를 참고로 하여 설계평가를 한다. 아래 열거한 사항은 설계평가에서 이루어지는 평가항목이다.

- 제어 및 보호시스템(control and protection system)
- 하중 및 하중케이스 평가(loads and cases evaluation)
- 로터 블레이드 평가(rotor blades evaluation)
- 기계 및 구조 부품 평가(machine and structural components evaluation)
- 전기부품평가(electrical components evaluation)
- 하우징 평가(housings evaluation)
- 기초 설계 요구조건 평가(foundation design requirements evaluation)
- 설계관리평가(design control evaluation)
- 제조절차평가(manufacturing plan evaluation)
- 수송절차평가(transportation plan evaluation)
- 설치절차평가(installation plan evaluation)
- 유지보수절차평가(maintenance plan evaluation)
- 요원안전평가(personnel safety evaluation)
- 부품시험평가(components test evaluation)

③ 형식시험(type testing)

출력 성능과 추가적인 실험적 입증이 필요할 경우 또는 해석으로 명확하게 평가할 수 없는 부분에 대해 측정 및 시험데이터를 통해 확인하기 위해 국제인증의 경우 IEC 61400 시리즈에 해당하는 사항에 대해서 측정 및 시험은 평가기관에 의해 시험 및 평가된다. 그림 23.6과 그림 23.7은 각각 블레이드의 정적 시험과 피로시험에 대한 것이며 블레이드를 제외한 나머지 시험 사항에 대해서는 '제24장 풍력터빈의 성능평가'에서 좀 더 구체적인 내용이 언급되어 있으므로 다음 단원을 참고하길 바란다.

- 안전 및 기능 시험(safety and function tests)
- 출력성능측정(power performance measurements : IEC 61400-12)
- 하중 측정(load measurements : IEC 61400-13)
- 블레이드 시험(blade test : IEC 61400-23)
- 기타 시험(other test : IEC 61400-4)

그림 23.6 Blade static test (26m, RISØ Sparkær Blade Test Center)
출처: http://www.windsofchange.dk/

그림 23.7 Blade full flapwise fatigue fest (5,000,000cycles)
출처: Danish Wind Industry Association

④ 제작 평가(manufacturing evaluation)

ISO 9001에 따라 풍력터빈을 만들어내는 과정에 따른 품질절차에 관한 평가가 이루어지며 풍력터빈의 제조와 관련된 모든 문서에 반영하여 평가가 이루어진다. 시스템 평가는 ISO/IEC Guide 62에 의해 운영되는 인정기관에 의해 수행된다.

- 품질시스템 평가(quality system evaluation : ISO 9001 or ISO 9002)
- 제조 검사(manufacturing inspection)

⑤ 기초설계와 기초제조평가(foundation design & manufacturing evaluation)

기초설계와 기초제조평가는 선택적인 사양이므로 신청자가 선택적으로 평가를 받을 수 있다. 인증기관은 형식인증을 하기 위한 풍력터빈의 설계 및 제조 과정이 규격과 규정에 따라 설계되고 제조되는지에 대한 것과 풍력터빈 설계 및 제조 평가에서 적용되는 항목에 대해 평가한다. 참고로 선택사항은 신청자가 하지 않아도 형식인증을 받는 데는 문제가 되지 않는다.

- 풍력터빈형식과 기초 확인(identification of the wind turbine type and foundation)
- 풍력터빈의 설치가 예상되는 토양과 다른 외부 조건(description of assumed soil and other external conditions)
- 타워 형상 확인(identification of tower configuration)

⑥ 형식 특성 측정(type characteristics measurements)

형식 특성 측정 또한 기초 설계 평가나 기초 제조 평가와 같이 신청자가 선택할 수 있으며 특성 측정은 공인시험기관에 의한 적합판정서를 받거나 인증기관이 적어도 ISO/IEC 17020 또는 ISO/IEC 17025의 기준에 적합한 시험을 수행할 것이다.

- 전력 품질 측정(power quality measurements: IEC 61400-21)
- 소음측정(acoustic noise measurements: IEC 61400-11)

2) 프로젝트인증(project certification)

프로젝트인증의 목적은 형식 인증된 풍력터빈과 각각의 기초 설계가 외부 조건, 적용 구조물, 전기적 신호 그리고 풍력터빈단지를 구성할 곳의 요구조건에 맞는지에 대한 여부를 평가하는 것이다.

인증기관은 풍력터빈형식과 기초를 위한 설계 자료의 근거가 되는 바람 조건, 다른 환경 조건, 전기적 네트워크 조건 그리고 사이트에서의 지질 상황에 대해 적합성 여부를 평가한다.

형식인증은 풍력터빈과 각각의 부품에 대한 평가에서 풍력단지를 구축하지 않은 상태 즉 재료 및 구조물에 대한 평가만이 이루어지지만 프로젝트인증은 형식인증을 기초로 하고 앞에서 말한 여러 가지 외부적인 상황을 고려한 설계 및 환경 평가가 이루어진다고 볼 수 있다. 그림 23.8은 프로젝트인증의 하부구조형태를 도식화하였으며, 그림 23.9는 프로젝트인증서의 예이다.

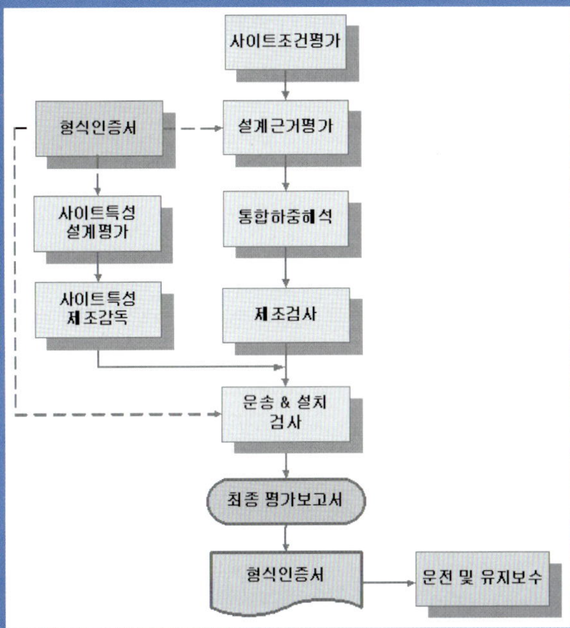

그림 23.8 풍력터빈의 프로젝트인증 체계

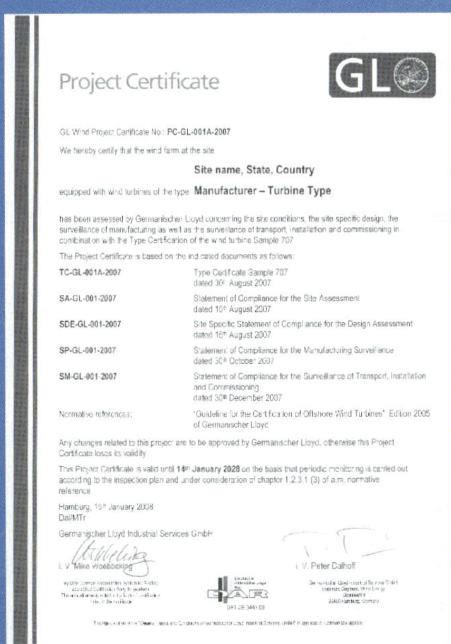

Project Certificate

GL Wind Project Certificate No.: **PC-GL-001A-2007**

We hereby certify that the wind farm at the site

Site name, State, Country

equipped with wind turbines of the type **Manufacturer – Turbine Type**

has been assessed by Germanischer Lloyd concerning the site conditions, the site specific design, the surveillance of manufacturing as well as the surveillance of transport, installation and commissioning in combination with the Type Certification of the wind turbine Sample 707

The Project Certificate is based on the indicated documents as follows:

TC-GL-001A-2007	Type Certificate Sample 707 dated 30th August 2007
SA-GL-001-2007	Statement of Compliance for the Site Assessment dated 10th August 2007
SDE-GL-001-2007	Site Specific Statement of Compliance for the Design Assessment dated 16th August 2007
SP-GL-001-2007	Statement of Compliance for the Manufacturing Surveillance dated 30th October 2007
SM-GL-001-2007	Statement of Compliance for the Surveillance of Transport, Installation and Commissioning dated 30th December 2007
Normative references:	'Guideline for the Certification of Offshore Wind Turbines' Edition 2005 of Germanischer Lloyd

Any changes related to this project are to be approved by Germanischer Lloyd, otherwise this Project Certificate loses its validity.

This Project Certificate is valid until **14th January 2028** on the basis that periodic monitoring is carried out according to the inspection plan and under consideration of chapter 1.2.3.1 (3) of a.m. normative reference.

Hamburg, 15th January 2008
Dal/MTr

Germanischer Lloyd Industrial Services GmbH

i.V. Mike Woebbeking

i.V. Peter Dalhoff

DPT-ZE 3443.00

그림 23.9 프로젝트인증서의 예

출처: Germanischer Lloyd

만약 사업자가 풍력터빈을 구매하여 풍력단지개발을 통한 사업을 하고자 할 경우 풍력단지에 맞는 환경(지반 특성, 바람 특성 등)을 고려하여 평가를 수행한다.

프로젝트인증은 의무사항은 아니나 발전단지를 소유한 사업자나 투자자, 보험회사가 풍력단지사업을 하려면 안정성과 신뢰성 확보를 위해 필요한 부분이다. 이유는 사업자가 풍력터빈과 각각의 부품을 수입을 하거나 수출을 할 경우 그 지형이나 환경적인 부분, 국가에 대한 법규와 규정에 맞게 설치를 할 수 있어야 하기 때문에 형식인증을 받은 구조물이라고 하더라도 풍력단지 구축 시에는 사이트 평가에서부터 풍력터빈의 특성평가 그리고 단지를 조성할 때 발생될 수 있는 상황에 대한 프로젝트인증이 필요하다. 이처럼 사업자가 풍력단지를 조성 할 때 혹은 풍력터빈을 설치하기 위해서는 확인해야 할 사항들을 간단히 요약하여 정리하면 아래와 같다.

- 인증서의 유효성, 조건 등의 확인
- 사이트 적합성 확인
- 국내규격 및 요구사항의 확인
- 부품의 승인여부 확인
- 터빈의 신뢰성 및 계약조건 등의 확인
- 설치 및 운영의 감독

프로젝트인증은 형식 인증된 풍력터빈에 대해 다음과 같은 평가가 이루어진다.

① 형식인증서(type certificate)

형식인증서는 형식인증을 통해서 발행된 증서이다. 형식인증은 앞의 설명에서 언급을 하였으며 형식인증서는 프로젝트인증에 포함된 내용이므로 형식인증의 절차를 확인하기 바란다.

② 사이트조건평가(site conditions assessment)

사이트조건(site conditions)이란 풍력단지를 구축할 곳이 적절한 환경을 가지고 있는지에 대한 조건을 말한다. 풍력터빈의 사이트 구축 시 바람, 해양, 지진, 전력시설망, 그 지역의 주기적 날씨 변화와 풍력터빈의 설계문서의 조건과 일치해야 한다. 예를 들어 사업자가 풍력터빈 일정량을 구매하여 단지를 구축한다고 할 때 충분한 바람을 확보하는지, 예상 전력량은 얼마나 되는지, 그리고 얼마만큼의 수익을 올릴 수 있는지를 평가할 수 있는 기초적인 평가단계이다. 이에 대한 평가는 IEC 61400-1에서 담고 있는 외부 조건 사항을 아래와 같이 고려하여 이루어질 것이다.

- 바람조건(wind conditions)
- 해양조건(marine conditions)
- 토양조건(soil conditions)
- 지진조건(earthquake conditions)
- 풍력단지지형(wind farm configuration)
- 전력시설망조건(electrical power network conditions)
- 기타 환경조건(other environmental conditions)

③ 설계근거평가(design basis evaluation)

풍력터빈의 설계 근거가 되는 사항들이 사업자가 풍력단지를 구축하고자 하는 사이트에 적합한지 문서를 통해 검토와 평가를 한다. 형식인증절차에서의 설계 근거 평가는 같은 방법과 원칙을 따르나 형식인증은 구조물에 대한 설계 근거에 비중을 두었다면 프로젝트인증은 사업자가 풍력터빈단지를 구축하는 것에서 발생될 수 있는 상황에 비중을 두어 평가와 검사가 이루어지는 것에 대한 문서화된 사항을 전반적으로 검토하는 것이다.

- 외부 환경을 고려한 설계 파라미터, 방법, 원리 평가(design parameters, methodologies and principles evaluation)
- 요구조건 평가(requirements evaluation)
- 규정 및 규격 평가(codes and standards evaluation)

④ 통합하중해석(integrated load analysis)

풍력터빈이 RNA, 지반 상황, 외부 조건등을 고려하여 설계 근거에 따라 계산되었는지에 대한 평가를 말한다.

- 하중(load)
- 사이트의 특성 하중과 형식인증에서 가정한 하중 비교(load comparison)

⑤ 사이트특성 설계평가(site specific design evaluation)

풍력터빈단지가 구축되는 사이트에 대한 특성을 고려하여 각각의 구조물에 대한 설계가 이루어진 것인지에 대한 평가를 말한다. 풍력터빈에 대한 설계에 있어 사이트의 특성, 다시 말해 자연적인 환경, 지반, 전력시설망과 같은 요건들이 풍력터빈 및 지지구조, 기타 설비 등의 시설들의 설계 요구사항에 대한 적합성과 진행계획이 사이트 특성을 고려한 설계와의 적합성 여부를 확인하는 것이다.

- 지지구조 설계평가(tower, foundation, substructure, support structure)
- 풍력터빈 설계평가(rotor/nacelle assembly design evaluation)
- 기타 설비 설계평가(substation, personal safety)
- 계획평가(manufacturing, transportation, installation, maintenance plan)

⑥ 제조 감독(manufacturing surveillance)

관리 감독은 품질관리에 해당하는 사항이므로 ISO 9001체계의 적합성 여부를 확인해야 한다. 사이트의 특성을 고려하여 제조의 관리 감독을 함으로써 프로젝트인증을 승인 받기 위해 인증기관이 요구하는 절차에 맞게 제조가 진행이 되는지 적합성 여부를 확인하는 것이다.

- 풍력터빈 제조 감독(wind turbine manufacturing surveillance)
- 지지구조 제조 감독(tower, foundation, sub structure, support, structure)

⑦ 운송 및 설치 감독(transportation & installation surveillance)

풍력터빈을 사이트까지 운송 및 설치하는 과정에서 풍력터빈 관련 부품 및 구조물에 발생될 수 있는 하중 및 손상 요인에 근거하여 설계근거에 맞는지에 대해 확인하는 것이다.

⑧ 시운전감독(commissioning surveillance)

풍력터빈을 사이트에 설치 후 풍력터빈이 설계 문서상에 포함된 관련 지침에 따라 시운전되는지 확인하는 것이다.

⑨ 운전 및 관리 감독(operation & maintenance surveillance)

풍력터빈 또는 풍력발전단지가 설계문서에 포함된 관련 매뉴얼에 따라 운전되고 관리되는 것을 확립하는 것을 목적으로 하며 신청자와 인정기관 사이의 합의된 사항에 대해 정기적으로 수행되는 조건으로 인증이 이루어진다.

3) 부품인증(component certification)

풍력터빈의 설계 가정, 특정 규격 그리고 다른 기술 요구 사항에 의해 설계, 문서화, 제조된 특정 형식의 주요 부품에 대해 승인하는 것이다.

부품인증은 IEC WT 01, IEC 61400-1또는 IEC 61400-2의 기술적 적합 여부에 대한 부품 설계와 평가 내용을 기준으로 이루어진다.

풍력터빈의 부품 구매를 하여 조립하는 회사의 경우 형식인증을 받기 위해서는 각 부품에 대한 모든 설계 사양, 도면, 문서들을 제출해야 하며 그림 23.10의 부품인증서는 형식인증을 받을 때 도움이 될 수 있도록 인증기관에 제출을 해야 한다. 그렇기 때문에 조립을 하는 회사는 풍력터빈의 부품을 구매할 때 부품에 대한 인증 여부를 검토하여야 하며 부품인증서를 반드시 받는 것이 좋다. 또한 부품인증은 형식인증과 동일한 절차를 가지며 형식인증에서 하고 있는 설계평가, 성능평가, 시험평가를 통해 인증서가 발행이 된다. 인증서는 형식인증에서 최종평가를 할 때 추가되어 최종 형식인증서가 발행이 된다. 부품인증의 절차는 그림 23.11에 간략하게 나타내었다.

① 부품 설계 평가(component design evaluation)
② 부품 형식 시험(component type testing)
③ 부품 제조 평가(component manufacturing evaluation)

CERTIFICATE

The Germanischer Lloyd Certification GmbH, 20459 Hamburg,
herewith certifies that the company

Maszyny Elektryczne CELMA S.A.
ul. 3 Maja 19, PL-43-400 Cieszyn

with the subsidary

Odlewnia Zeliwa Cieszyn Sp. z o.o.
ul. 3 Maja 19, PL-43-400 Cieszyn

has established and maintains a Quality Management System relevant for

Design, production and repair of electric machines.
Iron castings.

Germanischer Lloyd Certification GmbH has audited the company. Evidence was provided that the Quality Management System fulfills the requirements of the following standard:

DIN EN ISO 9001:2000

The validity of this certificate is subject to the company applying and maintaining its Quality Management System in accordance with the standard indicated. This will be monitored by Germanischer Lloyd Certification GmbH.

The certificate is valid until December 29, 2009
Hamburg, December 29, 2006

Certificate No. **QS-243 HH**

Deutscher Akkreditierungs Rat DAR
TGA-ZM-07-91-00

(Michaela Legde) (Klaus-Peter Schröder)

그림 23.10 부품인증서의 예
출처: Germanischer Lloyd

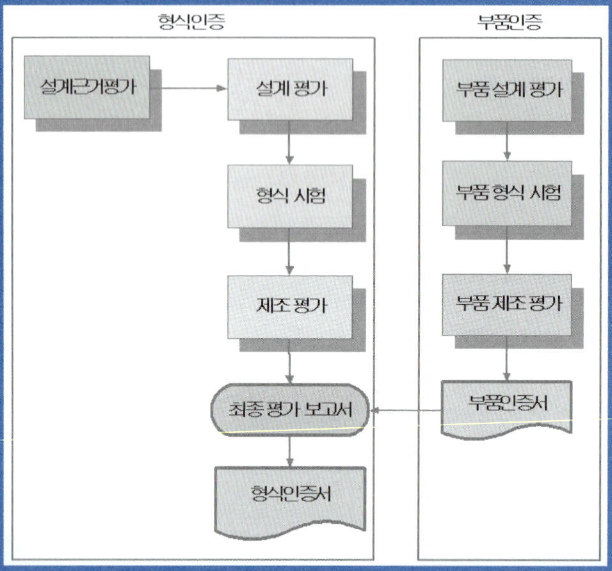

그림 23.11 풍력터빈의 부품인증 체계도

4) 프로토타입인증(prototype certification)

프로토타입인증은 양산되지 않은 새로운 형식의 시험용 풍력터빈에 대한 인증으로 개념적으로 풍력터빈을 만들었다면 풍력터빈이 실제 시험을 위한 인증 절차라고 보면 된다. 유효기간은 3년이며 안전에 대해 영향을 줄 만한 변경 사항이 발생을 하면 새로운 프로토타입에 대해 인증을 다시 받아야 한다.

① 기초 설계 평가(basis design evaluation)
② 프로토타입 시험 계획 평가(prototype test plan evaluation)
③ 안전성 및 기능 시험(safety & function test)

☑ 참고문헌

1. IEC WT 01, "Conformity Testing and Certification of Wind Turbine-Rules Rules and Procedures," 2001.

2. 음학진,김만응, 김범석, 원종범, **풍력발전시스템의 설계적합성평가**.

3. Germanisher Lloyd, Hamburg, Germany: **Guideline for the Certification of Wind Turbines**, Edition 2003 with Supplement, 2004.

4. Germanischer Lloyd, Hamburg, Germany: **Guideline for the Certification of Offshore Wind Turbines**, Edition 2005.

5. ISO 9001, "Quality management system-Requirement," 2000.

6. IEC 61400-1, "Wind turbine part 1: design requirements," 2005.

7. IEC 61400-2, "Design requirements for small wind turbines," 2006.

8. 김만응, **풍력발전설비 인증제도**, 2008.

9. 김범석, **GH-Bladed를 이용한 풍력터빈 설계 평가**, 2009.

10. KS C IEC WT 01, **풍력터빈 적합성 시험 및 인증을 위한 IEC 체계-규정 및 절차**, 2005.

11. 풍력발전시스템 인증을 위한 공력-구조해석 자동화 프로그램(ASAP)개발.

12. 한국선급, **풍력발전시스템의 기술기준**, 2008.

제24장

풍력터빈의 성능평가

Performance Tests of Wind Turbines

황병선, 이희원, 김실근

풍력핵심기술연구센터
한국기계연구원 (부설) 재료연구소

24.1 서론

풍력터빈을 설치 운용을 하기 위해서는 인증을 받아야만 한다. 인증을 받기 위한 진행 과정에는 설계평가, 제조평가, 부품인증과 같은 과정과 함께 실제 운전을 통한 성능에 대한 측정 및 검증을 위한 성능평가가 이루어진다.

성능평가는 풍력터빈의 성능이 IEC 규정을 기초로 하고 성능평가기관의 요구조건에 만족하는지에 대한 것과 안정성을 검증하기 위한 평가로써 현재 풍력터빈의 성능평가를 위한 측정은 주로 출력성능측정(power performance test), 소음측정(noise measurement), 하중측정(load measurement), 전력품질측정(power quality measurement)을 하고 있다.

본 24장은 설치되었거나 실제 가동되는 풍력터빈의 대표적인 성능검사와 측정방법에 대해 설명을 하였으며 앞서 말한 대표적인 4가지 측정방법에 대하여 실제 성능검사에 측정기준이 되는 IEC-61400와 GL 규정 그리고 MEASNET에서 제시하는 내용과 방법을 정리하여 기술하였다.

24.2 성능평가 (performance test)

전 세계적으로 에너지개발사업이 활발히 이루어지고 있는 가운데 풍력에너지분야는 대형 풍력발전시스템에 관한 설계/제작/운용 등의 전반적인 공학 기술을 포함하여 관련 법규와 규정 개발에 지속적으로 진행이 되고 있다. 그와 더불어 풍력터빈이 실 환경에서 운용이 장기간으로 운용이 될 경우 구조 및 외부 환경에 의한 영향을 받게 되는데 이러한 환경에 대한 종합적인 풍력터빈의 성능측정과 평가는제품에 대한 안전성을 확보하고 기술개발을 향상시키며 국제표준규격에 따라 이루어지는 검증 작업을 통해 국내 기업의 수출과 투자 확대에 의한 풍력발전산업의 기술 향상과 보급 확대를 기대할 수 있기 때문에 성능평가에 대한 기술력 확보는 중요하다.

국외의 성능평가기관으로는 앞의 인증관련해서 약간의 언급한 바가 있지만 미국은 NREL (National Renewable Energy Laboratory), NWTC(National Wind Technology Center)에서, 독일은 DEWI와 WINDTEST에서, 그리스는 CRES에서, 덴마크는 RISØ와 ROSKILDE, 네덜란드는 ECN-WMC에서 성능시험기관으로서 활동을 하고 있다.

반면 아직까지는 국내의 경우는 중·대형 풍력발전기에 대한 성능평가기관으로써 활동을 위하여 그림 23.1과 같이 준비 단계에 있다. 현재 국내에서는 국외 성능평가기관이 참여하여 국제기준이 되는 IEC 61400을 기반으로 완성된 풍력터빈에 대하여 시험이 이루어지고 있으며 다만 한국에너지기술연구원(KIER)과 강원대에서 소형풍력기기에 대한 성능평가기관으로 활동 중에 있다. 국제적으로 블레이드 단일품목에 대한 인증체계가 확립되어 시행되고 있는데, 국내에서는 기업의 블레이드 인증을 지원하기 위하여 한국표준과학연구원에서는 25m급 중형 블레이드 시험설비로 구축한바 있다. 한국기계연구원(KIMM)에서는 전북 부안에 5MW 풍력기기부품 시험이 수용 가능한 시험센터를 구축 중에 있어 국내도 대형풍력기기의 성능시험이 가능할 것으로 예상되어 우리나라 또한 풍력발전 관련하여 시험기술 수준에 있어서 발전을 기대해 볼만하다.

본 장에서는 성능검사에 대한 개략적인 설명과 각각의 측정에 대한 방법을 기술하였고 성능시험은 다음과 같이 이루어지며 세부적인 내용은 분야별로 나누어서 내용과 방법에 대해 24.3 ~ 24.6에 언급하였다.

본 내용은 성능측정에 대한 내용을 IEC를 참고하여 간략하게 기술한 것이며 불확도를 비롯한 세부적인 내용에 대해서는 측정 기술별로 IEC 규격을 참고하길 바란다.

- **출력성능측정(power performance measurement)**

: IEC, Wind Turbine Generator Systems-Part 12 : Wind Turbine Power Performance Testing, IEC 61400-12, 1998

- **소음측정(noise measurement)**

: IEC, Wind Turbine Generator Systems-Part 11 : Acoustic Noise Measurement Techniques, IEC 61400-11, 2002

- **하중측정(load measurement)**

: IEC, Wind Turbine Generator Systems-Part 13 : Measurement of Mechanical Loads, IEC 61400-13, 2001

- **전력품질측정(power quality measurement)**

: IEC, Wind Turbine Generator Systems-Part 21 : Measurement and Assessment of Power Quality Characteristics of Grid Connected Wind Turbines, IEC 61400-21, 2001

24.3 출력성능측정(power performance measurement)

24.3.1 목적

출력성능측정은 단일 풍력발전시스템에 대한 측정이며 풍력발전시스템의 출력특성 곡선은 풍속에 대한 순 출력을 말한다. 출력성능측정기술은 모든 풍력발전시스템에 대한 출력특성을 측정하기 위한 절차를 정한 것이며 이러한 측정 방법은 그 종류와 규모에 상관없이 IEC 61400-12 (Wind Turbine Power Performance Testing), IEC 61400-12-1(Power Performance Measurement of Electricity Producing Wind Turbines)을 통하여 풍력발전시스템의 성능측정이 가능하다.

풍력발전시스템의 특성을 비교 분석을 하기 위해서는 출력곡선과 연간 에너지 생산량(AEP)에 의해 결정된다. 여기서 연간 에너지 생산량은 측정된 출력 곡선을 기준 풍속 분포에 적용하여 산출된 연간 총에너지 생산량을 말한다. AEP는 풍력발전기의 설비가동률이 100%라는 가정하에 측정된 출력곡선과 풍속분포를 이용함으로써 계산할 수 있다.[4]

성능측정은 풍력터빈형식에 대하여 실측 출력 곡선과 예상 연간 에너지 생산량을 문서화하는 것을 그 목적으로 하며 측정방법에 대해서는 IEC에 기술되어 있다. 측정기술에서 실제 출력 곡선과 에너지 생산량의 산출은 여러 가지 환경적인 오차와 불확도를 내포하고 있는데 이러한 요인을 파악하여 시험적 기술 향상이 중요하다. 따라서 다른 성능시험과 같이 인증에 필요한 KOLAS 인증시스템 도입을 위해 풍력분야의 성능시험을 비롯한 불확도의 해석을 포함하여 측정 및 분석이 이루어져야 한다.

성능측정을 위해 IEC에서 제시하는 시험사이트의 풍속과 측정 마스트의 연관성, 시험장비, 측정 방법과 절차에 대한 최소 요구 조건에 따라 진행이 이루어지게 되며 각각의 요구 조건은 IEC 61400-12 내의 부속 규정에 명시되어 있다.

24.3.2 IEC 기준 규격

- IEC 60044-1:1996, Instrument transformers-Part 1: Current transformers
- IEC 60186:1987, Voltage transformers
- Amendment 1 (1988)
- Amendment 2 (1995)
- IEC 60688:1992, Electrical measuring transducers for converting a.c. electrical quantities to analogue or digital signals
- ISO 2533:1975, Standard atmosphere

- Guide to the expression of uncertainty in measurement, ISO information publication, 1995, p. 110, ISBN 92-67-10188-9

24.3.3 측정 방법

출력성능측정 평가를 위한 사항의 문서화를 위해서는 IEC 61400-12에서 제시하는 최소한의 요구 조건을 충족해야 하며 상세하고 정확하게 기록되어야 한다.

바람의 속도 측정을 위한 기상탑이 설치가 되는데 이는 풍력발전기에 작용하는 바람의 속도를 측정하기 위함이며 풍력발전기의 출력성능에 중요한 영향을 미친다. 풍력발전기에 작용하는 바람은 유동하는 과정에 있어 왜곡되는 현상이 있으므로 기상탑에서 측정하는 바람의 속도 측정값에 오차가 발생한다. 또한 풍력발전기와 기상탑(met masts)에 대한 다른 기기의 상대적인 위치에 의해 결정되며 측정 방위각의 영역은 장애물 또는 기타 구조물에 의해 존재하는 방위각을 제외시켜야 하는데 후류 영향(wake effect)으로 인해 제외되어야 하는 방위각은 IEC 61400-12의 Annex A에 명시된 내용에 따라 시험기기에 대한 풍향의 유효방위각을 설정하여야 한다.

바람 왜곡 현상에 대한 원인은 아래와 같이 요약할 수 있으며, 기상탑의 위치 조건과 허용 측정 방위각을 그림 24.1과 같이 도식화하였다.

바람 왜곡 요인

- 기상탑 위치 결정
- 유효 측정 방위구간의 정의
- 유동왜곡 보정계수의 예측
- 유동왜곡에 의한 불확도 평가
- 지형학적 편차
- 성능평가대상 이외의 풍력발전기 존재 여부
- 기타 장애물(빌딩, 나무등)

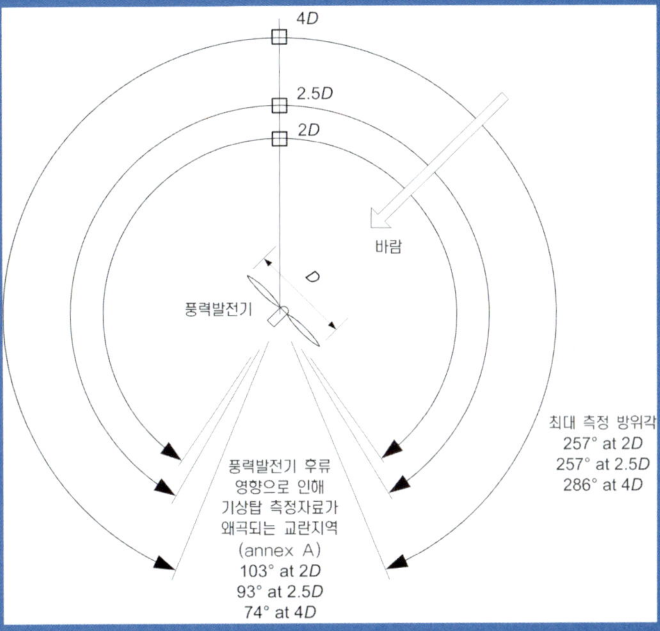

그림 24.1 기상탑의 위치 조건 및 최대 허용 측정 방위각[3]

24.3.4 측정 장비

1) 전력(electric power)

풍력발전기의 순 출력(net power)은 전력 측정 장비로 측정 가능하고 각 상에 대한 전류 및 전압 측정을 기초로 한 전력 측정 장비(예, 전력변환기)로 획득 가능하다. 측정에 사용하는 변류기와 변압기는 각각 IEC 60044-1(계기용 변성기-제1부: 변류기)과 IEC 60186(계기용 변압기)을 충족시켜야 하며, 0.5 또는 그 이상의 등급이어야 한다.

그림 24.2는 실제 예시로써 출력성능측정을 위한 장비 구축 구성도이다. 이것은 전체 시스템 구성을 나타내며 IEC의 최소 요구 조건을 기초로 하여 출력 성능에 필요한 장비 구축에 필요한 요구 조건을 만족하도록 구성한다.

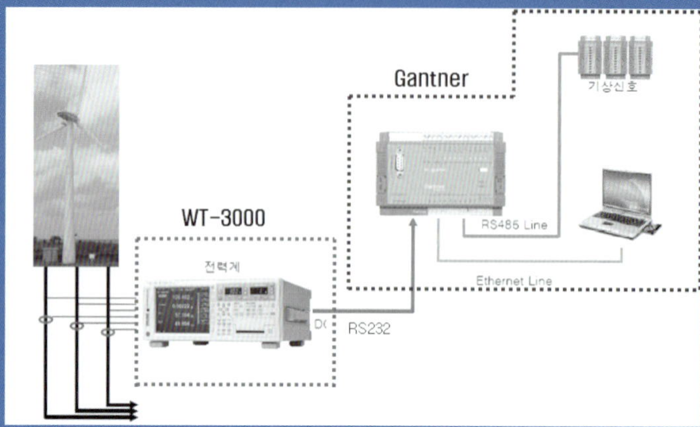

그림 24.2 풍력발전 계통연계시스템에 구축된 전력품질측정 장비의 예
출처: KIMM, 풍력 성능평가 기술연구팀

2) 풍속(wind speed)

풍속 측정은 그림 24.3과 같이 IEC 61400-12 Annex I에서 제시하는 컵형 풍속계를 사용하여 측정하여야 하며, 특히 출력 측정의 경우 1.7A 등급 동등 이상의 풍속계가 요구된다. 컵형 풍속계는 사용 전 보정이 필요하며, 측정 이후에도 재보정이 반드시 이루어져야 하는데 두 보정 결과의 차이는 풍속 6 ~ 12m/s 범위에서 ±0.1m/s이하이어야 한다. 성능평가 중에는 측정 전 보정 결과가 적용되며, 보정 절차는 Annex F에 준하여 수행되어야 한다. 컵형 풍속계는 지상에 설치된 기상탑에 대해 허브 높이의 ±2.5% 이내에 설치되어야 하며, 이와 관련된 상세 요구사항은 Annex G에 명기되어 있다.

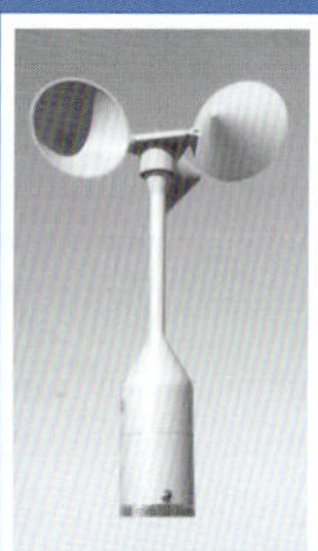

Make and Type: RISØ P2546	
Rotor diameter	188mm
Cup diameter	70mm
Height	285mm
Signal reading	Permanent magnet with switch, two pulses per revolution

그림 24.3 컵형 풍속계의 예
출처: RISØ, Summary of Cup Anemometer Classification According to CLASSCUP Classification Scheme

3) 풍향(wind direction)

풍향은 Annex G와 같이 기상탑에 수직하게 부착된 지지구조물(boom)에 설치된 풍향계를 이용하여 측정한다. 풍향 측정과 관련하여 보정, 작동 및 설치 각도와 관련된 복합적인 불확도는 5% 미만이어야 한다.

4) 공기밀도(air density)

공기밀도는 대기압과 대기온도에 의해 계산되며 온도계와 습도계는 허브 높이의 10m 범위 이내에서 설치되어야 한다. 기압계는 되도록 허브 높이에 가깝게 설치되어야 하며 그렇지 못할 경우 ISO 2533에 따라 측정결과가 보정되어야 한다.

5) 자료 수집 장치

채널당 적어도 1Hz의 측정주기를 갖는 디지털 자료 처리시스템은 전(前)처리된 자료를 측정하고 측정 자료를 수집하기 위하여 사용된다. 설치된 자료 처리시스템의 보정은 각 신호값에 대해서 정밀하게 수행되어야 하며 수집장치의 불확도는 계측기의 불확도와 비교할 때 무시해도 좋을 정도로 작아야 한다.

6) 출력성능측정의 예

출력성능측정에 있어 특성을 정확하게 평가하기 위해서는 측정된 자료가 충분한 양(quantity)과 질(quality)을 갖고 있는지 확인함으로써 분명하게 정의된 기준들을 만족하는 자료를 수집하는 것이다. 그림 24.4는 대표적인 출력성능시험을 통해 수집된 데이터의 분포를 보여 주고 있다.

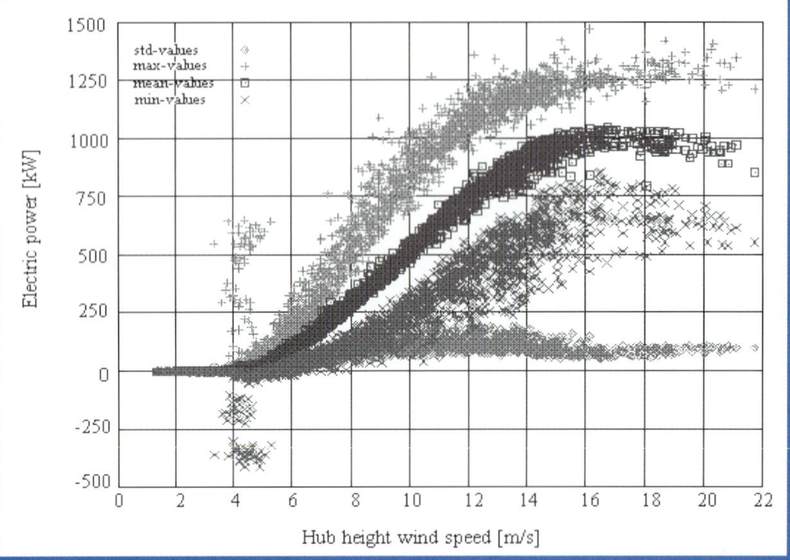

그림 24.4 출력 성능시험 분포도[3]

24.4 소음측정(noise measurement)

24.4.1 목적

실 환경에 설치된 풍력발전시스템은 몇 가지 환경적인 문제를 안고 있어 이것을 고려한 측정 및 평가법에 대한 연구와 평가에 대한 기술 개발이 중요하게 여겨지고 있다. 대표적으로 소음, 전자파 간섭, 조류 및 기타 생태계에 미치는 영향이 그러하다. 그 중에서도 풍력발전에서의 소음발생에 대한 측정은 기술 향상과 국내 풍력발전 관련 사업의 보급을 위해 필수적인 요소이다.

국내의 경우 풍력발전기기가 많이 설치되어 있는 유럽에 비해 소음 수준이 심각한 것은 아니지만 국내 또한 육상용 풍력발전기가 설치되어 있는 곳의 주변 거주지에 대해 민원을 접수되고 있고 앞으로 점차적으로 풍력발전기기 설치가 불어날 것을 감안하면 소음측정기술로 인한 성능 향상과 기술에 대한 체계 마련은 국내 풍력발전의 활성화를 위해서는 중요한 부분이라고 할 수 있다.

풍력발전기의 성능 향상에 대한 부분과 같이 소음에 대한 실증 측정 방법을 포함한 과정, 성능 인자를 고려한 규정에 대해 국제 규격인 IEC 61400-11에서 언급하고 있고 국내 또한 이것을 기본으로 측정에 관한 내용과 방법을 적용하여 시행하고 있다.

따라서 소음측정은 풍력발전기의 소음의 일관된 절차와 방법을 통하여 기준을 제시하는데 그 목적을 가진다.

24.4.2 IEC 기준 규격

- 60386:1972, Method of measurement of speed fluctuations in sound recording and reproducing equipment
- IEC 60651:1979, Sound level meters
- IEC 60688:1992, Electrical measuring transducers for converting a.c. electrical quantities to analogue or digital signals
- IEC 60804:2000, Integrating-averaging sound level meters
- IEC 60942:1997, Electroacoustics-Sound calibrators
- IEC 61260:1995, Electroacoustics-octave-band and fractional-octave-band filters
- IEC 61400-12:1998, Wind turbine generator systems-Part 12: Wind turbine power performance testing

24.4.3 측정 방법

IEC 61400-11에서는 풍력발전기의 음향 방사량을 측정, 분석, 보고하는데 사용하는 절차에 대한 내용을 담고 있으며 음향학적 측정과 음향 방사량과 직접적 연관성이 있는 대기 조건에 대한 비음향학적 측정에 있어 각각의 측정 장비를 비롯한 기술 및 방법적인 부분에서 일관성을 유지하기 위한 요구 사항들을 제시하고 있다.

우선 소음측정을 위해서는 측정위치, 음향측정, 비음향측정에 대한 조건과 방법을 인지해야 한다. 다음은 위의 세 가지 사항에 대해 IEC 61400-11에 언급되어 있는 내용을 요약하였다.

1) 측정 위치

먼저 음향 측정을 위해서는 위치선정이 중요하다. 이것은 발전기의 규모에 따라 결정되며 기준이 되는 한 위치와 IEC에서 제시하는 선택적인 다른 세 곳의 위치를 선정하여 측정을 한다. 측정을 위한 판의 수평을 유지해야 하며 그림 24.5의 경사각(ϕ)은 25 ~ 40° 가 되도록 한다. 수평축 풍력발전기에 대한 기준 거리(R_0)는 아래의 식을 통해 구할 수 있다.

$$R_0 = H + \frac{D}{2}$$ H : 지표면에서 회전자 중심까지의 수직 거리
D : 회전자의 지름

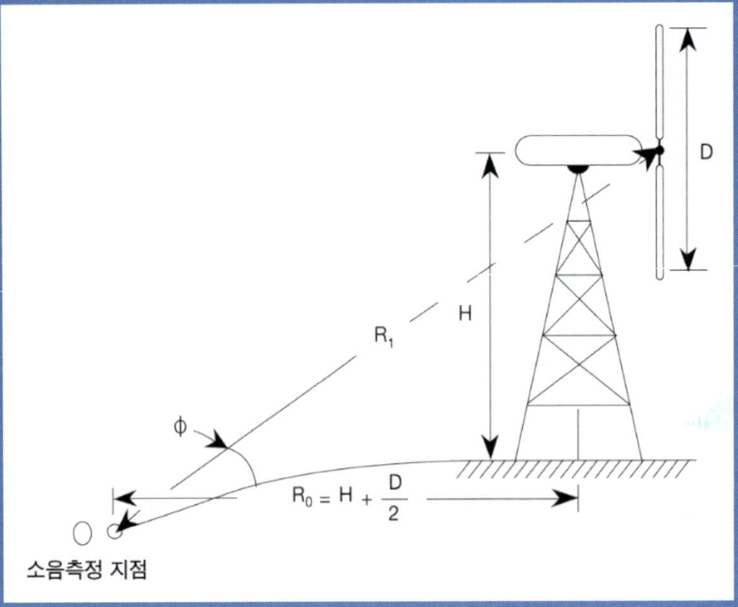

그림 24.5 수평축 풍력발전기의 R_0와 R_1의 정의[2]

이 때 측정 위치의 방향은 전방향(바람이 부는 방향)으로 ±15° 이내의 공차로 설치를 하여야 하며 나머지 세 곳의 위치는 타워 수직 중심선으로부터 풍력발전기에 대한 기준 거리가 되는 반경(R_0)의 선상에 20%의 공차로서 ±2%의 정확도로 측정이 이루어져야 한다. 그림 24.6은 바람이 부는 방향에 따른 마이크로폰 측정 위치를 도식화하였고, 그림 24.7은 실제 측정을 위한 판과 마이크로폰을 이용한 예시이다.

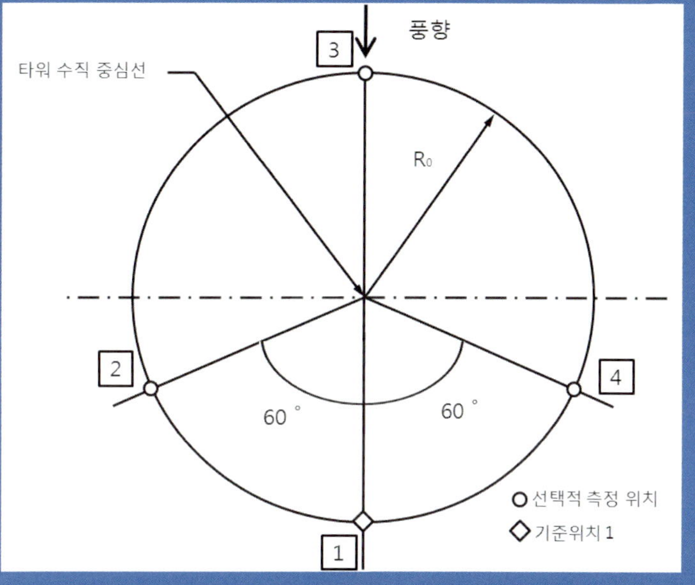

그림 24.6 마이크로폰 측정위치에 대한 표준 형상(단면도)[2]

그림 24.7 마이크로폰과 측정을 위한 판[2]

2) 음향 측정

음향 측정을 위해서는 풍력발전기 소음 방사량에 대해 다음과 같은 내용이 결정되어야 한다. 또한 겉보기 음압 레벨 및 순음도에 대해서는 IEC 61400-14를 참고하여 결정하길 바란다.

- 겉보기 음압 레벨
- 1/3 옥타브 밴드 측정
- 순음도
- 지향성 (선택적 측정)
- 초저주파 불가청음 (선택적 측정)
- 저주파 소음 (선택적 측정)
- 충격음 (선택적 측정)

① 기준 1 위치에서의 음향 측정 (그림 24.6)

- A-보정 등가 음압 레벨 : 풍속과 동시 측정 (최소 30회, 각각의 측정은 1분이상의 시간 적분)
- 1/3 옥타브 밴드 측정 : 기준위치에서 방사 소음의 옥타브 또는 1/3 옥타브 스펙트럼은 최소 1분 동안 3개의 스펙트럼의 에너지 평균값으로 결정
- 협대역 측정 : 2분 동안 풍력발전기기의 소음 및 주변 소음측정

3) 비음향 측정

비음향 측정은 풍속을 측정하거나 결정하기 위한 방법으로 IEC에서는 두 가지 방법을 제시하고 있다. 측정 방법은 두 가지 중 선택할 수 있으며 비음향 측정은 인증과 신고를 위해서는 필수적이다.

① 방법 1-전력과 출력 곡선으로부터의 풍속 결정

: 출력 곡선은 허브 높이에서 전력과 풍속의 관계를 말한다.

풍속을 결정하기 위해서는 전력으로부터 결정할 수 있는데 배경 소음측정 시에는 적어도 10m 이상 높이에서 풍속계로 측정이 이루어져야 한다.

② 방법 2-풍속계를 이용한 풍속 측정

: 풍속계를 사용하여 풍속을 측정할 경우 결과값은 IEC 61400-11에서 제시하고 있는 관련식을 이용하여 보정이 이루어지며 풍속 자료를 수집하고 소음측정과 같은 시간 주기 동안 산술 평균한다.

24.4.4 측정 장비

음향 측정 장비는 IEC 61400-11에서 제시한 음향 측정에 필요한 장비들이며 IEC 내용을 인용하여 기술하였다. 그리고 그림 24.8은 음향 측정을 위한 평가 시스템의 구성도를 나타내었다.

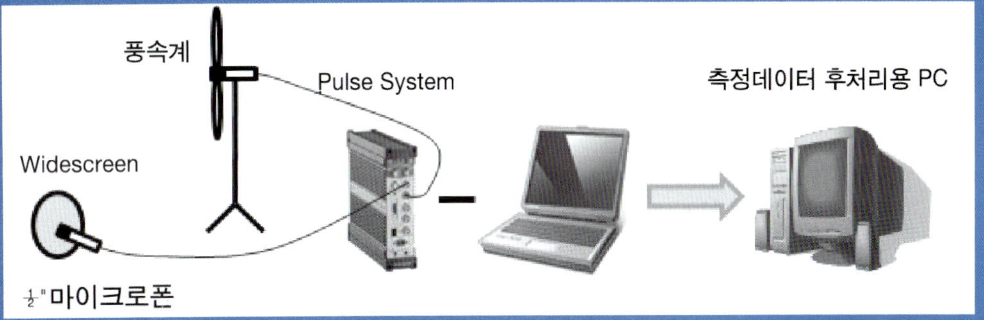

그림 24.8 소음 시험평가 시스템 구성도
출처: KIMM, 풍력 성능평가 기술연구팀

1) A-보정 등가 음압 레벨을 결정하기 위한 장비

마이크로폰의 지름은 13mm보다 커야 하며 풍속과 함께 측정을 하며 IEC 60804에서 형식 1의 요구 조건을 만족해야 한다.

2) 1/3옥타브 밴드 스펙트럼을 결정하기 위한 장비

형식 1을 비롯한 최소 45 ~ 11,200Hz의 일정한 주파수 대역을 가져야 하며 등가 음압 레벨은 50Hz ~ 10KHz의 중심 주파수에서 동시에 결정한다. 또한 필터는 등급 1에 해당하는 IEC 61260의 조건을 충족해야 한다.

3) 협대역 스펙트럼을 결정하기 위한 장비

측정은 20Hz ~ 11,200Hz 주파수 범위 내에서 IEC 60651 형식 1의 요구 조건을 만족해야 한다.

4) 측정판을 갖춘 마이크로폰과 방풍망

마이크로폰은 최소한 지름 1.0m인 원형으로서 최소 12mm 두께의 단단한 판지 또는 베니

어합판이나 최소 2.5mm의 금속재 판 재 위 중앙에 위치하며 마이크로폰에 사용하는 방풍망은 주방풍망과 부방풍망으로 충분한 신호를 얻을 수 있도록 한다.

5) 음향 교정기

교정기는 IEC 609420 등급 1의 요구 조건을 만족하고 규정된 환경 조건에서 사용한다.

6) 자료 녹음/재생 시스템

측정 장비에 필수적인 것이며 IEC 60651에서 형식 1의 요구 조건을 만족해야 하며 Annex B에 그 예가 기술되어 있다.

24.5 하중측정(load measurement)

24.5.1 목적

풍력산업의 규모가 점차적으로 커짐에 따라 성능시험에 대한 절차와 규정이 중요 시 되고 있다. 풍력발전기의 규모가 클수록 구조 설계 시 외부적인 조건의 영향에 대해 더 정확한 이해와 예측이 필요하기 때문이다. 그러므로 각각의 부품에 대해 공탄성 모델을 비롯한 환경적인 요인을 고려하여 설계를 하였다고 해도 일반적으로 장시간 동안 운용이 되어야 하고 불확실성을 동반하므로 측정 결과에 의해 검증을 할 필요가 있다. 따라서 하중측정 데이터를 활용한 설계와 최적화가 이루어져야 하며 보다 높은 신뢰성과 설계 적합성을 제시할 수 있고 인증을 위한 자료로 활용이 되기 위해서는 하중 측정을 통한 검증 작업이 필요하다.

하중측정은 풍력발전기의 설계 및 인증을 비롯한 실규모의 풍력발전기에 작용하는 기계적 하중과 관련 기술 검증 및 구조 하중의 신뢰성을 위한 측정을 그 목적으로 하며 IEC 61400-13, Germanischer Lloyd Wind Energie GmbH, 'Guideline for the Certification of Wind Turbine', Edition 2003 with Supplement 2004, Chapter 10.6, MEASNET에서 측정 및 방법 그리고 관련 규격에 대해 설명하고 있다.

24.5.2 IEC 기준 규격

- IEC 60050(415):1999, International Electrotechnical Vocabulary (IEV)-Part 415: Wind turbine generator systems

- IEC 61400-1:1999, Wind turbine generator systems-Part 1 : Safety requirements
- IEC 61400-12:1998, Wind turbine generator systems-Part 12 : Wind turbine power performance testing
- ISO 1995, Guide to the expression of uncertainty in measurement
- ISO 2394:1998, General principles on reliability for structures

24.5.3 측정 방법

하중측정에서는 풍력발전기 하중을 결정하기 위해서 측정하중케이스(MLCs, Measurement Load Cases)가 적용된다.

풍력발전기의 설계 시 기준이 되는 IEC 61400-1에서 제시된 설계하중케이스(DLCs, Design Load Cases)가 환경적인 조건을 고려하여 설계되었다고는 하지만 지역마다 다른 환경적 특성으로 인해 불확도가 MLCs에 비해 상대적으로 높다고 할 수 있다. MLCs에서 규정하고 있는 조건에는 측정 수행 동안 풍력발전기의 주된 외부 조건과 가동 조건을 정의하고 있는데 외부 조건으로는 풍속, 난류강도, 공기 밀도와 같은 기상 변수와 가동 조건으로는 회전속도, 요잉 오차, 전기 출력 및 회전자의 피치 각도와 같은 가동 변수가 적용된다. 적용되는 하중 케이스는 IEC 61400-1에서 언급되어 있는 DLCs와 관련된 정상 상태 가동 상태의 조건과 천이 동안의 측정하중(MLCs)이 적용이 되며 조건은 IEC 61400-13에 기재되어 있다. 그 예로 정상 가동 상태에서의 측정하중(MLCs)을 표 24.1에 나타내었다.

풍력발전기의 성능평가와 하중분석을 위해 측정되어야 할 물리량으로 하중의 크기(예 : 블레이드 하중, 로터 하중, 타워 하중), 기상 변수(예: 풍속, 풍향, 기온, 대기압), 가동변수(예: 전력, 회전속도, 피치각, 요 위치, 방위각)가 측정이 되며 풍력발전기에 작용하는 기본적인 하중 관련 물리량은 블레이드 뿌리 하중(blade root loads), 로터 하중(rotor loads), 타워 하중(tower loads)이며 각각의 하중은 다음과 같이 구분이 되며 기상 변수와 풍력발전기 가동 변수에 대한 물리량은 표 24.2와 표 24.3으로 IEC 61400-13을 인용하여 나타내었으며 그림은 24.9는 기본적인 형태의 풍력발전기에 작용하는 하중의 방향을 나타내었다.

1) 블레이드 뿌리 하중(blade root loads)

- 플랩 방향 굽힘 모멘트(flap bending moment)
- 리드 래그 방향 굽힘 모멘트(lead-lag or edgewise bending moment)

2) 로터 하중(rotor loads)

- 경사 모멘트(tilt moment)
- 요잉 모멘트(yaw moment)
- 로터 토크(rotor torque)

3) 타워 하중(tower loads)

- 두 방향 굽힘 모멘트(bottom bending in two directions)

표 24.1 IEC 61400-1에 정의된 DLCs와 관련된 정상 가동 상태에서의 MLCs

MLC 수	측정 하중 케이스(MLC)	DLCs 수 (IEC 61400-1)	DLCs에서의 풍속 조건	비고
1.1	전력생산	1.2	$v_{in} < v_{hub} < v_{out}{}^*$	이 운용 모드에서는 풍력터빈이 작동 중이며 그리드에 연결되어 있다.
1.2	오류 상태에서의 전력생산	2.3	$v_{in} < v_{hub} < v_{out}{}^*$	즉각적인 풍력발전기의 가동 중단을 초래하지 않는 제어 또는 보호시스템의 오류 상태
1.3	무출력 상태, 공회전	6.2	$v_{in} < v_{hub} < 0.75v_{e1}{}^*$	풍력터빈이 대기 상태 일 때 로터는 정지되었거나 공회전 상태이다.
* 풍속 구간과 난류 구간이 분리됨				

표 24.2 기상 물리량[5]

물리량	중요도	구성 요소
풍속	의무	허브 높이에서
윈드 시어	권장	-
풍향	의무	허브 높이에서
기온	의무	재료 성질에 영향을 미침
온도 변화도	권장	-
공기 밀도	의무	기온과 대기압으로부터 얻어짐 (ISO 대기를 고려한 높이로부터 얻음)

표 24.3 가동 물리량[5]

물리량	중요도	구성 요소
전력	의무	
로터 속도	의무	
피치 각도	의무	가변 피치 풍력발전기에만 적용
요잉 위치	의무	
로터 방위각	의무	
그리드 연결	권장	요잉 모멘트와 경사모멘트가 로터축에서 측정되는 경우
브레이크 상태	권장	
풍력발전기 상태	유용	풍력발전기의 제어판으로부터 관련 변수값 획득 가능

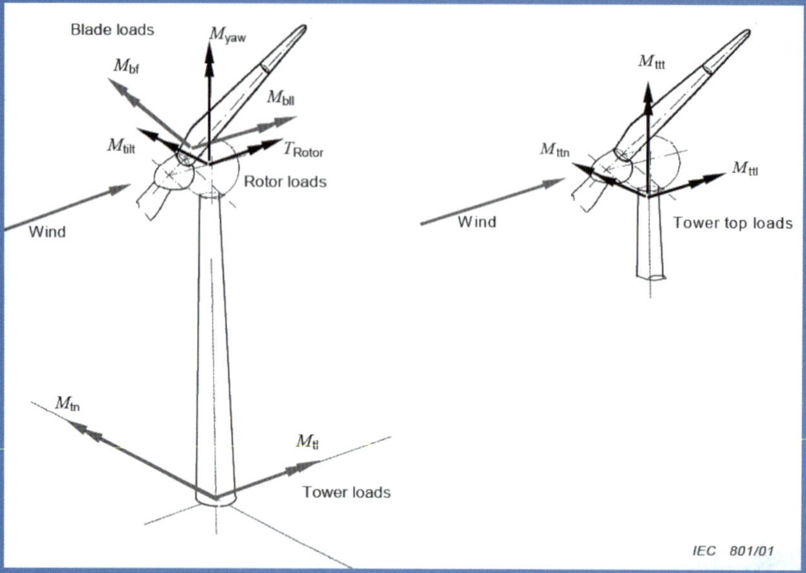

그림 24.9 기본적인 풍력발전기 하중
: 타워 베이스, 타워 탑, 로터 및 블레이드[5]

24.5.4 측정 장비

중·대형 풍력발전기에 대해 IEC 61400-13에서 요구하는 조건에 맞는 기계하중 시험에 대한 내용과 기술 및 연구 관련 사례는 구체적으로 제시된 경우는 없다. 정지 상태인 풍력발전기에 하중을 가함으로 인해 발생되는 하중에 대한 스트레인 게이지나 로드셀(load cell)을 통해 측정을 하는 것으로 기존의 다른 구조물에 대한 하중 측정의 방식과 유사한 경향을 가진다. 그러나 풍력발전기의 경우 주요 하중경로 상에 로드셀을 설치하여 하중을 측정하는 것은 불가능하다.[15] 그러므로 풍력발전기의 하중 측정에서는 스트레인게이지(strain gauge)를 구조물에 부착하여 측정하는 방법을 택하고 있다. 하중 측정은 스트레인 게이지와 측정 계통에 있는 장치들을 통해 스트레인 게이지의 출력과 가해지는 하중의 정적 보정 과정을 통해 측정하는 것이다. 블레이드(blade), 로터(rotor), 타워(tower)에 작용하는 하중을 각각에 대해 측정하게 되는데 이 때 스트레인 게이지는 외부에서 가해지는 하중만이 아닌 총 내부 하중을 표시하게 된다.

아래의 내용은 하중 측정에 관한 장비의 설치와 내용을 간략하게 요약하였다. 그림 24.10은 설치된 풍력발전기의 하중시험에 대한 이해를 높이기 위해 기계하중에 대한 시험 및 측정 형태를 도식화하였고 그림 24.11에는 굽힘 모멘트 측정 결과의 예를 들었다.

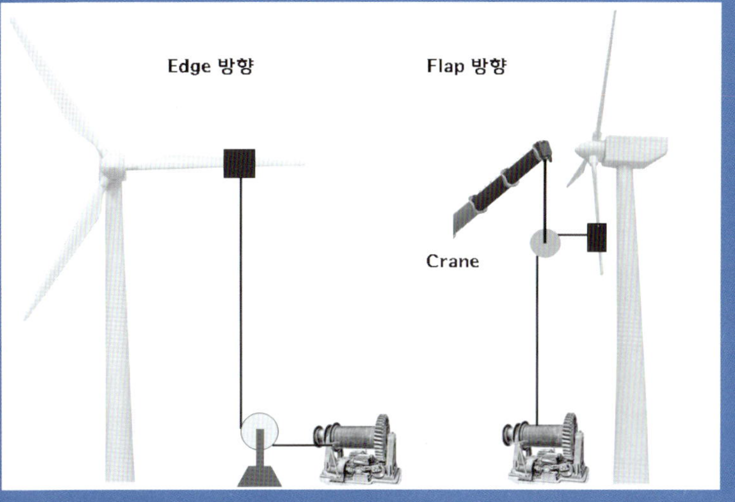

그림 24.10 구조 하중 시험 개략도

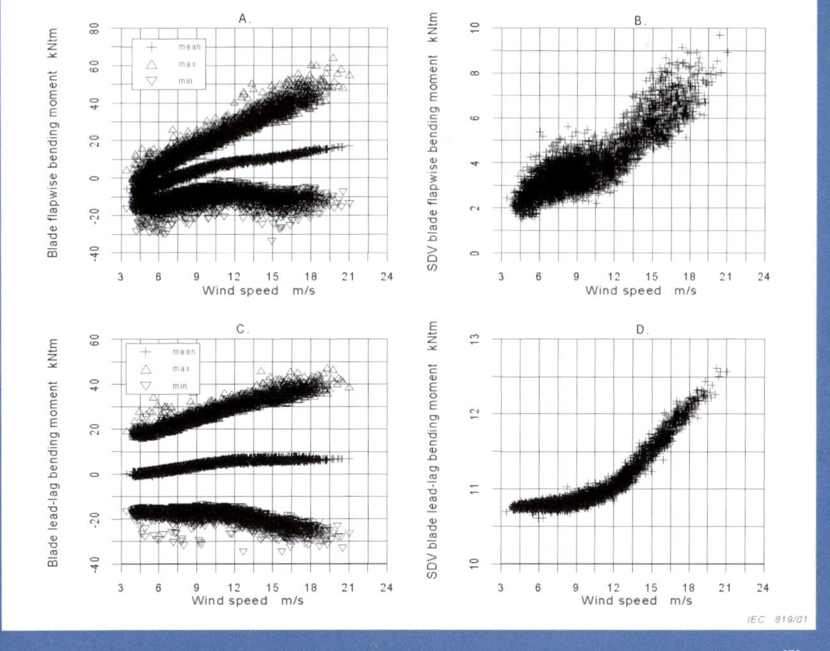

그림 24.11 blade-root flapwise와 lead-lag 굽힘 모멘트 통계의 예[5]

24.6 전력품질측정(power quality measurement)

24.6.1 목적

전력품질측정은 풍력발전기의 전력품질을 측정하고 평가함으로써 풍력발전시스템과 연계된 전력 계통의 전압 특성과 그에 영향을 미치는 전기적 특성과 함께 전력품질의 특성을 파악하여 일관된 기준을 마련하고 평가의 방향을 제시하는 것에 그 목적을 가진다. IEC 61400-21에서는 전력품질측정에 계통 연계 풍력터빈의 전력품질특성을 나타내기 위해 결정되어야 할 정의와 사양, 특성을 측정하기 위한 측정 절차, 풍력터빈이 집단으로 특정사이트에 설치될 때, 그 풍력터빈 형식으로부터 기대되는 전력품질의 평가를 포함한 전력품질 요구 사항에 따른 평가 절차를 포함하여 제시하였다. 이것은 대규모 풍력발전단지의 경우 대부분 지리적 여건상 풍력에너지를 얻기가 용이한 산간 고지대나 해안가 등에 위치하고 있고, 계통연계 지점이 선로의 말단인 경우가 많아 계통연계를 할 때 전압관리와 전력품질의 관리 등 계통운영상의 여러 가지 문제점을 야기한다.[19]

전력품질의 요구 사항에 따른 평가 절차는 3상 계통 연계된 단일 풍력터빈에 대해 유효하고 ±1Hz 이내의 고정 주파수를 갖는 전력 시스템의 MV(중전압) 또는 HV(고전압)에서의 접속점이라 부르는 PCC(point of common coupling: 어떠한 부하에 전기적으로 다른 부하가 걸려있을지도 모르는 점)를 대상으로 하는 풍력터빈에 대해서만 적용되지만, 측정 절차는 모든 풍력터빈을 대상으로 한다.

24.6.2 IEC 기준 규격

- IEC 60034-1:1996, Rotating electrical machines-Part 1: Rating and performance.
- IEC 60044-1:1996, Instrument transformers-Part 1: Current transformers.
- IEC 60050(415):1999, IEV-Chapter 415: Wind turbine generator systems.
- IEC 60186:1987, Voltage transformers.
- Amendment 1 (1988), Amendment 2 (1995)
- IEC 60688:1997, Electrical measuring transducers for converting a.c. electrical quantities to analogue or digital signals.
- IEC 61000-3-6:1996, EMC. Part 3: Limits-Section 6: Assessment of emission limits for distoring loads in MV and HV power systems-Basic EMC publication. (Technical report)
- IEC 61000-3-7:1996, EMC. Part 3: Limits-Section 7: Assessment of emission limits for

distoring loads in MV and HV power systems-Basic EMC publication. (Technical report)

- IEC 61000-4-7:1991, EMC. Part 4: Testing and measurement techniques-Section 7: General guide on harmonics and interharmonics measurements and instrumentation, for power supply systems and equipment connected thereto.
- IEC 61000-4-15:1997, EMC. Part 4: Testing and measurement techniques- Section 15: Flickermeter-Functional and design specifications.

24.6.3 측정 방법

전력품질에 대한 측정 절차는 목적에서 언급한 바와 같이 3상 계통 연계된 단일 풍력터빈에 대해 유효하며 풍력터빈의 전 범위에 대해 전력 품질 특성 파라미터를 검증하는 것을 목적으로 한다.[8] 아래의 내용은 전력 품질을 특정하기 위한 파라미터들이다.

① 정격데이터
② 최대 허용 출력
③ 최대 측정 출력
④ 무효 전력
⑤ 전압 변동
  - 연속 운전
  - 스위칭 운전
⑥ 고조파

24.6.4 측정 장비

그림 24.12와 그림 24.13은 IEC 61400-21에서 요구하는 측정시스템 구성 및 가정 요소의 예를 나타낸 것이며 측정 장비에 요구하는 사양은 표 24.4로 나타내었다. 그림 24.12의 예시는 강제적인 사항은 아니며 데이터 획득 시스템의 소프트웨어의 기능 특성에 따라 필터와 아날로그 변환기를 대체할 수 있다.

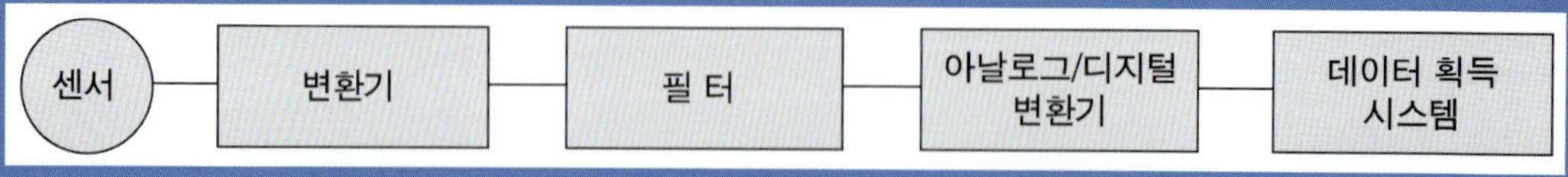

그림 24.12 측정시스템의 가정된 요소

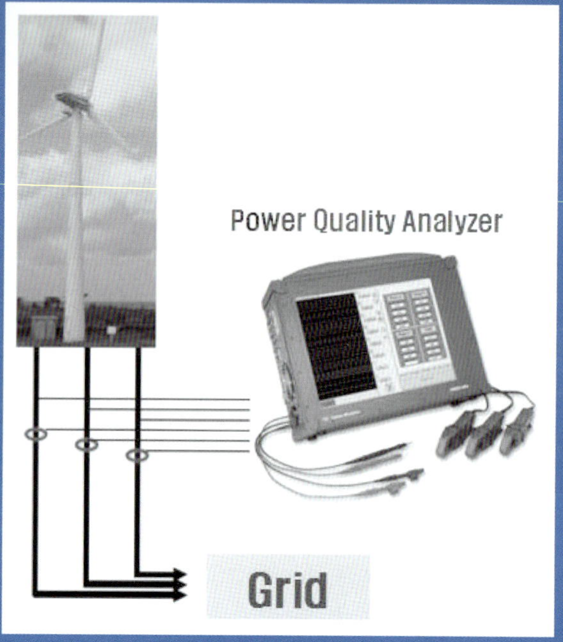

그림 24.13 풍력발전 계통연계시스템에 구축된 출력성능측정 장비의 예
출처: KMM, 풍력 성능평가 기술연구팀

표 24.4 측정 장비에 요구되는 사양[8]

장 비	요구되는 정확도	준수 규격
전압 변환기	등급 1.0	IEC 60186
전류 변환기	등급 1.0	IEC 60044-1
피상 전력 변환기	등급 1.0	IEC 60688
유효 전력 변환기	등급 1.0	IEC 60688
무효 전력 변환기	등급 1.0	IEC 60688
풍속계	±0.5m/s	-
필터+아날로그/디지털 변환기+데이터 획득 시스템	전체스케일의 1%	-

24.7 MEASNET

24.7.1 MEASNET 개요

성능평가는 설계 해석으로 평가할 수 없는 출력성능을 비롯한 출력품질, 소음특성, 하중특성과 같은 안전에 필수적이고 실험을 통한 검증 작업이 필요한 부분에 대한 성능검사를 말하며 현재 이러한 특성 평가를 위해 유럽의 풍력발전 관련 기관들을 주축으로 MEASNET (Measuring Network of Wind Energy Institutes)을 통해 성능검사의 표준화 및 기술적 향상을 위해 활동을 하고 있다. MEASNET은 풍력발전기술의 개발 및 향상을 위해 측정 품질과 특성 시험에 관해 최고 수준의 성능시험 및 평가에 관한 기술을 상호유지토록 하는 국제협력기구로 운영이 되고 있다. 이 국제협력기구는 1997년 설립된 이래 CENER(스페인), CRES(그리스), DEWI(독일), ECN(네덜란드), RISØ DTU(덴마크), WINDTEST-Kaiser- Wilhelm-Koog GmbH (독일), WINDTEST-Grevenbroich GmbH (독일), NREL(미국), WIND-consult GmbH (독일)등과 같은 기관을 주축으로 활동을 하고 있으며 주로 유럽지역의 기관들이 구성원의 대부분을 차지하고 있다. 현재 MEASNET의 조직체계는 그림 24.14와 같으며 활동하고 있는 기관을 아래와 같이 기술하였으며 현재 MEASNET에서 활동 중인 측정단체와 측정가능 항목을 표 24.5에 나타낸 것이다.

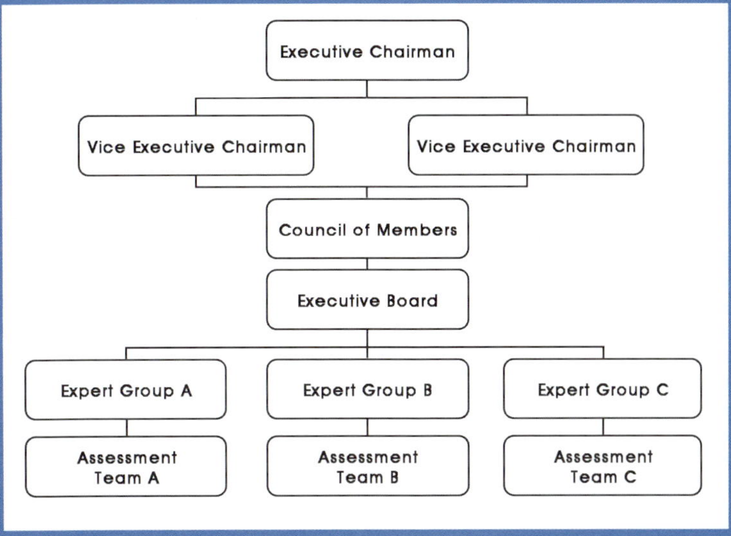

그림 24.14 MEASNET 조직 구성도

24.7.2 MEASNET 구성

정회원(full member):

- CENER (Centro National de Energies Removable, Spain)
- CRES (Centre for Renewable Energy Sources, Greece)
- DEWI (Deutsche Windenergie-Institut GmbH, Germany)
- ECN (Energieonderzoek Centrum Nederland, Netherlands)
- RISØ DTU (National Laboratory for Sustainable Energy, Denmark)
- TRIPOD Wind Energy ApS (TRIPOD Wind Energy ApS, Denmark)
- Wind Guard (Deutsche Wind Guard Wind Tunnel Services GmbH, Germany)
- WINDTEST (Kaiser-Wilhelm-Koog GmbH, Germany)
- WINDTEST (Grevenbroich GmbH, Germany)
- Barlovento (Barlovento Recourses Naturals S. L., Spain)
- NREL (National Renewable Energy Laboratory, USA)

준회원(Associated member):

- WIND-consult GmbH (Germany)
- IDR/UPM LAC (Laboratorio de Calibración en Túnel Aerodinámico, Instituto Universitario de Microgravedad "Ignacio Da Riva", Universidad Politécnica de Madrid, Spain)
- Svend Ole Hansen ApS (Svend Ole Hansen ApS, Wind Engineering, Denmark)
- Dieter Frey (Ingenieurbüro Dr.-Ing. Dieter Frey, Germany)
- Energy To Quality S. L. (Spain)

제휴회원(Affiliated members):

- Deutsche WindGuard Consulting GmbH (Germany)
- WINDTEST Ibérica S. L. (Spain)
- DEWI GmbH (Deutsches Windenergie-Institut Sucursal em España, Spain)

표 24.5 MEASNET에서 활동 중인 성능측정 단체

Measurement type	Anemometer Calibration	Power Performance	Noise Emission	Power Quality
CENER	no	yes	yes	yes
CRES	yes	yes	yes	yes
Deutsche WindGuard Wind Tunnel Services GmbH	yes	yes	no	no
DEWI GmbH	yes	yes	yes	yes
ECN	no	yes	yes	no
RISØ DTU	no	yes	no	no
TRIPOD Wind Energy ApS	no	yes	no	no
WINDTEST Kaiser-Wilhelm-Koog GmbH	no	yes	yes	yes
WINDTEST Grevenbroich GmbH	no	yes	yes	no
Barlovento Recursos Naturales S.L.	no	yes	no	no
NREL	no	no	yes	yes
WIND-consult GmbH (*)	yes	yes	in process	no
IDR/UPM (*)	yes	no	no	no
Svend Ole Hansen ApS, Wind Engineering (*)	yes	no	no	no
Ingenieurbüro Dr.-Ing. Dieter Frey (*)	yes	no	no	no
Energy To Quality S. L. (*)	no	no	no	yes
Deutsche WindGuard Consulting GmbH (**)	no	yes	no	no
WINDTEST Ibérica S. L. (**)	no	yes	no	no
DEWI GmbH-Deutsches Windenergie-Institut Sucursal em España (**)	no	yes	no	no

(*) Associated Member
(**) Affiliated Member

출처: MEASNET

24.7.3 국가별 인증 및 성능평가기관

인증제도에 관하여 설명을 하는 과정에서 언급한 바 있지만, 성능평가는 인증과 직접적인 연관성이 있으며 제품에 대한 신뢰성 및 인증을 받기 위해서는 무엇보다 중요하다. 국내의 경우는 정부(에너지관리공단)에서 인증서를 발행을 하며 인증 자격에 대한 평가는 한국선급(KR)에서 하고 있다. 또한 한국에너지기술연구원에서는 최근 제주에 육상 풍력실증연구단지 조성을 끝낸바 있고 현재 한국기계연구원에서 전북 부안에 5MW급 부품까지 시험 가능한 시험동 건축을 진행 중에 있다. 그러나 국내의 경우 풍력산업 관련 기술 확보와 경험이 부족하며 외국의 상황에 비교해서 시설뿐만 아니라 기술 노하우가 부족한 실정이다.

아래 요약 내용은 국외의 활동 기관 중 국가별로 MEASNET에 관련된 간략하게 인증에 설명과 함께 성능평가 기관들에 대해 서술하였으며 표 24.6은 국가별 인증 및 성능평가기관에 대해 정리한 것이다.

표 24.6 국가별 인증 및 성능평가기관

국명	자국내 인증제도		자국내 인증기관 유무	자국내 시험기관 유무
	유무	강제		
미국	○	×	UL 및 해외인증기관의 미국법인	NREL, NWTC 등
독일	○	○ (형식인증)	GL-Wind, DEWI-OCC, TUV-NORD, FGH, SGS	DWEI, WINDTEST
덴마크	○	○ (형식인증)	DNV-Wind	RISØ DTU
네델란드	○	○	KEMA	ECN

출처: 한국선급(KR)

① 미국

미국에서의 인증제도는 강제성을 띄지는 않는다. 그러나 미국을 비롯하여 아시아, 호주와 같이 새로운 풍력터빈의 시장이 점차적으로 커지면서 풍력 관련 사업자들이 해외 수출 시 인증 및 성능평가에 대한 필요성이 중요 시 되고 있다.

현재 미국의 경우 UL(Underwriters Laboratories Inc.)이 인증기관으로써 활동을 하고 있으며 이에 대한 성능평가기관으로써 NREL(The National Renewable Energy Laboratory)-NWTC (The National Wind Technology Center)가 있다.

특히 NREL은 신재생에너지 유일의 국립연구소로써 다양한 규격 및 시스템 개발을 통해 활동 중에 있으며 NREL 산하에 있는 NWTC는 1993년에 세워진 이래 동력계를 비롯하여 블레이드와 같이 풍력시스템 부품 인증을 위한 성능시험 및 기술을 지원하고 있다. NWTC의 연구는 터빈 연구 및 발전 (Turbine Research & Development)과 기술 적용 및 시험 (Technology Application & Testing)으로 구분되어 이루어지고 있다. 아래의 그림 24.15는 NWTC의 두 가지 연구에 대한 구분과 활동 내용을 간략하게 도식화하였으며 현재 가능한 시험 과 업무에 대해 정리하였다.

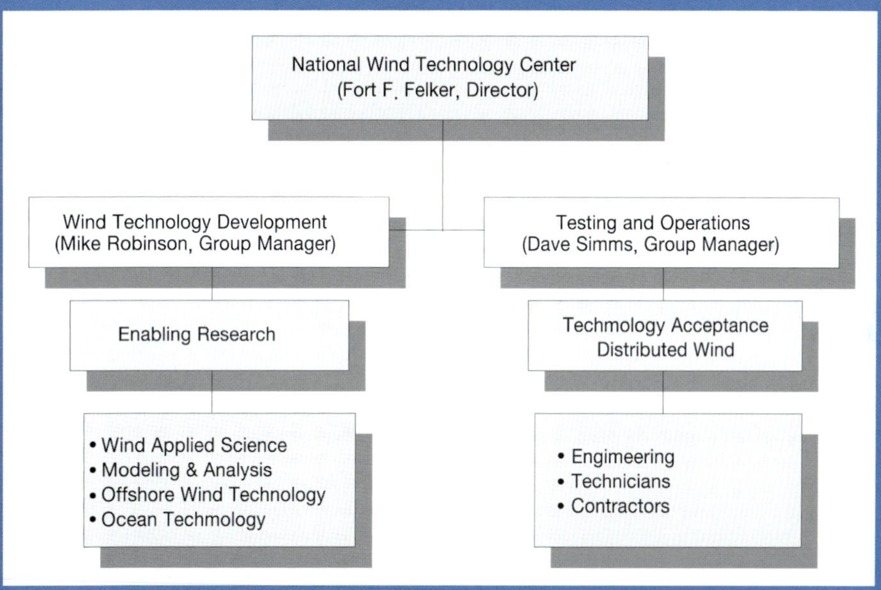

그림 24.15 NWTC 연구 조직도
출처: NREL, EERE News (2009. 5. 29)

현재 NWTC에서 진행 중인 시설과 업무 관련 내용을 아래와 같이 간략하게 정리하였으며 [12] 그림 24.16은 NREL 산하의 NWTC가 A2LA (The American Association of Laboratory Accreditation)에 의해 풍력터빈의 부품시험과 측정 시설에 관련해 인정서(letter of accreditation)를 받는데 인정서에는 인정에 대한 내용을 포함하여 기재되어 있다. 그림 24.16은 이러한 사항에 대해 NREL의 인정서에 담겨진 NWTC의 인증 자격 항목을 기재한 내용이다.

SCOPE OF ACCREDITATION TO ISO/IEC 17025:2005

NATIONAL RENEWABLE ENERGY LABORATORY (NREL)
NATIONAL WIND TECHNOLOGY CENTER (NWTC) TEAM
1617 Cole Boulevard – MS 730
Golden, CO 80401-3393
Allan Roberts Phone: 303 275 3227

ACOUSTICS & VIBRATION

Valid To: December 31, 2010 Certificate Number: 1239.01

In recognition of the successful completion of the A2LA evaluation process, accreditation is granted to this laboratory to perform the following measurements on wind turbines:

	Method
Acoustics	
Wind Turbine Noise Testing	IEC 61400-11; MEASNET *Acoustic Noise Measurement Procedure* version 1, Sept. 1997
Electrical	
Wind Turbine Power Performance Testing	IEC 61400-12; MEASNET *Power Performance Measurement Procedure* version 3, Nov. 2000
Wind Turbine Power Quality Testing	IEC 61400-21; MEASNET *Power Quality Measurement Procedure* version 2, Nov. 2000
Structural	
Wind Turbine Blade Testing	IEC 61400-23
Wind Turbine Mechanical Loads Testing	IEC 61400-13
Wind Turbine Safety and Function testing	IEC 61400-1; and IEC 61400-2
Wind Turbine Duration Testing	IEC 61400-2

* All testing may occur on-site with the exception of Wind Turbine Blade Testing.

(A2LA Cert No. 1239.01) 11/19/2008 Page 1 of 1

그림 24.16 WTRC의 풍력터빈의 성능시험에 대한 인정 항목 (A2LA)
출처: NREL

- 산업 활용 시설(Industrial User Facility: IUF)

- 풍력산업 관련 연구와 실험을 위한 연구실, 해석 작업을 위한 전산시설
- 풍력터빈의 실증시험과 부품조립 작업 공간 (283.2㎡ 규모)

- 첨단 풍력시스템 연구(Advanced Research Turbines) 시설
- 첨단 풍려시스템의 부품시험 및 풍력시스템 전체 시험을 목적으로 운영
- CART (Controls Advanced Research Turbine)
- CART3 (a three-bladed version of the CART)
- 구조시험
- 피로, 극한강도, 광탄성 측정 및 시험
- 모달시험
- 구조적 동역학 특성 시험
- 구조코드개발
- 풍력터빈 구조 부품에 대해 부하와 응답해석을 위한 모델 검증 및 개발
- 동력계
- 발전기의 정역학 특성 결정
- 인증시험 능력시설
- 형식 및 ISO 9000 인증을 위한 출력성능,소음, 동역학 부하, 전력품질, 블레이드 및 동력전달시스템 구성품 성능시험

② 독일

전 세계적으로 풍력터빈의 기술지침서로 유럽의 인증기관에서 제시하는 가이드라인을 이용하여 인증과 그에 따른 성능평가를 받아 활동하는 기관과 제조업체들이 많다.

특히 국내의 경우 인증기관인 DEWI-OCC를 통해 형식인증을 수행한 바 있고 풍력터빈 관련 인증 및 성능평가 관련 지침은 IEC 61400 시리즈를 따르긴 하지만, GL-Guideline을 많이 활용하고 있다.

독일은 형식인증을 법적으로 의무화를 하고 있으며 현재 인증기관으로 GL-Wind를 비롯하여 DEWI-OCC, TÜV-NORD, FGH, SGS가 있으며 성능평가를 위한 시험기관으로는 DEWI GmbH, WINDTEST Kaiser-Wilhelm-Koog GmbH, WINDTEST Grevenbroich GmbH가 대표적인 기관으로 활동하고 있다.

DEWI GmbH는 성능시험기관으로써 1990년 설립한 이래 1998년부터 국제풍력시장으로 사업 영역을 넓히기 시작하여 스페인, 프랑스, 브라질, 캐나다, 이탈리아, 중국 등 40여 개국에 성능평가와 기술지원을 하고 있다. 현재 DEWI GmbH은 DIN EN ISO/IEC 17025와 MEASNET 인정(그림 24.17)을 받아 활동 중에 있으며 풍력터빈 관련하여 주요 업무[12]는 다음과 같다.

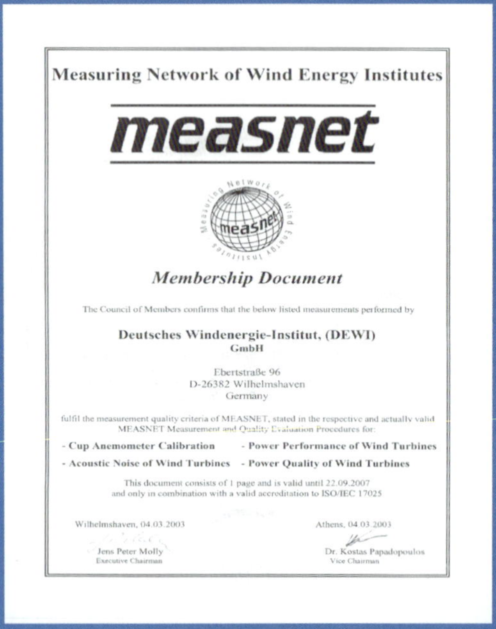

Measuring Network of Wind Energy Institutes

measnet

Membership Document

The Council of Members confirms that the below listed measurements performed by

Deutsches Windenergie-Institut, (DEWI)
GmbH

Ebertstraße 96
D-26382 Wilhelmshaven
Germany

fulfil the measurement quality criteria of MEASNET, stated in the respective and actually valid MEASNET Measurement and Quality Evaluation Procedures for:

- Cup Anemometer Calibration
- Power Performance of Wind Turbines
- Acoustic Noise of Wind Turbines
- Power Quality of Wind Turbines

This document consists of 1 page and is valid until 22.09.2007
and only in combination with a valid accreditation to ISO/IEC 17025

Wilhelmshaven, 04.03.2003
Jens Peter Molly
Executive Chairman

Athens, 04.03.2003
Dr. Kostas Papadopoulos
Vice Chairman

그림 24.17 MEASNET 회원 인정서
출처: DEWI GmbH

- 출력성능측정, 전력품질측정, 소음측정, 하중측정
- 하중 스펙트럼 결정
- 풍력시스템 동역학 해석
- 풍력시스템 감시
- 바람측정, 풍속계 교정, 풍력자원 지도 작성 및 평가
- SODAR에 의한 바람측정
- 풍력단지의 최적화
- 투설(Ice throw) 예측
- 그늘 영향(Shadow effect) 예측
- 경제적 타당성 연구
- 전문가 보고
- 기술 및 기술계약 컨설팅
- 외부전문가보고서 검토
- 풍력에너지 훈련과정
- 수탁 연구

현재 인증기관으로써 활동 중에 있는 GL(Gemanischer Lloyd Industrial Services GmbH)은 1989년에 Kaiser-Wilhelm-Koog 자치구와 함께 성능평가를 위한 WINDTEST를 설립하였다. WINDTEST는 DIN ISO/IEC 17025 (DAP)에 의해 풍력터빈 부품 인증을 위한 품질 측정을 기초로 운영이 되고 있으며 아래와 같은 주요 업무를 수행하고 있다.

- 블레이드, 기어트레인, 타워, 해상풍력의 기초 설비에 대한 하중 측정
- 출력 곡선과 컨트롤 시스템 활용
- 소음 레벨 및 주파수 스펙트럼을 포함하는 음향 방사 측정
- 풍력터빈의 전기적 물성 측정(고조파, 플리커, 전력 피크치, 무효전력, 계통연계치, 컷-인스)
- 바람 측정(풍속 및 풍향 분포, 윈드 시어, 돌풍 등)
- 충격음
- 바람 조건, 에너지 수득률, 충격음. 쉐도우 임팩트에 대한 전문가 보고서

③ 덴마크

덴마크는 풍력시스템 1위업체인 Vestas를 보유하고 있을 만큼 독일과 더불어 풍력분야의 기술이 가장 앞선 나라이다. 덴마크 또한 독일과 같이 자국내 인증기관(DNV-Wind)을 보유하고 있으며 형식인증취득을 법적으로 의무화하고 있다. 그와 더불어 성능시험기관은 RISØ DTU(RISØ National Laboratory-Technical University of Denmark)가 있다.

RISØ는 코펜하겐에 위치한 덴마크 공대(Technical University of Denmark)와 연계된 국립연구소로서 주요 연구 활동으로 자원의 보존과 환경 개선을 위해 덴마크 산업을 비롯하여 사회에 기여하는 역할을 수행하고 있다. 그림 24.18은 2007 기준의 조직 체계를 도식화한 것이며 RISØ의 풍력에너지 분야의 주요 업무[12]는 다음과 같다.

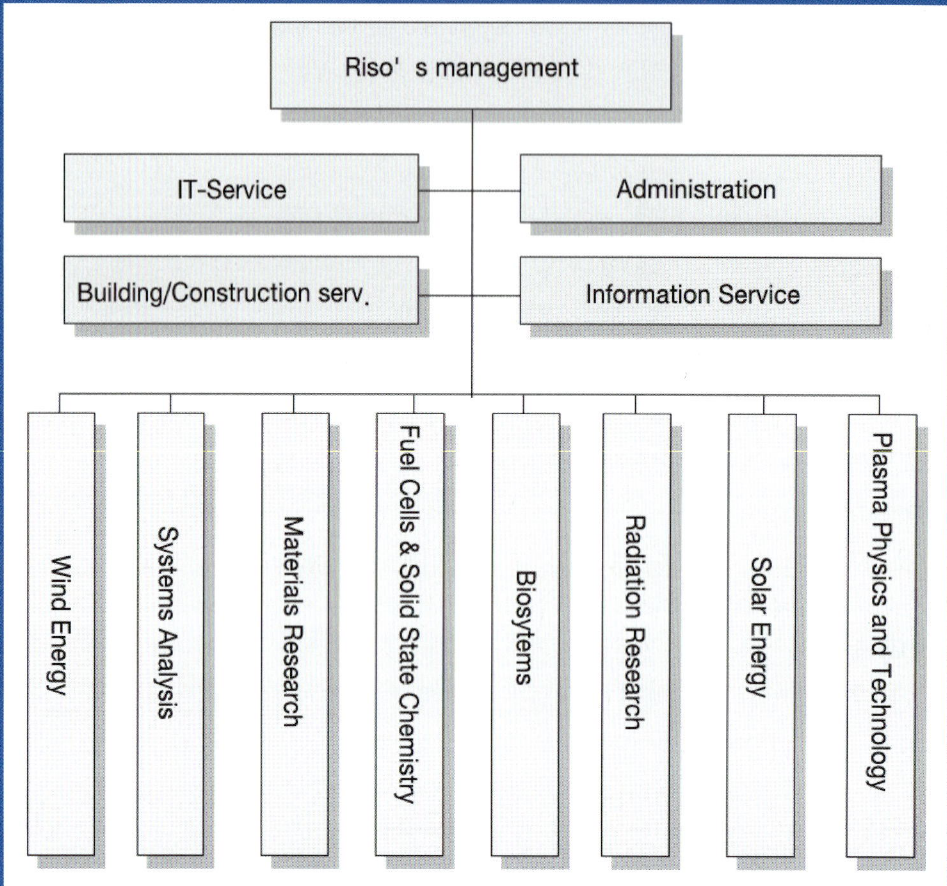

그림 24.18 RISØ 조직도
출처: RISØ DTU

- 풍력자원, 단기예측, 바람특성 및 하중 추정
- 공탄성 설계
- 대기에 대한 실시간 추정 모델, 표면 교환의 모델링 및 측정
- 인증에 대한 풍력시스템 설계 기초를 위한 구조 설계 및 성능시험
- 계통연계형 풍력터빈의 전력 설계 및 제어
- 풍력시스템 측정 및 진단(효율, 부하, 구조해석, 공역학, 음향 방사 등)
- 블레이드 시험 (정하중, 피로, 진동)
- 형식인증을 비롯한 국제적 인증 시험 및 연구

④ 네덜란드

인증을 비롯하여 설계적합성평가, 성능시험에 있어 네덜란드의 대표적인 기관으로 ECN (Energy Research Center of the Netherlands)을 들 수 있다. ECN은 여러 부서로 이루어진 국립 에너지연구재단이며 풍력 인증 및 설계적합성평가, 성능시험을 주관하고 있는 그룹은 ECN Wind Energy 부서이다. 이 부서는 풍력에너지 분야와 밀접한 연관성을 가지며 대학교와 산업에 있어 중요한 위치에 있는 40명의 직원들이 연구 및 기술 개발을 하고 있다. ECN은 ISO 9001, ISO 14001 인증을 획득하였으며 ISO 17025의 요구조건에 부합하여 출력성능과 소음측정에 대해 MEASNET의 정회원(full member)로 인정되어 전문가그룹(expert group)으로 활동하고 있다. ECN Wind Energy 부서는 그림 24.19와 같이 연구그룹(풍력터빈 설계 및 컨트롤, 로터 및 팜 공력, 운용 및 컨트롤 모니터링 분야)과 측정 및 시험그룹으로 이루어져 크게 네 가지 분야의 그룹으로 활동을 하고 있다. ECN은 산하 KC-WMC기관에 6MW 블레이드 구조시험(정하중 및 피로시험)이 가능한 시험 설비를 보유하고 있다.

주요 업무 활동 내용은 아래에 간략하게 서술하였다.[12] 현재 ECN Wind Energy 부서의 시험평가를 위한 연구그룹별 구분을 그림 24.19와 같이 도식화하였다.

- 설계 지원
- 단지 시뮬레이션(SWIFT: 확률론적 풍력단지 시뮬레이션)
- 풍력시스템 설계평가(설계적합성, 형식인증, 프로토타입인증, 부품인증, 프로젝트인증-공식인증은 DNV 및 UL의 감독하에 수행)
- 풍력시스템 측정(하중측정, 소음측정, 출력성능, 전력품질, 타워 및 블레이드 역학에 대한 광학 측정 등)
- 인증에 대한 설계 검토 및 유럽풍력시스템 인증(EWTC: European Wind Turbine Certification) 프로젝트 수행

세계적으로 에너지분야의 자문, 시험과 인증을 수행하는 네덜란드 소재 영리기관인 KEMA (KEURING VAN ELECTROTECHNISCHE MATERIALEN)가 있다. 특히 전기분야(high and medium voltage)의 부품에 대한 시험과 인증이 전문으로 국내에서는 한국산업기술시험원(KTL, Korea Testing Laboratory)과 연계되어 있다. 아울러 재생에너지 분야에 대한 개발지원을 수행하고 특히 풍력분야에서는 풍력단지 프로젝트 개발 및 단지설계, 풍황조사 등 풍력단지 개발과 관련된 사항을 지원한다.

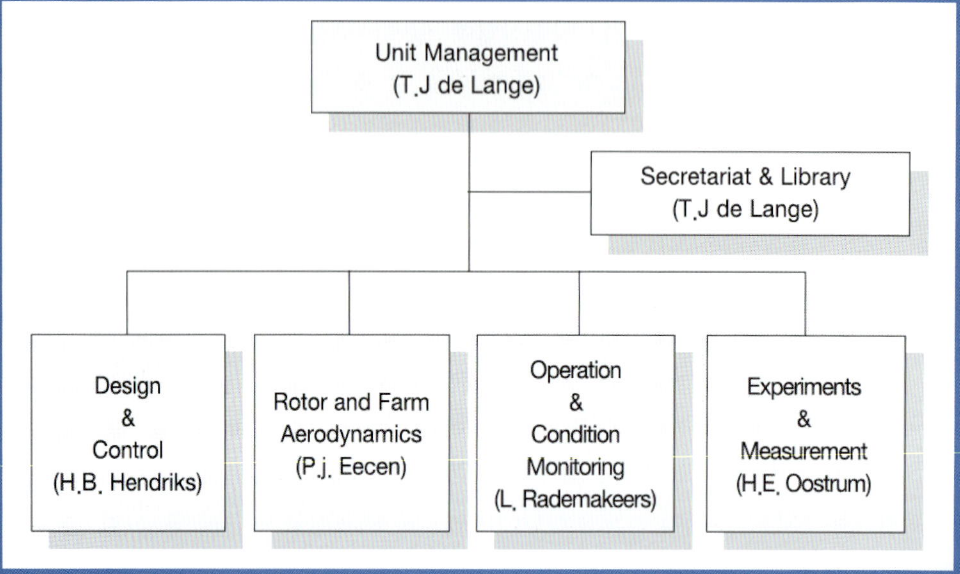

그림 24.19 ECN Wind Energy 조직도
출처: ECN

24.8 풍력실증연구단지

풍력실증연구단지(wind turbine test field) 실증시험(field test)은 두 가지 목적을 가지고 수행한다. 첫째, 새로운 설계의 일부로써 제조자가 다양한 측정을 통하여 터빈모델의 운영상태를 점검하고 모델을 검증하기 위하여 수행하는 시험을 말한다. 두 번째는 풍력터빈 제조사에서 개발된 풍력터빈의 상용화하기 위해 제품의 성능확인과 성능향상, 부품의 신뢰성 향상, 시스템의 최적화, 인증(certification)획득을 목적으로 하며 시제품(prototype)을 설치하여 운영하는 것이다.

풍력실증연구단지(wind turbine test field 혹은 test site)는 제조자가 시제품(prototype)을 설치하여 운영하며 실증시험을 수행하는 등 상기의 목적을 수행할 수 있도록 풍황이 우수하고 측정을 위한 기반시설을 갖춘 곳을 말한다. 특히, 풍력터빈 시제품을 설치할 수 있는 설비를 터빈시험대(wind turbine test pads)라고 한다. 터빈개발자는 이 시험대를 약 4 ~ 5년간 임대하여 사용하는데, 시험대를 임대하는 비용을 지불하되, 생산되는 전기를 되팔아서 경비로 충당하기도 한다.

풍력실증연구단지의 조건 풍력터빈의 성능측정을 위해서는 평탄하고 간단한 지형에서 일정하고 강력한 바람이 불고, 난류가 적은 곳이 적절하며 성능과 하중시험 프로그램을 빠르고 효율적으로 완료해야한다. 풍력터빈의 가동 가능시간이 터빈의 성능을 평가하는데 필요한 비용과 바로 직결되기 때문에 위와 같은 우수한 풍황 조건을 갖춘 곳을 실증연구단지로 조성하게 된다. 따라서 장기간에 걸쳐서 조성 부지에 대한 풍력자원을 세밀하게 조사하게 된다. 설치될 터빈간의 거리, 시험대(test pad)주변과의 경사도 등을 면밀하게 조사한다. 이러한 사항은 IEC 64100-12의 각 종 측정항목에서 규정하는 조건을 site가 만족하는지를 인증기관의 주관 하에 단지교정(site calibration)을 하게 된다.

실증단지의 지형이 주변 건물이나 산과 같이 바람흐름에 영향을 주는 장해물을 포함하고 있다면, 기준풍황 계측타워(reference meteorological mast)에 의하여 측정된 풍황 데이터와 터빈에서의 풍황 데이터가 서로 다르게 된다. 따라서, 터빈에 대한 성능실증 연구를 시작하기 전에, 터빈이 위치할 자리에 임시풍황 계측타워를 설치하여 기준풍황 계측타워의 풍황 데이터와 임시풍황 계측타워에서의 풍황 데이터를 서로 연관시키는 단지교정(site calibration)에 대한 연구를 반드시 수행하여야 한다.[20]

외국의 실증단지 덴마크 북서쪽 해안의 Hovsore지역에 있는 National Danish Test Station은 대표적인 실증연구단지이다. 이 실증단지는 해안으로부터 약 1.7km 떨어진 평탄하고 장애물이 없는 초원에 위치하고 있으며 주풍향은 서풍이다. 풍황을 측정하기 위한 기상탑이 10m에서 160m에 이르는 고도에 컵형 풍향풍속계를 설치하고 있다[21]. 이에 따라 대형 풍력터빈을 시험할 수 있는 5기의 시험대(test pad)가 있다. 대표적으로 Siemens 3.6MW 풍력터빈이 이 실증단지에서 출력성능과 하중측정을 실시하였다.

ECN(Energy research Centre for Netherlands) wind turbine test field, Wieringermeer는 네덜란드의 대표적인 풍력실증연구단지이다. 이 실증단지는 4개의 시험대를 보유하고 있으며, 3개의 met masts(100m, 108m, 108m), 36MVA 그리드 연결용량과 10kV/ 50kV 전력 변환설비, 광섬유 DAQ 시스템을 지니고 있고, 100m 높이에서 평균풍속 8.3m/s의 풍황을 가진다. 이 풍력실증단지의 특징은 5기의 2.5MW 용량의 대형풍력터빈을 보유하고 있어 여기에서 발생되는 수익을 단지운영과 연구에 활용하고 있다. 실증연구단지에서는 운영 과 유지보수 전략, 후류 영향, 제어 모니터링과 최신측정기술의 연구 등이 이루어진다. 그림 24.20은 실증단지의 사진과 시험대의 배치도이다. Nordex N80은 전기의 생산을 위하여 사용되는 발전용 풍력터빈이다.

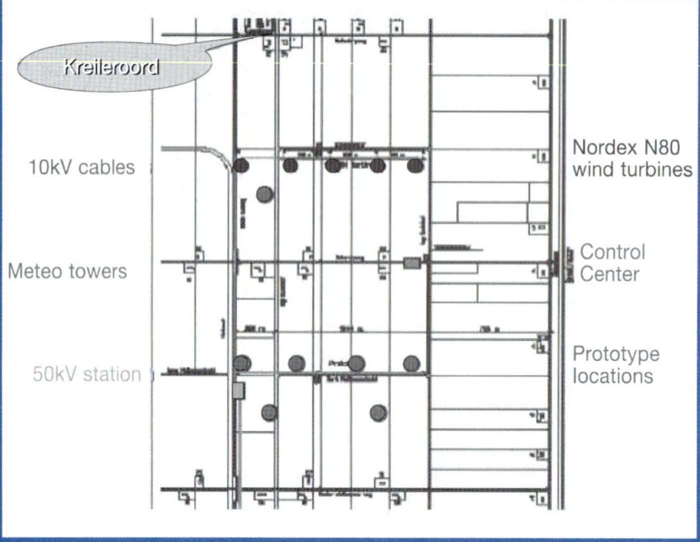

그림 24.20 ECN wind turbine test field in Wieringermeer의 풍력터빈과 배치도.

독일의 풍력실증단지는 GL의 자회사인 WINDTEST-Kaiser-Wilhelm-Koog GmbH와 DEWI (Deutch Windenergi Institut)와 DEWI-OCC의 Wind Turbine Test Site가 있다.

DEWI는 독일북부의 Wilhelmshaven지역에 유럽 제조사의 풍력터빈 50kW에서 3000kW에 이르는 다양한 풍력터빈을 약 19MW(13기 내외) 용량을 보유하고 있다. 한편, 북부 해안가의 Cuxhaven지역의 DEWI-OCC 실증단지는 해상풍력터빈 위주의 대형터빈을 시험하고 있는데, REpower사의 5MW 2기, Enercon사의 E-112 (6MW형)와 E-126(6MW) 2기, DeWind D8.2(2MW) 등 24MW 용량의 터빈이 설치되어 있다. 해상용 풍력터빈을 육상에서 실증시험을 거치면서 시스템을 최적화시키기 위한 단계이다.

미국의 실증연구단지는 NREL에서 운영하는 NWTC(National Wind Technology Center)

이다. NWTC는 시험시설의 특수성 때문에 위치가 콜로라도주 덴버(Denver)시 인근의 Golden 시와 Boulder시의 중간에 위치한 평야에 소재하고 있으며 그림 24.21과 같이 로키산맥의 일부의 산허리 사이에서 불어오는 풍향이 좋은 곳에 자리 잡고 있다. 이곳 실증단지의 특징은 시험대(test bed)와 함께 핵심부품인 블레이드와 증속기 시험설비를 갖추고 있어 R&D 기능을 함께 갖추고 있다는 점이다. 실증시험 단지에는 완제품의 시험항목인 소음, 출력성능, 기계적 하중, 전력품질의 측정 설비와 기술을 갖추고 있다.

그림 24.21 미국 콜로라도 덴버의 NWTC의 실증단지 전경

스페인의 풍력실증단지는 Wind Turbine Field Test and Experimental Wind Farm이라고 이름짓고 시제품에 대한 종합 실증시험과 인증을 위한 시험을 수행한다. 이 시설은 CENER (National Renewable Energy Center of Spain) 소속의 LEA(The Wind Turbine Test Laboratory)가 운영하고 있다. LEA는 The Wind Turbine Test Laboratory의 스페인어 표기이며, 풍력터빈의 실험, 부품의 분석 및 시험을 국제 표준에 따라서 수행하고 CENER의 풍력에너지 분야의 연구를 담당한다. LEA는 6개의 시험센터로 구성되는데, Blade Test Lab, Powertrain Test Lab(Powertrain Test Bench, Turbine Test Bench, Nacelle Test Bench, Nacelle Assembly Bench), Aerodynamic Tunnel, Composite Materials and Processing Lab, Wind Turbine Field Tests and an Experimental Wind Farm(Sierra de Alaiz-Navarre-Spain에 위치) 등으로 되어있다.

LEA의 실증단지의 규모는 6개의 시험대(시험대간 간격 280m)로 이루어지고 5MW 용량을 수용할 수 있다. 계통연계 용량은 29kV/66kV이며, 120m형 기상탑을 구비하고 있다.

기타 풍력실증단지는 세계적으로 여러 장소에 있으며 중형 및 소형풍력터빈을 위한 설비가 있다. 캐나다의 the WEICan Site는 캐나다의 Northumberland 해협의 Prince Edward Island의 북쪽 끝에 위치하고 있다. Vestas-47, Vergnet, EWS, ARE사의 소형 풍력터빈의 성능측정을 수행하고 있다. 연간 평균풍속은 50m 높이에서 8.2m/s이고 주풍향은 서북쪽이다. 인도의 경우 C-WET(Center for Wind Energy Technology)가 운영하는 Test Station (Kayatar지역)이 있다.

해상풍력실증연구단지(offshore test field)의 대표적인 시설이 독일의 Alpha Ventus test field이다. 이 실증단지의 세부 내용은 아래와 같다.

- Operator: DOTI GmbH & Co.
- Site: Exclusive Economic Zone (EEZ)
- No. of Turbines: 12
- Nominal Capacity: 5 MW per Turbine
- Total Capacity: 60 MW
- Foundation: Tripod-/Jacket-style foundations
- Water Depth: 30 m
- Distance from Coast: 45 km
- Length of Cable: 60 km
- Connection Point: Emden in Lower Saxony

국내의 실증단지 우리나라의 실증단지는 제주도의 월령 및 월정단지, 강원도 대관령풍력실증연구단지가 있다. 제주 서부해안의 월령신재생에너지 시범단지에는 소형 풍력터빈의 실증을 위한 설비가 구축되어 시험을 수행하고 있다. 단지의 평균 풍속은 50m 보정풍속으로 6.08m/s로써, 10kW, 30kW, 100kW 터빈의 실증연구를 수행하여 왔다. 월정풍력성능평가기지는 풍력발전 예보시스템과 종합평가시스템, 1.5MW 풍력발전기 1기, 70m 기상탑 1기, 원격운전제어 감시/진단시스템을 갖추고 있다.

대관령풍력실증연구단지에는 소형풍력터빈과 중형 풍력터빈 750kW급 3기를 2000년 중반부터 시험을 수행하여 왔다. 실증단지는 해발고도 838m의 강원도 평창군 횡계리 영동고속도로 구 대관령휴게소(북위 37° 40' 55.3", 동경 128° 45' 33.4")에 위치하고 있다. 실증단지는 북쪽 약 2km거리에 해발고도 1,123m의 능정봉과 1,083m의 선자령봉이 가로막고 있어서 서풍과 동풍계열의 바람이 주풍이 되며, 남풍과 북풍은 거의 없다. 실증단지가 위치한 대관령지역은 바람이 많고, 안개, 기온 등 고산 기후특성을 지니고 있다.[22] 이 단지의 연평균풍속은 46m 높이에서 6.3m/s로 나타나고 있고 주풍향은 서풍계열이다.

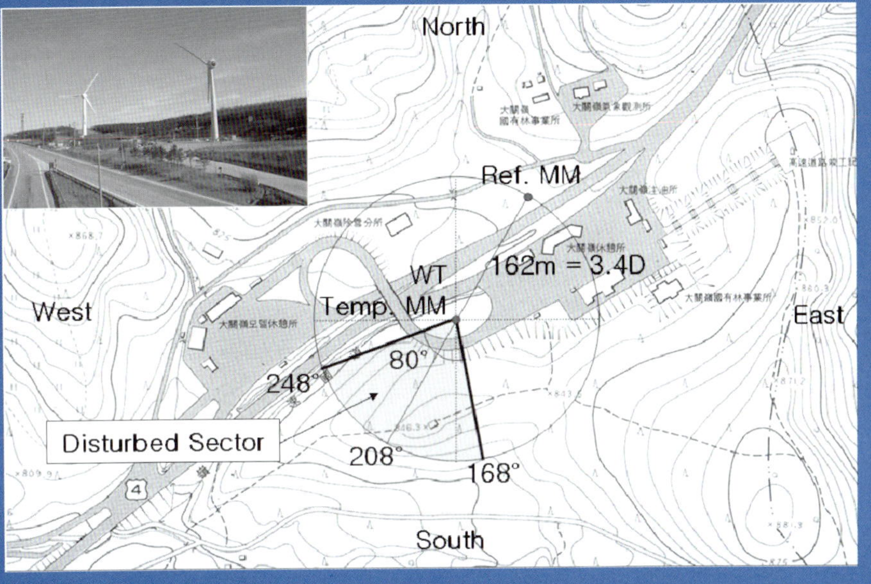

그림 24.22 대관령풍력실증연구단지의 터빈과 계측타워의 위치

그림 24.22는 풍력터빈 실증연구단지의 위치와 설치될 터빈 위치의 단지교정을 위한 자료를 나타내고 있는데, 기준풍황계측타워와 임시풍황측정타워의 위치도를 보여주고 있다. 또한 풍력터빈의 후류 영향(wake effect)에 의하여 기준풍황계측타워에 설치된 풍황센서가 영향을 받게되는 풍향영역(disturbed sector)이 함께 표시되어 있다.

최근에는 제주시 구좌읍 김녕리에 국제규격에 부합되는 육성풍력발전 실증단지가 정부의 지원으로 제주도와 한국에너지기술연구원에서 주관하여 조성되었다.[23] 그림 24.23은 육상풍력발전 실증단지의 조감도로써 2기의 시험대가 설치되었으며, 모니터링하우스 등이 건립되어 2009년 9월에 완공되었다. 대형 풍력터빈을 설치할 수 있는 시험대를 활용하여 미래에 국내에서 개발될 대형 풍력터빈의 실증연구를 수행하게 된다.

그림 24.23 국내최초의 국제규격 육상풍력발전실증단지 조감도

이와 함께 인근 구좌읍 월정리 공유수면에 해상풍력 실증연구단지가 조성중에 있다. 이곳에도 2 ~ 3MW급 해상풍력터빈이 설치될 예정이며, 70m 기상탑, 육해상 전력계통선, 원격 운전제어 모니터링 시스템이 설치된다. 이지역의 평균 수심은 약 20.7m이다.[24]

☑ 참고문헌

1. IEC, IEC System for Conformity Testing and Certification of Wind Turbines : Rules and Procedure, IEC WT 01, 2001.

2. IEC, Wind Turbine Generator Systems-Part 11 : Acustic Noise Measurement Techniques, IEC 61400-11, 2002.

3. IEC, Wind Turbine Generator Systems-Part 12 : Wind Turbine Power Performance Testing, IEC 61400-12, 1998.

4. IEC, Wind Turbine Generator Systems-Part 12-1 : Power Performance Measurement of Electricity Producing Wind Turbines, IEC 61400-12-1, 2005.

5. IEC, Wind Turbine Generator Systems-Part 13 : Measurement of Mechanical Loads, IEC 61400-13, 1992.

6. IEC, Wind Turbine Generator Systems-Part 14 : Declaration of Apparent Sound Power Level and Tonality Values, IEC 61400-14, 2005.

7. MEASNET Power Performance Measurement Procedure, Version 3 Nov. 2000.

8. IEC, Wind Turbine Generator Systems-Part 21 : Measurement and Assessment of Power Quality Characteristics of Grid Connected Wind Turbine, IEC 61400-21, 2000.

9. Germanischer Lloyd Wind Energie GmbH, **Guideline for the Certification of Wind Turbine**, Edition 2003 with Supplement 2004, Chapter 10.6.

10. MEASNET Guideline.

11. 김건훈, 주영철, 김대호, "1.5MW 풍력발전시스템 출력 성능시험 및 불확도 분석," **2006년 한국태양에너지학회 논문집**, Vol. 26, No. 4, 2006.

12. 김건훈, "특집: 신재생에너지의 성능평가 및 인증시스템] 국내외 풍력발전시스템 성능평가 및 인증시스템의 현황과 제언", **한국태양에너지학회지** 제4권 제4호, 2005. 12, pp. 22-34.

13. 김건훈, 김홍무, 주영철, 허종철, "제주 월령 시범단지 풍력발전시스템 성능시험 및 결과의 고찰", **한국에너지공학학회(2001)**, 제10권 제1호, pp. 10-16

14. 김석현, 김태형, 박무열, "C.C.Cui, 풍력발전기 소음 성능 실증", **한국소음진동공학회** 2005년도 춘계학술대회논문집, pp. 241-245.

15. 배재성, 김성완, 경남호, "100KW 풍력발전기의 하중 측정", **한국태양에너지학회**, 제24권 4호, 2004.

16. 배재성, 김성완, 윤정은, 경남호, "풍력발전기의 성능 모니터링 및 하중분석', **유체기계 연구개발 발표회 논문집**, 2004, pp. 385-389.

17. 김건훈, 하종호, "소형 풍력발전기기 성능평가", 한**국태양에너지학회, 춘계학술발표회 논문집**, 2006. 4.

18. 손충렬, 김준호, 오동현, 박종빈, "풍력발전시스템 소음평가의 KS 규격화에 관한 연구', **한국소음진동공학회 추계학술대회논문집**, pp. 406 -410, 2005.

19. 곽노홍, 전영수, 박상호, 정용호, 정병창, "풍력발전시스템 계통영향 평가 기술-1.5MVA급 풍력발전 시뮬레이터 개발", **신재생에너지의 계통연계기술**, pp. 17-20.

20. 남윤수, 유능수, 이정완, 2002, "풍력발전기 성능을 위한 단지교정 방법," **産業技術研究**, 제22권 A호, pp. 49-57.

21. I. Antoniou et al., "Influence of wind characteristics on turbine performance," **Proceedings of EWEC2007**, May 7-10, 2007 Milan, Italy.

22. 유능수 외, "대관령 실증단지에 설치된 J-48 풍력발전기의 출력곡선 측정," **대한기계학회 강원지부 학술대회 논문집**, 대한기계학회 강원지부, 에너지관리공단, 2003-10, 제3집 pp. 143-150.

23. 장문석, "해상풍력산업의 동향과 발전전략", **풍력발전 핵심기술워크샵자료**, 2009. 3. 25, KAIST, 대전.

24. 경남호 외, "해상풍력 실증연구단지 조성", **신재생에너지기술개발사업 수행과제 Workshop 자료**, 2008. 11. 4, 한국풍력기술개발사업단, 대전.

제25장

풍력터빈의 안전과 유지보수

Safety, Operation and Maintenance of Wind Turbines

황병선, 박중규

풍력핵심기술연구센터
한국기계연구원 (부설) 재료연구소

25.1 서론

풍력터빈의 보급용량은 2008년을 기준으로 전세계적으로 122GW, 그 숫자는 128,000대에 이르고 있다.[1] 풍력발전단지를 운영함에서 많은 풍력터빈은 자연재해 뿐 아니라 제조자와 운영자의 적절한 역할을 하지 않음으로써 문제가 발생하고 있다. 제조자는 풍력터빈을 설계할 때 하중예측 및 계산의 오류를 범할 수 있고, 소재나 제조과정에서 설계된 강도와 기계적 특성을 보유하지 못할 경우에는 실제 풍력발전기를 운용할 때 문제점이 발생하게 된다. 풍력터빈의 개발과 제조과정에서 인증체계를 통하여 제품의 안전을 최대한 보장하기 위하여 노력하고 있지만 풍력터빈은 정교하면서 움직이는 대형기계이므로 불가항력적인 외부적 하중, 고장, 오작동 등으로 인하여 인명과 재산의 손실로 이어질 가능성이 있다.

본 단원에서는 자연재해와 관련된 풍력터빈의 손상과 파손, 운용과 관련한 고장과 손상 등에 대해서 알아보고 이러한 재난에 대비한 노력들도 알아본다.

자연재해와 관련된 사항은 낙뢰와 폭풍이 가장 대표적으로 풍력터빈에 피해를 주는 요인이며, 운영과 관련된 사항으로는 제품의 불량, 오작동, 정비불량 등을 예로 들 수 있겠다.

아무리 우수하게 제조된 풍력터빈이라 할지라도 적절한 유지보수가 따르지 않으면 그 성능을 발휘할 수 없고 원하는 출력을 얻을 수 없게 된다. 특히 20년의 수명을 목표로 하고 장기간 사용하도록 설계된 기계이므로 제조자가 제시하는 매뉴얼에 따라서 정기적인 유지보수를 실시해야 한다.

25.2 낙뢰(lightning stroke)

낙뢰피해 낙뢰(lightning stroke)는 구름과 지면사이에서 발생하는 방전현상이다. 이때 발생하는 전류는 5만 ~ 수십만 암페어의 위력을 가진다. 이러한 낙뢰현상은 지구상의 지역에 따라 빈도차이가 있겠지만 년간 백 만번이상 발생한다. 풍력발전기의 높이가 높고, 자연 상태에 노출된 지역에 설치되기 때문에 낙뢰의 목표물이 되기 쉽다. 특히 블레이드는 더욱 높은 곳에 위치하고 있고 전기저항성이 높은 재료로 되어있어 직접 낙뢰에 노출되고 그로 인한 손상에 취약하다는 것은 잘 알려져 있다. 그림 25.1은 풍력발전기가 실제로 낙뢰에 의하여 피해를 받는 장면을 나타낸다. 그림 25.2에서 볼 수 있듯이 낙뢰는 가장 높은 고도에서 회전하는 블레이드에 1차적으로 피해를 입힌다.

풍력발전기는 고전력의 전기적 시스템이면서 전자시스템이기 때문에 낙뢰 피해로 인한 손상이 심하다. 그림 25.3은 각 부품별 낙뢰에 의한 대표적인 손상 비율을 보여주고 있다. 직접 낙뢰를 받는 것은 블레이드이지만 블레이드의 손상과 함께 이로 인한 2차적인 손상은 전자제어시스템에서 심각하게 받는 것을 알 수 있다. 낙뢰 후 갑자기 과도하게 변화하는 전압(전류)인 돌입전압 또는 돌입전류가 발전기 내부에 유입되어 제어 및 통신장치와 같은 저전압 회로의 손상을 가져온다. 하지만 전자제어시스템의 손상은 비교적 보수가 용이하나 블레이드 같은 구조물의 손상은 많은 시간과 비용을 초래한다.

그림 25.1 낙뢰 피해의 실제 사례

그림 25.2 낙뢰피해로 손상 받은 블레이드

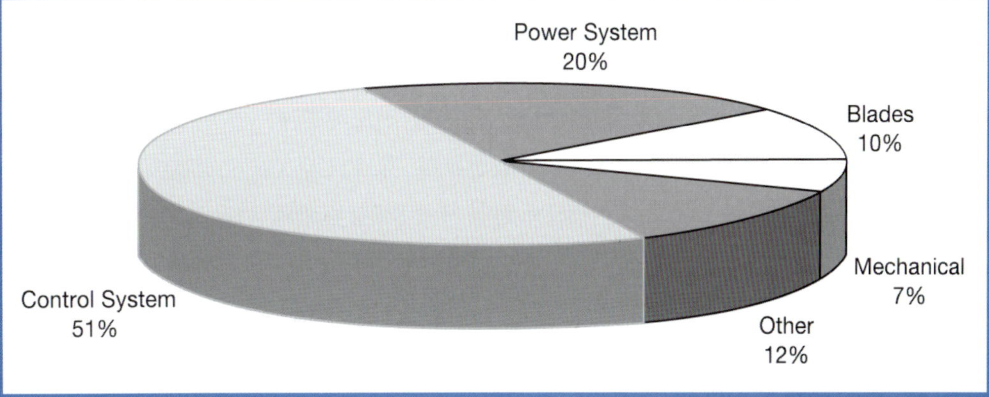

그림 25.23 낙뢰로 인한 풍력발전기의 손상 분포도

낙뢰 피해예방과 대책(lightning protection) 현재 낙뢰피해를 막는 방안으로 세 가지 정도가 사용되고 있다. 나셀위에 피뢰침을 설치하거나, 풍력터빈 근처에 피뢰탑을 설치하거나, 블레이드에 리셉터나 전도체를 설치하는 방법[2] 등이다. 블레이드는 회전 중에 낙뢰에 빈번히 노출되어 낙뢰에 의한 손상은 작은 규모에서 부터 보수가 필요할 정도의 손상도 자주 입는다. 완벽한 방법은 아니지만 이 중에서 가장 많이 사용하는 것이 블레이드에 리셉터를 두는 방법이다. 그림 25.4와 같이 낙뢰는 먼저 블레이드 끝단에 있는 금속성 수뇌부(리셉터, receptor)를 타고 들어오며 블레이드 내부의 금속 케이블을 통하여 로터 허브로 전달되고 주축을 경유하여 타워하부의 접지시스템을 통하여 배출된다.

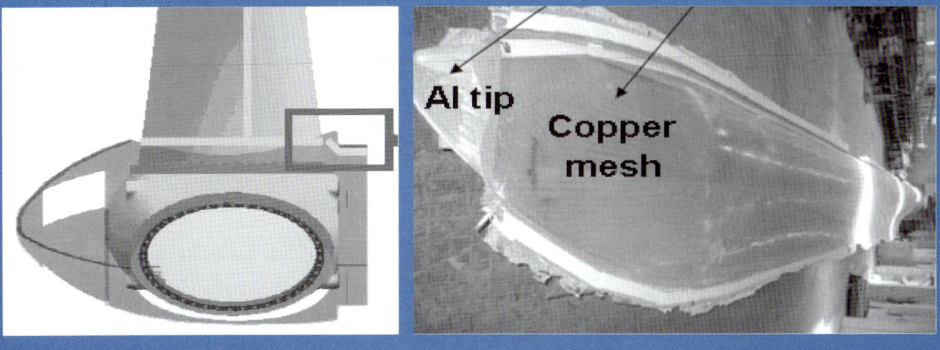

그림 25.4 낙뢰의 전달 경로 및 블레이드 내부 낙뢰 Receptor

그림 25.5는 풍력발전기의 번개피해 보호를 위한 전통적인 시스템의 개념도를 나타낸다.[3]

일반적으로 전통적인 시스템에서 낙뢰에 의한 돌입전류는 블레이드의 끝에 설치되어 있는 이리셉터에서 지상에 가까이 있는 블레이드의 아래쪽 발전기 부품들(구리 브러쉬, 베어링 주변의 arc-horn 및 지상의 전선 등)을 통해 흐르게 된다.

또 다른 방법은 블레이드 표면 혹은 바로 밑층에 전도체를 두는 방법이다. 표면에 금속재료 박판을 두어서 아크(arc)를 통하여 돌입전류가 흐르도록 하는 방법이다. 최근에는 금속망을 복합재료의 적층공정에서 삽입하는 항공기의 기체제작에 사용하는 방법이 제시되기도 한다.[4]

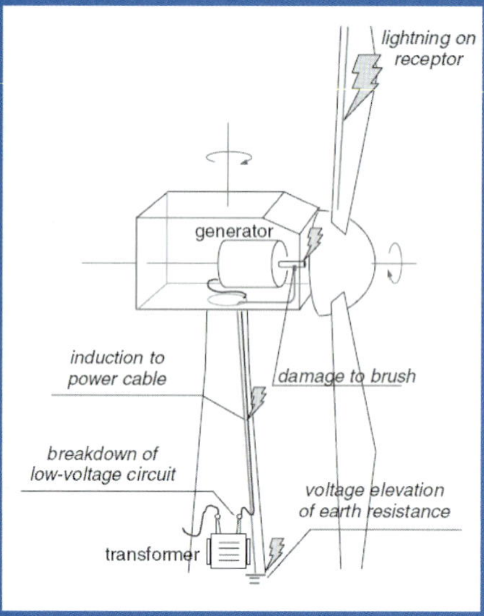

그림 25.5 풍력발전기의 낙뢰피해 방지시스템

낙뢰 보호장치의 규격 낙뢰가 발생할 경우 풍력발전기내의 기기들을 보호하고 인체의 안전을 확보하기 위해 풍력터빈에는 낙뢰 보호장치를 설치하여야 한다. 풍력발전기의 낙뢰 보호장치는 풍력발전기가 설치되는 국가의 법령과 국제 규격의 요구조건들을 만족하여야 한다. 제조자는 다음의 국제 규격들을 고려하여, 설계에 반영하여야 한다.

- IEC 61400-24 "Wind turbine generator systems-Part 24: Lightning protection, 2"
- IEC 61024-1 "Protection of structures against lightning-Part 1: General principles"
- IEC 61024-1-1 "Protection of structures against lightning-Part 1: General principles- Section 1: Guide A: Selection of protection levels for lightning protection systems"
- IEC 62305 "Protection against lightning-Part 1: General principles"

- IEC 62305 "Protection against lightning-Part 2: Risk management"
- IEC 62305 "Protection against lightning-Part 3: Physical damage to structures and life hazard"
- IEC 62305 "Protection against lightning-Part 4: Electrical and electronic systems within structures"
- IEC 61312-1 "Protection against lightning electromagnetic impulse (LEMP) -Part 1: General principles"
- IEC TS 61312-2 "Protection against lightning electromagnetic impulse (LEMP)- Part 2: Shielding of structures, bonding inside structures and earthing"
- IEC TS 61312-3 "Protection against lightning electromagnetic impulse (LEMP)- Part 3: Requirements of surge protective devices (SPDs)"
- IEC TS 61312-4 "Protection against lightning electromagnetic impulse (LEMP)- Part 4: Protection of equipment in existing structures"

25.3 폭풍과 안전

풍력터빈과 폭풍 풍력발전기를 설계할 때 형식등급에 따라서 설계에 고려되는 풍속이 제2장의 표2.2에서 설명되었다. Class I의 경우에는 50년 주기의 돌풍의 풍속이 70m/s일 때도 견딜 수 있도록 설계해야 한다고 규정하고 있다. 동아시아 지역에서 여름철에 발생하는 초대형 태풍의 경우에 최대 순간 풍속이 40m/s에 이르는 것을 볼 때, 매우 높은 신뢰도에 바탕을 두고 설계를 수행하고 있음을 알 수 있다. 하지만 바람의 방향과 크기는 순간적으로 변할 수 있기 때문에 돌풍이 나셀과 블레이드에 순간 하중을 가하면 터빈은 붕괴될 가능성이 있다.

아시아지역 보다는 드물지만 유럽에서도 돌풍에 의한 피해가 보고되고 있다. 그림 25.6은 유럽 지역에서 돌풍에 의하여 쓰러진 풍력터빈을 나타내고 있다. 이 터빈의 경우 지표층이 매우 단단한 경우에 사용되는 대표적인 슬라브 기초에 설치된 것이다. 우리나라를 포함한 동아시아 지역에서는 풍황조건에서 특히 태풍이라는 자연조건을 고려한 풍력터빈의 설계가 고려되어야 한다. 구체적인 예시로써 2003년 9월에 발생한 태풍 14호는 순간 최대풍속이 74.1m/s에 이르렀다고 한다. 일본의 미야코지마섬(宮古島)에 설치된 7기의 발전기 중에서 3기의 타워는 넘어지고 3기는 블레이드 파손, 1기는 나셀이 파손되었다. 추후 실제 풍력발전단지에서의 풍속을 계산한 결과 80 ~ 81m/s 정도로 평가되었고 설치된 터빈은 Class I과 II급이었던 것으로 판명되었다. 1998년 6월에는 인도양에서 발생한 사이클론은 최대 순간풍속이 72m/s에 달하여 129기의 풍력터빈이 파괴되는 풍력

발전사상 최대의 피해를 입었다.[5]

특히 태풍의 피해가 많은 일본에서는 표 2.2에서 나타낸 유럽의 기상 상황에 기초를 둔 Class I의 설계에서 고려되는 풍속보다 더 높게 나타날 가능성도 있어 J-class라는 특별 등급을 구상[6,7]하고 있고 이에 대비한 설계에 대한 연구도 수행하고 있다.

그림 25.6 돌풍에 의하여 파괴된 풍력발전기

25.4 풍력터빈과 유지보수

풍력터빈의 유지보수(operation and maintenance of wind turbines) 풍력터빈을 운전함에 있어 다양한 이유로 운전을 중단하게 된다. 종단 풍속을 넘는 강풍, 기계적 전기적 오작동, 돌풍과 난류에 의한 급작스런 회전에 의한 부품의 파손, 과열에 의한 발전기의 고장, 비정상적인 하중에 의한 기어부품의 마모와 파손, 센서의 오작동 혹은 파손에 의한 제어불능 등 많은 이유가 있다.

풍력터빈의 유지와 보수의 측면에서 볼 때 예방을 위한 정기정비(scheduled maintenance)와 고장과 관련된 보수정비(unscheduled maintenance)가 있다. 정기정비는 특정한 시기에 부품을 교환하거나 정비하는 것을 말한다. 구체적으로 매뉴얼에 따라서 정기검사, 오일과 필터교환, 센서의 교정, 브레이크 패드 와 씨일(seal)과 같은 소모품 교환, 블레이드 청소 등이 여기에 속한다. 예기치 않은 고장이나 오작동이 발생하여 발전기를 중단시켜야 할 경우에는 유지보수 전문가를 투입하고 신속하게 문제점을 발견하고 수리해야 발전기의 가동정지시간(downtime)을 줄일 수 있다. 이런 상황을 보수정비라고 한다.

유지보수 예산은 대개 전력생산단가(COE)의 10 ~ 20% 정도를 책정하는 것이 일반적이

며 이중 60 ~ 70%는 보수정비 부분의 예산이다.[8]

이러한 유지보수를 위한 예산과 정지시간을 최소화 하는 것이 풍력발전을 성공적으로 이끄는 요인 중의 하나이다. 고장에 대비하여 부품의 준비, 인력, 장비의 준비와 동원계획을 철저히 해야 한다. 정비요원의 사전 훈련과 교육을 통하여 새로운 장비를 활용하여 효율을 높이거나 정비능력을 키워야한다. 지속적으로 발전하는 CMS(condition monitoring system)기술을 활용하여 문제점을 빨리 파악하는 것이 사전에 문제점을 발견하여 고장률을 낮추고 예산을 절약하는 길이다.

그림 25.7은 독일에서 10년간 1,500기의 풍력터빈의 운영자료를 바탕으로 분석한 자료이다.[9]

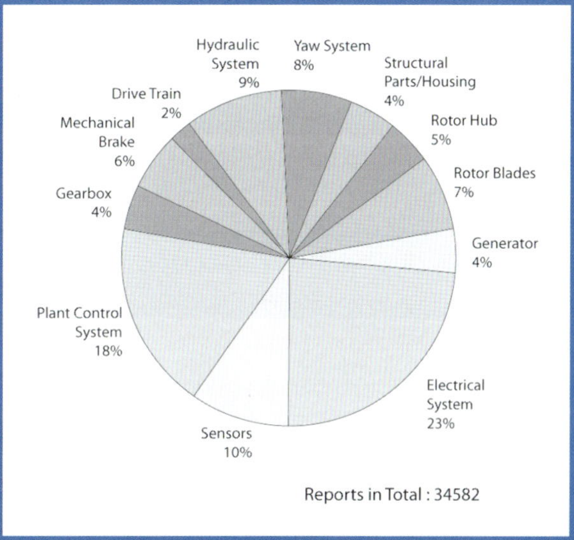

그림 25.7 풍력터빈 운영에서 부품별 고장비율 예[9]

비교적 많은 고장이 전기시스템에서 발생하고, 센서, 블레이드와 피치시스템이 그 뒤를 잇고 있음을 알 수 있다. 전기시스템은 터빈의 모든 부품들과 연계되어 있고 긴 회로와 전선, 특히 많은 센서 등과 함께 풍력터빈의 모든 작동을 총괄하는 하드웨어 시스템이므로 기계적 충격, 제어 알고리즘의 미흡, 전자부품의 불량 등 수 많은 인자들이 고장을 일으키는 요인이 될 수 밖에 없다. 센서 또한 민감한 부품이므로 고장의 확률이 매우 높기 때문에 정기적인 점검을 통하여 정상적인 작동여부를 확인해야 한다.

구체적으로 세부 부품별로 분석한 자료[10]를 보면 capacitor, 전자회로판(PCB), 반도체 부품 등의 순으로 고장률이 높은 것으로 나타나 있다. 환경적인 요인으로는 풍속의 변화와 외부 온도의 변화에서 오는 충격이 전자부품에 영향을 주며, 제어신호와 연관하여 변환장치로 부터의 과도한 입출력신호, 이로 인한 상호 조정이 되지 못한 알람(alarm) 등이 원인으로 지적하고 있다.[10]

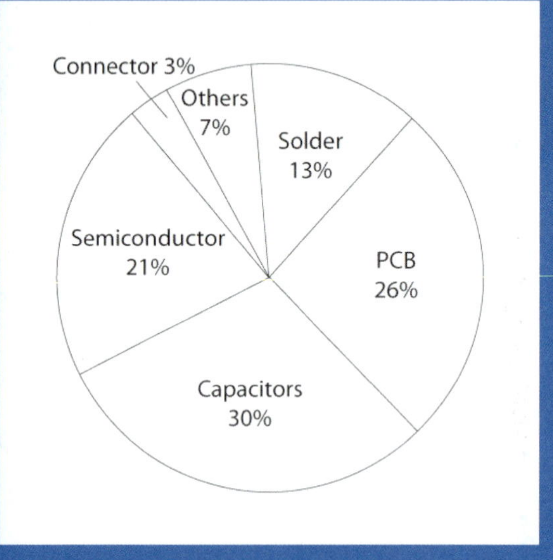

그림 25.8 전기 부품의 고장의 예[10]

또한 기계적 핵심부품들에 대하여 유지보수와 관련된 몇 가지 사항을 알아보기로 한다. 기어박스의 경우 풍력터빈의 증속기(gearbox)는 가해지는 하중이 특이함에도 불구하고 개발초기에 종래의 다른 gearbox와 유사한 개념으로 접근하여 상당한 어려움을 겪었으나 경험과 개발을 통하여 최근의 증속기는 그 고장율이 상당히 낮아진 것으로 알려져 있다. 기어박스는 여전히 중요하면서도 다양한 외부 하중하에서 격렬하게 회전하는 부품이므로 상태감시(condition monitoring)를 통한 적시에 조치를 취하지 않으면 장기간의 수리를 요구하기 때문에 발전기의 중단시간이 길어진다. 다양한 원인이 있겠지만 고장의 주된 원인중의 한 가지는 오정렬(misalignment)에서 오는 것으로 분석하고 있고 이는 베어링의 마손을 가져오고 기어박스의 작동 불능으로 이끈다.[10] B. McNiff[11]도 Wind Turbine Reliability Workshop(2007, Sep, Albuquerque, NM. U.S)에서 유사한 분석을 제시하고 있다.

블레이드는 낙뢰에 의한 피해와 장기간 회전에서 오는 앞전(leading edge)의 마모가 손상과 효율저하의 주된 원인이다. 낙뢰에 의한 순간온도의 상승으로 인한 블레이드 내부에 함유된 공기와 수분의 팽창으로 발생된 압력에 의하여 블레이드가 응력을 받아 파손되는 것으로 알려져 있다. 비록 작은 낙뢰를 경험한 블레이드가 심각한 손상이 발견되지 않더라도 정기적인 점검을 통하여 부분손상을 보수해야한다.

제15장의 그림 15.2에서 볼 때 블레이드, 증속기, 발전기, 드라이브트레인 등 핵심적인 기계부품의 고장률은 낮지만 가동정지시간이 길기 때문에 정기적인 점검을 통하여 고장률을 낮추어야 한다는 것을 알 수 있다.

25.5 풍력터빈의 운영과 안전

서론에서 언급한 바와 같이 풍력발전기의 구조적 안전문제는 풍력터빈을 개발할 때 설계를 통하여 충분하게 고려된다. 시스템의 설계를 수행한 후에 부품의 제조와 조립을 거치고 완성품이 이루어질 때까지 다양한 인증과정을 거치면서 안전성문제는 해결이 된다고 봐도 좋다. 다만 풍력터빈의 설치과정과 설치 후에 운전과 운영과정의 안전과 관련된 고려사항은 여러 종류의 사고에 대비한 공공의 안전과 운전 중의 안전 모두를 포함한다. 여기에서 우리가 주지해야 할 사항은 풍력터빈도 자동차나 크레인처럼 운전 중에는 가까이 접근해서는 안되는 대형기계이다. 따라서 법규와 규정에 따라 제조와 설치가 이루어지고 안전규칙을 지킨다면 안전상의 문제는 크지 않다. 하지만 운영 중에 발생할 수 있는 안전과 관련된 아래 몇 가지 사항에 대하여 본 절에서는 언급하고자 한다.

블레이드 탈락 블레이드의 탈락 위험을 감소시키는 방법은 엄정한 설계, 품질관리, 정확한 설치를 실시하는 것이다. 최근 2006년과 2007년에 독일에서 블레이드 파손으로 추락한 사건이 있었다. 이는 제품불량 및 설치 불량에서 발생하였던 것으로 밝혀졌다. 운전상에서 안전을 도모하기 위해서는 브레이크 시스템, 피치제어 및 기타 풍력터빈의 속도 제어를 통해 설계한도를 설정함으로서 과속을 방지하고 있다. 하지만 블레이드의 탈락과 구조적인 고장과 관련한 안전상의 우려로 인해 많은 인허가 기관들이 풍력터빈을 주거지나 대중 교통로에서 떨어지게 하고 기타 토지이용에 있어서 완충지대를 설치하도록 하고 있다. 구체적인 예시로써 1997년에 독일 Mecklenburg- Western Pomerania 지역에서 풍력터빈이 1MW 용량이며 100m 높이를 가진다고 가정할 때, 농장과는 최소 300m, 시골마을의 경우 500m, 고속도로와 지방도, 철길의 경우에는 50 ~ 100m의 거리를 두어야 한다는 건축기준을 구체적으로 수치화하여 제정하기도 하였다.[12]

타워의 붕괴 타워의 붕괴는 외부적인 환경의 급격한 변화, 즉 폭풍과 돌풍으로 인하여 바람의 하중이 설계치 이상으로 부과될 때 발생하게 된다. 최신 풍력터빈은 제어에 의하여 종단풍속 이상으로 불어올 때 블레이드의 피치각을 조절하는 등 급작스런 하중에 대비하도록 설계되어 있다. 하지만 예상치 못한 방향에서의 돌풍으로 인하여 과도한 하중을 받아 좌굴(buckling)이 발생하는 경우가 있다. 유럽지역에서 드물게 발생하지만 2007년 독일 북부지역 고속도로 인근에 설치된 70m 터빈의 타워가 붕괴하는 사고가 발생한 적이 있다. 태풍이 많은 아시아 지역에서는 일본에서 타워의 좌굴이나 기초의 붕괴 등의 사고가 보고된 적이 있음을 앞의 절에서 설명하였다. 따라서 풍력발전단지 운영자는 종단풍속이상에서의 상황에서는 일반인은 물론이고 기술자들이 터빈 가까이 접근하지 않도록 해야 한다.

얼음 또는 눈 낙하 기술적으로는 추운 지역에 설치되는 풍력터빈의 경우에 블레이드의 내부에 열선 등을 장착하여 미리 녹이는 방법이 있다. 하지만 그러지 못한 상황의 발생에 대비하여 작업자에 대한 잠재적인 부상을 줄이기 위해 블레이드 탈락과 얼음 낙하 위험에 대비하여 작업자 교육 및 안전 프로그램에 포함시킨다. 또한, 발전단지 운전자는 바람이 많이 불거나 얼음이 얼 수 있는 기상조건에서는 사람들이 터빈 근처에 접근하는 것을 금지시켜야 한다.

블레이드에 점착된 얼음이 인간에게 가하는 물리적 위험이외에 풍력터빈의 발전효율에 영향을 준다. 표면의 얼음은 양력을 감소시키고 저항을 증가시켜 에너지 출력을 감소시킨다. 특히 얼음의 영향을 많이 받는 지역의 경우 연간생산량의 30%까지 영향을 받는 경우도 있다.[13]

나셀 지붕위에 설치된 풍향계와 풍속계에 눈이나 얼음이 부착되는 경우가 종종 발생한다. 이들의 작동이 불가능해지면 풍력터빈의 운영이 역시 어려워지고 발전을 중단하게 된다. 이에 대비하여 가열장치가 내장되어 있어 녹이는 방법이 있으나 악천후에서 영향을 받는 것은 사실이다.

일반인의 접근통제 단지운영의 책임을 맡은 기관에서 허가 받지 않은 사람들의 무단 접근을 막기 위해 풍력발전단지의 경계에 펜스와 표지판을 설치하도록 하고 있다. 그러나 특히 사람들이 많이 다니는 곳에서 떨어진 곳은 울타리를 설치하지 않고 상대적으로 자연스러운 특성을 갖도록 두는 곳도 있다. 또한, 타워와 전기 장비를 열 경우에 대한 책임 문제를 언급하고 경고판을 타워, 제어반 및 단지의 입구에 설치한다.

화재 위험 일반 기계와 같이 터빈의 내부에 인화물질이 있고 전기에너지가 존재하기 때문에 화재 발생의 개연성은 충분히 있다. 대개 무인 상태로 운전하기 때문에 인명 손상에 대한 우려는 비교적 적으나 나셀이 타워 상부의 고공에 설치되어 있어 화재가 발생했을 때 진화가 쉽지는 않아서 전소까지 이르기 쉬워 재산상의 손실이 발생할 가능성이 높다. 또한 케이블의 손상으로 인한 화재를 예방하고 확산을 방지하는 가장 효과적인 방법은 풍력터빈과 변전소간의 모든 배선을 지하로 하는 것이다.

작업자 위험 고공작업이 많은 풍력발전기 작업의 특성상 풍력발전기를 설치하거나 점검할 때 이를 위해 수립된 작업자 보호 요건을 따른다.

☑ 참고문헌

1. **International Wind Energy Development-World Market Update 2008**, Mar. 2009, BTM Consults ApS,.

2. I. Cotton, N. Jenkins, K Pandiaraj, "Lightning Protection for Wind Turbine Blade and Bearings," **Wind Energy** 2001; 4: pp. 23-37.

3. Yasuda Yoh, "A New Lightning Protection System for Wind Turbines Using Ring-Shaped Electrodes," **Transactions on Electrical and Electronic Engineering**, IEEJ Trans 2006; 1: pp. 314-319.

4. G. Gardiner,"Lightning Strike Protection for Composite Structures," High-Performance Composites, July 2006, pp. 44-50.

5. 牛山 泉, **風力エネルギ-の 基礎**, 2005, 株式會社 オ-ム社.

6. Isumi Ushiyama, "Present Status and Future Prospects of Wind Power in Asia," **KEMCO-NEDO Conference**, Nov. 10, 2006, Seoul.

7. Suzuki Akihiro, "Wind Turbines Certification and Legal Safety Requirements in Japan," **Asia Pacific Wind Energy Forum**, Nov. 20, 2008, Seoul.

8. Christopher A. Walford, **Wind Turbine Reliability: Understanding and Minimizing Wind Turbine Operation and Maintenance Costs, SANDIA REPORT** SAND 2006-1100, March 2006.

9. Berthold Hahn, Michael Durstewitz and Kurt Rohrig, **Reliability of Wind Turbines**, 2007, Springer Berlin Heidelberg.

10. Johan Ribrant, **Reliability Performance and Maintenance-A Survey of Failures in Wind Power Systems**, Master Thesis written at KTH School of Electrical Engineering, 2005/2006.

11. Brian McNiff, "The Gearbox Reliability Collaborative," **Wind Turbine Reliability Workshop 2007**, Sep, 17-18, 2007, Albuquerque, NM. U.S.

12. Tore Wizelius, **Developing Wind Power Projects: Theory and Practice**, EARTHSCAN, London, 2007.

13. Erich Hau, **Wind Turbines-Fundamentals, Technologies, Application, Economics**, 2nd Edition, Springer, Heidelberg, Germany, 2006, pp. 691.

제26장

풍력발전 정책 및 환경

Wind Energy Policy and Environment

홍은성, 황병선

풍력핵심기술연구센터
한국기계연구원 (부설) 재료연구소

26.1 서론

신재생에너지는 전통적인 화석 에너지와 비교하여 생산단가가 높긴 하지만 이외에도 사회적, 환경적인 문제와 크게 연계되어 있다.

화석연료를 사용함으로써 발생하는 온실가스(GHG, greenhouse gas) 문제와 화석연료의 점진적 고갈에서 오는 대체에너지원의 개발의 필요성, 원자력발전의 안전성 등과 결부되어 신재생에너지의 필요성은 강조되어 왔다. 국제적인 관심과 화석연료 사용 절감에 대한 의무부과 등으로 청정에너지원으로써 신재생에너지를 고려해야하는 실정이다. 따라서 신재생에너지의 개발은 선택의 문제가 아니고 의무가 되어 더 이상 피할 수 없게 되었다.

사람들은 환경보존적인 면에서 친환경 에너지의 대명사로 풍력발전을 떠올리게 되었다. 또한 우리를 둘러싼 최근의 환경적 변화는 청정에너지원으로써 풍력에너지에 대하여 일반인들의 관심을 끌게 되었고 이는 정부를 보다 적극적으로 움직이게 하고 있다.

특히 지속적으로 상승하는 원유가격으로 인하여 대체/보완 에너지원을 찾아야한다는 필요성이 대두되고 있다. 풍력발전은 기술적으로 성숙단계에 들어서고 있어 신재생에너지원 중에서 가장 경제성이 우수한 에너지원으로 인식하게 되었다. 제1장에서 풍력발전의 역사에서 보았던 것 같이 풍력발전은 유가와 매우 민감하게 그 부침을 함께해 왔다. 또한 풍력산업의 발전은 정부의 의지와 정책에 좌우되는 것을 알았다. 특히 풍력에너지를 얻기 위한 설비는 대규모의 연구개발과 투자를 요구하고, 중공업에 기반을 둔 산업이 필요하다. 대규모 고용과 투자가 연계되는 성장동력과 결부시키고자 하는 국가의 이해와 맞아 세계적으로 중공업이 발달하거나 풍력에너지 자원을 가진 국가에서는 풍력산업을 부양하기 위하여 노력하고 있다.

또 다른 한 가지 간과할 수 없는 사항은 에너지 안보론이다. 석탄이나 원유 등의 부존자원이 우수한 국가에서 조차 장차 이들 자원의 고갈에 대비하여 순수한 자국의 에너지원으로써 신재생에너지를 개발하여 국가 차원에서 다양한 에너지원을 확보해야 하다는 것을 강조하고 있다.

본 단원에서는 각국 정부가 신재생에너지 정책을 이행하게 하는 풍력에너지와 직접 연관이 있는 각종 국제적인 협약과 활동에 대하여 알아본다. 또한 정부의 풍력발전에 대한 정책의 수립과 실천은 해당 국가의 풍력산업의 발전과 매우 밀접한 관계가 있으므로 풍력선진국과 우리나라의 국가적인 정책에 대하여 설명하였다. 끝으로 풍력발전을 하기위하여 풍력발전기를 운전하고 풍력단지를 운영함에 있어서 발생하는 환경적 이슈에 대하여 알아보았다.

26.2 기후변화협약

1) 기후변화협약 체결

1980년대 들어 이상기후로 인한 자연재해가 세계 각지에서 빈발하면서 지구온난화에 대한 논쟁이 활발해지게 되었다. 지구온난화의 주범으로 인식되는 것이 화석연료의 대량 사용에서 발생하는 CO_2이다. 따라서 많은 사람들은 CO_2의 저감을 위하여 세계적인 노력이 필요함을 절감하여 왔다.

이후 지구온난화에 관한 과학적 근거가 필요하다는 인식이 확산되면서 1988년 국제 과학자 그룹인 IPCC(The Intergovernmental Panel on Climate Change)가 활동을 시작하였고, 1989년 UNEP(United Nations Environment Programme) 각료이사회에서 조약교섭에 이어, 1990년 세계기후회의(WCC, World Climate Conference) 각료선언이 이루어졌다.[1]

지구온난화를 막기 위한 범지구 차원의 노력이 필요하다는 인식이 확산되고 이러한 노력의 결과로 UN 주관 하에 1992년 브라질의 리우데자이네루에서 국제기후변화협약(UN Framework Convention on Climate Change)이 채택되었다. 하지만 CO_2의 최대 발생국 중의 하나인 미국의 거부로 연기되다가 1994년 러시아의 가입과 함께 50개국 이상이 가입함에 따라 국제기후변화협약이 발효되었다. 우리나라는 1993년 12월 47번째로 가입하였고, 2004년 12월까지 189개국이 가입하게 되었다.

이 협약에서는 공동의 차별화된 의무부담 원칙에 따라 가입 당사국(COP, Conference of the Parties)을 Annex I, Annex II 및 Non-Annex I 국가로 구분하여 각기 다른 의무를 부여하고 있는데 표 26.1에서는 기후변화협약의 주요 내용을 요약하여 나타내고 있다.

기후변화협약은 최고 의결기구로 당사국총회를 두고 있으며, 그 첫 번째 회의는 1995년에 독일 베를린에서 개최되었고, 1997년에는 제3차 당사국총회가 일본 교토에서 개최되어, 부속서 I 국가들의 온실가스 배출 의무 감축량과 교토메커니즘을 규정한 유명한 교토의정서(Kyoto Protocol)를 채택하였다. 이 교토의정서의 주요 쟁점은 개도국의 감축의무 부담문제, 교토메커니즘의 채택 여부와 흡수원의 확대 문제 등이었다.

이후 2006년 케냐 나이로비에서 열린 제12차 당사국총회에서는 선진국들의 2차 공약기간(2013 ~ 2017년)동안 온실가스 감축량 설정을 위한 논의 일정에 합의하였다. 또한 개도국들의 의무감축 참여를 당사국총회를 통해 결정할 수 있도록 하였으며, 개도국의 온실가스 감축문제는 제13차 총회에서 재논의하기로 하였다.

2007년의 제13차 인도네시아 발리 총회에서는 2012년 이후 선진국과 개도국의 의무부담에 대한 논의가 활발히 이루어졌다. 특히 교토의정서상 의무감축에 상응한 노력을 하기 위해 모든 선진국이 협상에 성실히 임하기로 하고, 선진국과 개발도상국 등 모든 국가들은 측정 · 기록 · 검증 가능한 방법으로 온실가스 감축을 수행토록 하는 발리로드맵을 채택하여 2009년 말을 목표로 협상 진행을 합의하였다.

표 26.1 기후변화협약의 주요 내용[2]

구분	조항	주 요 내 용	
목적	2조	◦대기 중 온실가스 농도의 안정화	
원칙	3조	◦공동의 그러나 차별화된 책임 ◦개도국의 특수한 사정 배려 ◦예방조치 실시 ◦지속가능한 발전을 추진할 권리 및 의무 ◦개방적인 국제 경제 시스템의 증진	
약속	4조	선진국	◦기후변화 완화 정책의 도입 및 시행 ◦2000년까지 온실가스 배출량을 1990년 수준으로 감축하기 위한 정책과 수단 강구 ◦개도국으로의 자금 및 기술 지원 ◦온실가스 배출과 흡수에 관한 목록 작성
		모든 당사국	◦온실가스 배출원 및 흡수원 목록을 포함한 국가 보고서 작성 및 제출 ◦기후변화 완화 프로그램 채택 ◦에너지 분야에서의 기술 개발 ◦산림 등 온실가스 흡수원의 보존 및 확충 ◦연구·조사·관측 등의 국제협력
주요기구	7 ~ 10조	◦당사국총회(COP: Conference of Parties): 기후변화협약의 최고 의결기구로, 당사국의 의무 및 제도에 대해 정기적으로 검토 ◦과학기술자문보조기구(SBSTA: Subsidiary Body for Scientific and Technological Advice): 온실가스 배출통계 방법론, 국가보고서 작성지침 등 협약의 과학기술적 측면에 대한 권고안을 만들어 당사국총회 또는 요청이 있을 경우 다른 부속기구에 제출하는 역할 수행. ◦이행보조기구(SBI: Subsidiary Body for Implementation): 국가보고서 제출, 재정·기술지원방안 등 협약의 이행과 관련한 문제에 관한 권고안을 만들어 당사국총회 또는 요청이 있을 경우 다른 부속기구에 제출하는 역할 수행.	

2) 기후변화협약 가입국의 의무

기후변화협약에는 표 26.1과 같이 모든 당사국이 지켜야하는 공통의무사항과 일부 가입

국만이 부담하는 특정의무사항이 있다. 이러한 의무사항의 구분은 과거 선진국의 산업화에 따른 온실가스 배출에 대한 역사적 책임을 고려하기 위해서이다. 공통의무사항이란 온실가스 배출량 감축을 위한 국가전략을 자체적으로 수립하여 시행하고 이를 공개해야함과 동시에 온실가스 배출량과 흡수량에 대한 국가통계와 정책이행에 관한 국가보고서(national communication)를 작성하여 당사국총회에 제출해야하는 규정이다.

특정의무사항이란 공동의 차별화된 의무부담 원칙에 따라 협약 당사국을 부속서I(Annex I), 부속서II(Annex II), 비부속서I(Non-Annex I) 국가로 구분하고 각기 다른 의무를 부담토록 표 26.2와 같이 규정한 것인데, 부속서I 국가는 온실가스 배출량을 1990년 수준으로 감축하기 위하여 노력하도록 규정하였으며, 부속서II 국가는 개발도상국에 대한 재정과 기술이전의 의무를 가진다.

우리나라는 현재 기후변화협약에서 비부속서I 국가로 분류되어 있어 국가보고서 제출 등의 공통의무사항만 수행하면 된다. 그러나 OECD가입이후 선진국들은 우리나라에 부속서I 국가와 같은 자발적 의무부담 선언을 요구하고 있으며, 그 강도를 높여가고 있다. 현재 OECD가입국이지만, 부속서I에 포함되지 않은 국가들은 우리나라와 멕시코 두 국가뿐이다.

표 26.2 기후변화 가입국의 의무

국가 구분	의 무 내 용
모든 당사국의 의무	온실가스배출 통계현황 보고, 온실가스저감을 위한 정책 및 조치시행, 온실가스 흡수원 보호 및 확대, 연구 및 관측, 공공인식 제고, 국가보고서 제출
부속서 I 국가의무	2000년까지 '90년 수준으로 온실가스 배출량을 안정화 하도록 노력
부속서 II 국가의무	개도국에 대한 재정·기술지원 제공
부속서 I, II 국가 명단 개정	1998년까지 관련 당사국 동의로 명단개정을 위한 자료 검토
자발적 의무부담	어느 국가든 자발적으로 Annex I 국가로 편입 가능

3) 교토의정서(Kyoto Protocol)

1995년 베를린에서 열린 "제1차 당사국총회(COP, Conference of Parties)"에서 기후변화협약상의 감축의무만으로는 지구온난화 방지가 불충분하다는 의견이 제기되어, 부속서I 국가들의 감축의무를 강화하기 위해 "제3차 당사국총회"에서 2000년 이후의 감축목표를 포함한 의정서(Berlin Mandate)를 채택하기로 결정하였다.[1]

기후변화협약 당사국들은 교토의정서 부속서 B에 명시된 국가(특히 기후변화협약의 부속서I에도 명시된 국가들)는 1차 공약기간(2008 ~ 2012년) 동안 1990년 배출 수준을 기준으로 온실가스 배출을 줄이거나 제한하기로 합의하였다. 부속서B에 속한 국가들은 동 기간 동안 개별적으로 구속력을 갖는 배출 목표를 채택하였다.

이러한 결정에 따라 제3차 당사국총회('97. 12, 교토)에서 부속서 I 국가들을 중심으로 2008 ~ 2012년 동안 온실가스 배출량을 1990년 대비 평균 5.2% 감축하는 것을 주요내용으로 하는 교토의정서가 채택되었다.

교토의정서의 다른 주요내용은 부속서I 국가들의 구속력 있는 감축목표 설정(제3조)과 공동이행제도, 청정개발제체와 배출권거래제 등 시장원리에 입각한 새로운 온실가스 감축수단의 도입(제6조, 12조, 17조), 국가 간 연합을 통한 공동 감축목표 달성의 허용(제4조) 등이다.

기후변화협약은 인류의 활동에 의해 발생되는 위험하고 인위적인 영향이 기후 시스템에 미치지 않도록 대기 중 온실가스의 농도를 안정화시키는 것을 궁극적인 목적으로 한다.

부속서 I 국가 [Annex I]
기후변화협약에서 2000년까지 '90년 이산화탄소 발생수준으로 구속력 없이 지구 온난화가스 배출을 감축하도록 되어 있는 41개의 선진국 (OECD 24개국 및 동구권 11개국 등 총 40개국과 EU포함)

부속서II 국가 [AnnexII]
개도국에 대한 재정 및 기술이전의 의무를 가지는 국가임.
(부속서 I 국가에서 동구권국가 제외, OECD 24개국과 EU포함)

비부속서 I 국가 [Non-Annex I]
당사국 중 감축 의무부담이 없는 국가로 주로 개도국임.
(OECD 국가 중 한국과 멕시코만 포함)

부속서A [Annex A]
교토의정서가 지정한 6가지 온실가스와 그 가스들을 배출하는 분야 및 배출원 목록

부속서B [Annex B] 온실가스 감축의무가 있는 교토의정서의 부속서 I 국가로 지정되어 있는 39개의 선진국

4) 교토메커니즘(Kyoto Mechanism)

교토의정서에서는 온실가스를 효과적이고 경제적으로 줄이기 위하여 공동이행제도(Joint Implementation), 청정개발체제(Clean Development Mechanism), 배출권거래제(Emission Trading System)와 같은 유연성체제를 도입하였는데, 이들을 교토메커니즘(Kyoto Mechanism)이라고 한다.

공동이행제도(JI, Joint Implementation): 부속서 I 국가들 사이에서 온실가스 감축사업을 공동으로 수행하는 것을 인정하는 것으로 한 국가가 다른 국가에 투자하여 감축한 온실가스 감축량의 일부분을 투자국의 감축실적으로 인정하는 체제이다. 그림 26.1은 공동이행제도의 작동 원리에 대한 설명이다.

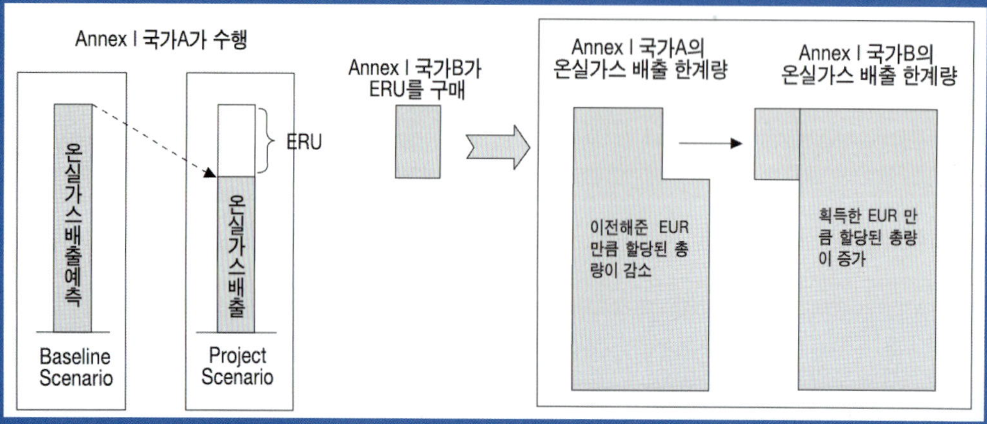

그림 26.1 공동이행제도(JI : Joint Implementation)의 개념[3]

ERU: Emission Reduction Unit

청정개발체제(CDM, Clean Development Mechanism): CDM사업은 대기 중 온실가스 배출을 줄이는 사업으로서 비부속서 I 에서 벌어지는 온실가스 감축사업이다. 부속서 I 국가가 비부속서 I 국가에서 온실가스 감축사업을 수행하여 달성한 실적의 일부를 부속서 I 국가의 감축량으로 허용하는 제도이다. 그림 26.2와 같이 CDM을 통하여 부속서 I 국가는 온실가스 감축량을 획득하게 되고 비부속서 I 국가는 부속서 I 국가로부터 기술과 재정지원을 얻게 된다. 청정개발체제의 경우 2000년부터 1차 공약기간(2008 ~ 2012년)전까지 얻어진 저감량은 1차 의무공약기간 중의 의무이행준수에 이용할 수 있다.

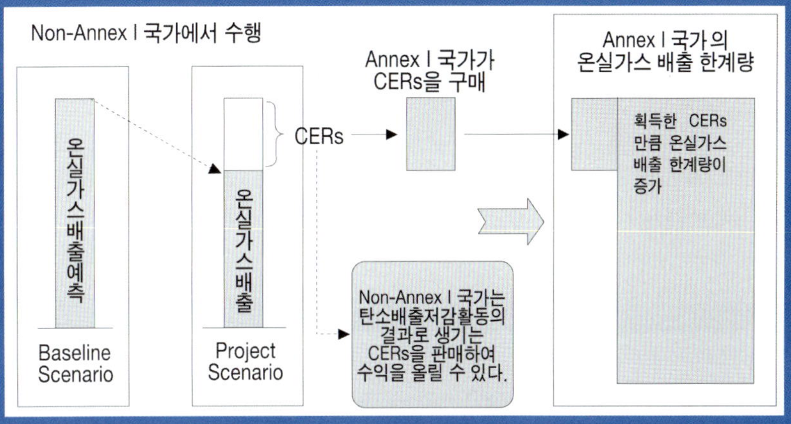

그림 26.2 청정개발체제(CDM, Clean Development Mechanism)[3] 의 개념
CERs: Certified Emission Reductions

CDM사업 추진절차 CDM사업은 비부속서 국가에서 시행하는 제도임을 이미 설명하였고 CDM사업자가 사업을 수행하고자 할 때 먼저 추진시스템을 구축하고, 사업계획서를 작성하여 CDM운영기구(DOE, Designated Operational Entity)에 제출하면 DOE는 타당성검토와 국가승인기구(DNA, Designated National Authorities)의 승인을 받아 UNFCCC(United Nations Framework Convention on Climate Change)의 CDM운영기구(EB, Executive Board)에 사업등록을 신청한다. 이후 온실가스 감축실적이 발생하면 DOE에 모니터링보고서를 제출하면 DOE는 모니터링보고서의 검증과정을 거쳐, 인증보고서를 첨부하여 CDM EB에 제출하면 CDM레지스트리 내에 계좌가 개설되고 온실가스크레딧(CERs)이 발행되며 이때 CDM 행정비용과 개도국 지원기금으로 CERs의 2%가 공제된다. CDM사업기간을 단축하기 위해서는 사업계획서를 작성할 때 CDM EB에서 승인된 방법론을 사용하는 것이 효과적이며, 승인된 방법론이 아닌 새로운 방법론을 적용하려면 DOE를 통해 CDM EB에 방법론을 제출하여 승인을 받은 후 사업계획서를 작성하여야 하므로 시간이 많이 소요된다.

프로젝트가 CDM으로 인정받기 위해서는 다음과 같은 추가성, 이전가능성, 투명성이라는 3가지 조건을 만족해야만 한다.

① 추가성

(경제) : 상업적인 이익이 자체적으로 발생하는 프로젝트는 인정받지 못함.

(정책) : 국가규제 등에 의해 의무적으로 수행한 프로젝트는 인정받지 못함.

(기술) : 기술적으로 보편화된 프로젝트는 인정받지 못함.

② 이전가능성 : 현실적으로 다른 국가로 이전이 불가능한 기술은 인정받지 못함.

③ **투명성** : project가 투명하게 계획되고 운영 되어야 함.

배출권거래제(ETS, Emissions Trading System): 그림 26.3에서 설명하는 바와 같이 온실가스 감축의무국가(부속서 B)가 의무감축량을 초과하여 달성하였을 경우 이 초과분을 다른 부속서 국가(부속서 B)와 거래할 수 있는 제도로써 반대로 의무준수를 못하는 경우 다른 부속서 B 국가로부터 감축량을 구입할 수도 있다.

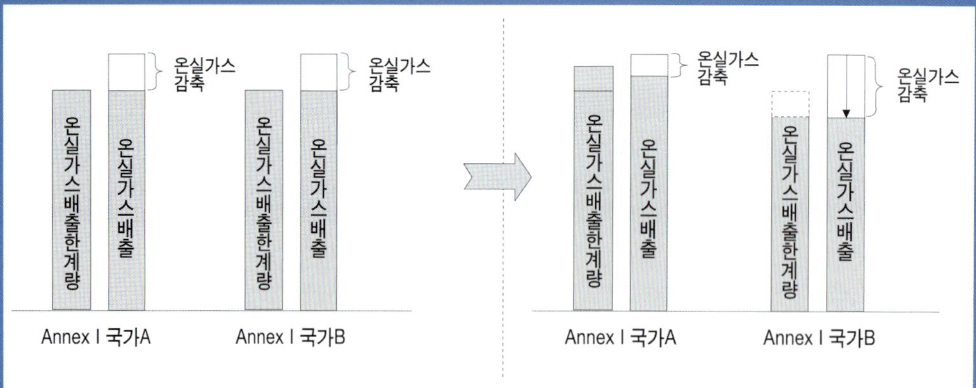

그림 26.3 배출권거래제(ETS, Emissions Trading System)[3]의 개념

5) 탄소배출권 거래시스템(CO_2 emission trading)

각국별로 온실가스인 이산화탄소(CO_2), 메탄가스 등의 배출 감축의무와 연간 배출허용량을 정한 뒤 할당량만큼 감축이 불가능한 기업이나 국가는 감축 목표를 초과달성한 기업이나 국가로부터 배출권을 사들여 목표를 달성토록 허용한 제도이다. 지구온난화를 막기 위한 '교토의정서'에서 온실가스 감축의무 이행에 신축성을 확보하기 위해 도입한 제도이다.[1]

온실가스 감축에 많은 비용이 소요되는 기업이나 국가는 감축목표를 초과달성한 국가나 기업들로부터 배출권을 시장에서 사들이는 방법으로 감축의무를 이행할 수 있게 되어, 시장 전체로는 최소한의 비용으로 목표를 달성할 수 있는 이점이 있다.

탄소배출권 거래예시 그림 26.4와 같이 판매자가 현재 목표치 보다 더 많은 양을 절감하였기 때문에 추가 탄소배출권(CERs, Certificated Emission Reductions)을 구매자에게 판매할 수 있다. 이때 거래소, 브로커를 통하거나 직접적으로 판매를 할 수 있고, 거래의 투명성과 정확한 실적의 측정을 위해 국가정보망에 판매자와 구매자의 정보가 기록되어야 한다.

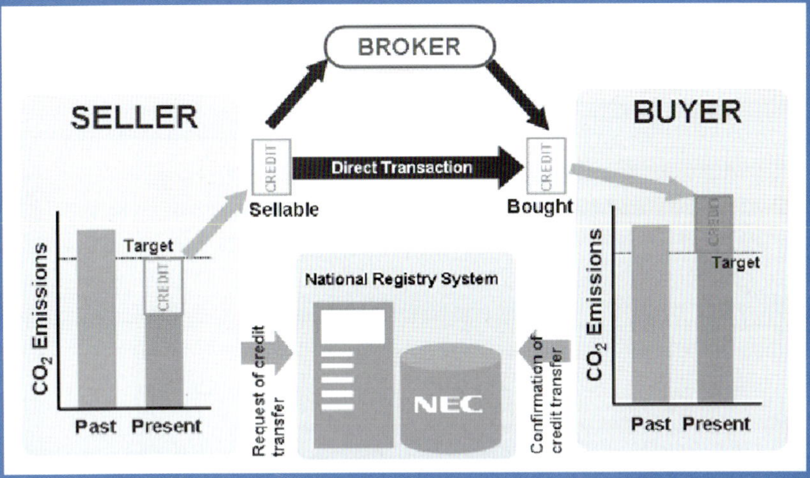

그림 26.4 탄소배출권 거래 모델

산업 및 기업의 특성에 따라 탄소배출량 절감비용은 기업에 따라 차이가 난다. 그림 26.4의 탄소배출권의 수익모델을 참고하고, 구체적으로 그림 26.5를 사례로 들면 탄소 배출량을 1톤 줄이는데 A기업은 100€가 필요하고, B기업은 70€가 필요할 경우 각 기업이 20톤씩 탄소배출을 절감하는데 비용이 각각 2,000€, 1,400€가 소모된다.

그러나 탄소배출권 거래를 통해 A기업이 B기업으로부터 10톤의 배출권을 800€에 구입하고, 직접적으로는 10톤의 탄소 배출량 감소에 1,000€를 소모했다면 총액 1,800€로 기존의 2,000€보다 비용을 절감할 수 있다.

B기업 또한 30톤을 절감하여 비용이 2,100€로 기존보다 700€가 더 들지만 배출권 판매비용 800€의 수입으로 인해 총 소요비용은 1,300€로 기존의 1,400€보다 비용이 절감된다.

국제배출권 거래시장 기후변화협약에 따라 온실가스인 이산화탄소 감축이 국가의 절대의무가 되고 있는 가운데 국제배출권거래(IET, International Emission Trading) 시장이 형성되고 있다.

2002년 4월 영국 런던 증권거래소에 '온실가스 배출권 거래시장'이 개설되었다. 그리고 2005년 1월 영국 런던국제석유거래소(IPE, International Petroleum Exchange), 독일 율버에너지거래소(IPE)등에서 이산화탄소(CO_2)배출권 현물거래가 시작됐다.

또한 노르웨이 노르드풀 전력거래소에서 온실가스 배출권 거래가 2005년 2월부터 시작되었다. 이외에도 파리 증권거래소 유로넥스트와 프랑스 전력거래소 파워넥스트, 독일 유로에너지거래소(EEX, European Energy Exchange), 유럽기후거래소(the European Climate Exchange)도 참여할 방침이다.

한국은 2013년부터 온실가스 감축의무를 부담하게 될 것으로 알려져 이때부터는 자동적으로 국제 배출권 거래시장에 진입하게 된다.

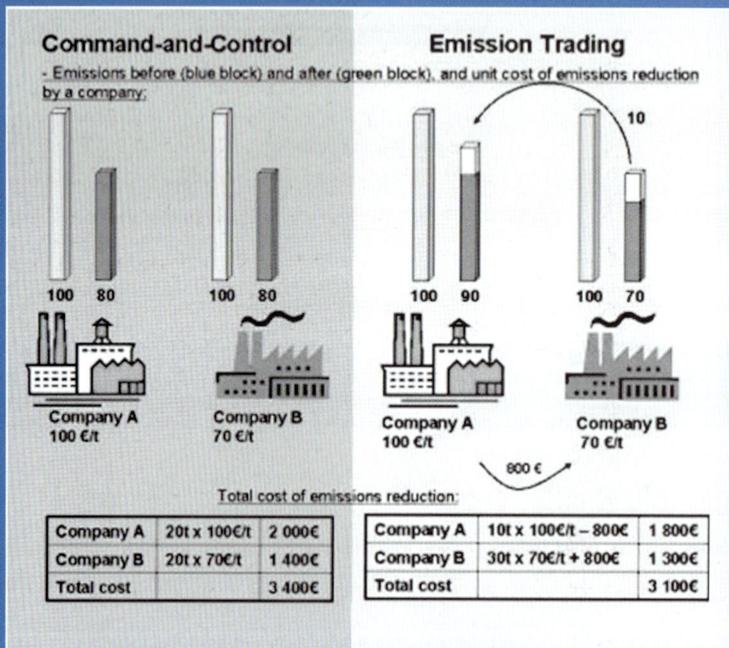

그림 26.5 탄소배출권의 수익모델

6) 재생에너지 인증서(REC, Renewable Energy Certificate)

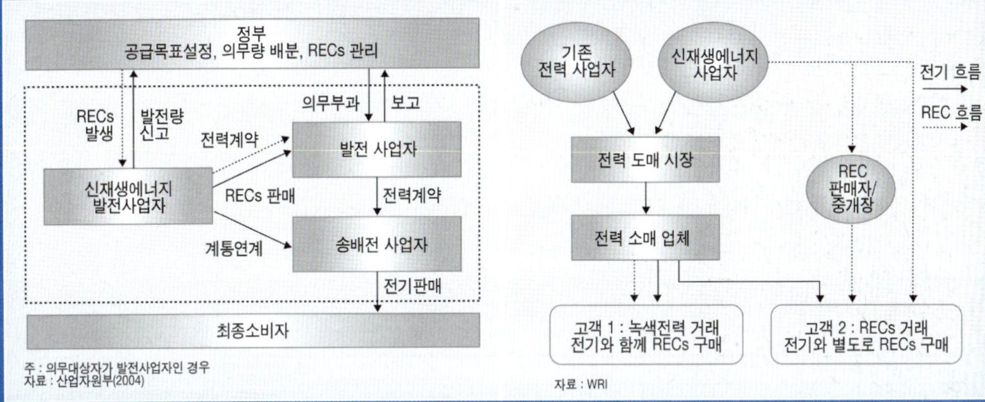

그림 26.6 REC, 재생에너지 인증서 거래 메커니즘

재생에너지 인증서(Renewable Energy Certificate)란 그림 26.6과 같이 정부의 감독 하에 관리되는 신재생에너지 인증서로서 신재생에너지 사업자는 전기를 생산함과 동시에 REC를 얻게 된다. 이 증서는 신재생에너지 의무 대상자가 의무량 달성을 위해 정부에 제시하기 전까지 유효기간 내에 자유롭게 거래될 수 있다.

실물인 전력과 생산인증서인 REC를 분리시켜 실물 대신 인증서 거래가 이루어지기 때문에, REC거래는 신재생에너지의 양도 및 분배비용을 낮추어 후에 언급될 제26.3절의 RPS제도를 원활하게 한다.

REC거래 메커니즘은 청정개발체제(CDM, Clean Development Mechanism)의 탄소배출권 거래 메커니즘과 유사하다. 즉 개발도상국의 온실가스 감축 사업을 통해 얻은 탄소배출권을 온실가스 감축 목표를 부여받은 선진국에게 판매하는 CDM거래 방식과 비슷하다.

그러나 탄소배출권 시장에 비해 신재생에너지 시장 규모가 작고 국가별 거래 제약이 존재하기 때문에 REC거래는 아직 활발하지 않은 편이다. RPS가 활성화된 미국에서조차 공식 거래 시장이 존재함에도 불구하고 구매자와 판매자 간의 일대일 거래가 많이 이루어져, 구체적인 가격 정보가 잘 공개되지 않고 있는 상황이다.

26.3 국제적 풍력산업 지원정책

발전차액지원제도(FIT, Feed in Tariff) 신재생에너지 발전에 의해 공급한 전기의 전력거래가격이 정부가 약속한 기준가격보다 낮은 경우, 투자 경제성 확보를 위해 기준가격과 시장의 전력거래가격과의 차액을 지원해주는 제도이다. 이는 근본적으로 신재생에너지 보급을 활성화하기 위한 정책인데, 결국은 풍력터빈 제조산업과 직접적인 관계가 있다. 일부에서는 일정하게 매입가격을 제시하여 고정시키고 발전사업자가 적정이윤을 보장받도록 한다고 하여 고정가격제라고 하기도 한다.

그림 26.7과 같이 유럽국가를 중심으로 발전차액 지원제도를 도입하고 있으며, 발전사업자에게 가장 확실하게 투자를 유도하는 정책으로 알려져 있다. 풍력산업이 발전한 독일, 덴마크, 스페인 등과 같은 국가에서 지속적으로 채택해오고 있음을 알 수 있다.

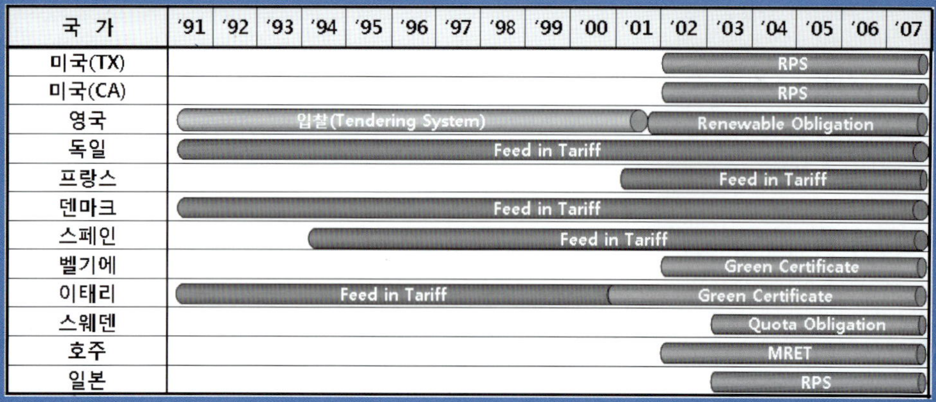

그림 26.7 국가별 보급정책 추이[8]

해상풍력의 경우에는 그 투자금액이 육상풍력보다는 추가로 투입되기 때문에 지원금액이 달리 책정되는 것이 일반적이다. 아직은 해상 풍력발전이 일반화되지 않았기 때문에 독일이나 덴마크 정도에서 해상 풍력발전을 위한 발전차액을 제정하고 있는 정도이다. 독일에서는 육상의 경우 0.092€/kWh, 해상의 경우에는 0.14€/kWh를 지원하고 있다.

우리나라의 경우에는 '02년 발전차액지원제도를 제정할 당시 중유발전 회피비용에 풍력발전의 평균설비 이용률을 적용하여 표 26.3과 같이 107.66원/kWh으로 기준가격을 설정하였다. 이후 '06년 정부고시를 통하여 10kW 이상의 설비에 대해서만 1kWh 당 107.29원으로 구매하고 있다. 기준가격에 대비하여 현재 전력거래가격을 계통한계가격(SMP, System Marginal Price)라고 하며, 차액을 지원함으로써 풍력발전 사업자가 안정적으로 단지의 건설과 운영에 투자할 수 있도록 하는 제도이다. SMP는 시간대별 SMP, 계통한계가격, 한전매전가격, 전력거래단가, 한국전력거래소의 평균전력매입가격 등으로도 표현하기도 한다. 참고적으로 태양광의 기준가격은 2009년 현재 설치하고 15년간 운영을 한다고 가정하면 설치용량 30kW 이상은

620.41원, 30kW 이하는 646.96원, 200kW ~ 1MW는 590.87원, 1MW ~ 3MW는 561.38원, 3MW 초과는 472.70원으로 인하된 가격을 적용하고 있다. 여기에서 운영기간이 20년으로 산정하면 기준가격은 각 용량마다 다소 낮아진다.

표 26.3 국내 풍력발전차액 지원제도 가격산출표

이용률 수준	기준 : 2001.5 (원/kWh)			비고
	설비비용	에너지비용	합계	
20%	76.43	31.23	107.66	감소율 2% (3년이후)
산업자원부고시 제2006-89호, (2006.10)			107.29	고정요금

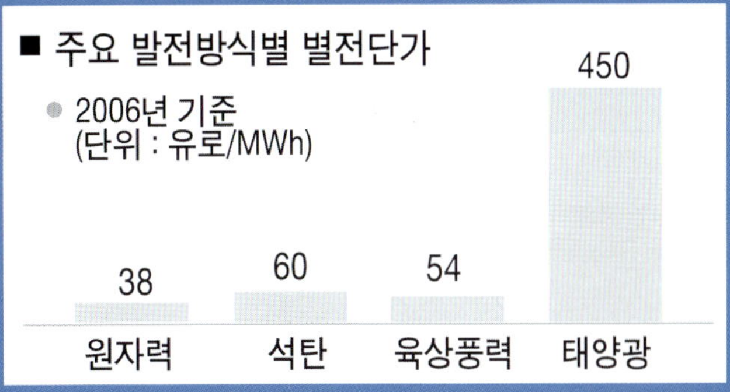

그림 26.8 발전방식별 발전단가

풍력발전의 경제성을 비교해 보기 위하여 발전차액과 관련하여 각종 에너지원의 발전단가를 참고적으로 알아보았다. 세계적으로 볼 때 풍력의 발전단가는 대표적인 재생에너지인 태양광보다 매우 낮은 것으로 알려져 있는데, 그림 26.8과 같이 각 에너지원별 발전단가는 €/MWh 단위로 원자력 38, 석탄 60 일 때 육상풍력의 경우 54정도로 전통에너지와의 격차를 줄이고 있으나 태양광의 경우 450으로 풍력의 8 ~ 9배에 달한다.

의무할당제도(RPS, Renewable Portfolio Standard) RPS는 에너지를 공급하는 사업자의 총 공급량 중 일정비율을 신재생에너지로 의무화하는 제도이다. 정부 및 감독기관이 에너지 공급자인 의무 대상자와 의무량을 정하면, 의무 대상자는 일정 기간 내에 목표를 완

수해야 벌금을 피할 수 있다.

의무 대상자는 신재생에너지 분야에 직접 투자하거나 재생에너지 인증서(REC, Renewable Energy Certificate)를 거래하여 의무 이행이 가능하며 우리나라의 경우 2012년부터 실시될 예정이다. 표 26.4는 RPS제도를 도입하고 있는 국가의 적용 현황을 요약하고 있다. 각 국가별로 약간씩 달리 표현하고 있는데 호주의 경우 MRET (Mandatory Renewable Energy Target)- RET(Renewable Energy Target-2010) 정책을 통하여 재생에너지의 공급량을 의무화하는 일종의 RPS 시스템을 사용하고 있는데, 2004년 이후 2%를 재생에너지로부터 공급하고자 하고 있다.[4] 하지만 Victoria, S. Australia, Queensland 등의 일부 주에서는 최근 FIT정책을 도입한다고 발표했다.

영국에서는 재생에너지 의무화(RO, Renewable Obligation)제도를 도입하였는데, 이 제도 또한 재생에너지로부터 일정량의 전기를 공급해야 한다는 것이다. 구체적인 실천방법으로 ROC(Renewable Obligation Certificate)란 일종의 green certificate가 규정된 발전설비에 발급하는 방법을 사용하고 있다.

표 26.4 국가별 RPS 현황[3]

구분	미국	호주	영국
시행시기	• 2000년대 초반	• 2002년	• 2002년
의무주체	• 전력회사 • 전력공급자	• 소매사업자 • 도매전기 구입자	• 공급사업자
목표 예상	• 60GW(2026)	• 45,000GWh(2020)	• 15.4%(2015)
인증서	• 거래방식에 제한	• 등록시스템인 IBRS(Internet Based Registry System) 운영	• ROC(Renewable Obligation Certificate) 발급
특징	• 풍력이 많은 부분차지 • 신재생에너지 적용 범위 다름 • 태양에너지 지원 정책 추진	• 상당수의 태양열 온수장치를 포함시킴 • 이산화탄소 감축 목적에 따라 의무량 증가	• 수력이 많은 부분 차지 • 구입대체기금 운영

생산세 감면 정책(PTC, Product Tax Credit) 풍력발전사업자가 전기를 생산하여 판매할 때 그 세금을 감면해 주는 제도로써 미국에서 도입하고 있다. 이 정책은 매년 의회를 통하여 갱신되고 있는데, 풍력산업계에서는 이 제도의 존속여부에 따라서 굉장히 큰 영향을

받고 있다. 또한 각 주마다 약간씩 특징이 있는 제도를 도입하고 있는데, 텍사스 주의 경우 SBC(special benefit charge)와 같은 특별 목적세를 부과하여 발전사업자를 도와주는 경우도 있다.

기타 지원정책 및 제도 중국의 경우 2006년의 「신재생에너지촉진법」에 따라 재생에너지 전력을 전체 공급량의 5%(2010년까지)와 10%(2020년까지)를 구매하도록 강제하였고, 입찰방식으로 전력공급계약을 체결하여 발전단가를 결정하는 방법을 사용하고 있다. 특히 중국에서만 적용되는 제도로써 「풍력발전 건설관리 관련요구에 대한 통지-2007. 7」를 통하여 풍력설비의 국산화율을 70%이상 유지하도록 요구하여 왔는데, 2009년 하반기에 선진국의 개방압력과 자국기술의 발전에 힘입어 이 제도를 철회하였다. 또한 2006년의 「풍력발전 특허권입찰방식(風電特許權招標原則) 규정」에 따르면 발전사업자는 설비제조기업과 같이 참여해야하고 75%의 국산화된 설비를 발전사업 입찰자에게 공급해야하는 사항을 규정하고 있다. 이는 풍력발전설비의 개발에서 저렴한 설비개발의 경쟁력을 높이는 역할도 하지만, 제도적 사후 조치가 미흡할 경우 과당경쟁에 의한 제품의 품질저하를 가져올 수 있다. 또한 대형풍력터빈의 자국모델 개발을 유도하기 위하여 신규개발 상용화 제품에 대해서는 첫 50대의 발전기는 kW 당 600위안의 보조금 등을 지급하는 제도도 적용하고 있다.

국내의 지원정책 및 제도 우리나라의 경우에도 풍력산업발전을 위하여 다각도의 정책적 배려를 하고 있다. 근간이 되는 법령은 「신에너지 및 재생에너지 개발이용 보급촉진법 제17조」이다. 풍력발전에서 생산되는 전기를 구매하는 정책과 관련하여서 현재 국내에서 적용하고 있는 정책은 앞에서 언급한 발전차액지원제도(FIT제도)이며 2012년부터는 의무할당제도(RPS제도)로 전환하기 위한 준비를 하고 있다. 이외에 「신재생에너지 보급지원제도」를 통하여 풍력터빈의 설치와 활용을 위한 보조금 지원과 융자혜택을 주고 있다. 또한 「그린홈 100만호 보급사업」 등을 추진하고 있어 소형풍력터빈산업이 혜택의 범위 안에 들 수 있으나 산업화의 파급효과가 큰 대형풍력설비와는 다소 거리가 있다. 이와함께 풍력터빈의 국산화 모델 개발에 도움을 주기 위하여 부품과 소재에 대한 면세혜택을 주는 제도도 활용하고 있다.

26.4 풍력발전과 환경 영향

1) 공해물질배출 최소화

2008년 전 세계 풍력발전기 설치용량은 121,188MW이며, 2007년 1년 동안의 풍력발전량은 약 260TWh이다.[5]

이는 화석연료로 전기를 생산했을 경우

- SO_2 : 750,000 ~ 1,200,000 Ton
- NO_X : 450,000 ~ 900,000 Ton
- CO_2 : 112,500,000 ~ 187,500,000 Ton
- Particulate(분진) : 40,000 ~ 70,000 Ton
- Slag/ash(광물용재) : 6,000,000 ~ 10,500,000 Ton

이상의 공해물질이 발생하게 된다.[6]

표 26.5와 같이 풍력발전으로 전력을 생산했을 경우 위의 공해물질 발생량은 "0"이다.

표 26.5 전력생산 에너지원별 공해물질 발생량

공해물질	석탄	가스	바람
황산화물	1.2	0.004	0
질소산화물	2.3	0.002	0
이산화탄소	865	650	0
분진	0.8	0.0	0

2) 풍력발전기 소음

풍력발전과 관련하여 가장 민원이 많이 발생하고 있는 분야이다. 풍력발전기로 인한 소음에는 블레이드가 회전할 때의 바람을 가르는 소리와 증속기 등으로부터의 기계음이 있다. 객관화된 소음과 관련된 자료를 얻기 위해서는 풍력발전기 설치 예정지를 중심으로 대개 500m 이내에서 대상지역의 소음을 대표한다고 생각되는 지점, 또는 소음에 관계되는 문제가 생기기 쉬운 지점을 선정하고 측정한다.

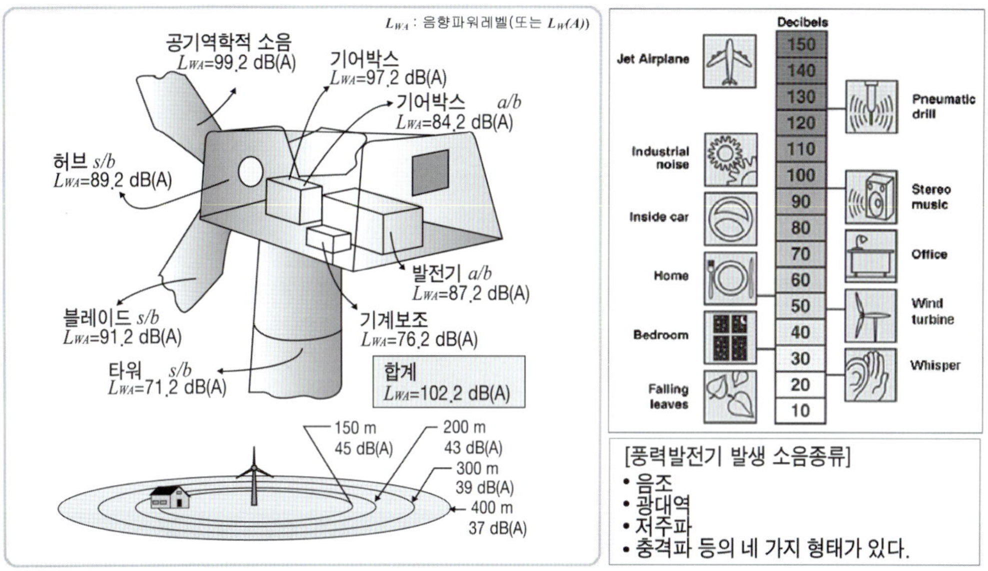

그림 26.9 풍력발전기의 소음수준과 소음종류[7, 8]

그림 26.9와 같이 발생된 소음이 기계적 및 전기적인 장비의 회전과 관련되어 있으므로 광대역 요소를 갖고 있지만 특성상 음조(보통의 주파수)와 관련되는 경향이 있다. 또한 허브, 로터 및 타워는 기계적인 소음을 방사하는 스피커와 같은 역할을 할 수 있다. 그림 26.9에서는 각 부품이 발생시키는 소음의 정도를 나타내었고, 오른쪽 그림에서는 풍력터빈의 소음을 타 소음원과 비교하였다.

이러한 영향 때문에 풍력발전기는 사람이 주거하는 주택과는 일정간격을 두고 설치하게 된다. 풍력터빈의 크기와 기계에 따라 다르겠지만 그림 26.9에서 보는 바와 같이 주택과 150m의 이격거리에서 45dB 정도를 나타내고 있음을 알 수 있다. 하지만 실제로 사람에 따라 느끼는 정도가 다르고 주관적인 부분이 있기 때문에 논란의 대상이 되고 있다. 풍력터빈 개발자들은 소음의 저감을 위하여 블레이드의 회전속도의 조정, 블레이드의 모양, 기계부품의 마찰 저감, 나셀의 밀폐 등의 다각적인 연구와 노력을 하고 있다.

3) 풍력발전기의 전파장애

풍력발전기는 그림 26.10과 같이 전자기파를 반사, 분산, 회절 시키는 식으로 전자기기의 작동을 방해할 수 있다. 풍력발전기가 라디오, 텔레비전 또는 극초단파 전송기와 수신기 사이에 위치하면 경우에 따라 전자기파를 반사하여 신호가 도달하는 것을 방해하게 된다. 이로 인해 수신 신호는 왜곡될 수 있으므로 전파의 루트를 조사하고 이것을 피하여 설치할 필요가 있다. 대상이 되는 전파는 방송국, 전화국, 군부대, 해상, 보안청, 어업무선중계기지 등에서 사용하는 것이다.

텔레비전 방해 : 풍력터빈으로부터의 전자기파 방해에 대한 대부분의 보고서는 텔레비전 방해를 다루고 있다. 텔레비전 방해는 보통 화면이 흔들리는 영상왜곡으로 블레이드의 통과 주파수와 동기화 되면서 발생한다.

FM 라디오 방해 : FM 방송 수신에 대한 영향은 연구실 시뮬레이션을 통해서만 측정이 가능할 정도인데 이 영향으로 FM 소리의 배경에 '히스(hiss)'가 중첩되는 형태로 나타난다. 풍력터빈 EMI(electromagnetic interference)가 FM에 주는 영향은 풍력터빈에서 수 십 m 이내를 제외하고는 무시할 수 있다.

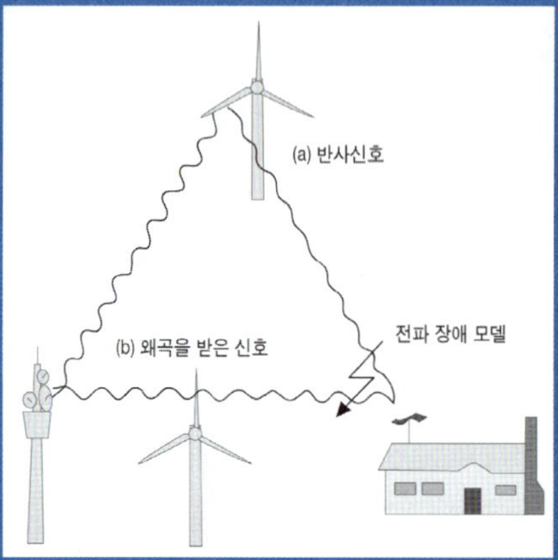

그림 26.10 풍력발전기의 전파장애[7, 8]

비행기 운항 및 착륙 시스템에 대한 방해 : 정지한 풍력발전기는 VOR(VHF Omni-directional Radio Range)을 만들어내서 운항 정보에 영향을 줄 수도 있다. 그러나 풍력발전기를 운전하게 되면 잠재적인 방해 효과가 상당히 감소한다고 알려져 있다. 미국은 대부분의 풍력터빈 크기의 구조물이 VOR 기지의 1km 이내에 건설되지 못하도록 하고 있다.

극초단파 연계에 대한 방해 : 전자기파 간섭 영향이 일반적으로 극초단파 전송 시스템에 사용되는 변조를 해치는 경향이 있다.

핸드폰 및 위성 서비스에 대한 방해 : 핸드폰 전파는 이동 중 환경에서 동작하도록 설계되었기 때문에 상대적으로 풍력터빈에 의한 EMI 영향에 민감하지 않다. 위성서비스는 정지궤도를 이용하며 대부분 위도에서 고도각(elevation angle)과 안테나 게인(gain)으로 인해 영향을 받지 않을 것으로 보인다.

4) 풍력발전기에 대한 경관 논쟁

그림 26.11 풍력발전에 대한 경관 논쟁

경관에 대해서는 객관적으로 평가하기는 어렵지만 주위의 경관과 조화되도록 배치하고 디자인, 색채 등의 관하여 배려하는 것이 바람직하다. 여기서 중요한 과제는 풍력시스템이 위치하게 될 장소에 대한 특성을 파악하는 것이다. 물론 터빈 설치와 관련하여 연관된 개인, 단체의 입장에 따라서 극명한 해석의 차이를 보여주고 있는 것이 현실이다. 그림 26.11은 같은 풍력단지를 설치함에 있어 입장에 따라 해석 방법이 판이하게 다름을 보여주고 있다.

기술적인 면에서는 풍력터빈이 설치된다면 개방된 지역에서는 균일한 색상, 구조 형태 및 표면 마감을 사용하여 프로젝트의 가시성을 최소화 한다. 다만, 자유로운 설계와 색상이 조류 충돌을 감소시키려는 노력과 오히려 상충될 수 있고 간접적으로 명확한 표시가 필요한 비행기의 안전 요건과 배치될 수 있다. 이와 함께 비행기의 안전을 위한 것을 제외한 야간 조명을 금지하게 되는데 이는 조명에 이끌리는 벌레를 잡아먹는 야간의 포식자들과의 충돌을 줄여줄 수 있다.

지상의 전기 설비에 대한 지지 구조물의 경로 및 형태, 방법, 설치 형태의 선택(지상 또는 지하)도 또한 고려되어야 할 사항이다. 다수의 발전기가 서로 근접해서 설치되는 곳에는 전선과 도로를 단일 직선으로, 트랜치 또는 회랑으로 통합하면 각 터빈에서 개별적으로 접근하는 것에 비해 시각적으로 부정적인 영향을 감소시킨다.

각각 다른 터빈 형태, 밀도, 기하학적 배치가 시각적인 영향과 충돌을 유도할 수 있으므로 이를 최소화하기 위한 노력이 필요하다. 실제적인 예시로 형상이 다른 터빈간의 혼합은 피하거나 최소화 하고 회전 방향이 다른 터빈들은 완충지대를 갖고 이격 되어 있어야 한다.

5) 거주지 및 도로인근에 풍력발전기 설치에 따른 영향

풍력발전기 설치 보급에 대해 오랜 경험을 가지고 있는 선진 유럽의 경우 오랜 기간의 운용 경험을 통해 주민 대다수가 풍력발전기의 기능, 구조적 안전성에 대하여 높은 신뢰를 갖고 있으므로 그림 26.12와 같이 풍력발전기가 주택가, 농장, 도로 주변에 설치되는 것에 대한 거부감이 별로 없는 편이다.

또한 풍력발전기로부터 발생되는 소음과 저주파가 동식물의 실생활에 영향을 거의 미치지 않는다는 사실도 이미 경험했으므로 주택가와 목장 인근에 풍력발전기가 보편적으로 설치 운용되고 있다.

그림 26.12 풍력터빈과 가축

일부 유럽 국가에서 풍력터빈은 해변이나 방파제를 따라 둑이나 제방에 설치되거나 아니면 연안에 설치된다. 농업 지역에 설치되는 풍력터빈은 공장형 패턴의 영향을 최소화 하려고 했고 영구적인 지원설비는 부지의 가장자리, 산울타리 또는 농장 도로를 따라 통합 설치된다.

미국에서는 풍력발전단지와 관련된 기타 토지 이용 계획은 완충지대와 완화 구역을 두어 주변에 민감한 구역 또는 융화가 안 되는 곳과의 양립을 도모한다.

6) 풍력발전기의 쉐도우 플리커(shadow flicker) 및 플래싱(fleshing)

- '쉐도우 플리커' 효과는 풍력발전기 로터의 블레이드가 움직이는 그림자를 만들어서 깜빡이는 효과를 주는 것
- '플래싱'효과는 태양 빛이 블레이드의 광택 표면에 반사되어 반짝이는 효과를 만드는 것

그림 26.13 쉐도우 플리커와 플래싱

그림 26.13과 같이 쉐도우 플리커(shadow flicker)는 풍력발전기 로터의 블레이드가 움직이는 그림자를 만들어서 깜빡이는 효과를 만드는 것을 말하며 이는 터빈 주변에 거주하는 사람들을 괴롭힐 수 있다. 비슷하게 태양 빛이 블레이드의 광택 표면에 반사되어 '플래싱(fleshing)' 효과를 만든다. 이 영향은 실제로 미국에서는 환경문제로 제시되고 있고 북부 유럽에서 더 큰 문제가 되는데 이는 위도와 겨울철 태양의 고도가 낮고 그리고 거주지 건물과 풍력터빈간의 거리가 짧은 경우에 발생한다.

최악의 경우 플리커가 매우 짧은 주기로 발생할 수 있다. 유럽에서는 터빈을 짧은 시간 동안 정지하는 해결책이 제안되기도 하며 풍력단지를 설계할 때에도 인근 거주지에 그림자 경로를 신중히 고려한다. 플래싱에 대비하여 반사하지 않고 광택이 없는 블레이드를 사용하기도 하고 역시 배치에 신경을 쓴다. 이러한 사항을 고려하여 덴마크에서는 일반적으로 가장 가까운 거주지와 풍력발전기간의 거리를 최소 로터 블레이드 직경의 6에서 8배 띄우는 지침이 사용된다.

7) 풍력발전기의 동식물(조류) 영향

풍력터빈에의 조류 충돌 문제는 풍력발전을 선진적으로 수행해 온 유럽과 미국에서 지금까지 장기간 의논해 왔지만 명확한 결론이 도출되지 않은 문제이고 가장 협의사항이 많은 항목이다. 협의체도 해당지역 주민, 환경보호단체, 유식자, 자치단체 등 다양하다.

풍력발전기 숫자는 적고, 크기는 크게함 : 그림 26.14와 같이 원하는 에너지 용량에 대해서 큰 터빈을 적게 설치하는 것이 작은 것들을 여러 개 설치하는 것보다 구조물의 수를 감소시킬 수 있어 환경에 대한 긍정적인 영향을 줄뿐만 아니라. 보다 많은 경제적인 이득을 가져온다.

미소 서식 환경(microhabitat)을 피함 : 개별적인 풍력터빈 설치 시 미소 서식 환경 또는 조류의 비행 구역은 피해야 한다.

그림 26.14 풍력발전기와 조류

타워 설계의 변화 : 수평 부재가 많아서 새들이 앉기에 적합한 격자형 같은 설계 대신 가능하면 새들이 앉을 수 있는 횃대가 없는 설계를 채용한다. 줄을 사용하지 않는 방법을 사용하거나 전기가 흐르는 봉을 줄로 당겨서 고정하는 구조물 위에 설치한다. 또한 기존의 격자 타워는 새들이 앉을 수 있는 곳을 없애는 식으로 변경한다.

둥지 제거: 담당기관의 승인 하에 구조물 상에 발견된 둥지는 풍력에너지 설비로부터

멀리 떨어진 적절한 서식지로 옮긴다.

먹이 기반 관리: 적절한 곳에 먹이 기반 관리 조사가 선택적으로 이뤄져야 한다. 생포 같이 인도적인 프로그램을 통해 먹이가 될 수 있는 동물을 기존 풍력발전 기지로부터 멀리 이동시킨다.

전기선의 매립: 전기 전력업체 배선은 가능하면 지하에 매립해야 한다. 신규 공중 전기 배선 시스템은 새들의 감전을 막을 수 있도록 설계해야 하고, 기존의 설비역시 기술적인 수단을 강구하여 감전을 상당히 줄이도록 한다.

현장 특정 완화 연구: 풍력터빈 설비와 새들 간에 충돌을 발생시키는 상호작용의 영향에 대해 적절한 완화 대책을 연구하고 이를 도입한다.

서식지 보존: 거주 생물에게 이익이 되는 주거 조건을 유지하여 보다 파괴적인 토지이용으로부터 보호한다.

그림 26.15 풍력발전기의 생태계 영향

그림 26.15와 같이 풍력터빈 현장이 일반적으로 시골 지역에 개발이 되지 않았거나 목초지 또는 농지에 위치해있어서 직간접적으로 생태학적인 자원에 영향을 준다. 예를 들어, 풍력단지의 건설이 종종 접근로 및 중장비의 사용과 관련이 되어 있고 이로 인해 생태계에 교란이 발생할 수 있다.

생태학적인 자원의 문제에서 볼 때 해당 지역에 거주하거나, 이용 및 통과하는 폭 넓은 동식물이 관련되어 있다는 것을 명심해야 한다. 여기엔 또한 살아있는 생물의 토대가 되는 토양, 물 그리고 생물학적 요소를 포함한 생물들의 서식지와 관련되어 있다. 이들의 범위는 박테리아와 균사체로부터 먹이사슬의 상위에 있는 포식자까지 다양하다.

생태계에 미치는 영향은 현존하는 식물과 동물, 풍력에너지 설비의 설계 와 배치에 따라 다르다. 관할 당국에 따라 이들 환경자원에 악영향이 발생한다는 이유로 개발을 금지하는 경우도 있으나, 특별히 민감한 자원이 존재하지 않거나 악영향을 회피 또는 완화시킬 수 있다면 개발을 허가하는 경우도 있다.

현장에 존재하는 생태계와 관련하여 중요한 고려사항은 서식지의 잠재적인 파괴다. 많은 종들이 법을 통해 보호되고 있으므로 생태학 및 생물학 전문가들에게 프로젝트 설계의 초기 단계에 개발을 할 수 없는지 아니면 적당한 완화 대책을 취할 수 있을 지를 확인하는 것이 중요하다. 또한, 연구를 통해 생물학적 영향의 계절적인 특성을 고려하여 연중 가장 영향이 적은 시기를 개발시기로 결정한다.

풍력단지 개발자는 공사의 시기를 정하고 풍력터빈의 배치 및 도로 횡단 시 생물 종이나 서식지에 피해를 주지 않도록 지역 도시계획국의 토지 구획에 따르고, 적절한 생태적 및 생물적 상담을 받아야 한다. 나아가, 공사기간 과 풍력시스템의 수명동안 지속적인 모니터링이나 전체적인 생태관리계획이 필요할 수 있다.

☑ 참고문헌

1. 에너지관리공단, http://www.kemco.or.kr.

2. 환경부, **지자체 기후변화대응 업무안내서**, 2008. 12.

3. 설동근, **신재생에너지 관련 법률**, 지원제도와 CDM의 법적 쟁점, 2009.

4. Anthony Kent, David mercer, "Australia's mandatory renewable energy target(MRET): an assessment," **Energy Policy** 34(2006) pp. 1046-1062.

5. WWEA, **World Wind Energy Report 2008**, Feb. 2009.

6. J. F. Manwell, J. G. McGowan, A. L. Rogers, **Wind Energy Explained**, John Wiley & Sons, Ltd., 2002.

7. 牛山 泉, **風車工學入門**, 森北出版株式會社, 2004.

8. 고경남, 허종철 공역, **풍력공학입문**, 문운당, 2007. 4.

부록 1

풍력 관련 용어 정리

Glossary

ㄱ

용어	설명
• 가동율(availability)	터빈이 가동될 수 있는 상태로 있는 시간의 비율
• 경사도(tilt or tilt angle)	수평면에 비교하여 주축의 기울어진 각도. 대개의 터빈은 타워와 블레이드가 충돌하는 것을 막기 위하여 몇도 정도의 기울임을 준다.
• 계통연결(grid connection)	풍력터빈의 전력계통에의 연결하는 상태를 뜻함
• 계통통합(grid integration)	넓은 지역에서 전력계통에 풍력터빈의 접속이나 풍력터빈을 넓은 지경의 전력계통에 접속하는 상태
• 고립 운전(isolated operation)	전력 계통에서 끊겨 떨어진 후, 분열된 일부의 발전 장치가 안정적이고 일시적으로 운전하는 것. 독립 운전이라고도 함
• 고유진동수(eigen frequency)	타워, 블레이드 혹은 기타부품이 자연적으로 진동하는 진동수. 만일 진동이 점차로 강해지면 부품은 파괴될 수 있다. natural frequency와 같다.
• 곤돌라(gondola)	nacelle의 유럽식 표현
• 공력 브레이크(aerodynamic brake)	블레이드전체나 끝단을 돌려서 양력을 줄이는 정지 메카니즘
• 공진(resonance)	진동 시스템에 나타나는 현상으로 강제 진동의 주기가 자유 진동의 주기와 거의 일치한 것.
• 공칭출력(nominal power)	풍력터빈 발전기의 형식출력으로 정격출력(rated power)라고도 한다.
• 관성소 영역(inertial subrange)	바람의 난류 스펙트럼의 주파수 간격으로 와류가 등방성으로 된 후 차례 차례 소멸하여 에너지 소산이 무시되는 곳.

	비고 풍속 10㎧의 경우, 관성소 영역은 약 0.02 Hz~2KHz
• 교토메커니즘 (Kyoto mechanism)	국제 배출권 거래제, 청정개발체제, 공동이행 체제를 포함하는 교토의정서 하의 메커니즘. 유연성체제(Flexible Mechanism)라고도 불리며 의정서 4조의 선진국 국가내의 교역을 통한 의무부담 등을 수행하기 위한 핵심적인 시스템임.
• 교토의정서 [Kyoto protocol]	기후변화협약의 시행령에 해당하며 기후변화 협약의 이행방안과 함께 선진국의 온실가스 감축목표가 수록됨.
• 극치 풍속(extreme wind speed)	t초로 년간(재현 기간 : N년) 평균한 최대 평균 풍속
• 기계 브레이크, 제동장치 (mechanical brake)	주축이나 증속기와 발전기사이의 축에 설치되는 디스크형 브레이크로써 로터를 정지시키기 위한 정지 혹은 비상 브레이크를 말함.
• 긴급정지(풍력터빈) (emergency shutdown (wind turbines))	보호 장치 또는 수동 조작에 의해 풍력터빈을 긴급히 정지시키는 것.

ㄴ

• 나셀(nacelle)	수평축 풍력터빈에서 타워 상부에 동력 전달 장치와 그 밖의 장치를 내장한 곳.
• 난류 강도(turbulence intensity)	풍속의 표준 편차와 평균 풍속의 비, 이 비는 임의의 시간 내에 채취한 풍속 측정 데이터 샘플과 동일한 샘플로부터 결정된다.
• 난류척도계수 (turbulence scale parameter)	종 방향 파워 스펙트럼 밀도가 0.05로 되는 무차원 파장
• 내풍속(survival wind speed)	구조물이 견딜 수 있도록 설계된 최대 풍속의 일반 명칭

ㄷ

- 다운윈드(downwind) — 주 바람 방향이 타워를 먼저 지나는 형태, 참고: 후방향, leeward wind
- 데시벨(dB, dB(A), decibel) — 소리를 측정하는 단위
- 독립전원(stand alone) — 전력계통으로부터 고립된 전원이나 풍력터빈을 뜻함. off-grid와 같은 뜻.
- 돌풍(gust) — 풍속의 순간적인 변화로 돌풍은 성장 시간, 진폭 및 지속 시간으로 특정지을 수 있다.

ㄹ

- 레이디얼 하중(radial load) — 축에 직각 방향으로 작용하는 하중
- 로터 회전수(풍력터빈) (rotor speed (wind turbines)) — 풍력터빈 로터의 회전수, 주로 rpm의 단위로 나타낸다.
- 로터면(rotor plane) — 로터가 회전하면서 발생하는 원형 평면
- 링형발전기(ring generator) — 저속으로 회전하는 다극형 발전기로써 기어리스 풍력터빈에 주로 사용하는 발전장치

ㅁ

- 메터링(net metering) — 소형 풍력에서 생산된 전기를 사용하지 않거나 남는 전기를 계통으로 되파는 것으로 적산 전력계가 반대로 돌아서 크레딧을 주는 제도

ㅂ

- 바람장미(wind rose) — 평균풍속과 다른 풍향에 대한 평균풍속, 빈도수, 에너지함량을 표현하기 위한 원형 도표
- 받음각(angle of attack) — 겉보기 풍향과 블레이드 코드가 이루는 각도

• 배출권 거래제 (ET(emissions trading))	온실가스 배출을 감축해야 할 의무를 지고 있는 당사국들에게 해당하는 메커니즘으로써 교토의정서 제17조에 규정되어 다른 당사국들과 그들의 배출 허용치를 거래할 수 있도록 하는 것임.
• 배터리 충전장치 (battery charger)	소형풍력에서 독립전원시스템에서 전력공급장치에 사용되는 배터리에 충전하는데 사용되는 장치
• 변환기(converter)	교류를 직류로 직류를 교류로 변환시키는 부품 혹은 장치
• 복잡지형(complex terrain)	지형상의 변화가 많고 장해물이 존재하여 그에 의해 유동의 교란이 발생하는 사이트
• (풍력터빈) 보호 장치 (protection system (wind turbines))	WTGS를 설계 한계 이내로 유지하도록 보호하는 장치
• 분산계통(distribution grid)	수용가의 재산이 연결되는 전력계통의 일부
• 블레이드 면적(blade area)	블레이드의 투영면적과 개수의 곱으로 나타낸 전체면적(solidity 참고)
• 블레이드단면(blade profile)	공력학적인 양력이 발생하도록 설계된 곡면으로 익형과 동일함.
• 블레이드하단(blade root)	허브에 조립될 블레이드의 끝뿌리 부분으로 매우 두껍고 구조적인 강도와 강성을 가진 부분
• 블로킹장치 (blocking(wind turbines))	핀 또는 소자를 사용하여 풍력터빈 회전자나 요 기구(단, 보통 기계 브레이크 장치는 제외한다.) 의 움직임을 멈추게 하는 장치
• 비동기발전기 (asynchronous generator)	비동기회전 속도로써 자석화되고 계통주파수의 지배를 받으며 회전하는 유도발전기

ㅅ

- 사업 인증(project certification) — 인증기관이 하나 이상의 지정된 풍력터빈이 지정된 사이트의 요구사항에 부합한다는 서면 보증을 발급하는 절차

- 삼승인자(cube factor) — 평균풍속이 알려졌을 때 바람에서 얻을 수 있는 에너지를 계산하는데 사용되는 인자로써 바람속도의 3승에 비례한다.

- 생존풍속(survival wind speed) — 풍력터빈이 파괴되지 않고 견딜 수 있게 설계된 풍속

- 석유환산톤 (TOE, ton of oil equivalent) — 에너지의 양을 나타내는 단위. 1석유환산톤(TOE)은 원유 1톤을 연소할 때 발생하는 에너지로 10^7kcal이다.

- 설계한계(design limits) — 설계에 사용된 최대값 또는 최소값

- 설치허가(building permission) — 주택이나 풍력터빈 등을 짓거나 설치하기 위해서 당국으로부터 승인을 받는 절차

- 솔리디티(solidity) — 로터의 회전면적 대비 블레이드의 % 면적비로써 3개 블레이드를 가진 현대 풍력터빈의 경우 대개 3% 정도이다.

- 송수전 설비(풍력터빈) (power collection system (wind turbines)) — 한 대 이상의 풍력터빈에서 전력을 모으는 송수전 시스템. 이것은 WTGS 접속점과 수전점 사이를 접속하는 모든 전기 설비를 포함한다.

- 수용성(acceptance) — 풍력에 대한 일반인의 인식과 자세

- 수전점(풍력터빈) (network connection point (wind turbines)) — 단일 풍력터빈에 대해서는 풍력발전기에서의 케이블 접속점, 풍력 발전소에 대해서는 구내 전력 계통 모선의 접속점을 말한다.

- 수직축 풍력터빈 (vertical axis wind turbine) — 로터 회전축이 풍향에 수직한 풍력터빈

- 수평축 풍력터빈 (horizontal axis wind turbine) — 로터 회전축이 풍향에 평행한 풍력터빈
- 스러스트 하중(thrust load) — 축에 평행한 방향으로 작용하는 하중
- 시동풍속(cut-in wind speed) — 전력을 생산하기 위하여 터빈이 회전하기 시작하는 풍속
- 실속(stall) — 비행기의 날개 표면을 흐르는 기류의 흐름이 날개 윗면으로부터 박리되어, 그 결과 양력(揚力)이 감소되고 항력(抗力)이 증가하여 비행을 유지하지 못하는 현상. 풍력터빈에서는 양력을 받지 못하여 회전이 되지 않는 상태.

ㅇ

- 아이들링(풍력터빈) (idling (wind turbines)) — 전력을 생산하지 않고 저속 회전하고 있는 풍력터빈의 상태
- 안전 수명(safe life) — 중대 고장이 발생하기 전까지 규정된 운용 수명
- 양력(lift, lift force) — 블레이드 익형의 상부에 생성되는 힘
- 언덕효과(hill effect) — 언덕의 정상에서 풍속이 증가하는 현상
- 업윈드(upwind) — 전방향 참고.
- 에너지장미(energy rose) — 각 다른 방향으로 풍력에너지의 분포를 보여주는 원형 그래프
- 에너지함량(energy content) — 특정한 사이트와 높이에서 $kWh/m^2/year$로 나타나는 바람에 에너지보유량
- 연간 에너지 생산량(AEP) — 측정된 출력곡선을 기준풍속분포에 적용하여 산출된 연간 총에너지 생산량. 이때 풍속분포는 WTGS의 허브 높이에서 측정된 것이어야 하며 그 에너지가 100%이용 가능하다고 가정한다.

- 연평균 (annual average) — 충분한 기간에 걸쳐 모은 충분한 양의 측정 데이터 세트를 평균한 값으로 측정대상의 기대치를 추정하는 것. 평균시간 간격은 계절 차등의 비정상효과를 없애기 위해 1년 단위의 정수로 한다.
- 연평균 풍속 (annual average wind speed) — 연평균의 용어 정의에 따라 평균한 풍속
- 영구자석발전기 (PMG-permanent magnet generator) — 권선에 의한 전자석 대신에 영구자석을 사용하여 만드는 발전기
- 와이블 분포 (Weilbull distribution) — 확률 분포 함수
- 외부 조건(풍력터빈) [external condition (wind turbines)] — 바람의 조건, 전력 계통 조건과 그 밖의 기상 조건(온도, 눈, 얼음 등)을 포함하는 풍력터빈의 운전에 영향을 주는 요소
- 요 미스어라인먼트 (yaw misalignment) — 풍력터빈의 로터축에 대한 풍향의 수평 방향 이탈. 요 오정렬
- 요잉(yawing) — 풍향에 대응하여 작동하는 나셀의 움직임으로 수직축에 대한 로터축의 회전(수평축 풍력터빈에만 적용)
- 원뿔형 강관타워 (conical tube tower) — 기초하단에서 상단까지 점차로 좁아지는 강관형 타워
- 위험속도 또는 임계속도 (critical speed) — 축의 회전속도가 축계(軸系)의 고유진동수와 같아지며, 축이 이상한 진동을 일으킬 때의 축의 회전속도
- 윈드 프로필-윈드 시어 법칙 (wind profile-wind shear law) — 지상 연직 방향의 풍속 변화를 가정한 수학적 표현
- 윈드 시어 지수 (wind shear exponent) — 풍향에 수직한 면에서의 풍속 변화
일반적으로 지수 법칙 지수로도 알려져 있다. (윈드프로필-윈드 시어 법칙 참고)

• 윈드 시어 지수 법칙 (power law for wind shear)	윈드 프로필을 참조할 것
• 윈드팜(wind farm)	그룹 또는 복수 그룹의 풍력발전기를 설치하여 전기를 생산하는 단지
• 이용율(CF: capacity factor)	년간 실제 생산된 전력 양을 정격용량에서 생산될 양으로 나눈 값
• 이중발전기 (double wound generator)	극수와 회전수를 변화시킬 수 있는 발전기로써 크고 작은 두 개의 발전기 같이 작동한다.
• 인증 제도(certification system)	적합성 인증을 수행할 절차와 관리에 대한 지정된 규정에 관한 제도
• 인증(certification)	제3자가 제품, 공정 또는 서비스가 적합성 평가로 알려진 지정된 요구사항에 적합하다고 서면보증을 발급하는 절차

ㅈ

• 자이로밀(gyromill, giromill)	두 개 이상의 수직 블레이드를 가진 수직축 풍력터빈
• 적합성평가 (evaluation for conformity)	제품, 공정 또는 서비스에 대한 지정된 요구사항의 이행 정도에 관한 체계적인 검사
• 전동축 (power transmission shaft)	주로 비틀림에 의해서 동력을 전달하는 축
• 전력계통 (electrical power network)	송전, 배전을 위한 시설, 변전소 및 전선 비고 : 전력 계통의 여러 가지 경계는 적절한 기준, 예를 들면 지리적 상황, 소유권, 전압 등으로 결정된다
• 전력전자(power electronics)	전기적 출력에 사용되는 전자부품
• 전방향(upwind)	바람이 블레이드를 거치고 타워를 지나는 방향

- 전방향로터(upwind rotor) — 타워의 앞쪽에서 바람이 불어오는 방향으로 설치된 로터.
- 정격 출력(rated power) — 일반적으로 제작사에 의해 규정된 기기 또는 장치의 정격 풍속 운전 상태에서 출력값
  비고 : (풍력터빈) 정상 운전 조건 하에서 WTGS가 공급하도록 설계된 최대 연속 출력
- 정격풍속(rated wind speed) — 풍력터빈이 정격출력에 도달하는 풍속
- 정류기(rectifier) — 교류를 직류로 정류하는 장치
- 정상정지(풍력터빈) [normal shutdown (wind turbines)] — 정지의 모든 단계가 운전 제어 장치의 제어 하에서 행하여지는 정지
- 정지(standstill) — WTGS가 정지한 상태
- 제동기(풍력터빈) [brake(wind turbine)] — 풍력터빈 로터의 회전 속도를 낮추거나 회전을 정지시킬 수 있는 장치
- 제어시스템(풍력터빈) [control system(wind turbines)] — 풍력터빈 또는 주위 환경의 상태의 정보를 받아 풍력터빈의 운전을 제한하고 유지하도록 조정하는 시스템
- 종단풍속(cut-out wind speed) — 계통으로부터 풍력터빈을 분리시키거나 정지시키는 풍속
- 주베어링(main bearings) — 주축에 장착되는 베어링
- 주축(main shaft) — 로터에 연결되는 축-shaft
- 주풍향 (predominant wind direction) — 출현 빈도수가 가장 높은 풍향
- 주프레임(bedplate) — 증속기, 발전기, 등 다른 부품이 장착되는 나셀내부에 있는 프레임으로 주철 혹은 강철판.
- 증속기(gearbox) — 회전축의 속도를 높게 변화시키는 기계적 장치

- 지지 구조물(풍력터빈) [support structure (wind turbines)] — 타워와 기초로 구성된 풍력터빈의 일부분
- 직접구동발전기 (direct drive generator) — 증속장치를 거치지 않고 로터에 바로 연결된 발전기

ㅊ

- 채터링(chattering) — 전자 회로 내의 스위치나 계전기의 접점이 붙거나 떨어질 때 기계적인 진동에 의해 실제로는 매우 짧은 시간 안에 접점이 붙었다가 떨어지는 것을 반복하는 현상
- 청정개발체제 (CDM-Clean Development Mechanism) — 교토의정서 제12조에 규정되어, 선진국인 A국이 개도국인 B국에 온실가스 배출을 저감할 수 있도록 재정적이고, 기술적인 투자를 하고 이로 발생된 온실가스 배출량 감축분(CERs)을 자국의 감축 실적에 반영할 수 있는 제도임.
- 최종 한계 상태 (ultimate limit state) — 일반적으로 용량에 필적하는 최대 하중에 상당하는 한계 상태
- 추력(thrust) — 프로펠러의 회전 또는 가스분사의 반동에 의하여 생기는 추진력.
- 축방향힘(axial force) — 풍향과 평행하게 적용되는 힘
- 출력(power output) — 규정된 형태와 목적을 갖는 장치가 공급하는 전력:(풍력터빈)WTGS가 공급하는 전력
- 출력계수(power coefficient) — 풍력터빈 로터가 이용하게 되는 풍력에너지의 비율로써 C_p로 나타내고 풍속에 따라 변화하면 이론적 최대값은 0.59이다. 베츠한계 참고
- 출력곡선(power curve) — 풍력터빈에서 풍속과 출력사이의 관계를 나타내는 그래프
- 층류(laminar flow) — 난류가 거의 없이 표면에 평행하게 흐르는 공기유동

ㅌ

- 티터허브(teetering hub) — 1 혹은 2-블레이드형 풍력터빈에서 로터가 허브를 중심으로 몇도 정도 시소운동을 할 수 있는 허브.

ㅍ

- 파킹 상태 풍력터빈 (parked wind turbine) — 풍력터빈 구조에 대응하여, 파킹이란 것은 풍력터빈이 정지 또는 아이들링 상태로 있는 것을 말한다.
- 페더(feather or feathering) — 로터를 회전(피치각을 변화)시켜 바람이 쉽게 지나가게 하고 양력을 감소시키는 상태
- 페일-세이프(fail-safe) — 고장이 중대한 결함이 되는 것을 방지하는 설계적 특질
- 평균 풍속(mean wind speed) — 풍속의 순간값을 임의의 시간 동안 통계적으로 평균한 것. 임의의 시간은 수 초부터 수 년의 경우가 있다. average wind speed라고도 함.
- 풍력 발전 시스템 (WTGS)(wind turbine generator system) — 바람의 운동 에너지를 전기 에너지로 변환하는 시스템
- 풍력 발전소 (wind power station) — 그룹 또는 복수 그룹의 풍력발전기로서 보통은 윈드팜(wind farm)이라고 불린다.
- 풍속 분포 (wind speed distribution) — 확률 분포 함수로서 장시간 동안 풍속에 대한 분포를 나타내는 것.
- 풍속(wind speed) — 공간상 임의의 점에서 풍속은 그 점을 에워싼 미량의 공기 움직임의 속력을 말한다.
- 풍속도(wind velocity) — 대상으로 하는 점을 에워싼 미량의 공기의 운동 방향을 나타내는 벡터이고, 벡터 크기는 공기의 “덩어리”(예를 들면 국소 풍속)의 움직임의 속력과 같다.
- 풍속변화정도(wind gradient) — 지표면에서 높이에 따라 풍속이 변화하는 것을 나타내는 그래프. Wind shear, wind profile 등으로 표현하기도 함.

• 풍향계(anemometer)	풍속을 측정하는 도구나 장비
• 플리커(flicker)	계통의 전압이 짧은 시간내에 변화하는 것
• 피치각(pitch angle)	블레이드의 회전면과 블레이드 코드라인이 이루는 각도
• 피치제어(pitch control)	블레이드의 길이방향으로의 축에 대하여 블레이드를 돌려서 출력을 제어하는 것

ㅎ

• 허브높이(hub height)	지표에서 타워 상부의 허브 중심까지의 거리
• 허브(hub [wind turbines])	블레이드 또는 블레이드 조립품을 로터축에 결합하기 위한 고정물
• 허브 높이 (풍력터빈) (hub-height)	풍력터빈 회전 날개 중심의 지상 높이
• 후방향(leeward direction)	나셀을 거치고 로터쪽으로 바람이 불어가는 방향. 다운윈드(downwind)참조
• 회로차단기(breaker)	풍력터빈을 전력계통으로부터 분리시키는 회로
• 회수시간(pay-back time)	투자비용을 회수하기 위해서 걸리는 시간
• 회전 샘플링 풍속도 (rotationally sampled wind velocity)	회전하는 풍력터빈 로터의 임의의 점에서 본 풍속

부록 2

풍력에너지 관련 기관

Websites of Organizations

1 국내 정부관련기관

지식경제부(MKE) http://www.mke.go.kr/
전기위원회(KOREC) http://www.korec.go.kr/
기술표준원(KATS) http://www.kats.go.kr/
한국에너지기술평가원(KETEP) http://www.ketep.re.kr/
에너지관리공단(KEMCO) http://www.kemco.or.kr/
신재생에너지센터(KNREC) http://www.knrec.or.kr/

2 국내 학회/협회/연구소/NGO

한국풍력에너지학회 http://www.kwea.kr/
한국신재생에너지학회 http://www.ksnre.or.kr/
한국신재생에너지협회 http://www.knrea.or.kr/
대한기계학회 http://www.ksme.or.kr/
대한전기학회 http://www.kiee.or.kr/
대한전기협회(KEPIC) http://www.electricity.or.kr/
한국에너지기술연구원(KIER) http://www.kier.re.kr/
에너지경제연구원(KEEI) http://www.keei.re.kr/
한국전기연구원(KERI) http://www.keri.re.kr/
한국전력연구원 http://www.kepri.re.kr/
한국기계연구원(KIMM) http://www.kimm.re.kr/
한국기계연구원 부설 재료연구소 http://www.kims.re.kr/
한국기계연구원 풍력핵심기술연구센터 http://wtrc.kims.re.kr/
한국표준과학연구원(KRISS) http://www.kriss.re.kr/
에너지전환 http://energyvision.org/
제주대학교 풍력특성화대학원 http://www.cheju.ac.kr
Postech 풍력특성화대학원 http://gwe.postech.ac.kr
군산대학교 도시형풍력발전 원천기술연구센터 http://www.kunsan.ac.kr
광운대학교 풍력발전제어시스템 원천기술연구센터 http://www.kw.ac.kr

3 국제기구/기관/연구소/대학

CENER, Centro Nacional de Energy'ias Renovables, SPAIN www.cener.com
CIEMAT, Centro de Investigaciones Energéticas Medioambientales y Tecnológicas,

SPAIN http://www.ciemat.es
CRES - Centre for Renewable Energy Sources, GREECE
http://www.cres.gr/kape/index.htm
Delft University of Technology, NETHERLANDS http://www.tudelft.nl/
Det Norske Veritas, DENMARK http://www.dnv.dk/windturbines.
DEWI(Deutsches Windenergi Institut), GERMANY http://www.dewi.de/
DEWI-OCC, GERMANY http://www.dewi-occ.de
DTU-Technical University of Denmark http://www.dtu.dk
The Enengieonderzoek Centrum Nederland, Netherlands http://www.ecn.nl/
EPRI Electric Power Research Institute, U.S. http://www.epri.com/
European Academy of Wind Energy, GERMANY http://www.eawe.eu
Germanischer Lloyd, GERMANY http://www.germanlloyd.de/
IEA(International Energy Agency) http://www.iea.org/
IEC(International Electrotechnical Commission) http://www.iec.ch/
Knowledge Centre WMC(Wind turbine Materials and Construction), NETHERLANDS http://www.kc-wmc.nl/
NaREC(New and Renew. Energy Ctr Ltd), UK http://www.narec.co.uk/
NREL(National Renewable Energy Laboratory), U.S. http://www.nrel.gov/
NWTC(National Wind Technology Center), U.S. http://www.nwtc.nrel.gov/
RISØ-Wind Energy Test Center, DENMARK http://www.risoe.dk/vea/index.htm
Sandia National Laboratories, U.S. http://www.sandia.gov/wind
TÜV NORD, GERMANY http://www.tuev-nord.de/en/CERTIFICATION_412.htm
Underwriters Lab. Inc. Europe http://www.ul-europe.com

4 각국/지역 협회

British Wind Energy Association (BWEA) http://www.bwea.com/
Canadian Wind Energy Association (CanWEA) http://www.canwea.ca/
Chinese Wind Energy Association(CWEA) http://www.cwea.org.cn/
CREIA-Chinese Renewable Energy Industries Association, CHINA
http://www.creia.net http://www.cwea.org.cn
Danish Wind Industry Association(DWIA), Denmark http://www.windpower.org/
Danish Wind Energy Group, Denmark http://www.wind-energy.dk

Danish Wind Turbine Owners Association, Denmark http://www.dkvind.dk
European Wind Energy Association (EWEA) http://www.ewea.org/
German Wind Energy Association(BWE) http://www.wind-energie.de/
Global Wind Energy Council(GWEC) http://www.gwec.net
Japan Wind Energy Association(JWEA) http://ppd.jsf.or.jp/jwea/
World Wind Energy Association (WWEA) http://www.wwindea.org/

부록 3

중대형 풍력터빈 사양

Specifications on Mid-Large Scale Wind Turbines

출처 : Wind Energy Market 2007/2008, The German Wind Energy Association(BWE)

Table A-1 ENERCON E-33

MODEL	ENERCON E-33		Type Class
Manufacturer	ENERCON, GERMANY		IEC Ia, IEC IIa
POWER			
Rated power	330 kW		
Rated wind speed			
Cut-in wind speed			
Cut-out wind speed	28-34 m/s		
ROTOR			
Diameter	33.4 m		
Swept area	876 m^2		
Number of blades	3		
Rotor speed (Tip speed)	18-45 rpm		
Type			
Material	Fibreglass (epoxy resin); integrated lightning protection		
Manufacturer			
NACELLE			
DESIGN	integrated		
GEARBOX / Type	Gearless		
-Stages			
-Ratio			
-Manufacturer			
GENERATOR / Type	ENERCON direct-drive synchronous annular, ring generator		
-Number	1		
-Speed	18-45 rpm		
-Voltage	400V		
-Grid connection	ENERCON converter		
-Gird frequency	56/60Hz		
-Manufacturer	ENERCON		
CONTROLLER			
Power limitation	Gearless, variable speed, variable pitch control		
Speed control	ENERCON blade pitch system, one independent pitching system per rotor blade with allocated emergency supply		
Main Brake	3 independent blade pitch systems with emergency supply		
Second brake	Rotor brake, rotor lock		
Yaw control system	Active via adjustment gears, load-dependent damping		
Manufacturer of control system			
SCADA-System			
TOWER / Hub height	44-50m		
Type / Shape			
Corrosion protection			
Manufacturer			
WEIGHT			
Single blade			
Hub (incl, installed equipment)			
ROTOR incl, hub)			
Nacelle (without rotor & hub)			
Tower			
Total weight			

Table A-2 U50, UNISON

MODEL	U50	U54	U57
Manufacturer	UNISON Co., Ltd. Korea		
POWER			
Rated power	750 kW		
Rated wind speed	12.5 m/s	11 m/s	11 m/s
Cut-in wind speed	3.0 m/s		
Cut-out wind speed	25.0 m/s		
ROTOR			
Diameter	50 m	54 m	57 m
Swept area	1,964 ㎡	2,290 ㎡	2,552 ㎡
Number of blades	3		
Rotor speed (Tip speed)	9~28 rpm		
Type	Horizontal axis, Upwind		
Material	Glass fiber reinforced plastic		
Manufacturer			
NACELLE			
DESIGN	Integrated		
GEARBOX / Type	Direct drive (no gearbox)		
-Stages			
-Ratio			
-Manufacturer			
GENERATOR / Type	Synchronous, permanent magnet		
-Number	1		
-Speed	9~28 rpm		
-Voltage	780 V		
-Grid connection	via converter		
-Gird frequency	50/60Hz		
-Manufacturer	UNISON Co., Ltd.		
CONTROLLER			
Power limitation	Pitch		
Speed control	Active blade pitch control		
Main Brake	Aerodynamic brake		
Second brake	Disc brake		
Yaw control system	3 electric gear motors		
Manufacturer of control system	UNISON Co., Ltd.		
SCADA-System	WPPIS(via internet)		
TOWER / Hub height	50m	60 m	67 m
Type / Shape	Steel tubular / conical		
Corrosion protection	Multi-coated		
Manufacturer	UNISON Co., Ltd.		
WEIGHT			
Single blade	2.3 ton	2.3 ton	2.6 ton
Hub (incl, installed equipment)			
ROTOR incl, hub)			
Nacelle (without rotor & hub)			
Tower			
Total weight			

Table A-3 HS 48-750KW, Hyosung Corporation

MODEL	HS 48-750KW		Class Type
Manufacturer	Hyosung Corporation, Korea		IEC Ⅰa
POWER			
Rated power	750 kW		
Rated wind speed	12.0 m/s		
Cut-in wind speed	4.0 m/s		
Cut-out wind speed	25.0 m/s		
ROTOR			
Diameter	48.0 m		
Swept area	1,810 m^2		
Number of blades	3		
Rotor speed (Tip speed)	28.0 rpm (19~30 rpm)		
Type			
Material			
Manufacturer			
NACELLE			
DESIGN			
GEARBOX / Type	1 planetary gear, 2 helical gears		
-Stages			
-Ratio			
-Manufacturer			
GENERATOR / Type	4 pole asynchronous doubly fed induction		
-Number			
-Speed			
-Voltage			
-Grid connection			
-Gird frequency			
-Manufacturer			
CONTROLLER			
Power limitation	pitch		
Speed control	variable		
Main Brake			
Second brake			
Yaw control system	3 electric yaw drives		
Manufacturer of control system			
SCADA-System			
TOWER / Hub height	50.0m		
Type / Shape	tubular conical steel		
Corrosion protection			
Manufacturer			
WEIGHT			
Single blade			
Hub (incl, installed equipment)			
ROTOR incl, hub)			
Nacelle (without rotor & hub)			
Tower			
Total weight			

Table A-4 ENERCON E-48

MODEL	ENERCON E-48		Class type
Manufacturer	ENERCON, GERMANY		IEC IIa
POWER			
Rated power	800 kW		
Rated wind speed			
Cut-in wind speed			
Cut-out wind speed	28-34 m/s		
ROTOR			
Diameter	48 m		
Swept area	1,810 m^2		
Number of blades	3		
Rotor speed (Tip speed)	16-31.5 rpm		
Type	E-48		
Material	Fibreglass (epoxy resin); integrated lightning protection		
Manufacturer	ENERCON		
NACELLE			
DESIGN	integrated		
GEARBOX / Type	gearless		
-Stages			
-Ratio			
-Manufacturer			
GENERATOR / Type	ENERCON direct-drive synchronous annular, ring generator		
-Number	1		
-Speed	16-31.5rpm		
-Voltage	400V		
-Grid connection	ENERCON converter		
-Gird frequency	50/60Hz		
-Manufacturer	ENERCON		
CONTROLLER			
Power limitation	Gearless, variable speed, variable pitch control		
Speed control	ENERCON blade pitch system, one independent pitching system per rotor blade with allocated emergency supply		
Main Brake	3 independent blade pitch systems with emergency supply		
Second brake	Rotor brake, rotor lock		
Yaw control system	Active via adjustment gears, load-dependent damping		
Manufacturer of control system			
SCADA-System			
TOWER / Hub height	50-76m		
Type / Shape	steel tubular/conical		
Corrosion protection	multi-coated		
Manufacturer	SAM or equal		
WEIGHT			
Single blade			
Hub (incl, installed equipment)			
ROTOR incl, hub)			
Nacelle (without rotor & hub)			
Tower			
Total weight			

Table A-5 ENERCON E-53

MODEL	ENERCON E-53	Class Type
Manufacturer	ENERCON, GERMANY	IEC S
POWER		
Rated power	800 kW	
Rated wind speed		
Cut-in wind speed		
Cut-out wind speed	28-34 m/s	
ROTOR		
Diameter	52.9 m	
Swept area	2,198 m^2	
Number of blades	3	
Rotor speed (Tip speed)	11-29.5 rpm	
Type	E-53	
Material	Fibreglass (epoxy resin); integrated lightning protection	
Manufacturer		
NACELLE		
DESIGN	integrated	
GEARBOX / Type	gearless	
-Stages		
-Ratio		
-Manufacturer		
GENERATOR / Type	ENERCON direct-drive synchronous annular, ring generator	
-Number	1	
-Speed	11-29.5 rpm	
-Voltage	400V	
-Grid connection	ENERCON converter	
-Gird frequency	50/60Hz	
-Manufacturer	ENERCON	
CONTROLLER		
Power limitation	Gearless, variable speed, variable pitch control	
Speed control	ENERCON blade pitch system, one independent pitching system per rotor blade with allocated emergency supply	
Main Brake	3 independent blade pitch systems with emergency supply	
Second brake	Rotor brake, rotor lock	
Yaw control system	Active via adjustment gears, load-dependent damping	
Manufacturer of control system	ENERCON	
SCADA-System	ENERCON Scada	

TOWER / Hub height	61-73m		
Type / Shape	steel tubular/conical		
Corrosion protection	multi-coated		
Manufacturer	SAM or equal		
WEIGHT			
Single blade			
Hub (incl, installed equipment)			
ROTOR incl, hub)			
Nacelle (without rotor & hub)			
Tower			
Total weight			

Table A-6 Gamesa G58-850kW, Gamesa Spain, Pamplona

MODEL	Gamesa G58-850kW			Class
Manufacturer	Gamesa Spain, Pamplona			IEC IIIb, DIBt-WZII
POWER				
Rated power	850 kW			
Rated wind speed	12.0 m/s			
Cut-in wind speed	3.0 m/s			
Cut-out wind speed	21.0m/s			
ROTOR				
Diameter	58.0 m			
Swept area	2,642 m^2			
Number of blades	3			
Rotor speed (Tip speed)	14.6-30.8 rpm			
Type	NACA 63.XXX + FFA-W3			
Material	glass-fibre reinforced plastic(GRP), Epoxy resin			
Manufacturer	Gamesa			
NACELLE				
DESIGN	separated			
GEARBOX / Type	combined spur / planetary gear			
-Stages	3			
-Ratio	50Hz 1:61.74 60Hz 1:74.5			
-Manufacturer	Echesa(Gamesa Group), Fellar, Hansen, Lohman			
GENERATOR / Type	4 pole asynchronous doubly fed induction			
-Number	1			
-Speed	900-1,900 rpm			
-Voltage	690 V			
-Grid connection	via converter			
-Gird frequency	50 / 60 Hz			
-Manufacturer	Canterey(Gamesa Group), ABB, Indar			
CONTROLLER				
Power limitation	pitch			
Speed control	variable via microprocessor, active blade pitch control			
Main Brake	individual blade pitch control			
Second brake	disk brake			
Yaw control system	4 electric gear motors			
Manufacturer of control system				
SCADA-System	Gamesa SGIPE via fixed lilne, GSM or satelite			
TOWER / Hub height	55.0m	60.0m	65.0m	71.0m
Type / Shape	tubular conical steel	tubular conical steel	tubular conical steel	tubular conical steel
Corrosion protection	multi-coated	multi-coated	multi-coated	multi-coated
Manufacturer	Gamesa	Gamesa	Gamesa	Gamesa
WEIGHT				
Single blade	2.4 t	2.4 t	2.4 t	2.4 t
Hub (incl, installed equipment)				
ROTOR incl, hub)	10.0 t	10.0 t	10.0 t	10.0 t
Nacelle (without rotor & hub)	23.0 t	23.0 t	23.0 t	23.0 t
Tower	62.0 t	72.0 t	79.0 t	86.0 t
Total weight	80.0 t	97.0 t	114.0t	121.0t

Table A-7 Gamesa G52-850kW, Gamesa Spain, Pamplona

MODEL	Gamesa G52-850kW			
Manufacturer	Gamesa Spain, Pamplona			
POWER				
Rated power	850 kW			
Rated wind speed	15.0m/s			
Cut-in wind speed	4.0m/s			
Cut-out wind speed	25.0m/s			
ROTOR				
Diameter	52.0 m			
Swept area	2,124 m^2			
Number of blades	3			
Rotor speed (Tip speed)	14.6-30.8 rpm			
Type	NACA 63.XXX + FFA-W3			
Material	glass-fibre reinforced plastic(GRP), Epoxy resin			
Manufacturer	Gamesa			
NACELLE				
DESIGN	separated			
GEARBOX / Type	combined spur / planetary gear			
-Stages	3			
-Ratio	50Hz 1:61.74 60Hz 1:74.5			
-Manufacturer	Echesa(Gamesa Group), Fellar, Hansen, Lohman			
GENERATOR / Type	4 pole asynchronous doubly fed induction			
-Number	1			
-Speed	900-1,900 rpm			
-Voltage	690 V			
-Grid connection	via converter			
-Gird frequency	50 / 60 Hz			
-Manufacturer	Canterey(Gamesa Group), ABB, Indar			
CONTROLLER				
Power limitation	pitch			
Speed control	variable via microprocessor, active blade pitch control			
Main Brake	individual blade pitch control			
Second brake	disk brake			
Yaw control system	4 electric gear motors			
Manufacturer of control system				
SCADA-System	Gamesa SGIPE via fixed lilne, GSM or satelite			
TOWER / Hub height	49.0m	5560.0m	65.0m	74.0m
Type / Shape	tubular conical steel	tubular conical steel	tubular conical steel	tubular conical steel
Corrosion protection	multi-coated	multi-coated	multi-coated	multi-coated
Manufacturer	Gamesa	Gamesa	Gamesa	Gamesa
WEIGHT				
Single blade	1.9 t	1.9 t	1.9 t	1.9 t
Hub (incl, installed equipment)				
ROTOR incl, hub)	10.0 t	10.0 t	10.0 t	10.0 t
Nacelle (without rotor & hub)	23.0 t	23.0 t	23.0 t	23.0 t
Tower	45.0 t	62.0 t	79.0 t	91.0 t
Total weight	78.0 t	95.0 t	112.0 t	124.0 t

Table A-8 MW T62/1.0 (MWT-1000A), Mitsubishi Wind Turbine Generator

MODEL	MW T62/1.0 (MWT-1000A)		
Manufacturer	Mitsubishi Wind Turbine Generator, Japan		
POWER			
Rated power	1,000 kW		
Rated wind speed	12.5 m/s		
Cut-in wind speed	3.0 m/s		
Cut-out wind speed	25.0 m/s		
ROTOR			
Diameter	61.4 m		
Swept area	2,960 m^2		
Number of blades	3		
Rotor speed (Tip speed)	19.8 rpm		
Type			
Material	glass-fibre reinforced plastic(GRP)		
Manufacturer			
NACELLE			
DESIGN	integrated		
GEARBOX / Type	1 Planetary, 2 parallel		
-Stages	3		
-Ratio	1:92/1.76		
-Manufacturer			
GENERATOR / Type	Induction Generator (4poles)		
-Number	1		
-Speed	1800/1500 rpm		
-Voltage	600/690 V		
-Grid connection	soft starter		
-Gird frequency	50 / 60 Hz		
-Manufacturer			
CONTROLLER			
Power limitation			
Speed control			
Main Brake			
Second brake			
Yaw control system	active		
Manufacturer of control system			
SCADA-System			
TOWER / Hub height	55.0m	60.0m	69.0m
Type / Shape			
Corrosion protection			
Manufacturer			
WEIGHT			
Single blade			
Hub (incl, installed equipment)			
ROTOR incl, hub)			
Nacelle (without rotor & hub)			
Tower			
Total weight			

Table A-9 Flacon 1.25MW, Innovative Windpower GmbH Germany, Bremerhaven

MODEL	Flacon 1.25MW		Clsaa Type
Manufacturer	Innovative Windpower GmbH Germany, Bremerhaven		IEC IIa
POWER			
Rated power	1,250 kW		
Rated wind speed	13.0 m/s		
Cut-in wind speed	3.0 m/s		
Cut-out wind speed	25.0 m/s		
ROTOR			
Diameter	64.0 m		
Swept area	3,217 m^2		
Number of blades	3		
Rotor speed (Tip speed)	24.0 rpm		
Type			
Material	glass-fibre reinforced plastic(GRP)		
Manufacturer			
NACELLE			
DESIGN	integrated		
GEARBOX / Type	planetary		
-Stages	2		
-Ratio	1:14.17		
-Manufacturer	intergrated tubular gear system		
GENERATOR / Type	synchronous, permanent magnet		
-Number	1		
-Speed	340 rpm		
-Voltage	690 V		
-Grid connection	via converter		
-Gird frequency	50 / 60 Hz		
-Manufacturer			
CONTROLLER			
Power limitation	pitch		
Speed control	active blade pitch control		
Main Brake	blade pitch control		
Second brake	disk brake		
Yaw control system	2 electric gear motors		
Manufacturer of control system			
SCADA-System			
TOWER / Hub height	60.0m	80.0m	100.0m
Type / Shape	steel tubular, lattice, concrete/con.	steel tubular, lattice, concrete/con.	lattice tower/4-legged
Corrosion protection	coated	coated	galvanised
Manufacturer			
WEIGHT			
Single blade	5.0 t	5.0 t	5.0 t
Hub (incl, installed equipment)	11.7 t	11.7 t	11.7 t
ROTOR incl, hub)	26.7 t	26.7 t	26.7 t
Nacelle (without rotor & hub)	38.0 t	38.0 t	38.0 t
Tower	84.0 t	130.0 t	
Total weight	148.7 t	194.7 t	

Table A-10 Suzlon S.66/1.25MW, Suzlon Energy India, Pune

MODEL	Suzlon S.66/1.25MW			
Manufacturer	Suzlon Energy India, Pune			
POWER				
Rated power	250/1,250 kW			
Rated wind speed	14.0 m/s			
Cut-in wind speed	3.0 m/s			
Cut-out wind speed	22.0 m/s			
ROTOR				
Diameter	66.0 m			
Swept area	3,421 m^2			
Number of blades	3			
Rotor speed (Tip speed)	13.5 / 20.3 rpm			
Type	AE 32			
Material	glass-fibre reinforced plastic(GRP), epoxy resin			
Manufacturer				
NACELLE				
DESIGN	separated			
GEARBOX / Type	combined spur / planetary gear			
-Stages	3			
-Ratio	1:74.9			
-Manufacturer	Winergy or equivalent			
GENERATOR / Type	asynchronous, double fed induction			
-Number	1			
-Speed	1,007 / 1,509 rpm			
-Voltage	690 V			
-Grid connection	via thyristors			
-Gird frequency	50 Hz			
-Manufacturer				
CONTROLLER				
Power limitation	pitch			
Speed control	variable via microprocessor, active blade pitch control			
Main Brake	individual blade pitch control			
Second brake	hydraulic fail-safe disk brake system			
Yaw control system	4 electric gear motors			
Manufacturer of control system	Bonfiglioli, Brevini, SOM			
SCADA-System				
TOWER / Hub height	56.0m	65.0m	75.0m	65.0m
Type / Shape	steel tubular, double conical	steel tubular, double conical	steel tubular, double conical	lattice tower / 4-legged
Corrosion protection	multi-coated	multi-coated	multi-coated	multi-coated
Manufacturer				
WEIGHT				
Single blade				
Hub (incl, installed equipment)				
ROTOR incl, hub)		18.8 t		
Nacelle (without rotor & hub)		44.0 t		
Tower		95.0 t		
Total weight		157.8 t		

Table A-11 Suzlon S.64/1250, Suzlon Energy India, Puna

MODEL	Sulzlon S.64/1250		Class Type
Manufacturer	Suzlon Energy India, Puna		IEC IIa
POWER			
Rated power	250/1,250 kW		
Rated wind speed	3.5 m/s		
Cut-in wind speed	14.0 m/s		
Cut-out wind speed	25.0 m/s		
ROTOR			
Diameter	64.0 m		
Swept area	3,217 m^2		
Number of blades	3		
Rotor speed (Tip speed)	13.5 / 20.3 rpm		
Type	AE 31		
Material	glas-fibre reinforced plastic(GRP), epoxy resin, Resin Infusion Moulding(RIM)		
Manufacturer	Suzlon		
NACELLE			
DESIGN	intergrated		
GEARBOX / Type	combined spur / planetary gear		
-Stages	3		
-Ratio	1:74.9		
-Manufacturer	Hansen Transmission		
GENERATOR / Type	asynchronous, pole-switchable		
-Number	1		
-Speed	1,007 / 1,509 rpm		
-Voltage	690 V		
-Grid connection	via thyristors		
-Gird frequency	50 Hz		
-Manufacturer			
CONTROLLER			
Power limitation	pitch		
Speed control	fixed(2-step)		
Main Brake	individual blade pitch control		
Second brake	hydraulic fail-safe disk brake system		
Yaw control system	4 electric gear motors		
Manufacturer of control system	Bonfiglioli, Brevini, SOM		
SCADA-System			
TOWER / Hub height	56.0m	65.0m	74.0m
Type / Shape	steel tubular, double conical	steel tubular, double conical	steel tubular, double conical
Corrosion protection	multi-coated	multi-coated	multi-coated
Manufacturer			
WEIGHT			
Single blade			
Hub (incl, installed equipment)			
ROTOR incl, hub)			
Nacelle (without rotor & hub)			
Tower			
Total weight			

Table A-12 Ecotecnia 62, Ecotecnia Spain, Barcelona

MODEL	Ecotecnia 62		Class Type	
Manufacturer	Ecotecnia Spain, Barcelona		IEC Ia	
POWER				
Rated power	1,300 kW			
Rated wind speed				
Cut-in wind speed	3.0 ~ 4.0 m/s			
Cut-out wind speed	25.0 m/s			
ROTOR				
Diameter	62.0 m			
Swept area	3,019 m^2			
Number of blades	3			
Rotor speed (Tip speed)	18.5 rpm			
Type	LM			
Material	glass-fibre reinforced plastic(GRP)			
Manufacturer	LM Glasfiber or equivalent			
NACELLE				
DESIGN	separated			
GEARBOX / Type	combined spur / planetary gear			
-Stages	3			
-Ratio	1:81.82			
-Manufacturer	Flender			
GENERATOR / Type	asynchronous			
-Number	1			
-Speed	1,021 / 1,518 rpm			
-Voltage	690(+/-10%)V			
-Grid connection	via thyristors			
-Gird frequency				
-Manufacturer	Elin, Siemens			
CONTROLLER				
Power limitation	stall			
Speed control	fixed			
Main Brake	blade tip control			
Second brake	disk brake			
Yaw control system	4 electric gear motors			
Manufacturer of control system	Bonfiglioli or equivalent			
SCADA-System	Bus Device Net, TCP-IP			
TOWER / Hub height	70.0m	80.0m		
Type / Shape	steel tubular, conical	steel tubular, conical		
Corrosion protection	multi-coated	multi-coated		
Manufacturer				
WEIGHT				
Single blade	5.8 t	5.8 t		
Hub (incl, installed equipment)				
ROTOR incl, hub)				
Nacelle (without rotor & hub)	63.0 t	63.0 t		
Tower	126.0 t	148.5 t		
Total weight				

Table A-13 Nordex N60/1300, Nordex AG Germany, Norderstedt

MODEL	Nordex N60/1300			Class Type
Manufacturer	Nordex AG Germany, Norderstedt			IEC Ia
POWER				
Rated power	250 / 1,300 kW			
Rated wind speed	15.0 m/s			
Cut-in wind speed	2.5 m/s			
Cut-out wind speed	25.0 m/s			
ROTOR				
Diameter	60.0 m			
Swept area	2,827 m^2			
Number of blades	3			
Rotor speed (Tip speed)	12.8 / 19.2 rpm			
Type	LM 29.0			
Material	glass-fibre reinforced plastic(GRP)			
Manufacturer	LM			
NACELLE				
DESIGN	separated			
GEARBOX / Type	combined spur / planetary gear			
-Stages	3			
-Ratio	1:78			
-Manufacturer	Eickhoff, Winergy			
GENERATOR / Type	asynchronous, pole-switchable			
-Number	1			
-Speed	1,010 / 1,515 rpm			
-Voltage	690(+/-10%)V			
-Grid connection	via thyristors			
-Gird frequency	50 Hz			
-Manufacturer	Winergy			
CONTROLLER				
Power limitation	stall			
Speed control	fixed(2-step)			
Main Brake	blade tip control			
Second brake	disk brake			
Yaw control system	3 electric gear motors			
Manufacturer of control system	Nordex			
SCADA-System				
TOWER / Hub height	46.0m	60.0m		
Type / Shape	steel tubular, cylindrical/conical /cylindrical	steel tubular, cylindrical/conical /cylindrical		
Corrosion protection	multi-coated	multi-coated		
Manufacturer	diverse	diverse		
WEIGHT				
Single blade	4.9 t	4.9 t		
Hub (incl, installed equipment)	7.1 t	7.1 t		
ROTOR incl, hub)	21.8 t	21.8 t		
Nacelle (without rotor & hub)	51.4 t	51.4 t		
Tower	62.4 t	93.5 t		
Total weight	135.6 t	166.7 t		

Table A-14 SWT-1.3-62, Siemens Wind Power Germany and Denmark

MODEL	SWT-1.3-62	Class Type		
Manufacturer	Siemens Wind Power Germany and Denmark	DIBt 3		
POWER				
Rated power	250 / 1,300 kW			
Rated wind speed	13.0 ~ 14.0 m/s			
Cut-in wind speed	3.0 ~ 4.0 m/s			
Cut-out wind speed	25.0 m/s			
ROTOR				
Diameter	62.0 m			
Swept area	3,019 m^2			
Number of blades	3			
Rotor speed (Tip speed)	13.0 / 19.0 rpm			
Type	B30			
Material	glass-fibre reinforced plastic(GRP)			
Manufacturer	Siemens Wind Power A/S			
NACELLE				
DESIGN	separated			
GEARBOX / Type	combined spur / planetary gear			
-Stages	3			
-Ratio	1:78			
-Manufacturer	Winergy AG			
GENERATOR / Type	asynchronous, pole-switchable			
-Number	1			
-Speed	1,000 / 1,500 rpm			
-Voltage	690 V			
-Grid connection	via thyristors			
-Gird frequency	50 Hz			
-Manufacturer	ABB			
CONTROLLER				
Power limitation	active stall			
Speed control	fixed(2-stages), active blade pitch control			
Main Brake	individual blade pitch control			
Second brake	disk brake			
Yaw control system	4 electric gear motors			
Manufacturer of control system	KK-Electronic A/S			
SCADA-System	Siemens Wind Power A/s			
TOWER / Hub height	68.0m			
Type / Shape	steel tubular, conical			
Corrosion protection	multi-coated			
Manufacturer	diverse			
WEIGHT				
Single blade				
Hub (incl, installed equipment)				
ROTOR incl, hub)	30.0 t			
Nacelle (without rotor & hub)	50.0 t			
Tower	80.0 t			
Total weight	160.0 t			

Table A-15 Führ lander FL MD77, Führ lander AG Germany, Waigandshain

MODEL	Führ lander FL MD77			Class Type
Manufacturer	Führ lander AG, Germany, Waigandshain			DIBt 2, IEC 3a
POWER				
Rated power	1,500 kW			
Rated wind speed	13.0 m/s			
Cut-in wind speed	3.0 m/s			
Cut-out wind speed	20.0 m/s			
ROTOR				
Diameter	77.0 m			
Swept area	4,657 m^2			
Number of blades	3			
Rotor speed (Tip speed)	9.7 ~ 18.3 rpm			
Type	LM 34			
Material	glass-fibre reinforced plastic(GRP), epoxy resin			
Manufacturer	LM Glasfiber or equivalent			
NACELLE				
DESIGN	semi-integated			
GEARBOX / Type	combined spur / planetary gear			
-Stages	3			
-Ratio	1:104			
-Manufacturer	Winenergy, Zollern-Dorstener or equivalent			
GENERATOR / Type	asynchronous, double fed induction			
-Number	1			
-Speed	1,000/ 1,800 rpm			
-Voltage	690 V			
-Grid connection	via converter			
-Gird frequency	50 / 60 Hz			
-Manufacturer	Winergy AG or equivalent			
CONTROLLER				
Power limitation	pitch			
Speed control	variable via microprocessor			
Main Brake	blade pitch control			
Second brake	disk brake			
Yaw control system	4 electric gear motors			
Manufacturer of control system	Mita Technik A/S			
SCADA-System				
TOWER / Hub height	61.5m	85.0m	100.0m	111.5m
Type / Shape	steel tubular, conical	steel tubular, conical	steel tubular, conical	lattice tower / 4-legged
Corrosion protection	multi-coated	multi-coated	multi-coated	galvanised
Manufacturer				
WEIGHT				
Single blade				
Hub (incl, installed equipment)				
ROTOR incl, hub)	35.0 t	35.0 t	35.0 t	35.0 t
Nacelle (without rotor & hub)	56.0 t	56.0 t	56.0 t	56.0 t
Tower	83.0 t	159.6 t	228.0 t	128.0 t
Total weight	174.0 t	250.3 t	319.0 t	219.0 t

Table A-16 GE 1.5s/se, GE Energy Germany, Salzbergen

MODEL	GE 1.5s/se	Class Type
Manufacturer	GE Energy, Germany, Salzbergen	IEC IIa
POWER		
Rated power	1,500 kW	
Rated wind speed	13.0 m/s	
Cut-in wind speed	4.0 m/s	
Cut-out wind speed	25.0 m/s	
ROTOR		
Diameter	70.5 m	
Swept area	3,904 m^2	
Number of blades	3	
Rotor speed (Tip speed)	20 rpm	
Type		
Material	glass-fibre reinforced plastic(GRP), epoxy resin	
Manufacturer		
NACELLE		
DESIGN	separated	
GEARBOX / Type	combined spur / planetary gear	
-Stages	3	
-Ratio	1:90	
-Manufacturer		
GENERATOR / Type	asynchronous, double fed induction	
-Number	1	
-Speed	1,500-1,800 rpm	
-Voltage	690 V	
-Grid connection	via converter	
-Gird frequency	50 / 60 Hz	
-Manufacturer		
CONTROLLER		
Power limitation	pitch	
Speed control	variable via microprocessor	
Main Brake	blade pitch control	
Second brake	disk brake	
Yaw control system	4 electric gear motors	
Manufacturer of control system		
SCADA-System		

TOWER / Hub height	64.7m			
Type / Shape	steel tubular/ conical			
Corrosion protection	multi-coated			
Manufacturer				
WEIGHT				
Single blade				
Hub (incl, installed equipment)				
ROTOR incl, hub)	28.0 t			
Nacelle (without rotor & hub)	49.0 t			
Tower				
Total weight				

Table A-17 GE 1.5sle, GE Energy Germany, Salzbergen

MODEL	GE 1.5sle			Class Type
Manufacturer	GE Energy, Germany, Salzbergen			IEC IIa
POWER				
Rated power	1,500 kW			
Rated wind speed	14.0 m/s			
Cut-in wind speed	3.5 m/s			
Cut-out wind speed	25.0 m/s			
ROTOR				
Diameter	77.0 m			
Swept area	4,657 m^2			
Number of blades	3			
Rotor speed (Tip speed)	18.4 rpm			
Type				
Material	glass-fibre reinforced plastic(GRP), epoxy resin			
Manufacturer				
NACELLE				
DESIGN	separated			
GEARBOX / Type	combined spur / planetary gear			
-Stages	3			
-Ratio	1:78			
-Manufacturer				
GENERATOR / Type	asynchronous, double fed induction			
-Number	1			
-Speed	1,500-1,800 rpm			
-Voltage	690 V			
-Grid connection	via converter			
-Gird frequency	50 / 60 Hz			
-Manufacturer				
CONTROLLER				
Power limitation	pitch			
Speed control	variable via microprocessor			
Main Brake	blade pitch control			
Second brake	disk brake			
Yaw control system	4 electric gear motors			
Manufacturer of control system				
SCADA-System				
TOWER / Hub height	61.4m	80.0m	85.0m	
Type / Shape	steel tubular/ conical	steel tubular, conical	steel tubular, conical	
Corrosion protection	multi-coated	multi-coated	multi-coated	
Manufacturer				
WEIGHT				
Single blade				
Hub (incl, installed equipment)				
ROTOR incl, hub)	31.0 t	31.0 t	31.0 t	
Nacelle (without rotor & hub)	50.0 t	50.0 t	50.0 t	
Tower				
Total weight				

Table A-18 GE 1.5xle, GE Energy Germany, Salzbergen

MODEL	GE 1.5xle		Class Type	
Manufacturer	GE Energy, Germany, Salzbergen		IEC IIIb	
POWER				
Rated power	1,500 kW			
Rated wind speed	12.5 m/s			
Cut-in wind speed	3.5 m/s			
Cut-out wind speed	20.0 m/s			
ROTOR				
Diameter	82.5 m			
Swept area	5,346 m^2			
Number of blades	3			
Rotor speed (Tip speed)	16.8 rpm			
Type				
Material	glass-fibre reinforced plastic(GRP), epoxy resin			
Manufacturer				
NACELLE				
DESIGN	separated			
GEARBOX / Type	combined spur / planetary gear			
-Stages	3			
-Ratio				
-Manufacturer				
GENERATOR / Type	asynchronous, double fed induction			
-Number	1			
-Speed	1500-1,800 rpm			
-Voltage	690 V			
-Grid connection	via converter			
-Gird frequency	50 / 60 Hz			
-Manufacturer				
CONTROLLER				
Power limitation	pitch			
Speed control	variable via microprocessor			
Main Brake	blade pitch control			
Second brake	disk brake			
Yaw control system	4 electric gear motors			
Manufacturer of control system				
SCADA-System				
TOWER / Hub height	80.0m	100.0m		
Type / Shape	steel tubular/ conical	steel tubular, conical		
Corrosion protection	multi-coated	multi-coated		
Manufacturer				
WEIGHT				
Single blade				
Hub (incl, installed equipment)				
ROTOR incl, hub)	31.0 t	31.0 t		
Nacelle (without rotor & hub)	50.0 t	50.0 t		
Tower				
Total weight				

Table A-19 Nordex N70/1500, Nordex AG Germany, Norderstedt

MODEL	Nordex N70/1500		Class Type	
Manufacturer	Nordex AG, Germany, Norderstedt		DIBt 2. DIBt 3	
POWER				
Rated power	1,500 kW			
Rated wind speed	13.0 m/s			
Cut-in wind speed	3.5 m/s			
Cut-out wind speed	25.0 m/s			
ROTOR				
Diameter	70.0 m			
Swept area	3,848 m^2			
Number of blades	3			
Rotor speed (Tip speed)	10.6-19.0 rpm			
Type	NR 34, LM 34.0			
Material	glass-fibre reinforced plastic(GRP)			
Manufacturer	Nordex, LM			
NACELLE				
DESIGN	separated			
GEARBOX / Type	combined spur / planetary gear			
-Stages	3			
-Ratio	1:94			
-Manufacturer	Winenergy, Zollern-Dorstener or equivalent			
GENERATOR / Type	asynchronous,double fed induction			
-Number	1			
-Speed	1,000/ 1,800 rpm			
-Voltage	690 V			
-Grid connection	via converter			
-Gird frequency	50 Hz			
-Manufacturer	Eickhoff, Winergy, Zollern, NGC			
CONTROLLER				
Power limitation	pitch			
Speed control	variable via microprocessor, active blade pitch control			
Main Brake	individual blade pitch control			
Second brake	disk brake			
Yaw control system	4 electric gear motors			
Manufacturer of control system	Mita Technik A/S			
SCADA-System				
TOWER / Hub height	46.0m	60.0m		
Type / Shape	steel tubular, cyl., top segment con./cyl.	steel tubular, cyl., top segment con./cyl.	lattice tower/ 4-legged	lattice tower/ 4-legged
Corrosion protection	multi-coated	multi-coated	galvanised	galvanised
Manufacturer	diverse	diverse	SeeBA	SeeBA
WEIGHT				
Single blade	6.0 t	6.0 t	6.0 t	6.0 t
Hub (incl, installed equipment)	15.0 t	15.0 t	15.0 t	15.0 t
ROTOR incl, hub)	33.0 t	33.0 t	33.0 t	33.0 t
Nacelle (without rotor & hub)	56.0 t	56.0 t	56.0 t	56.0 t
Tower	100.0 t	157.0 t	116.0 t	145.0 t
Total weight	189.0 t	246.0 t	205.0 t	234.0 t

Table A-20 Nordex N77/1500, Nordex AG Germany, Norderstedt

MODEL	Nordex N77/1500			Class Type
Manufacturer	Nordex AG, Germany, Norderstedt			IEC IIIb, DIBt 2
POWER				
Rated power	1,500 kW			
Rated wind speed	12.5 m/s			
Cut-in wind speed	3.5 m/s			
Cut-out wind speed	25.0 m/s			
ROTOR				
Diameter	77.0 m			
Swept area	4,657 m^2			
Number of blades	3			
Rotor speed (Tip speed)	10.6-19.0 rpm			
Type	NR 34, LM 34.0			
Material	glass-fibre reinforced plastic(GRP)			
Manufacturer	Nordex, LM			
NACELLE				
DESIGN	separated			
GEARBOX / Type	combined spur / planetary gear			
-Stages	3			
-Ratio	1:104.2			
-Manufacturer	Eickhoff, Winergy, Zollern, NGC			
GENERATOR / Type	asynchronous,double fed induction			
-Number	1			
-Speed	1,000/ 1,950 rpm			
-Voltage	690 V			
-Grid connection	via thyristors			
-Gird frequency	50 Hz			
-Manufacturer	VEM, Winergy			
CONTROLLER				
Power limitation	asynchronous, double fed induction			
Speed control	variable via microprocessor, active blade pitch control			
Main Brake	individual blade pitch control			
Second brake	disk brake			
Yaw control system	4 electric gear motors			
Manufacturer of control system	Mita Technik A/S			
SCADA-System				
TOWER / Hub height	61.5m	80.0m	90.0m	100.0m
Type / Shape	steel tubular, cyl., top segment con./cyl.	steel tubular, cyl., top segment con./cyl.	steel tubular, cyl., top segment con./cyl.	steel tubular, cyl., top segment con./cyl.
Corrosion protection	multi-coated	multi-coated	multi-coated	multi-coated
Manufacturer	diverse	diverse	diverse	diverse
WEIGHT				
Single blade	6.5 t	6.5 t	6.5 t	6.5 t
Hub (incl, installed equipment)	15.0 t	15.0 t	15.0 t	15.0 t
ROTOR incl, hub)	35.0 t	35.0 t	35.0 t	35.0 t
Nacelle (without rotor & hub)	56.0 t	56.0 t	56.0 t	56.0 t
Tower	95.0 t	133.0 t	181.0 t	256.0 t
Total weight	186.0 t	224.0 t	272.0 t	347.0 t

Table A-21 Suzlon S.82/1.5MW, Suzlon Energy India, Pune

MODEL	Suzlon S.82/1.5MW	Class Type		
Manufacturer	Suzlon Energy, India, Pune	IEC IIIa, GL 2003		
POWER				
Rated power	1,500 kW			
Rated wind speed	14.0 m/s			
Cut-in wind speed	4.0 m/s			
Cut-out wind speed	20.0 m/s			
ROTOR				
Diameter	82.0 m			
Swept area	5,281 m^2			
Number of blades	3			
Rotor speed (Tip speed)	15.6-18.4 rpm			
Type	AE 40			
Material	glass-fibre reinforced plastic(GRP), epoxy resin, Resin Infusion Moulding(RIM)			
Manufacturer	Suzlon			
NACELLE				
DESIGN	integated			
GEARBOX / Type	combined spur / planetary gear			
-Stages	3			
-Ratio	1:95.09			
-Manufacturer	Hansen Transmission			
GENERATOR / Type	asynchronous,double fed induction			
-Number	1			
-Speed	1,511 rpm			
-Voltage	690 V			
-Grid connection	via converter			
-Gird frequency	50 Hz			
-Manufacturer				
CONTROLLER				
Power limitation	pitch			
Speed control	variable via microprocessor, active blade pitch control			
Main Brake	individual blade pitch control			
Second brake	hydraulic fail-safe disk brake system			
Yaw control system	4 electric gear motors			
Manufacturer of control system				
SCADA-System				
TOWER / Hub height	56.0m			
Type / Shape	steel tubular, in 4 sections / conical			
Corrosion protection	coated			
Manufacturer				
WEIGHT				
Single blade				
Hub (incl, installed equipment)				
ROTOR incl, hub)				
Nacelle (without rotor & hub)				
Tower				
Total weight				

Table A-22 VENSYS 70, VENSYS Energy AG Germany, Saarbrucken

MODEL	VENSYS 70			Class Type
Manufacturer	VENSYS Energy AG, Germany, Saarbrucken			IEC IIa, DIBt 3
POWER				
Rated power	1,500 kW			
Rated wind speed	13.5 m/s			
Cut-in wind speed	3.0 m/s			
Cut-out wind speed	25.0 m/s			
ROTOR				
Diameter	70.34 m			
Swept area	3,886 m^2			
Number of blades	3			
Rotor speed (Tip speed)	9-19 rpm			
Type	LM 34.0			
Material	glass-fibre reinforced plastic(GRP)			
Manufacturer	LM Glasfiber A/S			
NACELLE				
DESIGN	integated			
GEARBOX / Type	gearless			
-Stages				
-Ratio				
-Manufacturer				
GENERATOR / Type	synchronous, ring generator, permanent magnet			
-Number	1			
-Speed	9- 19 rpm			
-Voltage	690 V			
-Grid connection	frequency converter			
-Gird frequency	50 / 60 Hz			
-Manufacturer	VENSYS Energy AG			
CONTROLLER				
Power limitation	pitch			
Speed control	variable via microprocessor			
Main Brake	individual blade pitch control			
Second brake	individual blade pitch control			
Yaw control system	electric gear motors			
Manufacturer of control system	VENSYS Energy AG			
SCADA-System				
TOWER / Hub height	65.0m	85.0m		
Type / Shape	steel tubular, conical	steel tubular, conical		
Corrosion protection	multi-coated	multi-coated		
Manufacturer	SIAG	SIAG		
WEIGHT				
Single blade	5.6 t	5.6 t		
Hub (incl, installed equipment)	14.0 t	14.0 t		
ROTOR incl, hub)	32.0 t	32.0 t		
Nacelle (without rotor & hub)	55.0 t	55.0 t		
Tower	86.0 t	154.0 t		
Total weight	173.0 t	241.0 t		

Table A-23 VENSYS 77, VENSYS Energy AG Germany, Saarbrucken

MODEL	VENSYS 77			Class Type
Manufacturer	VENSYS Energy AG, Germany, Saarbrucken			IEC IIIa, DIBt 2
POWER				
Rated power	1,500 kW			
Rated wind speed	13.5 m/s			
Cut-in wind speed	3.0 m/s			
Cut-out wind speed	22.0 m/s			
ROTOR				
Diameter	76.844 m			
Swept area	4,637 m^2			
Number of blades	3			
Rotor speed (Tip speed)	9-17.3 rpm			
Type	LM 37.3			
Material	glass-fibre reinforced plastic(GRP)			
Manufacturer	LM Glasfiber A/S			
NACELLE				
DESIGN	integated			
GEARBOX / Type	gearless			
-Stages				
-Ratio				
-Manufacturer				
GENERATOR / Type	synchronous, ring generator, permanent magnet			
-Number	1			
-Speed	9- 17.3 rpm			
-Voltage	690 V			
-Grid connection	frequency converter			
-Gird frequency	50 / 60 Hz			
-Manufacturer	VENSYS Energy AG			
CONTROLLER				
Power limitation	pitch			
Speed control	variable via microprocessor			
Main Brake	individual blade pitch control			
Second brake	individual blade pitch control			
Yaw control system	electric gear motors			
Manufacturer of control system	VENSYS Energy AG			
SCADA-System				
TOWER / Hub height	65.0m	85.0m	100.0m	
Type / Shape	steel tubular, conical	steel tubular, conical	steel tubular, conical	
Corrosion protection	multi-coated	multi-coated	multi-coated	
Manufacturer	SIAG	SIAG	SIAG	
WEIGHT				
Single blade	5.5 t	5.6 t	5.6 t	
Hub (incl, installed equipment)	14.0 t	14.0 t	14.0 t	
ROTOR incl, hub)	31.0 t	31.0 t	31.0 t	
Nacelle (without rotor & hub)	55.0 t	55.0 t	55.0 t	
Tower	83.0 t	154.0 t	226.0 t	
Total weight	169.0 t	240.0 t	312.0 t	

Table A-24 HJWT1500, HANJIN Wind Turbine

MODEL	HJWT1500		CLASS TYPE
Manufacturer	HANJIN Wind Turbine, Korea		IEC IIa
POWER			
Rated power	1,500 KW		
Rated wind speed	13m/s		
Cut-in wind speed	3.5m/s		
Cut-out wind speed	25m/s		
ROTOR			
Diameter	77m		
Swept area	4657 ㎡		
Number of blades	3		
Rotor speed	17.05 rpm		
Type	3 blades, upwind		
Material	Glass-fibre reinforced plastic(GRP)		
Manufacturer	Sinoi		
NACELLE			
DESIGN	Separated		
GEARBOX / Type	One planetary stage Two helical stages		
-Stages	3		
-Ratio	109.291		
-Manufacturer	Winergy		
GENERATOR / Type	Asynchronous with squirrel cage rotor		
-Number	1		
-Speed	1832 rpm		
-Voltage	690V		
-Grid connection	Direct via soft starter		
-Gird frequency	60Hz		
-Manufacturer	HYUNDAI		
CONTROL AND PROTECTION SYSTEM			
Power limitation	Pitch		
Speed control	Fixed speed operation		
Main Brake	Blade pitch control		
Second brake	Mechanical disk blake		
Yaw control system	4 electric gear motors		
Manufacturer of control system	MITA - TEKNIK		
SCADA-System	MITA - TEKNIK		
TOWER / Hub height	70m	80m	
Type / Shape	Steel tubular	Steel tubular	
Corrosion protection	multi-coated	multi-coated	
Manufacturer	Dongkuk S&C	Dongkuk S&C	
WEIGHT			
Single blade	5.8 t	5.8 t	
Hub (incl, installed equipment)	10 t	10 t	
ROTOR incl, hub)	27.5 t	27.5 t	
Nacelle (without rotor & hub)	50 t	50 t	
Tower	105 t	130 t	
Total weight	183 t	208 t	

Table A-25 Ecotecnia 74 1.6, Ecotecnia Spain, Barcelona

MODEL	Ecotecnia 74 1.6			Class Type
Manufacturer	Ecotecnia, Spain, Barcelona			IEC IIa
POWER				
Rated power	1,670 kW			
Rated wind speed				
Cut-in wind speed	3.0 m/s			
Cut-out wind speed	25.0 m/s			
ROTOR				
Diameter	74.0 m			
Swept area	4,301 m^2			
Number of blades	3			
Rotor speed (Tip speed)	10.0-19.0 rpm			
Type	LM 34.0			
Material	glass-fibre reinforced plastic(GRP)			
Manufacturer	LM Glasfiber			
NACELLE				
DESIGN	separated			
GEARBOX / Type	combined spur / planetary gear			
-Stages	3			
-Ratio	1:94.63			
-Manufacturer	Flender			
GENERATOR / Type	asynchronous, double fed induction			
-Number	1			
-Speed	1,000-1,950 rpm			
-Voltage	690(+/-10%)V			
-Grid connection	via converter			
-Gird frequency	50 Hz			
-Manufacturer				
CONTROLLER				
Power limitation	pitch			
Speed control	variable via microprocessor			
Main Brake	blade pitch control			
Second brake	disk brake			
Yaw control system	4 electric gear motors			
Manufacturer of control system				
SCADA-System				
TOWER / Hub height	60.0m	70.0m	80.0m	
Type / Shape	steel tubular, conical	steel tubular, conical	steel tubular, conical	
Corrosion protection	multi-coated	multi-coated	multi-coated	
Manufacturer				
WEIGHT				
Single blade	5.6 t	5.6 t	5.6 t	
Hub (incl, installed equipment)				
ROTOR incl, hub)				
Nacelle (without rotor & hub)	67.0 t	67.0 t	67.0 t	
Tower		132.0 t		
Total weight				

Table A-26 Ecotecnia 80 2.0, Ecotecnia Spain, Barcelona

MODEL	Ecotecnia 80 2.0	Class Type
Manufacturer	Ecotecnia, Spain, Barcelona	IEC IIa
POWER		
Rated power	2,000 kW	
Rated wind speed		
Cut-in wind speed	3.0 m/s	
Cut-out wind speed	25.0 m/s	
ROTOR		
Diameter	80.0 m	
Swept area	5,207 m^2	
Number of blades	3	
Rotor speed (Tip speed)	9.7-19.89 rpm	
Type	LM 37.3 P2	
Material	glass-fibre reinforced plastic(GRP)	
Manufacturer	LM glasfiber	
NACELLE		
DESIGN	separated	
GEARBOX / Type	combined spur / planetary gear	
-Stages	3	
-Ratio	1:100.6	
-Manufacturer	Flender	
GENERATOR / Type	asynchronous, double fed induction	
-Number	1	
-Speed	1,000-1,800 rpm	
-Voltage	690(+/-10%)V	
-Grid connection	via converter	
-Gird frequency	50	
-Manufacturer		
CONTROLLER		
Power limitation	pitch	
Speed control	variable via microprocessor	
Main Brake	blade pitch control	
Second brake	disk brake	
Yaw control system	4 electric gear motors	
Manufacturer of control system		
SCADA-System	Bus Device Net, TCP-IP	

TOWER / Hub height	70.0m	80.0m		
Type / Shape	steel tubular, conical	steel tubular, conical		
Corrosion protection	multi-coated	multi-coated		
Manufacturer				
WEIGHT				
Single blade	5.6 t	5.6 t		
Hub (incl, installed equipment)				
ROTOR incl, hub)				
Nacelle (without rotor & hub)	65.0 t	65.0 t		
Tower	126.0 t			
Total weight				

Table A-27 E-82, ENERCON GmbH Germany, Aurich

MODEL	E-82			Class Type
Manufacturer	ENERCON GmbH, Germany, Aurich			IEC IIa, DIBt 3
POWER				
Rated power	2,000 kW			
Rated wind speed				
Cut-in wind speed				
Cut-out wind speed	22.0-28.0 m/s			
ROTOR				
Diameter	80.0 m			
Swept area	5,281 m^2			
Number of blades	3			
Rotor speed (Tip speed)	6-19.5 rpm(variable)			
Type	E-82			
Material	glass-fibre reinforced plastic(GRP), epoxy resin			
Manufacturer	ENERCON			
NACELLE				
DESIGN	integrated			
GEARBOX / Type	gearless			
-Stages				
-Ratio				
-Manufacturer				
GENERATOR / Type	synchronous, ring generator			
-Number	1			
-Speed	6-19.5 rpm(variable)			
-Voltage	400 V			
-Grid connection	via converter			
-Gird frequency	50 / 60 Hz			
-Manufacturer	ENERCON			
CONTROLLER				
Power limitation	pitch			
Speed control	variable via microprocessor			
Main Brake	individual blade pitch control			
Second brake	individual blade pitch control			
Yaw control system	6 electric gear motors			
Manufacturer of control system	ENERCON			
SCADA-System	ENERCON Scada			
TOWER / Hub height	78.0m	85.0m	98.0m	108.0m
Type / Shape	steel tubular, conical	steel tubular, conical	steel tubular, conical	steel tubular, conical
Corrosion protection	multi-coated	multi-coated	multi-coated	multi-coated
Manufacturer	SAM or equal	WEC or equal	WEC or equal	WEC or equal
WEIGHT				
Single blade				
Hub (incl, installed equipment)				
ROTOR incl, hub)				
Nacelle (without rotor & hub)				
Tower				
Total weight				

Table A-28 Gamesa G80-2.0MW, Gamesa Spain, Pamplona

MODEL	Gamesa G80-2.0MW			Class Type
Manufacturer	Gamesa, Spain, Pamplona			DIBt-WZIII
POWER				
Rated power	2,000 kW			
Rated wind speed	15.0 m/s			
Cut-in wind speed	4.0 m/s			
Cut-out wind speed	25.0 m/s			
ROTOR				
Diameter	80.0 m			
Swept area	5,281 m^2			
Number of blades	3			
Rotor speed (Tip speed)	9.0-19.0 rpm			
Type	E-82			
Material	glass-fibre reinforced plastic(GRP), Epoxy resin			
Manufacturer	Gamesa			
NACELLE				
DESIGN	separated			
GEARBOX / Type	combined spur / planetary gear			
-Stages	3			
-Ratio	1:100.5			
-Manufacturer	Echesa(Gamesa Group), Fellar, Hansen, Lohman			
GENERATOR / Type	asynchronous,double fed induction			
-Number	1			
-Speed	900-1,900 rpm			
-Voltage	690 V			
-Grid connection	via converter			
-Gird frequency	50 / 60 Hz			
-Manufacturer	Canterey(Gamesa Group), ABB, Indar			
CONTROLLER				
Power limitation	pitch			
Speed control	variable via microprocessor, active blade pitch control			
Main Brake	individual blade pitch control			
Second brake	disk brake			
Yaw control system	4 electric gear motors			
Manufacturer of control system				
SCADA-System	Gamesa SGIPE via fixed lilne, GSM or satelite			
TOWER / Hub height	60.0m	67.0m	78.0m	100.0m
Type / Shape	steel tubular, conical	steel tubular, conical	steel tubular, conical	steel tubular, conical
Corrosion protection	multi-coated	multi-coated	multi-coated	multi-coated
Manufacturer	Gamesa	Gamesa	Gamesa	Gamesa
WEIGHT				
Single blade	6.5 t	6.5 t	6.5 t	6.5 t
Hub (incl, installed equipment)				
ROTOR incl, hub)	38.0 t	38.0 t	38.0 t	38.0 t
Nacelle (without rotor & hub)	70.0 t	70.0 t	70.0 t	70.0 t
Tower	127.0 t	145.0 t	201.0 t	283.0 t
Total weight	235.0 t	253.0 t	309.0 t	391.0 t

Table A-29 Gamesa G83-2.0 MW, Gamesa Spain, Pamplona

MODEL	Gamesa G83-2.0 MW			Class Type
Manufacturer	Gamesa, Spain, Pamplona			IEC IIa
POWER				
Rated power	2,000 kW			
Rated wind speed	15.0 m/s			
Cut-in wind speed	4.0 m/s			
Cut-out wind speed	25.0 m/s			
ROTOR				
Diameter	83.0 m			
Swept area	5,411 m^2			
Number of blades	3			
Rotor speed (Tip speed)	9.0-19.0 rpm			
Type	E-82			
Material	glass-fibre reinforced plastic(GRP), epoxy resin			
Manufacturer	Gamesa			
NACELLE				
DESIGN	separated			
GEARBOX / Type	combined spur / planetary gear			
-Stages	3			
-Ratio	1:100.5			
-Manufacturer	Echesa(Gamesa Group), Fellar, Hansen, Lohman			
GENERATOR / Type	asynchronous,double fed induction			
-Number	1			
-Speed	900-1,900 rpm			
-Voltage	690 V			
-Grid connection	via converter			
-Gird frequency	50 / 60 Hz			
-Manufacturer				
CONTROLLER				
Power limitation	pitch			
Speed control	variable via microprocessor, active blade pitch control			
Main Brake	individual blade pitch control			
Second brake	disk brake			
Yaw control system	4 electric gear motors			
Manufacturer of control system	Bonfiglioli			
SCADA-System	Gamesa SGIPE via fixed lilne, GSM or satelite			
TOWER / Hub height	67.0m	78.0m		
Type / Shape	steel tubular, conical	steel tubular, conical		
Corrosion protection	multi-coated	multi-coated		
Manufacturer	Gamesa	Gamesa		
WEIGHT				
Single blade	7.3 t	7.3 t		
Hub (incl, installed equipment)				
ROTOR incl, hub)	40.5 t	40.5 t		
Nacelle (without rotor & hub)	70.0 t	70.0 t		
Tower	153.0 t	203.0 t		
Total weight	263.5 t	313.5 t		

Table A-30 Gamesa G87-2.0 MW, Gamesa Spain, Pamplona

MODEL	Gamesa G87-2.0 MW			Class Type
Manufacturer	Gamesa, Spain, Pamplona			GIBt-WZII
POWER				
Rated power	2,000 kW			
Rated wind speed	15.0 m/s			
Cut-in wind speed	4.0 m/s			
Cut-out wind speed	25.0 m/s			
ROTOR				
Diameter	87.0 m			
Swept area	5,945 m^2			
Number of blades	3			
Rotor speed (Tip speed)	9.0-19.0 rpm			
Type				
Material	glass-fibre reinforced plastic(GRP), epoxy resin, carbon fibre reinforced plastic(GFRP)			
Manufacturer	Gamesa			
NACELLE				
DESIGN	separated			
GEARBOX / Type	combined spur / planetary gear			
-Stages	3			
-Ratio	1:100.5			
-Manufacturer	Echesa(Gamesa Group), Fellar, Hansen, Lohman			
GENERATOR / Type	asynchronous,double fed induction			
-Number	1			
-Speed	900-1,900 rpm			
-Voltage	690 V			
-Grid connection	via converter			
-Gird frequency	50 / 60 Hz			
-Manufacturer	Canterey(Gamesa Group), ABB, Indar			
CONTROLLER				
Power limitation	pitch			
Speed control	variable via microprocessor, active blade pitch control			
Main Brake	individual blade pitch control			
Second brake	disk brake			
Yaw control system	4 electric gear motors			
Manufacturer of control system	Bonfiglioli			
SCADA-System	Gamesa SGIPE via fixed lilne, GSM or satelite			
TOWER / Hub height	67.0m	78.0m	100.0m	
Type / Shape	steel tubular, conical	steel tubular, conical	steel tubular, conical	
Corrosion protection	multi-coated	multi-coated	multi-coated	
Manufacturer	Gamesa	Gamesa	Gamesa	
WEIGHT				
Single blade	6.15 t	6.15 t	6.15 t	
Hub (incl, installed equipment)				
ROTOR incl, hub)	37.0 t	37.0 t	37.0 t	
Nacelle (without rotor & hub)	70.0 t	70.0 t	70.0 t	
Tower	153.0 t	203.0 t	242.0 t	
Total weight	260.0 t	310.0 t	349.0 t	

Table A-31 Gamesa G90-2.0 MW, Gamesa Spain, Pamplona

MODEL	Gamesa G90-2.0 MW			Class Type
Manufacturer	Gamesa, Spain, Pamplona			DIBt-WZII
POWER				
Rated power	2,000 kW			
Rated wind speed	14.0 m/s			
Cut-in wind speed	3.0 m/s			
Cut-out wind speed	25.0 m/s			
ROTOR				
Diameter	89.6 m			
Swept area	6,305 m^2			
Number of blades	3			
Rotor speed (Tip speed)	9.0-19.0 rpm			
Type				
Material	glass-fibre reinforced plastic(GRP), epoxy resin, carbon fibre reinforced plastic(GFRP)			
Manufacturer	Gamesa			
NACELLE				
DESIGN	separated			
GEARBOX / Type	combined spur / planetary gear			
-Stages	3			
-Ratio	1:100.5			
-Manufacturer	Echesa(Gamesa Group), Fellar, Hansen, Lohman			
GENERATOR / Type	asynchronous,double fed induction			
-Number	1			
-Speed	1.680 rpm			
-Voltage	690 V			
-Grid connection	via converter			
-Gird frequency	50 / 60 Hz			
-Manufacturer	Canterey(Gamesa Group), ABB, Indar			
CONTROLLER				
Power limitation	pitch			
Speed control	variable via microprocessor, active blade pitch control			
Main Brake	individual blade pitch control			
Second brake	disk brake			
Yaw control system	4 electric gear motors			
Manufacturer of control system	Bonfiglioli			
SCADA-System	Gamesa SGIPE via fixed lilne, GSM or satelite			
TOWER / Hub height	67.0m	78.0m	100.0m	
Type / Shape	steel tubular, conical	steel tubular, conical	steel tubular, conical	
Corrosion protection	multi-coated	multi-coated	multi-coated	
Manufacturer	Gamesa	Gamesa	Gamesa	
WEIGHT				
Single blade	5.8 t	5.8 t	5.8 t	
Hub (incl, installed equipment)				
ROTOR incl, hub)	36.0 t	36.0 t	36.0 t	
Nacelle (without rotor & hub)	70.0 t	70.0 t	70.0 t	
Tower	153.0 t	203.0 t	255.0 t	
Total weight	259.0 t	309.0 t	361.0 t	

Table A-32 REpower MM82, REpower Systems AG Germany, Hamburg

MODEL	REpower MM82			Class Type
Manufacturer	REpower Systems AG, Germany, Hamburg			IECIa, DIBt 3
POWER				
Rated power	2,000 kW			
Rated wind speed	13.0 m/s			
Cut-in wind speed	3.5 m/s			
Cut-out wind speed	25.0 m/s			
ROTOR				
Diameter	82.0 m			
Swept area	5,281 m^2			
Number of blades	3			
Rotor speed (Tip speed)	8.5-17.1 rpm			
Type	diverse			
Material	glass-fibre reinforced plastic(GRP), epoxy resin, carbon fibre reinforced plastic(GFRP)			
Manufacturer	diverse			
NACELLE				
DESIGN	separated			
GEARBOX / Type	combined spur / planetary gear			
-Stages	3			
-Ratio	1:105.4			
-Manufacturer	diverse			
GENERATOR / Type	asynchronous, double fed induction			
-Number	1			
-Speed	900-1,800 rpm			
-Voltage	690 / 575 V			
-Grid connection	via converter			
-Gird frequency	50 / 60 Hz			
-Manufacturer	diverse			
CONTROLLER				
Power limitation	pitch			
Speed control	variable via microprocessor, active blade pitch control			
Main Brake	individual blade pitch control			
Second brake	disk brake			
Yaw control system	electric gear motors			
Manufacturer of control system	diverse			
SCADA-System	REguard			
TOWER / Hub height	59.0m	69.0m	80.0m	100.0m
Type / Shape	steel tubular, conical	steel tubular, conical	steel tubular, conical	steel tubular, conical
Corrosion protection	multi-coated	multi-coated	multi-coated	multi-coated
Manufacturer	diverse	diverse	diverse	diverse
WEIGHT				
Single blade			6.0 t	
Hub (incl, installed equipment)				
ROTOR incl, hub)			36.0 t	
Nacelle (without rotor & hub)			70.0 t	
Tower				
Total weight				

Table A-33 REpower MM92, REpower Systems AG Germany, Hamburg

MODEL	REpower MM92			Class Type
Manufacturer	REpower Systems AG, Germany, Hamburg			IEC IIa
POWER				
Rated power	2,000 kW			
Rated wind speed	11.2 m/s			
Cut-in wind speed	3.0 m/s			
Cut-out wind speed	24.0 m/s			
ROTOR				
Diameter	92.0 m			
Swept area	6,648 m^2			
Number of blades	3			
Rotor speed (Tip speed)	7.8-15.0 rpm			
Type	diverse			
Material	glass-fibre reinforced plastic(GRP), epoxy resin			
Manufacturer	diverse			
NACELLE				
DESIGN	separated			
GEARBOX / Type	combined spur / planetary gear			
-Stages	3			
-Ratio	1:120			
-Manufacturer	diverse			
GENERATOR / Type	asynchronous, double fed induction			
-Number	1			
-Speed	900-1,800 / 720-1,440 rpm			
-Voltage	690 / 575 V			
-Grid connection	via converter			
-Gird frequency	50 / 60 Hz			
-Manufacturer	diverse			
CONTROLLER				
Power limitation	pitch			
Speed control	variable via microprocessor, active blade pitch control			
Main Brake	individual blade pitch control			
Second brake	disk brake			
Yaw control system	electric gear motors			
Manufacturer of control system	diverse			
SCADA-System	REguard			
TOWER / Hub height	68.5m	80.0m	100.0m	
Type / Shape	steel tubular, conical	steel tubular, conical	steel tubular, conical	
Corrosion protection	multi-coated	multi-coated	multi-coated	
Manufacturer	diverse	diverse	diverse	
WEIGHT				
Single blade				
Hub (incl, installed equipment)				
ROTOR incl, hub)				
Nacelle (without rotor & hub)				
Tower				
Total weight				

Table A-34 Vestas V80-2.0 MW, Vestas Desutschland GmbH Germany, Husum

MODEL	Vestas V80-2.0 MW			Class Type
Manufacturer	Vestas Desutschland GmbH, Germany, Husum			GL/ DIBt III
POWER				
Rated power	2,000 kW			
Rated wind speed	15.0 m/s			
Cut-in wind speed	4.0 m/s			
Cut-out wind speed	25.0 m/s			
ROTOR				
Diameter	80.0 m			
Swept area	5,027 m^2			
Number of blades	3			
Rotor speed (Tip speed)	9-19 rpm			
Type	NACA 63xxx+FFA-W3			
Material	glass-fibre reinforced plastic(GRP)			
Manufacturer	Vestas			
NACELLE				
DESIGN	separated			
GEARBOX / Type	combined spur / planetary gear			
-Stages	3			
-Ratio	1:100.5			
-Manufacturer	diverse			
GENERATOR / Type	asynchronous, double fed induction			
-Number	1			
-Speed	904-1,909 rpm			
-Voltage	690 V			
-Grid connection	via thyristors			
-Gird frequency	50 Hz			
-Manufacturer	diverse			
CONTROLLER				
Power limitation	pitch			
Speed control	variable via microprocessor, active blade pitch control			
Main Brake	individual blade pitch control			
Second brake	disk brake			
Yaw control system	4 electric gear motors			
Manufacturer of control system	Vestas			
SCADA-System				
TOWER / Hub height	60.0m	85.0m	95.0m	100.0m
Type / Shape	steel tubular, conical	steel tubular, conical	steel tubular, conical	steel tubular, conical
Corrosion protection	multi-coated	multi-coated	multi-coated	multi-coated
Manufacturer	Vestas or identical in construction	Vestas or identical in construction	Vestas or identical in construction	Vestas or identical in construction
WEIGHT				
Single blade				
Hub (incl, installed equipment)				
ROTOR incl, hub)				
Nacelle (without rotor & hub)				
Tower				
Total weight				

Table A-35 Vestas V90-2.0 MW, Vestas Desutschland GmbH Germany, Husum

MODEL	Vestas V90-2.0 MW			Class Type
Manufacturer	Vestas Desutschland GmbH, Germany, Husum			GL/DIBt 2
POWER				
Rated power	2,000 kW			
Rated wind speed	14.0 m/s			
Cut-in wind speed	4.0 m/s			
Cut-out wind speed	23.0 m/s			
ROTOR				
Diameter	90.0 m			
Swept area	6,362 m^2			
Number of blades	3			
Rotor speed (Tip speed)	8.2-17.3 rpm			
Type	RISØP+FFA-W3			
Material	glass-fibre reinforced plastic(GRP)			
Manufacturer	Vestas			
NACELLE				
DESIGN	separated			
GEARBOX / Type	combined spur / planetary gear			
-Stages	3			
-Ratio	1:113.1			
-Manufacturer	diverse			
GENERATOR / Type	asynchronous, double fed induction			
-Number	1			
-Speed	1,680 rpm			
-Voltage	690 V			
-Grid connection	via thyristors			
-Gird frequency	50 Hz			
-Manufacturer	diverse			
CONTROLLER				
Power limitation	pitch			
Speed control	variable via microprocessor			
Main Brake	blade pitch control			
Second brake	disk brake			
Yaw control system	4 electric gear motors			
Manufacturer of control system	Vestas			
SCADA-System				
TOWER / Hub height	80.0m	95.0m	105.0m	
Type / Shape	steel tubular, conical	steel tubular, conical	steel tubular, conical	
Corrosion protection	multi-coated	multi-coated	multi-coated	
Manufacturer	Vestas or identical in construction	Vestas or identical in construction	Vestas or identical in construction	
WEIGHT				
Single blade				
Hub (incl, installed equipment)				
ROTOR incl, hub)				
Nacelle (without rotor & hub)				
Tower				
Total weight				

Table A-36 U88, UNISON

MODEL	U88	U93
Manufacturer	UNISON Co., Ltd., Korea	
POWER		
Rated power	2,000 kW	
Rated wind speed	12 m/s	11 m/s
Cut-in wind speed	3.0 m/s	
Cut-out wind speed	25.0 m/s	
ROTOR		
Diameter	88 m	93 m
Swept area	6,079 m²	6,790 m²
Number of blades	3	
Rotor speed	15.3 rpm	
Type	horizontal axis, upwind, geared	
Material	Glass fiber reinforced plastic	
Manufacturer		
NACELLE		
DESIGN	Integrated	
GEARBOX / Type	Differential planetary gear	
-Stages	3	
-Ratio		
-Manufacturer	Imported	
GENERATOR / Type	Synchronous, permanent magnet	
-Number	1	
-Speed		
-Voltage	600V	
-Grid connection	via converter	
-Gird frequency	50/60 Hz	
-Manufacturer	UNISON Co., Ltd.	
CONTROLLER		
Power limitation	Pitch	
Speed control	Active blade pitch control	
Main Brake	Aerodynamic brake	
Second brake	Disc brake	
Yaw control system	4 electric gear motors	
Manufacturer of control system	UNISON Co., Ltd.	
SCADA-System	WPPIS(via internet)	
TOWER / Hub height	80m	
Type / Shape	Steel tubular / conical	
Corrosion protection	Multi-coated	
Manufacturer	UNISON Co., Ltd.	
WEIGHT		
Single blade	8.3 ton	7.9 ton
Hub (incl, installed equipment)		
ROTOR incl, hub)		
Nacelle (without rotor & hub)		
Tower		
Total weight		

Table A-37 HS 90-2MW, Hyosung Corporation

MODEL	HS 90-2MW			Class Type
Manufacturer	Hyosung Corporation, Korea			IEC Ⅱa
POWER				
Rated power	2,000 KW			
Rated wind speed	11 m/s			
Cut-in wind speed	4.0 m/s			
Cut-out wind speed	25.0 m/s			
ROTOR				
Diameter	90.6 m			
Swept area	6,447 m^2			
Number of blades	3			
Rotor speed (Tip speed)	15.9 rpm			
Type	LM 43.8P			
Material				
Manufacturer	LM			
NACELLE				
DESIGN	pitch			
GEARBOX / Type	2 planetary, 1 helical gears			
-Stages	3			
-Ratio				
-Manufacturer				
GENERATOR / Type	4 pole asynchronous doubly fed induction			
-Number				
-Speed	1,350-2,250 rpm, Rated speed: 1,980 rpm			
-Voltage	690V			
-Grid connection	Y			
-Gird frequency	60Hz			
-Manufacturer				
CONTROLLER				
Power limitation				
Speed control	variable			
Main Brake				
Second brake				
Yaw control system	3 electric yaw drives			
Manufacturer of control system				
SCADA-System				
TOWER / Hub height	75.0m			
Type / Shape	tubular conical steel			
Corrosion protection				
Manufacturer				
WEIGHT				
Single blade	10.1 tons			
Hub (incl, installed equipment)				
ROTOR incl, hub)				
Nacelle (without rotor & hub)				
Tower				
Total weight				

Table A-38 ENERCON E-82

MODEL	ENERCON E-82		Class Type
Manufacturer	ENERCON, GERMANY		IEC IIa, DIBt 3
POWER			
Rated power	2,000 kW		
Rated wind speed			
Cut-in wind speed			
Cut-out wind speed	22-28 m/s		
ROTOR			
Diameter	82 m		
Swept area	5,281 m^2		
Number of blades	3		
Rotor speed (Tip speed)	6-19.5 rpm		
Type	E-82		
Material	Fibreglass (epoxy resin); integrated lightning protection		
Manufacturer			
NACELLE			
DESIGN	INTEGRATED		
GEARBOX / Type	GEARLESS		
-Stages			
-Ratio			
-Manufacturer			
GENERATOR / Type	ENERCON direct-drive synchronous annular		
-Number	1		
-Speed	6-19Rpm		
-Voltage	400V		
-Grid connection	ENERCON converter		
-Gird frequency	50/60HZ		
-Manufacturer	ENERCON		
CONTROLLER			
Power limitation	Gearless, variable speed, variable pitch control		
Speed control	ENERCON blade pitch system, one independent pitching system per rotor blade with allocated emergency supply		
Main Brake	3 independent blade pitch systems with emergency supply		
Second brake	Rotor brake, rotor lock		
Yaw control system	Active via adjustment gears, load-dependent damping		
Manufacturer of control system			
SCADA-System			
TOWER / Hub height	78-138m		
Type / Shape	Steel tubular/conical		
Corrosion protection	multi-coated		
Manufacturer	sam or equal		
WEIGHT			
Single blade			
Hub (incl, installed equipment)			
ROTOR incl, hub)			
Nacelle (without rotor & hub)			
Tower			
Total weight			

Table A-39 Suzlon S.88/2.1MW, Suzlon Energy India, Pune

MODEL	Suzlon S.88/2.1MW			Class Type
Manufacturer	Suzlon Energy, India, Pune			IEC 2a, GL 2003
POWER				
Rated power	2,100 kW			
Rated wind speed	14.0 m/s			
Cut-in wind speed	4.0 m/s			
Cut-out wind speed	25.0 m/s			
ROTOR				
Diameter	88.0 m			
Swept area	6,082 m^2			
Number of blades	3			
Rotor speed (Tip speed)	15.0-17.6 rpm			
Type	AE 42			
Material	glass-fibre reinforced plastic(GRP), epoxy resin, Resin Infusion Moulding(RIM)			
Manufacturer	Suzlon			
NACELLE				
DESIGN	separated			
GEARBOX / Type	combined spur / planetary gear			
-Stages	3			
-Ratio	1:98.8			
-Manufacturer	Hansen Transmission			
GENERATOR / Type	asynchronous, double fed induction			
-Number	1			
-Speed				
-Voltage	690 V			
-Grid connection	via thyristors			
-Gird frequency	50 Hz			
-Manufacturer	ELIN or equivalent			
CONTROLLER				
Power limitation	pitch			
Speed control	variable via microprocessor, active blade pitch control			
Main Brake	individual blade pitch control			
Second brake	hydraulic fail-safe disk brake system			
Yaw control system	4 electric gear motors			
Manufacturer of control system	Bonfiglioli / Brevini / SOM			
SCADA-System				
TOWER / Hub height	56.0m			
Type / Shape	steel tubular, in 4 sections / double con.l			
Corrosion protection	coated			
Manufacturer				
WEIGHT				
Single blade				
Hub (incl, installed equipment)				
ROTOR incl, hub)				
Nacelle (without rotor & hub)				
Tower				
Total weight				

Table A-40 ENERCON E-70

MODEL	ENERCON E-70	Class Type
Manufacturer	ENERCON, GERMANY	IEC IIa, DIBt 3
POWER		
Rated power	2,300 kW	
Rated wind speed		
Cut-in wind speed		
Cut-out wind speed	28-34 m/s	
ROTOR		
Diameter	71 m	
Swept area	3,959 m^2	
Number of blades	3	
Rotor speed (Tip speed)	6-21.5 rpm	
Type		
Material	Fibreglass (epoxy resin); integrated lightning protection	
Manufacturer		
NACELLE		
DESIGN	integrated	
GEARBOX / Type	gearless	
-Stages		
-Ratio		
-Manufacturer		
GENERATOR / Type	ENERCON direct-drive synchronous annular	
-Number	1	
-Speed	8-21rpm	
-Voltage	400V	
-Grid connection	ENERCON converter	
-Gird frequency	50/60hz	
-Manufacturer	enercon	
CONTROLLER		
Power limitation	Gearless, variable speed, variable pitch control	
Speed control	ENERCON blade pitch system, one independent pitching system per rotor blade with allocated emergency supply	
Main Brake	3 independent blade pitch systems with emergency supply	
Second brake	Rotor brake, rotor lock	
Yaw control system	Active via adjustment gears, load-dependent damping	
Manufacturer of control system		
SCADA-System		

TOWER / Hub height	58-113m		
Type / Shape	steel tubular/conical		
Corrosion protection	multi-coated		
Manufacturer	SAM or equal		
WEIGHT			
Single blade			
Hub (incl, installed equipment)			
ROTOR incl, hub)			
Nacelle (without rotor & hub)			
Tower			
Total weight			

Table A-41 E-70, ENERCON GmbH Germany, Aurich

MODEL	E-70			Class type
Manufacturer	ENERCON GmbH, Germany, Aurich			IEC IIa, DIBt 3
POWER				
Rated power	2,300 kW			
Rated wind speed				
Cut-in wind speed				
Cut-out wind speed	28.0-34.0 m/s			
ROTOR				
Diameter	71.0 m			
Swept area	3,959 m^2			
Number of blades	3			
Rotor speed (Tip speed)	8-21 rpm(variable)			
Type	E-70			
Material	glass-fibre reinforced plastic(GRP), epoxy resin			
Manufacturer	ENERCON			
NACELLE				
DESIGN	integrated			
GEARBOX / Type	gearless			
-Stages				
-Ratio				
-Manufacturer				
GENERATOR / Type	synchronous, ring generator			
-Number	1			
-Speed	8-21 rpm(variable)			
-Voltage	400 V			
-Grid connection	via converter			
-Gird frequency	50 / 60 Hz			
-Manufacturer	ENERCON			
CONTROLLER				
Power limitation	pitch			
Speed control	variable via microprocessor			
Main Brake	individual blade pitch control			
Second brake	individual blade pitch control			
Yaw control system	6 electric gear motors			
Manufacturer of control system	ENERCON			
SCADA-System	ENERCON Scada			
TOWER / Hub height	64.0m	85.0m	98.0m	113.0m
Type / Shape	teel tubular / conical	teel tubular / conical	teel tubular / conical	teel tubular / conical
Corrosion protection	multi-coated	multi-coated	multi-coated	multi-coated
Manufacturer	SAM or equal	SAM or equal	WEC or equal	WEC or equal
WEIGHT				
Single blade				
Hub (incl, installed equipment)				
ROTOR incl, hub)				
Nacelle (without rotor & hub)				
Tower				
Total weight				

Table A-42 Nordex N90/2300, Nordex AG Germany, Norderstedt

MODEL	Nordex N90/2300			Class type
Manufacturer	Nordex AG, Germany, Norderstedt			DIBt 3, DIBt 2, IEC 3a
POWER				
Rated power	2,300 kW			
Rated wind speed	13.0 m/s			
Cut-in wind speed	3.0 m/s			
Cut-out wind speed	25.0 m/s			
ROTOR				
Diameter	90.0 m			
Swept area	6,362 m^2			
Number of blades	3			
Rotor speed (Tip speed)	9.6-16.9 rpm			
Type	NR 45, LM 43.8			
Material	glass-fibre reinforced plastic(GRP)			
Manufacturer	Nordex, LM			
NACELLE				
DESIGN	separated			
GEARBOX / Type	combined spur / planetary gear			
-Stages	3			
-Ratio	1:77.4			
-Manufacturer	Eickhoff, Winergy, Bosch Rexroth			
GENERATOR / Type	asynchronous, double fed induction			
-Number	1			
-Speed	740-1,300 rpm			
-Voltage	660 V			
-Grid connection	via converter			
-Gird frequency	50 Hz			
-Manufacturer	VEM, Winergy, Elin			
CONTROLLER				
Power limitation	pitch			
Speed control	variable via microprocessor, active blade pitch control			
Main Brake	individual blade pitch control			
Second brake	disk brake			
Yaw control system	2 electric gear motors			
Manufacturer of control system	Nordex			
SCADA-System				
TOWER / Hub height	80.0m	100.0m	105.0m	
Type / Shape	steel tubular, cyl., top segment con./cyl	steel tubular, cyl., top segment con./cyl.	steel tubular, cyl., top segment con./cyl.	
Corrosion protection	multi-coated	multi-coated	multi-coated	
Manufacturer	diverse	diverse	diverse	
WEIGHT				
Single blade	10.2 t	10.2 t	10.2 t	
Hub (incl, installed equipment)	25.0 t	25.0 t	25.0 t	
ROTOR incl, hub)	55.0 t	55.0 t	55.0 t	
Nacelle (without rotor & hub)	91.0 t	91.0 t	91.0 t	
Tower	170.0 t	306.0 t	185.0 t	
Total weight	316.0 t	452.0 t	331.0 t	

Table A-43 Nordex SWT-2.3-82 VS, Siemens Wind Power Germany and Denmark

MODEL	SWT-2.3-82 VS		Class type
Manufacturer	Siemens Wind Power, Germany and Denmark		DIBt 2, DIBt 3
POWER			
Rated power	2,300 kW		
Rated wind speed	13.0 ~ 14.0 m/s		
Cut-in wind speed	3.0 ~ 4.0 m/s		
Cut-out wind speed	25.0 m/s		
ROTOR			
Diameter	82.4 m		
Swept area	5,333 m^2		
Number of blades	3		
Rotor speed (Tip speed)	6-18 rpm		
Type	B40		
Material	glass-fibre reinforced plastic(GRP)		
Manufacturer	Siemens Wind Power A/S		
NACELLE			
DESIGN	separated		
GEARBOX / Type	combined spur / planetary gear		
-Stages	3		
-Ratio	1:91		
-Manufacturer	Winergy AG		
GENERATOR / Type	asynchronous		
-Number	1		
-Speed	600-1,800 rpm		
-Voltage	750 V at 1,550 rpm		
-Grid connection	via converter 690 V (low voltage)		
-Gird frequency	50 Hz		
-Manufacturer	ABB		
CONTROLLER			
Power limitation	pitch		
Speed control	active blade pitch control		
Main Brake	individual blade pitch control		
Second brake	disk brake		
Yaw control system	8 electric gear motors		
Manufacturer of control system	KK Electronic A/S		
SCADA-System	Siemens Wind Power A/S		
TOWER / Hub height	58.5m	100.0m	
Type / Shape	steel tubular, conical	steel tubular, conical	
Corrosion protection	multi-coated	multi-coated	
Manufacturer	diverse	diverse	
WEIGHT			
Single blade			
Hub (incl, installed equipment)			
ROTOR incl, hub)	54.0 t	54.0 t	
Nacelle (without rotor & hub)	82.0 t	82.0 t	
Tower	83.0 t	282.0 t	
Total weight	219.0 t	418.0 t	

Table A-44 Nordex SWT-2.3-93 VS, Siemens Wind Power Germany and Denmark

MODEL	SWT-2.3-93			Class type
Manufacturer	Siemens Wind Power, Germany and Denmark			DIBt 2, DIBt 3
POWER				
Rated power	2,300 kW			
Rated wind speed	13.0 ~ 14.0 m/s			
Cut-in wind speed	3.0 ~ 4.0 m/s			
Cut-out wind speed	25.0 m/s			
ROTOR				
Diameter	93.0m			
Swept area	6,793 m^2			
Number of blades	3			
Rotor speed (Tip speed)	6-16 rpm			
Type	B45			
Material	glass-fibre reinforced plastic(GRP)			
Manufacturer	Siemens Wind Power A/S			
NACELLE				
DESIGN	separated			
GEARBOX / Type	combined spur / planetary gear			
-Stages	3			
-Ratio	1:91			
-Manufacturer	Winergy AG			
GENERATOR / Type	asynchronous			
-Number	1			
-Speed	600-1,800 rpm			
-Voltage	750 V at 1,550 rpm			
-Grid connection	via converter 690 V (low voltage)			
-Gird frequency	50 Hz			
-Manufacturer	ABB			
CONTROLLER				
Power limitation	pitch			
Speed control	active blade pitch control			
Main Brake	individual blade pitch control			
Second brake	disk brake			
Yaw control system	8 electric gear motors			
Manufacturer of control system	KK Electronic A/S			
SCADA-System	Siemens Wind Power A/S			
TOWER / Hub height	80.0m	88.0m	93.0m	103.0m
Type / Shape	steel tubular, conical	steel tubular, conical	steel tubular, conical	steel tubular, conical
Corrosion protection	multi-coated	multi-coated	multi-coated	multi-coated
Manufacturer	diverse	diverse	diverse	diverse
WEIGHT				
Single blade				
Hub (incl, installed equipment)				
ROTOR incl, hub)	60.0 t	60.0 t	60.0 t	60.0 t
Nacelle (without rotor & hub)	82.0 t	82.0 t	82.0 t	82.0 t
Tower	150.0 t	196.0 t	196.0 t	298.0 t
Total weight	292.0 t	338.0 t	338.0 t	440.0 t

Table A-45 MWT 92/2.4, Mitsubishi Wind Turbine Generator

MODEL	MWT 92/2.4			
Manufacturer	Mitsubishi Wind Turbine Generator, Japan			
POWER				
Rated power	2,400 KW			
Rated wind speed	12.5 m/s			
Cut-in wind speed	3.0 m/s			
Cut-out wind speed	25.0 m/s			
ROTOR				
Diameter	92.0 m			
Swept area	6,648 m^2			
Number of blades	3			
Rotor speed (Tip speed)	15.0 rpm			
Type				
Material	glass-fibre reinforced plastic(GRP)			
Manufacturer	Mitsubishi			
NACELLE				
DESIGN	integrated			
GEARBOX / Type				
-Stages				
-Ratio				
-Manufacturer				
GENERATOR / Type	Asynchronous with wound rotor + IGBT converter			
-Number				
-Speed				
-Voltage	690V			
-Grid connection				
-Gird frequency				
-Manufacturer				
CONTROLLER				
Power limitation				
Speed control				
Main Brake				
Second brake				
Yaw control system				
Manufacturer of control system				
SCADA-System				
TOWER / Hub height	70.0m			
Type / Shape				
Corrosion protection				
Manufacturer				
WEIGHT				
Single blade				
Hub (incl, installed equipment)				
ROTOR incl, hub)				
Nacelle (without rotor & hub)				
Tower				
Total weight				

Table A-46 Führ lander FL 2500-90, Führ lander AG Germany, Waigandshain

MODEL	Führ lander FL 2500-90			Class type
Manufacturer	Führ lander AG, Germany, Waigandshain			DIBt 3a, IEC 2a
POWER				
Rated power	2,500 kW			
Rated wind speed	13.0 m/s			
Cut-in wind speed	4.0 m/s			
Cut-out wind speed	25.0 m/s			
ROTOR				
Diameter	90.0m			
Swept area	6,362 m^2			
Number of blades	3			
Rotor speed (Tip speed)	10.4 ~ 18.1 rpm			
Type	LM 43.8			
Material	glass-fibre reinforced plastic(GRP)			
Manufacturer	LM Glasfiber or equivalent			
NACELLE				
DESIGN	semi-integated			
GEARBOX / Type	combined spur / planetary gear			
-Stages	3			
-Ratio	1:72.3			
-Manufacturer	Winenergy, Zollern-Dorstener or equivalent			
GENERATOR / Type	asynchronous, double fed induction			
-Number	1			
-Speed	750-1,310 rpm			
-Voltage	690 V			
-Grid connection	via converter 690 V (low voltage)			
-Gird frequency	50 / 60 Hz			
-Manufacturer	Winergy AG, VEM			
CONTROLLER				
Power limitation	pitch			
Speed control	variable			
Main Brake	blade pitch control			
Second brake	disk brake			
Yaw control system	4 electric gear motors			
Manufacturer of control system	Mita Technik A/S			
SCADA-System				
TOWER / Hub height	61.5m	85.0m	100.0m	111.5m
Type / Shape	steel tubular, conical	steel tubular, conical	steel tubular, conical	steel tubular, conical
Corrosion protection	multi-coated	multi-coated	multi-coated	multi-coated
Manufacturer				
WEIGHT				
Single blade				
Hub (incl, installed equipment)				
ROTOR incl, hub)	52.0 t	52.0 t	52.0 t	52.0 t
Nacelle (without rotor & hub)	126.0 t	126.0 t	126.0 t	126.0 t
Tower	210.0 t	285.0 t		350.0 t
Total weight	388.0 t	338.0 t		528.0 t

Table A-47 Führ lander FL 2500-100, Führ lander AG Germany, Waigandshain

MODEL	Führ lander FL 2500-100			Class type
Manufacturer	Führ lander AG, Germany, Waigandshain			
POWER				
Rated power	2,500 kW			
Rated wind speed	11.5 m/s			
Cut-in wind speed	3.5 m/s			
Cut-out wind speed	25.0 m/s			
ROTOR				
Diameter	100.0m			
Swept area	7,854 m^2			
Number of blades	3			
Rotor speed (Tip speed)	9.4 ~ 17.1 rpm			
Type	LM 48.8			
Material	glass-fibre reinforced plastic(GRP)			
Manufacturer	LM Glasfiber or equivalent			
NACELLE				
DESIGN	semi-integated			
GEARBOX / Type	combined spur / planetary gear			
-Stages	3			
-Ratio	1:79.6			
-Manufacturer	Winenergy, Zollern-Dorstener or equivalent			
GENERATOR / Type	asynchronous, double fed induction			
-Number	1			
-Speed	750-1,310 rpm			
-Voltage	690 V			
-Grid connection	via converter			
-Gird frequency	50 / 60 Hz			
-Manufacturer	Winergy AG, VEM			
CONTROLLER				
Power limitation	pitch			
Speed control	variable via microprocessor			
Main Brake	blade pitch control			
Second brake	disk brake			
Yaw control system	4 electric gear motors			
Manufacturer of control system	Mita Technik A/S			
SCADA-System				
TOWER / Hub height	85.0m	100.0m	141.0m	160.0m
Type / Shape	steel tubular/ cylindrical/ conical	steel tubular/ cylindrical/ conical	steel tubular/ cylindrical/ conical	steel tubular/ cylindrical/ conical
Corrosion protection	multi-coated	multi-coated	multi-coated	multi-coated
Manufacturer				
WEIGHT				
Single blade				
Hub (incl, installed equipment)				
ROTOR incl, hub)	55.0 t	55.0 t		
Nacelle (without rotor & hub)	126.0 t	126.0 t		
Tower	210.0 t	285.0 t		
Total weight	391.0 t	466.0 t		

Table A-48 GE 2.5xl, GE Energy Germany, Salzbergen

MODEL	GE 2.5xl			Class type
Manufacturer	GE Energy, Germany, Salzbergen			DIBt 2
POWER				
Rated power	2,500 kW			
Rated wind speed	12.0 m/s			
Cut-in wind speed	3.5 m/s			
Cut-out wind speed	25.0 m/s			
ROTOR				
Diameter	100.0m			
Swept area	7,854 m^2			
Number of blades	3			
Rotor speed (Tip speed)	14.1 rpm(rated speed)			
Type	LM 487			
Material	glass-fibre reinforced plastic(GRP)			
Manufacturer				
NACELLE				
DESIGN	separated			
GEARBOX / Type	combined spur / planetary gear			
-Stages	3			
-Ratio	1:117.4			
-Manufacturer				
GENERATOR / Type	synchronous, permanent magnet			
-Number	1			
-Speed	1,650 rpm(rated speed)			
-Voltage	690 V			
-Grid connection	via converter			
-Gird frequency	50 / 60 Hz			
-Manufacturer				
CONTROLLER				
Power limitation	pitch			
Speed control	variable via microprocessor			
Main Brake	blade pitch control			
Second brake	disk brake			
Yaw control system	4 electric gear motors			
Manufacturer of control system				
SCADA-System				
TOWER / Hub height	85.0m	100.0m		
Type / Shape	steel tubular/ conical	steel tubular/ conical		
Corrosion protection	multi-coated	multi-coated		
Manufacturer				
WEIGHT				
Single blade				
Hub (incl, installed equipment)				
ROTOR incl, hub)				
Nacelle (without rotor & hub)				
Tower				
Total weight				

Table A-49 Nordex N80/2500, Nordex AG Germany, Norderstedt

MODEL	Nordex N80/2500			Class type
Manufacturer	Nordex AG, Germany, Norderstedt			IEC Ia
POWER				
Rated power	2,500 kW			
Rated wind speed	13.0 m/s			
Cut-in wind speed	3.0 m/s			
Cut-out wind speed	25.0 m/s			
ROTOR				
Diameter	80.0m			
Swept area	5,027 m^2			
Number of blades	3			
Rotor speed (Tip speed)	10.9-19.1 rpm			
Type	NR 38.8			
Material	glass-fibre reinforced plastic(GRP), epoxy resin			
Manufacturer				
NACELLE				
DESIGN	separated			
GEARBOX / Type	combined spur / planetary gear			
-Stages	3			
-Ratio	1:68.5			
-Manufacturer	Eickhoff, Winergy, Bosch Rexroth			
GENERATOR / Type	asynchronous, double fed induction			
-Number	1			
-Speed	740-1,300 rpm			
-Voltage	660V			
-Grid connection	via converter			
-Gird frequency	50 Hz			
-Manufacturer	VEM, Winergy, Elin			
CONTROLLER				
Power limitation	pitch			
Speed control	variable via microprocessor, active blade pitch control			
Main Brake	individual blade pitch control			
Second brake	disk brake			
Yaw control system	2 electric gear motors			
Manufacturer of control system	Nordex			
SCADA-System				
TOWER / Hub height	60.0m	80.0m		
Type / Shape	steel tubular, cyl., top segment con./cyl.	steel tubular, cyl., top segment con./cyl.		
Corrosion protection	multi-coated	multi-coated		
Manufacturer	diverse	diverse		
WEIGHT				
Single blade	8.6 t	8.6 t		
Hub (incl, installed equipment)	25.0 t	25.0 t		
ROTOR incl, hub)	52.0 t	52.0 t		
Nacelle (without rotor & hub)	91.0 t	91.0 t		
Tower	111.0 t	190.0 t		
Total weight	254.0 t	333.0 t		

Table A-50 Nordex N90/2500HS, Nordex AG Germany, Norderstedt

MODEL	Nordex N90/2500HS			Class type
Manufacturer	Nordex AG, Germany, Norderstedt			IEC Ib
POWER				
Rated power	2,500 kW			
Rated wind speed	13.0 m/s			
Cut-in wind speed	3.0 m/s			
Cut-out wind speed	25.0 m/s			
ROTOR				
Diameter	90.0m			
Swept area	6,362 m^2			
Number of blades	3			
Rotor speed (Tip speed)	9.6-16.0 rpm			
Type	NR 45, LM 43.8			
Material	glass-fibre reinforced plastic(GRP)			
Manufacturer	LM, Nordex			
NACELLE				
DESIGN	separated			
GEARBOX / Type	combined spur / planetary gear or differential gearbox			
-Stages	3			
-Ratio	1:71.88			
-Manufacturer	Eickhoff, Winergy, Bosch Rexroth			
GENERATOR / Type	asynchronous, double fed induction			
-Number	1			
-Speed	740-1,300 rpm			
-Voltage	660V			
-Grid connection	via converter			
-Gird frequency	50 Hz			
-Manufacturer	VEM, Winergy, Elin			
CONTROLLER				
Power limitation	pitch			
Speed control	variable via microprocessor, active blade pitch control			
Main Brake	individual blade pitch control			
Second brake	disk brake			
Yaw control system	2 electric gear motors			
Manufacturer of control system	Nordex			
SCADA-System				
TOWER / Hub height	80.0m	100.0m	120.0m	
Type / Shape	steel tubular, cyl., top segment con./cyl.			
Corrosion protection	multi-coated			
Manufacturer	diverse			
WEIGHT				
Single blade	10.2 t			
Hub (incl, installed equipment)	25.0 t			
ROTOR incl, hub)	55.0 t			
Nacelle (without rotor & hub)	91.0 t			
Tower	190.0 t			
Total weight	336.0 t			

Table A-51 Nordex N100/2500, Nordex AG Germany, Norderstedt

MODEL	Nordex N100/2500		Class Type
Manufacturer	Nordex AG, Germany, Norderstedt		IEC IIIa, DBIt 2
POWER			
Rated power	2,500 kW		
Rated wind speed	12.5 m/s		
Cut-in wind speed	3.0 m/s		
Cut-out wind speed	20.0 m/s		
ROTOR			
Diameter	100.0 m		
Swept area	7,854 m^2		
Number of blades	3		
Rotor speed (Tip speed)	9.6-16.8 rpm		
Type	NR 50, LM 48.8		
Material	glass-fibre reinforced plastic(GRP)		
Manufacturer	LM, Nordex		
NACELLE			
DESIGN	separated		
GEARBOX / Type	combined spur / planetary gear or differential gearbox		
-Stages	3		
-Ratio	50Hz : 1:77.4 60Hz : 1:92.9		
-Manufacturer	Eickhoff, Winergy, Bosch Rexroth		
GENERATOR / Type	asynchronous, double fed induction		
-Number	1		
-Speed	740-1,300 rpm		
-Voltage	660V		
-Grid connection	via converter		
-Gird frequency	50 / 60 Hz		
-Manufacturer	VEM, Winergy, Elin		
CONTROLLER			
Power limitation	pitch		
Speed control	variable via microprocessor, active blade pitch control		
Main Brake	individual blade pitch control		
Second brake	disk brake		
Yaw control system	2 electric gear motors		
Manufacturer of control system	Nordex		
SCADA-System			
TOWER / Hub height	100.0m		
Type / Shape	steel tubular, cyl., top segment con./cyl.		
Corrosion protection	multi-coated		
Manufacturer	diverse		
WEIGHT			
Single blade	9.8 t		
Hub (incl, installed equipment)	25.0 t		
ROTOR incl, hub)	54.0 t		
Nacelle (without rotor & hub)	91.0 t		
Tower	310.0 t		
Total weight	455.0 t		

Table A-52 Ecotecnia 100, Ecotecnia s.coop.c.l. Spain, Barcelona

MODEL	Ecotecnia 100	Class Type
Manufacturer	Ecotecnia s.coop.c.l., Spain, Barcelona	
POWER		
Rated power	3,000 kW	
Rated wind speed		
Cut-in wind speed	3.0 m/s	
Cut-out wind speed	25.0 m/s	
ROTOR		
Diameter	100.0 m	
Swept area	7,854 m^2	
Number of blades	3	
Rotor speed (Tip speed)	7.5-14.25 rpm	
Type		
Material		
Manufacturer		
NACELLE		
DESIGN	separated	
GEARBOX / Type	combined spur / planetary gear	
-Stages		
-Ratio	1:100.6	
-Manufacturer		
GENERATOR / Type	asynchronous, double fed induction	
-Number	1	
-Speed	1,000-1,800 rpm	
-Voltage	690V	
-Grid connection		
-Gird frequency		
-Manufacturer		
CONTROLLER		
Power limitation	pitch	
Speed control	variable via microprocessor	
Main Brake	individual blade pitch control	
Second brake	disk brake	
Yaw control system	wind vane	
Manufacturer of control system		
SCADA-System	Bus Device Net, TCP-IP	
TOWER / Hub height	90.0m	
Type / Shape	steel tubular, conical	
Corrosion protection	multi-coated	
Manufacturer		
WEIGHT		
Single blade		
Hub (incl, installed equipment)		
ROTOR incl, hub)		
Nacelle (without rotor & hub)		
Tower		
Total weight		

Table A-53 Vestas V90-3.0 MW, Vestas Desutschland GmbH Germany, Husum

MODEL	Vestas V90-3.0 MW			
Manufacturer	Vestas Desutschland GmbH, Germany, Husum			
POWER				
Rated power	3,000 kW			
Rated wind speed	16.0 m/s			
Cut-in wind speed	40 m/s			
Cut-out wind speed	25.0 m/s			
ROTOR				
Diameter	90.0 m			
Swept area	6,362 m^2			
Number of blades	3			
Rotor speed (Tip speed)	9-19pm			
Type	RISØP+FFA-W3			
Material	glass-fibre reinforced plastic(GRP)			
Manufacturer	Vestas			
NACELLE				
DESIGN	integrated			
GEARBOX / Type	combined spur / planetary gear			
-Stages	3			
-Ratio	1:104.5			
-Manufacturer	diverse			
GENERATOR / Type	asynchronous, double fed induction			
-Number	1			
-Speed	1,680 rpm			
-Voltage	1000 V			
-Grid connection	via thyristors			
-Gird frequency	50 Hz			
-Manufacturer	diverse			
CONTROLLER				
Power limitation	pitch			
Speed control	variable via microprocessor			
Main Brake	blade pitch control			
Second brake	disk brake			
Yaw control system	6 electric gear motors			
Manufacturer of control system	Vestas			
SCADA-System				
TOWER / Hub height	80.0m	105.0m		
Type / Shape	steel tubular, conical	steel tubular / conical		
Corrosion protection	multi-coated	multi-coated		
Manufacturer	Vestas or identical in construction	Vestas or identical in construction		
WEIGHT				
Single blade				
Hub (incl, installed equipment)				
ROTOR incl, hub)				
Nacelle (without rotor & hub)				
Tower				
Total weight				

Table A-54 WinDS 3000, Doosan Heavy Industries and Construction

MODEL	WinDS 3000			Class Type
Manufacturer	Doosan Heavy Industries and Construction			IEC Ia
POWER				
Rated power	3,000 kW			
Rated wind speed	13.0 m/s			
Cut-in wind speed	3.0 m/s			
Cut-out wind speed	25.0 m/s			
ROTOR				
Diameter	91.3 m			
Swept area	6,547 m^2			
Number of blades	3			
Rotor speed (Tip speed)	8.0 ~ 18.85rpm			
Type	DU + NACA			
Material	Glass-Fibre Reinforced Plastic(GRP)			
Manufacturer	KM			
NACELLE				
DESIGN	integrated			
GEARBOX / Type	helical planetary flex pin and parallel shaft gear			
-Stages	3			
-Ratio	1:92.916			
-Manufacturer	Doosan Heavy Industries&Construction			
GENERATOR / Type	PM synchronous generator			
-Number	1			
-Speed	1,460 rpm			
-Voltage	690 V			
-Grid connection	via full converter			
-Gird frequency	60 Hz			
-Manufacturer	diverse			
CONTROLLER				
Power limitation	pitch			
Speed control	variable via microprocessor			
Main Brake	blade pitch control			
Second brake	disk brake			
Yaw control system	5 electric gear motors			
Manufacturer of control system	diverse			
SCADA-System				
TOWER / Hub height	80.0m			
Type / Shape	steel tubular, conical			
Corrosion protection	multi-coated			
Manufacturer	Dongkuk S&C			
WEIGHT				
Single blade				
Hub (incl, installed equipment)				
ROTOR incl, hub)				
Nacelle (without rotor & hub)				
Tower				
Total weight				

Table A-55 SWT-3.6-107, Siemens Wind Power Germany and Denmark

MODEL	SWT-3.6-107			Class Type
Manufacturer	Siemens Wind Power, Germany and Denmark			DBIt 3
POWER				
Rated power	3,600 kW			
Rated wind speed	12.0 ~ 14.0 m/s			
Cut-in wind speed	3.0 ~ 5.0 m/s			
Cut-out wind speed	25.0 m/s			
ROTOR				
Diameter	107.0 m			
Swept area	8,992 m^2			
Number of blades	3			
Rotor speed (Tip speed)	5-13 rpm			
Type	B52			
Material	glass-fibre reinforced plastic(GRP)			
Manufacturer	Siemens Wind Power A/S			
NACELLE				
DESIGN	separated			
GEARBOX / Type	combined spur / planetary gear			
-Stages	3			
-Ratio	1:119			
-Manufacturer	Winergy AG			
GENERATOR / Type	asynchronous			
-Number	1			
-Speed	600-1,800 rpm			
-Voltage	750 V at 1,550 rpm			
-Grid connection	via converter (low voltage)			
-Gird frequency	50 Hz			
-Manufacturer	ABB			
CONTROLLER				
Power limitation	pitch			
Speed control	active blade pitch control			
Main Brake	individual blade pitch control			
Second brake	disk brake			
Yaw control system	6 electric gear motors			
Manufacturer of control system	KK-Electronic A/S			
SCADA-System	Siemens Wind Power A/S			
TOWER / Hub height	80.0m	88.0m		
Type / Shape	steel tubular, conical	steel tubular / conical		
Corrosion protection	multi-coated	multi-coated		
Manufacturer	various			
WEIGHT				
Single blade				
Hub (incl, installed equipment)				
ROTOR incl, hub)	95.0 t	95.0 t		
Nacelle (without rotor & hub)	125.0 t	125.0 t		
Tower	253.0 t	269.0 t		
Total weight	473.0 t	489.0 t		

Table A-56 M5000, Multibrid Entwicklungsgesllschaft mbH Germany, Bremerhaven

MODEL	M5000	Class Type
Manufacturer	Multibrid Entwicklungsgesllschaft GmbH, Germany, Bremerhaven	DIBt 3
POWER		
Rated power	5,000 kW	
Rated wind speed	12.0 m/s	
Cut-in wind speed	4.0 m/s	
Cut-out wind speed	25.0 m/s	
ROTOR		
Diameter	116.0 m	
Swept area	10,568 m^2	
Number of blades	3	
Rotor speed (Tip speed)	5.9-14.8 rpm	
Type		
Material	glass-fibre reinforced plastic(GRP), carbon fibre reinforced plastic(GFRP)	
Manufacturer	EUROS	
NACELLE		
DESIGN	integrated	
GEARBOX / Type	planetary	
-Stages	1	
-Ratio	1:9.92	
-Manufacturer	RENK AG	
GENERATOR / Type	synchronous, permanet magnet, liquid-cooled	
-Number	1	
-Speed	59-147(±10%) rpm	
-Voltage	3,300 V	
-Grid connection	via converter	
-Gird frequency	50 / 60 Hz	
-Manufacturer	ABB, CONVERTEAM	
CONTROLLER		
Power limitation	pitch	
Speed control	variable via microprocessor, active blade pitch control	
Main Brake	blade pitch control	
Second brake	blade pitch control	
Yaw control system	8 electric gear motors	
Manufacturer of control system	Bonfiglioli	
SCADA-System		
TOWER / Hub height	90.0m	
Type / Shape	steel tubular, offshore above LAT/conical	
Corrosion protection	multi-coated	
Manufacturer	Gamesa	
WEIGHT		
Single blade	16.5 t	
Hub (incl, installed equipment)	60.1 t	
ROTOR incl, hub)	110.0 t	
Nacelle (without rotor & hub)	199.3 t	
Tower	260.0 t	
Total weight	569.3 t	

Table A-57 REpower 5M, REpower Systems AG Germany, Hamburg

MODEL	REpower 5M		Class Type
Manufacturer	REpower Systems AG, Germany, Hamburg		IEC Ib, DIBt, DIBt 3
POWER			
Rated power	5,000 kW		
Rated wind speed	13.0 m/s		
Cut-in wind speed	3.5 m/s		
Cut-out wind speed	30.0 m/s		
ROTOR			
Diameter	126.0 m		
Swept area	12,469 m^2		
Number of blades	3		
Rotor speed (Tip speed)	12.1 rpm		
Type			
Material	glass-fibre reinforced plastic(GRP)		
Manufacturer			
NACELLE			
DESIGN	separated		
GEARBOX / Type	combined spur / planetary gear		
-Stages	3		
-Ratio	1:97		
-Manufacturer	Winergy		
GENERATOR / Type	asynchronous, double fed induction		
-Number	1		
-Speed	600-1,170 rpm		
-Voltage	660 / 950 V		
-Grid connection	via converter		
-Gird frequency	50 Hz		
-Manufacturer	VEM		
CONTROLLER			
Power limitation	pitch		
Speed control	variable via microprocessor, active blade pitch control		
Main Brake	blade pitch control		
Second brake	disk brake, individual blade pitch control		
Yaw control system	electric gear motors		
Manufacturer of control system			
SCADA-System	REguard / Mita		
TOWER / Hub height	59.0m	69.0m	
Type / Shape	steel tubular. offshore hub height site specific/cyl.	steel tubular. offshore hub height site specific/cyl.	
Corrosion protection	multi-coated	multi-coated	
Manufacturer	Ambau	Ambau	
WEIGHT			
Single blade	18.0		
Hub (incl, installed equipment)	71.0 t		
ROTOR incl, hub)	125.0 t		
Nacelle (without rotor & hub)	315.0 t		
Tower	site specific		
Total weight			

Table A-58 BARD VM 5.0

MODEL	BARD Engineering GmbH		
Manufacturer	BARD VM, GERMANY		
POWER			
Rated power	5,000kW		
Rated wind speed	12.5m/s		
Cut-in wind speed	3.0 m/s		
Cut-out wind speed	30.0 m/s		
ROTOR			
Diameter	122 m		
Swept area	11,690 m^2		
Number of blades	3		
Rotor speed (Tip speed)			
Type			
Material			
Manufacturer			
NACELLE			
DESIGN			
GEARBOX / Type	planetary levels, 1 cylindrical gear level		
-Stages			
-Ratio	1:96.965		
-Manufacturer			
GENERATOR / Type	Twin-fed asynchronous engine		
-Number			
-Speed	1.212 rpm		
-Voltage			
-Grid connection			
-Gird frequency			
-Manufacturer			
CONTROLLER			
Power limitation	Pitch		
Speed control			
Main Brake			
Second brake			
Yaw control system			
Manufacturer of control system			
SCADA-System			
TOWER / Hub height	90m		
Type / Shape			
Corrosion protection			
Manufacturer			
WEIGHT			
Single blade	28.5 t		
Hub (incl, installed equipment)	70 t		
ROTOR incl, hub)			
Nacelle (without rotor & hub)	280 t		
Tower			
Total weight			

Table A-59 ENERCON E-112

MODEL	ENERCON E-112		
Manufacturer	ENERCON GmbH, Germang		
POWER			
Rated power	4,500-6,000 kW		
Rated wind speed			
Cut-in wind speed	2.5 m/s		
Cut-out wind speed	28-34 m/s		
ROTOR			
Diameter	114 m		
Swept area	10.207 m^2		
Number of blades	3		
Rotor speed (Tip speed)	Variable, 8-13 rpm (48-78 m/s)		
Type			
Material	Fibreglass (epoxy resin); integrated		
Manufacturer	ENERCON GmbH		
NACELLE			
DESIGN	integrated		
GEARBOX / Type	Gearless		
-Stages			
-Ratio			
-Manufacturer			
GENERATOR / Type	Driect-drive ENERCON ring generator		
-Number			
-Speed	8-13 rpm		
-Voltage			
-Grid connection	via ENERCON inverter		
-Gird frequency			
-Manufacturer	ENERCON		
CONTROLLER			
Power limitation	pitch		
Speed control			
Main Brake	3 independent blade pitch systems with energency supply		
Second brake	rotor brake		
Yaw control system	active via adjustment gears, load-dependent damping		
Manufacturer of control system	ENERCON		
SCADA-System	ENERCON Scada		
TOWER / Hub height	124m		
Type / Shape			
Corrosion protection			
Manufacturer			
WEIGHT			
Single blade			
Hub (incl, installed equipment)	Rigid		
ROTOR (incl, hub)	180 t		
Nacelle (without rotor & hub)	355 t		
Tower			
Total weight	535t		

부록 4

소형 풍력터빈 사양

Specifications on Small Scale Wind Turbines

Table B-1 국외 주요 소형풍력터빈 (MSRP: Manufacturers Suggested detail Price)

소형풍력터빈 모델	특성	비고
ARE 110/ AREA Wind Turbines/ 2.5kW at 11m/s	Rotor dia.: 3.6m, Swept area: 10.2 m^2 Cut-in wind speed: 2.5m/s Rated wind speed: 11m/s Application: battery charging, grid-connect Price(MSRP): $11,800(battery charging) $12,650(grid-connect)	battery charging (48VDC)
ARE 442/ AREA Wind Turbines/ 10kW at 11m/s	Rotor dia.: 7.2m Swept area: 41 m^2 Cut-in wind speed: 2.5m/s Rated wind speed: 11m/s Application: battery charging, grid-connect Price(MSRP): $39,600(grid-connect)	battery charging (48VDC)
BWC XL.1-24/ Bergey Windpower/ 1kW at 11m/s	Rotor dia.: 2.5m Swept area: 4.9m^2 Cut-in wind speed: 2.5m/s Rated wind speed: 11m/s Application: battery charging Price(MSRP): $2,790(battery charging)	battery charging (24VDC)
BWC Excel-R **(48, 120, 240)/** Bergey Windpower/ 7.5kW at 12m/s	Rotor dia.: 7m Swept area: 38.6m^2 Cut-in wind speed: 2.5m/s Rated wind speed: 12m/s Application: battery charging, grid-connect Price(MSRP): $24,750(48VDC), $23,500(120, 240VDC)	battery charging (7.5kW: 24, 48, 120, 240VDC) grid-connect (10kW: 220VAC 50Hz, 240VAC 60Hz)
Scirocco E5.6-6/ Eoltec Wind Turbines/ 6kW at 11.5m/s	Rotor dia.: 5.6m Swept area: 24.7 m^2 Cut-in wind speed: 2.7m/s Rated wind speed: 11.5m/s Application: battery charging, grid-connect Price(MSRP): $31,991	
e220i/ Kestrel Wind Turbines/ 0.8W at 12.5m/s	Rotor dia.: 2.2m Swept area: 3.8m^2 Cut-in wind speed: 2.5m/s Rated wind speed: 12.5m/s Application: battery charging, grid-connect Price(MSRP): $2,022.35	battery charging (12, 24, 36, 48, 110, 220VDC)

Table B-1 국외 주요 소형풍력터빈(계속)

소형풍력터빈 모델	특성	비고
e300i/ Kestrel Wind Turbines/ 1kW at 11m/s	Rotor dia.: 3 m Swept area: 7.07 m^2 Cut-in wind speed: 2.5m/s Rated wind speed: 11m/s Application: battery charging, grid-connect Price(MSRP): $4,410	battery charging (12, 24, 36, 48, 110, 220VDC)
e400i/ Kestrel Wind Turbines/ 3kW at 11m/s	Rotor dia.: 4m Swept area: 12.57m^2 Cut-in wind speed: 2.8m/s Rated wind speed: 11m/s Application: battery charging, grid-connect Price(MSRP): $10,350	battery charging (48, 250VDC)
Proven WT 0.6/ Proven Energy/ 0.6kW at 12m/s	Rotor dia.: 2.55m Swept area: 5.1 m^2 Cut-in Speed: 2.5m/s Rated Speed: 12m/s Application: battery charging, grid-connect Price(MSRP): $4,870	battery charging (12, 24, 48VDC) grid-connect (230VAC 50Hz, 240VAC 60Hz)
Proven WT 2.5/ Proven Energy/ 2.5kW at 12m/s	Rotor dia.: 3.5m Swept area: 9m^2 Cut-in wind speed: 2.5m/s Rated wind speed: 12m/s Application: battery charging, grid-connect, direct heating Price(MSRP): $7,785.68(battery charging) $12,650(grid-connect)	battery charging (24, 48VDC) grid-connect (230VAC 50Hz, 240VAC 60Hz) direct heating (120VAC, 240VAC)
Proven WT 6/ Proven Energy/ 6kW at 12m/s	Rotor dia.: 5.5m Swept area: 23.6m^2 Cut-in wind speed: 2.5m/s Rated wind speed: 12m/s Application: battery charging, grid-connect, direct heating Price(MSRP): $16,402.47(battery charging) $21,850(grid-connect)	battery charging (48VDC) grid-connect (230VAC 50Hz, 240VAC 60Hz) direct heating (120VAC, 240VAC)
Proven WT 15/ Proven Energy/ 15kW at 12m/s	Rotor dia.: 9m Swept area: 63.6m^2 Cut-in wind speed: 2.5m/s Rated wind speed: 12m/s Application: battery charging, grid-connect, direct heating Price(MSRP): $31,485.98(battery charging) $45,700(grid-connect)	battery charging (48VDC) grid-connect (230VAC 50Hz, 240VAC 60Hz) direct heating (120VAC, 240VAC)

Table B-1 국외 주요 소형풍력터빈(계속)

소형풍력터빈 모델	특성	비고
Whisper 100/ Southwest Windpower/ 0.9kW at 12.5m/s	Rotor dia.: 2.1m Swept Area: 3.5m^2 Cut-in wind speed: 3.4m/s Rated wind speed: 12.5m/s Application: battery charging Price(MSRP): $2,495	battery charging (12, 24, 36, 48VDC)
Whisper 200/ Southwest Windpower/ 1kW at 11.6m/s	Rotor dia.: 2.7m Swept area: 5.73m^2 Cut-in wind speed: 3.1m/s Rated wind speed: 11.6m/s Application: battery charging, grid-connect Price(MSRP): $3,015(battery charging) $13,379(grid-connect)	battery charging (24, 36, 48VDC)
Whisper 500/ Southwest Windpower/ 3kW at 10.5m/s	Rotor dia.: 4.5m Swept area: 16m^2 Cut-in wind speed: 3.4m/s Rated wind speed: 10.5m/s Application: battery charging, grid-connect Price(MSRP): $7,810(battery charging) $14,797(grid-connect)	battery charging (24, 36, 48VDC)
Skystream 3.7/ Skystreamenergy/ 2.4kW	Rotor dia.: 3.66m Swept area: 10.52m^2 Cut-in wind speed: 3.5m/s Rated wind speed: 13m/s Application: battery charging, grid-connect Price(MSRP): $6,212(Land), $7,177(Marine) $12,526(grid-connect)	battery charging (AC input) grid-connect (120VAC 60Hz 1P, 208VAC 60Hz 3P, 240VAC 60Hz Split)
Vestas V-15/ EMS/ 65kW	Rotor dia.: 16.76m Swept area: 220.62 m^2 Cut-in wind speed: 3.13m/s Rated wind speed: 15.65m/s Application: grid-connect Price(MSRP): $140,000(grid-connect)	
Vestas V-17/ Halus/ 75kW	Rotor dia.: 25m Swept area: 491m^2 Cut-in wind speed: Rated wind speed: Application: grid-connect Price(MSRP): $220,000(grid-connect)	

Table B-1 국외 주요 소형풍력터빈(계속)

소형풍력터빈 모델	특성	비고
AC 120/ Aerocraft/ 0.12kW	Rotor dia.: 1.2m Swept area: 1.13m^2 Cut-in wind speed: 3m/s Rated wind speed: 9m/s Application: battery charging Price(MSRP): $2,490(battery charging)	battery charging (12, 24VDC)
AC 240/ Aerocraft/ 0.24kW	Rotor dia.: 1.65m Swept area: 2.14m^2 Cut-in wind speed: 3m/s Rated wind speed: 9m/s Application: battery charging Price(MSRP): $2,568(battery charging)	battery charging (12, 24VDC)
AC 502/ Aerocraft/ 0.5kW	Rotor dia.: 2.4m Swept area: 4.5m^2 Cut-in wind speed: 3m/s Rated wind speed: 9m/s Application: battery charging Price(MSRP): $3,904(battery charging)	battery charging (12, 24VDC)
AC 752/ Aerocraft/ 0.75kW	Rotor dia.: 2.4m Swept area: 4.5m^2 Cut-in wind speed: 3m/s Rated wind speed: 9m/s Application: battery charging Price(MSRP): $3,997(battery charging)	battery charging (24, 48VDC)
AC 1002/ Aerocraft/ 1kW	Rotor dia.: 2.4m Swept area: 4.5m^2 Cut-in Speed: 3m/s Rated Speed: 9m/s Application: grid-connect Price(MSRP): $3,485(battery charging)	battery charging (230VAC)

Table B-2 국내 주요 소형풍력터빈

제조자명	모델 및 형식	비고
금풍에너지	GWE-500AI&BI(500W) GWE-200AI&BI(200W) AI: 기존 가로등 부착형 BI: 일체형 Vertical type	Rotor dia.: 1.4m, 0.8m Rated power: 500W, 200W Rated wind speed: 13m/s, 13m/s Cut-in wind speed: 1 m/s, 1 m/s Survival wind speed: 35m/s, 35m/s(V_{10min}) Number of blade: 3ea, 3ea
(주)시그너스파워	CM-5000(5kW), CM-1000(1kW), CMH-200(0.2kW,하이브리드형) Vertical type	Rotor dia.: 4m, 2m, 1m Swept area: 12.57m^2, 3.14m^2, 0.79m^2 Rated Power: 5000W, 1000W, 200W Rated wind speed: 12m/s, 12m/s, 13m/s Cut-in wind speed: 1.9m/s, 1.3m/s, 1 m/s Number of blade: 3ea, 4ea, 4ea
서영테크	SY-WT-600(600W)	Rotor dia.: 2.1m Swept area: 3.46m^2 Rated Power: 600W Rated wind speed: 10.5m/s Cut-in wind speed: 3m/s Rated speed: 600rpm
	SY-WT-1000(1kW)	Rotor dia.: 2.4m Swept area: 4.52m^2 Rated Power: 1kW Rated wind speed: 12.2m/s Cut-in wind speed: 3.2m/s Rated speed: 500rpm
아이알윈드파워	IRTV8(1kW) IRTV9(5, 10kW) IRTV10(10, 100kW) Vertical type	Rotor dia.: 2.6m, 6m, 18m Rated power: 1kW, 10kW, 100kW Rated wind speed: 10m/s, 15m/s, 15m/s Cut-in wind speed: 0.8m/s, 2.5m/s, 1.6m/s Cut-out wind speed: 20m/s, 25m/s, 25m/s Number of blade: 7ea, 6ea, 7ea
한진산업(주)	HJWT100(100kW)	Rotor dia.: 20m Swept area: 314.16m^2 Rated power: 100kW Rated wind speed: 13m/s Cut-in wind speed: 3.5m/s Cut-out wind speed: 25m/s

Table B-2 국내 주요 소형풍력터빈(계속)

제조자명	모델 및 형식	비고
(주)아하에너지	상호역회전 풍력발전기 (200W, 300W, 1kW, 3kW, 5kW, 10kW)	Rotor dia.: 6.9(Front), 8.5(Rear) Swept area: 32.17m^2(F), 78.54m^2(R) Rated power: 10kW Rated wind speed: 15m/s Rated speed: 180rpm(Total), 120rpm(F), 60rpm(R)
(주)에이티티	iolos-1000(1kW) iolos-400(400W) Downwind type	Rotor dia.: 2.0m, 1.542m Swept area: 32.17m^2, 78.54m^2 Rated power: 1kW, 400W Rated wind speed: 12.5m/s, 12.5m/s Cut-in wind speed: 1.5m/s, 1m/s Blade materials: Glass Fiber-Reinforced Plastics
오로라에너지(주)	AU-10kW AU-3kW AU-1kW AU-0.5kW	Rotor dia.: 3.7m, 2.12m, 1.05m, 0.58m Swept area: 10.75m^2, 3.53m^2, 0.86m^2, 0.26m^2 Rated power: 10kW, 3kW, 1kW, 0.5kW Rated wind speed: 14m/s, 13m/s, 13m/s, 13m/s Cut-in wind speed: 3m/s, 2.5m/s, 2.5m/s, 2.5m/s Cut-out wind speed: 25m/s Survival Wind Speed: 55.5m/s
(주)파워맥스	PM-WT20/25/40/50 (1.25kW, 1.5kW, 4kW, 5kW) : Dual rotor PM-WT15/30(1kW, 3kW) : Single	Rotor dia.: 3.5m(WT50), 1.5m(WT15) Rated power: 4kW, 1kW Rated wind speed: 14m/s, 14m/s Number of blade: 3ea, 3ea (WT20, WT40: 2ea Dual-rotor)
해바람에너지	HBR-3kW HBR-1kW HBR-600W HBR-150W	Rotor dia.: 4.5m(HBR-3kW), 2.2m(HBR-600W) Swept area: 15.9m^2, 3.8m^2 Rated power: 3kW, 600W Rated wind speed: 14.5m/s, 10m/s Cut-in wind speed: 3.5m/s, 2.5m/s Rated speed: 300rpm, 560rpm
HiEnergy	DS3000(3kW) DS1500(1.5kW) DS300(300W) Vertical type	Rotor dia.: 4(4.5)m, 2.8(3.2)m, 1.24(1)m Rated power: 3kW, 1.5kW, 300W Rated wind speed: 12m/s, 12m/s, 15m/s Cut-in wind speed: 3.0m/s, 3.0m/s, 3.0m/s Cut-out wind speed: 15m/s, 15m/s, 15.5m/s Rated speed: 180rpm, 250rpm, 835rpm

Table B-2 국내 주요 소형풍력터빈(계속)

제조자명	모델 및 형식	비고
TAECHANG N.E.T	Windro-5kW Windro-3kW Windro-1kW	Rotor dia.: 4.1m, 3.2m, 2m Rated power: 5kW, 3kW, 1kW Rated wind speed: 12m/s, 12m/s, 12m/s Cut-in wind speed: 2m/s, 2m/s, 2m/s Cut-out wind speed: 25m/s, 25m/s, 25m/s Rated speed: 380rpm, 400rpm
Vento Korea	Vento-50kW, 30kW, 20kW, 10kW Vento-5kW, 3kW, 2kW, 1kW Vento-600W, 300W, 200W, 150W (1kW, 2kW, 3kW 주력상품)	Rotor dia.: 4.8m(3kW), 4m(2kW), 3m(1kW) Rated power: 3kW, 2kW, 1kW Rated wind speed: 8m/s, 8m/s, 8m/s Cut-in wind speed: 3m/s, 3m/s, 3m/s Survival wind speed: 40m/s, 40m/s, 40m/s Rated speed: 240rpm, 400rpm, 400rpm
아이씨에너텍(주)	IC-20kW, 10kW, 5kW, 3kW ICA-1.5kW, 1kW, 600W, 500W, 300W	Rotor dia.: 8m(10kW), 2.06m(1kW), 1.58m(300W) Swept area: 50.27m^2, 3.33m^2, 1.96m^2 Rated power: 10kW, 1kW, 300W Rated wind speed: 10m/s, 12.5m/s, 8m/s Cut-in wind speed: 3m/s, 1m/s, 0.8m/s Survival wind speed: 60m/s Rated speed: 180rpm(20kW), 200rpm(10kW), 240rpm(5kW), 400rpm(3kW)
이노시스템	CS3000(3kW) CS1500(1.5kW) CS300(0.4kW) External: Darrieus(3 blades) Internal: Savonius(2 layers)	Rotor dia.: 4m, 2.8m, 1.06m Rotor height: 4.2m, 2.9m, 1m Rated power: 3kW, 1.5kW, 0.4 Rated wind speed: 12m/s, 12m/s, 15m/s, Cut-in wind speed: 3m/s Cut-out wind speed: 15m/s, 15m/s, 15.5m/s Survival Wind Speed: 60m/s Rated speed: 180rpm, 250rpm, 835rpm
(주)TNET	XWING-300(300kW) XWING-200(200kW) XWING-100(100kW) XWING-50(50kW) XWING-30(30kW) Low wind speed Vertical type	규격(B×W×H): 7m×20m×32m(300kW) 5m×15m×24m(200kW) 3m×15m×16m(30kW) Number of blade: 8ea Number of stair: 1stair(30, 50, 100kW) 3stair(200kW) 5stair(300kW)
(주)아이비티	HSL-1835, 1832 or Ecostar PS3-31K	Power: 300W Rpm: 400, 380 Output voltage: 12VDC Dia: 1580mm Cut-in: 1.0 m/s Cut-out: 60m/e Rated speed: 12.5m/s
코윈텍	10kW ~ 200kW	Dual rotor 방식

Table B-2 국내 주요 소형풍력터빈

제조자명	모델 및 형식	비고
(주)위너지랜드	ABACUS-3kW ABACUS-5kW Vertical-Drum type	Rotor dia.: 3.0m, Height: 3.0m Rated power: 1.2kW, 400W Cut-in speed: 2.5-3.0m/s Rated speed: 12m/s Number of blade: 12ea
(주)이엔에이	HM-Darrierotor, 수직축형	Cut-in speed: 2.5m/s Rated speed: 6-7m/s 회전수: 10-22 rpm
준마엔지니어링	10kW형	Dia: 7.13m Rpm: - Swept area: - m^2 Blade materials: FRP Cut-in speed: 2.5m/s Rated wind speed: 10.5m/s
Jinwon Industry	AWP10, 공중부양형 터빈	Cut-in speed: 3-4m/s Rated speed: 10-12m/s Length 15-44m Rated power: 10~1000kW
KR-(주)케이알	100kW Vertical type	수직축 터보 풍력터빈
헵시바(주)	양력형 6kW	개발중

찾아보기

D

E

F

G

H

I

J

K

L

M

N

O

P

R

S

T

U

V

W

ㄴ

ㄷ

ㄹ

ㅁ

ㅇ

ㅍ

ㅎ

집필진 소개

성명	직위	소속	전공
황병선	센터장	한국기계연구원 부설재료연구소 풍력핵심기술연구센터	기계공학
엄문광	그룹장		기계공학
박지상	책임연구원		항공공학
김진봉	선임연구원		항공공학
염종택	선임연구원		재료공학
이진우	선임연구원		고분자공학
이학구	선임연구원		기계공학
박승범	선임연구원		기계설계공학
홍은성	선임연구원		경영/산업공학
박종한	연구원		금속공학
박중규	연구원		항공공학
이희원	연구원		기계공학
김실근	연구원		메카트로닉스
남용윤	연구실장	한국기계연구원 시스템신뢰성연구실 풍력핵심기술연구센터	조선해양
임채환	책임연구원		조선해양
이근호	책임연구원		기계공학
박영준	선임연구원		기계공학
이재선	연구원		기계공학
정종관	연구원		기계공학
문석준	책임연구원	시스템다이나믹스연구실 풍력핵심기술연구센터	진동제어공학
김봉기	책임연구원		기계공학
조한욱	선임연구원	자기부상연구실 풍력핵심기술연구센터	전기공학

최신 풍력터빈의 이해

A-JIN

지은이와 협의 인지 생략

인 쇄 : 2009년 7월 20일
발 행 : 2009년 8월 10일
공 저 : 황병선 외 21인
발 행 처 : 도서출판 아진
135-010 서울시 강남구 논현동 148-19 201호
TEL:02-737-0663 FAX:02-737-0664
Homepage:ajin.to E-mail:kgb@ajin.to
발 행 인 : 김 근 배
등록번호 : 제300-1995-56호
I S B N : 978-89-5761-282-8 93550

- 본 도서는 지식경제부 지정 한국기계연구원 풍력핵심기술연구센터(wtrc@kims.re.kr)에 의해 편찬되었습니다.

가격 35,000원